KB217318

커피와 와인

Coffee and Wine: Two Worlds Compared

Coffee and Wine: Two Worlds Compared

COF
FEE

커피와 와인

두 세계를 비교하다

모튼 숄러 지음
최익창 옮김 | 김경문, 서필훈 감수

COFFEE LIBRE

책임 제한 표시(disclaimer)

이 책은 두 농산물 산업의 모든 요소를 역사, 위상, 경향 면에서 폭넓게 비교했다. 더 정확하거나 더 최신 정보를 찾을 수 없는 경우에는 등급(magnitudes), 반올림 수치, 때로는 추정치를 사용했다.

커피와 와인을 생산하는 방법은 다양하다. 또 이를 서술하는 방법도 다양하다. 여러분이 이 책을 읽으면서 누락된 부분, 오해를 일으키거나 정확하지 않은 정보를 발견한다면 부디 저자에게 알려주시길 부탁한다. 반드시 개정판에 반영하겠다.

커피와 와인 세계는 끊임없이 진화하고 있다. 통계, 가격, 규율, 브랜드, 소유주, 기술 등등에서 빠르게 발전이 이루어지고 있다. 그래서 이 책이 출판되기 전에 이미 바뀐 정보도 있을 수 있다. 다만, 원서의 출간 시점(2018년 중엽)의 정보와 일치하는 내용을 싣기 위해 최선을 다했다.

이 책에서 언급한 업체와 브랜드 이름, 제품 이름은 해당 소유주에게 귀속된 거래상의 명칭이다. 별도로 언급한 경우가 아니라면, 저자는 해당 기업이나 단체와 상업적은 물론 어떠한 관련도 없다. 특정 제품, 기업, 브랜드, 단체에 대한 언급은 저자의 동의나 지지를 의미하지 않는다. 이는 다만 적절한 사례로서 인용했을 뿐이다.

저자와 출판인은 이 책에 실린 정보의 이용으로 인한 직간접적인 어떤 유형의 손실, 피해, 위험 사항에 대해서 어떠한 책임도 지지 않는다.

저작권

모튼 숄러는 이 출판물 및 내용의 모든 이용에 대한 저작권을 가진다. 다만 원전을 제대로 인용하고 정보를 변경하지 않는다면, 비영리적인 목적의 짧은 문구 및 일부 일러스트의 배포 및 복제는 환영한다.

이 책에 인용된 브랜드 이름 및 저작물의 올바른 사용을 위해 저작권자는 최선의 주의를 기울였다. 따라서 해당 내용을 사용하고자 한다면 해당 저작권 소유자에게 허락을 얻어야 한다.

머리말   8
감사의 말   12

CHAPTER 1   역사와 개요
             1.1 정의와 역사   17
             1.2 수치로 보는 생산량   22
             1.3 커피와 와인 생산용 부지   25
             1.4 커피와 와인의 다른 점 100가지   27

CHAPTER 2   식물학, 농학, 수확
             2.1 종, 품종   39
             2.2 커피나무와 포도 덩굴   55
             2.3 재배, 물리적 환경   66
             2.4 병, 해충, 해충 구제   74
             2.5 수확   82

CHAPTER 3   처리: 열매에서 음료로
             3.1 커피콩에서 커피음료로   91
             3.2 포도에서 와인으로   101
             3.3 배럴(barrel)과 배럴 에이징(barrel-ageing)   112
             3.4 커피 블렌딩과 와인 블렌딩   117

CHAPTER 4   품질과 품질 관리
             4.1 품질: 정의와 가짓수   129
             4.2 카페인과 알코올   140
             4.3 관능 평가: 향, 맛, 향미   145
             4.4 점수표를 사용한 채점   154

CHAPTER 5 무역: 주체와 역할

5.1 제품과 유통망 당사자 169

5.2 유통망 참여자와 참여자의 가치 창출 180

5.3 계약과 가격 185

5.4 와인의 지리적 표시(Appellation, 아펠라시옹) 191

CHAPTER 6 물류와 포장

6.1 수송, 선적, 컨테이너, 벌크 203

6.2 소매용 포장 206

6.3 와인병 마개 210

CHAPTER 7 소비

7.1 국가별, 일인당 소비량 217

7.2 소비자들의 다양한 선택지 222

7.3 커피 포장과 와인 라벨 – 정보와 모양 230

7.4 건강 241

7.5 스파클링 와인 248

CHAPTER 8 지속 가능성

8.1 지속 가능성에 대한 기준 257

8.2 환경: 첫 번째 범주 268

8.3 기후 변화 276

8.4 사회적 측면: 두 번째 범주 281

8.5 경제적 측면: 세 번째 범주 285

CHAPTER 9 기구와 대회

9.1 커피 기구와 와인 기구   289

9.2 커피 경연: 음료 품질, 챔피언십   292

9.3 와인 대회와 여러 경연 대회   295

CHAPTER 10 문화적 가치

10.1 유네스코 세계 유산: 커피, 와인과 관련된 지역   305

10.2 음악과 종교   311

CHAPTER 11 국가별 커피와 와인

11.1 자료와 역사   317

부록 1 5개 음료 비교 : 커피, 코코아, 차, 와인, 맥주   357

부록 2 기술 단위 : 기원, 사용법, 변환   361

역자의 말   366

"우리는 왜 와인 산업처럼 할 수 없을까?" 이는 저자가 오랫동안 참여한 여러 커피 워크숍과 커피 컨퍼런스에서 커피 재배자들과 수출업자들이 늘 제기해 온 과제이다. 이 과제가 추구하는 바는 명백하다. 와인 산업의 정교한 브랜딩 그리고 때때로 등장하는, 비교할 수 없이 높은 거래가이다. 커피 산업에서는 와인 산업의 긴 역사, 신비한 떼루아, 복잡한 관능 표현, 그리고 품격을 부여하고 우아함을 더해주는 스토리텔링을 부러워해왔다.

그러나 커피 재배자와 커피 수출업자들의 이런 인식은 옳지 않다. 그런 인식으로는 제대로 된 비교조차 불가능하다. 나는 그들이 제기한 과제에 제대로 답하기 위해, 두 분야를 상세히 비교하기로 했다. 이제껏 이런 내용의 문헌은 아예 없었기 때문에 저자는 그 주제에 대한 몇 안 되는 문건을 찾아 헤매야 했다. 몇 안 되는 자료들조차 대부분 '커피가 와인에서 배울 점(What coffee could learn from wine)' 같은 제목을 달고 있었다. 몇몇 자료는 흥미로웠지만, 수치 자료나 유용한 지침은 없었다.

유통 경로 전체를 망라해가며 커피와 와인을 비교하는 것은 매혹적인 일이었기에 일찌감치 책을 쓰겠다는 결심을 할 수 있었다. 정보를 모으기 위해, 저자는 여러 컨퍼런스, 박람회, 기관, 연구소, 도서관, 업체, 생산자, 가게, 그리고 개인을 찾아다녔다. 사람들은 매우 흥미로워했으며 기꺼이 정보를 나누어주었다. 그들에게 나는 경쟁자도, 뭔가 꿍꿍이를 숨긴 언론인도 아니었다.

책을 쓰면서 전 세계 컨퍼런스에 초청을 받아 발표를 하기도 했다. 그때는 '커피와 와인의 차이 점 백 가지'(부록 1 참조)를 발표할 수는 없었고, 두 분야의 근본적인 차이점 두 가지에 집중했다. 이는 아래와 같다.

- **유통경로** – 커피의 유통경로는 매우 길며, 여러 지역에 분포한 많은 관계자들이 협력적으로 참여한다. 이에 비해 와인은 유통경로가 짧다.

- **품질 증진을 위한 선택지** – 커피는 몇 가지 되지 않는다. 와인은 많다.
- **기업의 상대적 크기** – 일부 커피 업체의 규모는 매우 거대하다. 전 세계 커피 시장의 15% 이상을 점유하는 업체도 있다. 그에 비해 와인 쪽에는 가장 큰 업체라 해도 전 세계 와인 생산량의 3% 이상을 점유하는 곳은 없다.
- **지속 가능성 기준** – 커피 쪽의 기준이 몇 가지 면에서 더 복잡하다. 그렇다고 와인 쪽 기준이 간단하고 쉬운 것은 아니다.

관능 기술 및 와인 평가와 대한 정보를 모으면서 안데르센의 동화 '벌거벗은 임금님'이 떠올랐다. 보통은 와인 분야에 해당하는 것이지만 점차 커피 쪽에서도 나타나고 있는 요란한 수사나 과장된 광고문들을 몇 가지 소개했다. 이 부분은 약간 논란의 여지가 있기도 하지만, 저자는 중립적 외부자 입장으로 이런 부분을 통해 원하는 바를 정확히 기술할 수 있었다.

저자는 이 책을 쓰기 위해 자료를 수집하면서 놀라운 정보를 많이 접했다. 굉장한 것도 있었고 도무지 알 수 없는 것들도 있었다. 그중 몇 가지는 지금도 여전히 그렇다. 이런 발견들이 저자의 호기심을 자극했고, 탐구의 원동력이 되었다. 운 좋은 발견이랄까.

그 경이로움과 비판 중 몇 가지를 이 책에 담았다. 어떤 것은 곡해와 오해에 기반한 것일 수 있다. 어떤 것은 도발적으로 보일 수도 있다. 누구든 그런 부분에 대해 저자보다 더 바르고 적확한 설명을 해줄 수 있다면, 차후 개정판을 낼 때 반영할 수 있도록, 부디 조언을 부탁한다.

저자는 이 책을 진심을 다해 썼다. 다행스럽게도 책을 쓰면서 이해가 상충하는 상황을 겪지 않았다. 나는 생산자도, 거래업자도, 구매인도, 분쟁 심판원도 아니다. 이 책에서 언급한 어떠한 기관, 업체와도 상업적으로는 물론 어떠한 긴밀한 관련도 없다.

슐터 SA(Schulter SA, 현재 올람 커피 산하)는 주로 아프리카산 스페셜티 커피를 조달하는 업체였다. 이 업체가 커피 잡지 및 기타 매체에서 선보인 광고는 커피 산업이 와인 산업을 바라보는 선망이 어떠한지 보여주는 좋은 예시이다.

책의 구조

이 책은 나무에서부터 커피와 와인이라는 음료가 되기까지의 모든 단계에서, 두 제품과 분야를 주제별로 비교한다. 커피에 대한 내용의 제목과 표는 갈색 원으로 표시했다. 그리고 와인의 제목과 표에는 붉은색 원을 표시했다.

이 책을 쓴 동기는 커피가 와인에서 무엇을 배울 것인가였지만, 이 책에 그런 조언을 담지는 않았다. 여러 설명과 비교를 통해 독자가 자체적으로 결론을 낼 수 있을 것이다. 물론, 커피 분야에도 배울 점이 있음은 당연하다.

Undeniably Gourmet

From the fruity and sweet **Ruvuma** coffees of **Tanzania**, to the bright floral coffees of **Kochere** washing station in Yirgacheffe, **Ethiopia**, we personally select and serve you the finest green coffees from the continent of Africa.

자료와 용어

이 책에 나온 수치는 여러 가지 공공 통계 자료, 산업 자료, 국가별 거래 협회, 업체 브로셔, 책, 웹사이트에서 제공한 정보를 바탕으로 한다. 또한, 저자의 계산 및 전시회와 컨퍼런스에서 만난 개인들과의 대화, 그리고 기구, 생산자, 기업체 방문을 통해 기반한 추정치도 포함된다. 자료별로 내용이 크게 다른 경우에는 이를 용인하고 자체 추정치를 포함시켰다.

와인 관련 대부분의 저술이 그러하듯, 구대륙(주로 유럽 및 이웃 국가)과 신대륙(주로 캐나다, 미국, 칠레, 아르헨티나, 브라질, 남아프리카, 오스트레일리아, 뉴질랜드)의 자료를 모두 참조했다. 신대륙에는 중국, 인도처럼 역사상 구대륙에 속하지만 와인 분야에서는 신흥 생산국에 속하는 국가도 포함된다.

두 가지 주요 커피 품종에 대한 문헌은 아라비카(arabica, 대문자로 Arabica)와 로부스타(robusta, 대문자로 Robusta)에 관한 것을 참조했다. 이 책에서는 국제 원예학회(International Society for Horticultural Science, ISHS)에서 펴낸 〈스크립트라 호르티쿨투래(Scripta Horticulturae)〉 시리즈 내 재배 식물 국제 명명법(International Code of Nomenclature for Cultivated Plants, ICNCP)에서 권고한 대로 대문자를 사용했다. 또한, 샤르도네(Chardonnay), 말벡(Malbec), 피노 누아(Pinot Noir), 뗌쁘라니요(Tempranillo) 등의 포도 품종에도 대문자를 사용했다. 다만 여러 와인 저자들은 소문자를 사용하고 있다.

일부 국가의 이름은 읽기 쉽도록 공식 용어가 아닌 일상 용어로 줄여 표현했다. 예를 들어 볼리비아(Plurinational State of Bolivia, 볼리비아 다민족국), 이란(Islamic Republic of Iran, 이란 이슬람 공화국), 라오스((Lao People's Democratic Republic, 라오 인민 민주주의 공화국), 러시아((Russian Federation, 러시아 연방), 한국(Republic of Korea, 대한민국), 탄자니아(United Republic of Tanzania, 탄자니아 연합공화국) 등이다.

모튼 숄러

감사의 말

이 책이 나오기까지 도움을 준 모든 이에게 감사를 드린다.

개인 : Alban Albert, Julian M. Alston, Kym Anderson, Gustavo Bacchi, Peter Baker, Will Battle, Elliot Bentzen , Richard van Beuningen, Richard Bliault, Axel Borg, Carlos H.J. Brando, Mark Brown, Gordon Burns, Nova Cadamatre, Darcio De Camillis, Julie Carel, Steve Charters, Cheng Cheng, Giuseppe Cipriani, Nicolas Clark, Dan Cox, Renaud Cuchet, Mark Cunningham, Kenneth Davids, Tim J. Donahue, Pablo Dubois, Gemma Duncan, Lars Eegholm, Jerry Eisterhold , Moreno Faina, Paul J. Fisher, Britta Folmer, Kate B. Fuller, Bernard Gaud, Lars Geertsen, Matthijs Geuze, Henk Gilhuis, Peter Giuliano, Paul Gordon, Marcel Guigal, Leo Steen Hansen, Graham Harding, Peter Hayes, Hans Hegglin , Richard Hemming, Eric Hervé, Hein Jan van Hilten, Robert Hodgson , Francis Huicq, Gregory V. Jones, Soren Knudsen, Friedrich von Kirchbach, James Kosalos, Surendra Kotecha , Kurt Møller Lauritzen, Laurie Linn, Georg Prinz zur Lippe, Geoffrey Loades, Carsten Mahnfeldt, Olaf Malver, Denton Marks, Grace Mena, Sunalini Menon, Shirin Moayyad, Sven Moesgaard, Gabriel Agrelli Moreira, Mbula Musau, David Muwonge, Dorrit de Neergaard, Olav O. Nielsen , Thorkild Nissen , Ann C. Noble, Gertrud Otzen, Annette Pensel, Jean-Denis Perrochet, Claus Asmus Petersen, Nicolas Quilie, Khemraj Ramful, Philip Reedman, Lars Refii, Anik Riedo, Alexis Rodriguez, Theresa Sandalj , Ulrich Sautter John Schluter, Philip Schluter, Christian Schøler, Esben Schøler, Patrik Schönenberger, Allen Shoup, Dirk Sickmüller, Katie Sims, Roberto Smith-Gillespies, Lucia Solis, Susie Spindler, Carl Staub, Karl Storchmann, Lena Struwe, Erika Szymanski, George M. Taber, Joachim Taubensee, Sandra Taylor, Edouard Thomas, Gert Uitbeijerse, Roel Vaessen, Mike Veseth , Adam Vignola, Beatriz M. Wagner, Maja Wallengren, Mick Wheeler, Christian Wolthers, Lichia Yiu .

기구, 기업 : International Coffee Organization(ICO), International Organisation of Vine and Wine(OIV), Specialty Coffee Association, Coffee Quality Institute, International Women's Coffee All

iance, International Trade Centre of the United Nations(ITC's The Coffee Exporter's Guide), Universi
ty of Applied Sciences at Changins(Viticulture and Enology, 스위스), Plumpton College(영국), Univer
sity of Coffee(이탈리아), University of California, Davis(the library), American Association of Wine
Economists, European Association of Wine Economists, International Wine Law Association (IW
LA-AIDV),Academy of Wine Business Research, University of South Australia, Wine Institute(캘
리포니아), Wine Business Monthly(잡지, 캘리포니아), Cafe Africa, Coffee Lab(인도), ETS Laborator
ies (캘리포니아), P&A Marketing(Coffidential, 브라질), Global Cargo Consultancy Management, Hiv
os (네덜란드), Sweet Maria's Coffee, Counter Culture Coffee, illycaffe, Nespresso, Starbucks, Schlut
er SA, Walter Matter, Global Coffee Platform(GCP/ 4C/CAS), Rainforest Alliance, UTZ.

책, 보고서, 지문, 웹사이트, 뉴스레터, 프리젠테이션 및 여러 매체를 통해 유용한 정보를 준 사람들:
Nanda R. Arya!, Eric Asimov, Mauro Bazzara, Franco Bazzara, David Bird, Lindsey Bolger, Will
em Boot, Jim Boyce, Maria Fernanda Brando, Nick Brown, Johan Bruwer, Timothy J. Castle, Oz
Clarke, Tyler Colman, Lance Cutler, Sally Easton, Nils Erichsen, Judith Ganes-Chase, Jamie Go
ode, W. Blake Gray, Mark Greenspan, Julia Harding, Daniel Harrington, Steve Heimoff, Ian He
nderson, James Hoffmann, George Howell, Andrew Jefford, Hugh Johnson, Phyllis Johnson ,Bri
tt Karlsson, Per Karlsson, Matt Kramer, Benjamin Lewin, Ted Lingle, Jake Lorenzo, Karen MacN
eil, Mark A. Matthews, Elin McCoy, Jay McInerney, Anette Moldvaer, David Morrison, Ian Mo
unt, Nathan Mybrvold, Sjoerd Panhuysen, Mark Pendergrast, Cyril Penn, Curtis Phillips, Joost Pi
errot, Bill Pregler, Madeline Puckette, Ric Rhinehart, Joe Roberts, Jancis Robinson, David Roche,
Emma Sage, Clark Smith, Colin Smith, Robin Stainer, Stephen Stern, Tom Stevenson, Mariette
Tiedemann, DrVinny, DrVino, José Vouillamoz, Tom Wark, Ron Washam, Kevin Zraly

1992년 이래 International Trade Center의 〈The Coffee Exporter's Guide〉의 주요 저자였던 Hein
Jan van Hilten에게 특별히 더 감사드린다. Jan은 지난 50여 년 동안 주로 커피 생산 국가의 커피
산업 안에서 여러 직책을 맡았다. 그는 저자가 UN에서 커피 무역에 대한 책임 어드바이저로서
14년을 일하는 동안, 커피에 대한 모든 지식의 원천이 되어준 극도로 충실한 멘토였다.
또한 지도와 일러스트를 맡아준 Lars Refn에게도 감사드린다. 그는 덴마크 잡지 〈Ingeniøren(엔지
니어)〉에서 30년 넘게 일러스트를 맡았다. 저자는 그의 삽화를 좋아했다.
마지막으로 Troubador Publishing의 Jeremy Thompson 및 그 동료들에게 감사드린다. 이 책의 출
판에 중요한 지원을 해준 사람들이다.

Lars Refn은 40개 일러스트—10개 지도 포함—를 제공했다. 원서 표지는 Geoff Borin이 디자인
했다. 이 책에 실린 사진은 다수는 Getty Images의 iStock 플랫폼에서 가져왔다. 기타 사진은 관련
업체나 기구의 웹사이트에서, 또는 고해상도를 위해 별도로 구했다. 필요한 경우 자료 출처를 기
재했다. 일부 사진은 Wikimedia Commons에서 구했다.

〈Coffee and Wine〉의 한국어판 〈커피와 와인〉을 스페셜티 커피 산업과 커피 관련 서적
출간에 힘써 온 커피리브레에서 출간하게 되어 무척 기쁩니다.
커피리브레 서필훈 씨에게 감사드립니다. 커피리브레와 함께할 수 있어서 즐거웠습니다.
또한 번역, 출판과 관련한 다양한 작업을 맡아준 최익창 씨에게도 감사를 드립니다.

커피리브레와 〈커피와 와인〉 독자들의 행운을 빕니다.

모튼 숄러

CHAPTER 1

역사와 개요

역사와 개요
History and Overview

1.1 정의와 역사

◎ 커피의 정의

커피는 커피나무의 체리 모양 열매 속 씨앗을 볶아 만든 원두(roasted bean)를 사용해 제조하는 추출 음료이다.

생두(green bean)는 쉽게 상하지 않는다. 다른 열대 농산물이 수확 후 며칠 안에 소비되거나 판매되지 않으면 품질이 급격히 저하되는 것에 비해, 커피는 수 개월 또는 수 년간 보관해도, 제대로만 보관한다면 품질이 크게 떨어지지 않는다.

국제적으로 커피는 생두 형태로 거래된다. 생두란 볶지 않은 원재료 상태의 씨앗을 말한다. 생산과 거래, 소비에 대한 통계는 일반적으로 생두 기준이며 단위는 60kg 포대를 사용한다.

◎ 커피의 기원과 커피라는 말의 기원

에티오피아는 커피나무의 원산지이지만 처음 상업적으로 재배된 곳은 오늘날 예멘에 해당하는 아라비아 반도의 한 지역이다. 커피를 언급한 첫 문헌은 15세기 예멘에서 나왔다.

커피라는 말은 에티오피아에서 커피가 자생하는 지역인 카파(Kaffa, Kafa)에서 왔다고 알려져 있다.(커피는 다른 언어에서는 coffee, café, Caffè, kaffe, Koffie로 쓰인다.) 에티오피아가 커피의 원산지이긴 하지만 단어가

비슷한 것은 우연의 일치일 수도 있다. 에티오피아에서 사용하는 암하라어에서는 커피를 '부나', 암하라고어에서는 '분'이라고 한다.

아라비아의 옛 지명 아라비아 펠릭스(Arabia Felix)에서는 카와(qahwah)라고 했다. 이 말은 '일종의 와인', '씨앗의 와인'이라는 의미이다. 커피가 터키에 소개되었을 때는 카흐베(kahve)라는 이름으로 불렸다. 이 말은 이탈리아 및 일부 유럽 지역에서 커피를 일컫는 caffè와 가깝다.

아프리카는 커피의 원산지이지만 오늘날 전 세계 커피의 60%는 중남미에서 생산된다. 아프리카에서 공급되는 커피는 전체의 11% 정도이다.

코페아 아라비카(*Coffea arabica*)라는 말은 스웨덴의 식물학자인 카롤루스 린나에우스(Carolus Linnaeus, 1707-1778., 칼 본 린네(Carl von Linné)라고도 불린다.)가 1753년에 커피 계통군 중 아라비카 종에 붙인 이름이다. 당시 린나에우스는 커피가 아라비아 반도에서 기원했다고 잘못 알고 있었다.

◎ 커피의 역사: 중요한 단계들

커피는 천 년쯤 전에 발견되어 재배되었다. 정확한 시기와 지역은 알려지지 않았으며, 커피를 처음 볶은 사람과 지역 또한 밝혀지지 않았다. 문헌으로 남아 있는 것은 약 500년 전부터이다. 이 중 주요한 몇 가

◎ 커피 역사상 주요 사건

900년대: 전설에 따르면, 오늘날 에티오피아에 해당하는 지역에 살던 염소지기 칼디가 커피열매와 커피콩을 발견했다고 한다.

900 – 1300년대: 이때부터 에티오피아에서는 익힌 커피열매와 가루 낸 커피콩을 음식으로 먹기 시작한 것으로 보인다.

1200 – 1400년대: 커피가 아라비아 반도의 예멘 지역에 진출했다. 누가, 어떻게 소개했는지에 대해 여러 설이 있다. 가장 가능성 높은 것은 1300년대, 예멘의 수피파 수도승들이 전파했다는 이야기이다.

1400 – 1450년대: 재배와 로스팅이 처음 시작되었다. 다만 로스팅의 기원에 대해서는 기록이 없다.

1450 – 1500년대: 커피를 마시는 문화가 북아프리카와 아시아까지 전파되었다.

1453년: 오스만 투르크 인들이 콘스탄티노플(지금의 이스탄불)에 커피를 소개했다. 세계 최초의 커피점이 문을 열었다.

1600 – 1610년대: 인도에서 커피를 재배하기 시작했다. 몰래 들여온 씨앗 일곱 개로 시작했다는 전설이 있다.

1616년: 당시 커피나무나 발아 가능한 커피 씨앗의 수출은 금지되어 있었지만, 네덜란드 상인들이 예멘에서 커피나무를 구해 네덜란드의 온실에서 키우기 시작했다.

1645년: 베네치아에 유럽 최초의 커피점이 문을 열었다. 직후 이탈리아의 다른 도시에도 커피점이 문을 열었다.

1650년: 옥스포드(Oxford)에 영국 최초의 커피점이 문을 열었다. 이후 런던에 커피점이 문을 열었다.

1658년: 네덜란드 상인들이 예멘에서 커피나무를 채취해 실론(오늘날 스리랑카)에 심었다.

1683년: 비엔나가 투르크 군대의 포위에서 벗어난 뒤 비엔나 최초의 커피점이 문을 열었다. 곧바로 오스트리아 각지에 커피점이 문을 열었다.

1688년: 에드워드 로이드(Edward Lloyd)가 런던에 로이드 커피 하우스(Lloyd's Coffee House)를 열었다. 상인들과 선주들의 방문이 많아지면서 이후 보험 업체 로이드의 기반이 되었다.

1699년: 네덜란드 상인들이 예멘에서 커피를 채취해 자바 및 인도네시아의 인근 섬에 심었다. 곧이어 남미의 수리남에도 커피를 심었다.

1714년: 네덜란드 상인들이 파리의 식물원에 커피나무를 보냈다.

1718년: 프랑스 상인들이 인도양의 부르봉(Bourbon) 섬(오늘날 레위니옹(Réunion) 섬)에 커피를 심었다. 이곳의 커피는 동아프리카와 중남미 등지로 퍼졌다.

1723년: 프랑스 식물원에 있던 커피 한 그루가 카리브 해의 마르띠니끄(Martinik) 섬으로 옮겨졌다. 이곳의 커피나무는 다른 섬들(아이티, 자메이카, 쿠바) 및 중남미로 퍼져나갔다.

1727년: 브라질에서 처음으로 커피 재배가 시작되었다. 일부 자료에 따르면 커피 재배는 그보다 일찍 시작되었다고 한다. 이로써 프랑스와 네덜란드의 커피 독점체제가 깨졌다.

1740년: 필리핀에서 처음으로 커피 재배가 시작되었다.

1788년: 프랑스 식민지인 아이티의 커피 생산량이 전 세계 커피 총 생산량의 절반을 차지했다.

1825년: 하와이에서 처음으로 커피 재배가 시작되었다. 브라질 커피나무를 기반으로 했다.

1830년: 브라질이 최대 커피 생산국이 되었다. 다음으로 쿠바, 자바/인도네시아, 아이티 순이었다.

1840 – 1880년: 커피잎에 발생하는 병으로 인해 실론, 인도, 자바, 수마트라, 말라야 섬의 커피 생산이 대부분 파괴되었다.

1840 – 1900: 중남미에 커피 생산이 급속도로 확대되었다.

1870 – 1890: 아프리카 중부에서 로부스타 커피가 발견되었다.

1880년대: 영국 재배자들이 케냐에 커피 농장을 설립했다.

1882년: 뉴욕 커피 거래소(New York Coffee Exchange)가 문을 열었다.

1884년: 이탈리아에서 최초의 에스프레소 머신이 공개되었다.

1896년: 호주 퀸즐랜드에 최초의 커피나무가 심어졌다.

1900년: 브라질의 커피 생산량이 전 세계 커피 생산량의 90%를 차지했다.

1900년: 인도네시아에서 로부스타 커피를 재배하기 시작했다. 1912년에는 브라질, 1916년에는 인도에서 재배가 시작되었다.

1906년: 이탈리아에서 에스프레소 머신이 일반화되었다. 다만 당시 머신 압력은 크지 않았다.

1908년: 독일의 멜리타 벤츠(Melitta Bentz)가 드립 추출용 종이 필터를 발명했다.

1920년: 브라질의 커피 생산량이 전 세계 커피 생산량의 80%를 차지했다.

1946년: 미국의 일인당 커피 소비량이 연간 9kg(20파운드)에 달했다.(2017년의 일인당 소비량 4.5kg = 10파운드)

1950년: 특히 서아프리카와 앙골라에서 로부스타 커피 생산량이 급속히 늘어났다.

1956년: 로부스타 커피가 전체 커피 수출량의 22%를 차지했다.

1962년: 국제 커피기구(International Coffee Organization)가 설립되었다. 생산국과 소비국 모두가 회원으로 참여했다.

1971년: 스타벅스(Starbucks)가 미국 시애틀에 첫 매장을 열었다.

1974년: 앙골라의 커피 생산량이 500만 포대를 넘어섰다.(1984년의 생산량은 30만 포대를 밑돌고 이후 생산량이 더욱 줄어들었다.)

1980년: 베트남의 커피 생산량이 10만 포대에 달하였다.(2012년 뒤로는 연 생산량이 2천만 포대를 넘어섰다.)

1982년: 미국 스페셜티 커피협회(Specialty Coffee Association of America, SCAA)가 창립되었다.(현재 SCA)

1988년: 네덜란드에서 막스 하벨라르(Max Havelaar)가 설립되었다. 이것이 페어트레이드(Fairtrade) 운동의 기원이 된다.

1989년: 국제 커피 규약(International Coffee Agreement)의 쿼터제가 끝났다. 이후 가격 폭락 사태가 있었다.

2005년: 유기농, 페어트레이드, 레인포리스트 얼라이언스(Rainforest Alliance), UTZ, 4C 같은 지속 농업 기준 프로그램이 활성화되었다.

2010년: 네스프레소(Nespresso)와 유사 브랜드, 포드, K – cup 같은 1회용 캡슐 커피가 널리 사용되기 시작했다.

2012년: 브라질과 베트남, 두 국가의 커피 생산량이 전 세계 커피 총 생산량의 절반을 차지했다.

2015년: 로부스타 커피 생산량이 전체의 40%에 이르렀다.

2016년: 요 아 벤키서 홀딩 컴퍼니(Joh A. Benkiser(JAB) Holding Company)가 야콥스 다우베 에그베르츠(Jacobs Douwe Egberts), 큐리그 그린 마운틴(Keurig Green Mountain) 등의 브랜드를 보유하면서 세계 최대 커피 로스터 그룹이 되었다.

2017년: 미국의 SCAA와 유럽의 SCAE가 통합되어 스페셜티 커피협회(Specialty Coffee Association, SCA)가 발족되었다.

2018년: 〈Coffee and Wine〉이 출판되었다. – 두 분야를 비교한 책으로는 최초이다.

지 사건과 기록을 왼쪽 표로 나타냈다.

● 와인의 정의

와인은 농산물인 포도를 사용해 만든 알코올 음료이다.

1907년 프랑스 정부는 와인을 다음처럼 정의했다: "와인은 갓 수확한 포도 또는 그 착즙을 알코올 발효시킨 것이다." 와인과 관련된 사기 행위를 방지하기 위해 간명한 정의가 필요했다.

1978년 이래 유럽 경제 공동체(현재의 유럽 연합)에서는 와인을 다음과 같이 정의한다. "갓 수확하여 으깨거나 으깨지 않은 상태의 포도 또는 포도액을 오직 완전 알코올 발효 또는 부분 알코올 발효 방법만 사용해 만든 제품"

유럽 연합에서는 몇 국가를 제외하고 최소 알코올 함량이 부피의 8.5%인 것을 와인으로 분류한다. 미국과 호주는 최소 함량을 7%로 정했다. 일부 국가에서는 해당 규정이 없다.

다른 농산물 및 농산물 기반의 음료와 구분되는 와인 고유의 특성은 다음과 같다:

- 와인은 (포도를) 재배하여 가공 후 보관하고 (대개 병입) 포장하기까지의 행위, 때로는 판매까지도 동일한 장소에서 일어난다.
- 여러 방법으로 최종 제품(와인)의 품질이 개선될 수 있다.
- 와인은 저장할 수 있다. – 때로는 상당 기간 동안 저장이 가능하다.
- 와인은 일반적으로 구매한 뒤에야 음용 소비할 수 있다.
- 엄청나게 높은 가격의 와인이 나올 수 있다.
- 와인은 소비자의 감정을 돋울 수 있지만 과도한 음주시에는 반대로 감정이 저하되고 부정적인 영향을 줄 수 있다.
- 와인은 건강에 해를 입히거나 치명적인 위험을 초래할 수도 있다.

● 와인 관련 용어

와인이라는 말은 오늘날 터키의 일부 지역에 존재했던 두 사어, 히타이트어의 위야나(wiyana) 및 리키아어의 오이노(oino)에서 유래되었다고 한다. 프랑스어, 덴마크어, 노르웨이어, 스웨덴어로는 뱅(vin), 독일어로는 바인(wein), 이탈리아어와 스페인어로는 비노(vino), 포르투갈어로는 비뉴(vinho), 네덜란드어로 베인(wijn), 폴란드어로는 비노(wino), 라틴어로는 비눔(vinum)이라고 한다. 한자어는 11장 중국 항목에서 설명하겠다.

● 버라이어티(variety), 버라이어틀(varietal), 컬티바(cultivar)의 차이

버라이어티와 버라이어틀은 때때로 혼동된다.

버라이어티는 샤르도네(Chardonnay, 영어: 샤도네이)나 메를로(Merlot), 템쁘라니요(Tempranillo)처럼 포도나무와 포도의 품종을 나타내는 명사이다. **버라이어틀**은 엄격히 말하자면 "샤르도네 와인"처럼, 와인에 적용되는 형용사이다.

어떤 와인이 한 가지 포도 품종으로, 또는 한 가지 포도 품종을 주로 사용해 만들었다면 버라이어틀 와인이라 부른다. 그렇지만 미국식 영어로는 포도 품종 자체를 버라이어틀이라 말하는 경우가 점점 더 일반화되고 있다. 즉 "이 와인은 샤르도네 버라이어틀로 만들었다." 하는 식이다. 언어 결벽증이 있는 이들은 꽤나 당황스러울 것이다.

유럽 연합에서는 제품에 표기한 포도 품종이 최소 85% 이상 들어 있어야 버라이어틀 와인으로 인정한다. 미국에서는 하한선이 75%이지만 일부 주에서는 수치가 더 높다. 미국 토착 품종으로 만든 경우에는 해당 품종이 51%만 들어 있어도 버라이어틀 와인으로 인정된다.

컬티바(재배종, 재배 품종(cultivated variety)의 준말이다.)에는 일정한 관능 결과 내지는 제품 특성을 내기 위해 특정 품종을 의도적으로 재배했다는 의미가 들어 있다. 남아프리카 공화국에서 이 말을 가장 많이 사용하는데, 흔히 컬티바와 버라이어티가 혼용된다. 국제재배식물명명규약(International Code of Nomenclature for cultivated plants)에 따르면, 흔히 사용되는 용어인 '버라이어티'는 대개는 식물 품종보다는 '컬티바–재

● 보르도: 300년간 잉글랜드의 영토였던 곳

1152년, 영국의 헨리 2세(헨리 플랜타저네트, Henry Plantagenet)는 프랑스의 부유한 아키텐 공작 알리에노르(Eleanor of Aquitaine)와 결혼하면서 보르도를 비롯한 영지를 획득했다. 이후 영국과 프랑스 사이의 100년 전쟁이 끝나는 1453년까지, 이 지역은 영국령이었다. 영국이 지배하는 300년 동안, 상당한 양의 와인이 해협을 건너 영국으로 반출되었다. 1300년대 초의 반출량은 연간 10만 헥토리터(hL)에 달했다고 한다.
영국 치세 기간 동안, 보르도의 레드 와인은 클라렛(Claret)이라 불렸다. 지금도 이곳 레드 와인을 지칭할 때 이 영국식 용어를 사용하는 경우가 있다.

배종'을 일컫는다. 이런 유형의 재배 식물은 꺾꽂이로 번식시키기 때문이다. 오늘날 포도 재배학에서는 버라이어티라는 말을 매우 폭넓게 사용한다. 그렇기에 컬티바가 더 정확한 용어라 할지라도, 이 용어를 최소한 남아프리카 공화국 밖에서는 찾아보기 어렵다.

● 산지 또는 품종에 기반한 와인 분류
유럽에서는 전통적으로 **지리적 산지**에 기반해 와인을 분류했다. 예를 들어 부르고뉴(버건디, Burgundy), 샤블리(Chablis), 키안티(Chianti), 리오하(Rioja), 모젤(Mosel), 토카이(Tokaj) 같은 식이다.

그 외 대부분의 국가에서는 **포도 품종**에 따라 와인을 분류하며 품종에 따라 와인을 언급한다. 예를 들어 피노 누아(Pinot Noir), 시라(Syrah), 말벡(Malbec), 리슬링(Riesling), 소비뇽 블랑(Sauvignon Blanc)이라고 한다.

현재 경향은 포도 품종에 따라 분류하는 쪽이다. 즉 품종을 밝히는 것이 현재 와인 산업의 경향이다. 산지보다는 품종 수가 적으므로 상대적으로 다양성과 흥미도가 덜하겠지만 기억할 거리가 적어 사용하기엔 더 쉽다. 그렇지만, 전 세계적으로 동일한 포도 품종명이 사용되기 때문에, 와인 제조업체로서는 힘든 경쟁을 펼쳐야 한다. – 그에 비해 지역 이름을 딴 와인이라면, 이를테면 '샤블리(Chablis)' 같은 와인은 고유한 가치가 있다.

● 와인의 역사: 짧은 버전
방식은 다르지만 포도 재배와 와인 생산이 태동한 시기는 8천여 년 전, 지역은 코카서스 산맥, 현재의 아르메니아, 아제르바이잔, 조지아, 이란, 러시아, 터키가 있는 곳이다.

역사, 고고학, 식물학, DNA 분석 결과를 더한 최근 연구에 따르면, 터키 동부 아나톨리아 고원이 포도나무를 처음으로 재배하고 야생 포도를 사용해 와인을 생산한 최초의 지역 중 하나라고 한다. 이곳은 지금도 야생 포도를 찾을 수 있는 몇 안 되는 지역 중 하나이다. 2017년 고고학자들은 조지아에서 기원전 6000년, 세계 최초의 와인 양조장으로 추정되는 유적을 발굴했다.

이집트의 신성 문자(히에로글리프) 및 벽화에서는 기원전 1400년경의 포도 재배와 와인 생산을 보여준다. 그리스의 철학자이자 과학자인 테오프라스토스(Theophrastus, 372-287BC)는 식물학의 아버지로 여겨지는데, 그의 저작으로 포도 재배에 대한 지침서가 있다.

프랑스, 독일, 스페인에 와인이 소개된 것은 로마 시대의 일이다. 그러나 476년 로마가 멸망하면서 이 지역의 와인 생산도 무너졌다. 그로부터 거의 천 년이 지나, 수도원의 수도승들이 실험을 거듭해 성찬용 와인을 생산하고 보급했다.

베네딕토회 수도사들이 포도밭을 세우고 와인 생산을 시작한 것은 6세기의 일이다. 부르고뉴의 마콩(Mâcon) 인근 마을인 끌루니(Cluny)에서 시작한 수도승의 와인 생산은 10세기 이후로는 오늘날의 프랑스, 독일, 스위스, 오스트리아 지역에까지 퍼져나갔다. 시토회(Cistercian) 수도사들은 1100년대가 되어서야 오늘날의 프랑스 지역에서부터 와인 생산을 시작했고, 이후 독일과 오스트리아에서도 와인을 생산했다.

세월이 흐르면서 프랑스는 점차 와인 생산의 중심지가 되었다. 이는 프랑스가 물길과 항구 등 와인의 수송과 수출에 적합한 기반을 갖추었기 때문이다.

● 와인의 구세계와 신세계

전 세계 와인의 80% 정도는 북위 30-50도 사이의 '와인 벨트'에서 생산된다. 그리고 2.3항의 세계지도에서 알 수 있듯이, 나머지 20%의 대부분은 남위 30-45도 사이에서 생산된다.

와인과 관련된 문헌에서는 예로부터 '구세계'와 '신세계'라는 말을 써 왔다. 이보다는 옛 와인 세계, 새 와인 세계, 아주 새로운 와인 세계라고 이야기하는 것이 더 정확하겠지만, 이 책에서도 위의 표현을 사용하고자 한다. 참고로 아주 새로운 와인 세계는 북유럽(노르웨이, 스웨덴, 핀란드)과 발트해 국가(에스토니아, 라트비아, 리투아니아)를 말한다.

구세계: 프랑스, 이탈리아, 스페인, 포르투갈, 독일, 오스트리아, 스위스, 헝가리, 체코 공화국, 루마니아, 불가리아, 그리스, 몰도바, 조지아, 아르메니아, 러시아, 터키, 이 외 이들 국가와 이웃한 동부, 남부 국가

신세계: 캐나다, 미국, 칠레, 아르헨티나, 브라질, 우루과이, 남아프리카, 호주, 뉴질랜드. 또한 서구에서 흔히 간과하는 와인 생산국들이 있다. 중국, 인도, 일본, 영국 및 중동 국가들이다. 중국은 현재 10대 와인 생산국 중 하나이며 생산량 또한 급속히 성장 중이다.

●● 시대에 따른 농산물 생산의 지리적 이동

원산지에서 전 세계 각지로 퍼져 재배된 농산물은 커피와 와인 외에도 다양하다. 1997년 노턴(W.W. Norton) 사에서 출간된 〈Guns, Germs, and Steel〉(국내에서 〈총, 균, 쇠〉로 출간)에서 저자 제러드 다이아몬드(Jared Diamond)는 시간에 따라 세계 각지로 경작법이 어떻게 퍼져 나갔는지를 서술한다.

고대, '비옥한 초승달 지대(Fertile Crescent, 나일강-티그리스강 사이)'에는 다양한 식물이 자랐고 가축화할 수 있는 동물도 많았다. 천혜의 입지라고 할 수 있다. 비옥한 초승달 지대는 티그리스, 유프라테스 강이 있는 서부 이란과 이라크, 동부 터키, 시리아, 레바논,

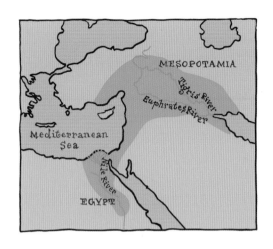

요르단, 이스라엘, 그리고 나일강이 있는 북부 이집트까지 펼쳐져 있었다.

이곳에서는 보리, 밀, 콩(pulse), 기타 단백질 함량이 높은 작물을 재배했고, 염소, 양, 소, 돼지, 닭, 당나귀, 말처럼 고기와 우유, 알, 가죽, 모피를 얻을 수 있거나 이동용 및 수송용으로 쓸 수 있는 가축을 길렀다.

오랜 시간이 흘러 이곳에서 생산한 작물과 가축들은 몇몇 장애물, 예를 들어 기후 등의 문제만 없다면 전 세계 각지로 전파되었다. 또한 다른 지역에서 기원한 작물들이 점차 흘러들어왔고, 이렇게 여러 작물의 생산 중심지도 바뀌었다. 커피와 와인도 이런 사례 중 하나이다.

커피의 원산지는 아프리카이다. 아라비카 커피는 에티오피아에서 왔고 이후 아라비아 반도의 예멘에서 재배가 이루어졌다. 이에 비해 로부스타 커피는 오늘날 콩고공화국, 콩고민주공화국, 우간다가 면하고 있는 빅토리아 호수 서쪽에서 왔다.

커피의 원산지는 이제 커피의 최대 생산지가 아니다. 오늘날 전 세계 커피의 60% 정도는 중남미 지역에서 생산된다. 아프리카의 생산량은 12% 미만이다.

와인 생산의 변화 또한 비슷하다. 이에 대해서는 표 1.1에서 볼 수 있다.

부록 1에서는 농작물에 기반한 음료 다섯 가지—커피, 코코아, 차, 와인, 맥주—를 비교하고 있다.

●● 표 1.1 시간이 흐르면서 재배지가 이동한 12개 작물

작물	원산지(발견지 및 첫 재배지)	오늘날 주요 생산지(국가, 지역)
바나나	동남아시아	인도, 남아메리카(에콰도르, 브라질 등), 중국, 동남아시아
코코아	중앙 및 남아메리카	서아프리카(코트디부아르, 가나 등), 동남아시아
커피(아라비카)	동아프리카(에티오피아), 첫 재배는 약 천 년 전 예멘에서 이루어졌음	과거 모카/예멘/아라비아였으나 중앙아메리카 및 남아메리카로 이동, 동아프리카의 생산량은 전세계 생산량 대비 많지 않음
커피(로부스타)	중앙아프리카, 빅토리아호 서쪽, 콩고공화국, 콩고민주공화국, 우간다	브라질, 베트남, 인도네시아, 인도, 현재 아프리카의 생산량은 전 세계 생산량 대비 많지 않음
면화	인도, 파키스탄	중국, 인도, 미국, 파키스탄, 브라질
오렌지	중국 또는 인근 국가	브라질, 미국(플로리다, 캘리포니아), 중국, 인도, 멕시코, 스페인
유지용 팜(palm oil)	서아프리카	동남아시아(인도네시아, 말레이시아)
감자	남아메리카 안데스 산맥	유럽, 미국, 중국과 여타 아시아 지역에서 성장세
고무	남아메리카(브라질)	동남아시아(인도네시아, 말레이시아, 태국)
사이잘 삼(sisal)	멕시코	동아프리카, 남아메리카
사탕수수	태평양의 주요 섬들 – 이후 남아시아, 동남아시아 지역(인도, 인도네시아)	브라질, 중국, 인도, 멕시코, 파키스탄, 카리브해 국가
차	중국	중국, 인도, 스리랑카, 케냐
와인용 포도	코카서스 산맥 인근 국가: 아르메니아, 아제르바이잔, 조지아, 이란, 터키 동부. 국가마다 '최초'를 주장하는 고유한 이야기가 내려오고 있으며, 시기는 8천 년 전으로 짐작됨.	서유럽(프랑스, 이탈리아, 스페인, 기타 국가)이 거의 2/3를 차지함. 미국은 유럽을 제외하고 가장 큰 생산지. 남반구는 1970년대 이래 생산량이 크게 증가했다. 현재는 중국의 생산량이 급속히 성장 중

주의: '원산지' 항목에서는 오늘날의 국가명 또는 국경선을 언급하였다.

1.2 수치로 보는 생산량

◎ 국가별 커피 생산량

커피의 연간 총 생산량은 60kg 포대 단위로 1억 5천만 포대를 약간 상회한다. 톤 단위로는 생두 기준 900만 톤으로, 이 정도의 커피를 운송하는 데는 컨테이너(20피트) 50만 개가 필요하다. 한 줄로 세우면 3000km가 넘는 길이로서 마드리드에서 모스크바까지, 시애틀에서 애틀랜타까지 가는 거리이다.

1위 생산국은 브라질로 전 세계 커피 생산량의 1/3을 생산한다. 20세기 초에는 생산 비중이 3/4에 달하

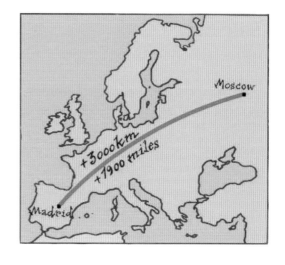

○ 표 1.2 국가별 연간 커피 생산량

순위	국가	60kg 100만 포대
	세계	152
1	브라질	52
2	베트남	26
3	콜롬비아	13
4	인도네시아	11
5	에티오피아	7
6	온두라스	6
7	인도	5
8	페루	4
9	과테말라	3.5
10	우간다	3.5
11	멕시코	3.5
12	중국	2.2
13	니카라과	2.1
14	코트디부아르	1.9
15	코스타리카	1.6
16	파푸아 뉴기니	0.9
17	탄자니아	0.8
18	케냐	0.8
19	에콰도르	0.6
20	엘살바도르	0.6
21	태국	0.6
22	라오스	0.5
23	베네수엘라	0.5
24	마다가스카르	0.4
25	도미니카 공화국	0.4
26	카메룬	0.4
27	콩고 민주 공화국	0.3
28	르완다	0.3
29	아이티	0.3
30	말레이시아	0.2
31	필리핀	0.2
32	기니	0.2
33	부룬디	0.2
34	예멘	0.1
35	파나마	0.1
36	토고	0.1
37	미국(하와이)	0.1
38	볼리비아	0.1
39	쿠바	0.1
40	호주	⟨0.1
41	앙골라	⟨0.1
	기타	0.9

자료: 국제 커피 기구(ICO), 커피 거래 업체,
　　　ICO 비회원국 자료

주의
- '커피 연도(coffee year)'는 통계용으로 쓰이는 기간으로 10월 1일부터 다음해 9월 30일까지이다.
- 이 표에서는 2013/14 –2016/17 까지의 자료를 평균, 반올림하여 표시했다. 일부 국가는 해당 기간중 수년 정도 특별히 생산량이 더 높거나 더 낮았는데, 이 경우의 수치는 제외했다.
- 국제 커피 기구(ICO) 통계는 회원국이 제공하는 자료를 토대로 한다. 이외에 미국 농무부와 F.O.리히트 커머디티 어낼러시스 (F.O.Licht Commodity Analysis) 및 노이만 카페 그룹(Neumann Kaffee Gruppe), 올람 (Olam), 볼카페(Volcafe) 등의 대형 커피 업체에서도 커피 통계 자료를 제공한다. 이들의 생산량 수치는 ICO 수치보다 약간 높은 편이다.

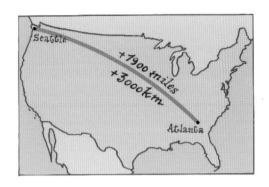

기도 했다.

　2위 생산국인 베트남은 1970년대 이전에는 커피를 거의 생산하지 않았지만 현재는 아프리카의 총 생산량보다도 많은 양을 생산한다.

　콜롬비아는 2015년에 인도네시아를 넘어 다시 3위가 되었다. 전 국가적으로 품종 교체 프로그램을 진행해, 생산량이 800만 포대 아래로 떨어졌다가 다시 1300만 포대로 올라섰다.

　커피를 생산하는 나라는 보수적으로 말하면 60개국을 약간 넘는다. 상업적으로 최소량만을 생산하는 나라까지 포함한다면 — 작은 섬국가들도 포함해 — 그 수는 약 85개 정도가 된다.

○ 여러 가지 커피 상품을 생두로 환산하기

ICO에서는 통계 단위로 60kg 포대를 사용한다. 이 단위가 거래에서 가장 많이 사용되지만, 46kg, 50kg, 69kg, 70kg을 쓰는 나라도 있다.

　본 책에서는 수량 단위로 생두 기준 60kg(132.276파운드) 포대를 쓴다. 해당 무게는 순 중량(net weight)이다. 다른 커피 상품의 경우 생두로 환산하는데, 이를 생두 환산(green bean equivalent, GBE)이라고 한다.

　표 1.3은 생두 환산에 대해 ICO에서 합의한 변환 값을 보여준다. 생두는 로스팅 가공하기 전, 껍질을 벗긴 상태의 커피콩을 말한다. 갓 수확한 열매의 경우에는 추산치 정도로만 기능한다. 실제 변환비는 수확 때마다 다르고 수확 후 가공 장비 및 적용한 가공법에 따라 달라진다.

○ 표 1.3 여러 커피 제품의 생두 환산표

환산할 커피 제품	곱할 대상	변환값
갓 수확한 열매를 생두로	갓 수확한 열매 무게 x	0.16
말린 열매를 생두로	말린 열매 무게 x	0.5
파치먼트를 생두로	파치먼트 무게 x	0.8
디카페인 생두를 일반 생두로	디카페인 생두 무게 x	1.05
원두를 생두로	원두 무게 x	1.19
디카페인 원두를 생두로	디카페인 원두 무게 x	1.25
인스턴트 커피를 생두로	인스턴트 커피 무게 x	2.6
디카페인 인스턴트 커피를 생두로	디카페인 인스턴트 커피 무게 x	2.73
액상 커피를 생두로	액상 커피 무게 x	2.6
디카페인 액상 커피를 생두로	디카페인 액상 커피 무게 x	2.73

브라질(34%)과 베트남(17%) 두 국가에서 전 세계 커피의 절반을 생산한다.

생두 1kg(2.2파운드)에서 원두 840g(1.9파운드)가 나오며 여기서 음료 120잔이 나온다.

● 세계 포도 생산량
전 세계 포도 생산량은 2016년 기준 7600만 톤이었다. 최대 생산 국가는 중국, 미국, 프랑스, 이탈리아, 스페인, 터키 순이다. 유엔의 식량농업기구(Food and Agricultural Organization, FAO)와 국제포도와인기구(International Organisation of Vine and Wine, OIV)에 따르면, 생산된 포도의 거의 50%(3600만 톤)가 와인으로 양조되고, 35%는 생식용으로 쓰인다. 9%는 건포도로 가공된다.

● 국가별 와인 생산 순위
와인을 상업적으로 생산하는 국가는 70개가 넘는다.

● 표 1.4 와인, 주스, 포도, 건포도로 사용되는 포도 비율

전 세계 포도 생산량 7600만 톤			
사용 가능한 전 세계 포도 생산량 7300만 톤(300만 톤 손실)			
압착 포도 4000만 톤		비압착 포도 3300만 톤	
와인 생산 3600만 톤 → 2억 7100만 헥토리터	머스트(must), 주스 생산 400만 톤 → 2900만 헥토리터	생식용 포도 생산 → 2700만 톤	건포도용 포도 생산 600만 톤 → 건포도 150만 톤

자료: Table and dried grapes, Focus 2016, FAO – OIV, 2017년판

주의: 와인 1리터를 만드는 데 포도 1.32kg이 들어간다. 머스트나 주스 1리터를 만드는 데는 포도 1.28kg이 들어간다. 건포도 1kg을 만드는 데는 포도 4kg이 들어간다.

이들 중 3개국이 전 세계 와인 생산량의 거의 절반을 생산한다. 각각 이탈리아(18%), 프랑스(17%), 스페인(14%)이다.

연간 세계 와인 총 생산량은 2.7억 헥토리터이다. 올림픽 규격 수영장 만 개를 넘게 채울 수 있는 양이고, 전 세계 시민에게 다섯 병씩 돌릴 수 있는 양이다.

세계 와인 생산량은 1980년대 전반기에 3.34억 헥토리터로 최고치를 이루었다가 2000년대 이후로는 2.5억~2.98억 헥토리터를 오가고 있다. 그 평균치가 대략 2.7억 헥토리터인 것이다. 유럽에서는 2000년 이래 생산량이 줄어들었지만 타 지역에서 와인 생산량이 늘면서 이를 벌충하고 있다.

신대륙은 전 세계 와인 생산량의 25%를 차지한다. 1980년대에는 2%에 불과했다.

전 세계 와인 소비량은 2.4억 헥토리터를 약간 넘는다. 즉 3천만 헥토리터가 공급 과잉인데 이는 증류주인 브랜디(brandy) 및 다른 제품의 재료가 된다. 유럽 연합에서는 과거 오랫동안 과잉 생산분(와인 호수(wine lake)라고 불렸다.)에 보조금을 주며 증류 가공을 장려했다. 현재는 아니다.

● 표 1.5 국가별 와인 연간 생산량

순위	국가	연간 생산량 (백만 헥토리터)
	세계	271
1	이탈리아	48
2	프랑스	44
3	스페인	38
4	미국	24
5	아르헨티나	13
6	호주	13
7	칠레	12
8	중국	12
9	남아프리카	11
10	독일	9.0
11	포르투갈	6.5
12	러시아	5.5
13	루마니아	4.0
14	그리스	3.0
15	뉴질랜드	3.0
16	오스트리아	2.5
17	브라질	2.5
18	헝가리	2.5
19	세르비아	2.0
20	캐나다	1.5
21	우크라이나	1.5
22	몰도바	1.5
23	불가리아	1.0
24	크로아티아	1.0
25	스위스	1.0
26	우루과이	1.0
27	조지아	1.0
28	마케도니아	1.0
29	일본	1.0
30	페루	< 1.0
31	슬로베니아	< 1.0
32	터키	< 1.0
33	알제리	< 1.0
34	체코 공화국	< 1.0
35	모로코	< 1.0
36	슬로바키아	< 1.0
37	멕시코	< 1.0
	기타	2.0

자료: OIV FAO, WWTG, Wine Institute, GAIN – US

주의

• 국가별 수치는 2013 – 2017년(2017년 자료는 추산치가 포함되어 있다.) 5년간의 수치 중 최고와 최저 수치는 버리고 나머지를 평균낸 것이다.

• 2017년 세계 와인 생산량은 2.5억 헥토리터로 추산되는데, 이는 예외적으로 낮은 수치이다. 2017년에 프랑스와 이탈리아, 스페인, 독일이 서리와 가뭄 피해를 입었기 때문이다.

• 2009년과 2011년, 2014년에는 프랑스가 이탈리아보다 생산량이 많았다.

• 일본에서 자국산 포도로 생산하는 와인은 전체의 1/4 미만이다.

• 위 표에서 8백만 헥토리터 미만 수치는 가장 가까운 50만 단위 수치로 나타냈다.

1.3 커피와 와인 생산용 부지

◉ 전 세계의 커피 재배용 부지

커피 생산용 부지는 전 세계적으로 1100만 헥타르(11만km²) 정도이다. 표 1.7에서 볼 수 있듯이 불가리아, 쿠바, 아이슬란드, 남한, 미국의 버지니아의 넓이와 비슷하다.

커피의 80% 이상은 2천만에 달하는 소규모 커피 생산자들이 공급한다. 소규모 커피 생산자들의 수는 대략적인 수치이다. 전 세계적으로 농장과 재배자에 대한 정의 및 등록 기준이 다르기 때문이다. 예를 들어 재배자의 배우자나 가족 구성원에 대해서도 국가마다 다르게 규정한다. 소규모 농지에 대한 공식적인 조사가 이루어지는 경우는 거의 없고, 이런 재배지는 다른 작물 재배 또는 가축 사육에 이용되기도 한다. 그러므로 커피를 재배하는 땅이 정확히 어느 정도 비율인지 정확하게 파악하기란 어렵다.

● 표 1.6 일부 국가의 와인용 포도 재배지 비율

국가	전체 농경지 중 와인용 포도 재배지 비율(%)
조지아	9
포르투갈	8
슬로베니아	8
사이프러스	7
뉴질랜드	6
이탈리아	6
스페인	6
프랑스	4
칠레	3.5
스위스	3.5
오스트리아	3.2
독일	0.8
남아프리카	0.7
호주	0.3
미국	0.1
중국	0.1

자료: Kym Anderson and Nanda R. Aryal, Australia, 2013. 여기에 국가별 보고가 있을 경우 갱신했다. 수치는 반올림했다. 4% 미만 수치는 소숫점 표시했다.

● 전 세계 와인용 포도 재배지

전 세계 포도 재배지는 750만 헥타르(7.5만km²)이다. 와인용 포도 재배 면적은 이중 60%인 470만 헥타르(4.7만km²) 정도이다. 축구장으로 치면 700만 개 정도이다. 나머지 재배지에서 생산되는 포도는 생식용 포도로 판매되거나 건포도로 가공된다.

표 1.7에서처럼, 와인용 포도 재배지 전체 면적은 대략 스위스, 덴마크, 코스타리카 및 미국의 미시간 호수 크기와 비슷하다.

2016년 기준 전 세계 와인용 포도 재배지는 2000년도 대비 8% 줄어들었다. 주로 유럽 일부 국가에서 재배지가 감소했고, 다른 곳에서는 재배지가 늘어났다. 미국과 조지아는 각각 30%, 체코 공화국이 40%, 뉴질랜드는 200% 이상 재배지가 늘어났다.

와인용 포도를 합쳐 전체 포도 재배 면적이 가장 넓은 나라는 스페인이지만, 스페인의 와인 생산량은 전 세계 3위이다. 포도나무 사이 간격이 넓고, 물도 부족해서 생산성이 프랑스나 이탈리아보다 낮다.

유럽 연합에서는 상당한 기간 동안 포도 재배지 면적에 규제를 해왔다. 2016년도부터 적용되는 신규정에 따르면 각 나라마다 포도 재배지 면적을 매년 최대 1%씩 늘릴 수 있다. 다만 포도 재배지 면적이 1만 헥타르 미만인 회원국의 경우는 규제가 없다.

표 1.7에서 나타나 있듯, 전 세계 커피 재배지 면적(11만km²)은 와인용 포도 재배지 면적(4.7만km²) 대비 2배를 약간 넘는다.

○● 일부 국가의 커피 농장과 포도밭 크기

브라질의 커피 농장들의 면적은 보통 5, 20, 50헥타르 정도이고 몇몇 대형 플랜테이션은 면적이 100헥타르를 훌쩍 넘는다. 중앙 아프리카의 농장 면적은 대략 3헥타르 정도이다. 콜롬비아, 인도, 베트남은 2헥타르 미만인 경우가 많으며 아프리카 내 다수 나라에서는 농장 면적이 1헥타르 미만인 경우가 허다하다.

나라별 포도밭의 면적은 통계치와 발간 자료마다 다르다. 또한 '포도밭'을 어떻게 정의하느냐에 따라서도 평균 크기가 달라진다. '밭'의 최소 크기는 얼마인가? 상업적인 포도밭만 통계에 포함시켜야 하나?

○● 표 1.7 커피와 와인용 포도 재배지 면적과 일부 국가 면적과의 비교

국가 또는 지역	단위 km²
바티칸 시티	0.5
런던 하이드 파크	2.5
뉴욕 센트럴 파크	3.4
프랑스 생떼밀리옹	27
미국 워싱턴 DC	68
싱가포르	700
미국 뉴욕 시	1,200
자메이카	11,000
르완다	26,000
벨기에	30,000
유럽 연합의 와인 포도 재배지 면적	35,000
스위스	41,000
덴마크	43,000
세계의 와인 포도 재배 면적	47,000
코스타리카	51,000
미국 미시간 호수	58,000
스리랑카	66,000
아프리카 빅토리아 호수	69,000
독일 바바리아 주	71,000
세계의 모든 포도 재배	76,000
포르투갈	92,000
남한	100,000
세계의 커피 재배지	110,000
쿠바	110,000
불가리아	111,000
미국 버지니아 주	111,000
미국 플로리다 주	170,000
영국	244,000
뉴질랜드	268,000
이탈리아	301,000
베트남	329,000
독일	357,000
일본	378,000
미국 캘리포니아 주	424,000
프랑스	552,000
브라질 미나스 제라이스 주	586,000
콜롬비아	1,140,000
브라질	8,516,000

자료: OIV, ICO, FAO, 국가 홍보 자료, 저자 계산

주의

• 세계의 커피 재배지 항목은 추산한 값을 넣었다. 이 항목에서 참조한 자료들은 내용이 각각 다른데, 이는 수백만에 달하는 소규모 재배자들 다수는 자신의 농지에 커피와 함께 다른 작물도 재배하고 가축도 사육하기 때문이다.

• 1km²는 100만m², 100헥타르, 247에이커, 0.39평방마일에 해당한다. 축구장 150개 정도 면적이다.

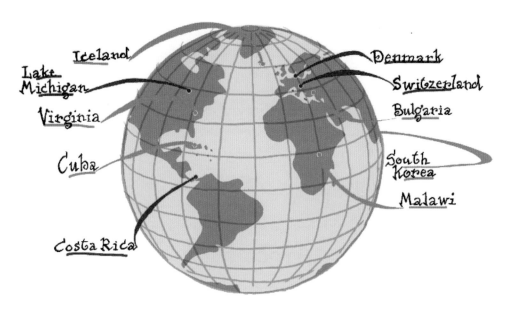

◐● 세계 커피 재배지 총 면적과 비슷한 나라들(황토색), 와인용 포도 재배지 총 면적과 비슷한 나라들(자주색)

생식용 포도와 건포도용 포도 재배지도 포도밭에 포함시켜야 하는가?

어떻게 정의하든, 일반적인 포도 재배지 크기에 따라서도 국가별 순위를 매길 수는 있다. 크기별로 나누면 아래와 같다.(1헥타르는 2.47에이커이다.)

- 대, 거대(15-75헥타르 및 그 이상): 아르헨티나, 호주, 뉴질랜드, 남아프리카, 미국
- 중(3-15헥타르): 아르헨티나, 프랑스, 스페인
- 소, 극소(3헥타르 미만): 독일, 헝가리, 이탈리아, 포르투갈

헥타르당 커피와 와인용 포도의 생산성에 대해서는 2.2장에서 다룬다.

1.4 커피와 와인의 다른 점 100가지

커피와 와인은 제품의 물리적 형상(과일을 가공해서 음료로 만든다.)과 재배, 가공, 거래하는 농–산업 지구 및 이로써 생산자와 소비자를 연결한다는 점에서 상호 비교할 수 있다. 부록 1에서는 커피와 와인의 다른 점 중 100가지를 보여준다.

1m²에서 연간 평균 커피 9잔, 와인 다섯 잔을 생산한다.

◐● 부록 1. 커피와 와인의 100가지 차이점

분야	첩터	커피	와인
재배 역사, 원산지	1.1 10.1	800여 년 전. 아프리카 원산; 아라비카는 에티오피아에서, 로부스타는 빅토리아 호수에서 발견	8천여 년 전, 오늘날 아르메니아, 아제르바이잔, 조지아, 이란, 터키
생산국	1.2	개발 도상국이 주도적이다. 라틴 아메리카가 60%를 생산한다. 브라질(34%)과 베트남(17%)이 전 세계 커피의 50%를 생산한다.	선진국이 주도적이다. 유럽에서만 65%를 생산한다. 프랑스, 이탈리아, 스페인이 전 세계 와인의 50%를 생산한다.
재배지 면적	1.3	11만km² 총 재배 면적의 4분의 1을 브라질과 베트남으로 두 국가가 전 세계 커피의 절반을 생산한다.	4.7만km² 와인용 외 다른 용도의 포도까지 포함하면 재배 면적은 7.5만km²이다.
주요 품종 한 가지만을 생산하는 국가	2.1	일부 라틴아메리카와 동아프리카의 일부 국가는 아라비카만 생산하며 서아프리카의 일부 국가는 로부스타만 생산한다.	없다. 모든 와인 생산 국가에서는 적포도와 백포도 품종 몇 가지씩을 생산한다.
상업적 종 수	2.1	두 종이 지배적이다. 아라비카(코페아 아라비카, Coffea arabica)와 로부스타(코페아 카네포라, Coffea canephora)가 전체 커피의 99%를 차지한다.	여러 종 중 단 한 가지 종(비티스 비니페라(Vitis vinifera)) 해당 종에 포함되는 품종은 수천 개가 있으며 이 중 상업적으로 의미 있는 품종은 500개 정도이다.
유전적 다양성	–	낮음 아라비카 품종의 유전자 99% 가 동일하다.	높음 진체 포도 품종으로 볼 때 게놈의 30%까지 다르다.
열매 색상	2.1	열매는 붉고 커피콩은 녹색이다. 커피콩이 회색, 밝은 갈색인 경우도 있다. 커피콩을 로스팅하면 갈색 또는 검은색이 된다.	적포도, 백포도(red, white) 때로는 적포도를 black/blue, 백포도를 green/yellow 라 부르기도 한다.
열매의 강도	2.1	단단하다. 커피열매와 커피콩 모두 단단하다.	부드럽고 연약하다. 포도는 조심스레 다루어야 한다.
커피콩과 포도의 손상 노출	2.1	제한적으로 노출 두꺼운 과육이 커피콩을 감싸고 있어서 약제 살포 또는 물리적 손상 가능성은 적다. 다만 몇몇 벌레는 커피콩까지 뚫고 들어갈 수 있다.	완전 노출 포도의 껍질은 연약하고 주변 환경에 완전히 노출되어 있다. 포도는 훈증, 약제 살포, 서리, 벌레, 기타 동물의 물리적 영향에 취약하다.
커피콩과 포도의 무게	2.1	0.10–0.18g 갓 수확한 커피열매 무게의 1/6 이다. 아라비카 커피콩은 로부스타 커피콩에 비해 크고 무거운 편이다. 원두 무게는 생두 무게 대비 85% 정도이다.	1.3–2.3g 대개는 백포도가 적포도보다 약간 더 무거운 편이다.
음료 외 열매의 사용처	2.2	거의 없다. 커피를 음료 커피 이외의 용도로 사용하는 경우는 드물다. '가향' 정도가 드문 예라 할 수 있다.	있다. – 생식용 포도와 건포도 그리고 포도주스, 씨앗에서 추출한 기름.(와인을 만들 수는 없고 오직 이런 용도로 쓰는 포도가 상당수 있다.)
커피나무, 포도덩굴, 잎	2.2	다년생 상록수 잎이 연중 달려 있다.	낙엽성 포도덩굴은 가을이 되면 잎이 지고 다음 해 새잎이 난다.
나무 줄기의 강도	2.2	단독으로 자란다. 나무 또는 관목 형태로 자란다.	대부분의 포도나무는 덩굴이다. 보통 장대나 줄을 엮어 만든 담장(trellis)을 타고 오른다.
식물의 일생	2.2	25–35년 일반적으로 25–35년을 살며 예외적으로 50년까지도 산다. 최적 생산성은 10–20년차에 나타난다.	35–50년 일반적으로 35–50년이지만 일부 포도는 100년 또는 150년 넘게 살면서도 포도를 생산한다. 최고 생산성은 15–25년차에 나타난다.
번식	2.2	일반적으로 씨앗으로 번식 꺾꽂이를 할 수 있다.	주로 꺾꽂이 씨앗으로 번식할 수 있지만 개체가 어떻게 나올지는 알 수 없다.

분야	쳅터	커피	와인
꽃가루를 수분시키는 작업	2.2	**있다.** 로부스타는 매개체가 필요하며 아라비카는 자가 수분한다.	**없다.** 포도꽃은 암수가 함께 있으며 자가 수분하는지라 벌이나 바람을 필요로 하지 않는다.(몇 가지 예외는 있다.)
나무를 심는 형태	2.2	**무작위로 심는 경우가 많다.** 전 세계 커피의 80%는 소규모 재배자가 기르는데, 이들은 특정한 순서나 형태를 따서 나무를 기를 필요가 없다.	**줄을 지어 심는다.** 일직선으로 줄을 지어 심으면 담장을 타고 올리는 것(trellising)부터 가지치기, 약제 살포, 관개, 수확, 감시까지 모든 작업이 편리하고 구조적이고 잘 관리된 것처럼 보인다. 물론 예외는 있다.
섞어심기	2.2	**일반적이다.** 소규모 재배자들은 추가 수익과 식량 작물 생산, 또는 그늘을 드리우기 위해 섞어심기를 한다.	**거의 하지 않는다.** 주로 유기농 인증을 받은 포도 재배자들이 잡초, 해충을 막고 생물 다양성을 유지하기 위해 실행한다.
재배지 위도	2.3	**1개 지대** 적도에서 2800km까지, 주로 열대성 기후에서 재배한다. 몇몇 예외는 있지만 남위 25도에서 북위 25도까지이다.	**2개 지대** 적도에서 3300 – 5500km 안에 있는 온대 및 아열대 기후 지역이다. 이 재배 벨트는 위도로 30 – 50도 사이이다.
생산에 적합한 고도	2.3	**엄격**(몇 가지 예외는 있다.) 로부스타는 0 – 700m, 아라비카는 1100 – 2200m 이다.	**유연** 0 – 3200m
토양 비옥도의 중요성	2.3	**중간 – 높다.** 커피 재배 토양은 어느 정도 비옥해야 하며, 그늘을 드리우는 작물에게도 양분을 줄 수 있어야 한다.	**낮다.** 와인용 포도는 척박한 토양, 심지어 돌밭에서 최고로 잘 자랄 수 있다. 일부 포도 재배지는 양분이 많이 필요한 작물은 전혀 자랄 수 없을 만큼 척박하다. 그러므로 희소한 토지를 반드시 '뺏을' 필요는 없다.
꽃	2.4	**매우 아름답다.** 흰색 자스민 꽃을 닮은, 향기 좋고 아름다운 꽃이 핀다.	**눈에 잘 띄지 않는다.** 꽃이 작고 소박하다.
수확 전 화학적으로 분석하거나 맛을 보는 절차	2.5	**거의 없다.** 결실, 수확 시기는 주로 열매의 크기와 색상에 달려 있다. 열매나 생두를 (깨물어서) 맛보고 수확 시기를 결정하지 않는다.	**많다.** 당, 산 성분, 기타 성분의 함량을 수확 전에 확인한다. 포도 머스트는 맛을 볼 수 있으며 씨앗도 씹어볼 수 있다.
주요 수확 시기	2.5	**연중** 수확기가 길다. 일부 국가에서는 6개월 동안 이어진다. 적도 인근 국가는 연중 수확하기도 한다.	**가을** 포도 재배지 대부분은 가을에 수확한다. 북반구는 주로 8–10월이며 남반구는 2–4월이다.
수확 기간	2.5	**4개월 정도** 위도, 고도, 날씨, 품질 정도, 물량, 물류에 따라 달라진다.	**2주 정도** 수확을 언제 하는가가 향미에 매우 큰 영향을 미친다. 여러 가지 품종을 기르고 여러 곳에 재배지를 둔 재배자는 수확 기간이 더 길어질 수 있다.
기계 수확 비율	2.5	**낮다.** 브라질의 경우 20% 정도이다. 기타 지역은 호주나 미국 정도의 예외를 제외하면 기계 수확이 그다지 흔하지 않다.	**높다.** 호주와 미국은 90%, 프랑스와 뉴질랜드는 75%, 기타 몇몇 국가들도 50%를 넘는다.
기계 수확 방법	2.5	**열매를 때리고 당긴다.** 수확 기계는 부드러운 막대가 달린 수직 로터가 두 개 있다. 로터가 돌아가면서 막대가 가지를 때린다.	**가지를 흔든다.** 휘어져 있는 수평형 막대가 여섯 개씩 두 묶음으로 달린 장치가 진동하며 가지와 포도송이를 세차게 흔든다.
빈티지(수확 연도)별 차이	–	**낮다.** 생산량은 달라질 수 있지만 품질은 그다지 많이 변하지 않는다.	**중간 – 높다.** 품질이 매년 변하며, 이 때문에 고급 와인은 빈티지를 엄격히 관리하고 시간이 지날수록 가격 차이가 커진다.

분야	챕터	커피	와인
원재료의 보존 기간	1.1 3.1 3.2	**중간 – 길다.** 온도와 습도를 제어할 수 있는 환경이라면 생두는 수 개월 또는 수 년 동안 품질이 유지된다. 매우 비싼 커피는 최적 보존을 위해 진공 포장하고 동결 보존한다.	**짧다.** 포도는 수확 즉시 가공해야 한다. 적어도 수 시간 안에 가공할 필요가 있다.
원재료 내 액체	3.1	**적음 – 사용하지 않는다.** 생두의 수분 함량은 가공과 보관 중 12% 정도이다. 로스팅 중에 이 수분이 모두 증발한다.	**높음 – 모두 사용한다.** 포도의 70 – 90%가 머스트(당, 산 물질, 페놀 물질의 수용액)이며 이것이 최종 제품인 와인의 원료가 된다.
음료의 수분 함량	3.1 4.1 7.1	**매우 높음** 98 – 99%	**중간 – 높음** 약 85%이며 나머지는 거의 알코올이다.
처리장이 있는 곳	3.1 3.2	**주 처리장은 대개 농장과 가까이 있다.** 로스팅, 그라인딩, 포장, 추출 같은 고부가가치 작업은 긴 작업을 거친 뒤 이루어진다.	**재배지에서 모든 처리가 끝난다.** 샤또, 와인 제조장, 협동조합 등의 장소에서 모든 가공이 완료된다. 예외적으로, 벌크 와인 병입은 재배지가 아닌 곳에서 진행된다.
내추럴(natural)의 뜻	3.1 8.2	**건식 처리한 커피를 내추럴이라고 부르기도 한다.**('자연적'이라는 의미는 아니다. 수세 처리한 커피도 당연히 '자연적'이다.) 내추럴은 햇빛으로 말리고 수세 가공하지 않은 커피를 말한다. ICO의 커피 4대 분류 중 한 항목이 'Brazilian and other Natural Arabicas(브라질 커피 및 기타 내추럴 아라비카)'이다.	**개입도가 낮은 와인을 내추럴 와인이라고 부르기도 한다.** 따로 이스트나 황산 같은 물질을 첨가하지 않고 기술적인 개입을 최소화한다. 다만 내추럴이란 용어 사용 기준에 대한 규정은 없다.
발효	3.1 3.2	**필요한 경우가 있다.** 점액질(커피 그 자체가 아니다.)을 발효하는 작업은 수세 처리 가공 과정의 일부이다. 건식 처리한 커피(내추럴)은 발효가 필요 없다.	**필수** 발효(당을 알코올로 바꿈)는 와인 제조에서 가장 중요한 변환 과정이다.
가장 핵심적인 변환이 일어나는 기간	3.1 3.2	**짧다: 로스팅하는 20분 정도** 온도와 원하는 로스팅 정도에 따라 달라진다.	**길다: 발효에 4 – 15일 걸린다.** 포도 품종, 당 함량, 사용한 이스트 균주, 온도, 원하는 알코올 함량 등의 여러 변수에 따라 기간이 달라진다.
핵심적인 가공 온도	3.1 3.2	**높다** 로스팅에는 220 – 260℃, 추출시에는 물 온도가 92℃ 정도이다.	**낮다(실온)** 발효 중 온도는 15 – 30℃이며 작업별로 편차가 있다.
색상 측정법	3.1	**빛 반사** 원두 표면 및 분쇄 커피에 빛을 쬐어 반사되는 빛을 측정한다. 로스팅 업체의 표준 측정법이다.	**빛 변화** 음료에 빛을 쬐어 통과된 색을 본다. 와인 평가에서 일반적인 방법은 아니다.
블렌딩 시기	3.4	**초기** 대부분의 커피는 생두 상태에서 섞는다. 즉 핵심 가공(로스팅) 전에 블렌딩이 이루어진다.	**후기** 와인 블렌딩은 거의 가공 처리(발효) 후에 이루어진다. 다만 몇몇 포도 품종을 섞어 발효하는 공법을 일부 재배지에서 진행하고 있다.
블렌딩 방법 가짓수	3.4	**많다** 수백 가지는 된다. 로스터가 배합 공식을 신속히 바꿀 수도 있다. 배합 비율은 통상 비공개인데, 생두 가용성, 향미, 가격에 따라 달라진다. 소매용 포장에는 중미, 동아프리카처럼 산지만 표기하는 경우가 많다.	**거의 없다** (자기 농장 또는 인근 농장에서) 그 해 수확한 포도만 쓸 수 있지만 몇몇 예외는 있다. 지역 규정(아펠라시옹(appellation) 관련 규정)에 몇 가지 규제가 더 있다. 블렌드에 사용한 포도 품종은 분명하게 밝히고 때로는 비율도 기재한다. 일부 스파클링 와인은 배합 재료가 많은 경우가 있고, 연도가 다른 것도 섞어서 사용한다.
최종 제품의 유통기한	3.1 3.2 7.3	**짧다 – 중간** 소매 포장된 원두의 권장 소비 기한은 통상 3 – 12개월이다. 갓 제조한 음료는 10분 안에 음용하는 것을 권장사항이다.	**중간 – 길다** 병입 또는 기타 최종 포장된 와인은 수 개월에서 수십 년까지 보존할 수 있다. 일부 와인은 시간이 지날수록 더 좋아진다.

분야	쳅터	커피	와인
품질을 높일 수 있는 기술적인 방법	4.1	**거의 없다.** 음료 품질은 농장 관리, 수확, 처리, 분류, 블렌딩, 로스팅, 분쇄, 추출을 세심히 진행해야 지켜낼 수 있다. 커피 자체의 '자연적인 특성'을 증진시킬 수 있는 기술적인 개입은 많지 않다.	**많다.** 당, 산 물질, 알코올, 색소, 향, 향미 물질은 첨가제 및 현대 기술로 조정할 수 있다. 일부에서는 이를 '품질 증진'이라 표현하지만 경멸적인 뉘앙스의 '조작'이라는 표현을 쓰는 이도 있다.
전문적인 품질 평가법	4.1 4.3	**스푼으로 커피 테이스팅(커핑(cupping), 리커링(liquoring))** 특히 결점두를 찾아내기 위한 작업이다. 원두를 굵게 분쇄해 뜨거운 물에 적셔서 음료를 만들어 검사한다.	**와인 잔에 담아 와인 테이스팅** 최종 제품(병입한 와인)을 최종 소비자가 구매하여 음용 가능 여부를 평가한다. 앙 쁘리뫼르(en primeur) 테이스팅 같은 몇 가지 예외가 있다.
신맛 평가와 측정법	4.1	**없다.** 신맛은 커피 커핑에서 중요하지만 신맛을 도구로 측정하는 경우는 거의 없다. 일부 신맛은 대개 속성이 좋다. brightness로 표현하기도 한다.	**있다.** 포도 머스트 상태에서부터 와인에 이르는 전체 생산 과정에서 지속적으로 측정한다. 산 강도(pH)와 리터당 산 물질의 함량(g) 모두를 측정한다.
자극 성분과 기원	4.2	**카페인** 천연 물질로 과실에 내재되어 있다	**알코올** 가공(발효를 통해 당이 알코올로 전환됨)을 통해 생성된다.
음료 내 자극 성분의 비율	4.2 7.4	**낮다.** 카페인은 커피콩 내 1 – 2% 정도만 있으며, 최종 음료에서도 카페인 함량은 수 퍼센트 정도이다.	**상당하다.** 대부분의 와인은 알코올 함량이 부피비로 10 – 15%이다.
자극 효과	4.2 7.4	**활력** 이외에 주의력 상승 효과가 있다. 일반적으로 업무와 사회관계 면에서 긍정적인 방향으로 작용한다. 상당수가 커피를 '잠을 깨우기 위해' 마신다.	**감정과 자제력에 영향** 대체로 사회적인 관점에서는 일반적으로 긍정적인 방향으로 쓰인다. 일부는 와인을 잠을 자기 위한 용도로 마신다. 부정적인 쪽으로도 갈 수 있으며, 경우에 따라서 사고 또는 폭력의 원인이 되기도 한다.
향 성분의 수	4.3	**700 – 1000**(자료에 따라 다르다.) 커피의 향에 기여하는 주요 물질은 대략 40개 휘발성 향 성분이다.	**300 – 400**(자료에 따라 다르다.)
바로 감지 가능한 향	4.3	**있다.** 가열된 커피에서 공기로 확산되면서 지각 가능하다.	**한정적이다.** 와인과 관련 깊은 휘발성 향미 성분이 있지만 실온에서는 확산이 약간만 일어난다. 와인 제조장에서는 이 향이 강하게 느껴질 수도 있다.
음료의 색상	4.3	**검정색** 우유나 크림과 혼합되면 갈색 계열로 변한다. 음료에 물을 많이 섞지 않는 한 불투명하다.	**여러 가지** 붉은색 장미꽃 색상, 밝은 노란색, 연녹색 느낌은 물론, 거의 물에 가까울 정도로 투명한 것도 있다. 일반적으로 잔에 담으면 투명하다. 투명도는 와인 평가에서 중요한 항목이다.
잘못 만든 제품의 사용 가능성	–	**없다.** 조그만 사고라 해도 일어난 이상 그 커피는 쓸 수가 없다. 안전 이유로 커피콩을 폐기할 때도 있다.	**증류주(spirit)** 잘못 만든 것, 완전히 실패한 것은 증류해서 다른 주류를 만든다.
점수제로 등급 분류	4.4	**극소수에만 적용한다.** 또한, 주로 대회에서 사용하는 개념으로서 전문가들이 거래할 때 주로 사용한다.	**다수** 잡지, 웹페이지, 소셜 미디어를 통해 끊임없이 점수와 비평 내용이 공개된다.
품질 점수를 매기는 주체	4.4	**통상 평가위원(패널)이 점수를 매긴다.** 거래에서는 대개 커퍼 세 명이 활동하고, 대회에서는 열둘 이상의 심판원이 참여한다. 특출난 커피만 점수를 받고 몇몇 사람들이 이에 대해 알린다.	**통상 와인 비평가들이 점수를 매긴다.** 다만 대회에서, 잡지에서 패널들이 등급을 매기는 경우는 흔하다. 소비자 단계에서는 별점 또는 점수제(1 – 5점)으로 매기는 앱을 통하는 방식이 널리 퍼져 가고 있다.
맛 평가 자료와 품질 점수를 활용하는 주체	4.4	**전문가들** 주로 커피 품질 대회에서 사용. 최종 소비자에 대한 판매 포인트로 사용되는 경우는 드물다.	**소매 구매시 최종 소비자들이 사용한다.** 각 와인마다 점수가 올려져 있고 잡지, 웹페이지, 모바일 기기용 앱에서 보기 쉽게 되어 있다. 많은 소비자들이 와인 점수가, 말하자면 92점짜리 와인은 미국이 유럽이나 기타 다른 산지보다는 많다는 것을 알고 있다.

분야	쳅터	커피	와인
90점은 높은 점수인가?	4.4	**그렇다.** 80점 이상의 커피는 '스페셜티'이다. 90점 이상을 받는 커피는 많지 않고 93점 이상은 매우 드물다.	**그렇지 않다.** 90점은 한때 높은 점수이긴 했지만 점수 인플레이션 시대가 오면서 지금은 95점 이상 되어야 관심을 끌 수 있다.
국가 경제에 미치는 영향	5.1	**크다.** 일부 국가에 해당된다. 부룬디, 에티오피아, 르완다, 동티모르는 커피로 인한 수출 수익이 25%를 넘는다.	**비교적 적다.** 모든 와인 생산 국가 어디서건, 와인 산업은 국가 수출 수익의 10% 미만이다.
유통망 당사자 – 재배자에서부터 최종 소비자까지	5.1	**많다. – 주로 일곱 단계(3~10단계)를 거친다.** 마지막 가공(커피 추출)은 주로 최종 소비자의 가정에서 이루어진다.	**거의 없다. – 통상 네 단계(1~6단계)를 거친다.** 와인 제조업체가 전 처리과정 – 포도 재배에서부터 병입 와인을 판매 – 을 맡아 하는 경우가 많다.
생산자와 소비자와의 관계	–	**거의 없다.** 대부분의 커피 소비자들은 커피 재배자를 만나본 적이 없다. 둘 사이의 거리를 생각하면 놀랄 일이 아니다. 다만 브라질, 에티오피아, 인도네시아 등 국내 소비가 상당한 생산국의 경우는 예외이다.	**일반적이다.** 와인 관련 행사가 일반적이며 이런 곳에서 생산자와 소비자가 한데 모인다. 이런 만남을 통해 인지와 애정이 형성된다. 소비자들의 피드백은 생산자에게 유용하다.
국제적으로 거래되는 상품	5.1	**생두** 생두는 앞으로 상당한 가공, 즉 블렌딩, 로스팅, 포장, 분쇄, 추출이 필요하다.	**와인** 와인은 바로 음용할 수 있다.(벌크 포장은 예외) 물이 85%이다.
국제 거래에서의 상품 집중	5.1	**높다.** 국제 거래되는 커피의 절반 이상은 스위스 국적 업체를 통해 거래된다.(다만 스위스를 실제로 거쳐 가는 커피는 극소량이다.)	**낮다.** 와인의 국제 거래에는 주도적인 국가가 없다.
대형 업체의 세계 생산 점유율	5.1	**높다.** 일부 초대형 커피 거래 업체는 전 세계 생두의 10% 이상을 거래한다. 두 대형 로스터(및 브랜드)는 각각 전 세계 원두의 약 20%를 처리한다.	**낮다.** 3대 와인 업체라 해도 세계 와인 생산량 대비 점유율은 각각 3% 미만이다. 이 업체들은 각각 30~60개 브랜드를 보유하고 있으며, 브랜드가 업체명보다 더 잘 알려져 있다.
대형 업체의 소재지	5.1	**주로 유럽** 스위스, 독일, 네덜란드가 주도적이고 다음 미국, 이탈리아, 아시아에 많다.	**주로 유럽 밖** 3대 와인 업체는 미국 업체이다. 기타 대형 업체들은 호주, 아르헨티나, 칠레, 프랑스에 있다.
전 세계적으로 알려진 브랜드	5.1	**소수** 스타벅스(Starbucks), 네슬레(Nestlé) 소속으로 네스카페(Nescafé), 네스프레소(Nespresso)	**없다.** 샴페인 브랜드 몇 개는 인지도가 있지만 이 또한 부유층 내부에 한정된다.
판매가 중 재배자의 수익 비율	5.2	**생두 수출가(FOB)의 60~90%** 분쇄 커피 최종 소매가 대비 10% 정도에 불과하다.	**포도 재배자의 경우 20~40%** 자체 농장 또는 조합에서 가공하고 때로는 직판을 하는 경우는 40~90%
소매 가격 범위	5.2	**kg당 5~25달러** 물량이 적은 고품질 커피는 이보다 가격대가 높다. (추출용 원두 기준) 잔당 가격 단위는 10센트	**750mL 병당 3~30달러** 대회 우승 와인의 경우 1천 달러가 넘기도 한다. 잔당 가격 단위는 0.5~5달러
상품으로서의 거래	5.3	**있다.** 일반적인 커피는 세계 주요 상품 거래소에서 거래된다. 뉴욕 시장에서는 아라비카가, 런던 시장에서는 로부스타가 거래된다.	**없다.** 국제적으로 알려져 있는 표준 와인에 대한 세계 시장가나 기준 가격이라는 개념은 없다.
선물상품으로 거래되는 상품의 품질	5.3	**동일 – 표준 범주** 거래소에서 거래되는 선물 커피 상품은 합의된 품질 범주를 만족한다.(거래소마다 자체 품질 범주가 있다.)	**매년 다르다.** 각 빈티지(수확 연도)마다 전체 품질 수준이 다르다. 나아가, 신제품 와인의 최종 품질은 2년 정도는 지나야 알려진다.
가격 변동	5.3	**높고 예측 불가능하다.** 위험도가 높고 유통망 당사자 모두가 이런 위험에 노출될 수 있다.	**낮다.** 가격이 변동될 수는 있지만 점차 변할 뿐이다. 가격이 출렁거리거나 극단으로 향하는 경우는 거의 없다. 다만 대회 수상 와인의 경우는 예외이다.

분야	쳅터	커피	와인
국제 거래에서 사용하는 계약 유형	5.3	**두 가지** 유럽 표준 계약(ECF에서 작성)은 국제 커피 거래의 60%를 차지한다. 미국식 계약(GCA)는 30%를 차지한다.	**많다.** 전 세계적으로 사용되는 표준 계약은 없다. ¥£€ $
옥션	5.3	**생두에 한해 몇 개 존재한다.** 케냐 등의 일부 국가에서만 자체 옥션 거래가 이루어진다. 고품질 커피의 경우 가장 두드러진 옥션은 컵 오브 엑설런스(Cup of Excellence)가 있으며, 여기서는 국내 대회에서 수상산 최고급 커피를 경매에 올린다.	**일부 – 수상 와인에 대해** 최대 옥션은 과거 런던에서 열렸다. 최근 들어서는 총액 규모로 보면 뉴욕과 홍콩 시장이 더 크다.
지리적 표시 수	5.4	**거의 없다.** 유명 산지 중 등록된 수는 몇 개에 불과하다.	**5천 개 정도** 전 세계 지리적 표시제에 등재된 수의 절반이 와인이다. 주로 유럽 지역이다.
스캔들	–	**거의 없다.** 판매되는 커피 블렌드 제품의 포장에 기재된 정보가 거짓인 경우는 드물다. 물론 과거에는 가짜 커피가 판치던 시절이 있었다. 지금도 밀거래한 생두의 생산 국가나 가격을 속이는 경우가 있다.	**일부** 버라이어틀이나 블렌드, 빈티지를 허위로 기재하거나 당 같은 첨가물을 허용치 이상 넣는 경우가 있다. 이런 속임수는 주로 고가의 수상 와인에 쓰는 경우가 많지만, 벌크 와인도 간혹 그런 경우가 있다. 다만 전체적으로는, 대부분의 국가 내 와인 산업 및 거래는 규율을 지키고 모범적으로 운영된다.
컨테이너 수송 제한 사항	6.1	**부피** 20피트 컨테이너는 대략 300포대(18톤)를 채우면 가득 찬다. 이는 일반적인 컨테이너 최대 허용치(28톤)에 비해 적은 양이다.	**부피 또는 외벽에 미치는 압력** 20피트 컨테이너는 1.3만 병(포장 포함 16톤) 정도를 넣으면 공간이 다 찬다. 벌크(대개 2.4만 리터들이 플렉시탱크(flexitank)에 담는다.) 수송시에는 부피가 아니라 벽체에 가해지는 압력이 제한 사항이다.(컨테이너 자체에는 아직 빈 공간이 있기 때문이다.)
가장 일반적인 소매 포장	6.2	**봉지** 표준 크기는 없다. 통조림, 유리병도 많이 쓰인다. 인스턴트 커피가 들어 있는 1회용 캡슐, 포드, 소포장의 시장 점유율은 높아지고 있다.	표준 크기 750mL인 **유리병**이 완전히 주도적이다. 백인박스(bag in box, BIB) 같은 대체 포장의 비중이 높아지고 있다.
세계 평균 소비량 – 인구당 연중 및 일일 소비량	7.1 11	평균 130잔으로 생두 기준 1.2kg 일일 소비량은 25억 잔	와인 25잔으로 와인용 포도 기준 4kg, 와인 3리터 일일 소비량은 5억 잔
생산국의 국내 소비량	7.1	**낮다 – 일부 예외** 주로 브라질, 인도네시아, 에티오피아에서 소비되는 양은 전체의 30% 정도이다. 나머지 생산국에서는 자국내 소비량이 적다.	**중간 – 높다.** 생산국 내에서 소비되는 양이 전체의 60%에 달한다.
첨가제, 가향제 적용 시점	7.2 3.2	**뒷 단계에서** 바리스타 또는 최종 소비자가 제조 시점에 설탕, 우유, 가향 물질을 첨가한다. 소매 시점에 원두에 향을 첨가해 판매하는 경우는 유럽보다는 북미에서 흔하다.	**초기 단계에서** 필요한 경우, 그리고 허가된 경우, 와인 제조 업체에서는 이스트나 황산 물질을, 때로는 당이나 산 물질을 발효 초기에 넣는다. 최종 제품에 향을 따로 넣는 경우는 드물며, 다만 배럴 에이징하는 와인의 경우가 드문 예외이다.
수집가의 수집 대상인가	7.2	**아니다.** 몇몇 희귀한 커피는 진공 포장하거나 봉인해 장기 보존한다.	**그렇다.** 몇몇 수집가들은 투자 목적 또는 취향, 기호, 특권 등의 이유로 와인을 수집한다.
생산자에 대한 지원과 보조금	–	**수입국에서 생산국으로** 여러 가지 형태의 지원 방식이 있으며, 가난한 공동체 지원 및 생산 지구 개발을 목적으로 한다.	**국내 지원** 지역 개발, 나무 교체, 나무 뽑아내기, 마케팅, 문화 유산을 내용으로 여러 가지 지원 방식이 있다. 보조금 제도는 유럽에 가장 많다. 과거에는 생산 과잉분에 대한 폐기 목적도 있었다.(유럽의 '와인 호수'에 대한 증류 정책)

분야	쳅터	커피	와인
매장 진열대 제품 배치	7.2	**커피 브랜드(로스터)에 따른 배치** 그리고 원두, 분쇄 커피, 인스턴트, 캡슐, 포드, 디카페인, 가향 등으로 다시 분류한다.	**국가별 배치** 그 아래 레드, 화이트, 로제, 스파클링으로 나눈다. 버라이어틀(주요 포도 품종) 또한 제품 배치 중 한 방법이며 특히 유럽 외 와인은 그렇게 배치하는 경우가 많다. 가격대로 배치하기도 한다.
제품에 대한 소비자의 지식	–	**낮다 – 간혹 아는 정도.** 대부분의 커피 소비자들은 커피 산지와 가공에 대해 거의 모르는 편이다.	**어느 정도 – 전문적인 경우도 많다.** 상당수 와인 소비자들은 와인의 산지, 가공, 관능 속성, 역사에 대해 깊은 관심이 있다.
제공 온도	–	**따뜻하게, 82 – 85℃** 때로는 "주의: 매우 뜨겁습니다." 같은 경고 문구를 넣기도 한다. 차갑게 제공하기도 한다.	**실온 또는 차갑게** 따뜻하게 마시는 글뤼바인(glühwein), 뱅쇼(vin chaud), 글뢰그(glögg) 등의 예외가 있다.
제공 크기	7.2	**매우 다양하다.** 25mL 소량의 에스프레소(1온스보다 양이 적다.)부터 500mL(18온스 정도) 이상의 대용량 밀크 커피까지 있다.	**대개 표준 크기** 일반 제공량은 120 – 150mL(4 – 5액량온스)이다.
용기의 재질	–	**다양한 잔(cup)** 도자기, 유리, 플라스틱, 종이 등 다양하다.	**거의 대부분 와인용 유리잔(glass)** 예외도 있긴 하지만 드물다.
제공 방식 및 음용 방식	7.2	**다양하다.** 그대로 마시기도 하고, 설탕, 크림, 우유, 향미 성분을 넣기도 한다. 때로는 술도 넣는다.	**거의 획일적이다.** 첨가제 없이 그대로 마신다. 실온 또는 그보다 낮은 온도로 냉장한 뒤 병에서 따라 마신다.
라벨 산지 표기	7.3	**필요 없다.** 국가명, 지역명이 있을 경우에는 오해할 일이 없지만 배합비가 다양한 블렌드 제품이 많아서 국가명을 다 표기하기 어려운 경우도 많다.	**엄격하다.** 유럽 연합을 비롯해 여러 나라에서는 와인 성분의 85%까지는 생산국이 명시되어야 한다. 미국은 75%이다.
성분 표기 의무 사항	7.3	**없거나 최소** 대부분 국가에서는 '커피'라고 쓰여진 봉투 안에 커피 외 성분이 있을 경우 표기를 의무화하고 있다.	**다양하다.** 국가별로 차이가 많다. 예를 들어 알코올 표기(퍼센티지와 주의 사항) 및 황산염 등의 첨가제에 대한 사항에 차이가 있다.
자극 성분 함량에 대한 정보	7.3	**대개 없다.** 디카페인 커피는 카페인 함량(이 매우 낮다는 내용)을 표시하기도 한다.	**항상 – 그리고 상당히 정확하다.** 대부분 국가에서 알코올 함량 표기는 의무 규정이다. 오차 수준은 유럽에서는 +/– 0.5%(퍼센트 포인트), 미국과 호주 대부분의 와인의 경우 +/– 1.5% 이다.
소비시점에 제품 산지에 대한 참조	7.3	**대개 없다.** 커피 산지는 고객(카페에서 또는 가정에서)에게 알리지 않는 경우가 많다. 메뉴판이나 소매 포장에도 내용이 없는 경우가 있다. 소비자의 관심이 많지 않다. 다만 점점 바뀌는 중이다.	**있다.** 일반적으로 병과 라벨로 확인할 수 있다. 산지 정보는 대개 가장 먼저 알리는 사항이다. 생산자가 자랑스럽게 내세우고 있고 다수의 소비자들도 관심 있게 지켜본다.
음료의 칼로리	7.4 8.2	**거의 없다.** 블랙커피 한 잔에 2kcal 정도이다. 다만 설탕, 크림 같은 첨가물을 넣으면 500 kcal도 될 수 있다.	**있다.** 와인은 알코올과 잔존 당에서 열량이 나온다. 한 잔당 칼로리는 통상 120kcal로서, 성인의 경우 일일 에너지 요구량의 5% 정도이다.
음료 내 알코올	7.4 4.2	**원래는 없다.** 다만 일부 커피는 알코올을 넣어 제공한다. 가장 잘 알려진 메뉴는 아이리쉬 커피(위스키가 들어간다.)이다.	**있다. – 도수는 다양하다.** 발효를 통해 당이 알코올로 변화하며, 최대 16%(부피비)까지 나올 수 있다.
주의사항 표시	7.4	**온도 관련 사항** 때로는 커피잔에 "뜨거우니 조심하시오" 라는 주의 문구를 넣기도 한다.	**알코올 관련 사항** 일부 국가에서는 건강, 운전, 업무, 중독에 대한 주의사항 기재를 의무화하고 있다. 임산부에 대한 주의 사항 기재 또한 일반적이다.

분야	챕터	커피	와인
중독성	7.4	**약하다.** 다만 일부 사람들은 일시적 중단에 의한 영향을 느끼기도 한다.	**때때로 크다.** 심각한 이상 증세 또는 생명이 위험할 수 있다.
소비자 연령 제한	7.1 7.4	**없다.** 어린이도 마실 수 있으며 일부 국가에서는 학교에서 제공하기도 한다.(브라질이 한 예이다.)	**여러 국가에서 엄격히 제한한다.** 구매 및 음용 가능한 나이는 최소 18 – 21세이다.
제공자의 자격 필요 여부	–	**바리스타는 능숙한 작업 경험이 필수적이다.** 정교한 기술을 취득하기 위해서는 실질적이고 지속적인 훈련, 훈련, 훈련이 필요하다.	**지식 소믈리에(sommelier)는** 기본적으로 생산자 명, 포도 종류, 관련 이야기 등에 대한 지식을 가진 사람이다. 능숙한 솜씨와 작업 경험 또한 중요하다.
제공 후 음용까지의 시간	–	**재빨리** 커피가 가장 맛있고 기분 좋은 온도로 유지되려면 재빨리 제공되어야 한다. 테이크아웃(to go)으로 제공되는 경우가 많다.	**천천히** 와인이 공기를 충분히 머금도록, 라벨을 읽으면서 음미한다. 몇 시간씩 이어지는 식사와 함께하는 경우가 많다.
식사와 함께 제공	–	**대개 식사 '후' 제공된다.** 아침은 예외로, 식사에 커피가 포함된다. 음용시는 커피만 마시거나 케이크와 함께 먹는다.	**통상 식사와 '함께' 제공된다.** 다만, 와인만을 따로 제공하거나, 또는 스낵과 함께 제공하는 경우가 늘고 있다.
음용 단위	–	**한 잔 또는 두 잔** 각 잔마다 대개 같은 커피를 쓴다.	**한 잔, 두 잔, 또는 그 이상** 각기 다른 와인을 담는 경우가 많고, 이를 비교하고 논의하곤 한다.
의식, 감사	–	**별로 하지 않는다.** '커피 한잔 하자' 는 말은 일반적인 초청 문구이지만 커피 그 자체를 평가하고 논의하는 경우는 드물다. 커피는 그냥 커피이다.	**많다.** 와인을 제공하고 건배(cheers, santé) 같은 축사를 나누며 마시는 경우가 많다.
하루 중 소비 시점	–	**특히 아침. 업무 중에 수시로.** **하루 내내 언제나** 마신다.	**저녁. 업무 중에는 거의 마시지 않는다.** 때로는 점심에. 오후 쉬면서 마시기도 한다.
초기 지속 농법 기준 제정 단계에서 재배자의 역할	8.1	**보통** 대부분의 지속 농법 기준은 사회적 평등에 대한 소비자의 요구에서 시작했으며 여기에 다른 차원에서의 요구가 이후 더해졌다 . 이런 기준은 주로 구매자 영역에서 개발된 것으로 소위 '하향식'으로 적용되어 왔다.	**광범위** 포도 재배자와 와인 제조업체들이 지속 농법 기준을 시행하고 개발한 주체이다. 이들은 환경이 토지와 일꾼들에게 미친 영향을 직접 보고 이를 바탕으로 기준을 만들었으며 기준은 '상향식'으로 적용되었다. 다른 지속 가능 범주(사회, 경제적 차원)는 이후 추가되었다.
지속 농법 기준의 복잡성	8.1	**높다. 규칙이 범용적(전 세계적)이다.** 지속 농법 기준은 수천에 달하는 소규모 재배자(문맹인 경우도 있다.), 각국의 처리장과 수출업체, 그리고 수입국의 수입업체, 로스터, 소매 판매업체를 망라한다.	**중 – 기준은 국내, 또는 지역에만 적용된다.** 그렇다고 쉽다는 뜻은 아니다. 기술적이거나 정치적인 것도 아니다. 커피보다는 덜 복잡하다는 뜻이다. 관련 당사자 수도 더 적고 한 국가 내에서만 쓰이는 경우가 일반적이다.
새에 대한 태도	6.2	**환영!** 새의 둥지가 되는 키큰나무를 보존한다. 생명 다양성이 유지되는 농장에서 생산하는, 그늘에서 재배한 커피는 Bird Friendly로 인증을 받는다.	**새는 불청객이다. 포도를 먹기 때문이다.** 그물이나 소음 발생기 같은 여러 수단을 이용해 새를 쫓는다. 맹금류가 매우 환영받는다.
사용하는 열매의 비율	8.2	**적다.** 두 개의 씨앗만 사용한다. 열매 무게 대비 15 – 20% 정도이다. 나머지는 버리거나 퇴비로 쓴다.	**높다.** 포도의 70% 정도가 와인이 된다. 사용되는 부분은 포도 즙액이며 껍질과 씨앗은 버린다. 그중 일부는 다른 용도로 사용한다.
탄소 발자국(이산화탄소 배출)	8.3	**적다. – 편차가 있다.** 유럽식 한 잔 크기의 블랙커피를 만드는 데 유통망에서 발생하는 이산화탄소의 양은 60g 정도이다. 우유가 들어가는 음료라면 300g 이 넘어갈 수 있다.	**중간 – 높을 수도 있다.** 와인 한 잔을 만들 때 발생하는 이산화탄소는 250g 정도이다. 주로 포장이나 수송 방법에 따라서 상당한 편차가 있다.

분야	쳅터	커피	와인
대회, 수상	9.3	**일부** 국가 대회에서 수상한 것은 주로 전문가용으로 쓰인다. 대회 출전 커피 중 일부는 단일 산지 또는 농장 커피로 쓰이지 않고 블렌드로 사용된다. 커피 관련 기술에 대한 대회도 있다.	**많다.** 국가별 와인에 대해 항목별로 대회를 치르는 곳이 많다. 라벨에 수상내역을 기재해 홍보 효과를 노린다.
성경에서의 언급	10.2	**없다.** 성경은 커피가 발견되고 재배되기 천여 년 전에 작성되었다.	**많다.** 구약(예를 들어 창세기 노아)에도 신약(예를 들어 가나에서의 결혼식)에도 등장한다.
수입 관세 및 과세	11.1	**일반적으로 수입 관세가 낮다.** 생두는 관세가 낮다. 몇몇 생산국은 경쟁 때문에 예외이다. 원두는 수입 관세가 있지만 일반적으로는 높지 않다. 소비세도 높지 않다. 여기에 소비 단계에서 부가가치세가 붙는다.	**편차가 크다.** 수입 관세가 0인 곳, 높은 곳이 있다. 예를 들어 인도는 연방 정부 관세가 150%이고 여기에 주세도 붙는다. 영국과 아일랜드, 노르딕 국가들은 소비세가 있고 여기에 부가가치세까지 붙으면서 세금이 소매가 대비 35%에서 50%를 넘어가기도 한다.
관련 서적	–	**(비교적) 적다.** 대략 5천 – 1만 종으로 추정. 좀 더 정확한 추정치가 필요하다.	**많다.** 지금까지 나온 책만 15만 종은 될 것이고 또한 여러 가지 언어로 나와 있다.(와인 관련 서적 최대 보유 도서관인 캘리포니아 UC Davis의 데이터)

주의: 표에 실린 차이점은 실제로는 110개이다. 하지만 제목은 어감이 더 좋은 '100가지 차이점'으로 했다.

식물학, 농학, 수확

식물학, 농학, 수확
Botany, Agronomy and Harvest

2.1 종, 품종

○ 아라비카와 로부스타 ─ 그 차이는?

커피나무의 열매는 잘 익으면 붉게 변한다. 열매는 나뭇가지에 무더기로 나며 커피콩은 체리를 닮은 이 열매의 씨앗을 말한다.

커피콩은 땅콩처럼 쌍으로 자란다. 덜 익었을 때는 모양, 크기, 색상도 땅콩과 흡사하다. 열매의 껍질과 커피콩을 덮고 있는 내과피층(파치먼트) 사이에는 과육과 점액질 층이 있다.

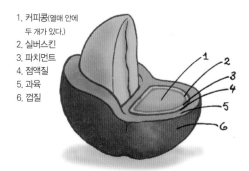

1. 커피콩(열매 안에 두 개가 있다.)
2. 실버스킨
3. 파치먼트
4. 점액질
5. 과육
6. 껍질

코페아 속(*Coffea*)에 속한 종은 100여 가지로 이들은 꼭두서니과(*Rubiaceae*)이다. 이 중 두 종이 상업적으로 재배되는 품종의 99%를 차지한다. 하나는 코페아 아라비카, 줄여서 아라비카라고 하고, 다른 하나는 코페아 카네포라, 통상 로부스타라고 말한다.

아라비카는 전 세계 커피 생산량의 60%를 차지하고 로부스타가 40%이다. 아라비카는 맛과 향이 좋은 반면 로부스타는 좀 더 쓰고 때로는 맛이 거칠다.

로부스타 커피콩은 일반적으로 아라비카에 비해 작고 둥글다. 로부스타는 병에 강하며 농장 관리가 더 수월해서 생산비가 낮다. 기타 아라비카와 로부스

● 표2.1 아라비카와 로부스타의 26가지 차이점

	아라비카	로부스타
라틴어 학명	*Coffea arabica*	*Coffea canephora*
원산지	동아프리카 에티오피아, 이후 아라비아 반도의 모카(오늘날 예멘)를 거쳐 퍼져나갔다.	아프리카 중부– 대서양과 빅토리아호 사이, 콩고 분지와 우간다 내륙 및 주변
현 최대 산지	중미, 남미, 동아프리카	베트남 및 기타 동남아시아, 브라질, 서/중부 아프리카
연 생산량	약 9천만 포대(60kg) = 540만 톤	약 6천만 포대(60kg) = 360만 톤
세계 총 생산 중 비중	60%: 1965년 75%에서 하락	40%: 1965년 25%에서 상승
최적 고도	700–2200m	0–900m, 최대 1600m까지 가능
최적 기온(연평균)	16–24℃(61–75℉)	21–30℃(70–86℉)
최적 강우량	1200–2200mm(50–85인치)	1800–3300mm(70–125인치)
병해충 저항력	민감하다. 전 지구적 기후 변화가 문제로 떠오르고 있다	대개 저항력이 크다.
가지치기하지 않을 경우 키	최대 7m(22ft)	최대 15m(50ft)
나무 줄기와 가지	줄기 하나에 옆으로 퍼지는 가지가 많이 난다.	가지치기를 해서 가지가 많은 줄기를 세 개쯤 남긴다. 전체적으로는 덤불처럼 보인다.
개화	비가 온 뒤	불규칙
개화 후 수확까지 기간	7–9개월	9–11개월
수분	자가수분(자가수정)하기 때문에 자체 꽃가루로 열매를 맺을 수 있다–유전적으로 단일하다.	타가수분(자가불임)하기 때문에 다른 나무의 꽃가루가 있어야 열매가 나온다–유전적으로 다양하다.
그루당 연간 생산성	통상 생두 0.7kg, 품종, 식부 밀도, 기후, 그늘, 비료 등에 따라 0.1–1.6kg까지 나타난다.	아라비카 대비 통상 40–50% 높다.
염색체	44개(유전적으로 복잡하다.)	22개(유전적으로 단순하다.)
커피콩의 모양과 크기	타원형, 7–12mm	둥글다, 5–8mm
색상	밝은 연두색, 회색에 가까움	갈색빛 나는 노란색
커피콩의 센터컷(주름 지며 갈라진 곳)	기다란 S자에 가깝게 구불구불하다.	거의 일직선이다.
카페인 함량	0.8–1.6%	1.5–2.5%, 보다 높을 수 있다.
당 함량	6–9%	3–7%
지방 함량	15–17%	10–12%
관능 속성, 기타 속성	달콤하고 향이 있다. 일정 범위의 섬세한 향미 및 좋은 산미가 몇 가지 있다.	강하고 때로는 거친 맛이 난다. 입안느낌은 매끈하고 기분 좋다. 에스프레소에서 훌륭한 크레마를 만들고 향기와 온도를 유지시키는 역할을 한다.
주요 상품 거래소	ICE US 선물시장 미국 뉴욕	ICE Europe 선물시장 영국 런던
상품 거래 단위	미국 달러화(US $) 37,500파운드(17.01톤=1컨테이너)	미국 달러화(US $) 10톤(22,035파운드)
거래소 거래 가격(예시)	파운드당 1.53달러, 산지 발 FOB 기준	톤당 2,023달러, FOB 기준 일반적으로 아라비카 대비 3분의 2정도 가격이다.

참조
• 위 표에서 언급한 고도, 기온, 생산량은 조금씩 수치가 다른 여러 자료를 근거로 저자가 산정한 것이다.
• 아라비카와 로부스타의 맛 차이는 그림 4.1에서 볼 수 있다.
• 국제 커피 기구(International Coffee Organization)에서는 커피의 거래 통계 및 거래가를 주요 4개 그룹으로 분류해 보여준다. 아라비카는 3개 그룹(콜롬비아, 아더 마일드, 브라질 내 추럴), 로부스타는 1개 그룹으로 묶는다. 이에 대한 상세 내용은 5.3장에서 설명한다.

타의 차이점은 표 2.1에서 설명하고 있다.

코닐론(Conilon)은 브라질에서 로부스타를 일컫는 말이다. 이 말은 로부스타 커피의 원산지인 아프리카 빅토리아 호수의 서쪽 코고 분지의 한 지역인 코일로우(Kouilou)에서 따왔다.

◐● 종, 품종, 재배종, 클론, 변종, 교배종

커피와 포도의 육종 작업은 다음과 같은 몇 가지 이점을 위해 이루어진다.

- 관능 품질(향, 향기, 색상, 커피콩이나 포도알의 크기 등)의 향상
- 생산성 증대 및 증산
- 열매 관리의 개선(커피 열매나 포도송이 취급, 결실 시간 등)
- 병과 해충에 대한 저항력
- 기후 변화 적응성

커피의 경우 오직 아라비카와 로부스타의 두 가지 종만, 포도의 경우는 비티스 비니페라(*Vitis vinifera*)라는 한 가지 종만이 상업적으로 관심을 받는다. 각 종 안에 여러 가지 아종들이 자연 품종 또는 재배 품종으로서 존재하는데, 이들을 재배종(cultivar)이라 부른다.

아래에 번식, 육종에 관한 주요 용어 몇 가지를 설명한다.

- **종(species)**은 교배하면 생식 기능이 있는 자손을 생산할 수 있는 개체를 말한다.
- **품종(variety)**은 자연적으로 나타난 아종을 말한다. 엄밀하게 보면 부적절한 표현이지만, 재배되고 있는 품종(재배종)을 말할 때에도 이 용어를 사용하는 경우가 많다.
- **재배종(cultivar)**은 원하는 특성을 위해 인간이 개발한 것이다. 재배종의 특성은 안정된 것으로 세대를 거듭하면서 유지된다.
- **클론(clone)**은 식물 개체의 특정 세대를 꺾꽂이해서 생성된 개체들로 유전적으로 동일하다. 원하는 특성을 지닌 식물에게서 꺾꽂이를 채취해 다량 생산한 개체 내에서도 동일 특성을 발현하도록 한다.
- **변종(mutant)**은 염색체가 변이한 것으로 우연히, 예기치 않게 발생할 수 있다. 변종의 유전 물질은 일반적으로는 원종의 유전 물질과 유사하며 몇 가지 유전자만 차이가 있다.
- **교배종(cross)**은 동일 종에 속하는 두 가지 품종을 교배한 것이다. 예를 들어 종래 유럽 포도종인 비

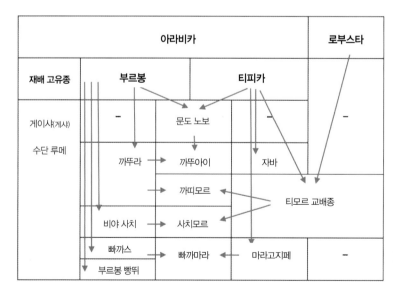

○ 그림 2.1 주요 종, 품종과 교배종
자료: Emma Sage, SCA 등의 자료에서 발췌
참고: 교배종, 변종들 중 주요 선택종은 이탤릭체로 표시했다.

○ 표 2.2 커피 종, 품종, 교배종의 기원과 속성

커피 종, 아종	커피 품종, 재배종	기원, 속성
아라비카 재래종 (에티오피아 원종의 1세대 재배종)	카파(Kaffa)	에티오피아 서부 지역에서 기원한다.
	지마(Gimma)	에티오피아 서부 지역에서 기원한다.
	수단 루메(Sudan Rume)	에티오피아와 남부 수단 사이 국경지대에서 기원한다. 품질은 좋으나 생산량이 낮다.
	게이샤(Geisha)(게샤(Gesha))	중미 지역에 많이 재배. 높은 가격을 받으며 특히 파나마 지역의 게이샤가 그러하다. 게샤는 에티오피아의 한 지명이다.
	기타	현재 연구 조사가 진행 중이다.
아라비카 **티피카**(Typica, Tipica) 부르봉에 비해 생산량이 낮다. 대개 음료 품질이 높다.	자바(Java)	인도네시아
	켄트(Kent)	1920년대 인도에서 개발되었으며, 생산성이 높고 녹병 내성이 있다.
	코나(Kona)	하와이
	블루 마운틴(Blue Mountain)	자마이카와 케냐에서 많이 재배한다.
	마라고지페(Maragogype)	커피콩 크기가 큰 변종으로 '코끼리 콩(elephant)'으로도 불린다. 1800년대 말 브라질의 마라고지페 지역 인근에서 발견되었다. 과테말라와 멕시코에서도 많이 새배한다. 음료 품질이 좋으나 생산성이 낮고 내성이 높지 않다.
	비야 로보스(Villalobos)	왜성 변종─코스타리카에서 많이 재배한다.
아라비카 **부르봉**(Bourbon) 티피카 대비 생산량이 20–30% 높다. 대개 음료 품질이 높다. 현재 레위니옹(Réunion)이라 불리는 인도양의 부르봉 섬 이름에서 따 옴	까뚜라(Caturra)	왜성 변종. 1930년대 브라질의 카투라 마을 인근에서 발견되었다. 생산성이 높고 여러 병해충에 대해 저항력이 좋다. 브라질, 콜롬비아, 중미에서 많이 재배한다.–때로는 코스타리카의 비야 사치, 엘살바도르의 빠까스 같은 변종으로서 재배되고 있다. 여타 아라비카 품종에 대한 향미 수요가 높아지면서 중요도가 떨어져 가는 추세이다.
	N 39	탄자니아
	잭슨(Jackson)	아프리카 중부, 부룬디 등
	빠까스(Pacas)	자연 왜성 변종─1940년대 이래 엘살바도르에서 많이 재배한다.
	비야 사치(Villa Sarchi)	자연 왜성 변종─1950년대 코스타리카의 사치 마을 인근에서 발견되었다.
	SL28, SL34	1930년대 초 케냐의 스캇 연구소(Scott Laboratories)에서 명명했다. 가뭄과 해충 저항성이 있고 음료 품질이 좋으나 생산성이 비교적 낮다. 특히 SL28이 이러한 성질이 강하다.
	K7	커피 녹병과 커피 베리 보러에 대한 저항력이 좋다. 케냐, 탄자니아, 호주에서 많이 재배한다.
로부스타 브라질에서 코닐론(Conilon)으로 불림	로부스타 품종 중 하나로서: 코일로우(Kouilou) 느간다(Nganda), 에렉타(Erecta)	생산성이 높고 병해충에 대한 저항력이 있다 인도네시아에서 자라는 로부스타 품종은 매우 다양하다. 인도의 로부스타는 품질이 좋다고 알려져 있는데 이는 자연 특성뿐 아니라 세심한 처리 덕분이다. 토고와 앙골라 또한 품질이 좋지만 생산량이 적다. 로부스타에 대한 시장 관심도가 높아지면서 계통 분류에 대해 상당한 연구가 진행 중이다. 현재 '고급 로부스타'로 부르고 있는 종에 대한 규명과 확인 작업에 초점이 맞추어져 있다.

커피 종, 아종	커피 품종, 재배종	기원, 속성
리베리카		로부스타와 유사하며 커피콩이 크고 가뭄에 잘 견딘다. 향이 톡 쏘는 듯하며 나무 느낌, 씁쓸한 맛이 있다. 아프리카 서부 리베리카와 동남아시아 및 인근에서 소량이 생산된다. '기타' 항목으로 판매되고 있으며 전 세계 커피의 1% 미만을 차지한다.
엑셀사		로부스타와 유사한 커피. 향이 달콤하고 과일 느낌이 연상되지만 맛은 일반적으로 나무 느낌이 난다. 소량 생산되며 주로 아프리카 중부와 서부에서 생산된다.

	교배종	기원, 속성
–	티모르 하이브리드 (아라비카+로부스타)	이브리도 데 띠모르(Hybrido de Timor)라고도 부른다. 로부스타와 티모르 아라비카의 자연 교배종이다. 녹병 내성이 있다.
–	까띠모르(Catimor) (티모르 하이브리드+까뚜라)	생산성이 높다. 녹병에 내성이 있고 베리병에도 내성이 있다. 세심한 관리가 필요하고 비료를 주어야 한다. 폭넓게 재배되고 있지만 음료 특성이 때로는 좋지 않아서 수요가 성장세를 보이지는 않는다.
–	사치모르(Sarchimor) (비야 사치(부르봉)+티모르 하이브리드)	녹병과 커피베리보러에 대해 내성이 크다. 코스타리카와 인도에서 재배한다.
–	아라부스타(Arabusta) (아라비카+로부스타)	코트디부아르에서 개발한 인공 교배종이다.
–	루이루11 (수단 루메+티모르 하이브리드+K7+까띠모르+SL28+SL34)	몇 가지 변종이 있다. 생산성이 높지만 맛이 개성적이지는 않다. 1980년대 케냐에서 개발되었으며 개발 지역의 이름을 땄다. 여러 가지 커피 질병에 내성이 있다.
–	문도 노보 (부르봉+수마트라(티피카))	1930년대 브라질에서 개발한 품종으로 브라질의 일반 품종이다. 중남미 지역에서도 많이 재배된다. 키가 크고 생산성이 높다.
–	까뚜아이 (문도 노보+옐로 까뚜라)	모체인 부르봉에 비해 키가 작고 부르봉을 축소한 듯한 모습이다. 1950년대 브라질에서 개발되었다. 주로 중남미에서 재배되며 생산성이 높다.
–	마라까뚜라 (마라고지페+까뚜라)	중미에서 주로 재배한다.
–	까스띠요(Castillo) (티모르 하이브리드+까뚜라)	콜롬비아에서 개발했으며 녹병 내성이 까뚜라보다 좋다. 이 때문에 까뚜라를 교체하는 용도로 널리 사용되었다.
–	S795 (켄트, S288)	인도와 인도네시아에 일반적인 품종이다. 품질과 생산성이 좋다. 녹병에 내성이 있으나 커피베리보러에는 취약하다.
–	빠까마라 (빠까스+마라고지페)	엘살바도르에서 개발한 품종으로 중미 국가에서 일반적이다. 빠까스는 부르봉 변종이며 마라고지페는 티피카 변종이다.

자료: Emma Sage, SCA, Annette Moldevaer, Coffee Obsession, DK, 2014; World Coffee Research, 및 기타 자료 등 여러 정보원에서 수집

티스 비니페라종 내 두 가지 다른 포도 품종을 교배한 것이 교배종이다. 이렇게 생성된 새 교배종은 그 자체로 새 품종이 된다. 뮐러-투르가우(Müller-Thurgau) 백포도가 그런 교배종에 속한다.

- **하이브리드(Hybrid)**는 종 내 두 가지 품종의 교배 후손이다. 자연적으로 나올 수도 있고 인위적으로

만들 수도 있다. 커피 중에는 티모르 하이브리드 (Timor Hybrid)가 좋은 예인데, 여기엔 아라비카(티 피카)와 로부스타의 유전 물질이 들어 있다. 포도 의 경우는 유럽 포도 원종인 비티스 비니페라에 미국 포도종인 비티스 리파리아(*Vitis riparia*) 또는 비티스 루페스트리스(*Vitis ruipestris*)가 교배된 것이 있다. 주요 하이브리드로서 적포도종인 론도(*Ron do*), 리전트(*Regent*), 백포도종으로 솔라리스(*Solaris*) 가 있다. 이 셋은 모두 기온이 낮은 북유럽에서 일 반적으로 쓰이는 품종들이다.

- **1세대 하이브리드(F1 Hybrid)**는 에티오피아계 커 피 품종에 알려져 있는 재배종을 교배하는 등, 뚜렷 이 다른 부모의 교배종에서 나온 1세대 자손이다.

그림 2.1에서는 잘 알려져 있는 커피 재배종 몇 가지 와 기원에 대해 개괄하고 있다. 표 2.2에서는 보다 많 은 커피 재배종의 특성과 기원 등 보다 상세한 내용 을 보여준다.

표 2.6에 가장 널리 쓰이는 와인용 포도 품종 중 23 개 품종이 나와 있다.

육종 결과 등장한 와인용 포도 품종은 수천 가지 가 넘지만 아래에 그 몇 가지만 소개했다.

까베르네 프랑 FPS 114, 까베르네 소비뇽 52.1, 샤르도네 VCR 10, 그르나슈 224/362, 메를로 ISV-V-F-6, 네비올로(Nebbiolo) CVT-142-CNR, 피노 누아 INRA 클론 114, 리슬링 클론 110Gm, 소비뇽 블랑 VCR 389, 시라 99/174/383/470, 템쁘라니요 CL-292, 비오니에르 ENTAV-INRA 1051.1

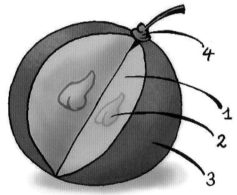

1. 과육(pulp): 80–90%(주스, 머스트라고도 한다.)
2. 씨앗(seed): 2–6%(핍(pip)이라고도 한다.)
3. 껍질(skin): 5–12%
4. 줄기(stem): 2–6%(스토크(stalk)라고도 한다.)

● 와인용 포도, 생식용 포도(table grape), 건포도용 포도(raisin grape) – 차이점은?

Vitis 속에 속하는 포도덩굴 식물은 60여 종이 넘지 만, 이 중 상업적으로 관심을 받는 종은 오직 하나, 비 티스 비니페라(Vitis vinifera)이다.

종이 고정된 포도덩굴 식물은 뿌리 체계, 목질계 몸통, 싹 ─ 성장하면서부터는 줄기(cane-가늘고 길며 유연한 줄기)로 부르기도 한다 ─ 으로 이루어져 있다. 식물학적으로 포도나무는 일종의 과립형(작은 과실이 모여 과방을 형성하는 종류)나무이다. 즉, 포도덩굴에 난 꽃 한 송이마다 열매가 하나씩 맺힌다.

포도의 색상을 나타내는 용어는 여럿 있다. 특히 영어 외의 다른 언어로 표현할 때는 더욱 그러하다. 적포도(red grape)는 어떤 경우에는 검정(black) 또는 파랑(blue)으로 표현하기도 한다. 백포도(white grape) 는 때로는 녹색(green) 또는 노랑(yellow)으로 나타내 기도 한다.

일반적으로 잘 익은 와인용 포도는 달고, 부드러우 며 즙이 많다. 대부분의 와인용 포도는 껍질이 두껍고 쫄깃하며 씨앗은 몇 개 정도 들어 있고 생식용 포도에 비해 산 성분 농도가 높다.

생식용 포도는 대체로 보다 크고, 씹는 맛이 있으며 껍질이 더 얇다. 씨앗 수는 적거나 아예 없다. 일반적으로 사용하는 품종으로 설타나(Sultana, 톰슨 시들리스(Thompson Seedless) 또는 설타니나(Sultanina)라고도 한다.), 콩코드(Concord), 레드 플레임(Red Flame, 플레임 시들리스(Flame Seedless)), 머스캣(Muscat), 알메리아(Almeria) 등이 있다.

어떤 포도든 건포도용으로 사용 가능하지만 대개는 생식용 포도를 쓴다. 일광 건조하거나 65도 온도에서 몇 시간 오븐 건조한다. 설타나 품종을 널리 쓴다.

● 상업적으로 사용되는 와인용 포도의 수는?
국제 포도 와인 기구(International Organisation of Vine and Wine, OIV)에서는 34개국 5천여 개의 포도 품종을 등재했다. – 이 목록은 지금도 늘어나고 있다.

잔시스 로빈슨(Jancis Robinson), 줄리아 하딩(Julia Harding), 호세 보우이야모스(José Vouillamoz)가 2012년 펴낸 *Wine Grapes*에 따르면, 현재 알려져 있는 포도 품종 수는 만여 개 정도이며, 이중 와인 생산용으로 상업적으로 재배되는 품종 수는 1,368개이다. 일부 문헌에서는 상업적으로 의미 있는 품종 수는 500개 또는 그 이하라고 한다.

재배자는(기후, 토양, 지형 조건, 입수 가능한 품종, 자신의 경험에 따라서) 가능한 품종이 무엇인지, 허용된 품종이 무엇인지, 판매할 상품이 무엇인지에 따라 품종을 고른다.

● 승자는 까베르네 소비뇽(Carbernet Sauvignon)!
까베르네 소비뇽은 세계에서 가장 널리 재배되는 와인용 포도 품종이다. 이 품종은 보르도 지역에서 재배하는 재래 핵심 품종 세 가지 중 하나이면서 캘리포니아에서 가장 많이 재배되는 품종이며 캘리포니아산 최고가, 최고 지명도 와인의 원재료이기도 하다. 까베르네 소비뇽 다음으로 많이 생산되는 품종으로는 메를로(Merlot), 아이렌(Airén), 뗌쁘라니요(Tempranillo), 샤르도네(Chardonnay, 샤도네이), 시라(Syrah, 쉬라즈(Shiraz)), 그르나슈(Grenache)가 있다.

1990년에 가장 많이 재배된 품종은 스페인에서 주로 기르던 아이렌 품종이었고 당시 까베르네 소비뇽은 8위에 불과했다. 20년 전만 하더라도 뗌쁘라니요와 시라 품종이 훨씬 널리 재배되었다.

2013년, 호주 애들레이드 대학교(University of Adelaide)의 킴 앤더슨(Kym Anderson)과 난다 R. 아르얄(Nanda R. Aryal)은 700페이지에 달하는 〈*Which Winegrape varieties are Grown where?*〉 라는 책을 펴냈다. 저자의 연구조사 및 최근 분석에 따르면, 상위 30개 와인용 포도 품종이 전 세계 포도 재배 면적 대비 차지하는 비중은 2000년대 초만 하더라도 56%였지만 2010년에는 63%를 차지하는 것으로 나타났다. 이는 전 지구적으로 품종의 다양성이 줄어들었다는 것을 의미한다. 30개 와인용 포도 품종은 표 2.3에 나와 있다.

2000년 이래 포도 산업은 품종 면에서는 다양성이 줄어드는 쪽으로 변화했다. 프랑스 내 포도 품종 조성과 비슷해지면서 약간의 '재래 품종'이 보완하는 형태이다. 잘 알려져 있고 널리 재배되는 품종을 때로 'noble grape' 내지는 'international grape'라고 부른다. 다만 이 용어에 대해 정의된 것은 없다.

2000년에, 7개 국가(조사 분석 대상 44개 국가 중)에서는 1등 품종의 재배지가 전체 재배지의 3분의 1 이상을 차지했다. 2010년에는 나라 수가 12개국으로 늘어났다.

이 수치가 무엇을 의미할까? 우선, 전 세계 재배자들이 점차 보수화되고 있음을 보여준다. 재배자들은 더 안정적인 운영을 바라며 자신들이 잘 아는 품종이 안정적으로 자라고 팔릴 것이라 본다. 그렇지만, 전 세계 와인의 1/3은 수백여 개에 달하는 희귀한 포도 품종으로 만든다는 점에 유의해야 한다. 이탈리아, 포르투갈, 그리스, 루마니아는 희귀 품종 및 토착 품종으로 여러 가지 와인을 생산하는 나라들이다.

● 표 2.3 1990년과 2010년의 30개 주요 와인용 품종

2010년 순위 (1990년 순위)	품종	색상	2010년 기준 재배 면적(헥타르)	세계 포도 재배 면적 비율(%)
1 (8)	까베르네 소비뇽(Cabernet Sauvignon)	적	290,000	6
2 (7)	메를로(Merlot)	적	270,000	6
3 (1)	아이렌(Airén)	백	250,000	5
4 (24)	뗌쁘라니요(Tempranillo)	적	235,000	5
5 (13)	샤르도네(Chardonnay)	백	200,000	4
6 (30위권 밖)	시라(Syrah) (쉬라즈(Shiraz))	적	185,000	4
7 (2)	그르나슈(Grenache) (가르나차(Garnacha))	적	185,000	4
8 (25)	소비뇽 블랑(Sauvignon Blanc)	백	115,000	2
9 (5)	트레비아노(Trebbiano) (위니 블랑(Ugni Blanc))	백	110,000	2
10 (30)	피노 누아(Pinot Noir)	적	100,000	2
상위 10위 총합	–	–	1,940,000	40
11 (6)	까리냥(Carignan) (마주엘로(Mazuelo))	적	85,000	< 2
12 (10)	보발(Bobal)	적	80,000	< 2
13 (11)	산지오베제(Sangiovese)	적	80,000	< 2
14 (9)	무르베드르(Mourvédre), (모나스뜨렐(Monastrell), 마타로(Mataro))	적	70,000	< 2
15 (30위권 밖)	그라제비나(Grasevina) (벨슈리슬링(Welschriesling))	백	60,000	< 2
16 (3)	르카치텔리(Rkatsiteli)	백	60,000	< 2
17 (30위권 밖)	까베르네 프랑(Cabernet Franc)	적	55,000	< 2
18 (21)	리즐링(Riesling)	백	50,000	< 2
19 (30위권 밖)	피노 그리(Pinot Gris)	백	45,000	< 1
20 (26)	마까베오(Macabeo)	백	45,000	< 1
21 (30위권 밖)	말벡(Malbec) (코트(Cot))	적	45,000	< 1
22 (16)	카예타나(Cayetana)	백	40,000	< 1
23 (30위권 밖)	알리깡뜨 앙리 부쉐(Alicante Henri Bouschet)	적	40,000	< 1
24 (20)	알리고테(Aligoté)	백	40,000	< 1
25 (18)	쌩쏘(Cinsaut)	적	35,000	< 1
26 (19)	슈냉 블랑(Chenin Blanc)	백	35,000	< 1
27 (30위권 밖)	몬테풀치아노(Montepulciano)	적	35,000	< 1
28 (30위권 밖)	카타라토(Catarratto)	백	35,000	< 1
29 (29)	진판델(Zinfandel, 프리미티보(Primitivo), 트리비즈라그(Tribidrag))	적	35,000	< 1
30 (30위권 밖)	가메(Gamay)	적	35,000	< 1
상위 30위 총합	–	–	2,945,000	
30위 미만 총합	–	–	1,755,000	
세계 총합	–	–	4,700,000	

자료: Kym Anderson, Journal of Wine Economics, Vol. 9, No. 3, 2014, 수치는 반올림하고 일부 자료 수정함

주의:
- 적포도와 백포도에 대한 상세한 생산 통계는 구하기 어렵다. 여기에 나온 재배 면적은 추정치이다.
- 헥타르당 생산량은 백포도가 적포도 대비 약간 더 높다.
- 와인 생산용 포도 재배지는 전체적으로 470만 헥타르 정도로서 총 포도 재배지의 2/3 정도이다.
- 2010년 이래 유럽의 포도 재배지가 줄어들고 있으며, 다른 지역의 재배지 확대가 이를 벌충하고 있다.
- OIV의 2016년도 자료에서는 2010년도 자료 대비 몇 가지 주요 차이점을 볼 수 있다. 재배지가 확대된 품종은 까베르네 소비뇽(29만 헥타르에서 34만 헥타르로), 피노 누아(10만 헥타르에서 11.5만 헥타르로), 샤르도네(20만 헥타르에서 21.1만 헥타르로)이며 재배지가 줄어든 품종은 아이렌(25만 헥타르에서 21.8만 헥타르로)과 그르나슈(18.5만 헥타르에서 16.3만 헥타르로)이다.

● 레드 와인용 포도는 증가세이다.

포도 재배지의 절반은 15개 품종이 차지한다. 그리고 15개 품종 중 10개 품종이 적포도이다.

표 2.4에서 볼 수 있듯, 적포도 품종 재배지의 비율은 2000년에 49%이던 것이 2010년에는 57%까지 높

● 표 2.4 주요 15개 와인용 포도 품종의 재배지 비율

와인용 포도 품종	%
적포도	
까베르네 소비뇽	6
메를로	6
뗌쁘라니요	5
시라	4
그르나슈(가르나차)	4
피노 누아	2
까리냥(마주엘로)	2
보발	2
산지오베제	2
무르베드르(모나스뜨렐)	2
기타 적포도	22
적포도 총합	**57**
백포도	
아이렌	5
샤르도네	4
소비뇽 블랑	3
트레비아노(위니 블랑)	2
그라제비나(벨슈리슬링)	1
기타 백포도	28
백포도 총합	**43**
와인용 포도 총합	**100**

자료: OIV, Kym Anderson et al., 2013, 2014 등

아졌다. 이러한 변화의 요인 중 하나로 로제 와인 수요 성장을 들 수 있다.

적포도 재배지 비율이 10% 포인트 이상 높아진 나라는 브라질, 러시아, 스페인, 슬로바키아, 독일이 있다. 백포도 재배지 비율이 높아진 나라는 몇 되지 않는다. 이 중 루마니아, 캐나다, 칠레는 5% 포인트 이상 높아졌다.

● 와인용 포도 품종의 다양성 − 이탈리아가 최고

이탈리아는—프랑스와 쌍벽을 이루는—세계 최대의 와인 생산국일 뿐만 아니라 포도 품종의 다양성도 가장 큰 나라이다.

OIV에서는 국가 내 품종의 다양성을 총 포도 재배지 면적의 75%를 채우는 데 필요한 품종 수로 측정한다. 이탈리아에 적용할 경우, 80개 품종에 달한다. 이 수치는 포르투갈의 35개, 루마니아의 30개, 미국의 25개, 칠레의 24개, 브라질과 헝가리의 20개, 프랑스의 12개 및 스페인의 10개를 훨씬 뛰어넘는 수치이다. 기타 대부분 국가는 10개가 채 되지 않는다. 가장 수치가 낮은 국가로는 호주, 오스트리아, 중국, 뉴질랜드가 있다.

3대 와인 생산국—이탈리아, 프랑스, 스페인—은 포도 품종의 다양성 면에서부터 차이가 난다. 표 2.5는 위 세 국가의 주요 5대 품종의 재배 면적 비율을 보여준다. 예를 들어 이탈리아에서는 주요 5대 품종의 재배 면적은 23%에 불과하다. 그만큼 다양성이 높다는 뜻이다.

● 프랑스의 바살(Vassal): 포도 종 보존의 중심지

도멩 드 바살(Domaine de Vassal)은 프랑스 남해안의 도시 몽펠리 인근 또(Thau) 호수에 있는 27헥타르 면적의 포도 유전자 은행이다. 54개국에서 수집한 8천여 개 포도 품종 및 교배종이 있다. 이 수집 작업은 프랑스 국립농업과학원(National Institute of Agricultural Research, INRA)에서 진행했다. 유럽의 포도나무들은 미국산 나무의 뿌리로 접목하지만 이곳의 포도나무들은 프랑스 나무의 뿌리를 쓴다. 이 지역의 토양이 모래질이라 필록세라(phylloxera) 벌레가 살지 못하기 때문이다.

다만 물에 염분이 있어 뿌리 쪽이 위험한지라 현재는 나르본 인근의 지대가 높고 더 넓은 곳으로 유전자 은행을 옮기려고 계획 중이다. 나무를 살려서 옮기려면 몇몇 포도나무는 꺾꽂이가 필요한 상황이다. 일부에서는 이 와중에 품종 손실이 있을 것이라 걱정하며 이전을 반대하고 있다.

● 표 2.5 이탈리아, 프랑스, 스페인의 5개 포도 품종 재배지 비율

이탈리아		프랑스		스페인	
포도 품종	%	포도 품종	%	포도 품종	%
산지오베제(Sangiovese)	8	메를로(Merlot)	14	아이렌 (Airén)	22
몬테풀치아노(Montepulciano)	4	위니 블랑(Ugni Blanc) (트레비아노(Trebbiano))	10	뗌쁘라니요 (Tempranillo)	21
글레라(Glera)	4	그르나슈(Grenache) 가르나차(Garnacha)	10	보발(Bobal)	6
피노 그리지오(Pinot Grigio)	4	시라(Syrah)	8	그르나슈(Grenache) 가르나차(Garnacha)	6
메를로(Merlot)	3	샤르도네(Chardonnay)	6	비우라(Viura) (마까베오(Macabeo))	5
5대 포도 품종 합	23	5대 포도 품종 합	48	5대 포도 품종 합	60
기타 품종	77	기타 품종	52	기타 품종	40
총합	100	총합	100	총합	100

자료: OIV, 2016년도

● **포도가 와인 재료로 다른 과일보다 우수한 이유**

와인 재료로 포도를 대신할 만한 것은 드물다. 포도는 당과 산 물질의 비율이 이상적이며, 이 덕분에 당이 거의 대부분 알코올로 바뀔 수 있다.

포도 대용품으로 사과, 석류, 엘더베리(elderberry), 망고(mango), 리치(lychee), 아보카도(avocado), 구아바(guava)가 있지만, 이런 재료를 사용해 만든 와인은 너무 달거나, 심지어는 잼 형태가 되는 경우가 많다. 이런 과일들의 단점은, 알코올로 발효 가능한 당이 적거나, 산도가 너무 낮거나(특히 타르타르산이 부족), 이스트가 발효를 일으킬 만큼 충분하지 않거나 또는 이스트 균주의 효율성이 낮다는 점이다.

● 표 2.6 주요 23개 와인용 포도의 원산지, 국가, 특성 자료

포도 품종	원산지	오늘날 주로 재배하는 국가 (세계 생산량 대비 %)	특성, 역사
적포도			
까베르네 프랑 (Cabernet Franc)	프랑스(보르도(Bordeaux), 루아르(Loire)), 스페인(바스크(Basque) 지역)	프랑스(보르도, 루아르, 남서부 지역) 66%, 이탈리아 13%, 미국 7%, 스페인, 헝가리, 크로아티아, 불가리아 등	열매 크기는 작다. 까베르네 소비뇽에 비해 밝고 부드럽다. 보르도 와인에 블렌딩용으로 널리 쓰인다. 루아르 계곡에서 생산되는 와인의 버라이어틀로 쓰인다.
까베르네 소비뇽 (Cabernet Sauvignon)	프랑스(보르도)	프랑스 19%, 칠레 14%, 미국 12%, 호주 10%, 중국, 아르헨티나, 불가리아, 남아프리카, 이탈리아 등	세계에서 가장 널리 재배되는 포도 품종이다. 포도알이 작고 껍질은 두꺼워 포도액/포도 껍질 비가 낮다. 산도가 높고 탄닌 함량이 높다. 상당한 재배 관리가 필요한 품종이다. 좀 더 부드러운 품종과 블렌딩하기에 좋다. 보르도산 고가 레드 와인에 블렌드용으로 일반적으로 쓰인다. 캘리포니아 나파(Napa) 지역의 포도 재배지 중 50% 이상이 까베르네 소비뇽이 다. 품종 이름은 프랑스의 쇼비지(sauvage, 야생이라는 의미)에서 왔다.
가메(Gamay)	프랑스(마콩(Mâcon), 보졸레(Beaujolais))	프랑스(보졸레, 마콩, 코트 뒤 론(Côtes du Rhône) 등) 95%, 스위스, 미국(오리건) 등	생산성이 높고 재배가 쉽다. 한랭습윤한 날씨에 잘 견딘다. 발효 전 카보닉 매서레이션(으깨지 않은 포도를 사용)을 하는 경우가 많다. 11월에 공개하는 보졸레 누보(Beaujolais Nouveau) 와인에 사용된다. 같은 지역에서 재배되는 피노 누아에 비해 튼튼하고 열매도 많이 맺는다. 부르고뉴의 지리적 표시제에 기반한 상표인 빠스뚜그랭(Passe-tout-grains)에서는 피노 누아와 함께 발효된다. 품종명은 마을 이름인 가메(Gaamez)에서 따온 것으로 보인다.
그르나슈(Grenache) 스페인어로 가르나차(Garnacha)	스페인, 이탈리아도 가능성이 있다.	프랑스(론, 샤또뇌프 뒤 빠프(Châteauneuf-du-Pape) 45%, 스페인 35%, 호주 10%, 이탈리아, 미국	포도줄기병에 내성이 있고 가뭄에 잘 견디기 때문에 기후 변화에 적합하다. 열매가 늦게 익는다. 블렌드에 많이 사용하며 일부에서는 필러(filler, 분량을 채우는 용도로 쓰이는 것) 해당 품종으로는 가르나차 띤따(Garnacha Tinta), 가르나차 블랑까(Garnacha Blanca), 가르나차 로하(Garnacha Roja), 가르나차 뻴루다(Garnacha Peluda)가 있다. 그르나슈는 1990년도 기준 세계에서 두 번째로 널리 재배되는 포도 품종이었다.
말벡(Malbec)	프랑스(보르도, 이후에는 까오르(Cahors))	아르헨티나 75%, 프랑스(주로 까오르 지역) 17%, 미국, 칠레 등	거의 검은색을 띤다. 서리와 일부 병에 민감하다. 열매가 얇고 재배가 어렵다. 산도가 낮을 때가 있고 이때는 보정해 주어야 한다. 말벡이라는 이름의 기원이라고 알려진 설명들은 근거 없는 것으로 확인된 상태라, 이를 밝히기 위한 연구가 진행 중에 있다. 꼬(Côt), 오세후아(Auxerrois)라 불리기도 한다.
메를로(Merlot)	프랑스(보르도)	프랑스 40% 이상, 이탈리아 10%, 미국 10%, 불가리아, 스페인, 중국, 루마니아 등	포도알과 송이 크기가 크며 과잉 생산 가능성이 있다. 탄닌 함량과 산도가 낮고 당 함량은 높다. 프랑스의 뽀므롤(Pomerol), 생떼밀리옹(Saint-Émilion)산 최고가 와인 몇 가지에는 메를로가 주로 들어간다. 와인을 제조하는 대부분의 국가들은 소량이나마 메를로 품종을 재배한다. 이 포도는 온도에 민감하고 짧은 기간 안에 수확해야 한다. 메를로라는 이름은 프랑스어 메를르(merle, 유럽의 검은 새)에서 온 것으로 짐작된다. 색상도 비슷하고 포도가 익기 시작하면 이 새들이 날아들기 때문이다.

포도 품종	원산지	오늘날 주로 재배하는 국가 (세계 생산량 대비 %)	특성, 역사
적포도			
네비올로(Nebbiolo)	북부 이탈리아	이탈리아 95% 이상, 미국, 호주, 아르헨티나, 멕시코 등	껍질이 얇다. 뿌리와 줄기는 튼튼하다. 꽃이 일찍 피는 대신 결실과 수확은 늦다. 탄닌 함량이 높다. 회색빛에 먼지가 앉은 듯한 색 때문에 이탈리아어로 안개를 의미하는 네비아(nebbia)에서 이름을 따온 것으로 보인다. 다만 일부에서는 피에몽테(Piemonte)의 안개 긴 계곡에서 이름의 기원을 찾는다. 이를 사용한 와인으로는 바롤로(Barolo), 바르바레스코(Barbaresco)가 있다.
피노 누아(Pinot Noir) 독일에서는 슈패트부르군더 (Spätburgunder) 오스트리아와 스위스에서는 블라우부르군더 (Blauburgunder) 이탈리아에서는 피노 네로(Pino Nero)	프랑스(몇몇 지역으로 추정)	프랑스(부르고뉴) 35%, 미국(오리건 주, 워싱턴 주) 22%, 독일 17%, 뉴질랜드, 스위스, 호주, 이탈리아 등	서늘한 기후에서 자란다. 줄기가 연약한 편이다. 껍질이 얇고 생산성이 상당히 낮다. 재배와 수확에 세심한 관리가 필요하다. 생육이 좋고 고밀도 재배에 적합하다. 해당 품종으로는 피노 블랑(Pinot Blanc), 피노 그리(Pinot Gris), 피노 뫼니에르(Pino Meunier), 피노 누아 프레코스(Pino noir Précoce)가 있다. 이름은 솔방울에서 따온 것으로 보인다. 포도송이 모양이 닮았기 때문이다. 일부에서는 해당 지역이 소나무(pinot, 피노)를 닮은 데서 이름이 온 것이라 주장한다.
피노타쥬(pinotage)	남아프리카	남아프리카 95% 이상, 이스라엘, 브라질, 뉴질랜드, 미국 등	피노 누아와 쌩쏘를 교배한 품종이다. 1920년대 남아프리카에서 개발했다. 관솔 형태로 기르는 경우가 있다. 이름은 피노 누아와 에르미타쥬(Hermitage, 쌩쏘의 지역명. 쌩쏘는 Cinsault 또는 Cinsaut 라고 표기한다.)에서 각각 따왔다.
산지오베제 (Sangiovese)	이탈리아 (토스카나(Tuscany, 투스카니))	이탈리아 95% 이상, 미국(캘리포니아), 아르헨티나, 호주, 루마니아, 프랑스 등	생산성이 높고 늦게 익는다. 이탈리아에서 가장 널리 재배되는 품종이다. 키안티(Chianti)와 브루넬로(Brunello) 와인의 주력 품종이다. 산지오베제라는 말은 '조브(Jove)의 피', 즉 유피테르(Jupiter) 신의 피를 의미한다.
시라/쉬라즈 (Syrah/Shiraz)	프랑스(코트 뒤 론(Côtes du Rhône) 북부)	호주 37%, 남 프랑스, 스페인, 아르헨티나, 남아프리카, 미국, 동유럽 등	건조한 기후, 척박한 토양에 적합하다. 몇 가지 질병에 취약하다. 검붉은 빛에 탄닌이 풍부한 와인이 나온다. 프랑스에서는 블렌드로 사용하는 경우가 많은데, 호주나 남아프리카(이곳에서는 쉬라즈라고 부른다.)에서 만드는 와인보다는 프랑스(이곳에서는 시라라고 부른다.)산 와인이 보다 드라이하고 신선한 느낌이다. 이름의 기원은 분명하지 않으며, 한때는 페르시아의 시라즈 지역에서 왔다고 알려졌지만 최근 연구에서는 다른 이론들이 나오고 있다.
뗌쁘라니요 (Tempranillo)	스페인(리오하(Rioja), 나바라(Navarra))	스페인 95% 이상, 미국, 호주, 포르투갈, 아르헨티나 등	스페인어로 뗌쁘라노(temprano)는 이르다는 뜻이다. 조생종으로 껍질은 두껍다. 스페인에서는 이 품종으로 알코올 도수가 낮은 와인을 만들며, 띤또 델 빠리스(Tinto del Paris)라고 부르기도 한다. 1990년 및 2010년 기준 재배지 면적 비교에서는 세계에서 경작지가 가장 급속히 증가하는 품종으로 나타난다.
진판델(Zinfandel) (프리미티보(Primitivo))	크로아티아	미국(캘리포니아) 95% 이상, 이탈리아(풀리아(Puglia)), 호주, 멕시코, 칠레, 남아프리카 등	유지비가 낮고 생산성이 높은 품종이다. 곰팡이에 민감해서 캘리포니아 같은 건조한 기후에 최적이다. 흔히 로제 와인에 사용된다. 14–15%의 높은 도수에 어두운 빛 와인이 나온다. 이탈리아 풀리아 지역에서는 프리비티보라 불린다. 크로아티아에서는 트리비즈라그(Tribidrag) 또는 다른 이름으로 불린다.

포도 품종	원산지	오늘날 주로 재배하는 국가 (세계 생산량 대비 %)	특성, 역사
백포도			
아이렌(Airén)	스페인	스페인-거의 100%	가뭄에 잘 견디고 늦게 익는 생산성 높은 품종이다. 나무가 관솔 형태로 자란다. 브랜디용으로 널리 쓰인다. 재배 면적 기준으로는 가장 일반적인 품종인데, 그 이유 중 하나는 척박한 지역에 저밀도로 심었기 때문이다.
샤르도네(Chardonnay)	프랑스(부르고뉴(Burgundy, 버건디)	프랑스(부르고뉴) 25%, 미국(캘리포니아) 20%, 호주 20%, 이탈리아, 칠레, 남아프리카 등	클론 품종이 많다. 다양한 환경에서 재배하기 쉽지만 껍질이 얇아 보트리티스 녹병(Botrytis rot)에 노출되기 쉽다. 배럴 에이징에 적합하다. 3대 샴페인용 포도 품종 중 하나이다.
슈냉 블랑(Chenin Blanc)	프랑스(루아르(Loire) 계곡)	남아메리카 50%, 프랑스(루아르 계곡) 25%, 미국 10% 등	단맛을 내는 와인, 스파클링 와인에 사용되는 편이나 일부 드라이한 와인에도 쓰인다. 신대륙, 특히 남아프리카에서 일반적인 품종으로 이곳에서는 스틴(Steen)이라 부른다. 이름은 루아르 계곡의 몽 슈냉(Mont-Chenin)에서 온 것으로 보인다.
게뷔르츠트라미너(Gewürztraminer)	독일	프랑스(알자스(Alsace)) 25%, 몰도바 20%, 미국(캘리포니아 주, 워싱턴 주) 15%, 우크라이나, 호주, 독일, 헝가리 등	껍질은 분홍빛을 띠며 냉각기후에 적합하다. 금빛 나는 도수 높은 화이트 와인을 만든다. 와인 생산 국가 거의 대부분이 소량이나마 재배한다. 게뷔르츠는 독일어로 향신료를 의미하며 트라미너는 원산지인 남부 티롤(Tyrol)을 의미한다. 알자스에서는 움라우트를 빼고 Gewurztraminer 라고 표기한다.
뮐러-투르가우(Müller-Thurgau)	독일	독일 60% 이상, 오스트리아, 스위스 룩셈부르크, 일본 등	리즐링과 마들렌 로얄(Madeleine Royal) 간 교배종 중 가장 널리 쓰이는 품종으로 스위스 투르가우 주의 헤르만 뮐러(Hermann Müller, 1850-1927)가 개발했다 일부 국가에서는 리슬링-실바너(Riesling Sylvaner) 또는 리바너(Rivaner)라고 부른다. 추운 기후에 잘 견디고 빨리 자라며 생산성이 높지만 가뭄과 곰팡이에는 약하다. 와인은 가벼운 느낌이다.
피노 그리(Pinot Gris) (피노 그리지오(Pinot Grigio))	프랑스(부르고뉴/알자스(Alsace))	이탈리아 30% 정도, 미국(오리건 주, 워싱턴 주 등), 독일, 프랑스, 호주, 몰도바, 헝가리 등	대부분의 백포도에 비해 회색빛이 돌고 색이 어둡다. 송이가 작고 포도알도 작다.-당 함량이 높을 때도 있다. 이탈리아식 이름인 피노 그리지오라는 이름으로 마케팅이 잘 되어 있다. 국가별로 수확 및 와인 제조 방식이 달라 와인 스타일에 차이가 있다.
리즐링(Riesling)	독일(라인(Rhine) 강)	독일 45%, 미국 10%, 호주, 프랑스, 오스트리아, 우크라이나, 뉴질랜드 등	높은 산도가 보존제 역할을 한다. 와인으로 만들면 다른 와인에 비해-단맛이 있는 와인이건 없는 와인이건-알코올 도수가 낮은 경우가 많다. 시원한 기온에 알맞으며 병에 대한 저항력이 좋다. 이름의 기원에 대한 설은 많지만 근거가 명확한 것은 없다. 미국에서 인기가 있다.
소비뇽 블랑(Sauvignon Blanc)	프랑스(루아르 계곡)	프랑스 26%, 이탈리아 16%, 뉴질랜드 15%, 미국 15%, 칠레, 남아프리카, 호주, 스페인, 몰도바, 루마니아 등	열매와 송이가 작다. 몸통이 연약한 편이라 보트리티스 병에 취약하다. 향이 좋고 맛이 좋다. 프랑스 루아르 계곡과 뉴질랜드 말보로(Malborough)에서 널리 재배된다. 미국과 프랑스 보르도에서도 때로는 배럴에이징하여 생산한다.

포도 품종	원산지	오늘날 주로 재배하는 국가 (세계 생산량 대비 %)	특성, 역사
백포도			
세미용(Sémillon)	프랑스(보르도)	프랑스(보르도) 70% 이상, 호주 20%, 미국, 남아프리카 등	껍질이 가늘고 얇으며 보트리티스 곰팡이에 노출되는 경우가 많다. 몸통은 단단하고 튼튼하다. 산도가 중간 정도이다. 단맛이 있는 와인, 단맛이 없는 와인에 모두 사용된다. 보르도의 유명 와인(소테른(Sauternes))에 쓰인다.
비오니에르(Viognier)	프랑스(론(Rhône))	프랑스(론, 랑그독-루시용) 40%, 미국 25%, 호주 15%, 남아프리카, 캐나다, 칠레, 뉴질랜드, 그리스 등	포도알이 작고 껍질은 두껍다. 향이 좋고 산도는 낮으며 당 함량이 높은 편이다. 재배하기가 어렵고 생산성이나 품질이 불규칙적이다 1960년경에는 거의 멸종 상태로 프랑스와 호주에서만 소량 생산됐다. 적포도 발효시에 백포도인 비오니에르 포도를 소량 첨가할 경우 껍질에서 색소를 뽑아내고 탄닌을 부드럽게 하는 데 좋은 효과가 있다.

주의

- 위에서 언급된 몇몇 원산지의 진위에 대해 다른 지역이나 국가가 이의를 제기하고 있다. 관련 연구와 논쟁은 여기서 언급하지 않았다.
- 프랑스산 포도 품종이 원산지 리스트 대부분을 차지한다. 프랑스산이 아닌 품종 중 국제적으로 중요한 품종은 산지오베제와 네비올로(이탈리아), 뗌쁘라니요 및 까베르네 프랑(스페인), 리즐링(독일), 진판델(크로아티아)이다.
- 위 표에 소개된 것 이외 널리 재배되는 포도 품종으로는 알바리뉴(Alvarinho, 알바리뇨(Albarino)), 바르베라(Barbera), 보발(Bobal), 까르미네르(Carménère) (칠레), 쌩쏘(Cinsault), 코르비나(Corvina), 그뤼너 벨트리너(Grüner Veltliner) (오스트리아, 헝가리), 마주엘로(Mazuelo, 까리냥(Carignan)), 무르베드르(Mourvédre, 모나스뜨렐(Monastrell), 마타로(Mataro)), 뮈스까(Muscat, 모스카토(Moscato)), 쁘띠 시라(Petite Sirah = 뒤리프(durif)), 트레비아노(Trebbiano, 위니 블랑(Ugni Blanc))가 있다.
- 완전히 익은 포도 한 알의 무게는 일반적으로: 까베르네 소비뇽: 0.9~1.3g, 피노 누아 1.3g, 그르나슈, 시라 1.5g, 까베르네 프랑 1.6g, 샤르도네 1.8g, 메를로, 소비뇽 블랑 1.9g, 말벡 2.1g, 세미용 블랑 2.3g이다.

○ 아라비카와 로부스타 커피 생산: 국가별 비율

어떤 나라나 지역에서 아라비카를 생산할지 아니면 로부스타를 생산할지, 또는 둘 다 생산할지 결정하는 주요 요인은 기후, 고도, 병해 위험, 재배 전통, 시장 수요이다.

과거 아라비카만 재배하던 곳(예를 들어 케냐, 과테말라)에서도 점차 로부스타를 도입하고 있는데, 크게 두 가지를 이유로 꼽을 수 있다. 수요가 늘고 있으며, 기후가 변하고 있다. 로부스타는 아라비카에 비해 병해충에 내성이 있으며, 온도 변화에도 잘 견딘다. 이 때문에 일부 '아라비카 국가'에서 로부스타를 도입하고 있으며, 그 비중은 더 많아질 것으로 보인다. 표 2.7에서 일부 국가의 아라비카와 로부스타 재배 비율을 확인할 수 있다. 전 세계적으로는 아라비카 대 로부스타의 비는 60:40이다.

● 레드 와인과 화이트 와인 생산: 국가별 비율

어떤 나라나 지역에서 레드 와인이나 화이트 와인, 또는 로제 와인을 생산할지 결정하는 주요 요소로는 기후, 질병 위험, 수출 기회, 생산 전통, 소비 전통이 있다.

세 가지 와인 유형에 따라 구분하는 정확한 통계는 구하기 쉽지 않다. 다만 적포도와 백포도 재배지 면적에 대한 자료를 대안으로 사용할 수는 있다.

다만, 적포도와 백포도 재배지 비율과 레드 와인과 화이트 와인 비율은 완전히 동일하지는 않다. 그 이유로는 다음 세 가지를 들 수 있다.

- 백포도는 일반적으로 적포도보다 헥타르당 생산량이 높다.
- 일부 적포도는 스파클링 와인을 비롯해 화이트 와인용으로도 쓰인다. 포도가 와인 제조장에 도착하자마자 압착 후 바로 껍질을 제거해 머스트만 분리하면(이때 머스트는 흰색/노란색을 띤다.) 화이트 와인을 만들 수 있다.
- 로제 와인은 예로부터 적포도를 사용해 만들었다.

● 표 2.7 40개국의 아라비카/로부스타의 생산 비

국가	연 생산량 (100만 포대)	아라비카/ 로부스타	아라비카 – 로부스타 비율
에티오피아	7	100/0	AAAAAAAAAAAAAAAAAAAAAAAAAAAAAAAAAA
온두라스	6	100/0	AAAAAAAAAAAAAAAAAAAAAAAAAAAAAAAAAA
상파울루(브라질)	*5*	*100/0*	*AAAAAAAAAAAAAAAAAAAAAAAAAAAAAAAAAA*
페루	4	100/0	AAAAAAAAAAAAAAAAAAAAAAAAAAAAAAAAAA
코스타리카	1.6	100/0	AAAAAAAAAAAAAAAAAAAAAAAAAAAAAAAAAA
엘살바도르	0.6	100/0	AAAAAAAAAAAAAAAAAAAAAAAAAAAAAAAAAA
베네수엘라	0.5	100/0	AAAAAAAAAAAAAAAAAAAAAAAAAAAAAAAAAA
도미니카 공화국	0.4	100/0	AAAAAAAAAAAAAAAAAAAAAAAAAAAAAAAAAA
아이티	0.3	100/0	AAAAAAAAAAAAAAAAAAAAAAAAAAAAAAAAAA
예멘	0.1	100/0	AAAAAAAAAAAAAAAAAAAAAAAAAAAAAAAAAA
볼리비아	0.1	100/0	AAAAAAAAAAAAAAAAAAAAAAAAAAAAAAAAAA
쿠바	0.1	100/0	AAAAAAAAAAAAAAAAAAAAAAAAAAAAAAAAAA
미국(하와이)	0.1	100/0	AAAAAAAAAAAAAAAAAAAAAAAAAAAAAAAAAA
자메이카	<0.1	100/0	AAAAAAAAAAAAAAAAAAAAAAAAAAAAAAAAAA
말라위	<0.1	100/0	AAAAAAAAAAAAAAAAAAAAAAAAAAAAAAAAAA
콜롬비아	13	99/1	AAAAAAAAAAAAAAAAAAAAAAAAAAAAAAAAAR
르완다	0.3	99/1	AAAAAAAAAAAAAAAAAAAAAAAAAAAAAAAAAR
호주	<0.1	99/1	AAAAAAAAAAAAAAAAAAAAAAAAAAAAAAAAAR
미나스 제라이스(브라질)	*24*	*98/2*	*AAAAAAAAAAAAAAAAAAAAAAAAAAAAAAAAAR*
니카라과	2.1	98/2	AAAAAAAAAAAAAAAAAAAAAAAAAAAAAAAAAR
부룬디	0.2	98/2	AAAAAAAAAAAAAAAAAAAAAAAAAAAAAAAAAR
과테말라	3.5	97/3	AAAAAAAAAAAAAAAAAAAAAAAAAAAAAAAAAR
파푸아 뉴기니	0.9	97/3	AAAAAAAAAAAAAAAAAAAAAAAAAAAAAAAAAR
멕시코	3.5	96/4	AAAAAAAAAAAAAAAAAAAAAAAAAAAAAAAARR
중국	2.2	96/4	AAAAAAAAAAAAAAAAAAAAAAAAAAAAAAAARR
케냐	0.8	96/4	AAAAAAAAAAAAAAAAAAAAAAAAAAAAAAAARR
파나마	0.1	95/5	AAAAAAAAAAAAAAAAAAAAAAAAAAAAAAARRR
동티모르	<0.1	80/20	AAAAAAAAAAAAAAAAAAAAAAAAAARRRRRR
브라질(전체)	53	76/24	AAAAAAAAAAAAAAAAAAAAAAAARRRRRRRR
탄자니아	0.8	67/33	AAAAAAAAAAAAAAAAAAAAARRRRRRRRRRR
세계	*151*	*60/40*	*AAAAAAAAAAAAAAAAAAAARRRRRRRRRRRRR*
에콰도르	0.6	57/43	AAAAAAAAAAAAAAAAAAARRRRRRRRRRRRRR
라오스	0.5	42/58	AAAAAAAAAAAAARRRRRRRRRRRRRRRRRRR
인도	5	29/71	AAAAAAAAAARRRRRRRRRRRRRRRRRRRRR
에스피리투 산투(브라질)	*10*	*25/75*	*AAAAAAAAAARRRRRRRRRRRRRRRRRRRRRRR*
우간다	3.5	20/80	AAAAAAARRRRRRRRRRRRRRRRRRRRRRRR
콩고 민주 공화국	0.3	18/82	AAAAAAARRRRRRRRRRRRRRRRRRRRRRRR
인도네시아	10	17/83	AAAAAARRRRRRRRRRRRRRRRRRRRRRRR
카메룬	0.4	13/87	AAAARRRRRRRRRRRRRRRRRRRRRRRRRR
필리핀	0.2	9/91	AAARRRRRRRRRRRRRRRRRRRRRRRRRRR
마다가스카르	0.4	5/95	AARRRRRRRRRRRRRRRRRRRRRRRRRRRR
태국	0.6	5/95	AARRRRRRRRRRRRRRRRRRRRRRRRRRRR
베트남	27	4/96	AARRRRRRRRRRRRRRRRRRRRRRRRRRRR
말레이시아	0.3	2/98	ARRRRRRRRRRRRRRRRRRRRRRRRRRRRR
토고	0.1	0/100	RRRRRRRRRRRRRRRRRRRRRRRRRRRRRR
앙골라	0.2	0/100	RRRRRRRRRRRRRRRRRRRRRRRRRRRRRR
기니	0.4	0/100	RRRRRRRRRRRRRRRRRRRRRRRRRRRRRR
코트디부아르	1.9	0/100	RRRRRRRRRRRRRRRRRRRRRRRRRRRRRR

자료: 2014–2017년 사이 ICO 통계치를 평균, 반올림했으며 커피 업체, 커피 생산국에 확인해 수치는 수정했다.

주의

• 일부 국가는 생산량이 예외적으로 높거나 낮게 나타난 해가 있으며 이 수치는 배제했다.

• 브라질의 주요 3개 주—에스 피리투 산투, 미나스 제라이스, 상파울루—는 아라비카/로부스타 비율을 별도로 수록했다.

• 일부 아라비카 재배 국가 중 로부스타를 시험삼아 재배하는 경우는 아라비카만 생산하는 국가로 나타냈다.

● 표 2.8 와인용 포도 재배지 기준, 45개국의 적포도, 백포도 비율

국가	와인 재배지 면적 (1천 헥타르)	적/백 비율	적/백 점유상태
중국	125	94/6	RRRRRRRRRRRRRRRRRRRRRRRRRRRRRRRRRRRRRWW
모로코	13	89/11	RRRRRRRRRRRRRRRRRRRRRRRRRRRRRRRRRRRRWW
알제리	30	86/14	RRRRRRRRRRRRRRRRRRRRRRRRRRRRRRRRRRRWWW
튀니지	17	85/15	RRRRRRRRRRRRRRRRRRRRRRRRRRRRRRRRRRWWW
브라질	42	83/17	RRRRRRRRRRRRRRRRRRRRRRRRRRRRRRRRRWWWW
우루과이	8	91/19	RRRRRRRRRRRRRRRRRRRRRRRRRRRRRRRRWWWWW
인도	3	75/25	RRRRRRRRRRRRRRRRRRRRRRRRRRRRRRWWWWWW
칠레	126	72/28	RRRRRRRRRRRRRRRRRRRRRRRRRRRRRWWWWWWW
이스라엘	5	70/30	RRRRRRRRRRRRRRRRRRRRRRRRRRRWWWWWWWWW
멕시코	6	69/31	RRRRRRRRRRRRRRRRRRRRRRRRRRRWWWWWWWWW
프랑스	780	68/32	RRRRRRRRRRRRRRRRRRRRRRRRRRWWWWWWWWWW
터키	13	68/32	RRRRRRRRRRRRRRRRRRRRRRRRRRWWWWWWWWWW
포르투갈	164	67/33	RRRRRRRRRRRRRRRRRRRRRRRRRRWWWWWWWWWW
사이프러스	9	66/34	RRRRRRRRRRRRRRRRRRRRRRRRRWWWWWWWWWWW
불가리아	68	64/36	RRRRRRRRRRRRRRRRRRRRRRRRWWWWWWWWWWWW
미국	250	63/37	RRRRRRRRRRRRRRRRRRRRRRRWWWWWWWWWWWWW
아르헨티나	208	62/38	RRRRRRRRRRRRRRRRRRRRRRRWWWWWWWWWWWWW
호주	160	61/39	RRRRRRRRRRRRRRRRRRRRRRRWWWWWWWWWWWWW
일본	4	61/39	RRRRRRRRRRRRRRRRRRRRRRRWWWWWWWWWWWWW
캘리포니아	*205*	*58/42*	*RRRRRRRRRRRRRRRRRRRRRRWWWWWWWWWWWWWW*
스위스	15	58/42	RRRRRRRRRRRRRRRRRRRRRRWWWWWWWWWWWWWW
이탈리아	650	57/43	RRRRRRRRRRRRRRRRRRRRRWWWWWWWWWWWWWWW
마케도니아	25	57/43	RRRRRRRRRRRRRRRRRRRRRWWWWWWWWWWWWWWW
세계	*4700*	*56/44*	*RRRRRRRRRRRRRRRRRRRRRWWWWWWWWWWWWWWW*
스페인	940	54/46	RRRRRRRRRRRRRRRRRRRRWWWWWWWWWWWWWWWW
페루	4	50/50	RRRRRRRRRRRRRRRRRRWWWWWWWWWWWWWWWWWW
캐나다	11	46/54	RRRRRRRRRRRRRRRRWWWWWWWWWWWWWWWWWWWW
남아프리카	97	44/56	RRRRRRRRRRRRRRRWWWWWWWWWWWWWWWWWWWWW
그리스	101	43/57	RRRRRRRRRRRRRRWWWWWWWWWWWWWWWWWWWWWW
루마니아	180	38/62	RRRRRRRRRRRRRWWWWWWWWWWWWWWWWWWWWWWW
러시아	94	38/62	RRRRRRRRRRRRRWWWWWWWWWWWWWWWWWWWWWWW
체코 공화국	18	37/63	RRRRRRRRRRRRRWWWWWWWWWWWWWWWWWWWWWWW
오스트리아	45	36/64	RRRRRRRRRRRRWWWWWWWWWWWWWWWWWWWWWWWW
독일	102	35/65	RRRRRRRRRRRWWWWWWWWWWWWWWWWWWWWWWWWW
영국	2	35/65	RRRRRRRRRRRWWWWWWWWWWWWWWWWWWWWWWWWW
크로아티아	29	34/66	RRRRRRRRRRRWWWWWWWWWWWWWWWWWWWWWWWWW
슬로베니아	17	33/67	RRRRRRRRRRWWWWWWWWWWWWWWWWWWWWWWWWWW
몰도바	80	32/68	RRRRRRRRRRWWWWWWWWWWWWWWWWWWWWWWWWWW
슬로바키아	14	31/69	RRRRRRRRRWWWWWWWWWWWWWWWWWWWWWWWWWWW
세르비아	69	31/69	RRRRRRRRRWWWWWWWWWWWWWWWWWWWWWWWWWWW
우크라이나	52	31/69	RRRRRRRRRWWWWWWWWWWWWWWWWWWWWWWWWWWW
헝가리	63	30/70	RRRRRRRRWWWWWWWWWWWWWWWWWWWWWWWWWWWW
뉴질랜드	36	19/81	RRRRRRRWWWWWWWWWWWWWWWWWWWWWWWWWWWWW
아르메니아	17	17/83	RRRRRWWWWWWWWWWWWWWWWWWWWWWWWWWWWWWW
카자흐스탄	7	15/85	RRRRRWWWWWWWWWWWWWWWWWWWWWWWWWWWWWWW
조지아	48	13/87	RRRRWWWWWWWWWWWWWWWWWWWWWWWWWWWWWWWW
룩셈부르크	1	8/92	RRRWWWWWWWWWWWWWWWWWWWWWWWWWWWWWWWWW

자료: 와인용 포도 재배지에 관한 본 자료는 OIV, 국가별 통계 및 기타 자료의 최신 사항을 반영했다. 단위와 경향에 대한 비교 검증용으로 유용한 자료로서 Kym Anderson & Nanda R. Aryal의 〈Which Winegrape VArieties are Grown Where?〉이 있다.

일부 로제 와인은 화이트 와인에 레드 와인을 소량 섞은 것이다. 그런데 이 두 가지 로제 와인 유형이 각각 어느 정도인지는 자료가 없다.

어느 정도는 일반화한 것이긴 하지만, 적포도는 북아프리카와 같은 따뜻한 기후에서 주로 자라며 백포도는 독일, 영국, 뉴질랜드 같은 서늘한 기후에서 더 많이 보인다.

중국에서는 레드 와인이 인기가 높다. 중국에서는 붉은색이 부와 힘, 행운을 상징하며 흰색은 불운, 슬픔, 죽음의 색이라 여긴다. 그리고(대부분의 화이트 와인처럼) 차가운 음료는 중국에서 인기가 없다. 또한, 레드 와인은 탄닌 함량이 더 높기 때문에 관능 면에서 중국의 전통 음료인 차와 유사하다.

포도 재배지 면적에 대한 자료는 출처마다 다르며 와인용 포도 재배지와 생식용 포도 재배지 간 구분 또한 명확하지는 않다. 그러므로 표 2.8의 와인용 포도 재배지는 규모 비교 정도로만 이해해야 한다.

2.2 커피나무와 포도 덩굴

○ 씨앗에서 커피나무가 되기까지

커피나무(나무(tree)또는 관목(bush))은 다년생 상록수로서 꼭두서니과(rubiaceae family)에 속하는 코페아(Coffea)속의 나무이다. 10미까지 자랄 수 있으나 수확하기 쉽도록 가지치기하여 3미터 미만으로 만들어두는 편이다. 전 세계 커피나무의 수는 대략 170억 그루로 추산된다.

커피나무는 주로 씨앗에서 번식한다. 가지(또는 싹)를 꺾꽂이하는 방식의 번식도 가능하며 로부스타는 이쪽이 가장 성공률이 높다.

씨앗으로 커피나무를 키우려면 익은 열매를 따야 한다. 껍질과 과육을 제거한 뒤, 씨앗(파치먼트에 들어 있는 커피콩)을 모래에 한두 달 묻어 발아시킨다. 작은 잎이 달린 줄기가 자라나면 이 묘목을 모판으로 옮기고, 1년 후에 농장에 심는다. 처리를 마친 생두를 씨앗으로 쓸 수도 있지만 성공률이 떨어지는 편이다.

야생에서의 번식은 새가 커피 열매를 먹은 뒤 씨앗을 변과 함께 흩뿌리는 방식으로 이루어진다.

아라비카는 묘목이 자라나 처음으로 완전한 수확을 이루는 데는 4년이 걸린다. 로부스타는 2-3년이면 충분하다.

○ 커피나무의 유지와 개선

커피나무의 수명은 일반적으로 20-30년이다. 50년까지 살 수도 있으며, 그보다 훨씬 더 오래 살 수도 있다. 생산성은 10-12년째에 가장 높다.

브라질에서는 오래된 코닐론(로부스타종) 종의 가지를 제거해 가지 수를 유지하고 새싹의 수를 제어하는 가지치기 방식을 쓴다. 이는 가지를 다 쳐내고 새싹이 자라도록 한 뒤 여기서 나온 열매를 수확하는 형태를 매 2년마다 반복하는 방식인 제로 사프라(Zero Safra) 방식과는 거의 정반대이다. 브라질에서는 가지치기를 함으로써 통상의 헥타르당 생두 22포대, 1300kg을 뛰어넘는, 40포대, 2400kg의 생산성을 얻는다.

재배자가 농장에서 가지치기 하는 장면은 낭만적으로 보일지도 모르지만, 커피나무와 나무 뿌리는 목질인지라 가지치기 작업은 고되다.

○ 커피나무의 식부 거리: 식부 밀도

전 세계적으로 재배하는 커피 품종이나 토양 유형이 다양하고 기후와 재배 방식이 다르다는 점을 감안하면, 커피를 심는 방식에 대한 권고도 당연히 많을 것이다. 이 중 한 가지가 식량 농업 기구(Food and Agricultural Organization, FAO, 로마에 본부가 있는 유엔 산하 기관)의 권고로서, 1헥타르당 1천 그루 정도를 심는 것을 권장한다. 이는 10m²당 한 그루씩 심는 것을 말한다.

일부에서는 헥타르당 1200-1800그루를 권장한다. 우간다의 한 대형 조합은 회원들에게 로부스타는 헥타르당 1100그루, 아라비카는 1600그루를 심도록 권고한다. 이 정도의 식부 밀도는 탄자니아에서도 많이 쓴다. 에티오피아의 이가체프 지역에서는 헥타르당 1800-2000그루를 심는다.

인도네시아에서는 식부 밀도가 헥타르당 1000-2500그루로 편차가 크다. 멕시코는 2500그루가 일반적이지만 어떤 재배자들은 헥타르당 3000그루 이상을 심는다. 코스타리카, 엘살바도르, 과테말라, 중국 또한 3000그루 이상을 심는다. 브라질은 헥타르당 4000그루에 가깝다. 에콰도르의 경우 새로 나무를 심은 지역은 식부 밀도가 헥타르당 6000그루에 달한다.

커피 수확 기계는 헥타르당 7000그루의 식부 밀도에서도 작동한다. 브라질 일부 지역은 흔히 이 정도로 심는데, 이 경우 나무는 줄 간격은 3미터, 줄 내 나무 간격은 0.5미터로 심는다.

○ 커피나무 한 그루당 생산성과 헥타르당 생산성

생두 1kg을 생산하는 데 갓 수확한 열매 6kg이 필요하다. 커피나무 한 그루는 통상 매년 생두 0.8kg을 생산하지만, 이 생산성은 나무에 따라서 0.1-2kg로 편차가 크다.

세계 평균 생산성은 헥타르당 생두 12포대(1포대는 60kg)이다. 환산하면 헥타르당 생두 720kg, 에이커당 640파운드이다. 이 값은 헥타르당 열매 생산량이 4톤을 약간 넘는다는 데에서 계산한 것이다.

생산성은 나라마다 다른데 이에 대해서는 몇 가지 이유가 있다. 어떤 이유는 자연적인 것(기후, 지형, 토양 등)이고, 어떤 것은 경작법과 관련 있다. 품종 선택, 가

○ 표 2.9 24개국의 헥타르당 커피 생산성

국가	아라비카 헥타르당 포대	로부스타 헥타르당 포대	아라비카와 로부스타의 합 헥타르당 포대
세계 평균			12
브라질	24	30	
베트남	25	44	
나머지 세계 평균			9
미국(하와이)	22		
멕시코	7		
과테말라	13		
엘살바도르	8		
온두라스	16		
니카라과	13		
코스타리카	18		
콜롬비아	15		
에콰도르			6
페루	13		
에티오피아	10		
케냐	8		
우간다			11
르완다	10		
부룬디	6		
탄자니아			5
카메룬	4	6	
토고		7	
인도			13
인도네시아			8
파푸아 뉴기니	11		
중국	15		

자료: ICO, FAO, 네덜란드 소재 HIVOS, ED&F Man 그룹 산하 Volcafe, Neumann Kaffee Gruppe, IACO 등

주의

- 1포대 = 60kg = 132파운드 / 1헥타르 = 2.47에이커
- 위 표의 생산성은 평균치로서, 소규모 생산자와 대농장이 모두 있는 일부 국가에서는 편차가 매우 크다. 예를 들어, 케냐의 경우, 소규모 생산자 상당수는 생산성이 헥타르당 다섯 포대 미만 수준이지만 대농장의 경우 헥타르당 17포대를 넘어선다.
- 아라비카 항목에 있는 일부 국가는 로부스타도 소량 생산한다.
- 브라질과 인도의 경우, 관개 시설이 있고 비료를 공급하는 로부스타 재배지의 생산성은 헥타르당 60포대(3600kg)를 넘어선다. 에이커당 3100파운드에 달하는 양이다.
- 콜롬비아의 평균 생산성은 2009-2011년 시즌에는 헥타르당 8포대(480kg)였으나 현재는 회복했다. 당시는 전국적으로 저항종으로 나무를 바꾸어 심는 프로그램이 진행중이었다. 현재 콜롬비아의 일부 농장은 생산성이 헥타르당 40포대를 넘는다.

지치기, 비료 주기, 나무를 새로 심거나 꺾꽂이를 해서 나무를 교체하는 작업, 식부 밀도, 잡초 제거, 섞어 심기, 관개, 병해충 관리, 수확법 등이 그 요인이다.

브라질은 꾸준히 생산성이 증가했다. 식부 밀도를 높이고 개선된 경작법을 적용했기 때문이다. 관개시설이 확충되면서 앞으로 생산성은 더 높아질 것으로 보인다. 실험적으로 관개를 적용하고 비료를 최적 적용하는 일부 아라비카 재배지의 경우 이미 헥타르당 70포대(4.2톤) 이상의 생산성을 보인 바 있다. 코닐론(Conillon, 로부스타종) 종은 100포대(6톤)를 넘는 경우도 있다.

브라질과 베트남은 전 세계 커피의 50%를 생산하고 재배지 면적은 전 세계 대비 25%에 달한다.

● 포도나무의 작용

포도나무는 덩굴식물이다. 대부분의 품종은 일반 나무처럼 스스로 몸을 지지할 수가 없다.(올리브나 자두나무처럼) 건조한 곳에서는 자랄 수 있지만 기후에 민감하고 때로는 관개가 필요하다.

포도나무는 두 가지 작용을 한다.

첫 번째 작용은 **광합성**이다. 광합성은 햇빛을 받아 당을 생성하는 것으로서 녹색 잎(녹색의 엽록소 분자가 광전지마냥 작동한다.)과 태양(에너지), 물(H_2O, 약간만 있으면 된다.), 공기 중의 이산화탄소(CO_2)가 필요하다. 당은 탄소, 수소, 산소로 이루어져 있으며, 일반적인 화학식은 포도의 주요 당 성분인 포도당(glucose)과 과당(Fructose) 모두 $C_6H_{12}O_6$이다.

경사면이면서 햇빛이 내리쬐는 지대에 포도나무를 세심하게 줄을 맞춰 심고 적절하게 가지치기를 하면 햇빛은 자연적으로 포도나무에 알맞게 비친다. 포도나무는 대개 1년에 2회 가지치기를 한다. 시기는 한여름, 그리고 겨울이 끝날 시점이다.

두 번째 작용은 **호흡**이다. 이것은 당을 사용하여 에너지를 만드는 현상으로서, 저녁에 기온이 내려가면(특히 온대기후 지대 및 고지대) 포도나무는 활동을 멈추고 에너지를 아낀다. 이것이 향, 향미, 색소에 좋은 영향을 미친다.

● 포도나무의 번식

포도나무는 대개 꺾꽂이로 번식한다. 즉, 봄철에 휴면기의 싹을 잘라 심는다. 꺾꽂이는 양육장에 심어 1년간 기른 후 농장에 옮긴다. 이렇게 만든 포도나무는 모체와 품종이 동일하기에 원하는 속성을 보존할 수 있다.

포도나무를 씨앗에서부터 키울 경우에는, 태어난 포도나무는 모체와는 다를 수 있다. 이 방식은 포도 육종학자들이 새 품종을 만들 때 사용한다.

● 트렐리싱(trellising)과 트레이닝(training)

트렐리싱과 트레이닝이라는 말은 포도나무(덩굴)의 몸체를 세울 때 사용하는 용어로, 때때로 혼용된다.

트렐리싱(및 트렐리스(trellis, 격자 구조물))은 포도나무 덩굴이 뻗어 올라갈 수 있도록 만든 장대, 줄 및 기타 구조물을 말한다. 트레이닝은 줄을 따라 포도나무 몸통, 줄기, 잎, 포도송이가 퍼져 있는 방식을 의미한다.

트렐리싱과 트레이닝 형태는 수십 가지는 된다. 포도 품종, 기후, 토양, 경사도, 원하는 생산성, 수확 방식, 어느 정도의 재배 전통과 같은 여러 가지 변수에 따라 다르다. 다만 널리 쓰이는 방식으로는 열매를 맺는 줄기가 수직으로 뻗어가도록 싹을 나열하는 방식(vertical shoot positioning, VSP)이 있다. 이는 이 방식을 쓰면 기계 수확이 가능하기 때문이다.

세계적으로 가장 많이 쓰고 유럽에서 널리 사용되는 트레이닝으로 **귀요(Guyot)** 방식이 있다. 이 방식에서는 매해마다 새싹이 달린, 수평으로 뻗는 새 줄기 하나만 남기고 나머지 줄기를 잘라낸다. 변형 방식으로는 바이래터럴 귀요(bilateral Guyot) 또는 더블 귀요(double Guyot) 방식이 있다. 이것은 줄기를 두 개 남겨 각 줄기를 반대 방향으로 뻗게 해 T자형으로 만드는 것이다.

귀요 트레이닝은 1860년대 도입된 것으로 기계 수확이 가능하다. 이름은 프랑스의 물리학자이자 농학자인 쥘 귀요(Jules Guyot, 1807-1872)에서 따왔다.

코흐동(Cordon) 또는 **코흐동 드 루아야(Cordon de Royat)**라 불리는 방식은 몸통의 연장선에 해당하는 수평 방향 가지(코흐동, cordon)를 하나 또는 둘 기르고, 돌출부를 잘라내는 방식이다. 그림 2.2는 몸통의 연장선이 둘 있는 코흐동 트레이닝을 보여준다. 새 가지는 매년 수평으로 자란 몸통에서 나며, 몸통은 자르지 않기 때문에 결과적으로는 매우 굵어진다. 다음해 자라날 가지 수는 생장점 수에 따라 달라지며 재배자는 이를 관리한다. 나무 몸통에는 다음 해에 사용할 당 저장고가 들어 있다.

코흐동 트레이닝은 귀요 트레이닝 대비 생산성이 약간 낮긴 하지만 나무를 펼치기에 좋고 기계 수확에도 적합하다. 코흐동 트레이닝을 쓰면 어린 포도나무의 과도한 생장을 둔화시켜준다. 샹파뉴 지역에서 주로 사용하며 미국의 포도나무 절반 이상 또한 코흐동 트레이닝을 쓴다.

고블레(Gobelet, Goblet) 트레이닝은 줄 없이, 가지치기 없이 나무를 키우는 방식이다. 때로는 1.5미터 간격으로 지지 막대를 세워 둔다. 이 방식은 에샬라(échalas) 또는 헤드-트레인드 경작법(head-trained cultivation)이라고 불린다. 비용이 많이 들지 않는 방식으로, 지중해 주변 지역, 즉 프랑스에서는 샤또뇌프 뒤빠프와 랑그독-루시용 지역, 이탈리아의 시칠리아, 스페인의 리오하 지역에서 일반적이다. 포르투갈, 칠레, 남아프리카(스와틀랜드), 뉴질랜드, 미국(캘리포니아 주, 워싱턴 주)에서도 쓰고 있다.

페르골라(pergola)는 다른 작물을 아래쪽에 키울 수 있도록 포도나무를 높이 키우는 트렐리싱, 트레이닝이다. 이 방식에서는 아래쪽에서 위를 보며 열매를 수확하며 습윤한 지역에서는 곰팡이 노출을 줄일 수 있다. 수확량은 높을 수 있지만 포도나무에 그늘이 많이 지고 결실이 늦어지면서 품질이 나빠질 수 있다. 텐드론(tendrone)이라고도 부른다. 이탈리아, 스페인의 갈리씨아, 포르투갈, 마케도니아, 칠레, 아르헨티나, 일본에서 쓰며, 생식용 포도 재배시는 일반적으로 이 방식을 쓴다.

특이한 트레이닝으로, 지면에서 30cm보다 낮은 높이에서 줄기를 수평으로 둥글게 원을 그리도록 굽히는 방식이 있다. 모래바람이 거센 곳에서 잎과 포도를 보호하기 위한 방법으로 배스킷 트레이닝(basket training)이라 불린다. 그리스의 섬 지대 일부 및 호주

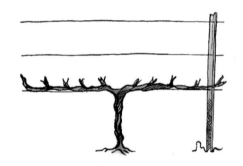

● 그림 2.2 포도나무 트레이닝: 귀요 방식과 양방향 코흐동 방식

의 오래된 포도밭에서 쓰인다.

그 외 널리 쓰이는 트렐리싱, 트레이닝으로는 팬(fan, 에방타유(éventail), 부채꼴), 제네바 더블 커튼(Geneva Double curtain), 리어(Lyre, 리라), 스콧 헨리(Scott Henry), 스마트 다이슨(Smart-Dyson), 실보스(Sylbos), 펜델보겐(Pendelbogen)이 있다.

포도나무의 열 방향(동서남북)은 아스펙트/아스뻬(aspect)라고 한다. 포도나무는 남-북 방향으로 심는 편이다. 이렇게 하면 햇빛이 잎에 닿는 정도 및 햇볕이 토양을 데워 온도 보존력을 극대화할 수 있다.

열 방향 선택과 관련해 기타 고려점으로는 물빠짐 및 수확(인력 또는 기계) 편의성이 있다. 도로에서 포도나무로의 접근성 또한 고려 대상이다.

● 오래된 포도나무는 몇 살일까?

포도나무의 일생은 포도 품종, 기후, 토양, 관리, 지역 재배 전통, 기타 변수에 따라 다르다. 아래에 나무를 심은 후 포도나무의 일생을 예시로 들어 보았다.

- 1-3년차: 뿌리와 가지가 자란다.
- 5-6년차: 완전한 생산 능력을 갖춘다.
- 15-25년차: 생산성이 최대치에 도달한다.
- 30년차: 생산성이 떨어진다.
- 45년차: 나무를 뽑아내고 새로 심는다.

Swiss Wine의 국가 로고는 포도나무의 열을 형상화했다. 열 방향이 다양한데 이는 스위스의 포도밭 상당수가 급경사지에 있음을 의미한다.

포도나무는 보통 100년까지 살 수 있으며, 그보다 더 오래 살 수도 있다. 프랑스 루아르 지역과 오스트리아(원서 오류: 호주가 맞음) 바로사 계곡(Barossa Valley)에는 1850년대에 심은 포도나무가 있다. 캘리포니아의 몇몇 포도나무는 1880년대에 심은 것이다. 오래된 포도나무는 생산량이 적고, 수확도, 와인 생산도 노동 집약적으로 이루어진다.

'오래된 포도나무(old vine, ancient vine)'에 대한 정의는 통일된 것이 없다. 호주의 바로사 올드 바인 차터(Barossa Old Vine Charter)에서는 35년 이상 된 포도나무를 '올드(Old)'로, 70년 이상 된 것은 서바이버(Survivor), 앤틱(Antique)으로, 100년 이상 된 것은 센티네어리언(Centenarians), 125년 이상 된 것은 앤세스터(Ancestor)라고 한다.

프랑스와 칠레는 30년 이상 된 포도나무에 흔히 오래된 포도나무(프랑스: 비에이 비뉴(vieilles vignes))라는 말을 붙인다. 남아프리카는 35년, 캘리포니아는 50년 이상 된 포도나무에 오래되었다는 표현을 쓴다.

포도나무를 뽑아내는 것은 큰 결정이다. 포도나무를 뽑는 것은 고가의 중장비와 기술자를 써야 하는 작업인 데다가 지역 당국의 허가도 받아야 한다. 게다가 새 나무를 심으면 3년간은 수익이 없다. 일부 재배자들은 생산성이 너무 낮아 재배 비용이 수익을 넘어설 때가 되어서야 나무를 갈아 심는다. 다른 일부 재배자는 미래를 내다보면서 일단 몇몇 나무들이 아프기 시작하면 병의 확산을 막기 위해 바로 나무를 뽑고 새로 심는다.

● 포도나무의 식부 거리: 식부 밀도

포도나무의 식부 밀도는 다양하다. 토양 조건, 경사, 재배 전통, 지리적 표시 범주, 재배자 경험, 양과 품질에 대한 인식 등에 따라 달라진다.

토양층이 두껍고 비옥하면 포도나무가 왕성하게 자라기 때문에 식부 거리가 멀어야 한다. 자갈밭이나 질소 함량이 낮은 토양이라면 생산성이 낮을 것이고, 이 경우에는 대개 조밀하게 심게 된다.

포도나무를 빽빽이 심으면 개체당 생산성이 떨어지기 쉽고, 심지어는 헥타르당 생산성도 낮아질 수 있다. 예로부터 생산성이 낮으면 품질은 좋다고 했지만, 그 관련성은 명확하지 않다. 반대 입장도 있는데, 포도나무를 빽빽이 심고 생산 요소의 제약 없이 재배할 때 최고의 와인을 얻는다고 믿는다. 포도나무들이 물과 영양소와 햇빛을 얻기 위해 경쟁하는 스트레스가 득이 된 것이다.

중세 포도 농장은 흔히 헥타르당 포도나무 2만 그루 정도(에이커당 8천 그루)의 밀집 재배였다. 오늘날의 일반적인 포도 농장 대비 밀도가 3-10배 높은 셈이다. 이런 밀도를 고집했던 이유는 포도밭의 모든 포도나무가 살아남는다는 확신이 없었으므로 리스크를 분산하기 위해서였다. 심지어 적포도와 백포도를 같은 밭에 심기도 했다.

어떤 재배자들은 포도나무를 분재처럼 만들어 식부 밀도를 높인다. 이 경우 헥타르당 6만 그루, 제곱미터당 6그루가 들어간다. 이 정도 밀도에서는 포도나무 뿌리는 아래쪽으로 곧게 내려가는 성질이 있으며, 그 덕에 맛이 더 좋아질 수 있고(다른 토질과 영양을 접할 수 있다.) 상토에는 어느 정도 수분이 있기 때문에 건기에도 버틸 수 있다. 분재형 포도밭은 북부 이탈리아에서 볼 수 있으며 산지오베제 품종을 쓴다.

일부 연구에 따르면 포도나무와 포도나무의 잎이 햇빛을 받기 위해 경쟁하는 것이 포도나무의 뿌리가 물과 영양을 찾아 경쟁하는 것보다 품질 면에서 더 중요한 요소라고 한다. 때문에 햇빛을 잘 받으려면 포도나무의 지상부를 잘 관리해야 하는데 이 작업은 시간도 비용도 많이 든다.

마지막으로, —20세기 말부터 나타난 것인데— 많은 포도밭들이 대형 수확기가 작동하기 수월하도록 나무의 간격, 트렐리싱, 트레이닝을 맞추었다.

표 2.10에서는 헥타르당 일반적인 포도나무 식부 밀도 예시를 볼 수 있다. 이 수치를 2.5로 나누면 에이커당 식부 밀도가 된다.

생산량 제한이 있는 특정 지역에서 식부 밀도를 높여 재배하는 경우에는 낮은 생산성을 유지하기 위해 가지치기를 많이 하고, 포도나무를 세심하게 관리해야 한다. 예를 들어 보르도나 부르고뉴에서는 헥타르당 나무 1만 그루가 일반적인데, 이곳의 일부 아펠라시옹(appellations)은 생산량을 헥타르당 50헥토리터까지 제한한다.

현재 물이 충분한 지역에서는 식부 밀도를 높이는 중이다. 토양에 질소 함량이 낮은 곳, 자갈밭, 표토가 얇은 곳, 산지 등에서는 나무의 생장이 더딘 편이고, 그 덕에 식부 밀도를 높일 수 있다.

● 포도나무당 생산량, 헥타르당 생산량

생산량에 대해 흔히 하는 질문들이라면, '어느 정도까지 가능한가? 얼마만큼이면 좋은가? 일반적으로는 어느 정도인가? 허용치는 얼마인가?' 그리고 하나 더 하자면, '허용치를 넘기면 어떻게 될까?'일 것이다.

포도나무 및 헥타르당 생산량은 기후, 토양, 물빠짐, 포도 품종, 나무의 나이, 식부 밀도, 가지치기 기술, 살충제 사용, 비료와 관개, 수확 시기, 와인 제조 방식 등에 따라 다르다. 생산량은 포도는 무게 또는 와인의 부피로 잰다.

포도나무 한 그루는 일반적으로 와인 1리터를 만들 만큼의 포도를 생산한다. 다만 일부 보르도 포도나무는 0.5리터 미만을 생산하며, 신대륙의 일부 포도밭에서는 나무당 생산량이 5리터를 넘기도 한다.

국가마다 포도 재배지의 생산량을 구하는 방식이 다르다. 유럽은 헥타르당 와인의 양을 헥토리터 단위로 나타내는 데 비해 신대륙 대부분은 수확한 포도의 무게로 나타낸다. 아래 일부 예시가 있다.

- 헥타르당 헥토리터(hL/ha): 프랑스와 이탈리아 대부분 지역, 유럽의 일부 국가
- (미터법) 헥타르당 포도 톤(t/ha): 포르투갈, 칠레, 프랑스와 이탈리아의 일부 지역
- (쇼트 톤) 에이커당 포도 톤(t/acre): 미국
- (미터법) 에이커당 포도 톤(t/acre): 호주, 호주의 다수 지역에서는 헥타르당 톤 단위(t/ha)도 쓴다.
- 제곱미터당 포도 g 또는 kg(g/m², kg/m²): 스위스(일반적이진 않다.)
- 아르당 포도 kg(kg/are)(1아르는 100m²이다.): 프랑스 알자스(일반적이진 않다.)
- 무당 포도 kg(kg/mu)(1무는 667m²이다.): 중국

부록 2에서는 단위 간 환산값을 보여준다. 미국식의 에이커당 톤에서는 미터법의 톤(1000kg, 2205파운드)이 아니라 쇼트 톤(2천 파운드, 907kg)을 쓰는 것임을 유의해야 한다.

축구장의 면적은 0.7헥타르, 1.7에이커이다. 생두 500kg(커피 6만 잔) 또는 와인 4천 리터(와인 3만 잔) 만큼 생산할 때 필요한 면적이다.

에이커당 포도 무게와 헥타르당 와인 부피 간의 식은 간략히 포도 1톤/에이커＝와인 17hL/ha로 나타낸다. 화이트 와인의 경우는 이보다 약간 낮고(15-17hL/ha), 레드 와인은 이보다 높다(17-19hL/ha). 포도 품종과 와인 제조 방식에 따라서 생산량에 차이가 있다.

생산량을 일부러 낮게 조절하는 것은 품질 향상을 위한 방법으로 인정되므로 상당수 아펠라시옹 규정에서는 포도 최대 수확량 내지 와인 최대 생산량을 규정한다. 예를 들어 헥타르당 7톤 또는 헥타르당 45

● 표 2.10 일부 국가의 포도나무의 식부 밀도

국가, 산지	헥타르당 나무 수	국가, 산지	헥타르당 나무 수
프랑스		**그리스**	
보르도, 1850년대 이전, 최대치	20,000	일부 섬, 바스켓 트레이닝(basket-training) 형태	250–500
보르도, 일부 지역	3,000	**몬테네그로**	
보르도, 일반	10,000	일반적인 식부 밀도	4,000–5,000
코트도르, 부르고뉴, 최대치	10,000	**미국(캘리포니아)**	
로마네콩티(Romanée–Conti), 아펠라시옹 규정상 최소	9,000	소노마, 2017	1,200–5,000
로마네콩티, 일부 최대치	16,000	2015년 이래 일반적인 식부 밀도	5,500
꼬뜨–로티(Côte–Rôtie), 일반, 최대치	10,000	2000년대 일반적인 식부 밀도	1,500–7,500
꼬뜨–로티, 일부 최대치	20,000	1970년대 및 1980년대의 일반적인 식부 밀도	1,000–2,000
랑그독(Languedoc), 일반	4,000–5,000	예외, 피노 누아	17,000
리부른(Libourne), 통상 수치	6,500	**미국(오리건)**	
알자스, 통상 수치	4,000	일반적인 식부 밀도	1,500–6,000
샤또뉘프 뒤 빠프, 아펠라시옹 규정상 최소	3,000	'프렌치'(french)'라고 불리는 빽빽한 형태	12,000
지롱드(Gironde), 경우에 따라	2,500	**칠레**	
이탈리아		과거의 일반적인 식부 밀도	7,000–10,000
일반적인 식부 밀도	3,000–4,000	일반적인 식부 밀도	3,000–5,000
토스카나, 유기농(예시)	4,500	실험 재배지, 최대치	25,000
리미니(Rimini), 일반	5,500	**브라질**	
시칠리아, 관목 형태, 최대	10,000	일반적인 식부 밀도	4,000
분재형 재배, 실험 재배지	60,000	**남아프리카**	
스페인		과거, 관목 형태, 일반적인 식부 밀도	7,000
일반적인 식부 밀도	600–3,500	국가 평균	3,000
건조 지역, 관목 형태	2,000	**호주**	
리오하(Rioja), 2015	3,000	일반적인 식부 밀도	2,000
리오하, 1980	2,200	일반적인 편차	1,000–4,000
리오하, 1950	2,800	실험 재배지, 최대치	9,000
리오하, 1900	5,100	**뉴질랜드**	
포르투갈		일반적인 식부 밀도	2,000
일반적인 식부 밀도	2,000–3,500	일반적인 편차	1,000–5,000
극단적인 경우, 주로 북부 지방	600	**중국**	
독일		일반적인 식부 밀도	1,000–5,000
일반적인 식부 밀도	4,000–5,000	**유럽(과거)**	
스위스		1800–1900 최대치	20,000
피노 누아(블라우부르군더(Blauburgunder))	4,000–8,000	1200–1500 일반 수치	8,000–15,000
샤쓸라(Chasselas, 스위스의 백포도)	5,500–12,000	고대 로마, 최대치	50,000
영국			
2017년에 새로 심은 경우, 국가 평균	4,200		

자료: 주로 국가 홍보 자료, 와인 업체 브루셔, 재배자와의 인터뷰를 통한 여러 자료에서 수집

주의

• 에이커당 포도나무 수치로 변환: 2.5로 나눈다. 예를 들어 헥타르당 5천 그루는 에이커당 2천 그루이다.

• 헥타르당 1만 그루는 1제곱미터당 1그루, 10제곱피트당 1루에 해당한다.

헥토리터 같은 식이다. 실제 생산량은 식부 밀도와 농장 경영, 특히 열매가 나 익기 전에 솎아내는 작업(시닝(thinning), 드로핑(dropping))의 결합으로 나타난다. 열매가 얼마나 맺히는가(작황 부하, crop load)와 와인 품질 사이 관계는 철저히 연구되어 왔지만 아직도 명쾌하게 규명되지 않았다.

프랑스에서는 생산량이 최대 허용치(plafond limite de classement, 플라퐁 리미트 드 클라스망, PLC)를 넘어설 경

우, 국립 원산지 명칭 통제 연구소(Institut national de l'origine et de la qualité, INAO)가 추가로 15-20%까지는 예외적으로 허가할 수 있다. 허용되는 정도는 신청한 수량과 시장의 와인 재고량을 바탕으로 결정된다.

● 프랑스에서는 생산량이 3배로 늘었다. 매우 고무적이다.

현재 프랑스의 포도 재배 면적은 80만 헥타르로 1870년대에 비해 1/3 수준이지만 연간 생산량은 4500만 헥토리터로 동일하고 품질은 더 높다. 포도 재배와 와인 제조에 포도 품종 개량, 뿌리 개선, 살충제와 배양 종균 사용, 현대식 기기와 신종 기술이 도입되면서 이뤄낸 놀라운 성과이다.

● 와인의 생산량 관련 규정: 일부 고려할 점

단위 면적당 포도 수확량이나 와인 생산량을 제한하는 제도는 유럽에만 있다. 이는 생산량이 적으면 와인 품질에 좋다는 가정에서 비롯되는데, 경우에 따라서는 맞는 말이다. 신대륙에도 제한이 있긴 하지만, 대개 와인 제조 업체 스스로 정한 경우이다.

유럽에서는 생산성이 높지 않던 시기에, 원산지 명칭 보호(Protected Designation of Origin, PDO; AOP/AOC) 프로그램 하에 생산성 제한 규정을 도입했다. 지금은 비료, 살충제, 기계 등 생산 환경이 훨씬 좋을 뿐만 아니라 생산 최적화를 위한 정보 또한 얻기 쉬운 상황이다. 그렇기에 일부 재배자와 와인 제조업체에서는 허용치를 높이기 위한 로비를 하고 있다.

헥타르당 최대 수확량 제한 규정을 둔 목적은 물량보다는 품질 좋은 와인을 생산하자는 데 있다. 당해에 발생한 초과분은 무조건 증류 설비로 보내는데, 이는 경제적 측면에서 포도 재배자들이 허용 최대치를 넘기지 않도록 하는 데 큰 역할을 한다. 일부 지역에서는 규정이 더 엄격하다. 이런 곳에서는 허용치를 넘기면 해당 물량 전체를 AOP/AOC 와인으로 팔지 못하고 저가 와인(뱅, vin)으로만 팔아야 한다. 이는 허용치를 초과한 수확분 전체를 일종의 '희석된' 상품으로 보고 높은 품질이 아니라고 보는 논리에서 기인한다. 추가분을 증류 설비로 보낸다고 해서 AOP/

AOC 와인으로서의 품질은 높이지 못할 것이기 때문이다.

● 적포도와 백포도 생산량에 대한 패러독스
적포도 1톤으로 생산하는 와인이 백포도 1톤으로 생산하는 와인보다 많다.

여기엔 두 가지 이유가 있다: 대부분의 적포도는 대개 백포도보다 액체 함량이 더 많다.(머스트/스킨 비가 더 높다.) 또한 와인 제조시에 적포도는 백포도에 비해 압착을 더 많이 한다.

그렇지만, **헥타르당 적포도 생산량은 헥타르당 백포도 생산량에 비해 낮다.** 헥타르당 생산성은—수확한 포도의 양으로 나타낼 때—대개 백포도가 적포도에 비해 높다. 뉴질랜드의 사례를 들면, 백포도인 소비뇽 블랑 재배지 1헥타르에서 생산하는 포도 양은 15톤 정도로 와인 85헥토리터를 만들 수 있다. 이에 비해 적포도인 피노 누아 재배지 1헥타르에서는 포도가 5톤 정도, 와인 35헥토리터 분량만 생산된다.

○ 커피나무 접목

접목(grafting)은 나무의 가지(수목, scion)를 다른 식물인 대목(rootstock)에 붙이는 작업이다. 접목의 목적은 과실 품질, 영양 흡수, 생산성, 열매 결실 형태, 가뭄 적응, 흙 속 해충에 대한 저항력, 자라기 어려운 토양에 대한 적응력을 높이는 데 있다.

인류는 여러 가지 과일 나무에 아주 오래 전부터 접목을 해왔다. 신약 성서(로마서 11장)에 올리브 접목에 대한 구절이 나올 정도이다.

커피나무 접목은 주로 네마토드(nematode, 선충류)가 있는 지역에서 이루어진다. 네마토드는 작은 회충 모양으로 아라비카는 여기에 취약하다. 이 경우 아라비카종 가지를 보다 튼튼한 로부스타종 대목에 접목하는 것이 일반적이고, 이를 통해 품질에 영향을 주지 않으면서 생산성을 더욱 늘릴 수도 있다. 대목으로는 리베리카종도 때때로 쓰인다.

커피나무 접목은 주로 중남미와 하와이에서 시행한다. 아라비카와 로부스타 모두 작고 가느다란 가지를 쪼개야 하기 때문에 작업이 고되다. 두 부분을 붙

국가	hL/ha 국가평균 와인	헥타르당 톤(미터법) 포도	에이커당 톤(쇼트 톤) 포도	설명 미터법 1톤 = 1000kg = 2205lb 1 쇼트 톤 = 2000lb = 907kg 1 헥타르 = 2.47에이커(acre)
세계	57	8.0	3.5	2005년 이래 연간 세계 와인 생산량은 2.7억 헥토리터를 유지하고 있다. 세계 와인용 포도 재배지 면적은 470만 헥타르(4.7만km², 1.8만 평방마일)로 2005년 대비 약간 줄어들었다.
프랑스	58 1950년: 35 1870년: 20	8.1	3.6	프랑스의 생산성은 시대에 따라 다음과 같이 변했다. 1860–1900: 20hL/ha, 1900–1920: 30hL/ha, 1950년대: 40hL/ha, 1980년대: 70hL/ha, 2000년대: 50hL/ha, 2010년대: 56hL/ha **보르도**: 레드 와인에 대한 AOP/AOC 허용치는 60 hL/ha이며, 고급 샤또에서는 통상 30–40hL/ha을 기록하고 있다. 1850–1900 사이 생산량은 15hL/ha 정도였다. **부르고뉴**: AOP/AOC 허용치는 매년 새로 결정한다. 레지오날 아펠라시옹(régional appellation, 3급) 와인은 레드 와인이 50–69hL/ha이고 화이트 와인은 55–75hL/ha이다. 그랑 크뤼(Grand cru, 특급)는 레드 와인 35–37hL/ha, 화이트 와인 40–64hL/ha이며 프리미에르 크뤼(premier cru, 1급)는 레드 와인 40–45hL/ha, 화이트 와인 45–68hL/ha이다. 빌라주 아펠라시옹(village appellation, 2급)의 경우는 레드 와인 40–50hL/ha, 화이트 와인 45–70hL/ha이다. **샹파뉴**: AOP/AOC 허용치는 매년 새로 결정한다. 대략 헥타르당 10500kg 로서 와인으로는 65hL/ha 정도이다. **샤또뇌프 뒤 빠프**: AOC 최대 허용치는 35hL/ha(5 톤/ha)이다.
이탈리아	72	10.3	4.6	헥타르당 톤 단위로 생산성을 나타내는 경우가 많다. DOC 규정도 예를 들어 7.5톤/ha의 식으로 톤/ha로 나타나 있다. DOC 지역 생산자들은 때로는 의도적으로 허용 최대치보다 훨씬 적게 생산한다.
스페인	36	5.2	2.2	포도 농장 상당수가 증발량이 많은 척박한 개활지에 있어 생산량이 비교적 낮다. 1990년대 관개 시설 설치를 허용하면서부터는 생산량이 높아졌다. 현재 재배지 중 35%는 관개가 되어 있다. 여기에 적합한 비료를 쓰면서 일부 농장에서는 100hL/ha 이상을 생산한다. 일부 지역은 생산 제한이 있다. 리오하의 경우 최대 45hL/ha까지만 생산할 수 있다.
포르투갈	40	5.7	2.5	–
독일	88	11.2	4.8	생산성이 비교적 높은데, 이유 중 하나로 백포도 비중이 높다는 점을 들 수 있다.
오스트리아	55	7.9	3.4	–
스위스	67	9.6	4.1	다른 나라와는 달리 생산성 측정 단위가 제곱미터당 g, kg 및 리터이다. 연간 생산 67hL/ha는 헥타르당 9.6톤, 제곱미터당 960g을 바탕으로 한 것이다. 즉 여기서는 포도 1kg당 0.70리터로 계산했다. 생산 허용치는 매년 새로 정하며, 칸톤(canton, 스위스의 주), 지구는 물론, 포도 품종에 따라서도 다르다. 예를 들어 보(Vaud) 주는 다음과 같다.
룩셈부르크	95	13.6	5.8	이 나라는 백포도 재배 비율이 유달리 높고, 이것이 생산성이 높은 한 가지 이유로 보인다. 대다수 품종에 대해 최대 허용치는 120hL/ha이다.
체코 공화국	35	5.0	2.1	최대 허용치는 12톤/ha, 72hL/ha이다.

스위스 설명란 내 표:

와인 등급	포도 품종	허용치 최대량	
		포도	와인
Vins AOC	적포도	–	0.72L/m²
	백포도	–	0.92L/m²
Vins de Pays	적포도	1600 kg/m²	1.28L/m²
	백포도	1800 kg/m²	1.44L/m²
Vins de Table	적/백	–	–

보 주에서는 가메 품종에 대해 AOC 최대 허용치를 0.80 L/m² = 80hL/m²로 한다. 테생(Tessin) 주는 메를로 종에 대해 제곱미터당 600g의 자가규제를 두고 있다.

국가	hL/ha 국가평균 와인	헥타르당 톤(미터법) 포도	에이커당 톤(쇼트 톤) 포도	설명 미터법 1톤 = 1000kg = 2205lb 1 쇼트 톤 = 2000lb = 907kg 1 헥타르 = 2.47에이커(acre)
슬로바키아	27	3.9	1.7	–
헝가리	85	12.1	5.2	–
루마니아	28	4.0	1.7	연도별로 차이가 크다. 자료 수치도 제각각인데, 아마도 실제 생산성은 더 높을 것으로 보인다.
러시아	60	8.6	3.7	생식용 포도와 와인용 포도에 대한 자료가 약간 불확실하다. 또한 크리미아 지역을 포함하는지 여부도 불확실하다. 아마도 실제 생산성은 보다 낮을 것으로 보인다.
미국	108 1950년 평균 65	15.9	6.8	자료별로 수치가 다르다. 일부 자료에서는 생산성이 이보다 낮다. 측정 단위는 에이커당 쇼트 톤이다. 캘리포니아 주가 전체 생산량의 90% 가까이를 차지한다. 캘리포니아 주 센트럴 밸리(Central Valley)의 어떤 농장들은 240hL/ha(에이커당 15 쇼트 톤)까지 기록하기도 한다. 다른 주는 생산성이 이보다 낮아 워싱턴 주는 대개 55hL/ha(에이커당 3.4 쇼트 톤), 오리건 주는 45hL/ha(에이커당 2.8 쇼트 톤)이다.
칠레	87	12.5	5.3	일부 자료에서는 이보다 수치가 높다. 20hL/ha
아르헨티나	69	9.9	4.3	일부 자료에서는 이보다 수치가 높다.
남아프리카	108	15.4	6.6	생산성을 헥타르당 톤 단위로 나타낸다. 일반적으로는 적포도는 12톤/ha(85L/ha), 백포도는 16톤/ha(115hL/ha)이다.
호주	85 1950년 평균 25	12.1	5.2	생산성을 헥타르당(미터법) 톤으로 나타내지만 일부 에이커당(미터법) 톤으로 나타내기도 한다. 몇몇 지역에서는 15톤/ha(120hL/ha)를 넘어가기도 한다.
뉴질랜드	86	12.3	5.3	생산성을 헥타르당 톤으로 나타낸다. 포도 품종에 따라서 생산성이 상당히 달라진다. 예를 들어 피노 누아는 5톤/ha 인데 일반적인 소비뇽 블랑은 15톤/ha 이다. 일부 지역에서는 백포도인 뮐러 – 투르가우(Müller – Thurgau) 품종으로 30톤/ha(거의 200hL/ha)까지도 생산해 낸다. 1990년대에는 생산성이 이보다는 낮은 편이었다. 생산하는 와인의 80% 이상이 화이트 와인이다.
중국	96	13.7	5.9	닝샤 지역 일부 농장은 20hL/ha 미만인 데 비해 산시 성 일부 지역은 200hL/ha를 넘는다.

자료: OIV, Kym Anderson, 호주(2013), 기타 보고서, 각국 와인 당국과의 인터뷰 등을 바탕으로 한 계산

주의
· 위 자료는 2012–2016 사이 기간에 대한 것으로 각국별 평균 생산성을 나타내기 위해 극단적인 수치가 나타난 해는 제외했다.
· 여기서는 와인용 포도만 재배하는 농지를 기준으로 가능한 생산량을 계산했다. 일부 와인 관련 서적에서는 생식용 포도 재배지도 포함한 전체 포도 재배 면적을 참조해 생산량을 잡으므로, 실제 국가별 와인 생산량을 잘못 잡을 수 있다. 주의해야 한다.

여 감싼 다음 양육장에서 키운다. 첫 열매는 접목 후 3년차쯤에 수확할 수 있다.

하루에 커피 두 잔, 와인 한 잔을 마신다고 가정할 때, 매일 이 정도 양을 마시려면 커피와 포도 재배지가 각각 85m² 필요하다.

● 포도 접붙이기
대부분의 와인은 접붙인 포도나무에서 생산한 포도로 만든다. 과수 시장에서는 바로 심을 수 있도록 접붙인 나무를 판매하며, 재배자가 선택할 수 있는 가

짓수도 많다. 물론 장점 같지만, 역으로 보자면 그만큼 결정해야 부분도 많다. 포도 품종과 대목 품종을 어떤 것으로 하느냐에 따라서 앞으로 수십 년간 와인 생산량이 달라질 수 있기 때문이다.

세계 최대의 포도나무 양육장은 이탈리아의 비바이 쿠페라티비 라우스체도(Vivai Cooperativi Rauscedo, VCR)이다. 이 업체는 매년 8천만 그루 이상의 접붙인 포도나무를 생산하고 있다. 매일 20만 그루씩 생산하는 것으로, 모체 포도나무와 접붙인 포도나무를 기르는 면적만 해도 4천 헥타르가 넘는다.

필록세라(phylloxera) 내성을 가진 가장 좋은 대목 자재는 북미계 비티스 종 여럿을 교배한 것이 전 세계적으로 쓰인다. 미주 대륙에서 쓰이는 대목 대부분은 비티스 리파리아(Vitis riparia) 종을 기반으로 교배한 것 또는 가뭄을 잘 견디는 비티스 베를란디에리(Vitis berlandieri) 종을 기반으로 교배한 것이다. 비티스 라브루스카(Vitis labrusca)라는 종도 있는데, 뉴욕이 원산지이다.

19세기 후반, 뿌리를 공격하는 필록세라에 파괴된 유럽의 포도밭을 구원한 것이 바로 이 접붙이기였다. 유럽의 포도 품종인 비티스 비니페라의 수목을 미국에서 수입한 내성종에 접붙였는데, 여기서 대목으로 사용한 종 가운데 하나가 비티스 리파리아였다. 필록세라에 대해서는 2.4장에서 보다 상세히 설명한다.

포도 재배에서 사용하는 대부분의 대목은 미주 대륙 기원으로 그 속성만 다르다. 하지만 좋은 속성을 다 가지고 있는 슈퍼 대목은 없다. 예를 들어 어떤 대목은 성장률이 좋고 가뭄 및 바이러스에 대한 내성이 있을 수 있지만 대신 네마토드에는 취약할 수 있다.

포도나무의 뿌리는 길이로 대개 1-2미터 정도이지만 입자가 굵고 모래질인 토양에서는 10미터 이상 뻗을 수도 있다. 표 2.12에서는 시장에서 입수할 수 있는 여러 가지 대목 중 몇 가지에 대해서만 나열했다.

1970년대에는 AxR-1 대목이 캘리포니아 지역에서 널리 사용되었지만 10년 뒤에 필록세라에 대한 내성이 완전하지 않다는 것이 밝혀졌다. 이 때문에 캘리포니아 전 지역에서 상당한 돈을 들여 나무를 새로 심어야 했고, 현재는 상당수 포도 재배지에서 세인트 조지(St. George)를 대목으로 쓰고 있다.

필드 그래프팅(field grafting, 거접), 탑 그래프팅(top grafting, 높이접)이라는 기법은 포도 재배지에서 자라는 오래된 대목에 접을 붙이는 방식이다. 작업이 까다롭지만, 포도 품종을 교체하려고 하는데 현재 쓰고 있는 대목이 건강해서 앞으로 몇 년 더 쓸 가치가 있을 때 이 방법을 쓴다.

기후와 토양 조건(대개 자갈 내지 모래) 덕에 유럽 포도 원종인 비티스 비니페라 뿌리를 그대로 쓸 수 있는 지역이 일부 있다. 예를 들어, 미국의 워싱턴 주,

● 표 2.12 일반적인 포도나무의 대목과 속성

대목	속성
333EM, 41B, Fercal	석회석층에서 자랄 수 있다. 상파뉴 지역에서 일반적
1613C, Ramsey, Dog Ridge, Freedom	네마토드 내성, 생육이 좋지만 바이러스에 취약하다.
Couderc 3309 (3309C)	비옥하고 물빠짐이 좋은 지역에서 고밀도 재배에 적합하다.
SO4	일반적인 내성, 고생산성, 물빠짐이 나쁜 토양에 적합. 뿌리가 깊게 내려가지 않는다.
110 Richter(110R)	가뭄에 잘 견디며 생산성이 높을 수 있다., 뿌리가 깊게 내려간다.
140 Ruggeri(140R)	가뭄에 상당한 내성, 생육이 좋다.
Richter 99(99R), 110R, St. George(Rupstris)	생육이 빠르고 왕성하며 가뭄과 바이러스에 내성이 있지만 네마토드 내성이 나쁘다. 뿌리가 깊게 내려간다.
1103 Raulsen(1103P), 5BB, Ramsey	가뭄과 염분에 잘 견디며 영양 흡수력이 좋고 생육이 좋다.
420A	고품질 열매를 생산하는 것으로 평가가 좋다. 접붙이기가 어렵다.

칠레, 호주, 뉴질랜드, 그리고 포르투갈과 독일의 일부 지역이 그러하다. 일부 와인 제조업체에서는 이런 '정통' 요소를 와인 마케팅에 이용한다.

◐● 개화, 수분

꽃이 열매와 씨를 맺으려면 수분(pollination)이 필요하다. 수분이란 수술(anther, 꽃의 수컷 부분)의 꽃가루를 암술(stigma, 꽃의 암컷 부분)로 옮기는 것을 말한다.

꽃이 피는 기간에는 커피나무의 가지에 재스민 꽃을 닮은 향기 좋은 흰 꽃이 환상적으로 한가득 피어난다. 꽃 피는 기간은 며칠 가지 못한다. 아라비카의 개화는 열매를 수확하기 6-9개월 전, 로부스타는 9-11개월 전에 개화가 일어난다.

아라비카종은 자가수분을 하는, 소위 4배체(tetraploid) 종이다. 수분을 하기 위해 바람이나 곤충이 필요하지 않다는 뜻이다. 그러나 연구에 따르면 자연적인

자가수분보다는 벌이 매개할 때, 커피콩 수율이 더 높은 것으로 나타났다. 교잡할 경우 열매 보유력 또한 더 나아지는 것으로 보인다. 개화 후 열매가 익기까지는 대략 8개월이 걸린다.

로부스타종은 자가수분을 하지 않는다. 이 종은 자가 불임성의 2배체(diploid) 종으로서 부계와 모계 개체가 유전적 바탕이 다른, 다른 나무여야 한다.

로부스타의 수분 매개체는 주로 바람이다. 근처에 벌이 있으면 교잡이 더 잘 이루어지고 생산성이 최대 20%까지 늘어날 수 있다. 일부에서는 벌이 있으면 품질도 나아진다고 주장한다.

포도나무인 비티스 비니페라 종은 자웅 동체(herma-phrodite), 즉 암컷과 수컷이 한 몸에 있다. 그러므로 이들은 자가수분하며 꽃가루 확산을 위한 벌이나 바람은 필요하지 않다. 자가수분하는 품종이므로 유전 구조 또한 그대로 남아 있다. 그렇지만, 야생 포도 품종은 교잡이 가능하다는 점 또한 유념해야 한다.

포도 꽃은 크기가 작아서 꽃이 핀 포도밭은 그다지 화려해 보이지 않는다. 이 작은 꽃에서 열매가 나오는데, 봄철에 비나 바람, 추위가 오면 열매를 늦게 맺기도 한다.

일반적으로, 꽃이 피고 나서 수확하기까지 100일이 걸리지만, 최근 20년 사이, 개화 후 110-130일째 수확하는 쪽으로 바뀌었다. 포도열매가 완전히 익을 때까지 시간을 두고 기다리는 것이다.

2.3 재배, 물리적 환경

● 커피 재배지의 위도와 고도
커피 재배에 이상적인 기후는 다음과 같다.

- 연 강우량 1300-2100mm
- 연평균 온도 18-22℃
- 개화 전 건기 기간 2-3개월
- 개화 강우
- 열매가 익는 동안 주기적으로 비가 내림
- 수확과 일광 건조 기간 동안 건기

몇몇 예외는 있지만, 이 정도의 이상적인 기후는 주로 적도 기준 남북으로 2800km 안쪽의 '수평' 벨트대의 열대, 아열대 기후에서 나타난다. 위도로는 남, 북으로 25도씩이다.

아라비카는 일부 예외를 제외하면 해발 900-2300m에서 가장 잘 자란다. 지대가 높고 공기가 보다 희박해지기에 결실기간이 길어지고 커피의 밀도에, 궁극적으로는 향과 맛에 좋은 영향을 미친다. 에티오피아의 경우 모든 커피가 고지대에서 자라며, 케냐와 탄자니아 또한 고지대에서 커피가 생산된다.

고도는 일부 국가에서 커피 등급 분류 기준 중 하나이다. 과테말라의 경우 스트릭틀리 하드 빈(Strictly Hard Bean, SHB)는 고도 1400m를 넘는 지대에서 생산된 커피를 말한다. 엘살바도르의 경우 해발 1200m를 넘는 지대에서 재배한 커피에 대해 스트릭틀리 하이 그로운(Strictly High Grown, SHG)으로 분류한다.

일부 생산성이 높은 아라비카 교배종의 경우 1천m 미만 지대에서도 재배가 가능하며, 그런 품종 중 몇 가지는 베트남에서 재배하고 있다.

로부스타는 0-800m에서 재배할 수 있는데, 예외적으로 보다 높은 지대에서도 기를 수는 있다.

● 포도 재배지의 위도와 고도

와인용 포도에 가장 알맞은 기후는 다음과 같다.

- 겨울이 춥다. – 다만 너무 춥지는 않다.
- 싹이 트는 봄에 서리가 내리지 않는다.
- 성장기인 여름이 덥다. – 다만 너무 덥지는 않다.
- 성장기에는 해가 충분히 든다.
- 향미 성분이 충분히 발현되도록 밤과 낮의 온도 차가 뚜렷하다.
- 연 강우량이 500-1000mm이다. – 대부분이 봄과 여름 중에 내린다.

이러한 기후는 적도에서 남북으로 3300-5500km 떨어진 '수평' 벨트 지대에서 일반적이다. 기후는 온대, 부분적으로는 아열대를 나타낸다. 위도로는 각각 남 북 30-50도에 해당한다.

수십 년 전까지는 유럽 기준으로 북방 한계선이 52도 정도였다. 아일랜드, 잉글랜드 중부, 네덜란드, 독일 북부, 폴란드 중부를 지나는 선이다. 그런데 현재는 한계선이 북쪽으로 더 높아져 59도이다. 노르웨이, 스웨덴, 핀란드, 발틱 국가에서 포도 생산이 가능해진 것이다.(한계선은 정확히는 위도가 아니라 등온선으로, 연평균 기온 10-20℃ 사이이다.)

해발고도(m)	아라비카	로부스타	포도
3000			●
–			●
			●
2000	●		●
		(●)	●
–	●		●
	●	(●)	●
1000	●		●
	●	●	●
–	●	●	●
	(●)	●	●
	(●)	●	●

◐● 그림 2.3 커피와 와인 재배지 고도

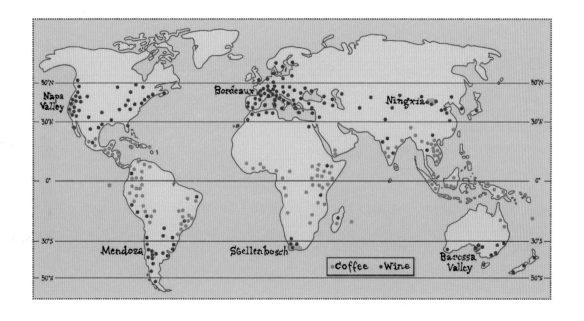

위도가 같으면, 예를 들어 북위 44도와 남위 44도는 낮의 길이, 그리고 태양의 고도가 같다. 그러나 고도, 바다로부터의 거리, 강우 형태, 습도, 풍속과 풍향 등 여러 가지 이유로 기후는 다를 수 있다.

와인용 포도는 최대 3천 미터까지, 어떤 고도에서든 생산이 가능하다. 가장 높은 지대의 포도 재배지는 아르헨티나, 여타 남미 국가, 중국에 있다.

○● 커피와 와인 모두를 생산하는 국가

12개 이상 국가에서 커피와 와인을 모두 생산한다. 호주, 볼리비아, 브라질, 중국, 콜롬비아, 에티오피아, 인도, 인도네시아, 마다가스카르, 멕시코, 페루, 태국 등이다. 미국은 하와이에서는 커피를, 캘리포니아에서는 와인을 생산한다.

프랑스와 스페인, 그리고 영국 같은 신흥 와인 생산국 또한 커피를 생산하기 하는데, 이것은 일종의 흥미거리이지만 여기서 설명하고자 한다.

프랑스는 인도양에 있는 레위니옹 섬(Réunion Island)에서 커피를 생산하며 태평양의 프랑스령 폴리네시아(타히티)에서는 포도와 커피 모두를 생산한다.

스페인은 모로코 서안에서 떨어져 있는 까나리 제도(Canary Islands) 중 한 섬인 그란 까나리아(Gran Canaria)에서 커피를 생산한다. 이곳은 북위 28도로 세계에서 가장 북쪽에 있는 커피 재배지 중 하나이다.

영국은 세인트 헬레나(St. Helena) 섬에서 커피가 어느 정도 생산된다. 세인트 헬레나 섬은 태평양 한가운데 적도 남쪽에 있는 영국령 섬(British overseas territory)으로 연간 커피 생산량은 한 컨테이너 정도이다.

브라질, 에티오피아, 인도, 중국은 동일 지역에서 커피와 와인이 생산되는 몇 안 되는 나라들이다. 브라질의 에스피리투 상투 도 핀얄(Espirito Santo do Pinhal) 시에 있는 과스파리(Guaspari) 포도밭의 경우, 포도밭 바로 옆에 커피나무가 자라고, 과거 커피농장에서 썼던 건물이 지금의 와인 제조장으로 사용되고 있다. 이곳 포도밭은 50헥타르(주로 시라 품종을 재배한다.)로서 남위 22도, 서경 47도로 상 파울루 주 북쪽에 있는데, 해발 고도는 1200m이다. 수확은 7-8월이며 관개와 가지치기 작업을 한다.

● 포도밭의 기온과 재배시의 도일(degree-day)

포도밭이 연중 재배 주기를 제대로 따르려면 충분한 기간 동안 충분한 열이 공급되어야 한다. 와인용 포도 재배에 필요한 연평균 기온 최저치는 10℃이며 이상적인 온도는 15℃이다. 대부분의 포도 품종의 도일(degree-day) 합산치는 1000-2300이다.

재배시의 도일(growing degree-day, GDD), 열 도일(heat degree-day), 열 총량(heat summation) 계산법은 1970년대에 캘리포니아의 M. 애머린(M. Amerine)과 A.J. 윈클러(A. J. Winkler)가 도입했다. 이 계산법은 부분적으로는 그보다 100여년 전 프랑스의 A.P.드 캉돌(A. P. de Candolle)이 개발한 원리에 기반한다.

GDD는 해당 월의 평균기온을 측정한 다음, 10℃(포도나무의 성장에 필요한 최저 기온)를 뺀 다음, 이 수를 해당 달의 날 수로 곱하여 얻는다.

해당 달의 평균기온은 매일의 평균 기온—통상 하루 최고기온과 최저기온을 합한 뒤 2로 나눈다.—으로 계산한다. 북반구는 4월부터 10월까지, 남반구는

● 표 2.13 11개 와인 생산지의 일반적인 GDD

지역	GDD(섭씨/화씨)
영국 잉글랜드 남부	900/1600
독일 모젤(Mosel)	1000/1800
프랑스 상파뉴	1000/1800
뉴질랜드 말보로(Marlborough)	1200/2200
남아프리카 스텔렌보스(Stellenbosch)	1350/2450
칠레 마이뽀 밸리(Maipo Valley)	1350/2450
프랑스 보르도	1400/2500
미국 워싱턴 주 왈라 왈라(Walla Walla)	1550/2800
프랑스 샤또뉘프 뒤 빠프	1550/2800
미국 캘리포니아 나파 밸리(Napa Valley)	1700/3100
호주 바로사 밸리(Barossa Valley)	1800/3200

주의
• 위 표의 GDD는 단순한 예시이자 구분을 위한 것으로, 지역별로 차이가 있다.
• 섭씨와 화씨 변환치는 반올림하여 나타내었다.
• GDD 계산과 GDD 수치 사용은 미국 캘리포니아에서 가장 많이 쓴다.

10월부터 4월까지의 7개월에 대해 식을 계산한다.

예시: 7월의 평균 기온이 17℃일 경우, 이 달의 도일 수치는 (17-10)×31=7×31=217이다. 이렇게 7개월의 수치를 모두 더한다.

GDD는 다음과 같은 한계가 있다.

- 포도나무 성장과 기온의 관계는 정비례하지 않는다.
- 토양 온도와 기온이 낮은 밤 환경을 고려하지 않았다.
- 포도나무는 때로는 10℃ 미만 환경에서도 자란다.
- 일부 연구에 따르면 GDD 산출식 및 결실도의 관련성은 날씨가 상대적으로 서늘한 때에 가장 잘 들어맞는다고 한다.
- 기후 변화로 인해 현재 북반구 일부 지역에서는 4월 1일보다 이른 시점을 기점으로 계산해야 한다.

열 진폭(thermal amplitude)은 일일 최저 기온과 최고 기온의 차이이다. 열 진폭이 크면 일반적으로 포도 내 당, 산 물질, 향미 물질, 색소 발현에 좋다.

그림 8.3은 21개 와인용 포도 품종에 대한 이상적인 재배 시즌의 평균 기온을 보여준다.

○● 커피와 와인용 포도 재배에 최적 강우량

아라비카는 연 강우량 1200-2000mm, 로부스타는 1800-3200mm가 이상적이지만, 습도와 연중 시기에 따라 상당한 차이가 있다. 그리고 커피나무가 개화하기 직전에는 비가 일정량 와야 한다.

대다수 포도나무의 경우, 연 강우량은 500-1000mm가 최적 조건이다. 이상적으로는 강우량의 대부분이 봄에서 여름 중에 오는 것이 좋다. 호주의 쉬라즈 품종은 350mm 이하 강우량—나무 성장 시즌이 아닌 때 비가 오는 것이 좋다—에서도 자랄 수 있다. 독일의 일부 포도 재배 계곡은 연 강우량이 400mm 미만인 경우가 많다.

아르헨티나 멘도자(Mendoza) 지역의 강우량 평균 230mm에 불과하며 남아프리카 케이프타운 인근 강우량은 550mm, 프랑스 보르도 지역 강우량은 950mm이다. 세 지역 모두 매년 강우량이 상당히 다르다.

캘리포니아의 포도 재배지는 연 강우량이 다양하다. 프레스노(Fresno)는 300mm 미만인 데 비해 나파 밸리 일부 지역은 700mm이다.

● 관개: 목적과 방법

세계의 물 저장량은 13억km^3인데, 이 중 3%만이 민물이다. 사람이 사용하는 민물 중 70% 정도가 어떤 형태로든 농업에 쓰인다. 기타 산업에서 20%를 쓰며, 나머지 10% 정도만이 가정용으로 쓰인다.

세계의 경작지는 13억 헥타르(32억 에이커) 정도이다. FAO에 따르면 이들 재배지의 20%는 관개를 하는데, 여기서 생산하는 작물의 양이 전 세계 작물의 40%에 달한다. 관개 면적이 가장 큰 곳은 인도, 중국, 미국이다.

관개가 잘 되어 있으면 다음을 비롯한 여러 가지 목적을 이룰 수 있다.

- 생산성 향상
- 결실 시기를 제어함으로써 작물 품질을 증진시킴
- 결실 시기를 일치시킴으로써 한 번 수확 작업에서 익은 열매의 비율을 최대로 높임
- 수자원 보존
- 비료 사용량 줄임

관개 방식은 크게 세 가지가 있다.

- 지표 관개(surface irrigation)는 중력에 기반하여 물길을 터서 물을 대는 것으로 과거 수천 년 전부터 사용해 왔다.
- 스프링클러(sprinkler): 중앙회전식 원형 관개(circular pivot system) 및 직진형 롤러(linear roller)가 여기에 포함된다.
- 두상 관개(drip irrigation)는 튜브가 각 식물마다 물을 뿌린다. 때로는 수용성 비료를 소량 섞어 넣기도 한다.

세계 최대 관개 설비 및 자문 업체로는 네타핌(NETA FIM), 제인 이리게이션 시스템(Jain Irrigation System), 존 디어 이리게이션(John Deer Irrigation), 워터 매니지먼트(Water Management) 등이 있다. 이 업체들은 건조한 지역의 관개 기술로는 가장 앞서있는 이스라엘에서의 경험을 통해 상당한 기술을 터득했다.

◎ 커피나무의 관개: 몇 가지 이점

세계 커피 재배지 중 관개 재배지 비율은 20%를 약간 넘는 것으로 추산된다. 그 상당수는 베트남에 있다. 브라질의 경우는 커피 재배지 중 10%에 관개를 하는데 주로 에스피리투 상투 주, 바이아 주, 그 외 미나스 제라이스 주에서 건조한 지역에 몰려 있다. 인도, 탄자니아, 잠비아의 일부 농장에 관개 시설이 있다.

관개의 장점은 물량 증가에 그치지 않는다. 용량을 맞추어 관개를 하면 커피나무에 스트레스 자극을 주어 개화 시기를 집중시킬 수 있다. 이는 수확기에 익은 열매의 비율을 최대화(80% 이상)하고, 수확 작업 횟수를 줄이는 데 도움이 된다.

두상 관개(drip irrigation)를 할 때 비료를 물에 섞기도 한다. 이를 관비 작업(fertigation, nutrigation)이라고도 부른다. 물에 질소, 인, 포타슘(nitrogen, phosphorus, potassium, N-P-K)을 넣으면 비료 요구량이 줄어든다. 땅속으로 스며들어 제대로 쓰이지 못하고 없어지는 경향이 큰 질소 손실량을 줄이는 데에도 도움이 된다.

● 포도밭의 관개: 흘려주는 방식에서 방울방울 주는 방식으로 전환

포도밭에서는 관개가 널리 쓰인다. 보통은 물 공급량을 맞추어 공급하는 부족 관개(deficit irrigation, 단위 면적당 생산량이 아닌, 단위 물 공급량당 생산성을 최대로 하는 관개)를 한다. 이 말은 증발산량을 완전히 채우는 데 필요한 양보다는 적은 양의 물을 공급한다는 뜻이다.

1930년대에는 관개를 법으로 금지했는데 여기엔 이유가 있었다. 과잉 관개를 하면 포도에 물기가 많아지는 문제 때문이다. 현대식 두상 관개 기법을 쓰면 이런 문제를 피할 수 있다. 유럽 대부분의 포도밭은 물이 풍족한 데 비해, 신대륙의 포도밭은 80% 이상이 관개를 한다.

재배자는 관개를 통해 열매의 결실 시기를 조절해서 생산량, 품질, 수확 시기를 조정할 수 있다.

스프링클러 관개 방식은 포도밭에서 서리 방지용으로 쓰이기도 한다. 기온이 빙점 아래로 내려갈 경우, 물이 얼면서 포도나무를 보호하는 보호층을 만든다. 얼음층이 단열재가 될 수 있다니 이상한 말 같지만, 실제 그러하다.

◎● 커피와 와인 한 잔을 만드는 데 필요한 물의 양

UN 산하 기구로서 로마에 본부가 있는 국제 농업 개발 기금(International Fund for Agricultural Development, IFAD)에서는 일련의 농업 기반 제품 생산에 들어가는 물의 사용에 대해 여러 자료로부터 정보를 모았

● 표 2.14 15개국 포도밭의 관개 비율

국가	관개 비율	설명
프랑스	5% 미만	2007년부터 상황에 따라 관개를 허용한다. 일부 AOP/AOC에서는 관개를 허용하지 않으며, 다른 일부 지역에서는 특정 기간, 예를 들어 수확이 끝난 뒤부터 5월 1일까지라는 식으로 허용한다.
이탈리아	25%	남부(시칠리아)와 북동부 지역에서 관개를 하고 있다.
스페인	30%	1990년대 말엽부터 허용되었다. 자료별로 다르다.
포르투갈	60%	중부, 남부 지역에서 관개한다. 자료별로 다르다.
독일	5%	2003년부터 허용되었다. 허용 사유는 여러 가지이다. 예시: 경사가 30% 이상이며 척박한 땅에 한해서 8월 1일 이후 허용 자료별로 다르다.
스위스	15%	주로 발레(Valais) 주에서 관개한다. 이곳은 비가 일정하게 오지 않고 토양에 공극이 많아 물이 빨리 빠진다.
슬로베니아	–	관개하는 곳이 거의 없다. 비가 충분히 온다.
그리스	80%	대개 물이 부족하다.
미국	85%	캘리포니아, 오리건, 워싱턴 주는 관개 의존도가 매우 높다.
칠레	85%	북부 지역이 특히 그러하다. 대부분 지역에서 관개를 위한 물은 충분하다.
아르헨티나	95%	기존의 물길을 끌어오는 방식에서 두상 관개로 변모 중이다.
남아프리카	90%	해안에 가까이 있는 옛 농장들 중 일부는 비도 더 많이 오고 바람도 더 시원한다.
호주	85%	의존도가 높다. 물이 부족하다.
뉴질랜드	80%	물이 부족하지 않으며, 물 사용 허가만 있으면 제약 없이 관개할 수 있다.
중국	90%	자료별로 다르다.

자료: 국가별 통계, 웹페이지, 브로셔, 저자의 인터뷰, 계산

다. 여기에는 관개용 물, 탱크나 설비 및 바닥 청소용 물까지 포함되어 있다.

여기 일부 음료 생산에 필요한 물의 일반적인 사용량이 있다. 물론 지역에 따라 차이가 매우 크므로, 여기서는 대략적인 크기만 참조하기 바란다.

- 차 한 잔: 35리터
- 맥주 한 잔: 75리터
- **와인 한 잔: 120리터**
- **커피 한 잔: 140리터**
- 오렌지 주스 한 잔: 170리터
- 우유 한 잔: 200리터

관개 재배한 커피, 수세 처리한 커피는 특히 물 소비량이 많다. 와인에서는 포도밭의 관개에 가장 많은 물이 필요하다. 특히 두상 관수보다는 스프링클러 쪽이 물을 더 많이 쓴다. 포도밭에서 서리 대비용으로 스프링클러를 쓸 때도 물이 소비된다. 커피와 와인 양쪽 업계에서, 물을 덜 써도 되는 고무적인 생산 방법이 개발되고 있다.

● 포도 재배용 토양

포도는 척박한 땅에서 자랄 수 있다는 점, 다른 작물들이 겨우 자랄 수준의 토양에서 가장 잘 자라기도 한다는 점에서 독특하다. 이런 사실은 이미 천여 년

전, 부르고뉴와 인근에서 와인을 생산하던 수사들도 잘 알고 있었다. 이들은 기름진 땅에는 야채, 과일, 곡물용 식물을 키우고, 거친 땅은 포도밭으로 만들었다.

프랑스, 이탈리아 및 기타 지역에서 생산되는 최고급 와인 중 일부는 석회암, 점판암(slate, 슬레이트), 자갈, 화산재, 기타 영양소가 별로 없는 토양에서 자란 포도로 만든다. 이런 토양에서는 포도나무가 뿌리를 더 깊이 뻗어 지하수까지 내려가기 때문에 건조한 시기에 대응할 수 있다.

포도 재배 외에는 쓸모없는 땅을 이렇게 포도 생산용으로 쓸 수 있다는 점 때문에 중국에서는 2000년 이래 와인 산업이 급속히 성장했다. 중국은 인구가 14억에 달하기에 비옥한 땅은 모두 식량 자원 생산에 써야 한다. 토지 사용 면에서 보자면 와인은 단연코 식량 자원에 비해 중요도가 떨어진다.

와인 맛 평가에서는 미네랄리티(minerality)라는 말을 자주 사용한다. 아마도 이 말은 너무 많이 쓰이는 떼루아(terroir, 아래에서 설명한다.)를 가끔 대체하는 용도인 듯하다. 전문가들에게는 미네랄리티가 좋은 어감이겠지만 최종 소비자, 특히 초심자에게는 그다지 긍정적인 의미로 작용하지 않는 경우가 많다. 다만, 반드시 주의해야 할 것이 있으니, 뿌리가 '빨아들여' 포도로 전해주는 미네랄은 거의 없으며, 향미로서의 미네랄리티는 실제 미네랄에서 오는 것이 아니다.

● 떼루아(terroir): 신비의 프랑스 단어

프랑스어로 떼루아는 라틴어 테라(terra, 땅) 및 본디 영역(territory)을 의미하는 테라토리움(terratorium)에서 왔다. 시간이 흘러 떼루아는 거의 신비스런 무언가―포도 품종과 토양, 기후, 태양 고도, 지형, 고도, 물빠짐, 미생물에다 역사와 전통이 어우러져 상호 작용하는 모습을 반영하는 전체론적 참조―가 되었다.

떼루아는 감정이 충만한 단어이다. 때로는 와인의 '장소 감각', '장소의 맛', '포도 산지로서의 정체성(somewhereness, 섬웨어니스)'으로 설명된다.

국제 포도 와인 기구(OIV)에서는 2010년도 결의안 OIV/VITI 333에서 떼루아를 아래와 같이 정의하고 있다.

포도 재배에서 말하는 떼루아는 지역에 대한 개념이다. 확인 가능한 물리적, 생리적 환경과 실제 적용되는 재배 작업 사이의 관계에 대한 집합적 지식체계가 들어 있으며 해당 지역에서 생산되는 제품에 뚜렷한 특성을 제공한다. 떼루아에는 특정 토양, 지형, 기후, 지리적 특성 및 생물 다양성에 관한 속성이 들어 있다.

아래에는 몇 가지 자료를 바탕으로 다른 정의를 제시했다. 떼루아를 이루는 성분은 두 가지로 묶어 볼 수 있다.

물리적 속성으로 떼루아: '세팅'

- 기후―흔히 가장 중요한 요소로 꼽는다.
- 고도, 위도(남중고도), 지형(경사 등), 사면 방향(북향, 남향 등) 등의 지리적 위치
- 토양 및 (특히) 물 빠짐

재배 속성으로 떼루아: 제품과 관리

- 포도 재배 농장에서 포도를 키우는 것, 품종에 알맞은 포도 재배
- 와인 제조―포도를 포도즙으로 만들고 발효시켜 와인을 만드는 전체 과정
- 역사와 전통: '사연을 담은 와인'. 깊은 전통과 경험에 기반한 장인의 솜씨

떼루아는 다른 가공 제품들(커피, 맥주 등)에 비해 와인에서 더 두드러진다. 이는 최종 제품이 재배 농장 또는 그 인근에서 생산되기 때문이다. 와인 제조업체―이들은 대개 포도 재배자이다.―는 최종 제품을 생산하기까지의 전체 과정에 대해 실험하고 기록하며 해석하고 수정을 할 수 있다. 커피 재배자에게는 거의 불가능한 일이다. 때로는 이들이 커피음료를 보거나 맛보는 일조차도 불가능한 경우가 있다.

○● 영양소와 비료

매번 재배와 수확을 할 때마다 토양에서는 영양소가 빠져나간다. 특히 질소(N)와 포타슘(K)은 많이 사라진다. 이렇게 사라진 영양소는 비료를 공급해서 보충

한다. 비료는 유기농—퇴비—또는 제조된 것, 즉 무기질 비료를 쓸 수 있다.

식물 성장에 필수적인 영양소, 자연 원소는 16개이다. 이들 중 세 원소(탄소, 수소, 산소)는 식물 조직의 90% 이상을 차지하며 공기와 물에서 얻을 수 있다. 나머지 13개 원소는 토양에서 공급되며 표 2.15에서 볼 수 있다.

생두 1톤을 생산하려면 익은 커피열매 6톤이 필요하다. 식물 자재 6톤을 생산하는 데 필요한 비료의 양은 토양과 기후, 식부 밀도, 커피 품종에 따라 다르다. 표 2.16은 공급해야 하는 여러 가지 원소들 중 가장 중요한 세 가지 성분의 양에 대해 알려주고 있다.

질소, 인, 포타슘(N-P-K)은 또한 포도밭에서 사용하는 상업용 배합 비료에서도 가장 많이 들어 있는 성분이다.

질소(Nitrogen, N)는 포도나무 성장을 돕는다. 질소는 잎 품질을 높여 포도나무가 광합성을 통해 햇빛을 영양소로 변환하는 능력을 높여준다.

인(Phosphorus, P)은 뿌리가 더 깊고 강하게 자라도록 해준다. 인은 식물의 당 수송을 원활하게 해서 포도가 익었을 때 더 달고 즙이 많아지게 해준다.

포타슘(Potassium, K)은 여러 대사과정을 도와준다. 포타슘은 포도나무가 질병을 이기고 강하고 건강하게 자랄 수 있게 해준다. 또한 잎 기공이 열고 닫히면서 이산화탄소를 흡수하는 것을 도와 준다.

포도밭에서 사용하는 비료의 양은 여러 요소에 따라 달라진다. 일반적으로는 연간 헥타르당 질소가 10-25kg, 인이 2-10kg, 포타슘이 20-50kg이다.

관개할 때 비료를 더하는 경우가 있다. 다만 이 경우 일부 성분은 제대로 쓰이지 못한다. 예를 들어, 질소는 너무 깊이 스며들어 버리기에 일부만 이용할 수 있는 상태가 된다. 비료를 물에 섞어 두상 관개를 하면 이러한 손실분을 줄일 수 있다. 이러한 방식을 퍼티게이션(fertigation), 누트리게이션(nutrigation)이라고 한다.

● 커피농장의 간작(intercropping, 사이짓기)
커피 재배자 다수는 커피나무 옆에 보조 작물을 기른

● 표 2.15 13개 주요 영양소와 커피나무에서의 역할

영양소	화학 기호	식물에 미치는 영향 주요 용도와 필요로 하는 부분
주요 영양소		
질소	N	식물–잎–열매 성장; 단백질; 효소; 호르몬; 광합성
인	P	에너지 성분; 뿌리와 줄기 발육; 개화; 결실
포타슘	K	열매 품질; 물 균형; 병 저항력 (K는 독일어 표기인 칼륨(Kalium)의 약어이다.)
황	S	아미노산과 단백질; 엽록소; 병 저항력; 씨앗 생산
칼슘	Ca	세포벽; 뿌리와 잎 발육; 열매 결실과 품질
마그네슘	Mg	엽록소(녹색); 씨앗 발아
미량 영양소		
구리	Cu	엽록소 단백질 형성
아연	Zn	호르몬/효소; 식물 높이 성장 및 광합성 활동
망간	Mn	광합성; 효소
철	Fe	광합성(Fe는 라틴어인 ferrum의 약어이다.)
붕소	B	새싹과 뿌리의 발육/성장; 개화; 열매 형성과 발육
몰리브덴	Mo	질소 대사
염소	Cl	광합성; 기체 교환; 물 균형

자료: FAO, Manual for Lao PDR(2006). 일부 내용에 맞게 수정
주의: 주요 영양소(macronutrient)와 미량 영양소(micronutrient)는 영양소 중요도라기보다는 필요한 영양소의 양에 따른 것이다.

● 표 2.16 생두 1톤을 생산하는 데 필요한 주요 영양소의 양

영양소	kg(lb)	주요 영향
질소(N)	40(88)	잎 성장
인(P)	2(4.5)	뿌리, 꽃, 씨앗, 열매 성장
포타슘(K)	50(110)	식물 내에서 물 이동, 줄기 성장

자료: 여러 자료에서 취하여 조합

다. 이런 재배 방식을 간작(intercropping, companion planting)이라 한다.

간작을 하는 이유는 주로 세 가지로 볼 수 있다.

- 식량 작물은 재배자 가족의 영양 공급원이다. 커피 수익이 낮은 해에는 특히 중요하다.
- 환금 작물을 재배하면 재배자 가족의 수익에 보탬이 된다.
- 다른 작물을 재배함으로써 토양의 비옥도(질소 고정) 및 그늘을 드리우는 효과를 볼 수 있으며 이것이 커피나무에 좋다.

커피농장에서 일반적인 보조 작물로는 바나나가 있다. 영국 자문 단체인 CABI에서는 120페이지에 달하는 집약적 토양 비옥도 관리에 관한 바나나-커피 간작 가이드를 펴낸 바 있다.

다른 간작 작물로는 콩, 후추, 바닐라(vanilla), 카다멈(cardamom, 육두구), 시나몬(cinnamon, 계피과의 한 종류), 생강, 아보카도(avocado), 마카다미아 넛(macadamia nut), 땅콩, 양배추, 파인애플, 망고, 오렌지, 레몬, 잭프루트(jackfruit), 카사바(cassava, 타피오카(tapioca) 또는 마니옥(manioc)이라고도 함)이 있다.

브라질 일부 지역에서는 고무나무가 이상적인 그늘나무로 알려져 있다. 고무나무는 커피나무가 빛을 더 많이 받아야 하는 봄에는 잎이 진다.

간작을 하면 안 되는 작물도 몇 가지 있다. 예를 들어 감자는 커피나무의 뿌리를 방해하기 때문에 함께 심을 수 없다. 옥수수(maize, corn)도 마찬가지이다. 커피나무에 유익한 영양소를 흡수해 버리기 때문이다.

● 포도밭의 섞어심기 및 필드 블렌딩(field blending)

포도나무 옆에서 사과나무나 레몬나무가 자라는 것은 흔하다. 그렇지만 포도나무 사이에 농작물을 섞어 심는 경우는 드물다. 포도나무 사이에 여러 목적으로 식물을 심을 수 있다. 아래는 그 일부 예시이다.

- 야생 겨자, 풀, 콩과류, 클로버 같은 식물을 심으면 토양을 증진시킬 수 있다. 이 작물들을 주기적으로 갈아엎어서 질소 고정에 쓴다. 침식을 줄이고 먼지를 막기 위해서 피복 식물을 심을 수도 있다.

- 일부 잡초류와 나무는 벌레와 야생 생물에게 식량을 제공하고 유익한 서식지가 된다. 몇몇 말벌과 무당벌레는 해충을 막아준다. 포도밭에서 벌레, 새, 기타 동물들이 하는 역할에 대해서는 표 7.13에서 볼 수 있다.

- 마지막으로 일렬로 심은 포도나무 각 줄 끄트머리에 장미를 심는 경우가 있는데, 이는 단지 장식용이 아니다. 수 세기 동안 장미는 포도나무에 병해가 들 경우 이를 조기에 알려주는 용도였다. 포도와 장미는 일부 질병에 동일하게 취약하며, 포도나무에서 증상이 나타나기 전에 장미에서 먼저 증상이 나타나는 경우가 많다. 새로운 분석법이 도입되면서 장미를 심을 필요는 줄어들었지만, 여전히 장미는 앞으로 발생할 수 있는 피해를 탐지하는 데 있어 유용한 보조 도구이다.

필드 블렌딩은 포도밭에서 다른 포도 품종 몇 가지를 함께 재배하는 것—경우에 따라서는 적포도와 백포도도 섞어 심는 것—을 말한다. 역사적으로, 필드 블렌딩은 병 확산을 줄이고 한두어 가지 품종이 실패한 경우 일부 품종이라도 지켜보자는 의미에서 일반적으로 쓰였다. 필드 블렌딩 및 이에 따른 코퍼먼테이션은 오늘날에는 아주 드물다. 이 중 현재도 코퍼먼테이션을 쓰고 있는 곳으로는 프랑스 일부 지역(부르고뉴, 론, 랑그독-루시용)의 와이너리, 포르투갈, 오스트리아, 북 캘리포니아, 호주가 있다. 3.4장에서는 필드 블렌드 및 코퍼먼테이션에 대해 상세히 설명하겠다.

2.4 병, 해충, 해충 구제

◎● 네 가지 병해충 분류

커피나무와 포도나무에 해를 입힐 수 있는 병해충은 균류(fungi) 바이러스(virus), 박테리아(bacteria), 벌레, 이렇게 네 가지로 나눌 수 있다.

균류(fungus, 곰팡이)는 이스트와 같은 단세포 유기체, 버섯이 속해 있는 다세포 유기체이다.

바이러스(virus)는 세포 구조가 없으며 살아 있는 숙주가 있어야 생존할 수 있다.

박테리아(bacteria)는 단세포 유기체이다. 인간이나 동물처럼 살아 있으며 물이나 땅에서 생존한다. 박테리아는 해로운 것도 있고 유익한 것도 있다. 인간에게 해로운 박테리아 일부는 항생제로 치료할 수 있다. 박테리아는 바이러스에 비해 최대 100배까지 크다.

벌레(insect)는 서로 독립적으로 작용하는 두 가지 방법으로 해를 입힐 수 있다. **기생충(parasite)**은 열매를 먹거나 알에서 애벌레가 나와 해를 입히며, **매개 해충(vector)**은 그 자신은 해롭지 않으나 균류, 바이러스, 박테리아를 옮긴다.

표 2.17과 표 2.18에서는 커피나무와 포도밭에서 가장 흔한 병해충에 대해 개괄하고 있다. 여러 가지 벌레 이외에도 포도를 먹거나 포도밭에 해가 되는 대형 동물 및 새가 있다. 7.3장은 와인 라벨에 있는 동물에 대해 다루는데 이들에 대해서도 언급하고 있다.

해충을 구제하는 용도로 쓰이는 성분에 대해 농약(pesticide)이라는 용어가 언제나 쓰이는 것은 아니다. 이 용어는 때로는 벌레를 막는 살충제(insecticide), 균류를 막는 살균제(fungicide), 잡초를 죽이는 제초제(herbicide) 등의 전 화학 제품군을 가리키는 데 쓰인다. 그러나 다른 문헌에서는 이 말은 오직 살충제의 뜻으로만 쓴다. 라틴어 접미사로 -cide는 무엇인가를 죽이는 것이라는 뜻이다.

병해충 구제법은 크게 세 가지 부류로 나뉜다.

- 가지치기, 위생 처리, 멀칭, 비료 주기 같은 원예 작업
- 살균제, 살충제, 제초제 등의 화학적 구제
- 내성 품종으로 바꾸어 심기

⊙ 오크라톡신 A(ocharatoxin A): 커피의 균류

오크라톡신 A(OTA)는 커피나무에 나타나는 병은 아니며 생두에 발생하는 균(곰팡이)의 독성 대사물질이다. 특히 수분 함량과 온도가 제대로 제어되지 않았을 때 발생한다.

원인 균류는 옥수수, 보리, 밀, 귀리, 콩, 땅콩, 코코아, 커피 등의 여러 농작물에서 나타난다. 열매가 땅에 떨어지면 그 안에서 발생하거나, 컨테이너 수송 중 생두에서 발생한다.

알맞은 기기를 사용하면 OTA를 10 분 안에 탐지하고 함량을 확인할 수 있다. 다만 OTA는 부분적으로 발생할 수 있기에 샘플로는 탐지하지 못할 수 있다. 선적물의 한 부분은 오염되어 있는데 다른 부분은 무사할 수도 있기 때문이다.

커피에서 OTA를 막고 줄이는 가장 좋은 방법은 유통망을 따라서 위생 관리를 유지하고 신속히 건조하며 커피가 보관 및 수송 중에 다시 젖지 않게 하는 것이다. 로스팅 후에도 OTA는 1/3 정도가 남는다.

OTA는 신장에 해를 입힐 수 있으며 신장암을 유발하는 원인으로 꼽히고 있다. 이 때문에 여러 국가에서 수입 커피콩 내 OTA에 대한 최대 허용치를 허용하고 있다. 유럽 연합에서는 커피뿐 아니라 다른 식품에도 OTA 제한 규정이 있다. 곡물의 경우 5ppb, 곡물 기반 제품의 경우 3ppb, 건과류(currant, raisin, sultana)는 10ppb, 원두는 5ppb, 인스턴트 커피는 10ppb, 와인과 포도주스는 2ppb이다.

원두와 인스턴트 커피에 대한 (또한 와인과 포도주스에 대한) 제한 규정은 2005년에 발효되었다. 원두와 인스턴트 커피의 제한량은 다른 식품에 대한 제한량과 비슷하지만, 커피는 자체를 먹는 게 아니고 건조된 제품에 대한 규정이다. 이 제한량이 음료 내 최대 농도와 어떻게 연계되는지는 단연코 추출 농도 및 추출 효율에 따라 달라진다. 추출 농도는 유럽 국가별로 매우 다르다. 다만 OTA를 완전히 추출하고 음료 농도가 40g/L라고 할 경우, 5ppb 제한량이면 음료당 최대 농도는 겨우 $0.2\mu g/L$, 즉 $0.2\mu g/kg(0.2ppb)$가 될 뿐이다. 이런 점에서 커피에 대한 제한은 다른 음료에 비해 훨씬 더 엄격하다고 할 수 있다.

1ppm=100만분의 1=1마이크로그램(my, μg)/kg=1g/톤이다. OTA에 대한 제한은 ppm이 아니라 ppb이다. 그러므로 1ppb는 0.001g/톤이다.

● 표 2.17 커피나무와 커피 열매에서 일반적으로 발생하는 병해충

유형	병해충 이름	증상과 피해	구제와 치료
균류	커피잎녹병(coffee leaf rust, CLR) Hemileia vastatrix 녹병(rust), 스페인어로 로야(roya)로 줄여 말하는 경우가 많다.	아라비카 커피에 나타난다. 노란색, 오렌지색 반점과 가루 모양 병변이 잎에 발생하고, 마침내는 잎이 떨어진다. 이 균류는 19세기 말 동아프리카에서 실론(스리랑카)로 넘어왔으며 1950년대에는 서아프리카로 넘어갔다. 중미는 2012년에 이로 인해 큰 피해를 입었다. 바람에 포자가 날려 퍼진다.	구리가 들어간 것 또는 유기농 제품등의 일부 살균제를 쓸 수 있다. 까띠모르 등 저항종 육종 작업에서 상당한 성과가 나왔지만 새로 심는 작업은 비용이 들고 번거롭다. 또한 새 품종이 주요 녹병 유형 중 일부에 대해서만 내성을 가질 수도 있다. 조심스레 가지치기하고 혼합림으로 그늘을 드리우면 유용할 수 있다.
	커피 시듦병(coffee wilt disease, CWD) Tracheomycosis, Fusarium wilt	여러 가지 변종이 아라비카와 로부스타에 병을 일으킨다. 잎이 노랗게 변하고 말려진 뒤 떨어진다. 나무가 말라 가며 껍질이 부풀어 올라 부서진다.	발병 기록이 없는 지역에서는 CWD를 예방하기 위해 커피 자재는 절대 이동하지 않도록 엄격히 검역한다. 병에 걸린 나무는 뿌리째 뽑아 소각하고 저항종으로 교체한다. 균형 잡힌 영양 공급이 도움이 된다.
	커피베리병(coffee berry disease, CBD) Colletotrichum kahawae	녹색 열매 표면에 어두운, 썩은 표시가 난다. 열매가 마르다가 떨어진다. 생산량 손실이 매우 클 수 있다.	병든 것은 반드시 제거해야 한다. 구리가 포함된 살균제가 효과가 있다. 내성 품종이 있지만 음료 품질이 보통 정도이다.
	브라운 아이 스팟(brown eye spot) Cercospora coffeicola, coffee leaf spot, coffee eye spot, berry blotch, berry spot disease 라고도 불린다.	모든 커피종에서 전 세계적으로 발생한다. 잎에 갈색 반점이 나타나며, 잎은 때때로 떨어진다. 붉은 열매에 검정 반점이 나타날 수 있다. 바람과 물을 매개체로 병이 퍼진다.	양육장에서 특히 주의를 기울여야 한다. 알맞은 비료와 집중적인 가지치기로 위험을 줄일 수 있다. 병이 발생한 부분은 제거한다. 때로는 구리가 들어간 살균제를 사용한다.
	오크라톡신 A (ochratoxin A, OTA) Aspergillus ochraceus 5 ppb = 10억분의 5	OTA는 나무의 병이 아니라 곰팡이에 의한 독성 물질이다. 열매에서 커피콩을 만드는 가공 과정 및 수송 과정 중 발생할 수 있다. 유럽 연합에서는 식품의 마이코톡신(mycotoxin) 관련 규정에서 OTA 최대 허용치를 원두, 분쇄 커피에서 5ppb, 인스턴트 커피에서 10ppb로 정해 두었다.	OTA는 위생 처리를 잘 하면 피할 수 있다. ㄱ) 커피 열매는 땅에서 말리지 않으며 ㄴ) 결점두와 정상 커피는 분리하며 ㄷ) 컨테이너 수송을 비롯해 언제나 온도와 습도를 관리하는 방법이 이에 해당한다.
바이러스	커피 링스팟 바이러스(coffee ringspot virus)	잎과 열매 반지 모양의 병변이 뚜렷하게 나타나며 감염된 잎과 열매는 일그러질 수 있다. 진드기(mite)가 매개한다. 이후 균류 질병이 퍼지면서 피해가 발생할 수 있다.	뚜렷한 치료법이 없다. 감염된 부분을 제거하고 알맞은 씨앗을 선택해 다시 심어야 한다. 2000년대 초 브라질에서 주로 나타났다.
	에마라 바이러스 (emaravirus)	잎에 있는 진드기가 매개한다. 걸린 부분에 반점이 생긴다. 하와이에서 보인다.	감염된 나무는 없애야 한다. 균류 질병에 감염된 경우처럼 치료할 수가 없다.
박테리아	박테리얼 블라이트 (bacterial blight) Pseudomonas syringae	노란 반점이 잎에 나타나며 잎은 말라가지만 떨어지지는 않는다. 쉽게 퍼지며 확산 속도가 빠르다.	구리 기반 약제를 몇 차례 살포한다.

유형	병해충 이름	증상과 피해	구제와 치료
벌레 벌레는 다음 두 가지 유형으로 나뉜다. **기생충**은 예를 들어 열매를 먹거나 알을 까는 등으로 해를 입히며, **매개 해충**은 해는 없으나 균류, 바이러스, 박테리아를 옮기고 퍼뜨린다.	**커피베리보러**(coffee berry borer, CBB) *Hypothenemus hampei*, 중남미에서는 브로까 델 까페(broca del café), 브로까(broca)라고 부른다	로부스타 종 및 저지대와 중지대 아라비카를 공격한다. 벌레 크기는 2mm에 검은색이며 붉은 열매에 구멍을 뚫고 들어가 자리잡는다. 수확기 사이에 생존한다. 모든 대륙에서 가장 큰 피해를 입히는 해충이다.	떨어진 열매는 제거한다. 벌레가 씨앗에 도달하기 전에 약제를 살포하면 효과가 있다. 엔도설판(endosulfan) 살포는 대개 금지되어 있다.
	블랙 트윅 보러(black twig borer) *Xylosandrus compactus*, 쇼트 홀 보러(short-hole borer)라고도 한다.	가지 끄트머리 잎이 노랗게 된 뒤 시든다. 벌레 크기는 2mm에 검은색이다. 줄기와 몸통 속을 갉아 먹는다.	작고 어린 나무에는 살충제가 경제적이다. 염소를 함유한 제품을 적용할 수 있으며 어느 정도 효과가 있다. 벌레가 있는 가지와 줄기는 잘라서 제거한다.
	커피 빈 위빌(coffee bean weevil) *Araecerus fasciculatus*, 중남미에서는 고르고호 델 까페(Gorgojo del café)라고 부른다.	벌레(2-4mm)가 파치먼트 속 커피 등 저장 식품에 알을 낳는다. 애벌레는 커피콩 속으로 파고들어 번데기가 된다. 아시아, 중남미에 흔하다.	메틸 브로마이드(methyl bromide)로 구제할 수 있다. 에틸렌 디브로마이드(ethylene dibromide)와 혼합해서 사용할 수 있다. 방사선 조사(irradiation) 또한 사용한다.
	커피 밀리버그 (coffee mealybug) *Planococcus lilacinus*	암컷 성충이 잎과 나무의 수액을 빨아 먹는다. 때로는 뿌리에서도 빨아 먹는다. 잎이 노랗게 변하고 시들어 떨어진다.	뿌리도 먹을 수 있어서 약제에 잘 견딘다. 가지치기한 자재는 말벌, 쐐기벌레, 무당벌레 같은 유익한 기생생물을 끌어들인다.
	커피 스템 보러 (coffee stem borer) *Xylotrechus quardripes*	애벌레에서 곤충이 되는 벌레로서 본줄기에 작은 구멍을 뚫는다. 나무가 말라서 죽을 수 있다. 아라비카 대부분이 취약하다. 특히 인도와 아시아 기타 지역에 널리 퍼져 있다.	그늘나무가 가장 잘 보호해 준다. 일일이 골라내어 죽인다. 약제를 살포하면 피해를 줄일 수 있다. 벌레가 있는 싹과 뿌리는 태운다.

자료: 여러 자료를 취합

주의: 네마토드(선충)는 그 자체로 다른 부류를 이룬다. 이들은 주로 아라비카의 뿌리를 공격하는 작은 땅속 벌레이다. 로부스타 대목에 접목하는 것이 피해를 막는 한 가지 방법이다.

● 콜롬비아의 인상적인 커피 새로 심기 프로그램

콜롬비아에서는 2008년 녹병이 창궐한 뒤 전국적으로 기존의 품종을 뽑아내고 신품종을 심는 프로그램을 개시했다. 적용 대상 재배자는 40만 명이 넘었다. 이후 7년이 넘는 기간 동안 콜롬비아 커피 재배자 협회(Colombian Coffee Growers Federation, FNC)에서 갈아 심은 커피나무의 수는 30억(3억이 아니다.) 그루에 달했다. 기존 품종이었던 까뚜라(Caturra) 대신 병해충 내성이 더 높은 까스띠요(Castillo)를 심었다. 그 사이 몇 년간 생산량은 평년의 2/3로 떨어졌다. 그 전까지 콜롬비아는 생산량 순에서 브라질과 베트남 다음의 3위였지만 당시 몇 년 동안은 인도네시아에 이은 4위였다.

연간 800만 포대까지 떨어졌던 생산량은, 이후 1400만 포대로 회복되었고, 콜롬비아는 수세 마일드 아라비카 커피의 최대 생산국으로 돌아왔다.

일부에서는 평판이 좋은 까뚜라 대신 까스띠요종을 심으면서 커피 품질에 대해 우려를 나타내었다. 이에 관해서 독립 패널들이 참여하는 테스트가 여러 번 진행되었지만 전체적으로는 품질이 유사한 것으

● 표 2.18 포도나무와 포도에 일반적인 병해충

유형	병해충 이름	증상과 피해	구제와 치료
균류	파우더리 밀듀(powdery mildew) Oidium, Uncinula necator	잎 양면에 갈색 또는 노란색 반점이 나타난 뒤 전체 잎이 죽는다. 먼지 같은 포자가 줄기와 싹으로 퍼져나가며, 포도가 익지 못한다. 포자는 바람을 타고 퍼져나간다. 1800년대 중반 이래 여러 나라에서 창궐했다.	과거에는 황을 함유한 약제를 썼다. 현재 신종 약제가 도입되고 있다.
	다우니 밀듀(downy mildew) Peronospora, Plasmopara viticola	잎 아래에 포자가 나타나고 위쪽에는 작은 반점만 보인다. 포도가 갈색으로 변하며 썩는다. 바닥에서 샘솟는 물이 포자를 퍼뜨릴 수 있다. 여러 나라에서 수 세기 동안 창궐했다.	보르도액(Bordeaux mixture, 황산구리+석회), 유기농 포도 농장에서도 적당량을 쓴다.
	보트리티스 번치 랏(Botrytis bunch rot), 포도곰팡이(grape mould) Botrytis cinerea	포도 자체 또는 포도알 사이에 발생한다. 대개는 날씨가 변덕일 때 (젖었다 말랐다 젖었다 하면서) 발생한다. 발효 작업 중 이스트에도 나쁜 영향을 준다. 드물게는 노블 랏(noble rot, pourriture noble)이란 유익한 곰팡이가 있는데, 이것은 다 익은 포도에 좋은 영향을 준다. 수분이 증발하면서 당 농도가 높아지기 때문이다.	몇 가지 살균제를 쓸 수 있다. 일부 전문가는 이들 제품을 돌려 가며 쓰도록 권한다. 포도송이를 따내면 도움이 되지만 일손이 많이 필요하다. 불행히도, 내성균 개체군이 늘어가는 추세이다.
	그레이프바인 트렁크 디지즈 (grapevine trunk disease) 아래와 같은 몇 가지 변종이 있다 – esca – eutypa dieback – botryosphaeria – black dead arm – petri disease – black measles – black foot	갓 가지치기한 부분을 통해 퍼지며 몸통이 심하게 썩는다. 생산량이 절반 이하로 떨어진다. 메를로, 샤르도네, 피노 누아가 내성이 가장 높으며 까베르네 소비뇽이 가장 취약한 품종에 속한다. 전 세계 포도 농장의 20% 정도는 이 병에 걸려 있다. 유럽은 이 병에 의한 피해가 특히 심각하며, 주로 프랑스의 esca 병이 그러하다. 북미나 호주 등 다른 지역에도 이 병이 퍼져 있다.	아비산(sodium arsenite)을 병변에 써 왔지만 1990년대 후반부터는 사용이 금지되었다. 일반적으로 나무를 갈아야 하며 높은 위생 기준이 중요하다. 가지치기한 상처에 포자가 붙지 않도록 관리해야 한다.
	오크라톡신 A(ochratoxin A, OTA) 2ppb = 10억분의 2	건강에 큰 해를 입힐 수 있는 곰팡이 독소이다. 해당 곰팡이는 커피콩이나 곡물 등 다른 식품에도 널리 퍼져 있다. 유럽 연합에서는 식품의 마이코톡신(mycotoxin) 독소에 대한 규정을 두고 있다. 포도는 OTA 10ppb, 와인에는 2 ppb이 최대 허용치이다.	일반적으로 농장 또는 보관 중 곰팡이가 퍼지면서 발생한다. 높은 수준의 위생 관리가 중요하다.
바이러스	그레이프바인 리프롤 디지즈 (grapevine leafroll disease)	감염된 나무에서 생산된 포도송이는 작고 당 함량도 적다. 몇 가지 바이러스 종이 있다. 포도나무를 심는 데 사용되는 기자재를 통해 퍼질 수 있고, 깍지벌레 등이 당을 배설하고 여기에 개미가 꼬이면서 더 퍼질 수 있다. 미국, 남아프리카, 호주, 유럽 등 여러 나라에 퍼져 있으며, 프랑스의 부르고뉴에서는 피노 누아 품종이 이 병에 노출되어 있다.	살균제를 쓰기는 하지만 바이러스는 제거하기 어렵다.
	그레이프바인 레드리프 디지즈 (grapevine redleaf disease) 레드 블로치(red blotch)	레드 리프롤과 유사한 증상을 보인다. 생산량이 20–30%정도 줄어든다. 이 바이러스는 포도가 완전히 익지는 못하게 해서 당 함량이 낮고 산도가 높은 포도가 생산된다. 접붙이기로 퍼지지만 리프호퍼나 파리 등의 매개체를 타고 확산될 수 있다. 캘리포니아를 비롯해 미국의 포도 재배 주들은 2010년 이래 이 병에 노출되어 있다. 유럽 및 기타 지역은 대부분은 극복했다.	다른 바이러스에 대해서도 그렇듯이, 효과적인 치료법은 없다. 가지치기를 바짝 하는 것이 권장된다. 나무를 새로 심어야 할 수도 있다.
	팬리프 바이러스(fanleaf virus)	포도나무에 대한 매개체는 검선충(dagger nematode)이다. 검선충은 작은 벌레로서 뿌리를 공격하며 잎과 싹이 일그러지게 하고 잎을 노랗게 만들며 열매 맺음과 결실에 악영향을 끼친다. 유럽에서는 1800년대 중반부터 발병 기록이 있으며 현재 유럽 내외 여러 와인 생산 국가에서 보고되고 있다.	땅을 5년 이상 묵혀야 한다. 흙은 훈증 처리한다. 일부 재배자들은 벌레를 퇴치하기 위해 소 퇴비를 사용한다.

유형	병해충 이름	증상과 피해	구제와 치료
박테리아	피어스 디지즈(Pierce's disease, PD) *Xylella fastidiosa*	PD 병은 리프호퍼, 스피틀버그(spittlebug), 샤프슈터 등 그 자체도 포도나무를 먹는 해충 매개체를 타고 급속히 확산된다. 물을 수송하는 목질부 조직을 방해해 나무가 물 부족 상태에 이르게 한다. 미국 서부는 2000년대에 PD로 인해 큰 피해를 입었으며 지금도 주기적으로 PD가 발병한다. 호주 또한 피해가 심하다.	황산구리가 어느 정도 효과가 있지만 상당수 나무를 새로 심어야 한다. 육종 실험이 진행 중이다.
	플라베상스 도레(flavescence dorée, 포도황화병) 그레이프바인 옐로우즈 (grapevine yellows)	리프호퍼 및 여러 벌레가 병을 퍼뜨린다. 벌레가 잎(공격받은 잎은 황금색으로 변한 뒤 떨어진다.)과 포도를 공격한다. 가장 취약한 품종으로는 샤르도네, 리슬링, 피노 그리, 피노 누아, 그르나슈가 있다. 프랑스는 1950년도부터 발병했으며 이탈리아와 유럽 여러 지역, 캐나다와 미국에 변종이 퍼졌다.	확실한 치료법은 없다. 프랑스 일부 지역에서는 약제 살포가 의무적이다. 유기농 포도 재배 지역도 마찬가지이다. 감염된 나무를 뿌리째 뽑아야 하는 경우가 많다.
벌레 벌레는 다음 두 가지 유형으로 나뉜다. **기생충**은 예를 들어 열매를 먹거나 알을 까는 등으로 해를 입히며, **매개 해충**은 해는 없으나 균류, 바이러스, 박테리아를 옮기고 퍼뜨린다	필록세라(Phylloxera) *Phylloxera vastatrix*	뿌리의 수액을 빨아 먹는 이(louse)류의 벌레로서 작은 포도나무를 죽일 수도 있다. 미국 동부 지역에 자생하던 벌레로서 이 지역의 포도나무는 뿌리가 단단하고 내성이 있다.	해법은 유럽 포도 품종에 미국산 포도 대목을 접붙이는 것이다.
	드로소필라 스즈키(Drosophila suzukii) 아시안 프루트 플라이(Asian fruit fly)라고도 부른다.	이 파리는 주로 익은 포도의 건강한 껍질을 뚫고 들어가 알을 낳으며, 애벌레는 포도를 먹고 자란다. 대개 적포도에서 나타나며, 다른 과일 또한 공격 대상이다. 유럽과 캘리포니아에서 2008년 이래 발견되었으며 현재는 더 넓게 퍼졌다. 2014년 유럽 재배 농가들이 큰 피해를 입었다.	현장에서 포도를 분류해야 하는데 작업이 힘들고 비용도 많이 든다. 현재는 효과적인 요법이 없다.
	아시아 무당벌레(Asian ladybird, lady beetle, lady bug) *Harmonia axyridis*	색이 다채로운 벌레로서 잎 아랫면에 알을 낳는다. 애벌레는 상한 포도를 먹는다. 벌레 먹은 포도가 와인에 들어가면 맛이 나빠지거나 아예 와인을 망칠 수도 있다. 기원은 아시아이며 현재는 북미와 남미, 유럽, 기타 지역에 퍼져 있다.	포도송이를 흔들거나 접착테이프를 사용해 제거한다. 살충제를 쓸 수도 있다.
	리프호퍼(leafhopper) *Scaphoideus titanus*	잎 조직, 비어 있는 잎 세포, 기타 해를 입을 수 있는 곳에 알을 낳는 벌레로서 여러 가지 종류가 있다. 여러 나라에서 오랫 동안 해를 끼쳐 온 벌레로서 그 자체도 해로우며 매개 해충이기도 하다.	피해가 심할 경우 화학 구제한다.
	유러피안 그레이프바인 모스 (European grapevine moth) *Labesia botrana*	길이는 6–9mm이며 날개를 폈을 때 너비는 10 – 14mm이다. 애벌레는 꽃봉오리, 포도, 열매를 먹고 자란다. 남부 이탈리아가 기원으로 유럽과 북아프리카로 퍼졌다. 캘리포니아(2009)와 칠레에서도 발견된 사례가 있다.	각 성장기(알, 애벌레, 나방) 별로, 시즌 별로 알맞게 살충제를 살포한다.
	샤프슈터(sharpshooter) 일부 유형이 있다: blue – green, glassy – winged, red – headed, green	포도나무를 먹긴 하지만 직접적인 피해는 없다. 하지만 벌레 먹은 곳으로 박테리아가 들어가거나 피어스 디지즈 또는 수분 스트레스가 일어날 수 있다 샤프슈터와 피어스 디지즈의 관계는 1970년대에 들어서야 관련성이 확인되었다.	화학 구제를 할 수 있지만 품종에 따라 효과가 크게 다르다.
	깍지벌레(mealybug) 여기에 해당하는 일부 종이 가장 심각하다.	포도를 먹으며, 분비물에서부터 그을음곰팡이가 자라면서 작황 손실 및 포도의 가치 하락을 야기한다. 지중해 국가, 아르헨티나, 남아프리카, 중동, 캘리포니아에서 흔하다.	화학 구제가 필요하지만 사용 규제가 있다.
	나비(butterfly) *Antispila oinophylla*	잎에 알을 낳는다. 애벌레는 3주 만에 포도나무를 망칠 수 있다. 일부 나비 종은 해가 없으며 포도밭에서 환영한다.	살충제를 쓸 수 있다.

자료: 여러 자료에서 취합

주의: 네마토드(선충)는 그 자체로 다른 부류를 이룬다. 이들은 작은 땅속 벌레로서 뿌리를 공격하는 동시에 팬리프 러스트 및 일부 질병을 매개한다.

로 나타났다. 또한 세계 최고의 커피 대회로 볼 수 있는 컵 오브 엑설런스 대회에서 까스띠요종 커피가 높은 점수를 받으며 두각을 드러냈다는 점 또한 위안거리가 될 것이다.

● 필록세라: 와인 산업 최악의 병충해

필록세라 바스타트릭스(*Phylloxera vastatrix*, 일명 파괴자 (the destroyer))는 뿌리의 수액을 빨아먹으며 크기가 작지만 포도나무를 죽일 수 있는 이(louse)류의 벌레이다. 미국 동부 지역에 자생하는 것으로 1860년대, 미국의 포도나무가 프랑스 남부로 수출될 때 유럽에 상륙했다.

필록세라로 인한 피해는 유럽 대부분 지역으로 퍼졌으며, 원인 생물—작은 벌레 —의 기원을 알아내는 데에만 몇 년이 걸렸다. 해법은 감염된 나무를 뿌리째 뽑아 소각하고 처음부터 다시 시작하는 것이었다. 다시 시작할 때는 교배종으로, 그리고 필록세라에 내성이 있는 미국산 나무의 뿌리에 유럽산 포도나무의 건강한 싹을 접붙이는 방식을 사용했다. 해충이 미국에서 온 것이니만큼 구원도 미국에서 찾은 것이다.

원인이 벌레라는 것을 가장 먼저 밝혀낸 것은 프랑스인인 쥴스 에밀 플랑숑(Jules-Émile Planchon)과 영국계 미국인인 찰스 발렌타인 라일리(Charles Valentine Riley)로 알려져 있다. 프랑스인 가스통 바지유(Gaston Bazille)는 1869년 프랑스 의회에서 대목을 미국산 대목으로 바꿀 것을 제안했다고 한다. 실제 교배종 접목을 도입한 사람은 스위스계 미국인인 헤르만 예거 (Hermann Jaeger)와 미국인인 T.V. 먼슨(T. V. Munson)이다.

접목과 나무 새로 심기는 모두 작업량이 방대하다. 프랑스에서는 1920년경에서야 완료되었고 유럽 기타 지역은 훨씬 더 뒤에야 작업이 끝났다.

1870년에서 1920년 사이, 프랑스의 포도 재배 면적은 250만 헥타르에서 150만 헥타르로 격감했다. 주목할 만한 것은, 이렇게 면적이 크게 줄어들었음에도 50년에 걸쳐 새로 심기 작업이 끝난 뒤 와인 생산량은 5천만 헥토리터로서 예전 수준을 회복했다는 사실이다. 현재—100년 뒤—포도 재배 면적은 80만

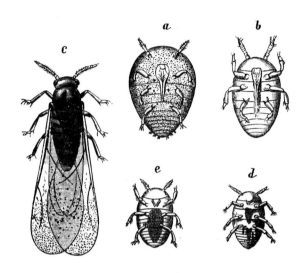

헥타르로 절반 가까이 줄어들었지만 와인 생산량은 여전히 5천만 헥토리터에 가깝다. 즉, 프랑스의 와인 생산성(hL/ha)은 150년 사이 3배 높아졌다.

이외에 광범위한 접목 프로그램용으로 사용될 해를 입지 않은 포도나무가 들어왔는데, 공급처는 칠레, 아르헨티나, 남아프리카, 호주로서, 이 나라들의 와인 산업은 유럽 이민자들이 들고 온 포도나무가 바탕이 되었다. 일부 지역에서는 지금까지도 자체 뿌리를 가진 포도들이 재배된다. 포르투갈, 칠레, 호주 남부, 뉴질랜드, 미국 오리건 주, 스페인의 까나리 제도, 독일 모젤 강변 지역 등이 그런 지역이다.

캘리포니아에도 필록세라가 전파되었지만 1900년대 품종 전환이 완료되면서 손실은 크게 줄었다. 그러다 다시 해충이 창궐하면서 1980년대와 1990년대에 큰돈을 들여 다시 나무를 바꾸어 심었다. 몇 년이 지나서야, 과거 사용되던 교배종 대목인 AXR1은 필록세라에 대한 내성이 충분하지 않다는 것이 밝혀졌다. 이 때문에 많은 재배자들은 다시 새로운 대목을 선택하고 비용과 시간을 들여 접목 작업을 해야 했다.

◉ 표 2.19 24개 국가의 커피 수확 스케줄

국가	1월	2월	3월	4월	5월	6월	7월	8월	9월	10월	11월	12월
볼리비아						●	●	●	●	●	●	
브라질					●	●	●	●	●	●		
부룬디			●	●	●	●	●	●				
중국	●	●	●							●	●	●
콜롬비아	●	●	●	●					●	●	●	●
코스타리카	●	●	●							●	●	●
엘살바도르	●	●	●							●	●	●
에티오피아	●	●									●	●
과테말라	●	●	●	●						●	●	●
하와이	●	●	●							●	●	●
온두라스	●	●	●	●						●	●	●
인도	●	●									●	●
인도네시아	●	●	●	●	●	●	●	●	●	●	●	●
자메이카	●	●	●								●	●
케냐	●	●	●	●	●	●	●			●	●	●
멕시코	●	●	●								●	●
니카라과	●	●	●								●	●
파나마	●	●	●								●	●
페루					●	●	●	●	●	●	●	
파푸아 뉴기니				●	●	●	●	●	●	●		
르완다				●	●	●	●	●	●	●		
탄자니아	●	●	●	●	●	●	●	●	●	●	●	●
우간다	●	●								●	●	●
베트남	●	●									●	●

자료: 생산자, 수출업체, 로스터로부터 자료 수집

주의: 일부 적도 인근의 면적이 넓은 국가들은 거의 연중 내내 수확한다. 이러한 나라로서 콜롬비아, 인도네시아, 케냐, 탄자니아가 있다.

2.5 수확

● 커피 수확 스케줄

대다수 국가에서 커피 수확은 4-6개월 정도 걸리며, 이는 강우 기간과 강우 강도, 건기 길이, 고도와 품종에 따라 다르다.(불과 몇 주일 만에 전체 물량을 수확해야 하는 와인용 포도에 비하면 훨씬 길다.)

커피농장에서 가장 좋은 수확분은 열매가 균일하게 익는 시기인 중기 수확분이다. 그렇지만, 수 차례의 수확 내내 익은 열매만 골라 따기란 쉬운 일이 아니다. 그렇다 보니 수확분 중 덜 익은 열매가 5-10%를 차지한다. 다행히 덜 익은 가벼운 열매와 다 익어서 묵직한 열매를 기계적으로 구별할 수 있다.

관개를 하면 열매 결실에 영향을 미칠 수 있다. 수 개월 정도 관개를 멈추는 수분 스트레스를 이용해 개화를 집중시킬 수 있다.

적도 인근 지역, 예를 들어 콜롬비아, 케냐, 우간다에서는 건기와 우기가 빈번하게 바뀌기에 커피나무가 시기를 제대로 알지 못하고, 이로 인해 연중 2번 수확하는 경우가 흔하다. 두 번째 소규모로 진행되는 수확을 플라이 크랍(fly crop)이라고 한다. 주 수확(mail crop)이 플라이 크랍에 비해 품질이 나은 편이다.

수확 뒤 시장에서 판매 가능한 상태가 되기까지는 3개월 정도가 걸린다. 첫 처리에서부터 다양한 단계를 거쳐야 하는 데다 파치먼트 상태에서 '레스팅(resting)'하는 것이 권장사항이기 때문이다. 레스팅은 통상 30-50일이 걸린다. 표 3.2에서는 이를 반영하고 있다.

● 커피 수확 – 인력 또는 기계 사용

커피는 네 가지 방식으로 수확한다:

- **익은 열매만 선별하는 핸드픽(selective hand picking)**: 최대 10회에 걸쳐 수확 작업을 진행한다. 숙련된 인부는 하루 80-120kg을 딴다. 생두로 15-20kg가 되는 양이다. 커피 품종에 따라서, 국가별로 생산성은 차이가 난다.

- **수작업 스트리핑(manual stripping)**: 전체 가지를 한 번에 훑어내는 방식이다. 익은 열매와 덜 익은 열매가 함께 수확된다. 유연한 빗 모양의 기구로 스트리핑을 진행하는 경우도 있다. 작업 속도는 핸드픽에 비해 3-5배 빠르며 2-3회 정도로 수확이 끝난다.

- **휴대용 수확기기**: 크기나 기능이 다양하다. 일부 기기에는 기다란 막대에 진동 기기가 달려 있다. 선별 수확에 비해서 한 번에 10배 정도 많은 열매를 수확할 수 있다.

- **견인형 또는 자주식 대형 수확기기**: 열매에 진동을 가하거나 흔들거나 쓸어내리거나 헐겁게 만들어 수확한다. 일부 기기는 체리를 청소하는 기기도 장착하고 있다. 대형 수확기기는 숙련된 인부 150명 분의 일을 할 수 있으며 하루 24시간 작동할 수도 있다.

전 세계 커피 중 10% 정도(주로 브라질)는 기계 수확(대형 기기와 휴대용 수확 기기 포함)한다. 브라질에서 생산되는 커피의 1/4은 기계로 수확한다. 기계 수확을 가장 많이 하는 곳은 바이아(Bahia) 주 서부와 미나스 제라이스 주의 세하두(Cerrado) 지역이다.

기계 수확을 하기 위해서는 땅이 고르고 평평해야 한다. 나무 식부 간격이 알맞다는 조건 하에서 대형 수확 기기는 헥타르당 최대 7천 그루 식부 밀도에서 작동할 수 있다. 이 정도 식부 밀도는 브라질의 일부 지역에서 볼 수 있는데, 커피나무가 일렬로 서 있는 줄 간 간격은 3미터, 줄 안에서 커피나무 사이 간격은 0.5미터이다.

한 문헌에 따르면 생두 60kg 포대를 채우는 데 인력 수확으로는 35-50달러 비용이 드는 데 비해 기계 수확으로는 7-10달러가 든다고 한다.

대형 수확 기기는 미국(하와이 주)과 호주에서도 사용된다. 이곳에는 1980년도에 기계가 도입되었다. 멕시코, 콜롬비아, 중미, 인도에서도 수확 기계 도입이 시도된 바 있다. 수확기 노동력 확보의 어려움 때문이었던 것으로 보인다.

최근 30년 사이 커피 수확 기계의 효율성이 높아

졌다. 오늘날 대형 수확기기는 인력 수확에 못지 않은 수준이 되었으며, 수확과 분류도 섬세하게 이루어진다. 열매나 나무 폐기물 발생이나 손상도 대폭 줄어들었다.

브라질의 일부 수확 작업은 가지치기와 함께 이루어진다. 이를 제로 사프라(Zero Safra) 또는 스켈레톤 프루닝(skeleton pruning)이라 하며, 2년마다 한 번씩 진행한다. 가지치기된 가지를 기계로 쓸어내 열매를 담는다. 이 복합 작업으로 노동 비용이 절감되며 생산성도 늘어났다. 브라질의 일반적인 아라비카 평균 생산량은 헥타르당 생두 기준 22포대, 1300kg 정도인 데 비해 위 지역은 40포대, 2400kg에 달하기도 한다.

커피 수확 기계와 수확 기기 제조업체로서 손꼽히는 곳으로는 Pinhalense, Jacto, TD1 , Oxbo/Korvan, CASE 1H, New Holland's Braud가 있다.

● 포도 수확 준비
북반구에서 포도나무와 포도의 연중 주기는 다음과 같다.

1. 3-4월: 싹이 튼다.(bud break, budburst) 여기서 새잎이 난다.
2. 싹이 트고 40-80일 사이 꽃이 핀다.
3. 통상 5월: 개화 직후 열매가 맺히기 시작한다.
4. 통상 7월 말-8월 초: 결실 초기 단계인 브레종(veraison) 단계
5. 9-10월. 포도가 익어 수확한다. 시기는 위도, 날씨, 포도 품종에 따라 다르다.
6. 광합성은 계속되며 나무 몸체와 뿌리에는 탄수화물 저장소가 만들어진다. 이후 잎이 노랗게 변하면서 떨어진다.

연중 가지치기 횟수는 통상 2회이다. 지역 전통, 원하는 와인 스타일, 동원 가능한 노동력에 따라서 가지치기 시기와 형태는 다르다.

포도 재배자는 잎사귀와 잉여 포도 열매를 얼마나 제거할지 결정을 내려야 한다. 이것을 크랍 시닝(crop thinning), 그린 드랍(green drop), 그린 하비스트(green harvest), 방당쥐 베르(vendange verte)라고 한다. 일종의 가지치기법으로서 아직 다 자라지 않은 포도송이를 잘라냄으로써 나머지 열매가 곰팡이 감염 없이 잘 자라게 하는 것이다. 일부 포도 재배자들, 예를 들어 이탈리아 바롤로(Barolo) 지역의 재배자들은 여러 번 그린 하비스트를 진행해 전체 포도 중 30%만 남겨 와인을 만든다. 포도나무당 열매 개수와 와인 품질의 관련성에 대해 많은 연구가 진행되어 왔지만 아직까지 그 연관성은 명확하지 않다.

보통 등급의 와인을 만드는 소규모 재배자들에게는 대형 샤또 또는 고가 와인 생산자에 비해 날씨의 중요성이 더 높다. 고가 와인을 생산한다는 것은 날씨의 변화에 상관없이 일정한 품질의 포도와 포도나무를 기를 수 있는 노동력 및 관리 비용을 감당할 수 있다는 의미이다. 이런 와이너리들은 와인을 양조 후 최종 분류 단계에서 여러 가지 '등급'으로 와인을 판매할 수 있다.

2014년의 상황을 예로 들면, 보르도의 샤또 마고(Château Margaux)에서는 1급 와인 생산에 36%, 파비옹(Pavillon) 와인에 24%, 3급과 4급 와인에 40%를 사용했다.

● 포도 결실 정도: 여러 가지 의미
포도의 결실 정도는 당과 산 성분의 함량을 측정해 확인한다. 이 작업은 쉽다. 그러나 최적 수확 시기를 결정하려면 페놀 성분에 근거한 결실 정도, 즉 포도의 생리적 성숙도를 알아야 한다. 이 페놀 기반 결실은 당 기반 결실 뒤에 일어나기 때문이다.

페놀 성분의 결실 정도는 포도의 맛, 색상, 씨앗의 단단함으로 확인한다. 이런 측정은 숙련된 포도 재배자만이 할 수 있다. 포도가 익으면 녹색의 부드러웠던 씨앗이 단단해지고 갈색으로 바뀐다. 이를 목질화(lignification)라 하는데, 이 과정과 함께 쓴맛이 줄어든다. 백포도는 대개 적포도보다 빨리 익고 보다 먼저 수확 준비를 마친다.

포도에 당분이 많으니 수확해야겠다 할 수도 있겠지만, 그 상황에도 포도는 아직 덜 익었을 수 있으며, 가지에 매달려 있는 시간(hang time)이 더 필요할 수

있다. 수확하기 직전, 추가된 며칠 동안이 페놀 성분, 즉 색소, 탄닌, 향미 성분의 발현에 무척 중요하다. 그러나, 이 시간 동안 나쁜 날씨가 몰아닥칠 수도 있고, 곰팡이가 퍼질 수도 있으며 포도의 단맛에 이끌린 동물들이 찾아올 수도 있다.

포도, 체리, 레몬, 오렌지, 딸기는 후숙하는 과일이 아니다(non-climateric fruit). 식물에 달려 있는 상태에서만 익기 때문에 완전히 익기 전에는 딸 수 없다. 사과나 아보카도, 바나나, 키위, 망고, 파파야, 복숭아, 배, 자두는 소위 전환성 과일(climateric fruit)로서 덜 익은 상태에서 따서 후숙할 수 있다.

● 포도의 노블 랏(noble rot)

재배자가 겪을 수 있는 잠재적인 문제 중 포도에 곰팡이가 생기면서 썩는(rot) 현상이 있다. 특히 당 함량이 높이기 위해, 포도를 완전히 익혀 수확을 할 때 발생할 위험이 크다. 그러나 곰팡이가 모두 해로운 것은 아니다. 학명으로 보르티스 시네레아(*Botrytis cinerea*) 또는 푸리튀르 노블르(*pourriture noble*), 간단히 노블 랏(noble rot)이라 불리는 균류는 수분을 좋아하는 종이라서 포도에서 수분을 빼내고 당과 산 성분은 남긴다. 이는 좋은 와인을 만드는 데 도움이 된다.

백포도 품종인 세미용(Sémillon)과 소비뇽 블랑(Sauvignon Blanc)은 이 균류에 가장 일반적으로 노출되는 품종이다. 보르도 소테른(Sauternes)에 있는 샤또 디켐(Château d'Yquem)은 아마도 이 보트리티스 균의 영향을 받은(botrytized) 스위트 와인(sweet wine) 와이너리로는 가장 유명할 것이다.

이러한 종류의 스위트 와인은 프랑스의 바흐삭(Barsac), 독일의 모젤, 헝가리의 토카이, 오스트리아의 부르겐란트(Burgenland), 호주의 뉴 사우스 웨일즈(New South Wales)에서도 생산하고 있다.

● 포도의 당 함량: 측정법과 측정 도구

포도 머스트의 당 함량은 수확 시기를 알려주는 가장 중요한 지표이다. 다른 지표로는 산 성분 함량, 페놀 성분 함량, 씨앗의 단단함, 씨앗의 색상이 있다.

당 함량은 다음 방법으로 측정할 수 있다.

- 비중, 비중은 질량을 부피로 나눈 값으로, 비중계(hydrometer, 하이드로미터, aerometer, 에어로미터, densitiy meter, 덴서티 미터)를 사용해 측정한다.
- 굴절률(refractive index), 굴절률은 광선이 공기에서 당 용액으로 이동할 때 본래의 궤도에서 벗어나는 정도를 말한다. 굴절은 광학 굴절계(optical refractometer, 옵티컬 리프렉타미터) 또는 전자 굴절계(electrical refractometer, 일렉트리컬 리프렉타미터)로 측정한다.

광학 굴절계는 포도밭에서 쉽게 쓸 수 있다. 호주머니에 들어갈 정도로 작고, 포도알 하나면 머스트의 당 함량은 물론, 가능한 알코올 함량까지도 즉시 알아낼 수 있다.

다만 간과되는 부분이 하나 있는데, 이런 기기는 포도 머스트에서 실제 당 함량만을 측정하는 것은 아니다. 당이 포함된 속성, 말하자면 수용성 고형분 총량을 재는 것이고, 여기서 당은 90-95%를 차지한다.

이렇게 알아낸 포도의 당 함량은 몇 가지 계산에 쓰인다. 주요한 것은 다음과 같다.

- 최종 생산된 와인에서의 예상 알코올 함량 계산, 이는 최적 수확 시기를 알려주는 좋은 지표이다.
- 와인의 등급, 예를 들어 독일과 오스트리아에서는 최종 생산된 와인에서의 당 함량비 또는 알코올 함량비보다는 포도의 당 함량으로 등급을 분류한다.
- 포도 공급자에게 지불할 금액 계산

표 2.20에 포도의 당 함량 측정에 사용되는 주요 네 가지 단위의 기원과 실제 사용을 볼 수 있다.

● 와인의 알코올 함량 예측

포도 머스트의 상대 비중 및 당 함량은 와인의 알코올 함량을 계산하는 데 쓰인다. 계산된 수치는 언제나 추정치일 뿐이다. 측정법도 다양하고 측정값을 해석하는 공식도 여러 가지가 있기 때문에 가장 일반적으로 사용되는 단위값을 정확히 이어주는 변환표는

● 표 2.20 포도의 당도 측정에 사용하는 네 가지 단위－기원과 사용하는 국가

단위	브릭스(Brix)	보메(Baumé)	억슬러(Oechsle)	KMW
원명, 약어	브릭스(Brix), 디그리 즈 브릭스(degrees Brix) °Bx	보메(Baumé), 디그리즈 보메(degrees Baumé) Bé, B°, Bé°	억슬러(Oechsle), 디그리즈 억슬러(degrees Oechsle) °Oe	클로스테르노이부르거 모스트바거(Klosterneuburger Mostwaage) °KMW, KMW, Kl°, Babo
발명자, 발명 시기	아돌프 F. W. 브릭스(Adolf F. W. Brix) 독일, 1850–1870	앙트왕 보메(Antoine Baumé) 프랑스 1768	페르디난트 억슬러(Ferdinand Oechsle), 독일, 1836	아우구스트 빌헬름 폰 바보 남작(Baron August Wilhelm von Babo) 오스트리아 클로스테르노이부르크 (Klosterneuburg), 1861
측정 기구	굴절계, 비중계	비중계(보정 방식에 따라 몇 가지 유형이 있다.)	굴절계, 비중계	굴절계, 비중계
측정 대상 포도 머스트 속 수용성 고형분이 모두 당인 것은 아니다!	포도 머스트의 밀도 최종 와인의 알코올 전환식은 0.57×측정값 °Bx이다. 포도 품종, 이스트 균주에 따라서 계수는 0.53에서 0.61까지 다양하다. 그러므로 아래 예시처럼 결과값도 다르다. 0.53×23.S = 12.5% 0.55×23.5 = 12.9% 0.57×23.5 = 13.4% 0.59×23.5 = 13.8% 0.61×23.5 = 14.3%	포도 머스트의 밀도 보메에서는 두 가지 단위를 쓴다. 하나는 물보다 무거운 액체(포도 머스트 등)용이고 다른 하나는 물보다 가벼운 액체(와인)용이다. 물, 물보다 무거운 액체에서 0Bé°는 밀도 1.0000이다.(물의 밀도가 가장 크고 무거운. 섭씨 4도에서의 물의 밀도이다.) 대략 1 보메 = 1.8 브릭스이다.	포도 머스트의 밀도 5 °Oe는 대략 머스트/와인 속 당 함량 1%(무게비)에 해당한다. 최종 와인의 알코올 전환식은 0.14×측정값 °Oe이다. 독일 와인은 머스트상태에서 측정한 억슬러 값에 따라 분류한다. 와인 상태에서 측정한 것이 아니다.	포도 머스트의 밀도 1 °KMW는 대략 머스트/와인 속 당 함량 1%(무게비)에 해당한다. 오스트리아 와인은 °KMW 값에 따라 분류한다.
수확시 수치	캘리포니아는 대개 23－24 °Bx 이다. 알코올 함량이 높은 와인의 경우 25 °Bx 이상의 포도를 쓴다. 스파클링 와인은 대략 19 °Bx 정도인 포도를 쓰는 경우가 많다.	피노 누아는 최저 10 Bé°, 까베르네 소비뇽과 메를로는 최저 13.5 Bé°	독일: 타펠바인(tafelwein, 테이블 와인): 최저 44 °Oe 아우슬레저(Auslese): 최저 83 °Oe. 트로켄베렌－아우슬레저 (Trockenbeeren–auslese): 최저 150 °Oe 품종과 지역에 따라 수치는 다르다.	오스트리아 : 슈패틀레저(Spätlese): 19 °KMW(완전히 익은 포도) 아우슬레저(Auslese): 21 °KMW 아이스바인(Eiswein, 아이스와인): 25 °KMW(스위트 와인)
사용하는 나라	프랑스, 이탈리아, 캐나다. 미국, 호주, 뉴질랜드, 인도	프랑스, 이탈리아, 스페인, 포르투갈, 호주 일부 지역 미국의 맥주 산업도 이 단위를 쓴다.	독일, 스위스, 룩셈부르크, 오스트리아, 영국	오스트리아, 헝가리, 이탈리아 일부 지역, 슬로베니아, 크로아티아, 체코 공화국, 슬로바키아와 인근 국가

주의
• 밀도는 물질의 다져진 정도를 측정하는 것으로 부피당 무게로 나타낸다. 상대 밀도는 특정 물질의 밀도를 참조 물질의 밀도에 대한 비율로 나타내는 것으로, 일반적으로 참조 물질로는 물을 사용한다. 포도 머스트의 밀도는 물의 밀도보다 큰데, 이는 당이 물보다 무겁기 때문이다. 와인의 밀도는 물의 밀도보다 낮은데, 이는 알코올이 물보다 가볍기 때문이다.
• 1843년 독일의 칼 발링(Karl Balling)은 발링(Balling)이라는 단위를 만들었다. 이 단위는 일종의 브릭스 단위로서, 남아프리카 및 맥주 산업에서 쓰였다. 발링 수치를 1.733으로 나누면 알코올 함량이 나온다. 예시: 발링 20 → 알코올 11.5%
• 프랑스의 와인 제조업체에서는 보메 단위를 쓰지만, 예상 알코올 함량 수치를 언급하는 경우가 많다. 수확과 발효 직전의 경우에도, 포도 생산자는 '이 포도는 알코올 10.5%이다.'라고 말하는 경우가 있다.
• 이 외에도 여러 단위가 사용된다. 예를 들어, 세관이나 맥주 업계에서는 다른 단위를 쓰는 경우가 있다. 이런 유형으로는 영국의 트위들(Twaddel), 프랑스의 게이 뤼삭(Gay-Lussac), 미국과 독일에서 쓰는 트랄레스(Tralles), 유럽의 플라토(Plato)가 있다.

없다. 각 수치가 동일하지 않은 이유 중 몇 가지는 다음과 같다.

- **용액 속 당 이외의 성분 함량은 다를 수 있다.** 당 이외의 성분이 있으면 상대 밀도는 높아지지만 발효 중 알코올로 전환되는 성분은 그만큼 많아지지는 않는다. 일반적으로 당은 수용성 고형분 총량의 90% 이상을 차지한다.
- **적포도와 백포도는 다르다.** 와인에서 알코올 1%를 만들기 위해서는 머스트 1리터당 당이 17g 정도 있어야 한다. 레드 와인은 화이트 와인에 비해 당이 조금 더 많이 필요하다. 레드 와인이 발효 중 온도가 더 높은데, 알코올은 온도가 높으면 더 빨리 증발하기 때문이다.
- **잔존 당.** 포도 머스트 내 당 일부는 알코올로 전환되지 않는다. 얼마나 남느냐는 발효에 사용된 이스트 균주, 와인 제조업자가 어떤 방식으로 와인을 만들 것인지에 따라 달라진다.

와인 제조업자는 포도 속 당 함량에 기반해 표 2.21에서 인쇄된 단위 중 하나를 사용해 와인 속 알코올 함량을 예측한다.

● **포도의 인력 수확과 기계 수확**

기존 방식은 가위(정원용 가위, shear, secateur)나 굽은 칼을 사용해 송이를 따는 것이었다. 어떤 도구를 쓰느냐는 대개 지역 전통에 따라 결정된다. 보르도와 부르고뉴에서는 가위를 쓰지만 보졸레 지역은 칼이 일반적이다. 캘리포니아에서도 굽은 칼(cuchillo, 쿠치요)을 쓴다.

포도 수확 인부의 생산성은 경험, 급여 지급 방식(시간당, 무게당), 포도 품종, 포도나무당 생산성, 포도밭 속성(평지형, 사면형)에 따라 다르다. 일반적으로는 하루 400~900kg 정도이며, 일부 수확인은 1500kg 이상을 따기도 한다.

일부 국가의 경우, 인력으로 수확하는 와인용 포도의 상당수는 이민자 인부나 단기 체제 인부가 딴다. 예를 들어 캘리포니아는 멕시코인, 프랑스는 스페인인, 스위스는 포르투갈인이 다수를 수확한다.

일부 와인의 뒷 라벨에서 'Hand-picked'라는 표기되어 있다. 특히 가격이 높고 지속농업 인증을 받은 와인의 경우 그러하다. 이는 고품질 (때때로 그러하다.)을 강조하고 소비자가 와인에서 자연적이고 정성을 들였으며 기술력이 들어가고, 사회경제적으로 친화적이라는 등의 속성을 인지하도록 하기 위함이다.

포도 수확 기계는 1960년대 후반에 도입되었다.

● 그림 2.4 포도 속 당 함량을 측정하는 비중계(hydrometer)   ● 그림 2.5 포도의 당 함량을 측정하는 굴절계(refractometer)

현재는 수확 기계가 상당히 널리 쓰이고 있는데, 그 이유는 주로 세 가지로 볼 수 있다.

- **품질** 기계는 포도를 손상 없이 처리할 수 있으며 자체 분류 기기도 장착 가능하다. 수확 기계는 밤에 작동하는 경우가 많다. 무더운 지역에서는 낮보다 밤에 더 많이 쓴다. 시원한 밤과 이른 아침에는 사람도 편하게 일할 수 있고, 포도가 더 단단해서 덜 손상된다. 이 덕에 매서레이션이나 발효가 앞당겨지는 것을 방지할 수 있다.
- **가용성, 시기** 포도가 익어 수확을 지금 당장 해야 하는데 일꾼을 구하지 못하는 경우, 또는 수확인들이 밤이나 주말에 일하기 어려운 상황도 있다.
- **비용** 수확 기계 1대로 수확할 수 있는 양은 시간당 8-10톤이다. 여덟 시간이면 인부 60-80명이 하루 종일(500인시가 넘어간다.) 수확하는 양을 거두는 셈이다. 일부 프랑스의 포도 재배자들은 인력 수확이 기계 수확에 비해 다섯 배 정도 더 비싸다고 추산하며, 인력 수확으로 이익이 나오려면 와인

제조 업체 단가로 병당 15유로(19300원)는 넘어야 한다고 말한다. 고품질 와인을 생산하는 또 다른 프랑스 지역 생산자 단체는 포도 재배 면적이 15헥타르 이상이라면 35만 유로(4.5억원)를 들여 포도 수확 기계를 사는 것이 이익이라고 보고 있다.

포도 수확 기계는 포도나무 줄 양쪽에 발을 두고 올라탄 모습을 하고 있다. 내부에는 유리섬유 재질의 유연하고 휘어져 있는 막대가 다섯 개 정도 달린 장치가 두 벌 장착되어 있는데, 이 장치가 수평으로(좌-우 방향)흔들리면서 포도송이를 친다. 막대 높이, 간격, 진동 크기와 진동 횟수는 조정 가능하다. 포도알은 이 진동을 받고 송이 줄기만 남기고 떨어져 나간다.

이렇게 거둔 포도는 롤러 뭉치로 옮겨지는데, 여기서는 잎이나 기타 이물질은 걸러내고 포도만 아래로 내려가게 한다. 초대형 기계는 처리 능력이 시간당 20톤, 보관통 크기는 3500리터에 달한다.

현재 기계 수확 비율은 호주와 캘리포니아에서 90%, 프랑스와 뉴질랜드에서 80%, 남아프리카에서

● **표 2.21 포도의 당도 측정에 사용하는 네 가지 단위의 변환**

상대 밀도	당 함량 (g/L)	브릭스	보메	웩슬레	KMW	예상 알코올 함량 (% 부피비)
1.056	118	13.1	7.9	56	11	7
1.064	135	14.7	8.8	64	13	8
1.072	152	17.4	9.8	72	14	9
1.080	168	19.1	10.7	80	15	10
1.088	185	20.9	11.7	88	17	11
1.096	202	22.6	12.6	96	18	12
1.104	219	24.4	13.6	104	19	13
1.112	236	26.1	14.5	112	21	14
1.120	252	27.8	15.5	120	22	15
1.128	269	29.6	16.4	128	23	16

자료: 여러 자료를 취합해 저자가 단일 표로 만들었다.
주의: 이 표는 본문 내 언급된 사유로 인해 완전히 정확한 것은 아니다

인력 수확(왼편), 기계 수확(오른편)

70%, 아르헨티나에서 50%이다. 고가 와인을 생산하는 곳은 대개 이 수치가 낮은 편이다.

소비뇽 블랑이나 까베르네 소비뇽 같은 일부 포도 품종은 기계 수확에 더 적합하다. 피노 누아나 산지오베제 같은 품종은 껍질이 연약해서 쉽게 찢어진다.

● 102km 길이의 포도나무 줄을 24시간 동안 수확하는 실험

2014년 10월 24일, 프랑스 서부 꼬냑(Cognac) 인근 도멘 부아노(Domaine Boinaud)에서는 포도 수확기 실험이 진행되고 있었다. 기술자 십여 명이 돌아가면서 트레비아노(Trebbiano) 품종을 심은 포도밭을 따라 24시간 연속 그레고아르 G8.270 엘리트(Gregoire G8.270 Elite) 모델을 구동했다. 면적으로는 28.3헥타르(70에이커), 길이는 102km(63마일)에 달하는 영역이다. 작동 속도는 시간당 6.5km였다. 생산한 양은 포도 머스트 3580헥토리터에 달했다. 와인 47.5만 병을 생산할 수 있는 양이다. 다만 이곳은 와인 대부분이 증류 처리되어 꼬냑으로 쓰인다. 또한 주의할 것은, 헥타르당 125헥토리터의 생산성은 프랑스 포도 농장의 평균 수치 두 배에 달하는 양이지만 위니 블랑(Ugni Blanc) 품종은 이 정도가 일반적이다.

24시간 동안 기계가 소비한 연료는 279리터였다. 꽤 많아 보이지만 와인 1200리터당 연료 1리터만 쓴 셈이다.

브루노 부샤(Bruno Bouchard)는 이 24시간의 작업을 10분 길이의 필름에 담았고, 이 영상은 2015년도 국제 포도 와인 필름 페스티벌(International Grape and Wine Film Festival, Oenovideo)에서 수상했다.

포도 수확 기계의 주요 제조 업체는 아메리칸 그레이프 하비스터(American Grape Harvesters, AGH), 안드로스(Andros), 바르감(Bargam), 보바흐드(Bobard), 브라우드 오브 뉴 홀랜드(Braud of New Holland), ERO, 그리고아르, 나이른(Nairn), 오흐보/코르반(Oxbo/Korvan), 펠렝(Pellenc)이 있다.

CHAPTER 3

처리: 열매에서 음료로

처리: 열매에서 음료로
Processing: From Fruit to Beverage

3.1 커피콩에서 커피음료로

커피는 음료로 가공되기까지 주로 세 가지 형태로 존재한다. 하나는 붉은색의 열매이고 다른 하나는 녹색 커피콩이며 마지막은 원두이다. 각 형태로 바뀌는 과정에 대해 표 3.1에서 요약해 놓았다.

⚫ 표 3.1 첫 처리과정, 로스팅, 커피 제조

각 단계별 전환	원료	제품	처리 장소
첫 처리과정 세 가지 처리법: 건식, 수세식, 펄프드 내추럴	열매	생두	대개 농장 – 플랜테이션 인근
로스팅(roasting) 공정 마무리가 분쇄일 경우도 있다.	생두	원두	대개 수입국 내
음료 제조(brewing) 공정 시작이 분쇄일 경우도 있다.	원두	음료	대개 최종 소비자 근처

첫 처리과정에는 주로 세 가지 방법을 쓰며 이를 통해 세 가지 다른 커피가 생산된다:

- **건식 커피, 내추럴, 비수세 커피. 건식 처리** 또는 **내추럴 처리법**이라 불리는 방식은 수 세기 동안 내려온 고유 처리법이다. 과육과 점액질을 파치먼트에서 떼어내지 않은 상태로 커피를 말리는데, 그 결과물은 바디와 단맛이 더 많고 신맛은 덜한 편이다.

- **수세식 커피, 수세 커피**는 과육과 점액질을 제거한 다음 파치먼트 상태의 커피만 말린 것이다. 수세 커피는 대개 건식에 비해 신맛과 향미가 더 많고 대개는 품질이 일정하다. 수세 처리는 발효조에서 자연 발효시키는 종래 처리법 또는 수직형 수세 처리 장치를 사용해 점액질을 기계적으로 제거한다. 수세 처리는 기기 투자 비용이 높기 때문에, 주로 고품질 아라비카 커피 생산에 사용된다.

- **펄프드 내추럴 커피**는 당분이 들어 있는 점액질을 일부 또는 전부 파치먼트에 남겨둔 채 말린 것이다. 이 방식은 몇 가지 장점이 있는데 그중 주요한 두 가지는 다음과 같다: 1)건조 시간이 내추럴에 비해 짧고, 이 덕에 오염 위험이 줄어들고 건조장 크기를 줄일 수 있으며 건조 중 갈퀴질하는 시간을 줄일 수 있다. 2)펄프드 내추럴 커피는 어느

◉ 표 3.2 커피 처리: 씨앗이 음료가 되는 세 가지 경로

커피 상태	내추럴 커피 생산용 건식 처리법	수세 커피 생산용 수세 처리법	펄프드 내추럴	영향과 위험
열매 상태 또는 파치먼트 상태	**수확** – 인력 또는 기계 사용			손상된 커피 발생 위험
	수합 – 처리장에서 열매를 모음 – 수확 후 8시간 안에 수합하는 것이 이상적임. 일부 국가에서는 인력으로 수확하고 골라냄			손상된 커피 발생 위험
	분류 – 돌, 불순물은 골라내고 열매는 사이폰 탱크나 사이폰 기기를 사용해 비중 분리함. 가벼운 커피콩은 뜨고, 무거운(익은) 커피콩은 가라앉음			가벼운 커피콩 같은 결점두 제거
	열매 건조 – 건조대 또는 건조장에서 갈퀴질 및 뒤섞어 가며 14 – 21일 건조하거나 45℃ 온도로 기계 건조. 최종 수분량은 11 – 12%이며 껍질은 검은색으로 변함 *			결점두 발생 가능. 발효 위험을 피하려면 열매를 주기적으로 뒤섞어야 함. 일부 향미가 사라질 수도 있는 매우 중요한 단계임
		기계 펄핑. 껍질과 과육을 제거해 끈적한 점액질에 싸인 커피콩을 남김 **	**기계 펄핑.** 껍질과 과육을 제거해 끈적한 점액질에 싸인 커피콩을 남김 **	고품질 펄퍼를 쓸 경우 오폐물 발생량이 줄어듦. 펄퍼에 상처 입은 커피가 발생할 수 있다.
			점액질 제거. 점액질 제거기를 사용해 끈끈한 점액질을 기계적으로 부분 제거할 수 있다.	
		발효. 발효조 안에서 10 – 48시간 동안 발효 진행하되 시간은 더 길거나 짧을 수 있다. 효소 작용으로 끈끈한 점액질이 분해됨. 기계식 점액질 제거기를 이후 사용하거나 또는 아예 발효 대신 기계식 점액질 제거기만 사용할 수도 있다.(물 절약)		과발효된 커피 발생 위험. **주의:** 발효되는 것은 커피콩이 아니라 점액질이다.
		세척. 남아 있는 점액질 조각들은 모두 씻어낸다. 분류 작업과 함께 진행할 수 있다.		결점두 발생 가능
		건조. 파치먼트를 건조장 또는 그물 건조대에서 8 – 15일간 건조하거나 40℃ 온도로 기계 건조. 최종 수분 함량은 11–12%	**건조.** 파치먼트를 건조장 또는 그물 건조하거나 40℃ 온도로 기계 건조. 최종 수분 함량은 11–12%. 점액질을 일부러 파치먼트 커피에 남겨 두어 단맛과 바디를 높이는 경우도 있다.***	건조 속도가 너무 빠르거나 너무 느릴 경우 결점두 발생 가능. 품질 보존 면에서 가장 중요한 단계 중 하나이다.
	레스팅((resting), 큐어링(curing), 컨디셔닝(conditioning), 보관, 레뽀소(reposo)라고도 불림)). 사일로에서 15 – 60일간 보관하면 수분 균일화, 품질 속성 향상, 에이징 효과를 볼 수 있다. 레스팅 기간은 파치먼트 상태의 커피보다는 내추럴 커피 쪽이 더 길어질 수 있다.			수분 함량 제어가 제대로 안 될 경우 결점두가 발생하고 풋내가 날 수 있다.
	사전 클리닝. 디스토닝(destoning). 이물질 제거. 자석을 사용해 철제 물질을 제거하는 작업을 진행하기도 한다.			불순물과 결점두 제거

커피 상태	내추럴 커피 생산용 건식 처리법	수세 커피 생산용 수세 처리법	펄프드 내추럴	영향과 위험
생두	껍질 벗기기(탈피, Hulling). 크로스 비터 또는 마찰식 탈피기를 사용해 말린 열매 껍질 및 파치먼트를 제거함. 커피콩 크기에 맞게 기구를 정확히 조정해야 함.	껍질 벗기기, 윤기 내기. 마찰 방식의 기구를 사용해 파치먼트와 실버 스킨을 제거함. 수세식 커피의 껍질을 벗기는 작업의 경우 밀링(milling)이란 표현을 사용하기도 함	껍질 벗기기. 마찰식 탈피기를 사용해 말린 파치먼트를 제거함. 커피콩 크기에 맞게 기구를 정확히 조정해야 함. 선택사항으로 마찰 방식의 기구를 사용해 윤기 내기 작업을 할 수 있다.	부서진 콩 같은 결점두 발생 가능
	에어 클리닝. 바람으로 먼지를 제거함			가벼운 커피콩도 제거할 수 있다.
	크기별 분류. 체질(스크리닝)로 분류(커피콩 크기가 같으면 로스팅을 균일하게 할 수 있다.)			결점두 발생 가능
	밀도차 분류. 진동식 밀도 분리 장치로 분류. 밀도가 높은(좋은) 커피콩은 위쪽으로 이동(커피콩의 밀도가 같으면 로스팅을 균일하게 할 수 있다.)			결점두 제거
	색차 분류. 인력 또는 광학 기계 사용			결점두 제거
	품질 평가 및 등급 분류 – 시각 및 커핑을 통한 관능 검사			- - -
	블렌딩. 구매 고객의 요구에 따라 크기와 품질이 다른 커피들을 섞음			- - -
	포장 또는 벌크 사일로 이동			외부 향 물질에 오염될 수 있다.
	컨테이너 선적. 포대 포장 또는 벌크 적재 후 트럭이나 배로 운송			온도와 습도 급변으로 인한 곰팡이 발생 위험
	보관. 포대 포장 또는 사일로 저장 상태에서 보관. 거래소 보관 및 이후 로스팅 업체 사업장에서 보관			외부 향 물질로 오염될 수 있다.
	블렌딩. 최적 로스팅을 위해서는 커피콩의 크기, 밀도, 수분 함량이 같아야 함.(로스팅 후 블렌딩 작업도 가능하지만 덜 일반적이며 주로 고가의 커피에 쓰임.)			커피콩이 균일하지 않을 경우 문제 발생할 수 있다.
원두	12 – 15분간 200 – 260℃ 온도에서 로스팅 – 온도와 작업 시간은 다를 수 있다.			품질을 망칠 수 있다.
	분쇄. 커피콩의 표면적을 넓혀 추출하기 쉽게 하는 과정. 분쇄 정도는 추출 방법에 맞춘다. 향 손실을 막기 위해서는 분쇄 직후 포장하거나 분쇄 직후 추출해야 함.			품질을 망칠 수 있다.
음료	추출. 뜨거운 물로 추출해 커피 음료를 제조함. 주요 사항으로는 커피와 물의 비율, 온도, 압력(에스프레소의 경우), 추출 시간, 물의 품질 등이 있다. 산업체에서는 추출 후 인스턴트 분말 커피 생산 공정을 진행함			품질을 망칠 수 있다.

주의

- 커피 처리 방식은 매우 다양하며, 위 표는 이들을 절충한 것이다. 각 나라마다 약간씩 다르게 적용하고 있으며 사용하는 용어 또한 다르다.
- 구매자가 크기나 밀도, 수분 함량, 색상 등의 변수에 대해 따로 명기할 경우, 처리법에서 몇 가지 단계는 여기에 맞춘다.
- 수세 커피 는 수세처리장(wet mill)에서 처리한다. 동아프리카에서는 이를 워싱 스테이션(washing station) 또는 커피 팩토리(coffee factory)라고 말하고, 중남미에서는 베네피시오 우메도(beneficio húmedo)고 부른다
- * 건조장(patio) 건조 작업에는 공간과 작업 시간이 많이 필요하다. 때로는 수 주일씩 걸리는 경우도 있다.
- ** 수확한 열매 품질이 낮거나 결실도가 각기 다른 열매를 수확한 경우, 덜 익은 열매를 골라내는 분리 기기를 펄퍼(pulper, 디펄퍼(depulper)라 부르기도 한다.)에 붙여 사용할 수 있다. 골라낸 덜 익은 열매는 별도 수세 처리하거나 말려서 내추럴 커피로 처리한다.
- *** 남미와 중미의 커피 생산자들은 점액질이 파치먼트에 붙어 있는 채로 커피콩을 말린다. 이런 처리법을 화이트 허니, 옐로 허니, 레드 허니, 블랙 허니 라고 하는데 이렇게 생산한 커피는 단 맛이 나는 '허니 커피' 또는 미엘(miel, 스페인어로 꿀을 의미한다.)이라 부른다. 처리법에 붙은 색상 명칭은 파치먼트에 붙어 있는 점액질의 양(10% 미만이 남아 있으면 화이트, 80%가 넘어서면 블랙이다.), 습도, 빛 노출 정도, 건조 시간 등의 요소와 관련 있다.
- **** 건조 작업 이후 진행하는 레스팅(또는 컨디셔닝이라 부른다.) 작업은 저장 기간을 늘려주고 때로는 풋내를 줄여주는 효과가 있다. 다만 오늘날은 수송과 보관 중의 보존 조건이 나아지기도 했고, 유통망 내 참여자들 모두 대금을 일찍 받는 것을 선호하기 때문에 레스팅 작업이 점점 더 줄어들고 있다.

◎ 그림 3.1 건조대에서 커피열매 건조 및 건조장에서 파치먼트 건조

◎ 배설물 커피 – 동물의 소화 작용으로 처리

동물이 처리 작업에서 역할을 하는 커피 종류가 있다. 아래에 이들 중 다섯 가지를 소개한다.

쟈쿠 커피(Jacu coffee) – 새
쟈쿠 커피는 브라질의 쟈쿠 새가 커피를 먹은 뒤 배출하는 배설물에 들어 있는 커피콩으로 만든다. 이 새는 가장 잘 익은 열매만 골라 먹으며, 소화가 특히 빨라 씨앗에 큰 영향을 미치지 않는다.
쟈쿠 커피 생산량은 1000kg을 넘지 않는다. 도매 가격은 일반 커피 대비 20배가 넘으며 소매가는 파운드당 60달러가 넘어간다. 쟈쿠 새는 에스 피리투 상투 주에 서식하고 있으나 현재 멸종 위기이다.

블랙 아이보리 커피(Black Ivory Coffee – 흑상아 커피) – 코끼리
태국에서는 코끼리의 소화관을 통과하여 생산된 커피콩을 이렇게 부른다. 코끼리는 열매를 씹어서 먹고 소화해 버리기 때문에 먹은 열매 상당량 이 사라진다. 이 커피는 일부 호텔에 독점적으로 공급되거나 소량 거래된다. 매우 비싸다.

멍키 파치먼트(Monkey parchment) – 원숭이
인도 남서부 칙마갈루르, 카르나타카 주에 서식하는 붉은털원숭이(rhesus moneky)는 완전히 익어 달콤한 맛의 열매만 골라 먹는다. 이 원숭이들은 열매를 입에 넣고 과육을 몇 분간 씹은 뒤 커피콩은 뱉어내는데, 이렇게 뱉어낸 커피콩은 아직 파치먼트에 감싸져 있는 상태이다. 다 익어 달콤한 맛의 커피콩이 원숭이의 입에서 나온 효소와 어우러져 매력적인 맛을 낸다. 숲 여기 저기 떨어진 씨앗을 찾는 작업은 고되지만 가격이 높다.

코피 루왁(Kopi Luwak) – 고양이
코피 루왁 커피는 인도네시아에서 생산되는 제품으로 고양이와 비슷한 동물인 아시아 시벳(Asian civet)이 열매를 먹고 배설한 커피콩으로 만든다. 이 커피콩을 철저하게 씻고 말린 다음 로스팅해서 음료로 만드는데, 가격이 매우 높다. 필리핀에서도 비슷한 유형의 커피가 생산되며 다른 이름 으로 판매된다.
원래는 야생 시벳의 배설물에서 커피콩을 구했지만 수요가 높아지면서 지금은 시벳을 잡아서 사육한다. 동물 복지 단체들은 동물이 철창에 갇혀 커피 열매를 강제로 배급받는 시벳 '팜(farm – 농장)'을 비판한다.

와일드 뱃 커피(Wild bat coffee: 야생 박쥐 커피)
코스타리카에 사는 일부 야생박쥐는 가장 잘 익은 커피만 골라 먹는 능력이 있다. 이빨로 껍질을 째고 과육과 점액질을 먹는다. 커피콩은 여전히 나무에 매달려 남아 있지만, 박쥐의 소화액과 햇빛이 더해지면서 커피콩의 구조가 변한다. 이 커피는 과일과 꽃 느낌, 섬세한 신맛이 돋보인다.

기묘한 일이지만, 배설물 와인이라는 것도 7.3에서 설명하겠다.

정도 바람직한 향미와 바디가 들어 있다.

○ 생두 발효

그림 2.1에 나온 것처럼 커피열매 껍질과 커피콩의 파치먼트 사이에는 과육과 점액질이 있다. 재래식 수세 커피 생산 방식에서는 발효 원리를 이용해 점액질을 분해하고 씻어낸다. 점액질 제거기는 마찰 원리와 물을 사용해 기계적으로 점액질을 제거한다. 발효되고 효소로 분해되는 것은 점액질이지 커피콩이 아니라는 점을 유의할 필요가 있다.

○ 커피 로스팅 높은 온도에서 두 번의 크랙

로스팅은 원료인 커피콩의 품질이 좋다는 것을 전제로 할 때, 커피 음료의 향미와 전 품질에 영향을 미치는 가장 중요한 공정이다.

일반적인 로스팅은 200-240℃ 온도에서 10-20분간 진행된다. 일부 대형 로스팅 업체들은 400℃에 10분 미만(급속 로스팅 – flash roasting)으로 온도는 높이고 시간은 줄이는 쪽을 선호한다.

로스팅이 진행되는 동안 매 시점, 매 온도별로 수많은 물질이 형성된다. 로스팅 시간을 줄이면 신맛이 약간 더 날 수 있고 시간을 늘리면 쓴맛이 나고 단맛은 줄어들 수 있다. 온도가 180℃ 미만으로 지속되면 로스팅되는 것이 아니라 커피콩이 구워질(baked) 수 있다.

로스팅 중 일어나는 주요한 과정 두 가지는 당의

○ 표 3.3 커피 로스팅 중 물리적 변화

분	물리적 변화
0-3	수분이 증발한다.
4-7	커피콩이 부풀어 오른다. 실버 스킨(채프)가 떨어져 나와 공기와 함께 배출된다.
7-10	205℃ 정도에서 1차 크랙이 일어난다. 수증기와 기체 때문에 커피콩이 커진다.
10-13	225-235℃에서 2차 크랙이 일어난다. 표면에 기름기가 나타난다.
14-15	급속 냉각 – 물을 뿌려서 물이 증발하는 에너지로 커피콩을 식히기도 한다.

캐러멜화(caramelization)와 당이 단백질 및 지방과 결합하는 마이야르 반응(Maillard reaction)이다. 마이야르 반응을 통해 아미노산과 탄수화물이 상호 작용하면서 커피의 향을 만든다.

로스팅 중 커피콩은 두 번에 걸쳐 깨지고(crack) 터지는(pop) 과정을 거친다. 크랙 소리는 팝콘을 만들 때 나는 소리와 비슷하지만 소리는 더 작은 편이다.

첫 번째 크랙은 7-9분 사이에—이때 색상을 기준으로 시나몬 로스트라고 말하기도 한다.—일어난다. 첫 번째 크랙까지만 볶은 커피는 신맛이 많고 바디는 가볍고 과일 향미가 많이 남아 있다.

두 번째 크랙은 보통 11-13분 사이에 일어난다. 커피콩 표면에 기름기가 올라오고 가운데의 갈라진 틈

○ 커피 처리 기기 제조업체

핀알렌시(Pinhalense, 브라질). 이 업체는 커피열매 처리 및 생두 처리 기기 쪽에서는 세계 최대의 공급 업체이다. 수확, 수세 처리, 건조, 돌 제거, 탈피, 크기 분류, 밀도 분류, 블렌딩, 포장, 기타 커피 생산국에서 수출 전까지 진행하는 작업에 쓰는 기기를 생산한다.
핀알렌시 사는 지금까지 90여 개 커피 생산 – 수출국 내 커피 생산 설비 2만여 기를 공급했다. 오늘날 전 세계에서 마시는 커피의 2/3는 이 업체가 생산한 기기를 최소 한 대 이상 거친 것이다. 핀알렌시 사의 최고 사양 기기를 갖춘 커피 처리장의 일일 처리량은 만 포대, 즉 600톤에 달한다.

빼나고스(Penagos, 콜롬비아), **맥키넌**(McKinnon, 인도), **심브리아**(Cimbria, 유럽). 이 세 업체는 커피 처리 기기를 생산하는 주요 대형 업체이다. 이 업체들의 기기는 모두 전 세계로 수출된다.
이러한 유형의 전문지식과 장비들은 주로 커피 생산국에서 공급한다. 이런 거래는, 국제 거래에서 높이 평가되는 남남협력*의 좋은 예시이다.

• 남남협력: 개발도상국 사이에 이루어지는 국제적 협력

대부분의 로스터는 열원으로 석유나 가스를 사용하지만, 전기를 쓰는 것도 많다. 특히 소형 로스터는 전기를 쓰는 경우가 많다.

로스팅한 원두를 며칠 또는 일주일쯤 레스팅하면서 기체가 빠져나가게 하면, 대개 품질이 높아진다. 즉, 제빵에서는 '갓 구운―Freshly baked'라는 말이 판촉용 문구로 유효하겠지만, 원두는 '갓 볶은―Freshly roasted'이라는 표현은 반드시 필요한 것은 아니다.

강로스팅한 커피콩은 약로스팅한 커피콩보다 더 크고 더 가볍다. 원두 1파운드(454g)를 채우려면 약로스팅 원두는 3천 개 이하로도 가능하지만, 강로스팅 원두는 4500개를 담아야 할 수도 있다. 1kg이라면 각각 6천 개, 1만 개에 해당한다.

전용 로스터가 없더라도 커피는 볶을 수 있다. 가정에서라면 영화 속 카우보이들처럼 팬에 볶을 수 있다. 크랙 소리를 들으면서 얼마나 볶았는지 감을 잡을 수 있다. 주의할 것은 커피콩 표면에서 떨어져 나가는, 아주 가볍고 작은 실버스킨(채프)를 청소해야 한다는 점이다. 커피콩에 바람을 불면 실버스킨 조각들이 보풀처럼 주방 가득 날아다닐 것이다.

◉ 커피 로스팅 정도에 따른 색상과 명칭

애그트론(Agtron) 값은 SCA 값으로도 불리는데, 원두 분류에 일반적으로 사용된다. 프로밧(Probat)이나 노이하우스 네오텍(Neuhaus Neotec) 같은 대형 로스팅 설비 공급업체들 일부는 자체 척도를 쓴다.

이런 유형의 측정기는 근적외선 반사값을 측정하는 분광 측정(spectrophotometer)법으로 수치를 매긴다. 애그트론 로스트 값은 색상에 기반한 것이 아니라 커피 화학 분석 결과치에 기반하고 있다.

원두 1kg(2.2파운드)를 생산하려면 생두 1.2kg(2.6파운드)가 필요하다. 원두 1kg로 대략 커피 150잔을 만들 수 있다.

미국의 명망 높은 커피 전문 작가 케네스 데이비즈(Kenneth Davids)는 많은 커핑 경험을 통해, 자신이 최고점을 주었던 커피의 상당수는 애그트론 수치가 55-59점이었다고 말한다. 이 값은 중 로스팅보다는

이 더 벌어진다. 첫 번째 크랙 뒤, 신맛은 줄어드는 대신 바디와 향미는 늘어난다. 두 번째 크랙을 지나면 커피콩의 부피는 40% 이상 커지고 무게는 20% 가까이 줄어든다.

전문 로스팅 업체에서는 아래 세 가지 유형의 로스팅 기기를 주로 사용한다.

• **드럼 로스터(drum roaster)**는 중, 소규모의 배치를 볶는 장인용 로스팅에 사용된다. 시간당 처리 용량은 1kg에서 500kg 이상까지 있다.
• **유동층 로스터(fluid-bed roaster)**는 드럼 로스터 대비 비용이 저렴하며 로스팅이 밝게 나오는 편이다. 유동층 로스팅 작업 품질은 최근 들어 상당히 향상되었다.
• **원심 로스터(centrifugal roaster)**의 처리량은 시간당 1만 kg까지이다.

● 표 3.4 커피 로스팅 정도에 따른 색상과 명칭

일반적인 명칭	로스팅 분류	애그트론 수치	SCA 색타일
–	발현 전	110	–
극도의 약로스팅(extremely light)	극도의 약로스팅	95	#95
베리 라이트 시나몬(very light cinnamon)		90	–
라이트 시나몬(light cinnamon)	약약 로스팅	85	#85
시나몬, 뉴 잉글랜드(New England), 하프 시티(Half city)		80	–
라이트, 시나몬, 뉴 잉글랜드	약로스팅	75	#75
미디엄 라이트		70	–
아메리칸(American), 미디엄 라이트	중약로스팅	65	#65
레귤러, 앰버(amber)		60	–
미디엄, 미디엄 시티(medium city)	중로스팅	55	#55
미디엄		50	–
풀 시티(full city), 라이트 프렌치(light French), 에스프레소(espresso), 비엔니스(Viennese), 컨티넨틀(Continental), 로브 드 므완(Robe de Moine)	중강로스팅	45	#45
프렌치(French), 에스프레소		40	–
풀 프렌치	강로스팅	35	#35
이탤리언(Itanlian), 다크 프렌치		30	–
다크 프렌치, 이탤리언, 스패니쉬(Spanish), 네아폴리탄(Neapolitan), 울트라 로스트(Ultra roast)	강강로스팅	25	#25
카보나이즈드(carbonized) – 임미넌트 파이어(imminent fire(탄화, 발화직전))	극도의 강로스팅	20	–
–	카본	0	–

자료: Agron Incorporated, 허락을 받아 재구성

주의

- 로스팅 정도에 대한 일반 이름은 Agtron Incorporated, Kenneth Davids의 웹사이트, Coffee Review 등의 여러 자료를 기반으로 간추린 것이다.
- SCA 색타일의 수치는 둥근 색 원판 세트에 나타난 값을 말한다. 이들은 원두 샘플의 Agtron 값을 육안으로 쉽게 비교하는 데 사용한다.
- 로스팅 정도에 따른 명칭은 나라마다 다르다. 유럽의 이탤리언 로스트는 표에서 보는 것처럼 프렌치 로스트에 비해서 약간 더 강하다. 그러나 미국에서는 프렌치 로스트가 가장 강한 로스팅인 경우가 많다.
- 이탈리아의 에스프레소 로스트는 미국의 에스프레소 로스트 대비 약로스팅인 경우가 많다.
- 갈색의 중강로스팅에서는 커피콩의 표면에 기름기가 약간 올라온다. 기름기가 돌고 나면 윤기가 난다.
- 짧은 시간 동안 약로스팅한 커피는 자체 산미가 유지되고 미묘한 향미가 감돈다. 음료의 바디는 가볍다.
- 강로스팅하면 산미는 내려가고 바디감이 무거워지며 탄화된 듯한 쓴맛이 강해진다. 강로스팅으로 일부 결점미 맛이 가려질 수 있다.
- 매우 강하게 볶은(프렌치, 이탤리언) 커피는 산미와 바디가 거의 사라지면서 'toast – 구운 느낌'이 남는다. 커피 맛 일부와 쓴맛을 남기고 우유, 설탕, 그리고 (또는) 향신료를 더할 때는 강로스팅 원두를 택하는 경우가 많다.
- 커핑용 SCA 로스팅 프로토콜에서는 분쇄 커피에서 애그트론 값을 63, 상하 허용치는 3으로 잡는 것을 권장한다. 이 값은 원두 기준으로는 좀 어두운 값인 58 정도이다.
- 애그트론 값은 M – Basic이라고도 불린다.
- 애그트론은 미국 네바다에 소재한 업체의 이름이다.

살짝 약하게 볶은 것이다. 품질이 높은 커피의 경우 이 정도의 로스팅 값에서 '가장 맛이 좋은 지점'이 존재하는 것이 분명해 보인다. 또한 이 정도의 로스팅 값은 아마도 값비싼 고품질 커피를 볶을 때 로스팅 업체들이 '과잉 로스팅'을 두려워하는 것을 반영하는 것일 수도 있다.

● 인스턴트 커피 – 스프레이 건조 또는 동결 건조로 생산

인스턴트 커피 — 솔루블 커피(soluble coffee = 수용성 커피)로도 불림 — 는 원두를 분쇄, 추출해 만든 커피액을 건조시켜 만든다. 일반적으로 세 가지 공정이 들어간다.

- **추출**: 퍼콜레이터 또는 셀로 불리는 추출관이 여럿 연결되어 있는 장치를 거치면서 물 85%, 수용성 커피 고형분 15%의 커피액이 생산된다. 고압을 걸어 추출하며 추출 온도는 200℃에 가깝다.
- **증발**: 진공 저온 환경에서 증발시켜 커피액의 수분 함량을 50%로 줄인다.
- **건조**: 아래 두 가지 방법 중 하나를 거쳐 농축 원액이 건조 물질로 변한다.

분무 건조(spray drying)는 아랫부분이 원뿔형으로 뾰족한 커다란 원통형 탑에서 진행한다. 농축액에 압력을 가해 탑 꼭대기로 올린 뒤 뜨거운 공기와 함께 뿜어낸다. 원액 방울들이 아래로 떨어지면서 온도가 내려가는 동시에 분말로 바뀐다. 분무 건조 방식을 사용하는 커피는 90% 이상이 로부스타 종이다.

동결 건조(freeze drying)는 영하 45℃ 환경에서 원액을 컨베이어 벨트에 올려 진행한다. 원액이 판 모양으로 굳으면 60℃, 진공 환경에서 얼음 결정을 수증기로 바로 변화시켜 제거하면서 과립형(그래뉼)으로 만든다. 얼음이 물 단계를 거치면서 액화, 기화하지 않고 수증기로 바로 변화하는 것을 승화(sublimation)라고 한다. 동결 건조는 에너지 사용량이 많으며 보다 고품질의 커피 블렌드를 만들 때 사용한다.

여러 커피 생산국에서 인스턴트 커피를 만들어 국내 소비용과 수출용으로 사용된다. 최대 생산국으로 브라질, 콜롬비아, 에콰도르, 멕시코, 코트디부아르, 인도, 인도네시아, 말레이시아가 있다.

인스턴트 커피 생산 공정은 20세기 초 개발되었으나 시장에 활발히 공급되기 시작한 것은 그로부터 수십 년 뒤의 일이다. 스위스 업체 네슬레(Nestlé)는 네스카페(Nescafé) 브랜드로 전 세계 인스턴트 커피 시장의 40%를 공급한다.

인스턴트 커피는 영국, 동유럽 및 여러 경제 신흥국들에서 널리 소비되고 있으며, 신흥국 내에서 수요가 계속 성장하는 중이다. 아시아에서는 커피에 설탕과 크리머를 혼합한 3-in-1 형이 많이 판매된다. 일본은 다른 시장과는 달리 분말 형태보다는 고농도로 농축한 커피액을 선호하는 편이다.

많은 인스턴트 커피 제품들은 로부스타 함량이 높다. 아라비카에 비해 추출 수율이 높은 데 비해 가격은 낮기 때문이다.

인스턴트 커피의 음료 품질은 갓 추출한 커피만큼 높지 않을 수 있다. 음료 느낌 또한 다르다. 다만 기술이 발전하면서 인스턴트 커피의 품질은 점점 향상되었다. 또한 인스턴트 커피만의 명백한 장점도 몇 가지 있다.

- 편의성 – 쉽고 빠르게 음료를 만들 수 있다.

● 용어: 인스턴트 커피는 곧 솔루블 커피이다.

커피 업계에서는 '인스턴트 커피'와 '솔루블 커피'라는 말을 함께 쓴다. 두 용어는 동일한 제품의 서로 다른 두 가지 속성을 나타낸다.

- 솔루블이란 말은 액체에 희석된다는 물리적 속성을 나타낸다.
- 인스턴트라는 말은 시간과 관련이 있다. 즉 빠르고 편리하다는 속성을 나타낸다.

이 책에서는 두 용어를 뜻 구별 없이 모두 사용한다.

- 항상성 – 손쉽게 늘 똑같은 음료를 만들 수 있다.
- 버릴 것이 없다. – 버려야 할 잔여물이 발생하지 않는다.
- 인스턴트 커피 상당량을 생산하는 개발 도상국에서는 인스턴트 커피 제조로 부가가치를 창출한다.
- 환경에 끼치는 영향(환경 발자국-environmental footprint)이 적다.

인스턴트 커피는 세계 커피 소비량의 20%를 넘게 차지한다. 2010년 이래 이 비율은 꾸준히 유지되고 있다.

◐ 3-in-1 커피의 구성은?

3-in-1 커피는 여러 아시아 국가에서 매우 널리 쓰인다. 대개 12-40g 용량의 소포장 또는 스틱형 포장으로 판매된다. 인스턴트 커피에 설탕과 크리머가 더해져 있으며 사용이 쉽고 휴대가 간편해서 가정이나 직장 및 여행용으로 사용된다.

외관으로는 단순해 보이지만 상당히 복잡하다. 3-in-1형 17g짜리 제품을 예로 들면 아래와 같다. 아래 자료는 동아시아에서 해당 제품을 판매하는 주요 유럽계 생산업체에서 포장재에 공개하고 있는 것이다.

> 내용물: 설탕(51%), 분말 크림(37%)[글루코스 시럽, 코코넛 오일, 탈지유 분말(6%), 천연 향신료, 고결 방지제(E551), 우유 단백질, 산도 조정제(E340), 안정제(E331, E451), 유화제(E471, E472e), 색소(E101)], 인스턴트 커피(8%), 캐러멜화 설탕, 소금

동아시아의 약초인 인삼을 추가한 4-in-1 커피도 아시아에서 인기를 얻고 있다.

◐ 커피 분쇄와 추출

원두의 표면적은 3-4cm²(0.5제곱인치를 살짝 넘는다.)으로 우표 크기 정도이다. 분쇄를 하면 커피 표면적은 편지지보다 넓어지고, 좋은 향미와 카페인을 더 쉽게 추출할 수 있다.

업계에서 예전부터 써온 분쇄 기기는 대형 롤러이다. 이외에 매장, 카페, 가정에서 사용하는 두 가지 분쇄 방식은 다음과 같다.

- **블레이드 그라인딩(blade grinding)** 소형 블렌더 모양의 그라인더 안에서 칼날이 회전하면서 커피콩을 분쇄한다.
- **버 그라인딩(burr grinding)** 마주 보는 평판형 또는 원뿔형 날이 움직인다. 이 날은 마주 보는 쪽에 톱니가 있고 커피콩은 그 안에서 분쇄된다. 평판형(플랫 버, flat burr) 그라인더는 분당 회전수가 보통 천 회 이상인데, 이 경우 커피콩에 악영향을 주는 열이 발생할 수 있다. 그에 비해 원뿔형(코니컬 버, conical burr) 그라인더는 분당 회전수가 절반 아래라서 열이 발생할 위험성이 적다.

분쇄 입자의 크기에 따라 최적 추출 방식과 추출 시간이 달라진다. 에스프레소 적정 추출 시간인 25초 안에, 물을 9기압으로 가압해 커피층을 통과시킨다. 추출 시간이 짧아지면 맛이 써지고 바디(입안느낌)가 낮아지는 반면, 추출 시간이 길어지면 나무 맛, 떫은 맛이 두드러질 수 있다. 필터식 커피의 추출 시간은 2-4분이다. 프렌치 프레스의 경우 추출에 3-7분이

◐ 표 3.5 여러 가지 추출법에 맞는 분쇄 정도

추출법	일반적인 입자 크기(마이크로미터)	원두 1개당 만들어지는 입자 수
콜드 브루(cold brew)	1,200	50-200
프렌치 프레스(카페티에르(cafetière), 플런저(plunger))	1,000	100-300
퍼콜레이터(드립 팟)	900	200-400
드립, 금속 필터	750	300-600
드립, 종이 필터(종래 방식)	650	500-800
미세 필터(멜리타(Melitta))	500	1,000-3,000
이탈리아식 가압형	400	1,500-3,500
에스프레소	300	3,000-4,000
터키식 커피	100	15,000-40,000

걸린다.

대체로는 분쇄도가 균일한 것이 좋다. 입자 크기는 터키식 커피에 사용되는 100마이크로미터 미만에서부터 프렌치 프레스용의 1000마이크로미터, 즉 1mm에 이르기까지 다양하다. 분쇄 배치별로 결과물이 균일하지 않을 경우, 작은 입자들은 과잉 추출을 유발하고(쓴맛의 원인이 된다.) 큰 입자들은 과소 추출을 유발할 수 있다.(풀 느낌의 맛이 날 수 있다.)

그러나 에스프레소는 입자 크기 분포로 볼 때 꼭 지점이 2개 나타나는 쌍봉형(bimodal) 분쇄에서 최적 추출이 일어난다. 이 경우 커피의 3/4은 입자 크기를 300마이크로미터로, 나머지 1/4은 30-60마이크로미터의 매우 작은 입자로 분쇄한다. 이렇게 굵은 입자와 아주 작은 입자가 혼합되었을 때 물이 이상적으로 통과할 수 있다.

마이크로미터라는 단위는 미크론(micron)이라고도 하며 µm으로 표기한다. 1마이크로미터는 100만 분의 1m, 1000분의 1밀리미터이며 인치로는 0.000039inch에 해당한다. 그러므로 250미크론은 4분의 1밀리미터이다.

● 커피 추출: 수율과 농도

커피 대 물의 비율 면에서, 수율(extraction)과 농도(strength)는 구별할 필요가 있다.

수율(extraction, soluble yield)은 음료로 빠져나가는 커피콩의 비율을 말한다. 최적 수율은 20% 정도이다. 수율이 18% 미만일 경우 풀 느낌 향미와 신맛이 날 수 있고, 22%를 넘어서면 쓴맛이 두드러질 수 있다.

농도(strength, soluble concetration)는 음료에서 수용성 고형분(커피에서 빠져나온) 대 물의 비율로서 총 고형분 함량(Total dissolved solids, TDS)이라 말하기도 한다. 커피 대 물의 비는 필터 추출식 커피의 경우 통상 1.1-1.5%였다. 에스프레소의 경우는 10%에 달할 수 있으며 리스트레토(ristretto)추출의 경우는 이를 넘어서기도 한다.

로스팅, 분쇄, 추출 공정에 신기술이 적용되면서 품질에 영향 없이 추출 수율이 점차 향상되고 있다.

일반적인 추출 방법으로는 드립 필터, 퍼콜레이터, 프렌치 프레스, 가압형 에스프레소 추출, 캡슐(capsule), 포드(pod)가 있다.

그 외에, 널리 쓰이는 인스턴트 커피도 있다. 인스턴트는 일반적으로 분말 또는 과립 형태이며 일부 국가(일본)에서는 농축액으로 사용된다.

에스프레소 추출(커피를 추출할 때 압력을 가함)은 19세기 말 이탈리아에서 개발된 것으로 1920년대에 널리 퍼졌으나 당시까지는 가하는 압력이 낮았다. 현재도 이탈리아는 에스프레소 머신의 주요 생산국으로서 가정용 및 전문용으로 다양한 기기를 생산하고 있다.

1980년대 말, 스위스의 네슬레는 네스프레소(Nespresso)라는 브랜드 아래 가압형 캡슐 추출 방식을 개발했다. 네스프레소 기기는 최대 19기압을 가할 수 있으며 향 물질을 최대한 추출할 수 있다. 현재 여러 커피 브랜드에서 네스프레소 기기에 호환되는 캡슐을 생산한다.

미국 네스프레소의 버추오라인(VertuoLine)에서는 에스프레소용으로 하프 볼(1.4액량온스, 40mL) 및 롱 커피(8온스, 240mL) 같은 여러 용량의 캡슐을 공급하고 있다. 이들은 미국처럼 '잔 용량이 큰' 커피 시장에 맞춰져 있다. 이 기기는 원심력으로 압력을 가한다—

● 표 3.6 필터식 커피와 에스프레소 커피의 농도

	필터식 커피	에스프레소
컵 크기	150mL	45mL
뜨거운 물	120mL	30mL
분쇄 커피	7g	9g
수율	20%	20%
음료로 이동하는 커피의 양	1.4g	1.8g
커피 대 물의 비율	1.4/120	1.8/30
농도	1.2%	6.0%

주의: 이 표에서는 예시를 각각 한 가지씩 들고 있다. 에스프레소는 특히, 사용하는 커피의 양이 6g에서 10g 이상까지 다양하다.

분당 회전수 7천으로 캡슐이 돌아간다.

향 및 향미 물질 추출에 최적 온도는 92-95℃(198-203℉)이다. 맛을 위해, 그리고 에스프레소 머신의 석회 침전을 막기 위해 병입된 물 또는 필터 처리한 물이 좋다. 수돗물은 지역별로 다르긴 하지만 대개 적합한 편이다. 일부 로스팅 업체에서는 각 시장별 물 품질에 따라 블렌드를 맞추기도 한다.

7.2장에서는 우유와 크림을 곁들여 제공하는 방식에 대해 상세히 설명한다.

콜드브루 커피 ― 커피에 열을 가하지 않고 차가운 물로 내린다. ― 는 특히 미국에서 최근 유행하고 있다. 콜드브루는 단순한 아이스 커피용 제법이 아니다. 아이스 커피는 열을 가하고 몇 가지 추가 공정을 들여 커피를 추출한 다음 얼음을 넣어 제공하는 것이고 콜드브루는 커피를 굵게 분쇄한 뒤 열을 가하지 않고 최대 24시간 동안 천천히 향미 물질을 추출하는 방식이다. 콜드브루의 커피 대 물의 비는 종래의 추출법 대비 2배 정도로 높다. 카페인 수율은 뜨거운 물을 사용하는 추출법 대비 낮지만 커피 대 물의 비가 높기 때문에 그 양은 명백히 보상된다.

3.2 포도에서 와인으로

포도를 와인으로 바꾸는 방법은 세 가지가 있다.

- **레드 와인**(red wine)은 적포도를 사용하고 포도 껍질에서 색소와 향미 성분이 추출될 수 있도록 장기간 포도 머스트(must: 으깬 원액, 껍질, 씨앗, 줄기 등이 들어가 있는 상태)를 노출시키는 공정으로 만든다.
- **화이트 와인**(white wine)은 주로 백포도를 사용하며 공정 중 포도 머스트에서 포도 껍질을 분리한다.
- **로제 와인**(Rosé wine)은 적포도로 화이트 와인을 만드는 것처럼 양조한다. 즉, 압착 시간을 짧게 해서 적포도 껍질에서 색소를 약간만 추출한 뒤 껍

● 표 3.7 레드 와인, 화이트 와인, 로제 와인용 포도 가공

와인 유형	포도 색상	공정 진행 과정
레드	적포도	으깨기→껍질이 있는 채로 발효→압착
화이트	백포도	으깨기→압착→껍질을 제거한 채로 발효
로제	적포도	으깨기→압착→껍질을 제거한 채로 발효

질을 분리하고, 그 상태에서 원액을 발효시킨다.

주요 와인 제조 단계에 대해서는 표 3.9에서 요약했다.

● 포도 줄기제거(destemming): 장점과 단점

포도 줄기제거는 포도에서 줄기 부위(stalk)를 제거하는 작업으로, 포도밭에서 수확기에 시행하거나 와인 양조장에서 포도를 으깨는 과정에 시행할 수도 있다. 현재는 줄기제거한 포도를 발효하는 작업─소위 홀베리 퍼먼테이션(whole-berry fermentation)─을 세계적

으로 채택하는 추세이며 가장 많이 쓴다. 이 방식으로 가공한 와인은 과일 맛이 나고 탄닌 함량이 적고 부드러운 편이다.

줄기를 일부 또는 모두 남긴 채 가공하는 홀 번치 퍼먼테이션(whole-bunch fermentation)을 적용하면 색상과 일부 향이 강조된다. 이렇게 가공한 와인은 쓴맛을 내는 탄닌이 더 많고 때로는 후추 느낌이 날 때도 있는데, 일부 소비자는 이런 향을 선호한다.

산도가 너무 낮을 때는 줄기를 최소한으로라도 남겨두는 편이 유용하다. 홀-번치 퍼먼테이션은 약간 구식 느낌이 들지만 프랑스의 부르고뉴나 보졸레(Beaujolais), 북부 캘리포니아와 호주 같은 곳에 있는 와인 양조장에서는 여전히 선호한다.

● **플래시 데탕트(flash détente)**

플래시 데탕트는 '빠른 휴식'을 의미하며 영어로 플래시 릴리즈(flash release), 줄여서 플래시(flash)라고도 한다. 프랑스에서는 1990년대 초에 도입되었으며 좋은 관능 특성을 향상시키기 위해 여러 나라에서 채택하고 있다.

플래시 데탕트 작업에서는 줄기제거한 포도를 85℃까지 가열한 다음 커다란 진공 체임버에서 재빨리 식힌다. 이렇게 하면 포도 껍질의 세포가 터져나가면서 색소를 비롯해 매력적인 탄닌류 향미 물질이 잘 추출된다. 쓴맛의 원인이 되는 씨앗 속 탄닌의 추출은 막고 나쁜 향미 요소는 이 공정에서 파괴된다. 또한 스파클링 와인 제조업자들은 이 작업을 통해 포도 수확기를 당겨 신맛을 더할 수 있다. 거친 느낌의 풀 내음을 이 공정으로 제거할 수 있기 때문이다.

프랑스의 페하 펠렝크(Pera Pellenc), 이탈리아의 델라 토폴라(Della Toffola)는 플래시 데탕트 기기의 최대 제조업체이다. 이 업체들은 이동식 플래시 데탕트 기기도 생산한다.

● **머스트 농축**

머스트 농축은 발효 전 수분 함량을 낮추는 작업이다. 일반적으로 사용되는 세 가지 방식은 다음과 같다.

• **동결 추출(크라이오제닉, cryogenic extraction, freezing)**. 아이스와인(Ice wine, 독일에서는 아이스바인(Eiswein)이라고 함)은 당분이 높아지도록 늦게 수확(late harvest)한 포도로 만든, 특별히 단맛이 강조된 와인이다. 다른 방식으로는 일반적으로 익은 포도를 기계적으로 급속 냉동한 다음 원심 분리로 수분 결정(물)을 분리한다. 이 방식을 크라이오제닉 또는 동결 추출이라고 하는데, 이 방식으로 제조한 와인은 아이스와인이라는 이름으로는 판매할 수 없지만 다른 이름, 예를 들어 '아이스드 와인(iced wine)'으로는 판매할 수 있다.

• **진공 환경에서 기화** 진공에서는 25℃ 정도에서, 즉 열을 거의 가하지 않고서도 머스트가 '끓을' 수 있다. 끓는다는 것은 모든 에너지가 액체에서 기체로 물리적 상태 변화에 소모되는 것을 말한다. 일반적인 1기압 환경에서는 물이 100℃에 끓는다. 그러나 압력이 내려가면 그보다 낮은 온도에서 물이 끓는다. 에베레스트 산(8,848m)에서는 물이 70℃에서 끓기 때문에 그 이상으로는 물의 온도를 높일 수 없다. 주변 온도도 낮아서 커피를 뜨겁게 데울 수 없다.

포도 머스트 가공 작업에서는 압력을 이보다 훨씬 더 낮게 만들어 물이 25℃에서 끓어 증발하게 함으로써 포도 머스트를 농축한다.

• **역삼투압** 미세 필터를 사용하고 고압(80기압)으로 가압하면 와인 속 물 일부를 분리할 수 있다. 이 방식은 1980년대 후반에 도입되었으며 비용이 많이 들지 않는다.

일부 지역, 특히 주로 유럽에서는 이런 방식으로 헥타르당 생산성을 낮추는 용도의 머스트 농축은 허용하지 않는다.

● **아밀리오레이션(Amelioration): 와인에 물을 첨가**

농축의 반대 작업으로 물(H_2O)을 더하는 공정이 있다. 포도 머스트의 당 함량을 낮추어, 와인의 알코올 함량을 줄이기 위해, 또는 향미 조절을 위해서 물을 첨가한다. 대부분 국가의 물 첨가 허용량은 5-10%이다.

아밀리오레이션은 와인 제조장에서 되도록 언급하지 않는 작업이지만, 다 익은 포도의 당 함량이 높아지는 원인은 부분적으로는 탈수 때문임을 유념할 필요가 있다. 발효 전 또는 발효 중 물을 첨가하는 것은 단지 포도의 원래 균형 상태로 회복시키는 과정일 뿐이다.

물을 첨가하는 작업은 humidification, stretch-out, dilution, cutting with water, amelioration이라 부르기도 한다. améliorer라는 말은 프랑스어로 더 좋게 한다, 증진시킨다는 뜻이다.

● 매서레이션(maceration, (프랑스어 macération 마세라시옹))

매서레이션을 통해 포도 머스트는 탄닌과 향 성분이 들어 있는 포도 껍질에 노출된다. 와인의 특징을 결정짓는 향 성분을 추출하려면 껍질과 최소 접촉 시간이 필요하다. 특히 레드 와인은 떠 있는 껍질들을 아래로 누르거나 탱크 아래 가라앉은 주스를 펌프로 퍼올려 다시 위에 부으면서 매서레이션을 한다.(이에 대해서는 포도액 발효 항목에서 설명한다.)

레드 와인의 매서레이션 작업은 4일에서 길게는 3주가 넘기도 한다. 추출은 발효 전, 발효 중, 발효 후에 이루어진다. 화이트 와인과 로제 와인은 단 몇 시간에서 이틀 정도 껍질과 접촉시킨다. 접촉 기간은 포도 품종과 원하는 와인 성향과 색상에 따라 달라진다. 소위 오렌지 와인은 화이트 와인의 일종으로 껍질 접촉 시간을 레드 와인을 만들 때처럼 늘린 것이다.

● 발로 으깨기(stomping): 장점과 단점

과거에는 맨발로 포도를 밟아 으깼다. 발로 으깨는 방식은 나름대로 고유한 장점이 있지만, 대부분의 와인 생산지, 심지어는 브리티시 콜럼비아에서도 다른 방식으로 포도를 으깬다. 발로 으깰 때 작용하는 압력은 씨앗에 있는 쓴 탄닌은 추출하지 않으면서 포도 껍질에 있는 부드럽고 매력적인 탄닌 성분만 얻어내는 정도이다.

포도를 발로 으깨는 방식(스톰핑 또는 풋 트레딩(foot treading))은 힘이 들고 특별히 효율적이지도 않지만 흔히 낭만적이라고 여겨진다. 수제 와인 이미지에 딸려 있으며 와인 투어용으로 가끔 이용된다. 발로 으깨 만든 와인은 일부 국가에서는 위생상의 이유로 판매 금지되었다.

● 포도원액 발효

발효는 이스트의 작용으로 포도 원액이(알코올을 함유한) 와인, 이산화탄소, 열로 변하는 화학적 과정을 말한다. 이스트는 포도원액 속 당을 와인의 알코올 성분으로 바꾸어주는 균류이다.

● 아이스와인, 아이스드 와인 – 차이점은?

아이스와인은 적정한 수확기보다 늦게, 북반구에서는 12월, 심지어는 1월이나 2월에 딴 포도를 원료로 생산한다. 아이스와인으로 분류되기 위해서는 영하 7℃ 이하, 캐나다에서는 영하 8℃ 이하에서 수확 작업을 진행해야 한다. 기타 범주로는 최소 당 함량이 있는데, 캐나다의 경우 35Brix이다. 이에 비해 일반 와인용 포도는 수확시 24Brix 정도이다. 수확 작업은 상당히 힘든데, 대개 밤에 진행된다.

최대 아이스와인 생산국은 독일과 캐나다(특히 온타리오 주와 브리티시 콜럼비아 주), 오스트리아, 스위스, 미국(주로 뉴욕 주와 미시간 주)이다. 아이스와인에 사용되는 포도는 대개 리즐링(Riesling), 게뷔르츠트라미너(Gewürztraminer), 비달 블랑(Vidal Blanc), 비뇰(Vignoles), 그뤼너 벨트리너(Grüner Veltliner), 실바너(Sylvaner), 레드 까베르네 프랑(red Cabernet Franc)이다.

아이스와인이 특히 단맛이 강한 이유는 두 가지 때문이다. 하나는 결실기가 길어서 포도에 당이 많이 생성되기 때문이고, 다른 하나는 포도를 와인 제조장에서 으깰 때 속 물 일부가 (얼음 형태로) 껍질과 줄기에 남아 있기 때문이다.

이런 유형의 단맛 나는 와인은 기존 방식대로 포도를 수확해서 냉동고에서 얼리는 방법으로도 만들 수 있다. 이러한 방식을 동결 추출(크라이오제닉 익스트랙션(cryogenic extraction) 또는 간단히 크라이오 익스트랙션(cryo extraction)이라고 한다. 아이스와인(ice wine)이라는 표현은 과거 방식으로 생산된 와인에만 쓰도록 지정되어 있기 때문에, 냉동 방식으로 생산된 와인은 아이스드 와인(iced wine)으로 표기하는 경우가 많다.

발효 과정은 1-3주 진행되며 스스로 완료되거나 양조장에서 중단시킨다. 발효를 끝내는 시점은 다음과 같다.

- 알코올로 바꿀 당이 더 이상 남아 있지 않다.
- 생성된 알코올로 인해 이스트 활동이 멈추었다.
- 온도가 낮아 이스트가 활동하지 못한다.
- 이스트를 죽이기 위해 (제조업자가) 아황산을 투입했다.
- 와인 제조업체에서 원액을 걸러 이스트를 분리했다.

발효의 부산물로 열이 발생한다. 온도가 너무 높으면 이스트의 활성도가 낮아지거나 죽어버릴 수 있고, 그 결과 발효가 멈추고 잔존 당분이 너무 많아질 수 있다. 또한 온도가 높으면 발효가 너무 빨리 진행되면서 좋은 향 물질 수가 줄어들 수 있다.

온도 제어식 발효 공정은 1970년대부터 확산됐다. 이 공정이야말로 20세기 와인 제조 산업에서 가장 큰 발명일 것이다. 온도 제어 장치가 되어 있는 스테인리스 스틸제 탱크에서 발효를 진행하면서부터, 더 따뜻한 지역에서도 신선한 맛이 나는 품질 좋은 와인을 생산하게 되었다.

이스트가 활동하려면 온도가 9℃가 넘어야 한다. 열을 가하면 발효 속도가 높아지기에, 레드 와인 발효는 며칠 만에 끝나는 경우도 있다. 이에 비해 화이트 와인은 2주 정도 걸린다. 발효가 갑자기 멈췄을 때 온도를 서서히 높여주면 다시 발효가 진행되는 경우가 많다.

레드 와인 발효시에는 포도 껍질, 씨앗, 줄기, 과육이 수면 위로 떠오른다. 이런 고체 물질을 캡(cap)이라 부르는데, 이들은 색소와 탄닌, 향미 성분을 더 많이 끌어내기 위해 다시 와인층 속으로 밀어넣는다. 밀어넣는 방법은 크게 펀치 다운(punch-down)법과 펌프 오버(pump-over)법 두 가지이다. 펀치 다운은 효과적이지만 고되다. 이 방식은 커다란 장대로 캡을 일일이 밀면서 으깨고 천천히 가라앉히는 것이다. 펌프 오버는 발효 중인 원액을 캡 위로 올려주면서 순환시

● 표 3.8 레드 와인과 화이트 와인의 최적 온도(℃)

발효 온도	최저 온도	최적 온도	최고 온도
레드 와인	21	23 - 29	32
화이트 와인	10	12 - 18	22

자료: 책, 기사, 웹사이트, 와인 제조업체와의 인터뷰-권장 온도에 관해서는 몇 가지 편차가 있다.

키는 방법인데 이스트 활동이 무뎌졌을 때 회복시키기 위한 용도로 쓰이기도 한다.

회전식 발효기(Rotary fermenter)는 교반기가 있어 전체 발효조를 기계적으로 돌릴 때 캡과 원액이 섞인다. 그런데 이 발효기를 쓰면 와인에 쓴맛이 약간 감돌 수 있다. 아마도 발효시 산소가 소량만 들어가기 때문인 것으로 보인다.

머스트와 포도 껍질을 차가운 상태로 두면 발효 기간이 길어지고, 매서레이션 작업은 물 기반의 매질 속에서 진행될 것이다. 발효가 멈춘 뒤의 매서레이션은 알코올 기반의 매질 속에서 진행되므로 포도 껍질에서 다른 추가 성분들이 추출되는 상황이 초래될 수 있다. 발효를 마친 뒤 언제 와인과 껍질을 분리해내느냐는 와인 양조시의 핵심적인 결정사항이다.

알코올 도수가 15% 정도면 이스트가 모두 죽어 버린다. 그때까지 남아 있던 당분은 발효되지 않은 채로 유지된다.

● **자연 발효 또는 배양 이스트 발효**

이스트를 사용해 당을 알코올로 바꾸는 작업은 제빵 작업에서 이스트를 사용하는 것과 유사하다. 이스트는 단세포 유기체로서 자연 이스트(natural yeast)와 배양 이스트(cultured yeast, cultivated yeast)의 두 가지 종류가 있다. 후자의 경우는 산업용 이스트(industrial yeast) 또는 상업용 이스트(commercial yeast)라고 부르기도 한다.

자연 이스트는 indigenous yeast, wild yeast, native yeast, ambient yeast, surface yeast 라는 표현으로도 쓰인다. 이들은 포도 껍질이나 기타 자연계에서 당분이 있는 곳에서 자라난다. 이스트 균주의 양과 종류는

성장 환경이나 포도 품종에 따라 다르다.

일부 와인 제조업체는 자연 이스트로 와인 발효를 진행하는 것을 선호한다. 이 업체들은 이런 방식이 떼루아를 강조하고 와인의 다양성을 지켜준다고 믿는다. 그렇지만 자연 이스트만으로는 당분을 모두 알코올로 전환시키지 못하거나, 발효가 느려지고 예기치 못한 발효가 일어날 수도 있다. 때문에 와인 양조장 대부분은 아황산을 소량 첨가해 자연 이스트는 죽여버린 뒤, 배양 이스트를 접종해 발효를 진행하는 안전책을 쓴다.

배양 이스트는 1950년대에 도입되었다. 제품들의 신뢰도가 높고 특성이 잘 알려져 있으며 공급업자가 많고 제품군도 많아서 와인 제조업체가 선택할 수 있는 폭이 넓다. 아래에 나온 여러 가지 다양한 목적 중 하나 또는 몇 가지를 충족하는 이스트 제품이 시중에 나와 있다.

- 온도 적응성, 속도 적응성이 좋아 발효 멈춤 현상을 예방함
- 알코올 생산 잠재력 및 알코올 내구력이 좋음
- 특정 포도 품종과 궁합이 좋음
- 좋은 향 물질 생성
- 나쁜 향 물질 발생을 줄이거나 발생시키지 않음
- 덜 익은 열매에서 나타나는 풀 느낌의 향 물질 발생을 줄임
- 시중에서 선호도가 높은 휘발성 산미 물질 생성 보장
- (껍질과 씨앗으로부터) 페놀성 물질 추출 향상
- 잔존 당분 함량이 높은 환경에 적응성이 높음.
- 색 발현성과 안정성 증진
- 바디 및 입안느낌 조정

● 와인의 아황산: 유용한 몇 가지 이유

아황산(sulphite, sulfite)은 황이 포함된 화학 물질로서 이산화황(SO_2)을 말한다. 이 물질은 유럽 내에서 코드명 E220으로 허용된 식품 첨가물이다. 유럽 외 일부 국가에서는 220이란 명칭이 쓰이기도 한다.

E220

아황산의 보존 효과는 고대 이집트와 로마 때부터 알려져 있었다. 와인 제조 산업에서 아황산은 보존제로서 가장 효율적이고 가장 널리 사용되지만, 비난받는 경우도 많다. 오랫동안 아황산의 사용 가치가 증명되어 왔음에도 아황산 사용을 주저하는 와이너리들이 있다. 상당수 소비자들이 아황산의 이점은 보지 못하고, 아황산이 안전하지 않다거나 두통을 유발한다고 지레짐작한다. 아황산에 대한 부당한 악평 때문인 경우가 많다.

아황산은 포도를 비롯해 여러 과일에 자연 성분으로 소량 들어 있다. 발효 중에도 부산물로서 생성되기에, 와인에는 아황산이 자연히 들어가 있다. 일부, 아황산 함량이 극도로 낮은 와인이 있긴 하지만, 아황산이 아예 없는 와인을 찾기란 거의 불가능하다.

아황산은 기체지만 무색 액체로 응축할 수 있다. 와인 업체에서는 대개 희석 분말 상태로 머스트 또는 와인에 투입한다.

아황산의 사용 목적은 주로 다음 네 가지라고 볼 수 있다.

- **항산화:** 산화를 방지하고 나쁜 미생물 발생을 막기 위해 첨가하는 경우에는 포도를 수확하고 으깨자마자 투입한다. 때로는 기계로 수확하는 동시에 투입하기도 한다.
- **이스트 제거:** 아황산을 소량 투입해 포도 껍질에 붙어 있는 자연 이스트를 죽인다. 자연 이스트 발효를 선호하지 않는 와인 양조장이나, 발효 특성이 분명한 배양 이스트를 선호하는 양조장에서 주로 진행한다. 발효 작업 말미에 발효를 끝내고 알코올 농도를 제어하기 위한 목적으로 남아 있는 이스트를 제거하려고 할 때에도 아황산을 투입할 수 있다.
- **항박테리아:** 말산 발효(malolactic fermentation, 말산이 젖산으로 변하는 발효) 후 아황산을 투입할 수 있다. 말산 발효는 알코올 발효 뒤에 일어나는 박테리아성 발효로서 2차 발효에 해당한다. 아황산은 변질 이스트 균종인 브레타노마이세스(Brettanomyces, 약칭 브렛(Brett))발생을 막기 위해 투입한다. 알

코올 발효 이후의 말산 발효를 하지 않을 경우 또는 말산 발효가 되지 않을 경우에는 알코올 발효 이후 아황산을 투입한다. 배럴(barrel, 나무통)이나 병 세척시에도 아황산을 살균제로 쓸 수 있다. 다만 모든 나라에서 허가된 방법은 아니다.

- **보존**: 수송과 보관 중 신선도 유지를 위해 병입시에 아황산을 투입할 수 있다. 이렇게 함으로써 와인 숙성이 가능하고 잠재된 향미를 완전히 발현시킬 수 있다.

● 설탕 첨가(chaptalization, 챕털리제이션)

챕털리제이션 작업은 원하는 알코올 도수가 되기에 자체 당 성분이 너무 낮을 경우 발효 직전 포도 머스트에 설탕을 추가하는 과정이다. 챕털리제이션(또는 인리치먼트(enrichment, 증진)) 작업과 최종 와인에 가당하는 작업은 분명히 다르다.

이스트가 당을 알코올로 얼마나 효율적으로 바꾸는지는 정확히 예측할 수 없다. 어림잡아 화이트 와인 기준 머스트 1리터당 설탕을 17g 더할 때 알코올은 부피비로 1% 포인트가 증가한다. 레드 와인 기준으로는 머스트 1리터당 18g 정도로 양을 늘려야 하는데, 이는 레드 와인이 상대적으로 더 높은 온도에서 발효가 진행되기 때문에 알코올이 더 빨리 증발하고 이를 벌충해야 하기 때문이다.

챕털리제이션 작업은 추운 기후로 인해 포도의 당 함량이 떨어지는 경향이 있는 지역, 예를 들어 프랑스(일부 지역), 독일, 오스트리아, 영국, 캐나다, 미국(일부 지역), 칠레, 뉴질랜드 등의 지역에서 일반적으로 허용된다. 허용되는 알코올 도수 상승폭은 1-4% 포인트이다. 챕털리제이션 처리한 와인의 비율은 주로 그해 날씨에 좌우된다.

챕털리제이션 작업은 따뜻한 곳, 예를 들어 호주, 캘리포니아, 남아프리카 등지에서는 금지된다. 독일은 고가 제품인 프래디카츠바인(Prädikatswein) 제조시에는 이 공정을 금지하고 있다.

챕털리제이션 관련 자료는 많지 않고 입수하기도 어렵다. 이 공정이 그다지 좋게 보이지 않기 때문이다. 프랑스 와인의 연 생산량의 10-20%가 챕털리제이션 처리한 것이다. 일부 지역은 아마도 40%를 넘어갈 것이다. 어떤 자료에 따르면 부르고뉴산 와인의 경우 평균적으로 2년 단위로 챕털리제이션 작업을 한다고 나와 있다.

입수 난이도 및 비용상의 문제 때문에 챕털리제이션에 쓰이는 당은 주로 사탕수수에서 얻은 수크로스(sucrose, 자당, 설탕)를 쓴다. 포도에서 자연 생산되는 당은 글루코스(glucose, 포도당)와 프럭토스(fructose, 과당)이지만, 값이 비싸기 때문에 수크로스를 더 많이 쓴다. 다만 사탕수수를 쓰면 와인 색상에 영향을 끼칠 수도 있기 때문에 이를 꺼리기도 한다.

챕털리제이션이라는 용어는 프랑스의 과학자이자 나폴레옹 시대 외무상이었던 샹틀루 백작 장 앙투완 샤프탈(Jean-Antoine Chaptal, Comte de Chanteloup, 1756-1832)의 이름에서 따왔다. 그는 '와인 제조의 기술'을 집필하고 1801년에는 과거 수십 년간 이어저 온 원칙들에 근거해 관련 규정을 마련한 바 있다.

● 산 추가(Acidification): 와인에 산을 추가

기후가 따뜻한 곳은 포도의 당분이 일찍 형성되고 대개 수확기도 앞당겨진다. 그 결과, 완숙기에 형성되는 탄닌이나 페놀류 물질 함량이 현저히 부족한 경우가 많다. 이런 포도로 와인을 만들면 떫은맛이 나거나, 신맛이 부족하다.

법적으로 허용되는 곳에서는, 부족한 자연 산미를 보상하기 위해 산 물질을 첨가할 수 있다. 특히 봄철 기온이 높고 강우량이 적은 곳에서는 산 추가 작업이 필요하다. 그렇기에 기후가 따뜻한 곳에서 주로 쓰이며 챕털리제이션 작업과는 반대 개념으로 볼 수 있다.

유럽 연합은, 과거에는 남유럽에 한해서만 산 추가를 허용했으나 지금은 전 지역에서 허용하고 있다. 다만 국가별, 또는 지역 단위별로 최종 허가를 받아야 하는데, 이는 그해의 날씨에 따라 좌우된다.

산 추가 작업은 일반적으로 발효 작업 전에 진행한다. 주로 사용하는 산 물질은 포도에 자연적으로 형성되는 산인 타르타르산(tartaric acid, 주석산)과 말산(malic acid)이다. 유기농 인증 와인 양조에는 단 몇 종의 산 물질만이 허용된다.

머스트 내 산 성분을 줄이는 작업(deacidification) 또한 진행할 수 있다. 그리 흔하지는 않지만, 포도가 익지 않았을 때 시행한다. 기후가 차가운 국가에서 허용하는 몇 가지 물질 중 대표적인 것은 탄산포타슘(K_2CO_3)이나 탄산칼슘($CaCO_3$, 석회)이다.

● 파이닝, 랙킹, 필터 처리

파이닝(fining, 청징) 작업은 와인의 혼탁함을 없애고—이를 안개(haze)를 걷어낸다고 표현한다.—관능 품질을 높이기 위한 처리용 물질을 더하는 작업이다.

파이닝용 물질로는 달걀 흰자, 물고기의 젤라틴, 우유 기반의 카제인 등의 단백질류, 그리고 벤토나이트(bentonite, 화산 풍화성 백토) 같은 흙을 사용한다. 이런 물질이 일종의 응고제 작용을 하면서 단백질을 비롯해 기타 부유물을 끌어당겨 와인통 바닥으로 천천히 가라앉힌다.

파이닝으로 원하지 않는 향 물질을 제거하거나 줄일 수 있고 쓴맛을 내는 탄닌 성분 같은 페놀의 양도 줄일 수 있다. 일반적으로는 레드 와인보다 화이트 와인에서 파이닝 작업이 더 중요하다.

현재 알러지, 표장 인증 시 요건, 소비자 수요 등의 이유로 파이닝용 신물질이 속속 소개되고 있다. 호주나 뉴질랜드 같은 일부 국가에서 사용하는 와인 라벨에는 '달걀, 우유 제품군을 사용해 생산했으며 잔여물이 남아 있을 수 있다.'라는 표현을 종종 볼 수 있다.

내가 멀리 볼 수 있었다면, 그것은 거인의 어깨 위에 서 있었기 때문이다. — 아이작 뉴턴, 1676

랙킹(Racking)은 탱크나 배럴에 들어 있는 와인을 다른 탱크, 배럴로 조심스레 옮겨 이스트나 기타 불순물 등 바닥에 깔린 침전물을 버리고 와인을 정화시키는 작업이다. 이 과정에서 와인의 산화를 최소화하기 위해 일부 와이너리에서는 랙킹을 딱 한 번만 진행한다. 이 작업은 중력을 이용하는 것이지만, 원심 분리법을 쓰면 더 빨리 진행할 수 있다. 원심 분리를 하더

● 와인 속 과학: 화학에서 물리학으로

와인 과학에서 가장 중요한 발견과 발명은 프랑스에서 태어났다. 와인 과학에 기여한 많은 과학자들 중 일부를 여기에 소개한다.

1789: 라부아지에(A. I. Lavoisier)가 황을 비롯한 여러 화학 원소에 대한 첫 주기율표를 작성했다. 그는 또한 연소 과정과 이산화탄소의 역할을 화학적으로 설명했다.
1801: 장 앙투완 클로드 샤프탈(Jean–Antoine Claude Chaptal)이 챕털리제이션을 도입했다. 그는 다른 과학자들과 함께 주기율표를 함께 발전시켰으며 질소 명칭을 만들었다.
1815: 게이 뤼삭(L. J. Gay–Lussac)이 발효 중 생성되는 알코올과 탄산의 양을 정밀하게 계산했다.
1835: 카냐르–라투르(Cagniard–Latour)가 여러 가지 이스트 균종에 대해 중요한 관찰 결과를 내놓았다.
1863: 루이 파스퇴르(Louis Pasteur)가 이스트의 역할을 밝히고 발효의 신비를 풀었다. 파스퇴르의 설명은 부분적으로 라부아지에의 관찰 결과를 바탕으로 한다. 그는 또한 박테리아를 찾아냈으며, 열을 가해 미생물을 파괴할 수 있음을 알아냈다. 현재 이 공법은 파스퇴르 처리(pasteurization)라 부른다. 그는 백신 연구로도 유명하다.
1887: 미야르데(P.M.A. Millardet)와 가이용(U. Gayon)이 구리, 황산, 석회, 물을 주성분으로 하는 살균제인 보르도액(Bordeaux mixture)을 발명했다.
1950: 장 리베로 가이용(Jean Ribéreau–Gayon)과 에밀 페노(Émile Peynaud)가 말산 발효(2차 발효)를 설명했다.

이런 주요한 발견 및 실험 성과들은 모두 기술적으로 커다란 도약을 이뤘냈다. 이런 성과들은 모두 화학에 기반하는 것들이다. 그렇지만, 1950년대 이후부터는 와인 산업에서 대부분의 발견과 발명, 신기술의 실제 적용은 화학보다는 속도, 진공, 온도, 압력, 필터, 기타 여러 측정 도구가 관련된 물리학에 기반하고 있다.

이렇듯 물리학 분야로 이동하고 있긴 하지만, 화학적 연구, 발견, 발명 역시 여전히 지속되고 있다. 가장 중요한 것으로 표적 살충제와 특정 속성을 가진 신종 이스트를 들 수 있다.

최근 비중 있는 발명과 발견 들이 신대륙에서 이루어지고 있다. 신대륙의 와인 제업체들과 이들을 도와주는 과학자들이 새로운 기후, 병해충, 물류, 규제 등의 문제를 극복하기 위해서 유럽인들보다 더 많이—그리고 차별적인—실험을 시도할 수밖에 없다는 것을 들 수 있다.

라도 효과는 동일하지만 더 큰 힘을 가하기에 효율성이 더 높다. 랙킹만 잘하면 파이닝과 필터링이 필요 없을 정도이다.

필터 처리는 두 가지 이유에서 진행한다. 첫 번째 이유는 탁한 와인을 정화하는 것이고, 두 번째 이유는 미생물 안정화를 위해서이다. 이스트 및 불순물을 그대로 두면 와인의 품질이 떨어질 수 있기 때문에 필터 처리로 제거해야 하는데, 일반적으로는 병입(보틀링) 작업 직전에 진행한다. 크로스 필트레이션(cross-filtration) 같은 신종 기법이 도입되면서 정제에 쓰일 물의 양이나 작업 소요 시간, 폐기해야 할 와인의 양, 산소 노출 정도가 모두 줄어들었다.

정제 처리와 필터 처리를 하지 않은 와인은 조작이 가해지지 않았기 때문에 더 '정통' 또는 '자연'적이라고 보는 사람들이 많다. 그러나 와인의 품질과 보존 기간을 위해 정제와 필터 처리는 때로는 필수적이다. 이 분야에서는 맥주 제조업체들이 선구자들인데, 와인과는 달리 맥주 쪽에서는 이런 공정으로 비난을 받는 경우가 거의 없다.

● 콜드 스테블라이제이션(cold stabilization, 냉각 안정화)

콜드 스테블라제이션 처리는 와인을 병입하기 전 -3℃로 2일에서 2주간 냉각하는 것을 말한다.

이 작업으로 타르타르산 결정이 와인 탱크 바닥으로 내려간다. 타르타르산 결정은 와인 결정(wine crystal)또는 와인 다이아몬드(wine diamond)라고도 하는데, 처리를 하지 않으면 이후 와인 병을 장기간 냉장 보관할 때 이 결정이 병 안에 생기기도 한다. 인체에 해는 없지만 병에 있을 때나 와인잔에 있을 때 모두 보기에 좋지 않다.

● 와인의 미세 산소주입(micro-oxygenation)

미세 산소주입(micro-oxygenation, MO, MOx)는 발효 중 또는 발효 후에 산소를 와인에 주입하는 작업이다.

과거에는 발효와 보관을 나무 용기로 했는데, 나무 소재에는 자연적으로 공극이 있어서 소량의 산소가 와인으로 들어갔다. 현대 와인 양조는 스테인리스 스틸제 용기로 하기 때문에 이런 효과를 기대할 수 없다. 미세 산화 작업은 이 현상을 흉내내는 것이다. 미세 산화를 통해 레드와인의 탄닌을 부드럽게 하고 숙성 속도를 가속화할 수도 있다. 미세 산소주입은 1990년대 이래 널리 쓰이는 공정이다. 화이트 와인에는 거의 사용되지 않는다.

● 말산 발효(Malolactic fermentation)

말산 발효(Malolactic fermentation, MLF, malo)는 당을 알코올로 바꾸는 첫 번째 발효 뒤에 일어난다. 말산 발효는 사실 진짜 발효가 아니라 박테리아의 작용으로 타르 맛이 나는 말산을 보다 부드럽고 크림 느낌이 더해지는 락트산으로 전환하는 과정이다. 이 과정은 '저절로' 일어날 수도 있고 또는 배양된 말산 박테리아를 접종해서 진행할 수도 있다. 후자처럼 의도적으로 말산 발효를 일으키면 병입 후 말산 발효 때문에 와인에서 냄새가 나거나 와인이 혼탁해지는 것을 막을 수 있다.

많은 레드 와인, 그리고 일부 화이트 와인은 말산 발효를 통해 복잡미(complexity)와 안정성이 높아진다. 말산 발효를 통해 크리미한 향미와 함께 질감이 더 좋아진다. 샤르도네나 세미용, 그리고 때로는 소비뇽 블랑 같은 향미가 적은 화이트 와인은 말산 발효의 이점이 있는 반면, 리즐링, 게뷔르츠트라미너 같은 화이트 와인은 말산 발효를 하지 않아도 된다.

새콤한 느낌의 말산 향미를 원한다면, 말산 발효가 일어나지 않도록 해야 한다. 이를 위해서는 1)이산화황을 투입해 원인 미생물인 박테리아를 죽이거나 2)필터링으로 박테리아를 걸러내거나 3)병입 전에 효소를 투입해 말산 발효를 막는다.

● 배럴 에이징(barrel-ageing), 병입(보틀링, bottling)

일부 와인은 배럴에 얼마간 보관해 나무—대개 오크(oak)를 쓴다.—의 향을 더하고 약간의 산화 효과를 더한다. 일부 와인 제조업체에서는 에이징(ageing, 노화)이라는 표현보다는 머추어링(maturing, 숙성)이라는 표현을 선호한다. 와인은 병입된 후에야 에이징이 시작된다고 보기 때문이다.

● 표 3.9 와인 가공 공정: 포도에서 와인이 되기까지

와인 유형	레드 와인	화이트 와인	로제 와인
포도 색상	적포도	백포도	적포도
수확	**포도를 수확**한 뒤 와인 양조장으로 넘겨 **분류.**(수확기계가 자동 처리하는 경우도 있다.)	**포도를 수확**한 뒤 와인 양조장으로 넘겨 **분류.**(수확기계가 자동 처리하는 경우도 있다.)	**포도를 수확**한 뒤 와인 양조장으로 넘겨 **분류.**(수확기계가 자동 처리하는 경우도 있다.)
선 발효	수확기계가 처리하지 않는 경우 **포도줄기 제거** 작업을 진행. 으깨기 작업과 동시에 진행할 수도 있다.	수확기계가 처리하지 않는 경우 **포도줄기 제거** 작업을 진행. 으깨기 작업과 동시에 진행할 수도 있다.	수확기계가 처리하지 않는 경우 **포도줄기 제거** 작업을 진행. 으깨기 작업과 동시에 진행할 수도 있다.
	수확기계가 처리하지 않는 경우 **광학 또는 인력을 사용한 분류**	수확기계가 처리하지 않는 경우 **광학 또는 인력을 사용한 분류**	수확기계가 처리하지 않는 경우 **광학 또는 인력을 사용한 분류**
	포도 으깨기—때로는 포도 껍질과의 접촉 시간을 늘리고 색소를 더 많이 빼내기 위해 냉각함. 산화를 막기 위해 아황산을 투입할 수 있다.	**포도 으깨기**—산화를 늦추기 위해 냉각함. 산화를 막기 위해 아황산을 투입할 수 있다.	**포도 으깨기** 작업 후 바로 발효조로 투입—포도 껍질, 때로는 포도줄기까지 함께 들어감. 산화를 막기 위해 아황산을 투입할 수 있다.
	매서레이션(maceration)—뚜껑이 열린 탱크 안에서 껍질, 때로는 포도 줄기를 짓눌러 색소와 향미 요소가 방출되도록 함. 매서레이션 작업은 발효 중에 계속 진행함	**포도를 가볍게 짓누름.** 화이트 와인 발색에는 포도 껍질이 필요 없기 때문에 수 시간 지나면 제거함	**포도를 가볍게 짓누름.** 원하는 만큼 색소가 나온 뒤에는 껍질을 제거함. 한 시간 미만에서부터 이틀 이상까지 걸림
		약 24시간 동안 **침전물 안정화.** 이후 랙킹 작업 후 발효 진행	약 24시간 동안 **침전물 안정화.** 이후 랙킹 작업 후 발효 진행
		'프레스 와인(pressed wine)'의 경우 **껍질 압착** 작업 진행. 프레스 와인은 차후 첨가하거나 별도 보관됨	'프레스 와인(pressed wine)'의 경우 **껍질 압착** 작업 진행. 프레스 와인은 차후 첨가하거나 별도 보관됨
	머스트 보정(must correction)—필요시 허용치의 당 또는 산 물질을 첨가함	**머스트 보정**(must correction)—필요시 허용치의 당 또는 산 물질을 첨가함	**머스트 보정**(must correction)—필요시 허용치의 당 또는 산 물질을 첨가함
알코올 발효 (1차 발효)	**알코올 발효:** 당을 알코올로 전환. 23–32도에서 2–28일간 진행. 산업용 이스트를 첨가하는 경우가 많다. 발효 초기 단계에 탱크 바닥에서 무압착(free run) 와인을 빼낼 수 있다. 발효 중 매서레이션 작업을 계속 진행함	**알코올 발효:** 당을 알코올로 전환. 스테인리스 스틸제 탱크 또는 오크 배럴 안 10–24도에서 1–2주간 진행. 산업용 이스트를 첨가하는 경우가 많음	**알코올 발효:** 당을 알코올로 전환. 스테인리스 스틸제 탱크 또는 오크 배럴 안 10–24도에서 1–2주간 진행. 산업용 이스트를 첨가하는 경우가 많음
	프레스 와인의 경우 껍질과 포도 줄기를 **압착**함. 압착 생성한 액은 무압착 와인과 혼합하거나 별도 사용함		
	숙성: 탱크 또는 배럴에서 와인 숙성	**숙성:** 탱크 또는 배럴에서 와인 숙성	**숙성:** 탱크 또는 배럴에서 와인 숙성
말산 발효 (2차 발효)	**말산 발효:** 말산을 (부드러운) 락트산으로 전환	**말산 발효**—화이트 와인의 경우 필요하지 않거나 바람직하지 않은 경우가 일반적임	**말산 발효**—로제 와인의 경우 필요하지 않거나 바람직하지 않은 경우가 일반적임
병입 준비	**랙킹을 통한 정화**—한 쪽 탱크 또는 배럴에서 다른 쪽 탱크 또는 배럴로 옮기면서 침전물을 걸러 냄. 원심 분리 장치를 쓸 경우 더 많이 정화할 수 있다.		
	블렌딩 (선택 사항으로서 추후 작업 가능)		
	에이징: 탱크, 배럴 안에서 진행 (선택 사항)		
	파이닝: 첨가제를 써서 단백질을 제거함		
	필터링		
	보틀링, 라벨링—벌크 수송 후 진행하기도 함		
	병입 후 에이징(선택사항)		

주의

- 본 표는 전통적인 와인 생산 방식을 따른 것으로 상당한 변용이 있을 수 있다. 예를 들어 블렌딩, 에이징, 파이닝, 필터링은 본 표와는 다른 순서로 진행되거나 아예 진행하지 않을 수도 있다.
- 로제 와인은 화이트 와인에 레드 와인을 약간 섞어서 만들어 낼 수도 있다. 어떤 사람들은 이런 혼합을 속임수라고 보고 있으며, 이런 식의 혼합을 허용하지 않고 있는 와인 산지들이 많다.
- 이 표에서는 flash détente(플래시 데탕트, 순간 가열 처리), 콜드 매서레이션(냉각하여 매서레이션 진행), 카보닉 매서레이션(탄산 충진조에서 발효), 농축(concentration), 탈 산(acidity reduction), 마이크로 산소주입(micro oxygenenation), 저온 안정화(cold stabilization), 탈 알코올(dealcoholization)과 같은 선택적 작업은 들어 있지 않다. 위 작업들은 와인 품질 향상을 위한 방법으로서 4.1 에서 설명한다.
- 스파클링 와인은 7.5 에서 설명한다.

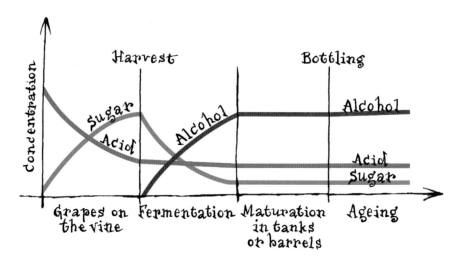

● 그림 3.2 와인 처리 중 당, 산, 알코올의 변화

일부 와인은 라벨에 '오크'라는 말만 적고 배럴, 바리끄(barrique), 캐스크(cask), 혹스헤드(hogshead))에 대한 내용은 적지 않는다. 이런 와인들은 오크 토막, 칩, 가루 같은 오크 대체품을 썼을 가능성이 높다. 이런 방법을 쓰면 탄닌 향미는 어느 정도 얻을 수 있지만 배럴에서 보관한 만큼 숙성이 되지 않는 경우가 많다. 3.3장에서는 배럴을 비롯해 몇 가지 오크 대체품 사용에 대해 더 자세히 설명했다.

병입(보틀링)은 와인 양조장에서 또는 인근 시설, 예를 들어 협동조합에서 진행할 수 있다. 와인 제조업체들이 병입 작업을 외주로 돌리는데, 트럭에 이동식 병입 설비를 설치한 외주업체들이 많다. 이런 방식은 실용적이고, 신속하며, 위생적이고 비용 절감 효과가 있으며 와인 제조업체로서도 공간을 절약하는 효과가 있다.

5.2장에서는 병, 백인박스(bag in box, 외장은 판지 박스, 내장은 비닐 포장한 것)를 비롯해 와인용 포장 방식에 대해 설명하고 있다.

○● 커피와 매서레이션(maceration) 작업의 유사성
열매째로 커피를 수 주일간 말리는—내추럴—방식은 껍질이 붙어 있는 채로 포도 머스트를 2주일간 매서레이션 및 발효 처리하는 레드 와인의 가공 방식에 상응한다고 볼 수 있다. 두 과정 모두 껍질에 있는 성분들을 꺼내어 최종 음료의 향미에 반영해 낸다.

수세식 커피는 건식과는 달리, 수확한 지 수 시간 내에 껍질과 씨앗을 분리한다. 화이트 와인도 유사하게, 껍질은 재빨리 머스트와 분리해 내고 머스트만 발효시킨다.

와인의 숙성 작업(배럴 에이징, barrel ageing)은 커피

●● 표 3.10 커피와 와인 가공 중 껍질과의 접촉(매서레이션) 기간

커피	레드 와인	화이트 와인
내추럴–건식 처리한 커피콩	길다	–
수세식–수세 처리한 커피콩	–	짧다

주의: 자세한 기간은 커피는 표 3.2, 와인은 표 3.9에서 확인할 것

의 다크 로스팅과 유사성을 찾아볼 수 있다. 양 과정 모두 어떤 경우에는 좋지 않은 향과 맛을 덮어줄 수 있다.

● 포도 1kg으로 와인을 얼마나 생산할 수 있을까?

포도 1kg 에는 포도 머스트(포도액) 700-850mL이 들어 있다. 생산되는 와인의 양은 머스트의 양과 거의 같다.

백포도의 경우 통상 600-700mL가 생산된다. 적포도는 껍질이 얇고 더 많이 압착하기 때문에 700-800mL 정도 나온다. 처리 가공 중 증발, 누출 등의 이유로 약간 줄어든다.

머스트/포도의 비는 다음 경우에 따라 달리 나타난다:

- 포도 종류(품종, 크기, 껍질의 두께)
- 수확 시기. 일찍 수확하면 과즙이 풍부하고 늦게 수확하면 포도가 시들거나 쭈글쭈글해지면서 과즙이 줄어든다.
- 포도 압착 정도. 적포도는 백포도보다 더 많이 압착한다.

즉, 와인 한 병(750mL)을 생산할 때, 레드 와인용 적포도는 1kg, 화이트 와인용 백포도는 1.2kg가 필요하다.

● 로제 와인: 적포도를 화이트 와인처럼 처리

로제 와인은 전 세계 와인의 10%를 차지하며 점점 비율이 늘어나는 추세이다. 로제 와인 생산법은 크게 3가지로 나뉜다.

- **재래식 로제 와인**: 포도 압착 직후 포도액과 껍질을 분리한다. 레드 와인을 만들 때는 최대 3주간 껍질을 접촉시켜 색소를 추출하지만 로제 와인은 48시간 미만 접촉시킨다. 이후 껍질이 없는 상태로 원액을 발효시킨다. 그렇기에 마치 화이트 와인을 만들듯이 적포도를 처리한 결과가 로제 와인이다.
- **레드 와인 공정 중 부산물로 생산되는 로제 와인**: 적포도 발효 초기에 발효조 바닥에서 밝은색의 압착되지 않은 머스트를 분리할 수 있다. 이것을 소위 블리딩(bleeding, 프랑스어로 saignée, 쎄니에)이라고 한다. 이것을 발효하면 로제 와인이 된다.
- **블렌드로 만드는 로제 와인**: 어떤 로제 와인은 (백포도로 만든) 화이트 와인에 레드 와인을 소량(2-10%) 섞어 만든다. 유럽의 여러 아펠라시옹(appell

---

● 셰리(Sherry)와 포트 와인(port wine)–무엇이 다를까?

셰리는 화이트 와인의 일종으로 백포도로 만든다. 발효가 끝난 뒤 알코올 강화 작업을 거치기에 드라이한 느낌이 커진다. 이후 감미 작업을 할 수 있다. 현재까지 셰리의 주 생산지는 스페인이며 셰리(Sherry)라는 명칭을 쓸 수 있는 나라도 스페인뿐이다. 셰리라는 말은 안달루시아 지방 헤레쓰(Jerez) 마을 이름을 딴 것이다.

포트 와인은 단맛이 나는 와인으로 대부분 짙은 레드 와인이지만 화이트 와인, 로제 와인도 있다. 여러 가지 품종을 쓸 수 있으며, 과실향이 풍부하다. 발효가 끝나기 전 브랜디(brandy, 와인을 증류한 것)를 넣어 알코올을 강화한다. 브랜디를 첨가하면 발효가 멈추고, 그때까지 변하지 않은 당 및 향미가 와인에 남는다.

포트 와인은 기본적으로 루비(Ruby), 토니(Tawny), 스페셜티 급으로 전체 포트 와인 중 1%만 해당하는 빈티지(Vintage)의 세 가지 형태로 공급된다.

포트 와인은 포르투갈의 도루 밸리(Douro Valley)에서 생산되며, 이곳은 (몇 가지 예외가 있긴 하지만) 와인 쪽에서 포르투(Proto) 및 포트(Port) 명칭에 대한 독점적인 사용 권한이 있다.

ation)에서는 이 방식을 허용하지 않지만, 로제 샴페인은 일반적이다. 신대륙 일부 지역에서도 흔히 만들고 있다.

몇몇 로제 샴페인 생산지에서는 동일 농장에 백포도가 일부 적포도를 함께 자라며 함께 발효시키기 때문에 포도밭에서 블렌드가 이루어진다. 여기서 문제가 발생한다. 백포도인 샤르도네는 일반적으로 적포도인 피노 누아보다 먼저 익기 때문에 두 포도를 한꺼번에 수확할 수 있는 시기는 겨우 며칠밖에 되지 않는다.

스페인식 로제 와인의 색상이 가장 진하고, 독일과 프랑스(특히 프로방스 지역)의 로제는 색이 밝은 경향이 있다. 로제 와인은 블러시(blush) 와인, 핑크(pink) 와인으로도 불린다. 로제 와인 시장은 2000년 이후 성장세이다. 과거에는 로제를 여성용의 도수가 낮은 와인으로 생각했지만 지금은 그런 이미지가 사라졌다. 2005년 이래 여러 국가에서 옅은색의 로제와인을 만드는 추세이다.

● **와인은 생산 과정 전체가 한 자리에서 이루어진다 ─ 와인 산업의 특징이다.**

와인은 양조의 시작부터 끝까지 한자리에서 이루어지는 제품이고, ─심고, 기르고, 수확하고, 처리하고, 숙성하고, 포장하고, 보관하고, 판매하는 모든 일을 같은 사람이 하는 경우가 많다. ─이런 제품은 드물다. 와이너리들이 자기 제품에 애착을 느끼고 자랑스러워하는 이유 중 하나이다.

일상에서 만나는 거의 대부분의 용품─음료, 식품, 옷, 가구, 책, 전기기기 등─은 다양한 지역에 있는 많은 사람들의 손을 거치는 공급망을 통해 생산된다. 커피도 마찬가지이다.

3.3 배럴(barrel)과 배럴 에이징(barrel-ageing)

● **배럴 에이징: 이유와 방법**

역사적으로 와인은 오크 배럴에 담아 보관했다. 관리가 편했기 때문이다. 많은 와인 제조업체들의 인근에 숲이 있었고 배럴은 한 사람이 굴릴 수 있을 만큼 다루기 쉬웠다. 오늘날, 배럴에 담아 에이징을 하는 와인은 2% 정도에 불과하며, 이마저도 21세기가 되면서 약간 더 줄어들었다.

배럴 에이징은 주로 세 가지 이유로 진행된다:

• **향과 맛**: 오크가 와인의 향미에 영향을 준다. 오크에서 추출된 탄닌이 와인을 부드럽게 만들어 주

는데, 오크 품종에 따라 그 작용 경로는 다르다. 나무를 톱질하고 쪼개고 구운 방식에 따라서도 영향을 준다. 때에 따라 이스트 잔재와 다른 큰 입자가 배럴에 남는 리즈 에이징(aging on lees, 프랑스어로 sur lie(쉬흐 리))을 하기도 한다.

- **마이크로 산화**: 저장 중 마이크로 산화가 일어나면서 향을 발현시키고 탄닌을 부드럽게 만들며 복합미를 키운다.
- **와이너리의 이미지 향상**: 배럴로 가득 찬 창고는 대단히 근사해 보인다. 이 복고풍 이미지는 오래된 전통, 역사가 깊은 샤또(chateaux, 와인 생산 농가)에서 전문 장인과 유서 깊은 가문이 생산한 자연 와인이라는 생각과 연계된다.

전형적인 배럴 에이징은 6-12개월 걸리지만 이보다 짧게도, 훨씬 길게도 할 수 있다. 창고 내부 통풍을 잘 관리해서 배럴이 마르거나 쪼개지는 일이 없도록, 또한 곰팡이도 발생하지 않도록 한다. 이상적인 보관 조건은 8-12℃에 습도 75-80%이다. 관리 중 흘러나오거나 증발되면서 사라지는 양은 대개 연 5% 정도이다.

그림 3.3에서는 재래식 배럴과 캘리포니아 Modern Cooperage Barrels 사에서 생산한 배럴을 보여준다. 이 현대식 배럴은 넓은 표면적의 오크 나무판들이 내장되어 있고 와인을 넣고 빼기 편리하다.

● 배럴용 목재

배럴을 만드는 목재는 주로 세 가지이다. 둘은 유럽산이고 하나는 미국산이다.

- **세실 오크**(Sessile oak, Quercus petraea). 결이 곱다, 화이트 오크라고도 한다.
- **피던큘레이트 오크**(Pedunculate oak, Quercus robur). 프렌치 오크 또는 잉글리시 오크라고 한다. 탄닌의 양이 많고 꼬냑(cognac, 꼬냑 지방의 브랜디) 보관에도 좋다.
- **아메리칸 화이트 오크**(Quercus alba). 주로 미국, 스

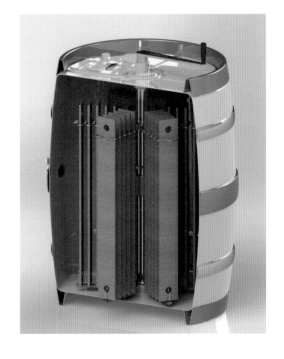

● 그림 3.3 재래식 및 현대의 와인 배럴

페인, 중남미, 호주산 와인에 쓰인다.

다른 나무로 만든 와인용 배럴도 있다. 예를 들어, 이탈리아의 네비올로(Nebbiolo) 와인, 프랑스의 론 밸리(Rhône Valley)산 와인은 밤나무(체스트넛, chestnut)로 만든 배럴을 사용한다. 캘리포니아의 일부 와인 제조업체는 아카시아(acacia) 나무로 만든 프랑스산 배럴을 쓴다. 오스트리아와 불가리아의 일부 배럴 제조업자(cooper)들은 벚나무(cherry wood)를 사용한다.

와인 배럴의 주요 생산국은 프랑스와 미국이다. 다른 주요 생산국 및 수출국으로는 오스트리아, 불가리아, 크로아티아(슬라보니아 지역), 헝가리, 루마니아, 슬로베니아, 러시아(흑해 유역)가 있다.

현재 프랑스 산림청에서는 나무 다시 심기 작업을 관장하고 있다. 프랑스의 숲 면적비는 1990년 27%이던 것이 2015년 거의 30%까지 늘어서 목재가 부족하다거나 환경에 위협이 될 만한 시급한 상황은 아니다. 프랑스 삼림의 1/3은 오크 나무이다.

상당수 배럴들이 삼림 관리 기준에 따른 인증을 받는다. 가장 흔한 인증은 Forest Stewardship Council(FSC)와 Programme for the Endorsement of Forest Certification(PEFC)이다. 와인 배럴에 이 기관의 로고가 각인되어 있는 경우가 많다.

현재 전 세계적으로 프렌치 오크로 만든 배럴 수요가 늘고 있다. 그 이유 중 하나는 이 오크(결이 빽빽하다.)에는 있는 미세한 구멍 때문이다. 미세한 구멍은 장점이긴 하지만, 기밀성을 유지하기 위해서 조심스레 결을 쪼개고 자연 옹이를 따라 톱질을 해야 한다. 이렇게 발생하는 폐자재 비율은 최대 80%까지 올라가는데, 이는 다른 어떤 배럴 생산국보다도 높은 수치이다.

세계 와인의 2%만이 배럴에서 숙성된다. 프렌치 오크로 만든 배럴은 가장 널리 쓰이고 또한 가장 비싸다.

배럴 제작에 이상적인 오크 나무는 수령이 200년 된 것이다. 배럴용 프렌치 오크는 대개 120-150년 자란 것으로서 일부 개체는 1800년대 나폴레옹 시대에 선박 건조용으로 심어진 것이다. 주요 삼림지는 대개 프랑스 중부로, 알리에(Allier), 베흐트엉쥬(Bertranges), 부르고뉴(Bourgogne), 셰어(Cher), 퐁텐블로(Fontainebleau), 리무쟁(Limousin), 느베르(Nevers), 트롱세(Tronçais), 보쥬(Vosges) 등이다. 이 지역들의 오크는 모두 각자 지역별 특성이 있다.

배럴 제작 작업(쿠퍼링, coopering)은 배럴 제작과 매매를 일컫는 말로서 유럽에서 1200년도 경에서부터 알려졌다. 프랑스에는 약 50개 업체가 있는데 매년 통나무 40만여 세제곱미터를 사용해 배럴 60만 개를 만든다. 이 중 60% 이상이 수출되는데, 주요 수입국은 미국, 오스트리아, 스페인, 이탈리아이다.

미국산 배럴은 산지별로 차이가 거의 없다. 오크 목재는 18개 주에서 생산되는데, 주로 중서부(아이오와, 켄터키, 미네소타, 미주리, 위스콘신), 동부의 애팔래치아 산맥, 그리고 오리건 주를 꼽을 수 있다.

미국 와인 제조업체에서 사용하는 배럴의 65%는 프랑스산 오크로 만든 것이다. 25%가 자국 오크이고 나머지 10%는 동유럽 오크로 만든다. 1900년대 미국에서는 발틱 지역과 보스니아에서 생산된 배럴이 일반적이었다.

● **배럴 크기와 모양**

바리끄(barrique)는 보르도에서 사용해 온 225리터들이 전통 배럴이다. 대형 오크 캐스크 또는 대형 스틸 탱크에서 숙성한 와인과 구별한다는 의미에서 작은 배럴에서 숙성시킨 와인을 '바리끄 에이지드(barrique-aged)'라고 표현하는 경우가 있는데 이는 올바른 표현은 아니다. 바리끄라는 말 자체는 오크가 새것인지 예전에 썼던 것인지, 불을 살짝 쬐었는지 중간 정도로 쬐었는지 많이 쬐었는지, 프랑스산 오크인지 미국산 오크인지에 대해서 알려주지 않는다.

배럴 형태 관련 용어는 산지 이름을 따는 경우가 많다. 표 3.11에서처럼 대개는 유럽 지역 이름이다.

● 불을 쬔 배럴에서 공급되는 향미 성분

대부분의 배럴은 안에 불을 쬐어 굽는다(toast). 불을 쬘 때 온도는 180-270℃, 시간은 30-60분이다. 불을 얼마나 쬐느냐에 따라 속성이 달라진다. 살짝 쬐거나 혹은 아주 살짝 쬔 경우는 대개 바닐라 향이 난다. 중간 정도로 하면 초콜렛과 클로브 향이 나며, 불을 쬐는 시간이 길면 커피, 캐러멜 향이 난다. 와인의 구조에 더해지는 탄닌은 약하게 쬔 배럴일수록 가장 크다.

일반적으로, 프랑스산 오크로 만든 배럴은 향신료 향에 섬세한 질감을 더해 준다. 미국산 배럴은 바닐라 느낌의 향미가 강해지고 와인 질감은 크리미한 느낌이 더해진다.

오크 배럴에 담아 숙성한 와인과 그렇지 않은 와인간 라벨링 차이는 전 세계적으로 통일된 규정이 없다. 배럴 숙성이 고급으로 여겨지긴 하지만, 자기 와인에 'unoaked', 'oak-free', 'pure'라고 표기해서 오크 배럴에 담지 않은 것을 내세우는 와인 제조업체도 있

● 표 3.11 와인 배럴과 형태, 용량, 산지, 일반 용도

배럴 형태	용량			산지, 일반 용도
	리터	임페리얼 갤런	미국 갤런	
쿼터 캐스크(Quarter cask)	80	18	21	주로 위스키에 사용
푀이예뜨(Feuillette)	114	25	30	프랑스 동부 꼬뜨도르(Côte d'Or) 지역
샤블리(Chablis)	132-136	29-30	35-36	프랑스 북동부 샤블리 지역
오일 배럴(oil barrel) 원유 상태의 광유 및 석유 제품	158.99	34.97	42	철제 배럴; 1856년 미국 펜실베니아에서 원유용 용량 단위로 설정됨. 여기서는 용량 비교용으로만 언급했음
위스키(Whiskey)	195	43	52	통칭 캐스크(cask); 다른 용량 또한 일반적으로서, 미국의 버번(Bourbon)제품은 53 미국 갤런(200리터)들이임
바리끄(Barrique) 보르도 형	225	49	59	세계적으로 사용됨. 미국에서 미국 표준 오크 배럴(American standard oak barrel)이라고 불리기도 함
삐에쓰(Pièce) 부르고뉴 형	228	50	60	부르고뉴 외 지역에서도 사용되지만 바리끄보다는 덜 사용함
꼬냑(Cognac)	300	66	79	주로 꼬냑에 사용. 리무쟁 오크를 쓰는 경우가 많다. 350리터들이 등 다른 크기도 있다.
혹스헤드(Hogshead)	300	66	79	대개는 신대륙에서 사용하며 이탈리아 일부 지역에서도 사용함. 239, 250, 340리터들이 등 다른 크기도 있다.
펀천(Puncheon)	500	110	132	사용하는 곳이 점차 늘어나는 중. 300리터들이부터 그 이상 용량까지 크기가 다양하다. 프랑스에서는 아르마냑(Armagnac)이라 부름
피페 데 포르투(Pipe de Porto)	550	121	145	1800년대에 포르투갈에서 항구 선적에 사용하던 용량은 534리터가 더 일반적이었다. 또한 도수 강화 와인 보관과 숙성에 사용하는 400리터, 650리터들이 '피페'도 있다.
드미-뮈(Demi-muid) (샤또뉘프 뒤 빠프(Châteauneuf-du-pape) 포함)	600	132	159	론 계곡(Rhône Valley), 랑그독-루시용(Languedoc-Roussillon), 남프랑스(Sud de France)에서 일반적. 220, 500, 620, 2500, 4000, 8000리터 들이도 있다.
헤레쓰(Jerez)	600-650	132-143	159-172	스페인 셰리 지역에서 일반적
모젤(Moselle) (푸더(Fuder))	1000	220	264	룩셈부르크, 프랑스, 독일
보띠(Botti)	1000	220	264	이탈리아 용어로서 1000리터에서 5000리터 이상까지 존재
라인(Rhine)	1200	264	317	주로 독일에서 사용
푸드흐(Foudre)	2000	400	528	프랑스 동부, 남부에서 사용하던 용어로 현재 전 세계에서 사용. 1000리터에서 12000리터까지 있다. 캐스크(cask), 뱃(vat)으로도 불림

주의: 리터, 임페리얼 갤런, US 갤런 환산은 반올림한 값임.

다. 오크 숙성한 와인에서는 전형적인 향신료 느낌, 바닐라 느낌이 나는 데 비해, 그렇지 않은 와인은 신선하고 역동적이라는 느낌, 'crisp', 'refreshing', 'vibrant'라는 용어를 쓴다.

배럴 숙성은 샤르도네와 세미용 품종에는 잘 맞지만 향이 강한 리즐링, 게뷔르츠트라미너, 뮈스까, 비오니에(Viognier) 품종에는 필요하지 않다. 샤르도네 품종 또한 프랑스의 마콩(Mâcon)과 샤블리에서는 오크 숙성을 하지 않는 것이 일반적이다. 다만 캘리포니아, 호주에서는 새 오크에 숙성하는 경우가 흔하다.

● 배럴 숙성 비용

프랑스산 오크 배럴은 800-1100달러로서 오크 품종, 산지, 불에 쬔 정도, 브랜드, 기타 가격 요소에 따라 가격이 다르다. 그 외 국가에서 생산된 배럴은 대개 200달러 정도 더 싸다.

배럴 숙성한 와인은 몇 가지 차이는 있지만 소매 시장에서 약 3달러 정도 더 비싸다. 여기 아래처럼 가정하여 계산을 해보았다.

- 배럴(바리끄 기준) 크기: 225리터
- 배럴 사용 횟수: 5회
- 배럴에서 숙성하는 와인의 양: 1125리터(225리터 ×5회)
- 증발, 펌핑, 누수 등으로 10% 손실분 차감시: 1012리터로서 1350병
- 배럴 가격: **800달러**
- 직원 급여, 펌프나 리프트 기구 비용, 보관비, 이자 비용 등 추가 지출: **1천 달러**(추정)
- 배럴 및 5년간 취급 비용 총액: **1800달러**
- 리터당 비용: **1.78달러**(1800달러 / 1012리터)
- 와인 제조업체에서 병당 비용(750mL기준): **1.33달러**
- 소매 시장의 병당 가격: 대략 **2.8달러**

미국에서는, 배럴 제조업체 및 기타 업체의 언급을 바탕으로 아래 네 가지 내용을 감안하여 배럴 숙성 비용을 추정한다.

● 표 3.12 와인 배럴을 불에 쬐는 정도: 프랑스와 미국의 예

표식	불에 쬔 정도
프랑스	
CB	Chauffe Blonde
CM	Chauffe Moyenne
CM+	Chauffe Moyenne Plus
CF	Chauffe Forte
ML	Moyenne Légère(Medium Light)
M/MT	Moyenne(Medium Toast)
M+	Moyenne Plus(Medium Plus)
MTL−	Medium Toast Long Minus
MTL/ML	Medium Toast Long
MTL+	Medium Toast Long Plus
VLL	Vosges Légère Légère
VML	Vosges Moyenne Légère
AM	Allier Moyenne
AML	Allier Moyenne Légère
미국	
LT	Light Toast
MT	Medium Toast
MT+/M+	Medium Toast Plus
HT/H	Heavy Toast
TH	Toasted Head
MTTH	Medium Toast, Toasted Head
HTTH	Heavy Toast, Toasted Head
SHT	Slow Heavy Toast

자료: 배럴 제작 업체 브로셔와 웹사이트 및 저자의 와인 제조 업체 방문
주의:
- chauffe는 열을 가한다, moyenne는 중간 정도, légère는 약한 정도라는 뜻이다.
- 불을 쬔 정도를 배럴 상단에 약어로 표현하는 경우가 많다.
- Vosges, Allier는 오크 나무가 자란 지역을 나타낸다.

- 프랑스산 오크로 만든 배럴은 병당 25달러 이상 하는 와인에 사용한다.
- 미국산, 동유럽산 오크로 만든 배럴은 10-25달러 정도의 와인에 사용하지만 그 이상 가격대에도 사용하는 경우가 있다.
- 병당 12달러 이하의 와인의 경우 거의 대부분 오크 대용물을 써서 오크에 노출시킨다.
- 25달러 이상의 와인 또한 오크 대용물을 쓴 것이 있다.

● 오크 배럴 대용품

라벨에 오크 배럴이라는 표현 대신 두루뭉술하게 오크란 말만 언급되어 있다면, 그 와인은 오크 대용품을 썼을 가능성이 높다. 이런 대용품으로는 오크 가루, 조각(chip), 씨앗, 작은 토막(cube), 막대, 판자 등이 있다. 배럴에 향미를 공급하기 위해 넣는 이런 대용품을 애정트(adjuncts, 부가물)라고도 하는데, 이 또한 다양한 정도로 불에 쬘 수 있다. 널리 쓰이기 시작한 것은 1980년대, 지역은 미국, 호주 및 기타 지역이다. 유럽에서는 2007년부터 허가되었다. 발효 전에 오크에 노출시키는 경우도 있는데, 이렇게 하면 와인의 질감(mouthfeel, 마우스필)을 높일 수 있다.

오크 조각을 채운 2-3kg짜리 주머니 하나면 와인 1천 리터에 향을 입힐 수 있다. 현재 오크 조각 1kg 가격은 35달러 정도라, 이 방법을 쓰면 비용 절감이 상당하다. 게다가 탱크 내에서 증발 손실도 일어나지 않는다.

화이트 와인과 로제 와인은 껍질을 빨리 제거하기 때문에 오크 배럴에서 발효와 숙성을 다 할 수 있다. 이에 비해 레드 와인은 포도 껍질이 들어 있는 채로 발효를 진행하는데, 발효는 커다란 개방 탱크에서 진행하는 것이 제일 좋다.

오크칩을 써서 향을 낼 때 드는 추가 비용은 소매 시장에서의 병당 단가 기준 0.5달러가 채 되지 않는다. 몇 가지 가정하에 다음과 같이 추정한다.

- 탱크 용량: 1천 리터
- 필요한 오크칩 3kg의 가격: 총 **105달러**
- 작업비용(구매, 작업 감시, 청소 등): **140달러**(추정치)
- 오크 칩과 작업비 총액: **245달러**
- 리터당 비용: **0.25달러**
- 와인 제조업체에서 병(750밀리리터)당 비용: **0.18달러**
- 소매시장의 병당 비용: **0.45달러**(오크 배럴에서 에이징하고 향을 넣었을 때의 비용 대비 15% 수준)

● 배럴 재활용

오크 배럴은 대개 5년차까지만 사용한다. 그 뒤로는 미세 산화 기능이나 와인에 향을 주는 능력이 거의 사라진다. 일부 배럴은 수명이 더 짧다. 세계적으로 가장 값비싼 축에 속하는 와인 중 하나는 새로 만든 오크 배럴로만 에이징하는 경우도 있다. 이런 배럴은 다른 와인 제조업체가 사들여서 몇 년 더 사용하기도 한다. 어쩌면 이런 와인 제조업체들은 '그 유명한 샤또 오 엑셀렁(Château Haut Excellent)'에서 한 번 쓴 배럴로 숙성시켰다'라고 자랑할지도 모른다.

중고 배럴은 가치가 크지 않다. 배럴 목재는 정원 꽃 장식용, 야외용 가구용뿐 아니라, 램프, 주방용 도마, 스케이트보드 등으로도 폭넓게 사용된다.

배럴 목재를 사용한 혁신적인 제품 중에 캘리포니아의 로버트 몬대비(Robert Mondavi) 와인 그룹에서 생산하는 운지 선글래스(Woodzee sunglasses)가 있다. 오리지널 그레인(Original Grain)이라는 디자인 업체에서는 독일산 배럴 목재를 사용해 배럴 컬렉션(Barrel Collection)이라는 시계를 만들었다. 미국 오리건주 포틀랜드에서 생산하는 고급 수공예 자전거인 레노보 자전거(Renovo bicycles) 또한 눈여겨볼 만하다. 이 자전거는 스코틀랜드의 위스키 제조업체 글렌모렌지(Glenmorangie)에서 나온 배럴을 사용한다.

가장 최근 것으로는 바이올린이 있다. 3대째 바이올린을 만드는 스페인의 페르난도 솔라르(Fernando Solar)는 와인 제조업체 라몬 빌바오(Ramón Bilbao)에서 나온 배럴로 바이올린을 만들고 있다.

다음은 무엇일까?

3.4 커피 블렌딩과 와인 블렌딩

●● 블렌딩을 하는 이유

커피도 와인도, 블렌딩의 가장 큰 이유는 관능 품질을 향상시키는 것이다. 그리고 바로 사용 가능하거나 구하기 쉬운 물량을 최적으로 사용하고자 하는 의도, 그리고 비용을 줄이는 것이 목적이다.

● 그림 3.4 재활용 배럴을 사용해 만든 선글래스, 시계, 자전거

블렌딩을 하면 품질을 높일 수 있다. 복잡성을 키워주고 특정 결점은 교정하거나 '덮어줄' 수 있다. 유명 브랜드 제품군이 있는 대형 업체는 일관성이 가장 중요하다. '마지막까지 똑같은 품질'의 제품을 생산하는 것이 '고품질' 제품을 생산하는 것보다 더 중요하다. 그래야 소비자들이 자신의 구매에 확신을 가질 수 있기 때문이다.

○ 커피 블렌딩

커피 블렌드는 일반적으로 3-5개 산지의 커피를 섞어 만든다. 예를 들어, 브라질(바디와 단맛), 콜롬비아(바디와 산미), 과테말라(향, 향미), 케냐(쌉쌀한 산미와 향미)를 섞어 블렌드 제품을 만든다.

대형 로스터는 사입하는 커피가 20종 이상 되기도 하며 이를 섞어 자신들의 선호 배합을 만들 수 있다. 이런 방식을 쓰면 특정 커피가 부족하거나 가격이 높을 때 블렌딩 공식을 재빨리 바꿀 수 있다는 장점이 있다. 예를 들어, 파푸아뉴기니산 아라비카는 카메룬산 아라비카로 대체할 수 있고, 콜롬비아산 아라비카 대신 탄자니아산 최고급 아라비카를 쓸 수 있다.

로스터의 배합 공식은 대개는 비밀이다. 물론, 4개 대륙에서 생산된 9개 아라비카 커피로 자신들의 대표 블렌드를 만든다고 공개하는 이탈리아의 일리카페(illycaffe) 같은 업체도 있다. 항상성 때문에 배합비

는 수확기마다 달라진다.

로스터는 대개 로스팅 전 생두일 때 블렌딩을 진행한다. 이렇게 하면 로스팅을 마친 즉시 커피를 포장할 수 있다. 로스팅을 하고 나서 커피를 블렌딩하는 —소위 스플릿 로스팅(split roasting)— 방식은 스페셜티 커피 블렌드에서 흔히 볼 수 있지만, 시간을 잡아먹고 물류 문제도 있다. 블렌딩 용으로 사용할 마지막 배치가 나오기 전까지, 각기 달리 로스팅한 커피 배치들을 보관해야 한다.

스플릿 로스팅에서는 매 커피마다 로스팅 정도를 다르게 할 수 있다. 일부에서는 이를 블렌드라는 의미의 프랑스어인 멜랑지(mélange)라고 부른다. 이런 로스팅 기법은 일부 커피에서 특정 선호 향미를 강화하고자 할 때 쓸 수 있다.

미국의 스윗마리아즈 커피(Sweet Maria's Coffee)에서는 다크 로스팅 향미와 좋은 바디, 우아한 산미가 있는 블렌드용으로 아래와 같은 배합을 권장한 바 있다.

- 콜롬비아, 니카라과, 브라질 커피 40% 사용, '풀 시티' 로스팅해서 바디를 유지함.
- 멕시코(또는 부드러운 맛의 중미 커피) 커피를 30% 사용, 프렌치로 로스팅하여 날카로운 느낌, 탄화된 향미를 만듦.
- 케냐 협동농장에서 생산한 커피 30% 사용, '시티'

로스팅으로 밝은 산미를 낸다(또는 밝은 느낌의 코스타리카 커피, 기타 중미 커피를 사용)

위에서 시티, 풀 시티, 프렌치라는 표현은 로스팅 정도로서 표 3.4에서 설명한다.

커피는 대부분 블렌드이다. 서로 다른 커피콩을 섞는 작업은 흔히 로스팅 전 진행한다.

아라비카 커피는 매력적인 달콤한 향과 향미가 있어 일반적으로 로부스타보다 수요가 많다. 그러나 이탈리아식 에스프레소 블렌드 제품 대다수에는 로부스타 품종이 일부 또는 상당히 많이 들어간다. 그 이유는 다음과 같다.

- 로부스타를 쓰면 커피의 바디가 증가한다. 더하여 강한 맛이 나는 경향이 있다.
- 로부스타는 아라비카보다 카페인이 더 많고 이 덕에 보다 많은 각성 효과를 준다.
- 로부스타는 풍성한 거품 —황금빛의 크레마(crema) —을 만들어준다. 거품은 보기에 좋고 온도와 휘발성 향 물질을 보존해준다.
- 로부스타는 아라비카보다 저렴하다. 산지 가격으로 아라비카 대비 2/3 수준이다.

◉ 이탈리아 커피 제조 업체에서 생산하는 커피 블렌드

이탈리아 트리에스테의 산달리 트레이딩 컴퍼니(Sandalj Trading Company)는 에스프레소 블렌드 특화 업체이다. 이 업체가 생산하는 블렌드 일부는 맞춤식이고 다른 일부로는 사전 블렌딩한 30kg들이 포대 단위 생두 제품이 있다. 블렌드 제품군이 다양하여 표 3.13에서처럼 여러 가지 목적에 맞는 제품을 고를 수 있다. 이 상태로 로스팅할 수도 있고, 또는 추가 작업을 거쳐 고유한 블렌드 제품으로 만들 수도 있다. 각 포대마다 진품 인증서가 동봉된다.

동유럽과 아시아 등, 블렌드 제품이 서유럽만큼 흔하지 않은 지역에서 수요가 늘면서, 산달리사의 커피 블렌드 제품들은 이탈리아 밖에서도 판매되고 있다.

이탈리아 각 지역마다 선호하는 블렌드 제품군이 다르다. 북부에서는 아라비카 위주의 블렌드 수요가 높은 반면, 남부 소비자들은 로부스타 비율이 높은 제품을 선호한다.

◉ 치커리, 보리, 기타 커피 대체제를 섞은 커피 제품

치커리는 다년생 식물로서 꽃은 밝은 푸른색이다. 잎은 주로 샐러드로 먹고 뿌리도 식용이다. 이 뿌리를 구워 분쇄하면 커피 첨가제 또는 커피 대체제로 쓸 수 있다. 치커리는 주로 북미, 유럽, 인도, 중국, 일본, 호주에서 재배한다.

치커리가 커피 대체제로 널리 쓰인 시기는 2차 대전 때이다. 지금도 프랑스, 이탈리아, 포르투갈, 인도 등의 일부 국가에서는 치커리를 커피에 혼합해 사용한다. 치커리는 커피보다 가격이 낮다. 그리고 일부 소비자는 치커리의 향미를 커피만큼이나 좋아한다.

일부 국가에서는 커피 혼합물로 보리를 쓴다. 보리는 전 세계적에서 재배되며 그 상당수는 맥주 제조에 가장 중요한 원재료인 맥아(엿기름, malt, 몰트)에 쓰인다.

아래는 포르투갈의 수퍼마켓에서 판매되는 커피 상품의 조성표 예시이다. 예시 세 가지 중 두 개에는 커피가 아예 없다.

- 보리 100%
- 보리 35%, 맥아 35%, 치커리 25%, 호밀 5%
- 보리 55%, 치커리 25%, 커피 20%(명시하지 않음)

커피를 배급하는 시기, 또는 단순히 커피가 비싼 시기에, 여름에 수확하는 무화과(fig), 대두, 도토리 같은 식물들을 커피 대체제로 쓰는 경우도 있다. 다만 당연한 말이겠지만 이런 대체제들에는 실제 커피처럼 각성 효과를 낼 만한 카페인은 없다.

● 와인 블렌딩

일부 와인 제조업체는 숙성 와인을 40배치(batch) 이상 갖추고 블렌딩을 한다. 최종 제품은 블렌딩 시점, 포도 품종, 포도의 익은 정도, 포도 껍질 접촉 시간, 배럴에 쓰인 오크 종류 등 여러 가지 요인들에 따라 달라진다.

일반적으로 보르도 와인은 여러 포도 품종으로 만든 와인을 블렌드한 것이다. 주로 사용하는 포도 품종은 까베르네 소비뇽, 까베르네 프랑, 메를로이다. '프리-런'과 '프레스'를 각각 나누어 생산하는데, 프레스 와인은 알코올 발효 후 압착하고 껍질을 제거해서 만든다. 프레스 와인은 탄닌 함량이 높고 제품 생산 후기 단계에서 블렌드의 최종 조정에 사용하기에 좋다.

부르고뉴의 와이너리들도 블렌딩을 하지만, 동일한 포도 품종끼리 블렌딩한다. 이때 사용하는 배치들은 수확시에 익은 정도, 기후, 토양, 포도나무의 수령, 배럴 에이징 정도, 배럴 종류에 따라서 다르다. 최종 조정용으로 프레스 와인을 사용하기도 한다.

● 아썽블라쥬(assemblage), 쿠파쥬(coupage), 뀌베(cuvée)

아썽블라쥬는 동일 포도 품종 또는 다른 포도 품종으로 만든 와인을 블렌드한 것이다. 일반적으로 아썽블라쥬에서는 포도의 어느 한 속성이 같거나(포도밭(샤또(chateau), 도멩(domaine), 끌로(clos) 등)) 최소한 지역

○ 표 3.13 이탈리아 커피 업체(산달리)에서 제공하는 커피 블렌드 제품 예

블렌드 이름	아라비카/로부스타	에스프레소	카푸치노	모카	필터 커피	캡슐 커피	포드
스트라디바리(Stradivari)	100/–	●●●●●	●●●●●	●●●●●	●●●●	●●●●	●●●●
비발디(Vivaldi)	100/–	●●●●	●●●●●	●●●●	●●●●	●●●●	●●●●
도니제티(Donizatti)	100/–	●●●●	●●●●●	●●	●●●●●	●●	●●
토스카니니(Toscanini)	100/–	●●●●●	●●●●	●●●●●	●●●	●●●	●●●
카루소(Caruso)	100/–	●●●●●	●●●	●●●	●●●	●●	●●
페르골레지(Pergolesi)	100/–	●●●●	●●●●	●●●●	●●●	●●	●●
카푸치노(Cappuccino)	90/10	●●●●	●●●●	●●●●●	●●●●	●●●	●●●
스카를라티(Scarlatti)	85/15	●●●●	●●●●	●●●●●	●●●●●	●●●	●●●
파가니니(Paganini)	75/25	●●●●●	●●●	●●●●	●	●	●●
로시니(Rossini)	65/35	●●●●	●●●	●●●●	●●	●●	●●
푸치니(Puccini)	60/40	●●●	●●●	●●●●	●●	●●	●●
프레스코(Fresco)	50/50	●●●●	●●	●●●	●●●	●●	●
타르티니(Tartini)	30/70	●●●	●●	●●●	●●	●●	●●
마스카니(Mascagni)	10/90	●●	●●●	●●			●
베르디(Verdi)	–/100	●●●	●	●●	●	●	●
폰치엘리(Ponchielli)	–/100	●●	●	●●	●	●●	●●

●●●●● 최고　●●●● 매우 훌륭함　●●● 좋음　●● 괜찮음　● 부적합

● 보르도: 300년간 잉글랜드의 영토였던 곳

케냐의 나이로비에서 열린 한 워크샵에서 있었던 일이다. 워크샵에는 커피 재배자, 수출업자, 기타 커피 산업체 관계자 등 70명이 참석했고, 그중 몇 사람이 토론에 참가했는데 의견들은 비슷했다. '유럽 로스터들이 케냐의 고품질 커피를 다른 나라의 저품질 커피랑 섞는 것은 우리 커피를 모욕하는 걸로 느껴집니다…' 그러고는 다른 나라 예시로 몇몇 국가를 들었다.

그러자 워크샵 진행자가 대답하길, "케냐 생산자 여러분, 오히려 기쁘고 자랑스럽게 생각하셔야 합니다"라는 것이었다.

엄청나게 다양한 블렌드를 수요하는 시장에서 케냐 커피는 품질이 뛰어난 커피로 알려져 있고 시장 입지도 좋다. 로스터들은 블렌드 가격을 낮추기 위해 값싼 커피를 많이 쓰는데, 이런 값싼 커피에서 나타나는 좋지 않은 속성을 케냐 커피가 '덮을' 수 있기 때문에 케냐 커피 수요가 있다는 것이다.

이렇게 탄생한 블렌드 제품들은 원래 케냐 커피만큼 품질이 좋지는 않겠지만, 예를 들어 케냐 커피가 40% 들어 있는 블렌드 제품이 물량도 많고 가격도 적당하다면, 그것으로 좋지 않을까. 최종 소비자들은 블렌드 성분은 잘 모르고, 심지어 관심조차 두지 않는다. 그렇지만 로스터만큼은 분명히 알고 있는 것이다.

토론을 보면서 알게 될 것이 또 하나 있다. 아무리 경험 많은 생산자라 할지라도 생산자와 멀리 떨어져 있는 시장의 경향을 추적하고 제대로 해석하기는 어렵다는 사실이다. 생산자나 수출업자가 시장을 이해하기 점점 더 어려워지고 있다. 구매자가 원하는 품질 범주는 이들과 다른 데다가 워낙 여러 지속 가능 농업 프로그램들이 운영되고 있기 때문이다.

위 워크샵은 2005년에 열렸다. 저자도 참석했다.

(아펠라시옹(appellation)이 같다.

쿠파쥬(오려내기(cutting), 프랑스어)는 약간 부정적인 의미가 섞여 있고 또 일반적인 저가 와인(테이블 와인)용 블렌딩 느낌을 주기 때문에 그렇게 많이 쓰지는 않는다. 일부 와이너리에서는 전해에 만든 소량의 와인을 블렌드에 포함시킬때 이 용어를 쓴다. 이런 작업을 하는 경우는 거의 없지만, 샴페인의 경우는 몇 가지 빈티지를 섞는 것이 일반적이다.

뀌베는 몇몇 포도 품종을 사용해 만든 와인을 일컫는다. 탱크 또는 용기라는 의미의 프랑스어인 cuve에서 파생된 것으로 '최고급'이라는 느낌을 주기 위해 쓰이는 경향이다.

뀌베는 용기가 서로 다른 와인을 블렌드했다는 뜻을 준다. 전 세계 와인 무역에서는 그 의미를 더 확장시켜서 차별화된 와인이라는 의미로 쓰인다. 예를 들어 "몇 종의 뀌베를 생산하나요?" "좀 더 비싼 뀌베를 선호하는 편입니다." 식이다. 마케터들은 고급화된 이미지를 주기 위해 이 말을 쓰지만, 그 말 자체로 품질을 보장한다고 할 수는 없다.

● 필드 블렌드(Field blends), 코퍼먼테이션(co-fermentation)

200년 전에는 포도 재배자들이 농장에서 재배하는 포도 품종은 꽤 여러 가지였다. 이것이 소위 필드 블렌드(field blend, 농장 블렌드)이다. 여러 품종을 기르는 것은 주로 보험의 의미였다. 즉 어떤 한 품종에 치명적인 질병이 퍼질 위험에 대비한 조치였다. 병이 퍼지더라도 동일 품종끼리는 상대적으로 멀리 떨어져 있을 것이기에 전파 속도를 떨어뜨릴 수 있다. 그리고 최소한 몇 가지 품종들은 결실 형태와 시기가 다르므로 날씨가 나빠도 수확이 가능하다. 평년 수준이라면 한 번에 포도를 수확하는 것이 보통이었고, 당연히 서로 다른 품종을 함께 발효(코퍼먼테이션)해야 한다.

오늘날 블렌드 와인은 포도가 아니라 주로 와인을 섞어서 만든다. 그렇지만 미국이나 유럽에는 여전히 코퍼먼테이션을 하는 지역들이 있다. 몇몇 지역은 심지어 강제적으로 코퍼먼테이션을 하도록 한다.

와인 블렌딩은 일반적으로 발효 뒤에 진행한다. 전통적으로 품종이 다른 포도를 발효 전에 섞어 버리는 곳이 있는데, 이렇게 진행하는 발효를 코퍼먼테이션이라고 한다.

코퍼먼테이션을 진행한 와인의 좋은 예로 빠스뚜 그랑(Passetoutgrains, passe-tout-grains)이 있다. 이 말은 '모든 포도를 보냈다(pass all grapes, pass all grains)'는 뜻이다. 부르고뉴의 지리적 표시제가 적용된 상표로서, 부르고뉴는 전통적으로 단일 품종으로 와인을 만들어 왔다. 빠스뚜그랑은 피노 누아 품종을 최소 33% 담아야 하는 와인으로서 나머지는 저렴한 가메 품종을 쓴다. 그런데 여기에 더해서, 총량의 15%까지는 샤르도네, 피노 블랑, 피노 그리의 세 가지 백포도(!) 품종도 쓸 수 있다.

오스트리아 비엔나 또한 필드 블렌드한 와인을 생산하는 전통으로 유명하다. 주로 화이트 와인 제조에 적용하며, 어떤 경우에는 최대 20개 품종을 섞는다. ─ 때로는 적포도도 혼합한다. 비너 게미슈테르 자츠(Wiener Gemischeter Satz) 등록 요건으로는 와인에 들어간 백포도 품종은 최소 세 가지, 함유율은 각각 10~50%가 되도록 ─ 예를 들어 45%, 40%, 15% ─ 한다는 내용이 있다.

캘리포니아에는 지금도 진정한 의미의 필드 블렌드를 하는 농장이 있다. 주로 포도 재배를 처음 시작했던 지역들인데, 특히 진판델(Zinfandel) 품종에 다른 품종을 두세 종 섞어 만든다. 캘리포니아에서 필드 블렌드용으로 유명한 품종은 껍질이 검은빛이고 탄닌 함량이 높은 쁘띳 시라(Petite Syrah)이다.

남부 론 계곡의 샤또뉘프 뒤 빠프(Châteauneuf-du-Pape)의 필드 블렌드에는 최대 13개 품종이 들어간다. 포르투갈에도 필드 블렌드를 하는 농장이 많다.

코퍼먼테이션은 품종이 다른 포도를 한 번에 수확할 수 있는 경우에만 가능하다. 관개를 달리 하고 주의 깊게 관리하면 품종이 다르더라도 같은 시기에 수확할 수 있다.

일부 백포도 품종은 함께 발효했을 때 레드 와인 색상을 좋게 만들고 향과 향미에 바람직한 영향을 준다. 코퍼먼테이션의 이런 이점은 수 백년 전에 발견되었는데, 아마도 프랑스의 론 계곡 북부 지역에서 발견되었으리라 여겨진다. 이곳에서는 지금도 백포도인 비오니에르(Viognier) 품종을 적포도인 시라 품종 발효에 첨가한다.

● **버라이어틀 와인(varietal wine) 항목**
버라이어틀 와인은 단일 품종으로 만든 와인 또는 한 품종이 주도적으로 쓰인 와인을 말한다. 유럽 연합 및 기타 대부분의 국가에서 버라이어틀 와인은 표시된 품종이 최소 85% 이상 사용되어야 한다고 정하고 있다. 최대 15%까지는 다른 품종 또는 라벨에 표시된 연도가 아닌 해에 수확된 포도로 생산한 와인을 써도 된다.

미국에서는 주류담배과세무역청(Alcohol and Tobacco Tax and Trade Bureau)에서 와인에 대한 연방 규칙을 정한다. 해당 규칙에 따르면 버라이어틀 와인의 요건으로 단일 품종 75%, 당해 빈티지(연도) 85%(AVA일 경우는 95%)가 들어가야 한다. 일부 주는 자체적으로 더 엄격한 요건을 가지고 있다. 예를 들어 오리건에서는 최소 90%는 되어야 버라이어틀 와인이라고 할 수 있다. 몇 가지 예외로 까베르네 소비뇽은 최소 75%를 잡는다. 다만 다른 보르도 타입 포도 품종과 블렌드할 경우에 한한다.

● **블렌드에 사용된 포도 품종에 대한 라벨의 정보**
블렌드 와인에 적용되는 라벨은 사용한 포도 품종에 대해 세 가지 형태로 정보를 제공한다.

· **포도 품종을 언급하지 않음**: 프랑스의 보르도, 샤또뉘프 뒤 빠프 와인이 여기 속한다. 이곳의 와인 대부분이 블렌드이다. 아마도 소비자들이 이 지역의 포도 품종에 대한 지식이 충분하다고 가정하는 것 같다. ─ 아니면 아예 관심이 없을 수도? 전 세계 다른 지역에서 생산된 일반적인 저가 와인 블렌드들도 어떤 품종을 썼는지 아무 정보도 제공하지 않는다.

· **포도 품종은 언급하지만 비율은 언급하지 않음**: 포도 품종의 비율을 드러내지 않는 데는 몇 가지

이유가 있다. 정확한 비율을 모를 수도 있고, 매년 비율이 달라질 수도 있으며, 밝히는 것이 적절치 않거나 비밀일 수도 있다. 일반적인 저가 와인들은—개정판 유럽 연합 분류에 따르면 이런 와인은 '테이블 와인'이 아니라 그냥 '와인'으로만 불린다.—품종까지 밝히는 경우가 때때로 있다. 2012년 이전까지는 포도 품종 명시가 허용되지 않았다.

- **포도 품종과 비율을 모두 언급**: 유럽보다는 신대륙에서 블렌드 내 포도 품종과 비율에 대한 상세 정보를 제공한다.

호주의 옐로 테일(Yellow Tail)의 일부 화이트 와인에는 뉴질랜드산 포도가 7-14% 들어간다. 이 내용은 뒷면 라벨에 기재되어 있다. 이렇게 '국제 블렌드'를 만드는 이유는 이런 방식으로 좋은 향과 향미를 만들 수 있거나, 비용 문제, 또는 그 지역에 특정 포도 품종이 부족하기 때문일 수 있다.

연도가 다른 와인을 섞는 것 - 소위 넌빈티지(non-vintage, NV)는 샴페인 및 스파클링 와인에서 흔하다. 포르투갈과 스페인은 이런 유형의 숙성 및 블렌딩을 솔레라 블렌딩(Solera blending), 프랙셔널 블렌딩(fractional blending)으로 표현한다.

표 3.14은 블렌드 와인 라벨에 나타난 품종 표시 관련 세 가지 유형에 대한 예시를 보여준다.

● 표 3.14 와인 블렌드 예시, 라벨에 품종 관련 표식이 있는 것과 없는 것

표시된 포도 품종	국가	생산자	포도
없다. 라벨에 포도 품종은 표시되어 있지 않음	프랑스 (보르도)	레드 와인(생산자 다양)	전통적으로 아래 허용된 품종들 중 2~4개 품종을 블렌드: 까베르네 소비뇽, 까베르네 프랑, 메를로, 말벡(Malbec), 쁘띠 베르도(Petit Verdot), 까르미네르(Carménère). 보르도산 와인은 대개 블렌드임
	프랑스 (보르도)	화이트 와인(생산자 다양)	전통적으로 세미용과 소비뇽 블랑을 블렌드했다. 일부 포도 품종 몇 가지를 더하는 것은 허용됨. 보르도산 와인은 대개 블렌드임
	프랑스 (부르고뉴)	빠스뚜그랭(Passe–tout–grains) (코퍼먼테이션, 일부 생산자가 공급)	부르고뉴 와인은 예로부터 한 가지 포도 품종만 사용해왔다. 코퍼먼테이션 등의 블렌드는 예외임. 지리적 표시 제도에 따르면 피노 누아 품종이 최소 33% 들어가야 함. 나머지는 대개 (보다 가격이 낮은) 가메 품종을 사용하지만, 샤르도네, 피노 블랑, 피노 그리의 세 가지 백포도 품종을 총합 15% 내로 추가할 수도 있다.
	프랑스 (샤또뇌프 뒤 빠프)	레드 와인(생산자 다양)	지리적 표시 제도상 13가지 품종을 사용할 수 있으며 구성비는 자유로움. 해당 지역에서는 그르나슈 품종이 주도적(70%)이며, 그 외 시라, 무르베드르(Mourvédre) 품종을 씀
	이탈리아(아마로네 델라 발폴리첼라, Amrone della Valpolicella)	빌라 보르게티(Villa Borghetti)	아마로네 와인에 가장 많이 사용되는 세 가지 품종은 해당 지역에서 생산되는 적포도 품종(꼬르비나(Corvina), 론디넬라(Rondinella), 몰리나라(Molinara))임
	스페인(리오하, Rioja)	라스 알티야스(Las Altillas)	뗌쁘라니요, 까베르네 소비뇽
	포르투갈(알렌테주, Alentejo)	로이오스(Loios)	아라고네슈(Aragonez, 뗌쁘라니요), 트린까데이라(Trincadeira), 오우트라스(Outras)의 세 가지 적포도 품종
	포르투갈	마테우스(Mateus, 소그라페 그룹, Sogrape group)	로제 와인으로, 바가(Baga), 루페테(Rufete), 틴타 바로카(Tinta Barroca), 토우리가 프랑카(Touriga Franca), 기타 포르투갈의 적포도로 생산
	미국(미주리, Missouri)	복스 빈야드(Vox Vineyards)	이 와인 양조장의 샤또뇌프 뒤 플라트(Chateauneuf du Platte)에는 10가지 품종이 있다. 이들 중 네 품종(르누아르(Lenoir), 무엔쉬(Muench), 스타크 스타(Stark star), 카르멘(Carmen))이 60~70%를 차지하는데, 구성비는 연도마다 다름. 이 와인 제조업체는 미국산 포도 품종만 사용하는 것이 목표임

표시된 포도 품종	국가	생산자	포도
있다. 포도 품종이 표시되어 있지만 블렌드 구성비는 표기되지 않음	프랑스 (페이독, Pays d'Oc)	JP 쉐네(JP. Chenet)	까베르네 소비뇽, 시라. 일반적인 블렌드 와인
	이탈리아(발폴리첼라)	도미니 베네티 라우디(Domini Veneti Raudii)	레드:꼬르비나, 메를로 화이트: 가르가네가, 샤르도네 지역 품종과 국제 품종을 블렌드함.
	스페인 (리호아 Rioja)	깜포 비헤호(Campo Viejo)	뗌쁘라니요, 그라시아노(Graciano), 마주엘로(까리냔(Carignan))
	포르투갈	코르테스 데 시마(Cortes de Cima)	시라, 아라고네슈(뗌쁘라니요), 쁘띠 베르도, 토우리가 나시오날(Touriga Nacional)
	스위스(보, Vaud)	르 프레르 뒤트리(Les Frères Dutruy)	피노 누아, 가마레(Gamaret), 가라누아(Garanoir)
	그리스(산토리니, Santorini)	몇몇 와인 제조업체	로제 와인으로서 백포도 품종인 아씨리티코(Assyrtiko)와 적포도 품종인 만딜라리아(Mandilaria)를 블렌드함. 일부 브로셔에는 비율을 언급하고 있다.
	레바논	샤또 케프라야(Château Kefraya), 르 브레트슈(Les Breteches)	쌩쏘(Cinsaut), 시라, 뗌쁘라니요, 까베르네 소비뇽, 까리냥, 무르베드르, 까베르레 프랑, 마르셀랑(Marselan), 그르나슈(Grenache)의 9개 품종으로, 이 품종 모두가 구 대륙에서 오래 전부터 있었던 품종임
	캐나다	핑크 하우스 와인 사(Pink House Wine Co.)	샤르도네와 메를로를 사용. 로제 와인은 화이트 와인을 기반으로 여기에 레드 와인을 더한 것임
	칠레	콰트로(Quatro), 몬트그라스(MontGras)	1. 까베르네 소비뇽, 메를로, 까르미네르(Carménère), 말벡 2. 까베르네 소비뇽, 까르미네르, 말벡, 시라
	아르헨티나	가우쵸 뻬께뇨(Gaucho Pequeño)	말벡, 까베르네 소비뇽
	남아프리카	스피어(Spier)	메를로, 까베르네 프랑, 말벡, 까베르네 소비뇽, 쁘띠 베르도의 5개 품종을 쓰며, 이들 5개 품종 모두 보르도 지역 재래종임
	남아프리카 (케이프타운)	플랙스톤(Flagstone), 눈 건(Noon Gun)	슈냉 블랑(Chenin Blanc, 남아프리카에서는 스틴(Steen)으로 불림), 소비뇽 블랑, 비오니에르(Viognier)
	호주(바로사 밸리, Barossa Valley)	제이콥스 크릭(Jacob's Creek)	까베르네 소비뇽, 시라즈-레드 와인 블렌드 세미용, 샤르도네-화이트 와인 블렌드
있다. 포도 품종과 블렌드 비율이 표시되어 있다. 일부 와인은 매년 비율이 달라짐	프랑스(꼬뜨 뒤 론, Côtes du Rhône)	생 꼼므(Saint Cosme)	삑뿔 드 삐네(Picpoul de Pinet) 20%, 비오니에 30%, 루싼느(Roussanne) 30%, 마르산느(Marsanne) 20%
	프랑스(페이 독, Pays d'Oc)	떼르(Terres), 도멘 드 라 보메(Domaine de la Baume)	시라 60%, 까베르네 소비뇽 40%-레드 와인 블렌드 비오니에 70%, 샤르도네 30%-화이트 와인 블렌드
	프랑스(페이 독, Pays d'Oc)	몽플레지르(Montplaisir), 코스트-시르그(Costes-Cirgues)	까리냥 40%, 그르나슈 누아르 25%, 무르베드르 25%, 메를로 10%. 소형 생산자로 황산염을 쓰지 않음
	프랑스(페리악 드 메르, Peyriac de Mer)	샤또 드 릴(Château de l'ille)	시라 40%, 무르베드르 40%, 그르나슈 20%(소위 쥐-에스-엠(GSM) 블렌드라고 함). Vinestar 브랜드로 187mL 캔으로 판매 중.
	프랑스(상파뉴, Champagne)	루벨 퐁텐(Louvel Fontaine)	피노 누아 70%, 샤르도네 20%, 피노 뮈니에(Pino Meunier) 10%, 이들 포도 품종은 상파뉴 지역에서는 흔하지만 비율은 거의 명시되지 않는다. 브뤼 NV(빈티지 아님) 샴페인에 해당
	이탈리아(키안티, Chianti)	눈지 콘티(Nunzi Conti)	산지오베제 83%, 메를로 7%, 카나이올로(Canaiolo) 5%, 콜로리노(Colorino) 5%. 키안티라는 이름을 쓰려면 산지오베제가 최소 80% 여야 한다.
	스페인(리오하, Rioja)	라스 플로레스(Las Flores)	뗌쁘라니요 70%, 그르나슈(가르나차) 20%, 마주엘로(까리냥) 10%

표시된 포도 품종	국가	생산자	포도
있다. **포도 품종과 블렌드 비율이 표시되어 있다.** 일부 와인은 매년 비율이 달라짐	스페인(쁘리오라트, Priorat)	라 모가르바(La Mogarba)	그르나슈 펠루다(Grenache Peluda) 40%, 그르나슈 틴타(Grenache Tinta) 20%, 까리냥 20%, 까베르네 소비뇽 20%
	그리스(산토리니, Santorini)	에스테이트 아기로스(Estate Argyros)	아씨리티코 80%, 만딜라리아 20%. 로제 와인으로 화이트 와인과 레드 와인을 섞어 만듦.(레드 와인은 적포도만 사용해서 만들지는 않음)
	캐나다(나이애가라 온 더 레이크, Niagara-on- the-Lake)	스트라투스(Stratus)	샤르도네 37%, 세미용 28%, 소비뇽 블랑 23%, 비오니에 6%, 게뷔르츠트라미너 6%. 이 와인 제조업체에서는 레드 와인과 아이스 와인의 블렌드 제품도 생산하고 있다.
	미국(뉴욕)	채닝 도터스(Channing Daughters)	머스캣 오토넬(Muscat Ottonel) 28%, 샤르도네 20%, 소비뇽 블랑 18%, 피노 그리지오(Pinot Grigio) 12%, 토카이 프리울라노(Tocai Friulano) 10%, 비오니에르 5%, 알리고떼(Aligote) 5%, 세미용 2%
	미국(캘리포니아)	트러블메이커(Troublemaker) 호프 패밀리(Hope Family)	시라 55%, 그르나슈 20%, 무르베드르 20%, 쁘띳 시라(Petite Sirah) 5%
	미국(캘리포니아)	세븐 아티슨스 메리티지(Seven Artisans' Meritage)	메를로 89.5%, 까베르네 소비뇽 10%, 말벡 0.25%, 쁘띠 베르도(Petit Verdot) 0.25%. 메리티지는 보르도 블렌드 와인을 재현하고 있으며 1988년에 발족한 메리티지 어소시에이션(Meritage Association)에서 정한 규정을 준수하고 있다.
	미국(캘리포니아)	마미 주스(Mommy Juice)	까베르네 소비뇽 39%, 메를로 32%, 까베르네 프랑 20%, 그르나슈 3%, 시라 2%, 진판델 2%, 까리냥 1%, 쌩쏘 0.5%, 말벡 0.5%
	미국(캘리포니아)	세븐 도터스(Seven Daughters) 레드 와인 1종, 화이트 와인 2종-7개 품종으로 세 가지 와인을 만듦	진판델 35%, 메를로 29%, 시라 15%, 쁘띳 베르도 10%, 까베르네 프랑 7%, 까리냥(Carignan) 2%, 까베르네 소비뇽 2%
			샤르도네 26%, 프렌치 콜롬바드(French Colombard) 25%, 심포니(Symphony) 19%, 오렌지 머스캣(Orange Muscat) 12%, 리슬링 8%, 소비뇽 블랑 7%, 게뷔르츠트라미너 3%
			피노 그리 23%, 심포니 19%, 오렌지 머스캣 19%, 리슬링 17%, 게뷔르츠트라미너 11%, 소비뇽 블랑 8%, 샤르도네 3%
	칠레	데 마르띠노(De Martino) 347 빈야즈(347 Vineyards)	까베르네 소비뇽 블렌드로서 아래 세 곳의 포도를 블렌드함: 마이뽀 밸리(Maipo Valley) 65%, 까차뿌알 밸리(Cachapoal Valley) 10%, 마울레 밸리(Maule Valley) 25%
	칠레	꼬얌(COYAM), 꼴차과 밸리(Colchagua Valley), 에밀리아나(Emiliana)	시라 38%, 까르미네르 27%, 메를로 21%, 까베르네 소비뇽 12%, 무르베드르 1%, 쁘띠 베르도 1%. 유기농 와인이면서 미생물을 사용하여 만듦
	우루과이	까사 마그레스(Casa Magrez)	따낫(Tannat, 우루과이의 대포 포도 품종) 80%, 메를로 12%, 까베르네 프랑 8%
	남아프리카 (프랑스휴크, Franschhoek)	더 초컬릿 블럭(The Chocolate Block)	시라 70%, 까베르네 소비뇽 13%, 그르나슈 누아르 10%, 씬소 6%, 비오니에(백포도) 1%
	남아프리카 (스와트랜드, Swartland)	데이빗 앤 나디아(David & Nadia)	슈냥 블랑 35%, 루싼느 23%, 끌레레뜨(Clairette) 15%, 비오니에 19%, 세미용 8%
	호주(엔다, Yenda)	옐로 테일(Yellow Tail)	호주에서 생산한 소비뇽 블랑(86%)과 뉴질랜드에서 생산한 소비뇽 블랑(14%)의 블렌드. 배합비가 다른 와인도 생산.
	호주(바로사 밸리, Barossa Valley)	터키 플랫(Turkey Flat)	그르나슈 92%, 까베르네 소비뇽 3%, 쉬라즈 2%, 돌세토(Dolcetto) 2%, 마타로(Mataro) 1%. 로제 와인으로 돌세토와 쉬라즈를 사용해 레드 와인 색상 발현에 씀. 본 비율은 업체 웹사이트에 공개된 2015년도 배합비이며 라벨에는 표시되어 있지 않음

주의

- 보르도의 레프트 뱅크(left bank-메독(Médoc)을 포함한 지역)에서 나는 레드 와인 블렌드는 대개 까베르네 소비뇽 70%, 까베르네 프랑 15%, 메를로 15% 비를 사용한다.
- 보르도의 라이트 뱅크(right bank 뽀므롤(Pomerol)을 포함한 지역)에서 나는 블렌드는 일반적으로 메를로 70%, 까베르네 프랑 15%, 까베르네 소비뇽 15% 비를 사용한다.

○● 블렌딩 시점: 커피와 와인의 향미 발현 시점은 다르다.

커피도 와인도, 상당량이 블렌드로 공급된다.

과거, 예를 들어 50여 년 전에는, 대부분의 커피는 원두 상태에서 블렌드했다. 현재 대다수 블렌드 커피는 생두 상태에서 블렌딩해서 로스팅하는데, 대형 로스팅 업체의 실용적, 물류적 선택 때문이다.

와인은 정반대이다. 과거에는 몇 가지 포도 품종을 코퍼먼테이션하여 만드는 것이 일반적이었다. 오늘날 블렌드 와인 대부분─아쌩블라쥬(assemblages), 뀌베(cuvées)로 불린다.─은 완성된 와인 두세 종을 블렌딩해서 생산한다.

○● 표 3.15 커피와 와인의 블렌딩 시점

블렌딩 시점	커피 로스팅	와인 발효
주 공정 전 블렌딩 커피의 경우는 일반적, 와인의 경우는 비교적 드물다.	**장점** 생두를 블렌딩하면 규모의 경제(시간과 에너지, 물류, 저장 공간 면에서 절약 효과) 면에서 장점이 있다. 향과 향미가 나아지기도 한다. **조건** 로스팅이 고르게 되려면 생두의 크기, 밀도, 수분 함량이 같아야 함.	**장점** 포도를 블렌딩할 경우 와인의 향, 향미, 색상이 나아질 수 있다. **코퍼먼테이션의 사례** **오스트리아:** 비에너 게미쉬테 자츠(Wiener Gemischter Satz) **프랑스:** 부르고뉴의 빠스뚜그랭(Passe–tout–grains), 노던 론 밸리(Northern Rhône Valley), 샤또뉘프 뒤 빠프(Cháteauneuf–du–Pape) 등 **스페인:** 발데뻬냐스(Valdepeñas) (레드 와인, 화이트 와인) **캘리포니아:** 진판델과 기타 포도 품종 **호주:** 쉬라즈(석포노), 비오니에르(백포노)
주 공정 후 블렌딩 와인의 경우 일반적, 커피의 경우는 비교적 드물다.	**장점** 원두를 블렌딩할 경우 향과 향미를 조정하고 미세하게 맞추기가 쉬움 세퍼레이트 로스팅(separate roasting), 스플릿 로스팅(split roasting)으로 불리며 스페셜티 커피 쪽에서 주로 사용	**장점** 와인을 블렌딩할 경우 향과 향미를 조정하고 미세하게 맞추기가 쉬움 **블렌딩 사례** **보르도:** 대부분의 와인이 블렌드 제품이다 **샹파뉴:** 매우 일반적 **전세계:** 일반적

○● 표 3.16 커피와 와인 산업의 상반된 블렌딩 전통

역사 구분	커피	와인
과거	로스팅 후 블렌딩(원두 블렌딩)	발효 전 블렌딩(포도 블렌딩)
현재	로스팅 전 블렌딩(생두 블렌딩)	발효 후 블렌딩(와인 블렌딩)

주의: 이 표는 과거와 현재 커피와 와인 산업의 일반적인 자료일 뿐 전부를 나타내는 것은 아니다.

CHAPTER 4

품질과 품질 관리

품질과 품질 관리
Quality and Quality Control

4.1 품질: 정의와 가짓수

◯ 커피 품질의 네 가지 범주

커피 품질 분류에 대해서는 의견이 엇갈리지만 일반적으로 시장에서는 크게 네 가지 범주로 나눈다.

- **이그젬플러리(exemplary)**, **부띠끄(boutique)** 또는 **마이크로로랏(micro lot)**으로 부르는 범주는 시장의 1-3%으로서 진정한 틈새시장에 해당한다.
- **톱 퀄리티(top quality)**, **구메(gourmet)**, **프리미엄(premium)**으로 부르는 범주는 시장의 10-15%를 차지한다.
- **메인스트림(mainstream, 주류)**, **페어 애버리지 퀄리티(Fair Average Quality, FAQ)**, **커머셜(commercial)**급의 커피는 시장의 85% 정도이다.
- **트리아지(triage)**는 기본적으로 결점두 또는 폐기 수준 상품을 말하는데, 시장의 1-2%를 차지하며, 시장에는 이런 상품을 원하는 구매자가 있다.

'스페셜티 커피(specialty coffee)'는 1970년대 미국에서 만들어진 용어로서, 처음에는 수퍼마켓이 아닌, 전문 매장에서 판매하는 커피를 일컫는 말이었다. 오늘날 전 세계적으로 스페셜티(specialty)—스페셜리티(speciality, 특산물, 전문 요리 등)가 아니다—라는 용어는 매우 훌륭하고 독특한 커피를 가리킬 때 사용한다.

◯ 표 4.1 SCA에서 정한 스페셜티 커피의 품질 분류

스페셜티			스페셜티가 아님
90–100점	85–89.99점	80–84.99점	80점 미만
outstanding (탁월함)	excellent (뛰어남)	very good (매우 좋음)	스페셜티 품질 기준 아래

스페셜티 커피의 구성 요소가 무엇인지 전 세계적으로 합의된 정의는 없다. 다만 스페셜티 커피 협회(Specialty Coffee Association)에서는 SCA의 100점 만점 커핑 폼을 기준으로 80점 이상의 점수를 기준으로 한다. 여기 더해, 일부에서는 허용되는 결점두, 수분 함량과 관련해 생두 사양에 대해 언급하기도 한다.

SCA 범주는 원래 음료 품질과 관련이 있지만, 관능 외적인 부분에 있어 프리미엄이 있는 커피라면 어떤 것이건, 예를 들어, 유기농(Organic) 인증이나 페어 트레이드(Fairtrade) 인증이 있는 것, 또는 귀한 커피라는 이야기만 있어도, 스페셜티 커피라고 부르기도 한다. 이런 커피들은 스페셜티 커피가 아니라 차별화된 커피, 이야기가 있는 커피, 특별한 커피(differentiated, different, distinctive, story, unique)라는 수식어를 써야 하지 않을까.

원래 의미의—음료 품질만으로—스페셜티 커피로 분류되는 커피의 비율은 매년 커지고 있다. 현재 비율은 아마도 10-15% 정도일 것이다.

○ 생두 품질: 스크린 사이즈로 분류

생두를 커피콩 크기로 분류한다. 구멍이 뚫려 있는 스크린을 사용해 커피를 체질하면, 특정 크기 이상의 커피콩은 남고 그보다 작은 커피콩은 통과한다. 대부분의 수출용 커피는 이런 체질을 통해 크기나 형태가 다른 것을 거르는 작업을 거친다. 일반적으로 크기가 큰 커피콩이 가장 선호되며 이 점에서 해당 범주에서는 다음과 같은 표현이 나타날 수 있다: 모든 커피콩이 스크린 16 이상일 것. 스크린 크기는 1/64인치 단위로 표현한다. 즉 스크린 사이즈 10은 10/64인치이고 스크린 사이즈 12는 12/64인치인 식이다. 표 4.2는 스크린 사이즈를 미터법 단위로 환산한 값을 보여 준다.

○ 표 4.2 원형 구멍의 표준형 커피 스크린의 크기

스크린 크기	ISO 지름 크기(mm)
10	4.00
12	4.75
13	5.00
14	5.60
15	6.00
16	6.30
17	6.70
18	7.10
19	7.50
20	8.00

대부분의 등급 분류 체계는 돌이나 나뭇가지, 껍질, 잎, 물에 뜨는 것, 블랙 빈, 브로큰 빈 같은, 불순물과 결점두 허용치에 대해 자세하게 정해 두었다.

5.1장에서는 12개 커피 생산국에서 무역에 사용하는 품질 관련 용어에 대해 설명한다.

○ 음료 품질

커피 품질 평가에서 다루는 관능 속성은 주로 다음과 같다:

- 향(fragrance) 갓 볶아 분쇄한 커피의 향
- 향(aroma)
- 향미(flavour)
- 산미(acidity) brightness라고도 함
- 바디(body) 입안느낌(mouthfeel)
- 균형(balance)
- 애프터테이스트(aftertaste, finish)
- 전체 느낌(overall)

아프리카의 경험 많은 커피 거래인은 다음과 같이 말한 바 있다.: "옛날엔 편했다. 그때는 향미랑 바디, 산미 그리고 가끔씩은 좋게 또는 나쁘게 발현할 수 있는 이질적인 향미만 적으면 됐으니까."

○ ICO 결의 420: 커피 품질의 표준화 목표

2002년 국제 커피 기구에서는 전세계 커피 시장에서 시장의 투명성, 커피의 높은 품질, 좋은 평판을 지키기 위해 커피 품질 개선 프로그램(Coffee Quality-Improvement Programme, CQP)을 도입했다.

본 자발적 품질 프로그램은 2004년 개정을 거쳐 결의안 420에 적용되었다. 회원국 다수는 다음과 같은 커피 수출 관련 목표치를 따르고 있다.

- 아라비카: 샘플 300g 중 결점두 수 86개를 넘지 않을 것
- 로부스타: 샘플 300g 중 결점두 수 150개를 넘지 않을 것
- 아라비카와 로부스타: 수분 함량은 8% 미만 또는

12.5% 초과하지 않을 것

ICO에서는 전체 수출 커피 중 2/3 정도에 대해 위 범주와 관련한 보고를 받고 있으며, 이에 따르면 상당한 비율의 커피가 해당 목표 기준을 통과한다.

◐ 로부스타는 저품질 커피인가? 전혀 그렇지 않다.

생산국에서 수출될 때 로부스타 커피의 가격은 아라비카 대비 2/3 수준이다. 이 때문에 로부스타는 블렌드 제품에 쓰기에 경제적으로 매력적인 제품이 되었지만, 그렇다고 해서 로부스타를 저품질 제품이라 분류할 수는 없다. 또한 잊지 말아야 할 것은, 로부스타 또한 다양한 품질로 출시된다는 점이다.

이탈리아의 일리카페(illycaffè)나 미국의 스타벅스(Starbucks)를 비롯한 일부 커피업체들은 공개적으로 자기 업체는 아라비카만 취급한다고 밝힌다. 그에 비해 네스프레소(Nespresso)는 일부 캡슐 블렌드 제품에 엄선한 로부스타 커피를 집어넣는다. 이 로부스타 커피 덕에 향미 범주가 상당히 넓어질 수 있다. 이탈리아식 에스프레소 여러 제품에 로부스타 커피가 들어 있는데, 여기엔 이유가 있다. 로부스타에 카페인이 더 많고, 이는 각성 효과를 내는 데 필요하다. 로부스타는 일반적으로 바디가 더 많고 전체적으로 맛이 강하다. 또한 음료 표면에 황금빛 크레마를 만들어준다. 크레마는 보기에 우아할 뿐만 아니라 온도와 휘발성 향 물질을 보존하는 데 효과적이다.

◐ 고품질 로부스타 – 성장중

21세기가 오기 전까지 로부스타는 그저 별 볼일 없는 커피였다. 로부스타는 벌크로 거래되는 상품이었고, 로부스타의 다양한 품질에 주목하는 이는 거의 없었다. 그저 블렌드 '충전재'로 쓰였을 뿐이었다.

그러나 현재 로부스타는 전 세계 커피의 40%까지 차지하고, 여러 국가에서 생산하는 로부스타 커피의 품질에는 주목할 만한 차이가 있다는 점이 명백해졌다.

이에 브라질, 콜롬비아, 인도, 인도네시아, 멕시코, 우간다, 스위스, 영국, 미국, 기타 여러 나라 출신의 최고 커퍼들이 모여 고급 로부스타 커피 표준 및 프로토콜(Fine Robusta Coffee Standards and Protocols)을 만들었다. 캘리포니아의 커피 품질 연구소(Coffee Quality Institute, CQI)가 핵심 역할을 맡았고, 일부 작업은 우간다 커피 개발국(Uganda Coffee Development Authority) 산하 연구소에서 진행했다.

본 작업에서는 생두 단계의 로부스타 등급 분류 및 결점두 분류 및 커핑 프로토콜을 함께 만들었다. 파인 로부스타(Fine Robusta, 최고급) 등급 요건은 생두 350g 샘플당 1차 결점두는 0개, 2차 결점두는 5개 이하이다. 프리미엄 로부스타(Premium Robusta, 2위) 등급 요건은 1차 결점두와 2차 결점두 합산 8개 이하이다. 이보다 결점두가 많으면 커머디티(commodity) 내지 오프 그레이드(off-grade)가 된다. 여기서 2차 결점두란 외관에 영향을 미칠 수 있으나 음료 특성에 필연적으로 영향을 미치지는 않는 것을 말한다.

커핑 프로토콜에서는 다음과 같은 사항을 명기한다.

- 그라인딩(입자 크기)
- 로스팅 온도와 시간(로부스타 로스팅 시간은 아라비카 로스팅 시간보다 약간 더 길다. 로부스타 커피의 밀도가 약간 더 높기 때문이다.)
- 커피/물의 비

또한, 로부스타 커피의 향미를 더 상세하게 설명하기 위한 용어 확장 작업을 진행했다. 서술 용어들은 쓴맛 대 단맛(쓴맛/단맛) 및 짠맛 대 신맛(짠맛/신맛)에 중점을 두고 있다. 일반적으로 로부스타는 아라비카에 비해 짠맛 성분이 많고 신맛 성분은 적다.(https://finerobusta.coffee/cupping-protocols/)

인도네시아산 로부스타는 향미 특성이 상당히 다양하다. 인도산 로부스타 또한 향미 특성이 좋고 주의를 기울여 가공하기 때문에 높이 평가받는 경우가 많다. 앙골라와 토고에서 생산되는 아프리카 로부스타 또한 평가가 좋지만 생산량이 많지 않다.

그림 4.1은 향미 면에서 아라비카와 로부스타 간 가장 뚜렷하게 나타나는 차이 몇 가지에 대해 보여준다.

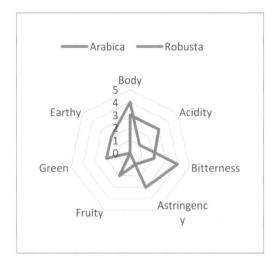

○ 그림 4.1 아라비카와 로부스타의 맛 속성

자료: 프랑스 CIRAD, 여기에서는 하나의 예시를 보여준다.

주의:
- 아라비카의 일반적인 특성으로 신맛과 과일향을 들 수 있다. 로부스타는 바디와 쓴맛이 주도적인 반면 신맛은 거의 없다.
- 커피의 신맛은 너무 두드러지지만 않는다면 좋은 쪽으로 평가되는 관능 속성이다. 신맛이라고 표현하지만 와인처럼 수확 전부터 와인이 되기까지 신맛의 강도(pH)나 총 산도(total acidity, TA)를 측정기로 재는 경우는 거의 없다. 커피의 신맛(acidity)이라는 표현 대신 brightness라는 말을 쓰기도 한다.
- 관능 속성에 대한 스파이더 다이어그램은 여러 가지 형태를 쓸 수 있다. 위에 사용한 형식에서는 일곱 가지 항목을 들었으나 어떤 다이어그램에서는 향, 향미, 애프터테이스트, 신맛, 바디, 다섯 가지만 드는 경우도 있다. 향(aroma, fragrance), 향미, 신맛, 바디, 밸런스, 단맛, 균일성, 애프터테이스트, 여덟 가지를 쓰는 다이어그램도 있다.

● 와인 품질 인자

프랑스의 양조학자이자 연구원인 에밀 페이노(Émile Peynaud, 1912-2004)는 와인 품질에 대해 다음과 같이 정의했다. "와인을 좋게 만드는 속성의 총체, 마셨을 때의 판단으로 얻어지는 주관적인 만족감이다. 품질은 와인을 마시는 사람이 이를 지각하고 인정할 수 있는 능력을 갖추었을 때만 드러난다."

와인의 품질은 주로 다음과 같은 속성에 좌우된다.

- 포도 품종
- 날씨
- 토양 – 특히 물빠짐
- 기술 – 와인 메이커가 선택한 와인 가공 공정

와인의 품질은 와인의 물리적 속성(특히 향, 맛, 입안느

낌, 색상)뿐만 아니라 역사, 인증, 항상성 같은 속성도 포괄한다. 포도 재배자, 와인 제조업체, 구매자, 와인 비평가, 소비자 들 모두 품질을 평가하며, 이들의 의견은 제각기 다를 수 있다.

커피와는 달리, 와인의 관능 품질은 여러 가지 물리화학적 경로를 거쳐 증진시킬 수 있다. 예를 들어, 플래시 데탕트, 역삼투압, 챕털리제이션, 애시디피케이션, 파이닝, 필터링, 스피닝 콘 등을 적용하면 관능 품질 증진이 가능하다. 표 4.8에서는 와인 품질을 증진시키는 28개 기법을 설명하고 있다.

○● 커피, 포도, 와인의 성분

커피에는 커피 특유의 향미와 생리적 효과를 내는 다양한 성분들이 들어 있다. 표 4.3은 이 중 가장 중요한 성분들을 보여준다.

포도의 성분 대부분이 와인에서도 나타나지만, 단 한 가지만은 예외이다. – 당은 거의 대부분 알코올로 변한다.

○ 커피의 신맛: 일부는 좋아하고, 일부는 싫어한다.

생두 속 산은 몇 가지 유형이 있다. 이 중 일부는 로스팅 중에 사라지지만 다른 일부는 오히려 생성된다. '산(acid)'이란 말은 주로 전문가들이 사용하는데, '산'이란 표현 대신 브라이트니스(brightness)란 말을 쓰기도 한다. '산'이라는 단어의 부정적인 뉘앙스나 '배탈'이 연상되는 부분 때문에, 최종 소비자들은 그다지 쓰지 않는 용어이다.

일부 신맛은 일반적으로 커피의 바람직한 속성에 해당하며 남유럽보다는 북유럽(및 독일) 국가, 그리고 북미 일부 지역의 소비자들이 선호한다.

아라비카의 향미에서는 신맛이 일반적이지만 로부스타는 그렇지 않다. 커피 커핑(맛보기)에서는 신맛을 채점하고 서술하지만 실제 산 물질이 얼마나 있고 어느 정도로 신맛이 강한지(pH)는 거의 측정하지 않는다. pH에 대해서는 아래에서 설명한다.

⊙ 표 4.3 원두의 수용성, 비수용성 성분

성분	수용성(%)	비수용성(%)
비휘발성 물질		
당	11–19	0–8
셀룰로스	1	14
섬유소	–	22
지질	–	15
단백질	1–2	11
재(산화된 물질)	3	1
산	7	–
카페인	1–2	–
페놀류 및 기타	3	–
휘발성 물질		
이산화탄소	미량	2
순 향, 향미 물질	미량	
총합	27–37%	63–73%

자료: Achieving Success in Specialty Coffee, Bruce Milletto et al.(1999)
주의: 본 자료는 축약한 것이며, 위 표에 나타난 수치는 건조 물질 기준 비율이다.

● 와인의 산 물질

와인의 주요 산 물질을 부피 순으로 나열하면 다음과 같다.

- 타르타르산(tartaric acid, 주석산): 와인의 신맛(tartness) 외에 어떠한 맛도 향도 없다. 포도 특유의 산 물질이다.
- 말산(malic acid, 사과산): 사과 향미 외 다른 향이 나지 않는다. 과일에 함유된 일반적인 산 물질이다.
- 시트르산(citric acid, 구연산): 발효 중에 대부분 사라진다.
- 락트산(lactic acid, 젖산): 말산 발효(이차 발효) 중 말산에서 생성되는 산으로 좀 더 부드러운 느낌이다.
- 여러 가지 휘발성 산 물질: 향, 향미 성분이며, 식초 느낌의 아세트산(acetic acid) 같은 것이 있다. 휘발성(volatile)이란 말은 온도가 높아지면 빨리 증발하면서(좋은 쪽이든 나쁜 쪽이든) 향이 더 강해진다는 의미가 있다.

타르타르산, 말산, 시트르산은 포도일 때 생성되지만 락트산은 와인 제조 중에 만들어진다. 말산 함

● 표 4.4 포도 머스트와 와인의 성분

성분	포도 머스트(%)	와인(%)
물	70–85	80–90
탄수화물	15–30 (주로 당(글루코스, 프럭토스) 및 일부 셀룰로스)	0.1–0.9 (주로 당, 주로 프럭토스)
에탄올(알코올)	–	8–15
글리세롤	–	0.2–1.2
산	0.4–1.4	0.3–1.0
휘발성 산	–	0.02–0.1
페놀류, 미네랄, 탄닌, 색소, 이산화황, 기타 물질	0.2–1.2	0.2–1.0
총합	**100%**	**100%**

주의
- 부피비로 나타냄
- **알코올**(alcohol, alc): 와인의 알코올은 주로 에탄올(에틸알코올, C_2H_5OH)이다.
- **글리세롤**(glycerol): 글리세린(glycerine)이라고도 한다. ($C_3H_8O_3$) 단맛이 약간 나는 알코올 물질로서 점도와 입안느낌을 더해준다. 대개 화이트 와인보다는 레드 와인에 더 많다. 식품 첨가제 코드번호는 E422(표 4.9)이다.
- **당**(sugar): 포도의 주요 당 성분은 글루코스(glucose, 포도당)와 프럭토스(fructose, 과당) 두 가지이다. 발효 중 먼저 알코올로 변하는 것은 글루코스이며 잔존 당류는 주로 프럭토스이다. 단맛이 더 강한 것은 프럭토스이며 다 익은 포도에서 나타나는 당류도 프럭토스이다. 글루코스가 주도적인 포도 품종은 진판델이며 샤르도네는 프럭토스 위주이다.
- **잔존 당**(residual sugar, RS): 와인의 잔존 당은 일반적으로 리터당 1–6g(0.1–0.6%)이다. 레드 와인은 대부분 리터당 1.2–2.6g(0.12–0.26%)인 반면 화이트 와인은 대개 함량이 더 높다.
- **와인 속 산 물질**(acid): 포도는 다른 어떤 과일들보다 산 물질 함량이 많다. 대부분의 와인에는 리터당 4–8g(0.4–0.8%)의 산 물질이 있으며, 당분 함량이 많으면 이보다 더 높은 경우도 있다. 와인 속 산 물질 함량이 너무 적으면 밍밍하고(flat) 덤덤한(dull) 느낌이 난다. 산 물질이 너무 많으면 시큼하다.(sour, tart)
- **와인 속 미네랄**: 와인 속 주요 미네랄은 칼슘, 철, 마그네슘, 망간, 인, 포타슘, 아연이다. 함량은 매우 적다. 와인의 향미에 미치는 영향은 거의 없다.

유량은 샤르도네 품종과 소비뇽 블랑 품종이 가장 높다.

● 적정 가능 산도(titrable acidity), 총 산도(total acidty)—모두 TA라고 한다.

적정 가능 산도(titrable acidity)는 포도 원액, 와인, 기타 수용액의 산 측정 항목이다. 적정(titration)이란 말은 알고 있는 물질의 양을 측정함으로써 알지 못하는 물질의 양을 측정하는 방식이다. 여기서는 염기 물질—예를 들어 수산화소디움(NaOH)용액—로 산

물질을 중화하는 데 양이 얼마나 필요한지 측정할 수 있다.

총 산도(total acidity, TA)는 이보다 수치가 약간 더 높지만, 이를 재기 위한 가장 쉬운 방법으로 흔히 적정 산도를 든다. 위 두 가지 표현은 때로는 혼용되며, 약어인 TA는 적정 가능 산도와 총 산도 모두를 가리킨다. 와인 대부분은 TA가 리터당 4-9g(0.4-0.9%)이다.

대부분 국가에서 와인의 신맛은 **타르타르산 환산값**(tartaric equivalence)으로 나타낸다. 이는 여러 가지 산이 섞여 있는 와인의 신맛을 그와 같은 수준의 타르타르산($C_4H_6O_6$) 함량으로 나타내는 방식이다.

북유럽과 신대륙 대부분은 타르타르산 환산값을 기본 단위로 하고 리터당 그램으로 측정한다. 남유럽 국가와 프랑스, 일부 중남미 국가에서는 황산(sulphuric acid) 단위로 계산한다. 즉 이 경우에는 신맛 강도를 모든 산이 황산(H_2SO_4)으로 이루어졌다고 가정하여 나타내는 것이다.

황산 환산값을 타르타르산 환산값으로 변환할 때는 1.53을 곱한다. 타르타르산 환산값을 황산 환산값으로 변환할 때는 0.65를 곱한다.

◐● 산도: pH 표기

pH 수치는 산도를 나타내는 표준 방식이다. 포도 머스트나 와인을 제어, 기술할 때는 pH 측정을 자주 쓰지만 커피에는 거의 쓰지 않는다.

pH 수치는 설명하기 약간 복잡하지만 다음과 같이 나타낼 수 있다.

원자(atom)는 전자(electron)로 둘러싸인 양자(proton)로 이루어져 있다.

분자(molecule)는 둘 이상의 원자가 모여 있거나 이어져 있다.

수소(hydrogen)는 모든 원자들 중 가장 많고 가장 단순하다. 수소는 양자(양전하) 1개와 전자(음전하) 1개로 되어 있다.

이온(ion)은 전자를 하나 이상 얻거나 잃은 원자이다. 수소 이온은 전자를 잃은 원자로서 양자(양전하) 하나만 남아 있는 상태이다. 이를 H+라 나타낸다.

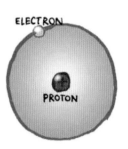

그림 4.2 수소 원자

산 물질은 물에 녹을 때 수소 이온(H+)이 분리되어 방출되는 물질이다.

pH는 액체 속 수소 이온의 농도를 측정하는 것이다. pH란 말 자체가 수소 이온 농도(power of hydrogen)의 준말이다. pH는 수소 이온 농도를 음의 로그값(-log[H+])으로 나타낸다. 수소 이온이 많을수록 액체는 더 강한 산성을 띤다.

커피의 pH 는 5 정도이며 와인의 pH 는 3.5 정도이다. 즉, 와인이 커피보다 더 산성이다.

---

pH 값은 0(강산성)부터 14(강알칼리, 강염기성)까지이다. 순수한 물은 중성으로서 pH 값은 7이다. 7 아래의 수치는 산성, 7 위의 수치는 알칼리이다. 말하자면, 산도가 강할수록 pH 값이 낮아진다.

pH 값은 로그값이다. 이는 pH 3인 액체가 pH 4인 액체 대비 10배 더 산성이라는 뜻이다.

해양 표층수는 pH 값이 8.2로 약염기성이다. 그러나 최근 들어서는 pH 값이 8.1로 낮아졌다. pH 값이 0.1 줄어들었다고 하면 별일 아닌 것 같지만, pH 값이 로그값인 만큼, 수치가 1 변하는 것은 10배 변했다는 것이고, 0.1 줄어들었다는 것은 해수의 산도가 약 25% 정도 더 산성화되었다는 뜻이다.

pH 값은 1909년 쇠렌 쇠렌센(Søren Sørensen) 박사가 고안했다. 그는 덴마크 코펜하겐에 있는 와인 제조장인 칼스버그 브루어리즈(Carlsberg Breweries)에서 맥주 연구를 하던 중 이를 고안해 냈다.

◐◐ **표 4.5 커피, 와인, 기타 액체의 산도(pH)**

pH	수용액 예시
0	배터리 전해액, 염산
1	위산
2	레몬 주스, 식초
3	**와인**, 식초, 콜라, 키위
4	맥주, 사과
5	**블랙 커피**, 차
6	우유, 침
7	**순수한 물(중성)**
8	바닷물
9	베이킹 소다
10	제산제
11	암모니아
12	비눗물
13	오븐 세정제
14	배수구 세정제, 수산화소디움

● **와인의 산도를 TA와 pH 둘 다 재는 이유**

포도의 산 물질은 몇 가지 유형이 있다. 이 물질들이 다양하게 조합되면서 산 물질의 총량은 같아도 신맛 정도는 달라질 수 있다.

총 산도, 즉 TA는 와인에 들어 있는 여러 가지 산의 총량을 리터당 그램으로 표현한 것이다. 이에 비해 와인의 pH는 상대적으로 강산인 타르타르산, 그리고 이보다는 약산인 말산 및 기타 산 물질의 함량에 따라 달라진다. pH 값은 산 혼합체의 강도를 나타내는 것으로 TA와 pH간의 직접적인 연관성은 없다. TA는 같아도 pH는 다를 수 있고, 역으로 pH가 같아도 TA는 다를 수 있다.

와인의 향미를 조정할 때는 TA를 지표로 쓸 수 있다. 이에 비해 와인의 숙성 잠재력을 평가할 때는 pH가 유용하다. pH 값이 낮으면(강산성) 일반적으로 숙성에 유리하다. 이는 와인을 망가뜨릴 수 있는 미생물이 산성 환경에서는 생존할 수 없기 때문이다.

산도가 너무 높은(pH 값이 낮다.) 와인은 시큼한 맛(tart, crisp)이 날 수 있다. 산도가 너무 낮으면(pH 값이 높다.) 밍밍하고(flat) 박테리아가 자라기 십상이다. 화이트 와인은 pH 3.0-3.5가 일반적이고, 레드 와인의 경우는 pH 3.3-3.8인 경우가 많다. pH 값이 3 미만인 스파클링 와인도 있는데, 이는 매우 시다는 뜻이다.

표 4.6에서는 포도 머스트와 와인의 산도 범위가 상당히 넓다는 것을 알 수 있다. 여기서는 의도적으로 권장 산도 수준을 나타내지 않았다. 이상적인 수준은 포도 품종, 와인 가공법, 잔존 당 함량에 따라서 다르다. 그렇기에 분석 자료값이 똑같다 해도 와인마다 맛이 다를 수 있다.

● **탄닌을 포함한 페놀류**

페놀류는 경우에 따라서 폴리페놀(polyphenol), 폴리페놀릭(polyphenolic)으로 불리며, 주로 레드 와인의 향미, 질감, 색상에 영향을 미치는 천연 화합물이다. 탄닌(tannin)은 고분자 복합물질로서 와인 페놀 물질의 절반 정도를 차지한다.

탄닌 함량은 리터당 50mg에서부터 3000mg 이상까지 다양하다. 화이트 와인은 통상 리터당 300-400mg, 레드 와인은 리터당 1500-2000mg이 들어 있다. 레드 와인에 탄닌 수치가 높은 것은 적포도의 탄닌 수치가 원래 높기도 하고 매서레이션 작업이 더 길고 압착 또한 더 강하게 하기 때문이다.

● **표 4.6 포도 머스트와 와인의 산도 범위**

	포도 머스트의 총 산도(TA)	와인의 총 산도(TA)	머스트와 와인의 pH
화이트 와인	6.5–9.0	5.0–8.0	3.1–3.5
레드 와인	5.0–8.0	4.0–6.5	3.3–3.9

주의
- TA는 총 산도(total acidity)와 적정 가능 산도(titratable acidity)의 약어이다. 후자가 측정하기 더 쉽다.
- 본 표의 수치 범위는 대다수 와인에 대한 것이지만 일부 포도 품종 및 와인 가공 형식에 따라서 해당 범위를 벗어날 수도 있다. 예를 들어 리즐링 품종은 pH 수치가 3 이하일 경우가 있으며 TA는 최대 리터당 10g까지도 나올 수 있다.
- 스파클링 와인은 대개 산도가 강하며 pH는 통상 3 정도이다.
- 산 물질이 관능에 미치는 영향은 잔존 당분 함량 등 여러 가지 변수에 따라 다르다.

페놀 성분 함량은 분광광도측정(spectrophotometry)으로 확인한다. 소위 총 폴리페놀지수(Total Polyphenol Index, TPI, 프랑스어로는 Indice de Polyphénols Totaux, IPT)는 일반적인 양질의 와인이 60 정도이며, 뛰어나게 좋은 와인은 90이 넘기도 한다.

포도의 탄닌은 일반적으로 씨앗이나 줄기에 있는 것보다는 껍질에 있는 것이 더 좋다. 풀바디(full-bodied) 와인은 대개 탄닌 함량은 많고 산 함량은 적다. 까베르네 소비뇽과 시라(쉬라즈) 품종은 피노 누아, 메를로, 뗌쁘라니요, 그르나슈 대비 탄닌 함량이 더 많다.

● 와인 뒷면 라벨에 나와 있는 기술 자료

산도 관련 자료(pH, TA), 잔존 당 함량(residual sugar, RS), 기타 기술 정보 관련 내용은 유럽산 와인보다는 신대륙에서 제조한 와인에서 더 잘 나타나며, 해당 정보는 와인 뒷면 라벨에 기재되어 있다. 아래는 미국, 남아프리카, 뉴질랜드, 인도산 와인의 예시이다.

● 표 4.7 와인 뒷면 라벨에 나와 있는 알코올, 산 물질, 당분에 관한 정보: 네 가지 예시

피노 누아(적포도) 미국 캘리포니아	피노타쥬(pinotage) (적포도) 남아프리카
Alc: 13,68(%) pH: 3,71 TA: 5,5g/L(0,55%) RS: 4,0g/L(0,40%)	Alc: 13,58% pH: 3,47 TA: 5,79g/L(0,58%) RS: 4,34g/L(0,43%)
소비뇽 블랑(백포도) 뉴질랜드	진판델(로제) 인도
Alc: 12,6% pH: 3,29 TA: 7,6g/L(0,76%) RS: 5,2g/L(0,52%)	Alc: 13% pH: 3,74 TA: 6,1g/L(0,61%) RS: 1,8g/L(0,18%)

주의
- 본 표의 TA는 총 산도로도, 또한 약간 값을 낮추어 적정 산도로도 사용된다.(4.1에서 상술)
- 일부 와인 라벨에는 휘발성 산 물질(volatile acidity, VA) 정보도 제공한다. 수치는 일반적으로 0.03~0.07g/L이다.

● 와인의 황화물질

모든 와인에는 황화물(이산화황, SO_2)이 소량이지만,

다양한 형태로 들어 있다. 황화물을 첨가하지 않아도 자연적으로 소량 들어 있다. EU 규정상 허용되는 황화물 상한선은 레드 와인에서 리터당 150mg, 화이트 와인에서 리터당 200mg이다. 미국의 규정은 리터당 350mg이다.

화이트 와인과 로제 와인은 레드 와인에 비해 더 쉽게 산화된다. 와인 가공 중 포도 껍질과의 접촉 시간이 짧아서 천연 항산화 성분이 적게 들어가기 때문이다. 그래서 화이트 와인은 황화물 함량이 더 많이 필요하고, 이 때문에 화이트 와인의 허용 수치가 더 높게 설정되어 있다.

유기농 인증을 받은 와인이라고 황화물이 없는 것이 아니다. 다만 일반 와인에 비해 유기농 인증을 받은 와인의 황화물 함량이 대개 낮은 편이다.

황화물은 물에 녹았을 때 보통 리터당 11mg 이상─11ppm─에서 맛을 느낄 수 있다. 과일의 산 물질은 이 황화물의 맛을 덮을 수 있는데, 화이트 와인은 최대 200ppm까지, 레드 와인은 최대 100ppm까지는 덮을 수 있다.

3.2장에서는 와인 제조 중 황화물 사용에 대해 보다 자세한 내용을 다뤘다. 8.2장에서는 유기농 와인, 생물 역학 와인에서의 황화물에 대해 상세한 내용을 서술했다.

●● 품질 상승 방법: 커피는 많지 않고 와인은 많다.

커피는 수확에서부터 수확 후 처리에 이르는 긴 생산 흐름 중 초기 단계가 품질에 영향을 미친다. 초기 작업은 색상을 기준으로 열매를 조심스레 수확하는 것부터 시작해 이후 씨앗 분리, 과육 제거(펄핑, pulping), 점액질 제거 및 건조하는 과정을 말한다.

그 뒤에는, 커피의 품질을 향상시킬 수 있는 방법은 오직 모든 단계를 조심스럽게 진행하는 것, 특히 불순물과 품질 낮은 커피콩을 제거하는 것뿐이다. 한 가지 예외가 있다면, 로부스타의 생두를 증기 정제(steam cleaning)해서 일부 불쾌한 향과 향미 성분을 제거할 수 있다.

커피 처리 작업에서 풀어야 할 숙제는 기나긴 생산 흐름과 유통 과정 중 나타나는 모든 단계에서 극도로 신경을 써야 한다는 것이다. 이렇게 해야 원래 수준의 품질을 유지할 수 있다. 수확, 탈피, 분류, 보관, 선적, 블렌드, 로스팅, 포장, 그라인딩, 음료 추출과 공급에 이르는 모든 작업을 엄청나게 상세한 부분까지 주의와 정성이 들어 진행해야 한다.

즉, 커피는 매 순간 품질이 떨어지지 않도록 해야 한다. 한번 떨어진 커피 품질은 회복될 수 없기 때문이다. 물론 약간 더 강하게 볶고 우유와 설탕, 향신료를 첨가할 수도 있지만 이는 품질을 증진시킨다기보다는 일종의 향미 덮기에 해당한다.

표 3.2는 커피의 생산 흐름 중 각 단계별로 어떤 잘못이 벌어질 수 있는지 보여준다.

와인은 커피와는 달리 품질을 증진시킬 수 있는 기술적 방법들이 상당히 많다. 이들 중 몇 가지를 들자면, 플래시 데탕트, 챕털리제이션, 애시디피케이션, 마이크로 옥시제네이션, 역삼투압, 스피닝 콘 작업을 들 수 있다. 이에 대해서는 표 4.8에서 확인할 수 있다. 해당 기법 대부분은 3.2장에서 상술한다.

○● 식음료 품질 기준

식음료에 대한 품질 기준은 점진적으로 개선되어 왔으며, 여기엔 다양한 목표가 개입되어 있다. 간단하게 요약하자면, 품질 기준에 관한 주요 항목은 다음 부분에 초점을 두고 있다.

- 식품 안전(소비자와 산업 노동자의 건강)
- 소비자 선호(맛, 유통기한 같은 제품 품질)
- 환경(자연 보호)
- 최적화된 생산(실패율 및 쓰레기 발생 최소화)

스위스 소재, 국제 표준 기구(International Organization for Standardization, ISO)에서는 각 국가의 표준화 기구 및 관련 기술 위원회와의 협력으로 국제 품질 표준을 만들었다. ISO 자체는 개별 인증에 참여하지 않으며 인증서를 발부하지도 않는다. 회사나 단체는 ISO로부터 인증을 받는 것이 아니라 외부 인증 기구로부터 인증을 받는다.

특정 제품이나 생산 체계가 ISO 9001:2008 인증을 받거나 또는 ISO 9001:2008 인증서를 취득할 수는 있다. 그러나 이것이 'ISO로부터 인증받았다' 내지 'ISO 인증을 취득했다' 라는 의미는 아니다. 마지막으로, ISO는 International Standardization Organization의 약자가 아니라 International Organization for Standardization의 약자이다.

인증을 받는 이유는 해당 제품 또는 서비스가 소비자의 기대를 충족시킨다는 것을 보여줌으로써 신용과 소비자 신뢰를 얻는 데 있다. 다만 분명히 유념해야 한다. **인증을 받는 것은 품질 관리 체계—곧 처리과정—이지 제품 그 자체가 아니다.**

아래는 커피 산업 및 와인 산업에서 사용하는 기준들이다.

ISO 9001: 재배자, 제조업체, 기타 유통망 관계자들이 원재료, 에너지, 작업 시간 등의 투입물을 최적 사용하고 실패율 및 폐기물 발생량을 가능한 한 줄임으로써 최적화된 생산성을 이룩하는 것을 목적으로 하는 표준이다. 이 표준은 추적 가능성(traceability)및 투명성(transparency)을 확보하는 데 유용하다. 업계 구매자 및 최종 소비자의 기대치에 품질과 가격을 맞추는 데에도 적절하게 쓸 수 있다. 이 표준에서는 제품 품질이 아니라 제조 공정의 항상성을 인증한다.

ISO 14001: 우수농산물관리제도(Good Agricultural Practices, GAP)를 비롯한 환경 관련 표준이다. 이 표준은 관련 정부 규제 준수, 소비자 요구 부응 및 업체 이미지 개선에 사용된다. 하부 그룹으로 도덕, 유통기한 추산, 탄소 배출이 있다.

ISO 22001: 건강 문제—즉 생산자와 소비자의 식품 안전 및 식품 위험 감소를 다루고 있다. 본 표준에는 국제 식품 규격 위원회(Codex Alimentarius Commission)에서 만든 식품안전관리인증(hazard analysis critical control points, HACCP) 요구사항이 들어 있다.

● 표 4.8 와인 품질을 높일 수 있는 28개 기법

기법	물리화학적 개입	원하는 효과
냉동 추출을 통한 농축	포도를 얼린 상태에서 물을 제거함. 이런 방식으로 만든 와인을 아이스드 와인(iced wine)이라 부름. 겨울에 수확한 포도로 만드는 아이스와인(ice wine, 독일어로 아이스바인(eiswein))을 흉내낸 것.	과일향이 강해지고 특히 단맛이 강조됨. 품질은 반드시 좋아진다고는 할 수 없다.
플래시 데탕트 (flash détente)	포도를 85도로 데운 뒤 진공 상태에서 냉각함. 포도가 터질 때 세포가 함께 파괴되면서 페놀 성분이 더 많이 방출됨. 1990년대 말 발명된 기술.	색과 바람직한 향미가 강화됨. 풋내 속성을 줄일 수 있고 썩은 내, 곰팡내 또한 줄일 수 있다.
챕털리제이션 (chaptalization)	포도의 당분 함량이 적은 경우, 포도 머스트에 당을 첨가하는 것. 발효 초기에 진행함. 1770년대 이래 사용해 왔음.	와인의 알코올 함량을 높임.
애시디피케이션 (acidification)	포도 자체의 산성 물질 함량이 적은 경우 포도 머스트에 산을 첨가하는 것. 대개 발효 초기에 진행함. 기후가 따뜻한 곳에서 주로 진행함.	향미를 강화하고 더 나은 에이징을 위해 산도 강화.
디애시디피케이션 (deacidification)	머스트의 타르타르산 함량이 너무 많거나 포도가 다 익지 않았을 때, 타르타르산 함량을 줄이는 처치. 기후가 추운 국가에서 허용된 방법이다. 주로 사용하는 물질은 탄산포타슘(K_2CO_3)과 탄산칼슘($CaCO_3$)임. 일반적인 기법은 아님.	향미를 좋게 하고 떫은맛을 줄이기 위한 목적으로 산 성분 함량 감소.
콜드 매서레이션 (cold maceration)	온도를 낮추어 발효가 천천히 진행되도록 함으로써 며칠 동안 포도 껍질에서 발효 전 추출이 일어나게 함. 콜드 소킹(cold soaking)이라고도 함. 2~8일간 진행.	색소와 매력적인 부드러운 느낌의 탄닌 향미를 추출.
카보닉 매서레이션 (carbonic maceration)	포도송이를 손으로 수확하고 파쇄하지 않은 상태로 이산화탄소로 포화된 무산소 환경에 두는 것. 본 기법에서는 발효가 자연스레 일어남. 와인 업계에서는 1930년대 도입.	와인의 진체 조화를 크게 높여 줌. 딘닌 함량은 줄이고 색상은 진하게 만들며 갓 만든 와인의 붉은색을 더 먹음직스럽게 만들어줌. 보졸레 누보(Beaujolais Nouveau)가 좋은 예.
진공 증발을 통한 농축	와인의 수분 함량을 줄임.	향과 향미 성분을 강화함. 알코올 농도를 높임.
역삼투압을 통한 농축	포도 머스트에 고압(80기압 = 1200psi 초과)을 가하고 반투막으로 포도 머스트와 물을 분리함. 본 기법으로 당 함량이 높아짐. 1980년대 이래 실용화됨.	와인 알코올 농도가 높아짐. 또한/또는 와인 내 당분 함량이 높아짐.
효소 투입으로 색상 보정	색소를 추출하는 효소를 발효 중에 투입함. 화이트 와인에는 색을 줄여주는 효소를 투입함.	레드 와인에서 색소를 추출하고 보존해줌. 화이트 와인의 경우 썩은 열매(예를 들어 귀부 포도)가 일부 들어간 경우 와인에 갈색기가 도는데 이를 해결해 줌.
배양 종균 접종 발효	포도 껍질에 붙어 있는 천연 이스트를 대체하거나 천연 이스트 보충용으로 투입. 포도 품종, 당 함량, 처리 온도, 원하는 발효 속도, 알코올 내성, 와인 제조 업체의 기구 설비, 원하는 와인 스타일에 따라 선택하는 이스트 종류가 다름.	당과 알코올 함량 및 두 성분의 비율을 제어함. 바람직한 향과 향미 성분 및 색상을 증진시킴. 발효가 중단된 경우 발효를 재시작할 때에도 사용.
온도 제어 발효	냉각 튜브 또는 2중 벽체를 쓴 대형 탱크 등을 써서 온도를 제어함. 발효 속도 제어 및 필요한 경우 발효 재개용으로 유용함. 1970년대 이래 사용하는 곳이 많아짐.	당과 알코올 성분비를 알맞게 맞추어줌. 피노 그리지오(Pinot Grigio) 같은 밋밋한 화이트 와인에서 바람직한 성분인 에스테르 성분을 보존하는 데에도 사용.
스틸제 발효조 내 발효	발효 및 기타 보관 목적으로 나무 탱크 및 콘크리트 탱크를 스틸제 탱크로 교체. 20세기 중반 이후 일반적.	여러 처리 과정 제어가 원활해져 위생 증진.
로터리 발효	교반기가 달린 로터리 발효조를 사용해 탱크가 돌아가는 동안 원액과 고체 물질(캡)이 뒤섞임. 산소 노출이 줄어들면서 일부 쓴맛이 나올 수 있다.	향, 향미, 색소 성분을 광범위하게 추출.

기법	물리화학적 개입	원하는 효과
향 응축	발효 중 응축 방식으로 휘발성 향미 물질과 에탄올 증기를 포집. 현재도 개량 작업이 진행 중인 기법임.	사라져 버릴 수 있는 향 물질을 보존.
마이크로 옥시제네이션 (micro-oxygenetion)	탄닌이 있는 레드 와인에 미세산소를 투입. 랙킹 작업을 보완 또는 대체할 수 있으며, 공정 후반부에 별도로 렉킹을 진행할 수도 있다. 1970년대 말부터 사용.	색상이 안정되고 향미가 풍부해지며 탄닌이 부드러워진 정화된 와인을 생산. 보존 기간 향상.
랙킹 (racking)	한쪽 탱크나 배럴에서 다른 쪽 탱크나 배럴로 와인을 조심스레 옮기면서 침전물 같은 불순물을 남기는 것.	맑은 와인, 탁하지 않은 와인을 만들 수 있음.
원심 분리 (centrifugation)	고속도로 회전하는 원심 분리 형태로 랙킹 작업을 진행. 이를 통해 작업 속도를 높임. 설비비가 높을 수 있음.	맑은 와인, 탁하지 않은 와인을 만들지만 품질이 떨어질 수 있다.
파이닝 (finning)	달걀 흰자 같은 단백질 기반 첨가물을 투입해 불순물을 응집해 탱크 또는 배럴 바닥으로 가라앉힘. 피닝 작업을 하면 랙킹을 더 효율적으로 할 수 있음.	맑은 와인, 탁하지 않은 와인을 만들 수 있음. 일부 탄닌에서 나오는 떫은 맛, 쓴맛을 제거함.
필터링 (filtration)	여과막, 구멍 크기, 흐름 방향 등을 달리 해 가며 걸러냄.	맑은 와인, 탁하지 않은 와인을 만들어 냄. 미생물 안정성을 유지.
포도의 당 보정	와인에 농축시킨 포도의 당분을 첨가함.	산도가 과할 때 균형을 맞추어 줌.
포도 원액을 사용한 색 보정	적색 색소 성분이 좋은 품종에서 얻어낸 포도 농축 원액을 첨가함. 미국의 주요 브랜드로 메가 퍼플(Mega Purple)이 있다.	색상 증진-가당, 기타 관능 속성 보정과 함께 적용하는 경우가 많다.
스피닝 콘 (spinning cones)	회전하는 커다란 원뿔형 칼럼 안에서 가열, 원심 분리용 회전, 진공 노출을 조합해서 진행하며 알코올을 추출함. 2000년도경 캘리포니아에 첫 설비가 설치되었음.	와인의 알코올 도수를 낮춤.—예를 들어 15%를 13.5%로 내려줌.
알코올 도수 감소를 위한 역삼투암	반투과막을 사용하여 와인에서 알코올을 분리함.	와인의 알코올 도수를 낮춤.
콜드 스테블라이제이션 (cold stabilization)	와인을 영하1–영하4도 정도로 며칠 동안 냉각한 뒤 병입. 탱크 바닥에 타르타르산염 결정이 가라앉을 수 있으며 이는 제거할 수 있다.	병이나 잔에 타르타르산염 결정이 나타나는 경우를 방지함. 인체에 무해하지만 나타나면 좋지 않음.
배럴 에이징 (barrel-ageing)	와인을 수 년간 발효 및/또는 단순히 에이징하는 것. 적절한 산화를 일으킴.	향, 향미, 탄닌 성분 조정.
오크 배럴 없이 오크 노출	불을 쬔 오크 판, 큐브, 칩(포대에 담은 상태)을 와인 탱크에 투입해 재래식인 배럴을 사용한 향 추가를 저렴한 비용으로 흉내내는 과정. 이러한 방식의 오크 대용품은 1990년대말 이래 널리 사용됨.	향, 향미, 탄닌 성분 조정. 저품질 포도를 사용했을 때 나타나는 일부 결점은 약간 덮을 수 있다.
벌크 수송	병입 수송 대비 온도 변이에 덜 노출됨(남반구에서 북반구로 이동하면서 적도를 건널 경우 온도 변이가 클 수 있다.).	모든 관능 품질을 유지해 줌. 품질을 증진시키지는 않음.

식품안전관리인증(Hazard Analysis and Critical Control Points, HACCP)은 식품 안전을 위한 관리체계이다. 원재료 생산에서부터 조달과 관리, 최종 제품의 제조와 보급, 소비에 이르기까지 나타날 수 있는 생리학적, 화학적, 물리학적 위해 요소를 확인하고 중요도를 평가하며 제어하는 목적으로 일곱 가지 작업 단계가 있다.

커피와 와인과 관련된 ISO 표준에서 나타나는 하위 그룹들 중에서는 카페인 함량, 커피 내 수분 함량, 인스턴트 커피의 순도에 대한 측정법 및 와인 테이스트용 잔의 규격이 들어 있다.

◑◗ 유럽의 첨가물 및 성분 관련 E-숫자 코드

유럽 연합과 스위스에서는 식품 첨가물과 성분에 E-숫자 코드를 부여한다. 이 숫자 코드는 식품 라벨에 표기되어 있으며 유럽 외 지역에서도 라벨에 기재하는 경우가 있다.

와인의 경우 두 가지 그룹이 있다.

- **E200-299: 보존제**(천연, 합성)로 가장 많이 사용되는 보존제인 E220(황화물, 이산화황) 및 E290(이산화탄소)이 여기에 포함된다.
- **E300-399: 항산화제와 산도 조절제**: 가장 중요한 것으로는 E300(아스코르빈산, ascorbic acid), E330(비타민 C), E333과 E334(타르타르산)가 있다.

커피에는 첨가물이 들어가는 경우가 드물어서 커피에 쓰이는 E-숫자 코드가 부여된 물질은 많지 않다. E339(인산 소디움)는 산도 조절제로 쓸 수 있으며, E941(질소-천연가스)은 일부 소매용 커피 포장에서 찾을 수 있다. 여기서 질소는 포장 내에서 제품 보존용 기체로 사용된다.

3-in-1 형태의 인스턴트 커피 제품군에는 첨가물이 일반적이다. 3.1장에서 예시를 든 것처럼 일단 설탕과 크리머가 들어가기 때문이다.

아르헨티나와 남아프리카산 와인에 때때로 해당 숫자 코드가 라벨에 기재되는 경우가 있다. 이는 소비자 참조용이다. 동일한 첨가물을 쓰지만 표기사항

○● 표 4.9 식품 첨가물의 E-숫자코드

E-숫자코드	첨가물 그룹
E100-E199	색소
E200-E299	보존제
E300-E399	항산화제, 산도 조절제
E400-E499	증점제, 안정제, 유화제
E500-E599	산도 조절제, 고결방지(anti-caking)제
E600-E699	향미 증진제
E700-E799	항생물질
E900-E999	광택제, 가당, 기체
E1000-E1599	기타 화학물질

주의
- 와인에서 가장 많이 쓰이는 그룹은 강조 표시했다.
- 일부 첨가물은 다목적으로 쓰이기 때문에 하나 이상의 그룹에 포함된다.

은 없이 발매되는 와인들도 당연히 많다.

호주산 와인 상당수에는 PRESERVATIVE(220) ADDED란 문구가 있다. 이 문구가 있으면 '황화물이 들어 있다'라는 문구는 쓰지 않아도 된다. 이는 대다수 다른 나라에서도 동일하다.

유럽과 미국에서는 식품에 영양성분 표기를 강제 규정하고 있지만 와인은 예외이다. 미국의 소수 와인 제조업체들이 제품 뒷면 라벨에 영양성분 표기를 도입하고 있는 추세이다.

4.2 카페인과 알코올

○ 카페인: 커피의 자극 성분

커피나무를 비롯해 상당수 나무의 꿀에 카페인이 들어 있다. 카페인은 천연독, 즉 포식자를 물리치는 살충제로 기능한다. 아라비카 커피의 카페인 함량은 1-1.5%이며, 로부스타는 대개 2%를 넘는다. 로부스타 종은 이런 높은 함량의 카페인으로 나무와 열매를 보호한다. 야생 커피나무 중에는 카페인이 없는 것도 있는데, 이런 종류는 해충을 쫓아내는 다른 종류의 쓴맛 물질이 들어 있는 경우가 많다.

카페인은 순수 형태로는 흰색의 결정 분말을 이루며 향은 없고 맛은 쓰다. 카페인을 섭취하면 주의력이 높아지고 피로를 덜 느끼지만 음료의 카페인의 함량은 매우 적기 때문에 맛에 미치는 영향은 크지 않다.

연구에 따르면 강로스팅 음료의 카페인이 더 적긴 하지만, 약로스팅과 강로스팅 사이 차이는 비교적 미미하다고 한다.

카페인은 약용으로 쓰이며 칠리 소스, 캔디, 콜라, 에너지 드링크 등 여러 식음료 제품에 첨가제로서 사용된다. 대다수 사람들에게 활력을 불어넣고 주의력을 높이는 효과가 있다. 업무, 사회 관계 면에서 일반적으로 긍정적인 효과가 있다.

커피 한 잔에 들어 있는 카페인은 통상 80-160mg이다. 인스턴트 커피에는 그보다 약간 적은 양이 들어 있다. 홍차 한 잔에는 40-80mg이 들어 있고 녹차

◉ 표 4.10 여러 커피 제법에 따른 카페인 함량

제법	용량(mL)	카페인(mg)
필터 커피(블렌드)	150	80–160
인스턴트	150	60–130
에스프레소(로부스타)	30	100–160
에스프레소(아라비카)	30	70–80
디카페인	150	2–10
홍차(대조용)	150	40–80
녹차(대조용)	150	20–40

주의: 30mL = 1 액량온스(fl oz), 50mL= 5 액량온스(근사치)

는 그 절반이 들어 있다. 표 4.10에서는 이에 대해 몇 가지 상세 내용을 담고 있다. 표에서 보이는 수치는 모두 블렌드, 음료 농도에 따라 다르다.

자연에는 카페인이 아예 없거나 극소량만 있는 커피나무가 존재한다. 그러나 대부분은 향, 향미 면에서 좋지 않다. 예를 들어, 마다가스카르 섬의 마스카로 커피(Mascaro coffee)가 그러하다. 브라질에서는 카페인 함량이 낮은 품종을 몇 가지 개발 중이지만 상업용으로 재배 가능할 정도로 생산성이 높지는 않다.

카페인의 다른 명칭으로는 1,3,7-트리메틸잔틴 (1,3,7-trimethyxanthine)이 있다. 화학식은 $C_8H_{10}N_4O_2$ 이다. 여기서 C는 탄소, H는 수소, N은 질소, O는 산소이다.

구조식에서 성분을 찾아볼 때는 아마 탄소 원자 8 개, 수소 원자 10개가 모두 보이지는 않을 것이다. 구조식에서는 탄소를 나타낼 때 대문자 C를 쓰는 대신

◉ 그림 4.3 카페인의 분자구조

결합선과 결합선이 만나는 모서리로 표시한다. 그러므로 육각형 모양에서는 원자 표시가 비어 있는 네 군데에 탄소가 있는 셈이다. 오각형 모양에서는 탄소 원자가 하나 숨어 있고, 또한 왼편 모서리에 수소 원자도 하나 숨어 있다.

◉ **디카페인 커피: 네 가지 방법**

카페인이 없는 커피를 선호하는 이들이 있다. – 이들은 일상적으로 커피를 음용할 경우 심박수가 높아지고 배가 아프고 밤에 잠을 못 이루지 못한다.

디카페인 커피는 1980년대에 인기를 끌었지만 그 뒤로는 관심이 식어 현재는 5% 정도의 시장 점유율을 보인다. 그러나 지표에 따르면 미국을 포함한 일부 시장에서는 디카페인 커피가 다시금 성장세를 보이는 중이다.

유럽 연합에서는 디카페인 원두의 카페인 함량은 0.1%를 넘지 않도록 규정하고 있다. 인스턴트 커피는 0.3%이다. 미국에서는 디카페인 커피의 기준으로 최소 97%가 제거된 것, 즉 원 함량 대비 3% 이하 함량만이 남은 것을 들고 있다.

커피에 대한 디카페인 공정은 20세기 초, 용제를 사용한 추출법을 적용하면서부터 진행할 수 있었다. 추출한 카페인은 정제하여 약용으로, 또는 다른 음료의 첨가용 물질로 판매할 수 있었고, 이 덕분에 디카페인 공정의 전체 비용은 내려갔다. 다만 물을 사용하여 카페인을 제거하는 공정 몇 가지는 이렇게 카페인을 분리할 수 없다.

아래는 현재 가장 많이 쓰이는 디카페인 방법 네 가지이다.

• **메틸렌 클로라이드(methylene chloride)**
메틸렌 클로라이드(디클로로메테인, CH_2Cl_2)는 초기 디카페인 공법에 사용되었으며 비용이 비교적 저렴하고 지금도 널리 쓰인다. 공정은 다음과 같다.
1. 생두에 30분 정도 증기를 쐬어 부드럽게 불린다.
2. 생두를 메틸렌 클로라이드 용제로 몇 시간 헹구면서 용제를 커피콩 속으로 침투시킨다.
3. 카페인이 용제와 결합하면서 빠져나온다. 커피

속 카페인은 거의 제거된다.

4. 용제를 빼낸다.

5. 몇 시간 동안 다시 생두에 증기를 쐰다.

6. 생두를 가열 건조해 남아 있는 메틸렌 클로라이드를 모두 증발시킨다.

7. 메틸렌 클로라이드에서 카페인을 분리한다. 용제는 재사용할 수 있다.

- **에틸 아세테이트(ethyl acetate)**

  20세기 말 이래로 여러 용제를 사용하는 방식이 주를 이루었다. 에틸 아세테이트($C_4H_8O_2$)는 이런 용제 중 하나로서 사탕수수를 발효시켜 얻은 천연 용제이다. 공정 말미에 물을 사용하여 커피콩을 씻어낸 후 원래 수분 함량이 될 때까지 커피콩을 건조시킨다.

- **이산화탄소**

  저온에서 고압을 가해 액화한 이산화탄소(CO_2)를 사용해 카페인을 추출할 수 있다. 여기에 쓰이는 장비는 고가이기 때문에 대형 업체에서나 쓰는 공법이다.

- **물을 사용하는 방법**

  물을 사용한 카페인 제거 공법은 1930년에 발명되었고 1980년대 들어 상업적으로 사용되었다. 물이 커피콩을 통과한 다음 탄소 필터를 거치면서 카페인이 선택 제거된다. 이 공정에서는 화학 약품을 쓰지 않으며 유기농 인증을 받을 수 있다. 물을 사용하는 공법을 쓰는 주요 브랜드로는 캐나다의 스위스 워터(Swiss Water)와 멕시코의 마운틴 워터(Mountain Water)가 있다.

● 알코올: 와인에 들어 있는 자극제이자 억제제

와인의 알코올은 주로 에틸알코올(ethyl alcohol, 에탄올 (ethanol), C_2H_5OH, CH_3CH_2OH)이다.

와인 속 알코올 함량은 통상 용량으로 나타낸다. 예를 들어, 알코올이 13% 들어 있는 와인이라면 1리터당 알코올이 130mL 들어 있으며, 병에서는 13% vol, 13% ABV, 13% v/v라고 나타낸다. v/v는 부피/부피(volume/volume)의 의미이다.

와인의 대부분은 물이다. 물 1리터는 1kg 정도

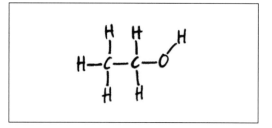

● 그림 4.4 에틸알코올의 분자구조

이다. 알코올은 물보다 가볍다. – 비중이 1리터당 0.79kg이다. 위 예시에서는 알코올 130mL는 무게로는 103g 정도이다.($130 \times 0.79 = 103$)

그러므로, 13% 도수의 와인 1리터에는 알코올이 103g, 물이 870g(여기에 당, 산, 글리세롤, 폴리페놀 성분이 소량 들어 있다.) 있는 셈이며, 총합 973g이 된다.

무게비로 나타내면 와인 973g당 알코올이 103g, 즉 10.6% w/w(이것은 무게/무게(weight/weight)를 나타낸다.)가 된다. 그러나 이런 방식으로 알코올 함량을 표시하는 경우는 드물다.

와인의 알코올 함량을 재는 방식은 다양하다. 표 4.12에서 10가지 방식을 보여준다.

● 여러 가지 와인의 알코올 함량

대부분의 와인용 포도 품종은 와인으로 만들 경우 알코올 함량이 15-16% 정도 된다. 도수는 포도 품종, 당 농도, 사용한 이스트 균주 등의 변수에 따라 달라진다. 일반적으로, 알코올은 와인의 단맛을 살짝 올려주지만 그 관능 효과는 사람에 따라 달리 나타난다.

● 표 4.11 알코올 13% 와인 1리터 내 성분 용량과 무게

와인 성분	밀리리터(용량)	그램(무게)
알코올(에탄올)	130	103
물(소량의 당, 산, 글리세롤, 폴리페놀 포함)	870	870
와인(알코올과 물)	1000	973

주의: 물 1리터는 4℃에서 1kg(1000g)이다. 4℃에서 물은 가장 무거우며 이보다 높거나 낮은 온도에서는 가벼워진다. 0℃에서는 999.8g이며 37℃에서는 993g, 100℃에서는 958g이다.

● 표 4.12 와인의 알코올 함량을 재는 10가지 방식

측정법	측정 원리
밀도 측정($)	에탄올과 물의 밀도가 다르다는 점을 이용한 밀도측정기(density meter)로 에탄올−물 용액의 비중(밀도)를 측정한다. 와인에는 에탄올과 물 외에도 다른 성분이 들어 있긴 하지만 최신 장비를 쓰면 매우 정확하게 측정할 수 있다. 이 방식은 온도에 따라 측정값이 달라진다
증류	와인을 증류한 다음 내용물을 다시 재수화(rehydration)한다. 이 방법에서는 당, 탄닌, 페놀 등 비휘발성 성분의 영향이 없다.
끓는점 측정($)	액체의 끓는점을 측정하는 것으로 등압 장치 및 등온 장치를 쓴다. 에탄올의 끓는점은 78.4℃로 물보다 낮아서 에탄올 함량이 많을수록 에탄올−와인 혼합액의 끓는점은 낮아진다. 이 방식은 고도(대기압)에 따라 측정값이 달라진다.
비중 측정($)	표준 액체 대비 용액의 밀도를 잰다. 표준 액체는 대개 순수한 물을 쓴다. 비중 측정기(hydrometer)는 사용하기 쉽지만 정확도는 높지 않다.
피크노미터 측정($)	유리 비커 속 부피 물질의 밀도를 잰다. 피크노미터(pycnometer, 비중병) 측정은 어느 정도 훈련이 필요하며 시간이 걸린다. 이 방식은 온도에 따라 측정값이 달라지며 특별히 정밀하지는 않다.
굴절률 측정($)	빛이 용액을 통과하면서 굴절되는 정도를 재는 것으로 광학 농도(optical density)라고 말하기도 한다. 와인을 증류해 비휘발성인 당을 제거한 다음 에탄올 굴절계(refractometer)를 사용해 측정한다.
색도 측정	시약을 사용하여 색상 반응을 측정한다. 발효 전 당 함량을 측정할 때에도 이 방식을 쓴다.
효소 측정	E−measurement라고도 하며 분광 광도계(spectrophotometer)를 쓴다. 여러 가지 물질에 사용할 수 있다.
분광 측정	근적외선 측정법(near infra(NIR) measurement)으로서 분광 광도 측정(spectrophotometry) 또는 분광 측정(spectrography)이라고도 한다. 이 방식은 정밀하고 기기 사용도 쉽지만 비용이 높다.
기체 크로마토그래피	액체 성분 분리와 유사하게 혼합 기체의 성분을 구분할 수 있다. 정확도가 높지만(0.1% v/v) 비용이 높다.

주의
• ($)는 비용이 그다지 높지 않아 소규모 와인 제조업체에서 주목하는 측정법이다.
• 정부기관(예를 들어 미국의 주류담배과세무역청(Alcohol and Tobacco Tax and Trade Bureau, TTB)에서는 이들 일부를 승인하고 있다.

표 4.13에서는 주요 포도 품종 몇 가지를 사용한 경우 와인에서 일반적인 알코올 함량에 대해 나와 있다.

● 와인의 알코올 함량 낮추기
와인의 알코올 함량은 1990년대 이래로 조금씩 높아졌다. 이런 경향은 늦은 수확(late harvesting)과 맞물려 있다. 잘 익어서 당 함량이 높은 포도를 수확할 수 있으며, 와인으로 가공했을 때 더 풍부한 향미가 나올 가능성이 높기 때문이다. 더 잘 익은 열매를 수확하고 가공하면서 알코올 도수는 더 높아졌고, 이런 경향은 주요 와인 비평가의 선호와 최종 소비자의 수요와도 맥을 같이 해왔다.

알코올 도수가 높으면 품질도 높다는 관점이 수년간 이어졌지만, 이제는 다르다. '도수 낮은' 와인을 선호하는 소비자가 많은 나라를 중심으로 반대 바람이 불고 있다.

일부 와인 소비자들은 일반적인 와인보다 도수가 낮은 와인을 선호한다. 어떤 사람은 알코올이 전혀 없는 와인을 원한다. 입맛, 사회적 책무, 음주 운전에 대한 고려, 건강에 대한 우려, 식이 조절, 종교를 이유로 들 수 있다. 가격 또한 이유가 된다. 일부 국가에서는 알코올 도수에 따라서 세금을 매기기 때문이다.

알코올을 제거하는 공정(디알코올리제이션, dealcoholization)은 일찍이 개발되었다. 독일, 영국, 미국에서는 알코올 제거 공정에 대한 첫 번째 특허가 1910년도경에 등록되었다. 와인에서 알코올을 완전히 제거하는 것은 어렵기도 하고 비용이 많이 들어서, 알코올 도수가 0.5% 이하이면 넌−알코올(non-alcohol)로 부

● 표 4.13 와인 품종과 국가별 알코올 함량

알코올 함량(부피비)	포도 품종과 국가	
	백포도	적포도
5%	모스카토(Moscato, 단맛이 나는 이탈리아산 세미 스파클링 와인인 모스카토 다스티(Moscato d'Asti))	–
6%	–	–
7%	–	–
8%	리즐링(독일)	람브루스코(Lambrusco, 이탈리아산 세미 스파클링 와인)
9%	–	로제(미국, 포르투갈 등)
10%	세미용(호주 등) 비노 베르드(Vinho Verde, 포르투갈)	화이트 진판델(미국)
11%	스파클링 와인(이탈리아 등), 리즐링(독일 이외 지역)	스파클링 와인(이탈리아 등)
12%	샴페인, 그뤼너 벨트리너(Grüner Veltliner, 오스트리아 등)를 포함한 스파클링 와인	샴페인, 로제(프랑스, 스페인 등)를 포함한 스파클링 와인
13%	샴페인, 샤르도네(프랑스 등)를 포함한 스파클링 와인 피노 그리/그리지오(프랑스, 이탈리아, 미국 오리건 등) 소비뇽 블랑(프랑스, 칠레, 뉴질랜드 등)	샴페인, 가메, 메를로, 피노 누아(프랑스 등)를 포함한 스파클링 와인 산지오베제(이탈리아 키안티) 뗌쁘라니요(스페인 리오하)
14%	샤르도네(호주, 캘리포니아, 칠레 등) 슈냉 블랑(남아프리카 등) 소비뇽 블랑(캘리포니아, 칠레, 뉴질랜드 등)	까베르네 소비뇽, 말벡(아르헨티나, 프랑스 등), 메를로(칠레 등), 네비올로(Nebbiolo) (이탈리아의 바롤로(Barolo)), 피노 누아(미국 캘리포니아), 산지오베제(이탈리아 키안티), 시라/쉬라즈(미국 캘리포니아)
15%	소테른(Sauternes, 세미용, 소비뇽 블랑, 무스카델레(Muscadelle)로 만든 단맛 나는 프랑스 와인)	진판델(미국 등) 시라/쉬라즈(호주 등)
16%	–	그르나슈 누아, 무르베드르(프랑스 론) 시라/쉬라즈(호주)

자료: AAWE Working Paper No.82(2011), Jancis Robinson 저 Purple Pages(2012), Wine Folly 웹페이지(2015), Real Simple 발행 A Guide to the Alcohol Content in Wine(2015) 및 일부 라벨 표기사항 등의 자료에서 수집 정리

주의:
- 샴페인, 로제, 소테른, 스파클링 와인, 비노 베르드, 화이트 진판델은 포도 종류가 아니라 와인 종류이다.
- 유럽 연합에서는 알코올 함량 최소 8.5% 이상이어야 와인으로 인정한다.

를 수 있다. 다만 알코올 프리(alcohol-free)로 부르려면 알코올이 완전히 없어야 한다.

아래에 알코올 함량을 줄이는 몇 가지 방법을 소개한다.

- **이른 수확(early harvest)**: 이 경우, 와인의 신맛과 당도, 향미가 나빠질 수 있다.
- **가습(휴미디피케이션(humidification), 가수(watering back), 아멜리오레이션(ameliroatio n)**: 발효 전 또는 발효 중에 물을 더하는 작업으로, 와이너리에서

는 언급하지 않는 편이다.
- **특정 이스트 사용**: 일부 이스트 균주는 당을 알코올로 변환하는 효율성이 떨어진다.
- **퍼먼테이션 어레스트(arrest of the fermentation)**: 향과 향미 성분에 나쁜 영향을 줄 수 있고, 와인의 단맛이 너무 올라갈 수 있다.
- **와인에 물 또는 포도액 첨가**: 향미와 질감이 약해진다. 일부 지역에서는 허용되지 않는다.
- **가열(증발)**: 일부 향 물질이 사라지는 경향이 있

다. 이상적인 방법은 아니다.

- **역삼투압(reverse osmosis, RO)**: 향미와 다른 와인 성분에는 최소한의 영향만 주면서 알코올 함량을 줄일 수 있다. 이 과정은 네 단계를 거친다.
    1. 탱크에 들어 있는 일부 와인을 미세한 메시 필터로 걸러낸다. 물과 알코올은 가장 작은 크기의 분자로 이루어져 있어서 필터를 잘 통과하는 데 비해 색소, 탄닌, 대다수 향 성분은 필터에 걸린다. 걸러진 물질은 추후 사용한다.
    2. 무색 무미의 알코올-물 혼합체를 증류(고온 저압) 방식으로 알코올과 물을 분리한다.
    3. 알코올이 제거된 물에 1에서 얻은 색소, 향 물질, 탄닌을 혼합한다.
    4. 이것을 거르지 않은 와인을 섞어주면 저알코올 와인을 만들 수 있다. 향미 물질의 손상 없이 알코올 함량을 낮출 수 있다.
- **스피닝 콘(spinning cone)**: 가격은 비싸지만 효율적인 기구인 '스피닝 센터(spinning centres)'를 사용한다. 주요 단계는 아래와 같다.
    1. 와인 일부(예를 들어 알코올 도수 14%인 와인을 물량비 10%만큼)를 덜어낸다.
    2. 덜어낸 와인은 스피닝 설비로 옮기고, 나머지 와인은 와인 제조장에 그대로 둔다.
    3. 스피닝 콘은 역삼각형 모양으로 되어 있으며 칼럼 형태로 포개져 있다. 와인이 스피닝 콘에 들어가면서 얇은 막이 생긴다.
    4. 온도를 28도로 높인다. 이때 섬세한 향과 향미 성분은 증발하는데, 이 성분은 따로 보관한다.
    5. 온도를 38도로 높인다. 향이 빠진 용액에서 알코올이 증발한다.
    6. 스피닝 작업 후 보존되는 향과 향미 성분은 95% 이상에 달하며 알코올이 제거된 와인에 다시 넣는다.
    7. 알코올을 제거한 와인을 와인 제조업체에 남겨둔 와인과 혼합한다.

위 예시에서는 스피닝 콘을 사용해 알코올 함량을 대략 1/10 정도 줄였다. 원 알코올 성분이 14%였다면

결과물은 12.8% 정도로(1.2%P 감소) 줄어든 것이다.

스피닝 콘 기술의 선도기업은 콘테크(ConeTech)로서, 본사가 있는 캘리포니아 및 칠레, 스페인, 남아프리카에 설비가 있다. 콘테크 설비로 처리하는 와인의 양은 캘리포니아만 해도 연간 1억 리터에 달한다. 병으로 치면 1억 3천만 병, 1100만 상자에 달하는 양이다.

4.3 관능 평가: 향, 맛, 향미

관능 평가는 주관적이다. 개인의 신체 상태, 문화적 배경, 경험, 기억, 감정 상태가 함께 얽혀 좋고 나쁨을 결정짓는다. 향과 맛에 대한 선호에 있어서 '잘못된 것'은 없다.

향(aroma)은 코에서 휘발성 성분(증발하는 입자)를 바탕으로 느껴지는 감각이다.
맛(taste)은 입에서 비휘발성 성분을 바탕으로 느껴지는 감각이다.
향미(flavour)는 향과 맛이 조합된 감각이며, 여기에 입안느낌(mouthfeel) 같은 촉각이 더해진다.

코에 있는 후각 수용체의 구분 능력은 상당하다. 드물게는 최대 1만 가지 향을 구별할 수 있다. 그에 비해 혀의 미뢰에 있는 미각 수용체가 지각하는 것은 몇 가지 맛(단맛, 신맛, 쓴맛, 짠맛, 감칠맛(savoury, umami)) 외에 떫은 느낌(astringency, dryness) 같은 질감 정도이다. 이 감각들은 비휘발성 성분을 바탕으로 느껴진다.

○ 커피의 관능 평가

커피에 대한 전문 관능 평가(커핑, cupping)는 대개 약로스팅한 커피를 굵게 분쇄해 진행한다. 커피 8-13g을 도자기 컵에 담은 뒤 뜨거운 물 150-180mL를 붓는다. 이후 냄새를 맡고, 표면에 뜬 덩어리를 부순 뒤 다시 냄새를 맡고 마지막으로는 빨아마신 뒤 뱉어낸다. 이 방식을 쓰면 향미가 너무 두드러지지 않으면서 결점두의 특성은 두드러진다. 커퍼는 기본적으로

이외에도 여러 가지를 찾는다.

아래에 커피에 대해 표현할 때 전문가들이 사용하는 단어들 중 몇 가지가 있다.

- **생두(green bean, 원재료(raw) 커피)**: 블랙, 색 빠짐(bleached), 브라운, 색 바램, 폭시(foxy), 라이트(light), 펄퍼 닙트(pupler nipped), 스팅커(stinker, 과발효된 커피로서 전체 커피에 악영향을 줄 수 있다.)
- **원두(roasted coffee bean)**: 브로큰, 번트, 채프(chaff, 벗겨진 실버스킨), 프렌치(표면에 기름기가 날 정도로 로스팅된 것), 이탤리언(프렌치 로스트보다 약간 더 많이 볶은 것, 미국에서는 정반대), 페일(pales)
- **음료 커피**
  - **향(aroma)**: animal-like, ashy, baked burnt/ smoky, berries, chemical/medicinal, chocolate/ chocolatey, citric, caramel, cereal, citrusy, earthy, floral, foul, fruity, grassy/green/ herbal, harsh, nutty, quackery, red fruits, rubber-like, spicy, winery, woody.
  - **맛(flavour)**: 신맛(acid/sour), 쓴맛(bitter), 단맛(sweet)(짠맛과 감칠맛은 커피에서 중요도가 떨어진다.)
  - **입안느낌(mouthfeel)**: 바디(강하다/기분 좋다, 약하다), 떫은 느낌(애프터테이스트로서 입이 마르는 듯한 느낌)

◉ 세계 최고의 커피

와인이나 자동차, 영화도 그렇겠지만, 세계 최고의 커피라는 것은 없다. 다만 아래에는 최고급에 속하는 열두 개 커피 상품을 소개했다.

아래 리스트에서는 의도적으로 지역, 품종, 등급, 블렌드, 커피콩 크기 등의 항목을 섞어 두었다. 2013년에서 2017년 사이 커피 업계 내 관계자들에게 던진 "어떤 커피가 최고인가"라는 질문에 대한 답변을 반영했다.

응답 내용은 상당히 일정했지만 다만 한 응답만큼은 달랐다. 동아프리카의 수출업자의 답변이었는데, "최고의 커피는 팔았을 때 이익이 남는 커피이다."라는 대답이다.

브라질은 흔히 생산 물량으로 더 알려져 있지만 주요 스페셜티 커피 생산국이란 점은 유념할 필요가 있다. 1999년 이래 11개 국가에서 최고급 최고가 커피를 선정해 약 100회를 넘게 진행된 컵 오브 엑설런스(Cup of Excellence) 대회에서 역대 최고점을 낸 커피 또한 브라질 커피이다.

2005년 컵 오브 엑설런스에서 브라질 커피는 95.85점을 얻었다. 또한 최근 2개 대회에서도 브라질 커피가 높은 점수를 얻은 바 있다. 이 외, 94점을 넘는 매우 높은 점수를 받은 커피로는 콜롬비아, 엘살바도르, 온두라스, 니카라과 커피가 있다. 컵 오브 엑설런스 프로그램은 4.4장 및 9.2장에서 상세하게 다루겠다.

그렇다면 가장 값비싼 커피는 무엇일까? 2017년도 베스트 오브 파나마(Best of Panama) 커피 옥션에서는 우승인 게이샤 커피 100파운드가 파운드당 601달러에 거래된 바 있는데 아마도 산지 기준 생두 거래가로는 세계 기록일 것이다. 이 커피는 보케테(Boquete) 지역의 아시엔다 라 에스메랄다(Hacienda la Esmeralda) 농장에서 생산되었다.

최고급 커피는 전 세계 어디서든지 생산된다. 각 대륙마다 독특한 관능 특성을 보이며, 이런 특성은

◉ 표 4.14 세계 최고 커피군 중 12개

국가	지역 또는 커피콩 형태
콜롬비아	수프리모(Supremo)
코스타리카	따라수(Tarrazu)
에티오피아	예가체프(Yirgacheffe), 시다모(Sidamo), 하라(Harrar)
과테말라	안띠구아(Antigua), 우에우에떼낭고(Huehuetenango)
미국 하와이	코나(Kona), 카우아이(Kauai)
인도	몬순드 말라바르(Monsooned Malabar)
인도네시아	아체(Ache), 자바(Java), 술라웨시(Sulawesi), 수마트라(Sumatra)
자메이카	블루 마운틴(Blue Mountain)
케냐	케냐 AA(Kenya AA)
파나마	보케테 산 게이샤(Geisha, 게샤(Gesha))
탄자니아	피베리(peaberry, 커다랗고 둥근 커피콩)
예멘	모카 자바(Mocha-Java), 자바산 커피의 블렌드

● 표 4.15 대륙별 아라비카 커피의 관능 품질

관능 항목	중남미	아프리카	아시아, 태평양
신맛	높다. 일부는 중간	중간 - 높다.	낮다. - 중간. 다만 산지별로 다양함
바디	낮다. - 중간	중간 - 높다.	중간 - 높다.
향미	섬세, 너트향, 코코아 향이 있다. 깔끔한 마무리	이국적, 꽃향, 과일향, 달콤한 향신료 느낌 등	흙내음, 약초, 향신료, 과일 - 담배 느낌이 나는 경우도 있다.

자료: 커피 전문가와의 대화 등에서 자료 수집
주의
• 이 표는 각 대륙별 개괄사항을 단순화한 것이며 커피는 항목별로 매우 다양하다.
• 신맛은 주도적이지 않은 한 좋은 속성이다. 'brightness'라고 하기도 한다.
• 표의 아프리카는 주로 동아프리카에 해당한다. 아프리카 중부와 서아프리카에서
  는 주로 로부스타를 생산한다.

커피 전문가들에게 잘 알려져 있다. 표 4.15는 각 특
성을 보여준다.

● 와인의 관능 평가

와인 평가에서는 세 가지 범주 및 품질에 대해 논한
다.

• **측정 가능한 물리적 단위**로는 알코올 함량, 당 함
  량, 산도, 탄닌 함량, 색상이 있다.
• **향과 맛** 성분은 객관적, 반 객관적 측정이 가능하
  다. 향신료 느낌, 과일향, 신맛, 좋지 않은 속성으
  로서 카드보드 냄새 등이다. 전문가들도 어떤 향
  이나 맛 성분이 있다는 것에 대해서는 의견이 일
  치하지만 그 강도나 중요도(긍정적 또는 부정적 방
  향)에서는 의견이 갈린다. 와인에는 대략 800여
  개 향 물질이 있지만 실제로 향에 영향을 미치는
  것은 여섯 개 정도이다.
• **향과 맛에 대한 주관적 평가**: 감성적, 감정적, 로
  맨틱 등으로 표현하거나, '생생하다', '고귀하다',
  '우아하다', '여성적이다' 같은 은유적인 표현을
  사용한다.

레드 와인의 향미 프로필을 언급할 때는 흔히 베리류
나 짭짤한 향신료를 들곤 한다. 화이트 와인은 허브,
꽃, 시트러스와 비교하는 경우가 많다.

와인에서 지배적인 향미 속성은 다음의 세 가지이
다: 포도에서 기원하는 과일 향미, 산 물질에서 나오
는 신맛, 그리고 알코올과 폴리페놀—주로 탄닌 성
분—에서 나타나는 쓴맛이다. 이 향미 성분들을 균
형(balance, 밸런스, 각 향미 성분들이 혼합된 형태)과 깊이
및 애프터테이스트 차원에서 평가한다.

균형 잡힌 와인이란, 특정한 좋지 않은 향미가 튀
지 않는 와인을 말한다. 알코올과 탄닌, 신맛, 단맛,
과일 향의 농도가 균형을 이루는 것은 매우 중요하
다. 그중에서도 신맛과 단맛의 대비가 특히 중요하
다. 양조 과정 중 산 물질이나 당을 첨가할 필요가 없
다면, 그것은 잘 익은 포도를(단맛은 높아지고 신맛은 떨
어진다.) 알맞은 시기에 수확했다는 뜻이다.

● 와인의 향, 향미 표

향, 향미 도표는 체계와 용어 면에서 다양하게 나타
난다. 표 4.16과 표 4.17에서는 와인의 향, 향미에 대
한 서술어 및 분류 방식 일부를 보여준다. 도표들은
몇 가지 자료를 기반으로 작성되는데, 일부 도표는 화
학 용어 또는 미생물학 용어 체계까지 포함되어 있다.

영국의 Wine & Spirit Education Trust(WSET)에
서 펴낸 〈Systematic Approach to Tasting of Wine〉
을 비롯한 자료에서 자세한 표현을 찾을 수 있다.
WSET에서는 유용한 와인 전문 용어집(Wine Lexic
on)을 비롯해 여러 자료집을 만들었다. 이 자료들은
19개 언어로 번역되었고 60여 개 국가에 보급되었
다.

◐● 커피와 와인의 향, 향미 휠

1970년대에 UC Davis의 포도 재배 및 양조학 연구
실(Department of Viticulture and Enology)에서는 와인
의 관능 평가에 대한 기술 용어 표준화 작업을 진행
했다. 1980년대에는 같은 UC Davis의 Ann C. Nob
le 이 Wine Aroma Wheel을 개발했다. 이 휠은 2002
년에 개량되었는데 와인 향에 대한 주 분류 12개, 부

분류 29개, 향 용어 94개로 정리했다. 이후 여러 가지 상품들, 커피, 맥주, 사과 주스, 치즈, 꿀, 초콜릿, 심지어는 대마에 대해서도 향 및 향미 휠이 개발되었다.

미국 스페셜티 커피 협회(Specialty Coffee Association of America, 현재의 스페셜티 커피 협회(Specialty Coffee Association))에서는 1990년도에 Coffee Taster's Flavor Wheel을 개발했다. 이 휠은 향과 향미 성분을 담은 휠과 결점 향미(fault, taint)를 담은 보조 휠로 되어 있다. SCAA 에서는 이후 상세 내용이 들어간 Coffee Lexicon(커피 용어집) 및 UC Davis의 식품 과학 기술 연구소(Food Science and Technology Department)와의 협력을 통해 2016년에 새로운 휠을 공개했다.

미국의 로스팅 업체 카운터 컬처 커피(Counter Culture Coffee)에서는 자체 향미 휠을 개발했다. 이 휠은 다른 커피 업계에서도 널리 사용하고 있으며, 본사의 허락을 얻어 여기 게재했다.

커피에 대한 여러 향미 용어 중 몇 가지는 일상적으로 커피를 마시는 이들에게 도움이 되도록 소매 포장에 표기되어 있다. 이런 용어로는 견과류 향(nut), 단 과일(sweet fruit), 새콤한 과일(bright fruit), 시트러스, 흙내음(earthy), 꽃향, 초콜릿 향, 풀 향, 향신료 향 등이 있다.

Wine Aroma Wheel은 저작권자 Ann C. Noble(1990, 2002)의 허락을 얻어 게재했다.

커피 향미에 대한 정확한 기술을 담은 책으로 소개되는 〈Coffee Lexicon〉은 텍사스의 World Coffee Research와 캔자스 시립대(Kansas City University) 및 텍사스 A&M University의 관능 분석학자들이 협력해

● 표 4.16 와인 관능 평가에 사용되는 일반적인 서술 용어

항목	서술 용어
외관(appearance)	
투명도(clarity)	Clear – Dull
색의 강도(intensity)	Pale – Medium – Deep
색상(화이트 와인)	Clear – Lemon – Gold – Amber
색상(로제 와인)	Clear Pink – Pink – Orange – Salmon
색상(레드 와인)	Light Red – Purple – Ruby – Garnet – Tawny Clean
향(nose)	
향의 상태(condition)	Clean – Unclean
향의 강도(intensity)	Light – Medium – Pronounced
향 속성(characteristics)	Fruit – Floral – Spice – Vegetal – Oak – Other
맛(taste)	
단맛	Very Dry – Off Dry – Semi Dry – Semi Sweet – Sweet – Very Sweet
신맛	Low – Medium – High
탄닌	Low – Medium – High
향미 속성	Fruit – Floral – Spice – Vegetal – Oak – Other
바디(body, 입안 느낌(mouthfeel))	Light – Medium – Full(엄격히 보자면 입안 느낌은 맛 항목에는 들어가지 않는다.)
지속 정도(length, 애프터테이스트(aftertaste))	Short – Medium – Long
결론	
전체 품질	Poor – Acceptable – Good – Very Good – Outstanding

개발했다. 이 용어집에는 커피의 108개 주요 향 성분에 대해 상세한 기술 및 수치별 참조를 담고 있다. 예를 들어, 'Blueberry' 항목에서는 익은 통 블루베리에 사탕수수 설탕을 담은 캔 상품인 오리건 스페셜티 프루트(Oregon Specialty Fruit) 사의 블루베리 캔 상품을 예로 든다.

〈Coffee Lexicon〉의 향미 기술 부분은 2017년에 수정되었다. 여기에는 런던의 스퀘어 마일 커피(Square Mile Coffee Roasters)와 함께 개발하고 FlavorActiV 사가 제조한 24개 향 캡슐이 참조로 올라와 있다.

● 표 4.17 와인의 일반적인 향, 향미 속성

항목	속성
과일(fruit)	
시트러스(citrus, 이국적(exotic))	자몽 – 레몬 – 라임
녹색 계열 과일(green fruit)	사과(덜 익은 것/익은 것) – 배
핵과(stone fruit)	살구 – 복숭아
적색 계열 과일(red fruit)	라즈베리 – 레드 체리 – 자두 – 레드커런트 – 딸기
검은색 계열 과일(black fruit)	블랙베리 – 블랙 체리 – 블랙커런트
열대 과일(tropical fruit)	바나나 – 키위 – 리치 – 망고 – 멜론 – 패션프루트 – 파인애플
말린 과일, 건과(dried fruit)	무화과(fig) – 건자두(plum) – 건포도(raisin) – 건포도(sultana, 씨 없는 종류)
꽃 느낌(floral)	
나무의 꽃(blossom)	엘더플라워(elderflower) – 오렌지
꽃(flower)	향수 – 장미 – 제비꽃(violet) – 꿀
향신료(spice)	
달콤한 계열(sweet)	시나몬 – 정향(clove) – 생강 – 육두구(nutmeg) – 바닐라
자극적인 계열(pungent)	감초(liquorice) – 노간주(juniper) – 후추(흑/백) – 담배
산뜻한 느낌(fresh)	
야채 느낌(vegetal)	아스파라거스 – 초록 피망(green bell pepper) – 버섯 – 올리브(블랙)
조리된 느낌(cooked)	양배추 – 통조림 야채류
풀 느낌(herbaceous)	유칼립터스(eucalyptus) – 블랙커런트 잎 – 풀 – 건초 – 박하(mint) – 젖은 상태의 잎
씨앗 느낌(kernel)	아몬드 – 코코넛 – 헤즐넛 – 호두(walnut) – 초콜릿 – 커피
나무 느낌(woody)	삼나무(cedar) – 약초 느낌(medicinal) – 수지 느낌(resinous) – 오크 – 연기 – 담배 – 바닐라
기타	
동물(animal)	가죽 – 고기 – 털 – 젖은 모피
효소 느낌(autolytic)	이스트 – 비스킷 – 빵 – 토스트
유제품 느낌(dairy)	버터 – 치즈 – 크림 – 요구르트
약품 느낌(chemical)	알코올 – 잉크 – 요오드 – 약
광물질(mineral)	부싯돌 – 석회 – 수정 – 편암(schist)
익힌 물질(ripenss)	캐러멜 – 캔디 – 꿀 – 잼 – 마멀레이드 – 당밀 – 조리된 느낌 – 구운 느낌 – 볶은 느낌

● 와인의 향(aroma)과 부케(bouquet) – 차이점?

향(aroma, 아로마)은 냄새를 말하는 반면 향미(flavor, 플레이버)는 향과 맛의 조합을 뜻한다.

와인의 향은 통상 다음 세 가지 항목으로 나눈다.

- 1차 향(primary aroma)은 포도 품종을 반영한다. 버라이어틀 아로마(varietal aroma)라고도 한다.
- 2차 향(secondary aroma)은 발효 직전, 발효 중 생성되는 향이다.
- 3차 향(tertiary aroma)은 발효 후 탱크, 배럴, 병입

상태 중 에이징되면서 생성되는 향이다.

부케(bouquet)는 시간이 흐르면서 생성되는 3차 향으로서 와인이 병입된 상태에서 알코올, 산 물질, 잔존 설탕, 페놀 성분이 숙성되면서 나오는 향이다. 일부에서는 2차 향 또한 부케에 포함시킨다. 부케는 프랑스어로 '꽃 한 다발'이라고 할 때 '다발'을 의미한다.

오더(odour)는 일부 문헌에서 불쾌하고 좋지 않은 냄새를 가리키는 용어로 쓰인다. 어떤 글에서는 별도로 코에서 향기로 느껴지는 것에 대해 기분 좋은 오

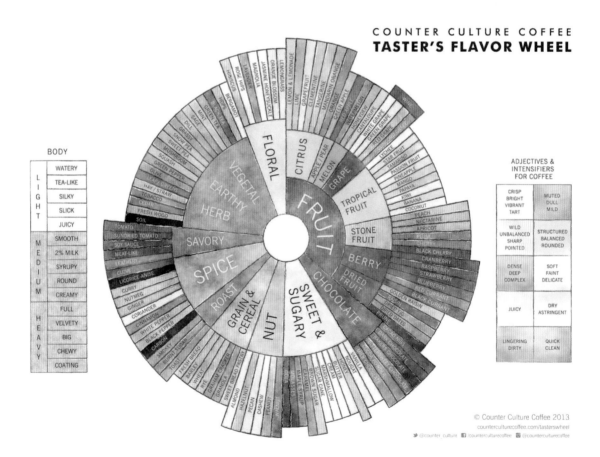

○ 그림 4.5 Coffee Taster's Flavor Wheel,
Counter Culture Coffee

더(pleasant odour)라는 표현을 쓴다.

여기 더해, 촉각도 있다. 이것은 와인의 관능 구조, 바디, 입안느낌, 점성, 떫은맛, 온도에 대해 느끼는 감각이다.

● 와인의 당과 산 물질: 맛에 미치는 영향

와인에 당이 리터당 4g(0.4%) 이상 있다면 대부분은 단맛을 느낀다. '드라이 와인(dry wine, 달지 않은 와인)'은 일반적으로 잔존 당 함량이 리터당 4g 미만인 와

● 수평적, 수직적 맛보기

와인을 몇 가지 선택해 맛보는 것을 플라이트(flight)라고 한다. 수평적 맛보기(horizontal tasting)는 생산자, 포도 품종, 생산 지역이 다르고 빈티지(수확 연도)는 같은 와인을 맛보는 것이다. 수직적 맛보기(vertical tasting)는 동일 제품을 빈티지 별로 맛보는 것을 말한다.

인을 말하지만, 일부 사람들은 리터당 2g 만 있어도

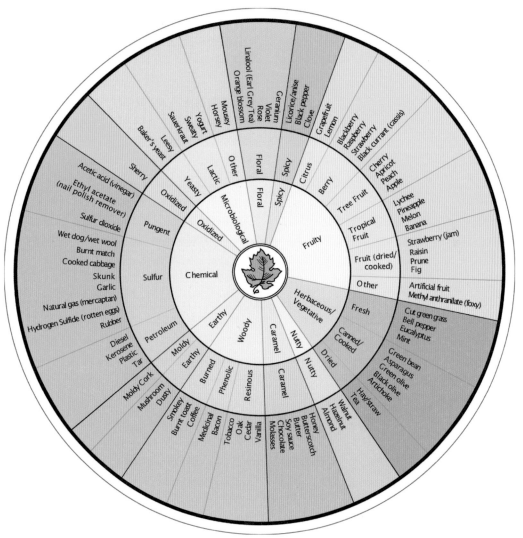

● 그림 4.6 Wine Aroma Wheel, UC Davis

● 표 4.18 드라이(dry), 스위트(sweet)에 대한 유럽 연합의 정의

잔존 당 함량(리터당 그램)	분류
< 4	dry
4-12	semi-dry
12-45	semi-sweet
45-100	sweet
> 100	extra-sweet

(0.2%) 단맛이 있다고 말한다.

유럽 연합에서는 잔존 당 함량이 리터당 4g 미만인 와인을 '드라이하다'고 규정한다.

그러나 와인에서 느껴지는 단맛은 당뿐만 아니라 산 물질 함량에도 영향을 받는다. 신맛이 강한 와인(대개 냉대 기후 지대에서 생산된 것)은 단맛이 그다지 두드러지지 않는다. 이런 와인은 당 함량이 더 많아도 드라이하다고 평가된다.

유럽 연합에서는 지리적 표시 규정에 부합하도록, 잔존 당 함량이 리터당 4g 미만이면 병에 'sec'(드라이하다는 뜻.)이란 단어를 반드시 포함시킨다. 그러나 총 산 물질 함량이 리터당 2g 이상이라면, 잔존 당 함량이 위 기준 이상이라 해도 드라이하다고 평가될 수 있다. 말하자면, 당 함량은 리터당 5g이라 해도 산 총량이 리터당 7g이라면 드라이하다고 말한다. 당 함량이 리터당 9g으로, 당과 산 물질이 다시 균형을 이루는 지점이 되기까지 계속 드라이한 느낌이 난다. 여기서 총 산도는 타르타르산 환산값으로 나타낸 리터당 그램을 말한다.

◐◑ 관능 용어에 속하는 촉각

바디(body), 입안느낌(mouthfeel), 텍스처(texture)는 커피와 와인 양쪽에서 쓰는 용어이다. 이 말은 기본적으로 같은 속성에 대한 표현이며 가볍다(light), 보통이다(medium), 무겁다(heavy)는 식으로 표현하는 경우가 많다. 커피 커퍼나 와인 테이스터에게 묻는다면, 대개는 각 용어를 구별해서 설명할 것이다. 주의할 것은, 이 용어들은 맛 감각이라기보다는 촉각에 대해 설명한다는 점이다.

● 비교하는 버라이어틀 와인 속성

버라이어틀의 속성 중 어떤 것이 중요하다고 일치된 견해는 없다. 동일 품종에서 기원하는 포도 품종이라 해도 토양과 날씨에 따라서 다른 특성을 가지며, 와인 가공 방법도 여러가지이다. 그렇긴 하지만, 표 4.19에서는 주요 포도 품종 몇 가지로 만든 와인을 비교하고 각 속성별로 순위를 매겨 보았다.

쉽게 비교할 수 있도록, 일반적인 두 품종―백포도인 샤르도네와 적포도인 메를로―을 비교용으로 강조했다.

표 4.13에서는 알코올 도수에 따라 버라이어틀 와인 순위를 매겼다.

● 시음용 잔: ISO 표준과 대안

와인 시음용 잔의 표준 규격은 없다. 국제 표준 기구(ISO)에서는 숙련된 와인 테이스터들의 의견을 참고해서 표준 와인 시음용 유리잔 규격 ISO 3591 wine tasting glass 을 정했다. 때로는 INAO 규격이라고도 하는데, 이는 프랑스의 국립 원산지 명칭 통제 연구소 Institut National des Appellations d'Origine(INAO)에서 이 잔을 쓰기 때문이다. 용량은 215mL이며 일부 와인 축제 및 와인 대회에서 샘플 시음용으로 사용된다.

몇몇 테이스터들은 ISO 기준 와인잔이 약간 작다고 말한다. 게다가 두께가 두껍기도 하고 목이 짧은 문제도 있다. 이보다는 달팅턴(Dartington), 랄리크(Lalique), 레만(Lehmann), 미카사(Mikasa), 오레포스(Orrefors), 레이븐크래프트(Ravencraft), 리델(Riedel), 로젠탈(Rosenthal), 쇼트 쯔비젤(Schott Zwisel), 슈피겔라우(Spiegelau), 스티거(Steger), 슈퇼츨레(Stölzle), 잘토(Zalto) 같은 업체―고품질 유리잔을 생산하는 여러 제조업체 중 일부만 여기서 언급했다.―에서 생산한, 더 크고 얇은 잔을 선호하는 사람이 많다.

일부 와인 테이스터들은 긴 목이 달린 잔보다는 오목한 홈이 두 개 파인 유리잔을 선호하기도 한다. 푸조(Peugeot)의 레쟁피트와이야블르(Les Impitoyables)

● 표 4.19 향, 향미, 바디, 색상, 탄닌 함량에 따른 버라이어틀 와인 속성

향, 향미	바디	색상	탄닌
약한 느낌은 위쪽, 강한 느낌은 아래쪽	바디가 가벼운 쪽에서 시작해 보통, 높은 바디로	가장 투명한 화이트 및 연한 밀짚 색상이 맨 위 자줏빛, 루비색에서 시작하여 가넷, 갈색 느낌 순으로 가장 진한 쪽은 맨 아래	함량이 낮으면 위쪽, 높으면 아래쪽
슈냉 블랑 뮐러-투르가우 세미용 소비뇽 블랑 피노 그리 로제(일반적인 로제)	피노 그리지오 리슬링 피노 블랑 그뤼너 벨트리너 슈냉 블랑 게뷔르츠트라미너 소비뇽 블랑	리슬링(갓 생산한 것) 소비뇽 블랑 그뤼너 벨트리너 피노 그리 슈냉 블랑 피노 블랑 게뷔르츠트라미너 비오니에르	
샤르도네	샤르도네	샤르도네	리슬링 소비뇽 블랑 샤르도네
리즐링 비오니에르 게뷔르츠트라미너	피노 그리 세미용 비오니에 로제(일반적인 로제)	리슬링(에이징 된 것) 세미용(에이징 된 것) 로제(일반적인 로제) 가메 쌩쏘	로제(일반적인 로제)
피노 누아 뗌쁘라니요	피노 누아 가메 그르나슈 까르미네르 산지오베제	피노 누아 그르나슈 네비올로 산지오베제 까베르네 프랑	가메 그르나슈 피노 누아 쌩쏘 까베르네 프랑
메를로	메를로	메를로	메를로
진판델 시라/쉬라즈 까베르네 소비뇽	진판델(얼리 하비스트) 까베르네 프랑 뗌쁘라니요 까베르네 소비뇽 네비올로 시라/쉬라즈 무르베드르/모나스뜨렐 진판델(레이트 하비스트) 말벡	진판델 뗌쁘라니요 시라/쉬라즈 무르베드르/모나스뜨렐 까베르네 소비뇽 말벡 쁘띳 시라	피노타슈 진판델 산지오베제 뗌쁘라니요 시라/쉬라즈 말벡 까베르네 소비뇽 무르베드르/모나스뜨렐 네비올로

자료: 이 표는 책, 연구자료, 웹사이트, 와인 전문가와의 대화를 통해 모은 정보를 묶은 것이다. 자료원으로서는 Marian W. Baldy 저 The University Wine Course(1997), Madeline Puckette 저 Wine Folly(2015), Kevin Zraly 저Windows on the World-Complete Wine Course(2010), 잡지 Decanter의 Andrew Jefford 글, 잡지 WineMaker 의 Tim Patterson의 글, 프랑스의 Sud de France, Cahors산 와인 홍보 문구가 있다.

주의
- 위에서는 간략히 향과 향미를 묶어 나열했다.
- 대부분의 포도 품종에서, 캘리포니아, 아르헨티나, 호주 등 신대륙 와인이 구대륙 와인에 비해 향미가 강하고 진하다.
- 바디는 입안에서 느껴지는 무게감 또는 깊이를 말한다. 풀바디 와인은 대개 에탄올과 글리세롤 함량이 높다. 글리세롤은 알코올에 속하지만 색이나 향이 없는 물질로서 글리세린이라 불리기도 하며, 와인에 무게감과 입안느낌을 더해준다. 떫은느낌(astringency), 바디(body), 농도(intensity), 입안느낌(mouthfeel), 풍부함(richness), 강도(strength), 텍스처(texture), 두터운 느낌(thickness), 무게감(weight) 같은 표현의 해석 및 용법은 각기 다르다는 점을 주의해야 한다.

주의

- 본 표의 바디 순위는 소위 '일반적인' 것이다. 일찍 수확한 포도로 만든 와인은 더 가볍고 늦게 수확한 포도로 만든 와인은 무겁다. 여기서는 진판델을 예시로 들었다. 그리고 오크 숙성을 하면 더 무거워진다. 그러므로 오크 숙성한 풀바디 화이트 와인이 바디가 가벼운 레드 와인에 비해 바디가 더 풍부할 수 있다.
- 바디가 가벼운 피노 그리지오는 프랑스 알자스나 미국 오리건, 뉴질랜드에서 일반적인, 더 풀 바디인 피노 그리를 이탈리아식으로 표현한 것이다.
- 여러 레드 와인에 들어 있는 색소는 오래가지 못한다. 그러므로 일부 오래된 와인은 색이 빠질 수 있다. 화이트 와인은 오래되면 색이 어두워진다. 리즐링이 대표적이다.
- 포도 껍질의 탄닌은 씨앗에 들어 있는 탄닌에 비해 부드러운 편이다. 탄닌 순위는 다른 항목에 비해 자료별 편차가 큰 편이다.
- 레드 와인은 화이트 와인에 비해 탄닌 함량이 높은데 그 이유는 두 가지이다. 적포도가 백포도에 비해 탄닌 함량이 높고, 레드 와인은 껍질과의 접촉(마서레이션) 시간이 더 길다. 화이트 와인의 탄닌은 오크 숙성에서도 공급될 수 있다.
- 산도는 본 순위에 들어 있지 않다. 산도는 포도 품종이나 산지보다는 와인 제조업체의 고유한 와인 제법과 관련성이 큰 편이다. 화이트 와인은 일반적으로 레드 와인에 비해 더 시다. 풀바디 레드 와인은 대개 산도가 낮고 탄닌 함량은 높다.

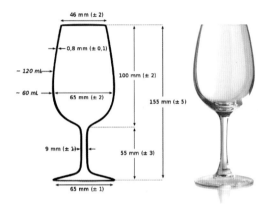

● 그림 4.7 테이스팅용 와인 글래스: ISO 3591과 기존의 와인잔

컬렉션에서 나온 르 타스테(Le Taster) 유리잔이 한 예이다. 그리고 빛을 반사하도록 오목한 홈이 있는 재래식 은제 타스트뱅(tastevin)이 있다. 이것은 500년 전 부르고뉴의 동굴 속에서 포도 재배자들이 사용했다

는 맛보기 도구이다.

4.4 점수표를 사용한 채점

커피와 와인의 관능 평가는 맛볼 때 느껴지는 감각을 바탕으로 한다. 전문가도, 최종 소비자도 이 부분은 다르지 않다. 관능 평가는 실험실에서 진행하는 과학적인 절차 작업이 아니라 경험, 문화, 습관, 감수성, 기대치, 기분에 따라 다양하게 나타나는 개인의 평가이다. 자연히 주관적일 수밖에 없다. 즉, "나에게는 아마추어인 나의 견해가 전문가인 상대방의 견해보다 더 중요하다."라는 개념이다.

❖ 와인보다 커피 냄새를 더 멀리서 맡을 수 있는 이유는?

짧게 말하자면, '온도가 높아서'이다. 길게 말하자면, 먼저 분자 확산에 대해 설명해야 한다.

확산(diffusion)은 어떤 물질이, 비교적 높은 농도로 존재하는 장소에서 낮은 농도인 장소로 퍼져나가는 것을 말한다. 여러 가지 종류의 분자들이 무작위 운동을 하면서 처음에는 고르지 않게 퍼져 있다가 (주방에서만 커피향이 나는 상황) 마침내는 균일한 농도를 이룬다.(다른 방에서도 커피 향이 나는 상황)

분자는 끊임없이 움직이며 열에서 에너지를 공급받는다. 극도로 온도가 낮은 조건에서도 열 에너지는 존재하며 모든 입자는 열운동을 한다. 영하 273℃(0켈빈(Kelvin), 절대 0℃)가 되어야 분자가 완전히 멈추고 온도는 더 이상 내려가지 않는다. 즉, 영하 285℃ 같은 것은 없다.

고체 안의 입자는 견고한 구조 안에 있어 쉽게 움직이지 않는다. 이와 달리 액체와 기체에서는 분자가 끊임없이 서로 튀고, 그 움직임은 어떤 특정한 꼴을 따르지 않는다. 이런 움직임이 확산을 가능하게 한다. 입자의 운동 속도는 온도에 따라 빨라지는데, 이 점이 커피와 와인의 차이를 설명해준다.

확산은 대류(convection)와는 다르다. 확산은 외부의 에너지를 필요로 하는 공기의 흐름이 아니다. 확산은 스스로 일어난다. 뜨거운 커피에서 일어나는 확산은 커피 대회에서 향을 평가하기 어렵게 만든다. 여러 개의 컵에서 향이 너무 많이 올라와 '공중에 커피가 떠다니는 듯'한 경우가 종종 있는데, 그러면 테이블 위에 놓여 있는 커피들을 분간하기 어렵다. 몇몇 커피 채점표에는 그 커피에서 기대한 향에 대해 기록하는 란이 있지만 그 향의 기원이 불분명하기 때문에, 채점에 반드시 적용하는 것은 아니다.

● 그림 4.8 부르고뉴의 테이스트용 와인잔과 타스트뱅,

◎ 커피 샘플 작업

커피 커핑(cupping, 평가용 맛보기)용 샘플은 일반적으로 굵게 분쇄한 커피 8-12g을 뜨거운 물 140-160mL에 담그는 방식으로 만든다. 사용되는 커피는 대개 약로스팅으로, 경우에 따라서는 두 번째 크랙까지 가기 전에 멈춘다.

평가자는 강도와 복잡성을 알아내기 위해, 향을 들이마시고, 특별히 고안된 스푼을 사용해 액을 빨아들인 뒤, 타구(spittoon)에 뱉는다.

굵게 분쇄한 커피를 담금 방식으로 추출하면(필터에 커피를 담고 물을 붓거나 압력을 가해 통과시키는 대신) 음료가 어느 정도 희석되기는 하지만 발효된 느낌이나 물을 먹은 느낌 같은 결점을 가장 효율적으로 탐지할 수 있다. 굵게 분쇄하기 때문에, 통상 사용량인 한 잔당 6-8g보다는 많은 양을 써야 한다.

커핑 시 음료 온도에 대해서는 특별한 제한은 없다. 일부 커퍼(cupper, 평가자)들은 50-60℃ 사이에서 향과 맛이 가장 잘 표현된다고 한다.

그림 4.9은 커핑용 기기를 보여준다. 하나는 수입업자(미국 텍사스주의 브루미네이트(Brewminate)), 다른 하나는 생산자/수출업자(엘살바도르의 엘 보르보욘(El Borbollon))이다.

◎ 커피 채점표

커피의 관능 속성은 전문 용어를 사용해 서술할 수 있고 점수를 매길 수도 있다. 커피 비평가, 커피 업체,

◎ 그림 4.9 커피 커핑

커피 대회에서 사용하는 채점 항목과 원칙은 각기 약간씩 다르다. 아래에는 세 가지 채점표를 예시로 들었다.

◉ 컵 오브 엑설런스(Cup of Excellence): 선구적 커피 품질 대회

컵 오브 엑설런스는 전 세계 최고, 최고가 커피를 선정하는 대회로서는 선도적이다. 대회 심판원(Judge)는 커다란 점수표를 사용해 여덟 가지 항목에 점수를 매긴다. 각 항목당 0-8점까지 부여된다. 아래에 이런 점수 체제를 적용한 가상 예시를 들었다.

컵 오브 엑설런스(Cup of Excellence)

국가(Country): 니카라과
날짜(Date): 2018년 4월 7일
심판원(Judge): 그레이스 존슨
회차/세션(Round/Session): 2/5
샘플 번호(Sample #): XYZ-987

속성(Attribute)	점수(Score)
기본 점수(Starting points) (+36)	36
클린 컵(Clean cup)	8
스위트니스(Sweetness, 단맛)	7
애시디티(Acidity, 신맛)	6
마우스필(Mouthfeel, 입안 느낌)	5
플레이버(Flavour, 향미)	7
애프터테이스트(Aftertaste)	4
밸런스(Balance, 균형)	7
오버롤(Overall, 전체)	7
총점(Total)	87

◉ 그림 4.10 컵 오브 엑설런스의 점수표

실제 점수표는 더 크며, 결점두 수와 유형 등을 기록하는 등 세목이 많다. 향(aroma)은 커피 평가에서 중요한 요소로서 심판원은 자신이 느낀 점을 기재할 수 있지만, 채점 평가에 들어가지는 않는다. 이는 향이 정확히 어디에서 발생하는지 불확실하기 때문이다. 대형 커핑실에서는 수백 가지 이상의 커피를 한번에 평가하는데, 그러다보니 여러 커피의 향이 섞일 수도 있다.

커피 대회는 아직 와인 대회처럼 점수 인플레를 겪지는 않는다. 100점 만점에 90점 이상을 매기는 경우는 드물다. 컵 오브 엑설런스는 지금까지 100회 이상 진행되었지만, 현재까지 최고 점수는 95.85점이다. 그 커피는 브라질 미나스 제라이스 주에서 펄프드 내추럴 방식으로 생산된 2005년산이다.

컵 오브 엑설런스에 대한 추가 내용은 9.2장에서 설명한다.

◉ 테이스트 오브 하비스트(Taste of Harvest): 아프리카산 커피 대회

테이스트 오브 하비스트는 커피 생산국에서 열리는 품질 대회 중 하나로서, 아프리카에서 열리는 대회 중 가장 크다. 아프리카 고품질 커피 협회(African Fine Coffee Association, AFCA)에서 주최하며, 2004년도에 개최된 첫 자체 박람회와 함께 시작되었다.

7년 동안은 지역 통합 대회였으나 현재는 AFCA 연례 컨퍼런스에서 국가별로 나뉘어 진행된다. 이렇게 바뀐 이유 중 하나는 각 국가별로 커피의 고유한 속성이 다르기에 이를 획일적으로 비교하는 것이 정당하지는 않다는 점이었다.

테이스트 오브 하비스트에서는 평가 자격을 받은 심판원들이 스페셜티 커피 협회(Specialty Coffee Association, SCA)의 커핑 프로토콜에 따라 진행한다. 여기서는 10가지 항목을 평가한다. SCA 기준에서는 100점 만점 중 80점 이상을 받은 커피는 스페셜티로 분류한다. 테이스트 오브 하비스트에서는 84점 이상을 받은 커피에게 시상한다.

항목별 채점 중 일부를 나타내면 아래와 같다.

6.00-6.75: 굿(Good, 좋음)
7.00-7.75: 베리 굿(Very Good, 매우 좋음)
8.00-8.75: 엑설런트(Excellent, 훌륭함)
9.00-9.75: 아웃스탠딩(Outstanding, 매우 뛰어남)

그림 4.11는 테이스트 오브 하비스트 채점표의 가상 예시를 보여준다.

⊙ 커피 리뷰(Coffee Review): 20년간 이어져온 100점제 채점

커피 채점은 일반적으로 대회장의 심판원들이 매긴 점수를 평균해 나타낸다. 개별 커피 전문가들이 내놓는 비평은—특히 채점 쪽으로—유명세와는 관계 없이, 드물다.

커피 업계의 베스트셀러 저자이며 〈커피 리뷰 Coffee Review〉(www.coffeereview.com)의 편집자인 케네스 데이비즈(Kenneth Davids)는 몇 안 되는 커피 비평을 발표하는 사람이다. 그는 1997년부터 와인처럼 100점제 맛 평가(taste report)를 펴냈다. 현재 약 4천 건의 리뷰가 등록되어 있다.

케네스 데이비즈의 점수 체계는 50점부터 시작하며 만점은 100점이다. 이는 여러 와인 점수 체제에서 쓰는 방식이다. 모든 커피는 기본 점수 50점을 받는데, 이는 커피를 만들어내는 데 들어간 노력에 대한 보상이다. 나머지 점수는 다섯 가지 관능 항목별로 0-10점까지 부여된다.

예를 들어, 91점짜리 커피가 있다면, 41점은 다음과 같은 항목에서 들어올 수 있다.

어로마(Aroma, 향):	9
애시디티(Acidity, 신맛):	7
바디(Body):	8
플레이버(Flavour, 향미):	9
애프터테이스트(Aftertaste):	8

최종 소비자용으로 판매되는 일부 소매 포장에는 1-5점 또는 1-6점 식으로, 수치 체계만 달리 하여 위와 동일한 관능 항목이 들어가 있다.

테이스트 오브 하비스트(Taste of Harvest)

국가(Country):	잠비아
날짜(Date):	2018년 2월 1일
심판원(Judge):	데이빗 M. U.
샘플 번호(Sample #):	ABC-123

속성(Attribute)	점수(Score)
프래그런스/어로마(Fragrance/Aroma, 향)	8.38
플레이버(Flavour, 향미)	9.25
애프터테이스트(Aftertaste)	9.50
애시디티(Acidity, 신맛)	8.75
바디/마우스필(Body/Mouthfeel—입안 느낌)	8.25
유니포머티(Uniformity, 통일성)	10.00
밸런스(Balance, 균형)	8.25
클린 컵(Clean cup)	10.00
스위트니스(Sweetness, 단맛)	8.75
오버롤(Overall, 전체)	8.5

총점(Total)	89.63

⊙ 그림 4.11 테이스트 오브 하비스트 점수표(아프리카 커피)

주의
- 향(Fragrance/Aroma)은 가루 커피(마른 상태)의 향과 커퍼가 커피덩어리를 부술 때 커피액에서 나는 향을 평균한 것이다.
- 통일성(uniformity)과 클린 컵(clean cup, 결점두가 없다)은 무언가 잘못이 없는 한 거의 자동적으로 10점이 부여된다.
- 전체(overall) 항목에서는 있을 법한 결점두(감점 요소)와 커퍼가 판단에 반영하고자 하는 '다른 무언가'를 고려한다.
- 업체에서 사용하는 채점표 몇 가지는 각 항목별 비중이 수정되는 경우가 있다. 예를 들어 단맛 점수가 두 배인 경우가 있다.

● 와인 비평과 점수 체계

와인 평가는 주로 세 가지 속성을 평가하는 것으로 진행된다. 외관(주로 색상), 냄새(아로마와 부케(bouquet)), 맛(taste)이다. 좋은 쪽과 나쁜 쪽을 모두 본다.

100점 만점 채점제를 도입한 이는 미국의 와인 비평가 로버트 M. 파커 주니어(Robert M. Parker, Jr.)이다. 그는 1976년에 맛에 대한 비평에 더해 아래 두 가지 표의 형태로 항목에 따라 점수를 매겼다.

원래 점수는 맛 비평에 대한 보조 용도로 제공된 것이다. 그러나 비평글은 읽는 데 시간이 걸리고 어느 정도 해석도 필요하다. 그렇기에 여러 소비자들은 점수에만 관심을 갖게 되었다.

파커는 색이 짙고 과일 향이 강하고 바디가 풍부하고 알코올 함량이 많은 레드 와인에 높은 점수를 주었다. 이런 속성은 1980년대 이후 일종의 사조를 이루었다. 파커 같은 비평가 대부분은 화이트 와인보다는 레드 와인에 초점을 맞추었다.

로버트 파커는 뉴스레터 겸 잡지인 〈더 와인 애드버킷(The Wine Advocate)〉을 창립했다. 현재는 미셰린(Michelin, 미슐랭) 그룹과 싱가포르 투자자 등이 소유하고 있다. 파커는 점차 동료들에게 와인 평가를 맡기는 중이다.

● 표 4.20 로버트 파커의 와인 채점

속성	점수
기본 점수	50
색상 외관	0–5
아로마(aroma), 부케(bouquet)	0–15
플레이버(flavour), 피니쉬(finish)	0–20
오버롤 퀄리티(overall quality), 포텐셜(potential)	0–10
가능 점수(최소–최대)	50–100

● 표 4.21 로버트 파커의 와인 평가

설명	점수
엑스트라오디너리(extraordinary)	96–100
아웃스탠딩(outstanding)	90–95
베얼리 어보브 애버리지(barely above average)－베리 굿(very good)	80–89
애버리지(average)	70–79
빌로우 애버리지(below average)	60–69
언어셉터블(unacceptable)	50–59

자주 인용되는 또 다른 와인 비평가로는 영국의 잰시스 로빈슨(Jancis Robinson)이 있다. 그녀는 아래에 설명된 대로 20점 만점제로 와인을 채점한다.

20점 만점 채점 방식은 다른 평론, 패널, 단체, 잡지, 가이드에서도 쓰지만 형식은 조금씩 다르다. 어떤 심판원은 외관, 향, 맛으로 판단하고, 각 항목별로 비중을 달리 한다. 이를테면 4/4/12, 2/6/12, 4/6/10 같은 식이다. 또다른 이들은 항목별로 세분하지 않고 총점만 매긴다.

20점 만점 채점 방식은 통상 기본 점수로는 10점 또는 11점을 준다. 이는 100점 만점제에서 50점부터 시작하는 것과 같다. 두 채점제 모두 와인을 만들어낸 노력에, 그리고 '평가를 받으러 나온 것'에 대해 기본 점수를 주는 것이다.

잡지 〈디캔터(Decanter)〉의 구매 안내서인 '바잉 가이드(Buying Guide)'에서는 세 심판원 패널이 점수를 매긴다. 각 평가자는 20점제를 사용하며 점수 증감분

은 0.5점씩이다. 여기에서는 총점 범위별 평가를 더해 100점제 환산값이 들어 있는 변환표를 제공한다. 특히 유럽 외 여러 독자들을 위한 서비스이다.

시간에 따른 와인 평가 점수 변화를 살펴보면, 지금의 95점이 과거의 90점을 나타내는 것이 아닌가 하는 생각이 든다. 분명 30년 전에 비해 전반적으로 좋은 와인이 더 많아지긴 했지만, 그렇더라도 시간이 지나면서 점수가 좀 후해진 경향이 있다고 본다.

많은 비평가들이 앙 프리뫼르(en primeur, 배럴에 담

● 표 4.22 잰시스 로빈슨의 20점제 와인 평가

설명	점수
트룰리 익셉셔널(truly exceptional)	20
어 험딩어(a humdinger, 빼어남), 리마커블(remarkable)	19
어 컷 어보브 수피리어(a cut above superior)	18
수피리어(superior)	17
디스팅귀시드(distinguished)	16
애버리지(average), 퍼펙트(perfect), 노 폴트(no fault), 낫 머치 익사이트먼트(not much excitement)	15
데들리 덜(deadly dull)	14
보더라인 폴티(boderline faulty), 언밸런스드(unbalanced)	13
폴티(faulty), 언밸런스드(unbalanced)	12

● 표 4.23 〈디캔터〉의 20점제와 100점제 변환표

20점제	100점제	평가(메달)
20–18.5	100–95	아웃스탠딩(outstnading, 금메달)
18.25–17	94–90	하일리 레커멘디드(highly recommended, 은메달)
16.75–15	89–83	레커멘디드(recommended, 동메달)
14.75–13	82–76	페어(fair)
12.75–11	75+–70	푸어(poor)
10.75–10	69–66	폴티(faulty)

주의: 본 표는 실제 변환표를 줄인 것이다.

긴 상태에서 판매) 단계에서도 평가를 내린다. 이 배럴 단계의 맛 평가는 수확하고 반 년 정도 후에 진행된다. 이때 받는 점수는 초기 단계의 점수 표지 역할만 할 뿐이며, 범위 형태로 점수가 매겨진다. 이를테면 87-89점 같은 식이다.

● 와인 비평가들이 사용하는 채점 단위

유럽 비평가들은 대개 20점 만점제를 쓴다. 이에 비해 그 외 지역에서는 100점 만점제가 더 일반적이다. 표 4.24는 가장 많이 인용되는 와인 잡지, 가이드, 단체, 개별 비평가들이 사용하는 단위에 대해 보여준다. 와인 잡지에 실린 일부 점수는 팀 기준으로 매겨진 것이다.

와인 평가의 문제점 중 하나는 기준점이 없다는 것이다. 이 문제에 대해 일부 비평가와 대회에서는 와인을 동질 집단에서 평가한다는, 즉 와인을 비슷한 다른 와인들과 함께 맛보고 평가한다는 것을 강조한다.

예를 들어 로버트 파커의 평가 가이드라인에서는, 와인에 매겨진 점수는 저자가 해당 와인에 해당한다고 떠올린, 와인 군에 대한 지침이라고 강조한다.

〈디캔터〉가 주최하는 세계적 와인 경연 대회인 '월드 와인 어워즈(World Wine Awards)'에서도 동질 집단 평가를 진행한다.

와인은 국가, 지역, 색상, 포도 품종, 스타일, 빈티지, 판매가에 따라 분류한다. 이렇게 하면 신속하게 판정할 수 있다. 심판원들에게는 사전에 다섯 가지 가격대를 공개한다.(1파운드는 대략 1.30달러)

- 엔트리 급(A밴드 가격대): 7.99파운드까지
- 미드레인지(B밴드 가격대): 8-14.99파운드
- 프리미엄(C밴드 가격대): 15-29.99파운드
- 수퍼 프리미엄(D밴드 가격대): 30-59.99파운드
- 부띠끄/아이콘(E밴드 가격대): 60파운드 이상

커피와 와인 테이스팅 모두 일반적으로 100점제 점수표를 쓴다. 매우 훌륭한 와인은 대개 95-100점을 받는다. 하지만 아무리 훌륭한 커피라도 92점을 넘기는 경우는 드물다.

● 표 4.24 유명 와인 비평가들이 사용하는 점수

비평가	점수
라 흐뷰 뒤 뱅 드 프랑스(La Revue du Vin de France)	20
프랑스, 고 미요(Gault Millau)	20
프랑스, 베땅 에 데소브(Bettane & Desseauve)	20
프랑스, 자크 뒤퐁(Jacques Dupont) (르 프앙(Le Point))	20
프랑스, 베르드뱅(Vertdevin)	20
프랑스, 장-마크 카랭(Jean-Marc Quarin) (100점제도 사용)	20
독일, 르네 가브리엘(René Gabriel) (바인비서(Weinwisser))	20
스위스, 비눔 와인 매거진(Vinum Wine Magazine)	20
스위스, 다비드 바카리니(David Vaccarini (ARVI))	20
영국, 디캔터(Decanter)	20
영국, 오즈 클라크(Oz Clarke)	20
영국, 줄리아 하딩(Julia Harding)	20
영국, 리처드 헤밍(Richard Hemming)	20
영국, 매튜 죽스(Matthew Jukes)	20
영국/프랑스 크리스 키삭(Chris Kissack) (와인닥터(Winedoctor))	20
영국, 잰시스 로빈슨(Jancis Robinson)	20
미국, 앨더 야로우(Alder Yarrow) (비노그래피(Vinography))	20
미국, 캘리포니아, UC 데이비스(UC Davis)	20
OIV 컴피티션 가이드라인즈(OIV competition guidelines)	100
프랑스, 장-마크 카랭(Jean-Marc Quarin) (20점제도 사용)	100
이탈리아, 이안 다가타(Ian D'Agata)	100
이탈리아, 루카 마로니(Luca Maroni)	100
스페인, 기아 페닌(Guia Peñin)	100
독일, 고 미요(Gault Millau)	100
독일, 마이닝게르즈 와인 비즈니스 인터내셔널(Meininger's Wine Business Int'l)	100
오스트리아, 독일, 스위스, 팔스타프(Falstaff)	100
스위스, 이브 벡(Yves Beck)	100
영국, 디캔터(Decanter) (20점제도 사용)	100
영국/프랑스, 제인 앤슨(Jane Anson) (디캔터(Decanter))	100
영국, 팀 앳킨(Tim Atkin)	100
영국/프랑스, 제라드 바쎄(Gerard Basset)	100
영국, 스티븐 브룩(Steven Brook)	100
영국, 새러 제인 에번스(Sarah Jane Evans)	100
영국, 제이미 구드(Jamie Goode)	100
영국, 앤드류 제포드(Andrew Jefford) (디캔터(Decanter))	100
영국/미국, 닐 마틴(Neal Martin)	100
미국, 더 와인 애드버킷(The Wine Advocate)	100
미국, 와인 인수지스트(Wine Enthusiast)	100
미국, 와인 스펙테이터(Wine Spectator)	100
미국, 와인 앤 스피리츠(Wine & Spirits)	100

비평가	점수
미국, 셀러트래커(CellarTracker) (소비자 채점 방식)	100
뉴질랜드, 와인-서처(Wine-Searcher) (비평가 점수 평균)	100
미국/프랑스 앨런 메도우즈(Allen Meadows) (버그하운드(Burghound))	100
미국, 젭 더넉(Jeb Dunnuck)	100
미국, 안토니오 갈로니(Antonio Galloni) (비노우스(Vinous))	100
미국, 리처드 제닝스(Richard Jennings)	100
미국, 존 케이폰(John Kapon) (애커 머랄 앤 콘딧(Acker Merall & Condit))	100
미국, 제임스 로브(James Laube)	100
미국, 제프 리브(Jeff Leve) (더 와인 셀러 인사이더(The Wine Cellar Insider))	100
미국, 캐런 맥닐(Karen MacNeil)	100
미국, 제임스 몰스워스(James Molesworth)	100
미국, 로버트 파커(Robert Parker) (더 와인 애드버킷(The Wine Advocate))	100
미국, 하비 스타인먼(Harvey Steinman)	100
미국, 제임스 서클링(James Suckling)	100
미국, 스테픈 탠저(Stephen Tanzer) (비노우스(Vinous))	100
미국, 윌프레드 웡(Wilfred Wong)	100
호주, 제임스 할러데이(James Halliday) (별점 표기도 사용)	100
호주, 휴온 혹(Huon Hooke) (별점 표기도 사용)	100
호주, 구메 트래블러 와인(Gourmet Traveller Wine)	100
뉴질랜드, 밥 캠벨(Bob Campbell)	100
홍콩/한국, 지니 조 리(Jeannie Cho Lee)	100
영국, 와인 리스터(Wine Lister)	1000
프랑스, 기드 아셰트(Guide Hachette) (별점 표기)	1–3
프랑스, 베땅 에 데소브(Bettane & Desseauve) (별점 표기)	1–5
프랑스, 패트릭 더서트 거버(Patrick Dussert-Gerber) (하트점 표기)	3–5
프랑스/독일, 고 미요(Gault Millau) (포도점 표기)	1–5
이탈리아, 감베로 로쏘(Gambero Rosso) (와인잔점 표기)	1–3
영국, 마이클 브로드벤트(Michael Broadbent) (별점 표기)	1–5
영국, 휴 존슨(Hugh Johnson) (별점 표기)	1–4
영국, 톰 스티븐슨(Tom Stevenson) (별점 표기)	1–3
미국, 에릭 애시모브(Eric Asimov) (별점 표기)	1–4
미국/프랑스, 피터 림(Peter Liem) (샹파뉴(Champagne)) (별점 표기)	1–3
남아프리카, 플래터스 와인 가이드(Platter's Wine Guide) (별점 표기)	1–5
호주, 제임스 할러데이(James Halliday) (별점 표기)	3–5
뉴질랜드, 마이클 쿠퍼(Michael Cooper) (별점 표기)	1–5
비비노 앱(Vivino), 소비자 투표(별점 표기)	1–5
와인 링 앱(Wine Ring) (No, So-So, Like, Love 중 선택)	(1–4)

주의

- 마이클 브로드벤트가 사용하는 별점 표기 채점(1-5) 방식은 1980년도에 시작한 것으로 이후 다른 여러 곳에서 이를 따랐다.
- 20점제를 사용하는 곳 중 일부는 18.5점 식으로 0.5점을 쓰기도 한다. 일부 별점 표기 채점 또한 절반 점수를 쓴다.
- 별점제를 사용하는 곳 중 일부는 고품질 와인에만 별점을 준다. 이런 곳에서는 별 하나, 둘, 셋이 각각 Excellent, Remarkable, Exceptional의 뜻일 수 있다.
- 휴 존슨은 유명 와인 비평가로서 매년 발행하는 〈포켓 와인 북(Pocket Wine Book)〉을 비롯해 상당한 저작을 남기고 있다. 그가 사용하는 별점제(1-4)는 직접 맛을 보고 정하는 것이 아니라 와인 가격을 반영한 평판에 따르는 것이다.
- 앨더 야로우의 최고점은 10점이지만 0.5점을 쓰기에 기본적으로는 20점제이다.
- 와인 리스터는 유일하게 1000점제를 쓴다. 3대 주요 와인 포털에서 발표하는 관능 분석에 가격과 브랜드 명성을 조합하여 채점한다. 표 4.26에서 해당 예시를 보여준다.

● 테이스팅 노트, 관능 기술 사항: 동일한 와인에 여섯 가지 비평이 나온다.

여러 곳에서 와인 테이스팅 노트를 제공한다. 가장 잘 알려진 곳으로는 영국의 〈디캔터〉, 미국의 와인 스펙테이터, 〈와인 인수지스트(Wine enthusiast)〉, 〈와인 애드버킷〉 같은 잡지, 웹사이트 들이다. 전문 패널과 와인 비평가 모두 테이스팅 노트를 만든다.

아주 훌륭한 와인이라면 많은 비평가들이 평가에 참여한다. 이들은 한 가지 와인 제품에 스무 가지 이상의 속성을 언급한다. 모두 합치면 단일 제품에 대한 서술, 판단에 백 가지 넘는 언급이 붙는 셈이다.

유럽의 어떤 회원제 와인 클럽에서는 주기적으로 회원들에게 와인 관련 정보, 테이스팅 노트, 주문서를 보낸다. 뒷면에는 참고할 수 있는 몇 가지 사례, 예를 들어 보르도산 2015년도 레드 와인의 테이스팅 노트를 싣는다. 비평가 여섯 명이 119개에 달하는 표현을 내놓았는데, 이 중 100개 이상은 주관적인 판단이다. 물론 일부 내용은 중복된다.

평론가들이 표현한 119개 속성을 표기해 보았다. 오른쪽 표에서 붉은 색 번호는 사실에 근거하거나 수치 정보로서 비평가가 독자를 위해 제공하는 객관적인 정보 자료에 해당한다.

○● 와인 기술, 벌거벗은 임금님

'복합적이다(complex)', '구조적이다(structured)', '우아하다(elegant)', '조화롭다(harmony)', '균형이 잡혀 있다(balance)' 같은 용어는 '일반화된' 말 같지만 전문 커

와인: 750mL, 2009, 프랑스 생 줄리앙(St. Julien), 샤또 뒤크뤼 보카이유(Chateau Ducru Beaucaillou)

가격: US 300(2015년초 환율 기준)

로버트 파커(Robert Parker) – 100점: 2009년도 뒤크뤼 보카이유(2009 Ducru Beaucaillou)는 2000년, 2003년, 2005년 생산된 훌륭한 와인들을 (1) 저물게 할 것이다. 이 2009년산이 20년 숙성을 거친 뒤 2010년산을 맞아 대결하면 어찌 될까 하는 (2) 흥미로운 생각이 든다. 어쨌든 나는 (3) 2009년산에 돈을 걸겠다. (4) 까베르네 소비뇽 85%에 (5) 메를로 15% 블렌드로서 (6) 알코올 도수 13.5% 인 (7) 이 칠흑 같은 (8) 보랏빛 (9) 반질반질한 와인은 (19) 흑연 (11) 크렘 드 카시스(crème de cassis) (12) 블루베리 (13) 제비꽃 (14) 감초 (15) 크리스마스 과일케이크의 (16) 고전적인 아로마가 있다. (17) 풀바디에 (18) 강렬함이 있고 (19) 뒤크뤼만이 가지는 우아함과 (20) 순수함이 있다. 병입 상태로 7~10년간 셀러 보관시 분명히 (21) 견고해질 것이며 (22) 40~50년은 맛이 유지될 것이다. (23) 참으로 장려하다! 뒤크뤼 보카이유에서 브루노 보리(Bruno Borie)가 (24) 엄청난 일을 해냈다.

로버트 파커는 영향력이 가장 높은 미국의 와인 비평가이자 와인 관련 저자이다. 그는 1978년에 〈와인 애드버킷〉을 창간했다.

잰시스 로빈슨(Jansis Robinson) – 17/20점: (1) 45hL/ha 의 까베르네 소비뇽 85% (3) 메를로 15% (4) IPT(총 페놀 지수)는 90(높다, 좋다는 뜻이다). (5) 아주 어두운 크림슨 색조이며, 테두리는 (6) 크림슨 색에 (7) 보랏빛이다. (8) 두툼한 느낌에 (9) 후추 느낌, 그리고 (10) 미네랄이 가득한 느낌이다. (11) 크루아 드 보카이유(Croix de Beaucaillou)에 비해 코에 닿는 감각이 훨씬 크다. (12) 매우 부드럽고 세련되었다. (13) 에너지가 가득하다. (14) 한껏 드라이하면서 (15) 향신료 느낌의 매콤한 피니시이다. (16) 드라이한 탄닌이 아주 좋다. (17) 내 생각에, 브루노 보리가 주장하듯 부드럽지는 않다. (18) 차분하고 (19) 살짝 여운이 감돈다. (20) 매우 매우 젊다. (21) 시음일: 2010년 3월 31일 (22) 가용 음용 기간 2019~2030년

잰시스 로빈슨은 영국의 와인 비평가이자 저널리스트이며 와인에 대한 여러 저서를 펴냈다. 심층 정보를 알려주는 웹사이트도 운영하고 있으며 〈파이낸셜 타임즈Financial Times〉에 정기적으로 기고하고 있다.

닐 마틴(Neal Martin) – 96점: (1) 샤또에서 직접 시음했다. 브루노 보리(Bruno Borie)가 샤또의 이름에 걸맞는 기준을 채울 수 있을지 (2) 확신이 들지 않았지만, 실제 그러했다. (3) 그가 맡은 뒤로 뒤크뤼는 한 단계 더 성장했다. 2009년산은 (4) 부케가 매우 짙고 (5) 블랙베리 (6) 카시스 (7) 약간의 감초 느낌에 (8) 으깬 핵과류 씨앗 느낌이 (9) 섬세하게도 묘사되어 있다. 입에 (10) 블랙베리 (11) 잘 익은 작은 체리와 (12) 보이즌베리의 (13) 순수한 맛이 (14) 아주 잘 농축된 신선한 오크향과 함께 들어선다. (15) 섬세한 신맛이 이어지면서 (16) 아주 약하게 알코올의 까칠한 느낌이 (17) 살짝 조숙한 피니시와 함께 든다. (18) 오랫동안 갖추어 갈 (19) 아주 강력한 뒤크뤼 보카이유이다. (20) 2011년 11월 시음하다.

닐 마틴은 영국의 와인 비평가이자 와인 책 저자이다. 그는 〈와인 애드버킷〉에 기고해 왔으며 와인 매체 〈비누스〉의 원로 편집자이다. 와인 저널(Wine-Journal)이란 웹사이트를 직접 운영하고 있다.

르네 가브리엘(René Gabriel) –20점: 해당 빈티지의 직접 비교 가능한 와인들에 비해 (1) 약간 더 진하고 (2) 도수는 약간 약하며 (3) 가넷의 붉은 기가 훨씬 많고 (4) 잔 테두리는 부드러운 보랏빛이다. (5) 향은 매우 전형적인 뒤크뤼의 향이다. (6) 잘 익은 자두 (7) 삼나무 (8) 후추 느낌이 (9) 아주 부드럽게 살짝 나고 (10) 이국적인 나무향이 있으며 (11) 바탕에는 풀바디와 (12) 밀크커피 느낌이 살짝 감돈다. (13) 품격 높은 우아한 부케가 (14) 미묘하면서도 (15) 완전하고 (16) 지속적이다. 입에서는 (17) 비견할 바 없는 조화로움이 있다. (18) 모든 것이 제대로 되어 있다. 탄닌은 (19) 빠짐 없이 성숙하고 (20) 완벽하다. (21) 한 번도 겪어보지 못한 이 묵직한 빈티지는 (22) 꿈에서나 봄 직한 여성 댄서 같다. 아마도 역사상 최고의 '뒤크뤼'가 아닐까? (23) 아마도 그럴 것이다! 20/200이다. (독일어 중역)

르네 가브리엘은 스위스의 와인 비평가로서 몇 가지 와인 책의 저자이자 와인 투어 진행가이다. 그는 독일어 잡지이자 웹사이트인 〈바인비서(Weinwisser)〉의 창립자(1992)이다.

와인 스펙테이터–96–99점: 구조감이 (1) 인상적이고 (2) 강력하면서 (3) 활력 있다. (4) 매혹적인 (5) 꽃향과 (6) 커런트 향 (7) 감초향과 (8) 향미가 있으며 (9) 강력한 탄닌이 (10) 후반에 존재한다. (11) 끄트머리에서 (12) 사로잡는다. (13) 구조적이면서도 (14) 매우, 매우 강력하다. (15) 터져나갈 듯한 탄닌은 (16) 달콤하면서 (17) 과일로 가득 찬 것 같다. (18) 클래식하고 (19) 강력한 뒤크뤼이다. (20) 아직도 한층 더 좋아질 것이다. (21) 와우!

〈와인 스펙테이터〉는 미국의 와인 및 와인 문화 관련 생활지이다. 각 호마다 수백 가지의 와인 등급표와 테이스팅 노트를 싣는다.

디캔터 – 18.5/20점: (1) 검붉은 색 (2) 매우 스모키하며 (3) 향이 진정 응축되어 있고 (4) 뽑혀나온 즙액이 가득하고 (5) 엄청나게 구조적이며, 분명히 (6) 매우 인상적인 와인이다. (7) 이번 빈티지의 히트작 중 하나이다. (8) 2017-30년까지 마실 수 있다.

〈디캔터〉는 와인과 스피리트를 다루는 영국 잡지로서 업계 뉴스, 빈티지 가이드, 추천 와인에 대한 내용을 담고 있다. 이 잡지는 매년 '디캔터 월드 와인 어워즈'도 개최한다. 매해마다 1.5만 개 와인이 출품된다.

피 커퍼 또는 와인 테이스터들은 이 용어를 상당히 정확한 의미로 사용한다. 그 외의 표현, 즉 커피에서 쓰는 여러 표현과 와인에 대한 많은 표현들은 일종의 허풍이다. – 최소한 필자에게는 그러하다. 무언가 좋게 들리는 '충전용 단어'는 가득하고, 이 때문에 전문가와 일반인을 막론하고, 때때로 와인에 대해 말하거나 글을 쓸 때, '벌거벗은 임금님' 동화와 비슷한 상황이 연출된다.

아래 문구들은, 필자가 이 책을 쓰면서 봤던 와인에 대한 표현들이다. 와인 라벨, 비평, 브로셔, 잡지, 웹사이트, 와인 책에서 찾은 것들이다. 물론 일부 명망 높은 와인 비평가들의 글이나 표현은 독자들에게 도움이 되겠지만 그렇더라도 어떤 내용은 좀 어색하게 느껴진다. 유감스럽게도, 맛이 대단할 것이라는 의미를 주는 '지적으로 자극적인'이란 표현은 출처가 어디인지 잊어버렸다.

- 이 와인들은 우아하면서도 아직은 손에 잡을 듯하며 복합적이면서도 복잡하지 않다 …
- … 생동감 넘치고 표출력이 있다 …
- 고귀하고, 세련되며, 섹시하고, 매력적이다 …
- … 관능적이고 퇴폐적이다 …
- … 지적으로 자극적인 …
- … 너무 심각하지는 않은 (와인) …
- 귀족적인 프렌치 샤블리 …
- … 풋풋함 속에 튀는 느낌은 적고 들뜬다 …
- … 너무나도 고귀하고, 순수하고, 정밀하다 …
- … 꾸밈 없이 격조 있다. …
- … 대담하다 …
- 그가 만들어 낸 와인은 대지의 느낌이 가득해서 심지어는 전원 느낌마저 든다 …
- … 완전한 난공 불락의 느낌이다 …
- … 좀 더 클래식하고 덜 호사스럽다 …
- … 단단한 가시가 있는 와인 …
- … 생기 넘치는 과일 느낌에, 면도날처럼 날카롭고, 고고하게도 유행과는 척을 진 세미용 …
- 정통의 느낌이 가득 담긴 와인이다 ….
- … 이 열매는 언제나 자석처럼 끌어당긴다 …

- … 수십 년이고 묵혀두며 장엄함을 뽐낼 수 있다 …
- … 가까이 하기 좋고, 신선하고, 풍미 좋고, 개성이 있다 …
- … 짙고, 압도적이고, 겁을 먹을 지경이다 …
- 와인에서 매력과 정통성이 발산되고 있다 …
- 정제되지 않은 말벡 품종은 재미있다. 미국식의 격식을 따지지 않는 스타일에 딱 어울린다 …
- … 매우 친근하고 마시기 쉬운 스타일 …
- … 정력적인 개성이 있는 와인 …
- … 액이 가득하고 신선하며, 거의 충격적인, 그리고 라즈베리 향이 넘실대는 …
- 군대식으로 정밀하면서도 엄격한, 그러나 깊은 … 그런 와인 …
- … 진지하고, 유유 자적하는 센 강 왼쪽 사람들처럼 생각하는 이들을 위한 클라레(claret, 레드 와인, 특히 보르도산 레드 와인)
- … 성분들이 모두 잘 들어맞아 간다. – 견고함, 균형, 일종의 살아 있는 열광적인 느낌이 있다 …
- … 어느 정도 숨은, 자신을 잘 드러내지 않으려는 듯한 향이 있다.(대체로) 숲속 바다, 식은 모닥불, 오래된 가게, 트러플, 가축, 백단목, 넛메그, 클로브의 향이다. 열매는 약간 더 검고 맛은 보다 소박하다. 그러면서도 역동적이고 탄력적이다. 깔끔한 향미와 엄청난 피니시도 존재한다 …
- … 여름 바람에 말려둔 침대보 느낌이 너무나 선명하다 …
- … 탄닌이 살짝 날카로우면서도 부드럽게 올라선다 …
- 쉽게 다가설 수 있는 와인이다. 복잡하지 않고, 즐겁게 마실 수 있다 …
- … 감정을 드러내는 와인 …
- … 점점 더 좋아진다. 앞구개 쪽에서 느껴지는 매력이 약해지면서, 놀라운 메독산 와인의 금욕과 진지한 느낌이 커져 나간다 …
- … 이 2015년산이야말로 진정 수직적 구조가 탁월하다 …
- … 집중과 가벼움이 결합한 패러독스 느낌 …

- 탄닌 품질이 경악스러울 정도이다: 너무나 섬세하고 그러면서도 너무나도 단단하다 …
- [어떤 어떤 와인 제조 업체의] 섹시 스타일
- 반박 불가능한 순수함, 레이저 같은 정밀함, 압도적으로 거대한 무게감과 풍부함, 센세이셔널한 신선함 …
- … 말 그대로 더 여성스럽고 정교하다 …
- … 음과 양의 극성이 완벽하게 작용하고 있다 – 남성적이면서도 여성적이고, 위압적이면서도 부드럽고, 화려하면서도 순수하다 …
- … 매우 잘 넘어간다. 자연에 대한 진정한 승리이다 …
- 속에서 힘이 서서히 줄어든다; 그러더니 날카로운 여운이 있다 …
- 격조와 세련미를 뽐아낸, 진정 눈부신 [와인 제조 업체] …
- … 오늘날 진정한 활기가 있는 현대의 고전미 중 하나라고 할 수 있다 …
- 놀라울 정도로 섹시한 자두 향 …
- 칼이 연상된다. 서늘할 정도로 날카롭고, 휘핑크림이 물결치듯 덮고 있다. 영국 스파클링 와인의 최고가 이런 맛이다 – 풍요로움의 베개 속에 아름다운 산미 조각들이 파묻혀 있다.

커피 세계에도 나름대로 이런 식의 있어 보이는 서술이 있다. 여기 네 가지 예시를 들어 본다.

- … 산에서 자라난 이 코나(Kona) 커피는 세련된 나파 밸리의 삶과 입맛을 채워주기 위해 선별하여 소량만 로스팅해왔다 …
- … 득의양양하게 즙이 많고, 시크하며, 부드럽게 넘어가는 위스키 느낌에, 밤에 피는 꽃, 시가렛과 브랜디 스타일의 복잡성이 있다…
- … 소규모 재배자가 생산한 바로 그 고유한 특성이 있다. 재래종(부르봉, 티피카)을 사용하고, 수확/처리에서 있었을 실수가 살짝, 우연하고도 즐거이 나타나고, 위스키 느낌도 드는, 달콤한 발효향이 살짝 나면서 과일 느낌에 복합성을 더해준다. 신선한 느낌의 발효향이 깔끔하게 나타나고 …
- 쾌활하고, 강인하고, 야성적인데, 활기차면서 원만하게 마무리된다.

주의: 몇몇 인용문은 네덜란드, 프랑스, 독일, 스페인, 스웨덴어를 번역한 것이다.

벌거벗은 임금님(The Emperor's New Clothes)

벌거벗은 임금님(원제: 황제의 새옷)은 1837년, 한스 크리스티안 안데르센(Hans Christian Andersen)이 지은 동화이다.

옷을 입어보고 뽐내는 것 말고는 다른 일에는 아무 관심도 없는 어떤 허영심 많은 황제가 있었다. 황제가 어느 날 재봉사 두 명을 고용했는데, 이들은 사실 사기꾼이었다. 그들은 자신들이 황제를 위해 최고의 옷을 만들 것인데, 그 옷은 지위에 걸맞지 않은 사람, 무능한 사람, '멍청한 사람'에게는 보이지 않는다고 했다.

재상들은 당연히 그 옷이 보이지 않았다. 그러나 자신이 지위에 걸맞지 않은 사람으로 보일까 두려워서 옷이 보이는 척했다. 황제도 마찬가지였다. 마침내, 사기꾼들이 옷을 다 만들었다고 하면서 황제에게 옷을 입히는 척했고, 황제는 백성들 앞에서 행진을 했다.

백성들 역시 멍청하게 보이고 싶지 않았기에 옷이 보이는 척했다. 그런데 한 어린이가, 그렇게 보이는 척하고자 하는 마음을 알기에는 너무 어렸던지라, 외쳤다. "왕이 벌거벗었다!"

마침내 다른 이들도 웅성웅성 말하기 시작했다. 그러나 왕은 움찔거리며, 그 말이 사실일지도 모른다고 생각하면서도, 행진을 계속했다.

● 와인 대회에 관한 OIV의 가이드라인과 채점표

많은 국제 와인 대회는 국제 포도 와인 기구(International Organisation of Vine and Wine, OIV)에서 제작한 대회 가이드라인을 사용한다. 아래 표는 증류 와인 대회에서 사용하는 OIV 채점표의 핵심 내용이다. 실제 채점표는 훨씬 크고 관찰 내용 및 결점을 적을 수 있는 공란이 있다.

점수에 따라 그랜드 골드(Grand Gold, 92-100점), 골드(Gold, 85-91점), 실버(Silver, 82-84점), 브론즈(80-81점)로 나누어 수상한다. OIV에서는 매 대회별로 수상자를 전체 참가자의 30% 이내로 할 것을 권장한다.

9.3장에서는 와인 대회에 관한 좀 더 상세한 내용을 설명하겠다.

● 와인 리스터(Wine Lister): 1000점 채점제

투자 은행에서 근무하던 엘라 리스터(Ella Lister)는 2016년, 와인 리스터(Wine Lister)라는 이름의, 다기준 채점제 방식을 사용하는 웹사이트 www.wine-lister.com을 만들었다. 여기서는 기존의 주관적 품질 평가에 더해, 품질과 브랜드 강도, 경제성의 세 가지 항목에 객관적 수치를 넣은, 자료에 기반한 조합 점수를 보여주었다.

와인 리스터의 순위표는 다른 와인 포털에서 생성한 자료를 기반으로 만든다. 이 중, 관능 점수를 제공하고 기대 수명에 대해 언급하는 곳은 네 곳이다. 표 4.24에서 이미 소개한 바 있다.

- 잰시스 로빈슨(영국)
  www.jancisrobinson.com
- 베땅 에 데소브(프랑스)
  www.bettanedesseauve.com
- 안토니오 갈로니-비누스(미국)
  www.vinous.com
- 지니 조 리(아시아)
  www.jeanniecholee.com

경제성 및 통계 관련 자료에는 가격, 시장 선호도, 경매 실적, 와인 메뉴로서의 등장 빈도가 포함된다. 이에 대해서 상당 부분 기여하는 포털은 다음과 같다.

- 와인 서처(뉴질랜드)
  www.wine-searcher.com
- 와인 마켓 저널(미국)
  www.winemarketjournal.com
- 와인 오너스(영국)
  www.wineowners.com

● 표 4.25 OIV 증류 와인 대회용 OIV 채점표

	항목	점수	탁월	부적절
외관	투명함, 맑음(limpidity)		5	1
	기타 항목		10	2
노즈(향)	순도(genuinenes)		6	2
	긍정적인 강도		8	2
	품질		16	8
맛	순도		6	2
	긍정적인 강도		8	2
	조화로움의 지속 정도		8	4
	품질		22	10
	조화(전체 판단)		11	7
총점			100(최대)	40(최저)

와인 리스터는 약 4천 가지 와인―빈티지를 따지면 5만 가지가 넘는다.―에 대한 추적 기록을 보관하고 있다. 대부분 25달러 이상 가격에 팔린다. 표 4.26에서는 해당 웹사이트에서 고른, 와인의 다양성을 나타내는 일곱 가지 예시를 들고 있다.

● 소비자가 매기는 와인 점수: 비비노(Vivino), 셀러트래커(CellarTracker), 와인-서처(Wine-Searcher)

최근 들어, 와인 라벨을 스캔할 수 있는 스마트폰과 태블릿용 어플리케이션이 점차 널리 쓰이고 있다. 와인 라벨 사진만으로 그 와인의 가격이나 점수 등 여러 자료를 알려준다. 이제 대중은 지식과 의견을 만들어내는 새로운 공급원이며, 대중의 판단은 점점 중요해지고 있다.

가장 널리 쓰이며 효율적인 앱 중에, 비비노, 딜렉터블(Delectable), 셀러트래커, 와인-서처가 있다.

와인 공동체인 **비비노**(Vivino)는 2010년 발족한 이래

● 표 4.26 와인 리스터(Wine Lister)에서 사용하는 1000점 만점 점수제 : 웹사이트에 게시된 7개 예시

와인, 와인 제조 업체	국가, 지역	품질/브랜드/경제성 점수	와인 리스터 점수(비례 평균)	가격(병당), 생산량
샤또 피작(Château Figeac) 프리미에 그랑 크뤼 B(Premier Grand Cru B)	프랑스, 보르도, 생떼밀리옹	855/984/850	900	117달러 10만 병
핑구스(Pingus) 도미니오 데 핑구스(Dominio de Pingus)	스페인, 까스띠야 이 레온(Castilla y León) 리베라 델 두에로(Ribera del Duero)	948/929/911	934	711달러 6천 병
벨러너 조넨누르(Wehlener Sonnennuhr) 요한. 요셉 프륌(Joh. Jos. Prüm)	독일 모젤-자르-루베르(Mosel-Saar-Ruwer)	921/816/686	837	54달러 ―
샤또 무사르(Château Musar) 가스통 오샤르(Gaston Hochar)	레바논, 베카 밸리(Bekaa Valley)	849/941/657	843	― ―
스크리밍 이글(Screaming Eagle)	미국 캘리포니아, 나파 밸리	968/967/985	971	2758달러 7800병
돈 멜쵸르(Don Melchor) 꼰차 이 또로(Concha y Toro)	칠레, 센트럴 밸리(Central Valley) 마이뽀(Maipo)	833/824/493	762	55달러 12만 병
디 옥타비우스 쉬라즈(The Octavius Shiraz) 얄룸바(Yalumba)	호주, 사우스 호주 바로사 밸리(Barossa Valley)	882/658/474	722	70달러

주의
· 점수 구분은 Weak(0~399), Average(400~599), Strong(600~749), Very Strong(750~899), Strongest(900~1000)으로 한다.
· 품질의 경우, 절반 이상이 800점을 넘으며 500점 아래 와인은 거의 없다. 이는 열거된 와인들이 고급임을 의미한다.
· 브랜드의 경우, 점수는 0점에서 1000점 바로 아래까지 분포한다. 800보다 높은 점수를 받는 수는 10% 미만이다.
· 경제성의 경우, 점수는 0점에서 1000점 바로 아래까지 분포한다.
· 예시로 든 자료는 2016년 5월 기준이다.

데이터베이스에 라벨 4억여 개, 1500만 병에 대한 7천만 개의 채점 정보를 담았다. 사용자는 3천만에 달하며 일일 스캔 수는 50만을 넘는다. 사용자는 라벨 을 스캔해 테이스팅 노트, 점수, 가격 정보를 얻는다. 비비노는 와인용 앱으로는 다운로드 횟수가 가장 많고 와인 애호가 공동체 크기도 가장 크다.

셀러트래커(CellarTracker)는 사용자 기반 웹사이트 데이터베이스이다. 제품별로 수천에 달하는 소비자의 테이스팅 노트가 모여 정리된다.  이 웹사이트는 특정 와인의 전체 품질에 대한 신뢰도가 높으며, 전문 비평가의 점수를 보완하는 데 유용하다. 셀러트래커의 회원 수는 35만 명이며, 200여만 개 와인에 대한 700만 개 테이스팅 노트를 보유하고 있다. 부여 점수는 50-100점이며 전체 평균점은 88점이다. 미국 워싱턴주의 에릭 리바인(Eric LeVine)이 2004년 만들어 지금까지 운영하고 있다.

와인-서처(Wine-Searcher)는 60명으로 이루어진 팀으로서, 이들은 IT 이슈 관련 작업을 하거나 와인에 대한 질  문에 답한다. 아래는 본 웹사이트에 있는 몇 가지 사례이다.

- 슈발 블랑(Cheval Blanc) 2000년산을 가장 싸게 구할 수 있는 곳은?
- 캘리포니아나 네덜란드에서 구할 수 있는 DRC 빈티지는 어떤 것이 있는가?
- 오브리옹(HautBrion) 1990년산의 현 시장가격은?
- 뉴욕 와인 매장 중 최고는?
- 로버트 파커가 만점을 준 와인은 몇 개나 되는가?

와인 서처에는 900만 개 와인에 대한 정보 및 전 세계 2만 이상의 거래인이 제공하는 가격표가 있다. 1999년 뉴질랜드에서 설립되어 와인 검색 및 비교용으로 쓰인다. 와인 서처는 영향력 있는 와인 비평가 및 와인 매체의 패널이 제시한 점수를 사용하되 가중치를 둔다.

● **와인의 블라인드 테스트: 필자가 쓰는 방식**

여러 와인 서적과 웹사이트에서는 와인을 어떻게 제공하고, 어떤 형식의 점수표를 쓸 것이며 등등 블라인드 테스트 방식에 대해 상세히 서술하고 있다. 그러나 아래처럼, 대여섯 명의 친구들과 함께 간단하게 비공식 블라인드 테스트를 해볼 수 있다.

- 색상이 같은 와인으로 네다섯 병을 고른다.
- 병을 돌려가며 와인을 맛본다. 한 번에 한 병씩 맛본다. 절반 정도는 나중에 쓰기 위해 남겨 둔다. 참가자들은 빈 종이에다 제공받은 순서대로 와인 번호를 적고 기록한다. 1, 2, 3, 4처럼 번호로 적는다. 천천히 관찰하고 어떤 것이든 적는다. 이름, 생산자, 국가, 포도 품종, 알코올 함량, 색상, 투명도, 향, 향미, 질감, 애프터테이스트, 선호 여부 등등.
- 두 번째 라운드에서는 한 참가자(다른 사람들과 분리되어야 한다.)가 주방에서 와인을 디캔터에 따라두었다가 잔에 옮겨 제공한다. 이번에는 A, B, C, D 문자로 적는다.
- 같은 와인이라고 생각되는 숫자와 문자를 연결한다. 마지막 와인(대개 D 또는 E)이 남아 있는 번호와 맞아떨어지는지 확인하는 것은 언제나 흥분되는 순간이다.
- 전문가나 경험이 많은 사람이 아니라면, 와인 네 병도 어려울 수 있다.
- 제대로 맞추었다고 해서 우승자에게 상을 줄 필요는 없다. 찾는 과정 자체가 보상이다.

무역: 주체와 역할

무역: 주체와 역할
Trade: Who's Who and Who Does What

5.1 제품과 유통망 당사자

● 커피 수출: 국가와 수치

전 세계에서 생산된 커피 생두의 70% 이상이 수출된다. 약 1.1억 포대, 650만 톤에 달하는 양이다. 2010년 이래 연간 수출액은 약 200억 달러 정도이며 연도별로 편차가 있다.

역사적으로, 아프리카와 중미에서 커피는 수출의 상당 부분을 차지했다. 다만 시간이 지나면서 대부분의 국가에서 비중이 내려갔다. 주요 커피 생산국인 브라질과 베트남에서, 커피는 수출 수익의 3% 정도를 차지한다. 다만 표 5.1에서 볼 수 있는 것처럼, 여전히 8개 국가에서는 총 수출 수익의 10% 이상을 커피가 차지한다.

주요 커피 생산국인 브라질과 베트남의 경우, 커피는 총 수출 수익의 3% 정도만 차지한다.

특정 연도의 총 커피 공급량은 다음과 같이 구성된다.

• 그해 생산된 양 +
• 생산국의 시작 재고 +
• 수입국의 시작 재고(인벤토리(inventory)라고도 한다.)

전 세계 커피 재고량은 연도별로 변한다. 실제 커피 공급과 수요량에 따라서도 변하고 가격과 가격 예측에 따라서도 변한다.

● 표 5.1 일부 국가의 수출 수익 중 커피의 비중

커피 생산국	커피 수출 비중
부룬디, 동티모르	50–75%
에티오피아, 르완다	25–50%
과테말라, 온두라스, 니카라과, 우간다	10–25%
콜롬비아, 엘살바도르, 탄자니아	5–10%
브라질, 카메룬, 코스타리카, 코트디부아르, 자메이카, 케냐, 파나마, 파푸아 뉴기니, 페루, 시에라리온, 베트남	2–5%

자료: ICO. 2005–2010사이의 수치지만 이 비율은 현재도 그대로이다.

전체 재고량은 연 생산량의 20-30% 정도이다. 만약 커피 생산이 갑자기 사라진다 해도—물론 그럴 일은 없겠지만—이론상으로는 3개월 정도는 커피 부족 사태가 없을 것이다.

커피 생산국에서 수출되는 커피 물량 중 원두는 1% 미만을 차지하는 데 비해 인스턴트 커피는 10% 정도를 차지한다. 생산국 가운데 현재까지 인스턴트 커피의 최대 수출국은 브라질로서 400만 포대 이상을 수출한다. 다음 인도, 콜롬비아, 에콰도르, 멕시코, 인도네시아, 코트디부아르, 태국, 말레이시아 순이다.

인스턴트 커피 수요는 특히 신흥 시장에서 급속히 성장 중이다. 이러한 모습이 인스턴트 커피에서 비중이 높은 로부스타에 대한 수요가 커져 가는 한 가지 이유이다.

◎ 연중 생두의 수출

커피 연도는 수확이 시작되는 달의 1일부터 12개월 기간을 말한다. 국제 커피 기구(ICO)에서는 수확 연도 시작일에 따라 커피 수출 회원국을 묶는다. ICO에서 사용하는 커피 연도는 각각 4월 1일, 7월 1일, 10월 1일에 시작한다.

북반구에서는 주로 12월에서 3월 사이에 수확하며 남반구에서는 5월에서 9월 사이에 수확한다. 커피 처리, 건조, 컨디셔닝, 선적 준비 작업은 수확이 끝나고 2-3개월 사이에 완료된다. 이 점에서 커피는 주기적으로 공급되는 제품으로서, 가용성과 가격 모두가 로스터의 블렌드 구성에 영향을 미친다.

◎ 표 5.2 9개 국가에서 수확이 끝난 뒤 수출 준비 정도

종	국가	수출 준비 정도
아라비카	브라질	7-12월 85%
	에티오피아	1-6월 75%
	온두라스	1-6월 60%
	케냐	1-6월 70%
	페루	7-12월 70%
	콜롬비아	연중 가능
로부스타	브라질	1-6월 75%
	인도네시아	7-12월 65%
	우간다	1-6월 65%
	베트남	1-6월 55%

자료: Coffee Exporter's Guide, ITC/UN, 2012, 거래 업체와의 인터뷰

표 2.19는 24개 국가의 커피 수확 일정을 보여준다.

● 와인의 국제 거래: 국가와 수치

1980-2015년 사이 와인 거래량은 5천만 헥토리터에서 1억 헥토리터로 계속 증가했다. 이제 와인 총량의 40%는 수출되며 그만큼 어디에선가 수입하고 있다.

표 5.3에서 나타난 것처럼, 최대 수출국은 스페인, 이탈리아, 프랑스, 칠레, 호주이다.

국제적으로 거래되는 와인 중에서 신대륙(주로 아르헨티나, 호주, 칠레, 뉴질랜드, 남아프리카, 미국)의 와인 비중이 점차 커지고 있다.

● 표 5.3 2016년도 와인 수출 국가, 물량, 액수 자료

국가	100만 헥토리터	10억 유로	평균단가 (리터당 유로)
스페인	22.3	2.6	1.17
이탈리아	20.6	5.4	2.62
프랑스	14.1	8.3	5.89
칠레	9.1	1.7	1.87
호주	7.5	1.5	2.00
남아프리카	4.1	0.6	1.54
미국	4.1	1.4	3.68
독일	3.6	1.0	2.78
포르투갈	2.8	0.7	2.50
아르헨티나	2.6	0.7	2.69
뉴질랜드	2.1	1.0	4.76
기타	10.7	5.1	4.77
총합	104.1	29.0	2.78

자료: OIV(2016년 12월 31일 기준 1유로는 1.07달러이다.(1270.19원))

1980년도에는(시장도 작았지만) 2% 수준에 불과하던 것이 2000년에는 15%, 2016년에는 30%에까지 근접한 상태이다.

표 5.4에서는 주요 와인 수입국을 보여준다. 미국, 일본, 스위스의 수입 물품은 주로 고가 와인(리터당 단가가 높다.)인 데 비해 프랑스, 러시아, 독일은 물량 위주로 수입한다는 것을 알 수 있다.

프랑스는 물량에서 4위 수입국이지만 액수로는 11위 수입국이다. 그러므로 수입 항목에서는 나타나 있지 않고 있다. 프랑스가 수입하는 와인은 상당수가 스페인산 벌크 와인으로 바에서 판매되거나 산지 표기가 없는 블렌드 재료로 들어간다.

국제 와인 거래에서 벌크 와인은 물량으로는 40%를 차지하지만 액수로는 10%만 차지한다.

◎ 주요 커피 업체와 브랜드

커피 분야에서 시장을 지배하는 유형은 두 가지이다.

● 표 5.4 2016년도 와인 수입 국가, 물량, 액수 자료

국가	100만 헥토리터	국가	10억 유로
독일	14.5	미국	5.0
영국	13.5	영국	3.5
미국	11.2	독일	2.5
프랑스	7.9	중국	2.2
중국	6.4	캐나다	1.6
캐나다	4.2	홍콩	1.4
러시아	4.0	일본	1.3
네덜란드	3.8	스위스	1.0
벨기에	3.1	네덜란드	1.0
일본	2.7	벨기에	0.9
기타	31.7	기타	20.5
총합	**103.0**	**총합**	**29.0**

자료: OIV(2016년 12월 31일 기준 1유로는 1.07달러이다. (1270.19원))

무역업체(trading house)는 산지에서 생두를 조달하고 처리한다. **로스터**(roaster)는 자체 브랜드 또는 판매업체 및 기타 구매자 이름으로 최종 제품을 생산한다.

전 세계 커피 무역업체나 로스터, 브랜드는 오랜 기간, 특히 2000년 이래 규칙적으로 주인이 바뀌었다. 은행, 항공사, 호텔 체인, 자동차 제조업체, 맥주 업체에서 그랬던 것처럼 합병과 매입을 통한 '거대화' 경향이 나타나고 있다.

그에 비해 생산자, 수출업체는 파편화된 시장 구획에서 아직은 (상대적으로) 소규모로 남아 있다. 다만 (예를 들어 브라질) 생산자로서도, 수출업체로서도 규모가 큰 협동 조합이 있다.

일부 국가, 예를 들어 과테말라, 멕시코, 우간다의 경우, 최대 수출업체들이 이름만 드러내지 않았을 뿐이지 사실은 주요 국제 무역 업체의 소유이거나 이들과 연계되어 있다. 에티오피아 같은 나라는 수출업체가 모두 국영이다.

커피 무역 업체와 로스터는 수는 많지 않지만 전 세계 커피 시장의 상당 부분을 차지한다. 이들 중 일부는 10% 넘는 점유율을 가지고 있다. 양쪽 다 유럽 업체가 주도하고 있다.

● 커피 무역 업체

무역 업체는 생두의 거대 구매자이자 판매자이다. 일부 생산국에서는 무역 업체가 수출 업체를 소유하고 있으며 주요 처리, 수송, 보관 설비를 갖추고 있다. 표 5.5에서처럼 8대 주요 업체가 전 세계 커피의 50%에 가까운 물량을 처리한다.

● 표 5.5 세계 8대 커피 무역 업체와 시장 비율

커피 무역 업체	%
노이만 카페 그룹(Neumann, NKG), 독일	11
ECOM, 스위스	10
올람(Olam), 싱가포르	7
볼카페(Volcafe), 스위스/영국	7
루이 드레퓌스(Louis Dreyus Company), 네덜란드	6
노블(Noble), 홍콩/싱가포르	3
수카피나(Sucafina), 스위스	3
COEX, 미국	2
8대 업체	49
기타 무역업체	51
전체	100

자료: 2017년 기준 업체 보고 및 개별 거래업체 자료 등

● 커피 로스터와 커피 브랜드

네슬레(Nestlé)는 세계 최대의 식료료 그룹이자 세계 최대의 커피 로스터이다. 스위스 업체로서 오래 전부터 커피 사업을 해왔으며 인스턴트 커피 브랜드로서 네스카페(Nescafé) 및 1회용 커피 캡슐로서 네스프레소(Nespresso) 같은 유명 브랜드를 가지고 있다.

다음으로는 JAB 홀딩 컴퍼니(JAB Holding Company, JAB)가 있다. 룩셈부르크 소재 투자 업체로서 커피 로스터와 커피 매장 양쪽에 지배적 지분을 확보하고 있다. 업체 자체는 독일계 가문이 운영하는 사기업으로서 화학 제품 분야에 뿌리를 두고 있다. JAB는 1820년에 업체를 세운 요한 아담 벤키서(Johann Adam Benckiser)를 뜻한다.

JAB는 최근 세 지주 업체를 통해 커피 분야에 상당한 투자를 해왔다. 아래에서 JAB의 주요 커피 브

랜드 소유 구조를 간략하게 설명했다. 일부 브랜드는 투자 파트너와 함께 참여했다. 아래 정보는 2018년 초 JAB 웹사이트에서 얻은 것이다.

- 아코른 홀딩스(Acorn Holdings)
  야콥스 다우베 에그베르츠(*Jacobs Douwe Egberts, JDE*): 센소(Senso), 게발리아(Gevalia), 로르(L'OR), 필라오 커피(Pilão Coffee), 켄코(Kenco), 모코나(Moccona), 다우베 에그베르츠(Douwe Egberts), 타시모(Tassimo), 야콥스(Jacobs)
  큐리그 그린 마운틴(*Keurig Green Mountain*): 디드리히 커피(Diedrich Coffee), 도넛샵(Donut Shop), 그린 마운틴 커피(Green Mountain Coffee), 티모시스(Timothy's), 툴리스 커피(Tully's Coffee), 반 후트(Van Houte)
- JAB 비치 홀딩스(JAB Beech Holdings)
  피츠 커피 앤 티(*Peet's Coffee & Tea*): 인텔리젠시아 커피 앤 티(Intelligentsia Coffee & Tea), 스텀프타운 커피 로스터스(Stumptown Coffee Roasters), 마이티 리프(Mighty Leaf)

카리부 커피 컴퍼니(*Caribou Coffee Co.*), 아인슈타인 노아(*Einstein Noah*), 크리스피 크림 도넛(*Krispy Kreme Doughnuts*)
- JAB 커피 홀딩(JAB Coffee Holding, 북유럽, 독일)
  바레소 커피(*Baresso Coffee*), 에스프레소 하우스(*Espresso House*), 발자크 커피(*Balzac Coffee*)

JAB 그룹은 이외에 식품, 사치품, 의료 서비스, 가정용 화학제품 등의 분야에도 투자하고 있다.
네슬레와 JAB은 각각 전 세계 커피 시장의 약 20%를 점유하고 있다. 그 외 대형 로스터로는— 시장 점유율은 모두 4% 미만이다.—독일의 치보(Tchibo), 이탈리아의 라바짜(Lavazza)와 세가프레도 자네티(Segafredo Zanetti), 미국의 J.M. 스머커(J.M. Smucker, 폴저스(Folgers)), 던킨 도넛(Dunkin' Donuts 브랜드 보유), 크라프트 하인즈(Kraft Heinz, 맥스웰 하우스(Maxwell House)브랜드 보유), 스타벅스(Starbucks), 이스라엘의 스트라우스(Strauss), 일본의 우에시마 커피 컴퍼니(Ueshima Coffee Company)가 있다.

◉ 스타벅스와 대형 커피 체인

스타벅스는 현재까지 세계 최대의 커피 체인이다. 이 업체는 세계 커피 물량의 4%를 구매하고 로스팅하고 판매한다. 매장은 2.7만 개로, 미국에 1.3만 개, 중국에 3500개가 있다. 2010년 이래 매일 전 세계에 하루 3개씩 새 매장이 문을 열고 있다.
스타벅스의 커피는 거의 대부분 자체 지속 농업 프로그램인 C.A.F.E. Practices(Coffee and Farmer Equity Practices)를 준수한다. 이 프로그램은 레인포리스트 얼라이언스(Rainforest Alliance)와 UTZ에서 제시하는 지속 가능 기준과 폭넓게 상응하면서, 여기에 더해 음료 품질 관련 항목을 추가했다.
스타벅스 커피 대부분은 강로스팅인데, 메뉴 대부분이 우유, 또는 가향 물질을 넣어 만들기 때문이다.
스타벅스라는 이름은 허먼 멜빌(Herman Melville)의 유명한 소설인 모비딕(Moby–Dick)의 1등 항해사 이름에서 따왔다. 녹색 로고에는 양 갈래로 갈라진 꼬리를 쥐고 있는 세이렌이 그려져 있는데, 이는 1971년 스타벅스가 탄생한 미국의 항구도시 시애틀의 이미지를 연상시킨다.
그 외 대형 커피 체인으로 다음과 같은 곳이 있다.

- 코스타 커피(Costa Coffee)는 1971년에 설립되었으며 주로 영국에서 영업 중이나 점차 세계로 뻗어나가고 있다.
- 프레타 망제(Pret A Manger, 줄여서 프레(Pret))는 1986년부터 운영 중이며 영국, 프랑스, 미국, 중국에 매장이 있다.
- 카페 네로(Caffè Nero)는 1997년에 시작해 약 1천 개의 매장이 있다. 매장은 주로 이탈리아, 영국, 미국, 중동에 있다.
- 팀 호튼즈(Tim Hortons)는 1964년 캐나다에서 문을 열었다.
- 피츠 커피 앤 티(Peet's Coffee & Tea)는 1960년대 캘리포니아 버클리에서 시작했다. 피츠 커피는 현재 유럽 JAB 홀딩의 소유이다. 이 업체는 큐리그 그린 마운틴, 야콥스 다우베 에그베르츠 및 여러 커피 브랜드를 소유하고 있다.
- 맥카페(McCafé)는 맥도날드 그룹에서 운영한다.
- 던킨 도넛(Dunkin' Donuts)은 주로 미국에 많다.

● 브라질의 거대 커피 조합

브라질의 최대 커피 협종 조합은 미나스 제라이스 주와 상파울루 주의 협동조합인 쿠수페(Cooxupé)이다. 회원 수가 1.2만 명에 달하며 연간 생산량은 600만 포대를 넘는다. 브라질 커피의 13%, 세계 커피의 4%에 달하는 양이다. 2015년의 최고 실적을 기록한 날의 경우, 쿠수페의 처리장에서는 7.4만 포대(4400톤) 물량의 커피를 받아 3.1만 포대(1900톤)을 처리했으며 당일 생두 6.6만 포대(4000톤) 물량을 선적했다. 쿠수페는 브라질 주요 10대 수출업체 중 하나이다.

비교해보자면, 쿠수페의 생산 물량은 코스타리카, 과테말라, 니카라과의 생산량을 합친 정도이자 부룬디, 카메룬, 콩고 민주 공화국, 케냐, 말라위, 르완다, 탄자니아, 잠비아의 총 생산량에 두 배를 곱한 양이다.

브라질의 대형 조합으로 그 외에도 코카펙(Cocapec), 코카트렐(Cocatrel), 쿠파라이수(Cooparaiso), 쿠페르시트루스(Coopercitrus), 엑스푸카세르(Expocaccer), 미나술(MinaSul)을 들 수 있다.

● 주요 와인 업체와 브랜드

와인 업계의 주요 업체들은 규모가 거대하다-일부 업체는 전 세계 60개 이상의 브랜드를 거느리고 있다. 그러나 가장 큰 업체라 해도 세계 와인 총 생산량 대비 3%가 되지 않는다. 10대 업체의 생산량을 합치면 전 세계 총 생산량 대비 15% 정도이다.

10대 업체 중 8개 업체는 신대륙에 있다. 유럽 업체는 2개 뿐—모두 프랑스 업체이다.—이다. 이들은 표 5.6에서 열거하였다.

미국의 와인 산업은 몇 개의 대형 업체가 지배하고 있다. 이 중 세 업체—E&J 갤로(E&J Gallo), 컨스텔레이션 브랜드(Constellation Brands), 더 와인 그룹(The Wine Group)—는 세계 최대 3대 업체이기도 하다. 세 업체의 생산량을 합하면 미국 내 거래되는 와인 총량의 거의 절반에 달한다.

대형 와인 업체의 이름은 잘 알려져 있지 않은 반면, 이들이 소유한 브랜드들은 대체로 유명하다. 일부 브랜드는 전 세계적으로 알려져 있다. 표 5.7에서 주요 브랜드 10개를 볼 수 있다.

● 베스트셀러 와인은 왜 신대륙에서 나올까?

대량 소비되는 다른 제품들과는 달리 와인 소비자는 다양성과 전통을 추구하는 편이다. 와인은 지역의 문화적 고유성과 연결되며 '어디에나 잘 어울리는' 와인이란 존재하지 않는다. 소비자들이 와인을 찾을 때 첫손에 꼽는 것은 향미나 와인의 스타일뿐만 아니라 역사와 이상적인 훌륭한 이야기이기도 하다. 이런 속성들은 브랜드가 쉽게 얻기 어려운 것들이다.

세계에서 가장 많이 팔리는 와인 브랜드는 갤로 사의 베어풋(Barefoot)이다. 이 제품은 주로 미국에서 판매되며 전 세계 와인의 0.8%를 차지한다. 전 세계 와인 1천 병당 8병은 이 와인인 셈이다.

자체 상표(private brand, 프라이빗 브랜드, PB) 와인은 많은 소비자에게 가성비 좋은 상품으로 인식되고 있다. 와인 전문가의 보증은 있을 수도, 없을 수도 있다. 이 와인들은 업체와 관련이 있으나 지리적 기원 내지 재배자와는 관련이 없다. 그렇기에 예를 들어 샤블리(Chablis)라는 지역 명칭을 그대로 브랜드 명으로 사용한다면, 그 지역에 있는 각각의 와인 생산자들보다도 더 많은 인지도를 누릴 것이 분명하다.

브랜드는 제품의 가시성을 높이고 소비자들에게 그 지역 와인에 대한 관심을 갖도록 해주는 시작점이 될 수도 있다. 와인 브랜드는 이해하기 쉬우므로, 북미나 아시아처럼 일인당 소비량이 꾸준히 커지고 있는 시장에 새로이 소비자를 끌어올 수 있는 도구로 사용된다. 대부분의 브랜드가 기억하기 쉬워서 소비자가 특정 와인을 다시 찾고자 할 경우 유용하다.

세계적인 베스트셀러 브랜드는 모두 신대륙에서 나온 것이지만 구대륙에서도 팔고 있다. 유럽에서 가장 자주 보이는 브랜드로는 갤로, 꼰차 이 또로(Concha y Toro), 하디스(Hardys), 제이콥스 크릭(Jacob's Creek)이 있다.

영국의 와인 잡지인 〈더 드링스 비즈니스(The Drinks Business)〉에 따르면, 스페인 브랜드인 보데가스 또레스(Bodegas Torres)는 2014년과 2015년에 세계에서 가장 높이 평가되는(판매량이 가장 많은 것은 아니다.) 와

● 표 5.6 세계 10대 와인 업체

회사, 세계 시장 대비 점유율	역사, 브랜드, 생산량, 거래량
미국(캘리포니아), E&J 갤로(E&J Gallo) 2.8%	1933년 어니스트 갤로와 줄리오 갤로 형제가 설립했다. 캘리포니아와 워싱턴 주에 와인 양조장 10개소가 있고 총 재배 면적은 8천 헥타르이다. 부족분은 이탈리아, 아르헨티나, 호주에서 수입한다. 갤로는 1개 가문이 운영하는 업체로서 직원 수는 5천 명이다. 베어풋 와인, 레드 바이시클렛(Red Bicyclette, 프랑스에서 수입한 벌크 와인으로 제조한다.), 안드레(André) 스파클링 와인 등 미국 내 70개 와인 브랜드가 있다.
미국(뉴욕), 컨스텔레이션(Constellation) 2.3%	100개 이상의 브랜드를 가지고 있다. 캘리포니아의 로버트 몬다비 와이너리(Robert Mondavi Winery), 레이븐스우드 와이너리(Ravenswood Winerty), 프랑스의 무통 까데(Mouton Cadet)가 있고 기타 맥주 브랜드(코로나 엑스트라(Corona Extra)) 및 스피리츠류 브랜드가 유명하다. 캘리포니아 주, 워싱턴 주(찰스 스미스(Charles Smith), 캐나다의 나이아가라(Niagara), 이탈리아의 키안티, 호주와 뉴질랜드(노빌로(Nobilo), 킴 크로포드 와이너리즈(Kim Crawford Wineries)에 와인 제조장이 있다. 컨스텔레이션은 어콜레이드(Accolade)사 주식 일부를 소유하고 있으며 다른 와인 제조장에도 투자 중이다. 2005년 이래 뉴욕 거래소에 상장했고 S&P 지수에 포함되어 있다. 연 거래량은 8억 병(6700만 상자)이며 이 중 미국에서의 판매량이 75%이다.
미국(캘리포니아), 더 와인 그룹(The Wine Group) 2.1%	1981년 코카콜라 사로부터 분사한 업체이다. 얼메이든 빈야즈(Almaden Vineyards), 컵케이크 빈야즈(Cupcake Vineyards), 피쉬아이(FishEye), 플립플랍 와인즈(FilpFlop Wines), 클로에(Chloe), 벤지거(Benziger), 프랜지아(Franzia) 와인 제조 공장을 소유하고 있다. 매년 2500만 박스를 생산한다. 아르헨티나의 뻬냐플로르(Peñaflor) 그룹에서 생산하는 뜨라삐체(Trapiche) 등 외국 브랜드의 유통도 담당한다. 연 거래량: 7.2억 병(6천만 박스)
칠레, 꼰차 이 또로 (Concha y Toro) 1.4%	1883년 설립한 업체이다. 포도 재배 면적은 총 1.1만 헥타르이며, 이 중 9천 헥타르를 약간 넘는 재배지가 칠레에 있다. 직원 수는 4천 명이다. 산하 브랜드로는 돈 멜쵸르(Don Melchor), 알마비바(Almaviva), 프론떼라(Frontera), 까시예로 델 디아블로(Casillero del Diablo) 등이 있다. 까시예로 델 디아블로(까베르네 소비뇽 품종)의 연 판매량은 4천만 병이며, 이 중 1/3은 영국에서 판매된다. 아르헨티나에도 생산 시설이 있으며 캘리포니아에도 여덟 개 와인 제조 공장이 있다. 이 중 생태 지속 운영으로 유명한 곳이 펫저(Fetzer)이다. 연 거래량: 5억 병(4200만 박스)
아르헨티나, 뻬냐플로르(Peñaflor) 1.4%	뻬냐플로르의 주 브랜드 뜨라삐체는 1883년까지 거슬러 올라간다. 이 업체는 가문 소유로서 재배 면적은 6100헥타르가 넘고 수백에 달하는 재배자들에게 구매하는 수량 또한 많다. 직원은 2천 명이며 아르헨티나 최대의 와인 수출 업체이기도 하다. 주요 브랜드 뜨라삐체는 미국에서는 더 와인 그룹에서 유통을 담당한다. 뻬냐플로르의 생산량은 아르헨티나 전체 생산량의 25%정도이다. 연 거래량: 5억 병(4200만 박스)
호주, 어콜레이드 와인즈(Accolade Wines) 1.2%	칼라일 그룹(Carlyle Group) 소유의 업체이다. 산하 30여 개 생산 업체와 브랜드가 있으며 주요한 것으로는 호주의 하디 와인즈(Hardy Wines, 컨스텔레이션 사로부터 2011년 매입), 뉴질랜드의 머드 하우스(Mud House), 남아프리카의 쿠말루(Kumalu), 캘리포니아 주의 가이저 피크(Geyser Peak)가 있다. 영국의 에이번마우스(Avonmouth)에 있는 제조 공장 어콜레이드 파크(Accolade Park)에서는 매년 1.8억 리터에 달하는 와인을 병입 및 포장한다. 하루 70만 병에 달하는 양이다. 연 거래량: 4.2억 병(3500만 박스)
호주, 트레저리 와인 이스테이츠(Treasury Wine Estates, TWE) 1.1%	2011년까지는 세계 2위 와인 제조 업체였던 포스터스 그룹(Foster's Group) 산하에 있었다. 16개국에 제조 설비가 있으며 총 직원 수는 3500명이다. 호주(펜폴즈(Penfolds), 린데만스(Lindeman's), 울프 블래스(Wolf Blass), 로즈마운트(Rosemount), 서펠트(Seppelt)와 윈스(Wynns), 캘리포니아 주(베린저 빈야즈(Beringer Vineyards), 스택스 립 와이너리(Stag's Leap Winery), 스키니 바인(Skinny Vine) 같은, 주요 와인 제조 업체를 보유하고 있다. TWE 는 주류 업체 디아지오(Diageo) 사의 와인 사업 분야 일부도 소유하고 있다. 이쪽으로는 어케이샤(Acacia), 보리유 빈야즈(Beaulieu Vineyards), 블라섬 힐(Blossom Hill), 스털링(Sterling) 등이 있다. 연 거래량: 4억 병(3300만 박스), 40% 이상이 미국에서 거래된다.
프랑스, 카스텔(Castel) 1.0%	가족 경영 업체로서 1949년 설립되었다. 로쉐 마제(Roche Mazet), 비유 파프(Vieux Papes), 바롱 레스탁(Baron Lestac) 및 로제 와인으로 로크장뜨(Roquesante), 리스텔(Listel) 브랜드 등을 소유하고 있다. 에티오피아 고지대에 와인 생산 공장을 소유하고 있는데, 아직 초기이긴 하지만 전망이 좋다. 프랑스어권 아프리카 국가에서는 병입 생수와 맥주를 생산한다.
프랑스, 페르노리카 (Pernod Ricard) 1.0%	캘리포니아 주(켄우드(Kenwood)), 멕시코, 아르헨티나, 프랑스, 스페인, 포르투갈, 조지아, 남아프리카, 뉴질랜드, 호주에 와인 제조장이 있다. 호주의 제이콥스 크릭(Jacob's Creek), 뉴질랜드의 몬타나(Montana), 멈 샴페인(Mumm Champagne), 깜뽀 비에호(Campo Viejo) 브랜드를 소유하고 있고 그 외 앱솔루트 보드카(Absolut Vodka), 시바스 리갈(Chivas Regal), 발렌타인스(Ballantine's) 같은 증류주 류 브랜드를 보유하고 있다.
미국(캘리포니아), 브랑코 와인 컴퍼니(Bronco Wine Co.) 0.8%	미국 내 생산 및 거래량은 2.4억 병(2천만 박스)이다. 찰스 쇼(Charles Shaw) 와인 생산 업체이며, 베스트셀러 제품인 투 벅 척(Two-Buck Chuck)으로 더 잘 알려져 있다. 위 제품은 처음 트레이더 조(Trader Joe's)에서 2달러에 판매된 바 있다. 캘리포니아 주에서는 트레이더 조 유통망을 통하여 직매하지만 다른 주에서는 아니다. 포도 재배 면적은 1.6만 헥타르이며 보유 라벨 수는 50개가 넘는다.

자료: 업체 보고, 유 모니터, 기타 2017 기준 가용 자료 조

주의
• 해당 비율은 세계 인 총 생산량 대 비율이다. 세계 와 총 생산량은 약 2 억 헥토리터이다.
• 연간 거래량은 입 가능한 최신 회계 도 기준으로 2015 또는 2016년이다.

인 브랜드이다. 해당 제조 업체는 까딸로니아(Catalonia), 리오하, 리베라 델 두에로(Ribera del Duero), 후미야(Jumilla) 및 칠레와 미국 캘리포니아에 포도 밭들이 있다. 2016년에는 호주의 펜폴즈(Penfolds)가 최고 브랜드의 자리에 올랐다. 최고 브랜드 자리에 오른 다른 브랜드로는 스페인의 베가 씨실리아(Vega Sicilia), 뉴질랜드의 빌라 마리아(Villa Maria), 프랑스의 샤또 디켐(Château d'Yquem)이 있다.

● 와인 조합은 크고 중요하다.

와인 조합은 그 다양성과 유럽 와인 산업에 미치는 영향이 큼에도 불구하고 간과되는 것 같다. 이탈리아산 와인의 60% 이상은 조합에서 생산된다. 유럽 주요 와인 생산국에서 조합이 생산하는 와인은 30-50% 수준이다.

프랑스에서 최초로 와인 조합이 결성된 것은 1895년으로 지역은 알자스의 리보빌레(Ribeauvillé)이다. 조합의 수는 1900년대 중반에 늘어났으며 2017년까지 조합 수는 600개 이상, 가맹 회원은 8.5만 명 정도

로, 이들은 프랑스 내 와인 총량의 절반 가까이를 생산한다.

프랑스 최대의 와인 생산자-상인 단체는 랑그독-루씨옹 지역의 비나데이(Vinadei) — 과거 Val d'Orbieu—Uccoar Group—이다. 이 조합에서 생산하는 와인은 뱅 드 페이독(Vin de Pays d'Oc)이라는 라벨을 붙인다. 비나데이의 조합원 수는 2500명이며 11개 하부 조합, 60개 샤또가 소속되어 있고 총 재배 면적은 1.7만 헥타르, 연간 생산량은 100만 헥토리터이다. 이는 캘리포니아 나파 밸리에서 생산되는 와인 총량 또는 스위스 전체에서 생산되는 와인의 양에 해당한다. 연수익은 3억 유로이다.

프랑스의 10대 와인 조합 중 다섯 개는 샹파뉴 지역에 있다. 그 외 꼬뜨 뒤 론에도 대형 조합이 있다. 보르도 와인의 1/4은 와인 조합에서 생산된다.

신대륙에서도 와인 조합은 중요하다. 한 사례로 브라질 최대의 와인 생산자인 비니콜라 아우로라(Viníc ola Aurora, 오로라 와인 조합)가 있다. 1931년 설립한 이 조합은 1100개 회원이 참여하고 있으며 각 회원의

● 표 5.7 세계 10대 와인 브랜드

순위	브랜드	소유자	산지	백만 박스 (2016년 기준)
1	베어풋(Barefoot)	미국, E&J 갤로 와이너리(E&J Gallo Winery)	미국 캘리포니아	22
2	꼰차 이 또로(Concha y Toro)	칠레, 꼰차 이 또로(Concha y Toro)	칠레	16
3	갤로(Gallo)	미국, E&J 갤로 와이너리(E&J Gallo Winery)	미국 캘리포니아	15
4	창유(Changyu)	중국, 창유 파이오니어 와인(Changyu Pioneer Wine Co.)	중국	15
5	옐로 테일(Yellow Tail)	호주, 카젤라 와인즈(Casella Wines)	호주	12
6	서터 홈(Sutter Home)	미국, 트린체로 패밀리 에스테이츠(Trinchero Family Estates)	미국 캘리포니아	11
7	로버트 몬다비(Robert Mondavi)	미국, 컨스텔레이션 브랜즈(Constellation Brands)	미국 캘리포니아	10
8	하디스(Hardys)	호주, 어콜레이즈 와인(Accolades Wine)	호주	9
9	베린저(Beringer)	호주, 트레저리 와인 에스테이츠(Treasury Wine Estates)	미국 캘리포니아	8
10	그레이트 월(Geat Wall)	중국, 차이나 푸즈(China Foods Limited)	중국	7

자료: The Drink Business, 2017년 8월판의 허락을 얻어 전재

주의
• 박스 수치는 반올림했다. 한 박스에 12병이 들어간다. 총 9리터에 해당한다.
• 베어풋 브랜드는 세계 와인 총 거래량(2.4억 헥토리터)의 0.8%, 미국 내 소비량(3300만 헥토리터, 44억 병)의 6%를 차지한다.
• 해당 시점 이전의 2위권 브랜드로는 캘리포니아의 린드만즈(Lindeman's, 호주의 TWE가 소유)나 호주의 제이콥스 크릭(Jacob's Creek, 프랑스의 페르노리카(Pernod Ricard)가 소유)이 있다.

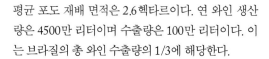

◐● 런던의 베리 브로스 앤 러드(Berry Bros. & Rudd): 커피에서 와인으로

런던 소재 베리 브로스 앤 러드는 전통을 고수하는, 가족 경영의 와인 거래상의 전형이다. 버킹엄 궁 인근 세인트 제임스 스트리트에 위치한 매장은 1698년 본(Bourne)이라는 미망인이 처음 문을 열었을 때와 거의 변하지 않았다. 이 업체는—가장 값비싼 것과 앙 프리뫼르 등급까지—다양한 와인을 판매하며, 2세기 이상 영국 왕실에 와인을 공급했다.

런던 남서쪽 햄프셔(Hampshire)에 위치한 저장고에 보관된 와인은 800만 병에 달한다. 이 업체는 일본과 싱가포르, 홍콩에도 사무실이 있으며, 런던의 세인트 제임스 스트리트에는 와인 학교와 최고급 와인 판매대 및 식당을 운영한다.

1698년 당시 이 업체의 핵심 제품은 커피, 차, 향신료였고 와인은 소량만 다루었다. 19세기 중엽에 커피 거래를 중단했지만 내부에는 여전히 당시 모습이 남아 있다. 커피 포대의 무게를 재는 커다란 저울이 천장 줄에 매달려 있다. 이 저울은 오랫동안 고객들의 몸무게를 재는 용도로도 쓰였다. 유행이 지금까지 이어지고 있는 것이다.

배리 브로스 앤 러드는 지금도 수세기 동안 가게 밖에 걸어 놓은 'Sign of the Coffee Mill(커피 분쇄기 간판)' 아래 영업을 하고 있다.

평균 포도 재배 면적은 2.6헥타르이다. 연 와인 생산량은 4500만 리터이며 수출량은 100만 리터이다. 이는 브라질의 총 와인 수출량의 1/3에 해당한다.

○ 생두의 등급 분류 – 그레이딩(grading)과 클래시피케이션(classification)

생두는 등급 분류를 거친 뒤 수출된다. 등급 분류 체계는 세계적으로 통일되지 않았다—생산국가별로 자체 등급 분류 체계가 있는데, 이것으로 수출용 제품의 하한선을 설정하기도 한다.

그레이딩(grading)은 주로 커피콩의 물리적인 수치를 말한다. 크기, 결점두 수, 이물질 수 등을 잰다.

클래시피케이션(classification)은 의미의 폭이 보다 넓다. 음료 커핑(맛보기)에 따른 주관적인 평가, 점수에다 서술까지도 포함한다. 클래시피케이션에는 지리적 표시제가 적용된 산지라든가 농장 고도 같은 속성도 추가할 수 있다.

그레이딩과 클래시피케이션은 주로 다음 범주 중 몇 가지를 기반으로 한다.

- 식물학적 품종
- 고도 및 지역
- 커피콩의 크기(스크린 사이즈), 때로는 커피콩의 모양과 색상도 포함
- 커피콩의 밀도

- 결점두(불완전한 커피) 수
- 처리법(수세 또는 건식)
- 원두 외관과 음료 품질(향미, 특성, 깔끔함 등)

등급 분류 체계 대다수는 각 범주별로 상세히 규정하고 있다. 돌, 가지, 깨진 콩 등 허용 가능한 불순물이나 결점두 수 같은 것을 기술한다. 4.1장에서는 스크린 사이즈에 따른 분류를 설명한다.

거래선에서는 등급 분류와 관련해서 상당히 다양한 용어를 사용하지만 최종 소비자—커피를 마시는 이들—대부분은 이런 용어에는 관심이 없다. 여기 전문가들이 가장 많이 사용하는 몇 가지 용어를 설명하겠다. 실제 목록은 훨씬 길다.

- **생두(green bean)에서:** 블랙(black), 일부 색이 바랜 것(bleached), 브라운(brown), 색이 빠진 것(discoloured), 폭시(foxy), 물에 뜨는 것(light), 펄퍼에 찍힌 것(pulper-nipped), 스팅커(stinker, 과잉 발효된 것으로 포대 전체를 망칠 수 있다.)
- **원두(roasted bean)에서:** 깨진 것(broken), 탄 것(burnt), 채프(chaff, 벗겨진 실버스킨), 프렌치(french, 자체 기름이 표면으로 드러날 정도로 볶은 것), 이탤리언(italian, 프렌치보다 약간 더 어두운 것으로 미국 분류와는 반대), 페일(pale)
- **커피 음료에서:**

아로마(aroma, 향) 계열: 동물 느낌(animal-like), 재(ashy), 베이크드(baked), 번트/스모키(burnt/smoky), 약(chemical/medicinal), 초콜렛(chocolate/chocolatey), 캐러멜(caramel), 곡물(cereal), 흙내(earthy), 꽃(floral), 파울(foul), 과일(fruity), 귤(citrusy), 풀(grassy/green/herbal), 견과류(nutty), 거친(harshy), 떫고 쓴(quakery), 고무(rubber-like), 향신료(spicy), 쌉쌀함(winey), 나무(woody)

플레이버(flavour, 향미) 계열: 신맛(acid/sour), 쓴맛(bitter), 단맛(sweet) (커피에서는 짠맛(salt)과 우마미(savoury/umami 는 중요도가 낮다.))

마우스필(mouthfeel, 입안느낌) 계열: 바디(body, strong/plesant, thin), 떫음(astringency, 마른 느낌의 애프터테이스트로)

위는 거래 업계에서 사용하는 커피 기술 사례이다. 주로 주류 커피(mainstream coffee)에 사용되는 것으로서 틈새시장에서는 더 자세한 기술법을 쓴다. 일부 기술들, 예를 들어 유로 프랩(European Preparation)이란 표현은 국가별로 내용이 다를 수 있다.

커피 업계에는 이런 말이 있다: '가격이 낮으면 모든 커피가 쓰레기가 된다. 가격이 높으면 어떤 쓰레기도 다 커피가 된다.'

수세 커피의 품질은 일반적으로 내추럴 커피(건식 처리한 커피)에 비해 더 항상적이다. 다만 에스프레소에서는 내추럴 커피의 향미를 선호하는 편이며, 내추럴 커피가 훌륭한 품질로 커퍼들을 놀래키는 경우도 있다.

○ 커피 무역에서 쓰이는 품질 기술

커피 거래업자가 품질을 표현할 때는 그레이드(커피콩의 크기와 결점두)와 커핑, 즉 관능 평가로 나타낸다. 그레이드는 객관적이고 측정된 수치를 기반으로 하는 데 비해 커핑은 주관적이며 표준화가 어렵다.

대부분 커피는 거래될 때 공식적인 품질 인증이 없으며, 대신 판매자와 구매자 모두가 잘 아는 서술에 기반한다. 생산국마다 등급 분류 방식이 달라서

혼동이 올 수 있지만, 숙련된 커피 전문가라면 용어와 의미 차이는 모두 알고 있다.

아래에 커피 계약에서 나타나는 품질 관련 서술 예시가 몇 가지 있다. 여기서 스크린(screen)이라는 말은 커피콩의 크기를 말하는 것으로 4.1장에서 설명한다.

○● 거래의 변수: 항상성이냐 보다 높은 품질이냐

커피와 와인 모두, 기존의 핵심 무역 변수는 **가격(price)** 및 상호 동의한 **장소(venue)**에 상호 동의한 **품질(quality)**과 **물량(quantity)**의 **적시 배달(delivery on time)**이었다. 이것들은 지금도 유효하지만, 커피 재배자, 무역상, 포도 재배자 및 와인 양조자로서의 복잡성 같은 몇 가지 변수까지 더 더해졌다. 최근 등장한 변수 중에 두드러지는 것은 구매자가 요구하는 것으로는 **품질 일관성(quality consistency**, 마지막까지 품질이 동일할 것), **추적 가능성(traceability)**과 **투명성(transparency)** (이를 위해서는 상세한 기록이 필요하다.), 규모의 경제를 위한 **대량(large quantities)** 배송이 있다.

세계적으로 잘 알려진 커피 및 와인 브랜드는 최종 소비자에게 언제나 동일한 사양으로 제품을 제공하는 것이 가장 중요하다. 그렇기에 무역에서는 제품의 일관성이 고품질만큼이나 중요하고, 때로는 항상성보다 더 중요하다.

○ 생두를 팔고자 하는 경우

커피 수입업자와 로스터는 자신이 요청하지 않더라도 여러 커피 샘플을 받는다. 거래를 원하는 생산자와 수출업자들이 연락을 하고 샘플을 보낸다. 하지만 로스팅해서 맛을 보기에는(최소 300g은 필요함) 양이 너무 적거나, 샘플 봉지가 찢어지면서 샘플들이 섞이기도 한다. 커피와 생산자에 대한 정보가 불충분한 경우도 있다. 그런 샘플들은 버려진다.

그러하므로, 여기서 커피 생산자와 수출업자에게 해 줄 수 있는 조언이라면: 잠재 구매자로서 아직 샘플 요청을 하지 않았다면 아래와 같은 생두 샘플 양식을 담은 정보표를 준비하고, 샘플을 투명한 봉지에 담아 해당 정보표가 보이도록 할 것이며, 각 샘플마다 정보표를 하나씩 준비하고, 여기에 공급자와 재배

브라질/산토스 NY 2/3 MTGB SSFC

2/3는 2차 결점두는 최대 9개까지, 1차 결점두는 없는 것을 말한다. 때로는 엑스트라 프라임(Extra Prime)이라고 한다. 'MTGB'(Medium To Good Bean)는 스크린 15(medium)와 스크린 16(good)에 해당하는 커피를 말한다. 'SS'는 스트릭틀리 소프트(Strictly Soft)라는, 향미가 깔끔하고 부드러운 고품질 커피를 말한다. 소프트(Soft)라는 말은 커피콩이 아니라 음료의 특성을 말한다. 'FC'는 파인 컵(Fine Cup)이라는, 스페셜티 급 커피를 의미한다.

콜롬비아 수프레모(Supremo) 스크린 17/18

고품질 수세 아라비카로서, 스크린 17 미만 크기가 최대 5% 미만 포함된 것이다. 몇 가지 표현이 덧붙는 경우가 많다. 수프레모는 최고 품질을 의미하며, 다음 품질 규격은 엑셀소(Excelso)이다.

코트디부아르(아이보리코스트) 로부스타 그레이드 2

등급 체계는 0(최고)에서 4까지 있으며 분류 기준은 스크린 사이즈와 결점두를 조합했다.

엘살바도르 SHG EP

스트릭틀리 하이 그로운(Strictly High Grown)은 1,200m 이상을 의미한다. 그 외 등급으로 하이 그로운(High Grown)은 900~1200m, 센트럴 스탠다드(Central Standard)는 500~900m이다. 흔히 사용되는 품질 서술은 유로프렙(EP, European Preparation)인데, 이것은 300g당 결점두가 최대 8개까지 허용된다. 미국 기준(American Preparation)은 300g당 결점두 최대 허용치가 12개이다.

에티오피아 지마 5

지마 지역에서 생산된, 햇볕에 말린(건식) 아라비카이다. 5는 등급 단위로서 스크린 사이즈, 결점두 수, 음료 품질에 기반한 것이다.

과테말라 SHB EP 우에우에떼낭고(Huehuetenango)

스트릭틀리 하드 빈(Strictly Hard Bean)은 해발 1400m 이상에서 생산된 것이다. 해당 등급 유형은 5단계로 나뉘며 900m 미만(프라임 워시드(Prime Washed))에서부터 1400m 이상까지 존재한다. EP(유럽 기준)은 여기서는 스크린 15 초과, 300g당 결점두 최대 8개를 의미한다. 이에 비해 미국 기준은 스크린 14 초과, 결점두 허용치 최대 23개를 뜻한다.

인디아 아라비카 플랜테이션 A(Plantation A)

수세 아라비카로서 스크린 17(생산 장소가 반드시 대농장(plantation,

estate)일 필요는 없다.) 등급 분류 체계는 PB, A, AB, B, C, BBB이며 건식 처리된 아라비카 및 로부스타에는 다른 분류 체계가 쓰인다.

인도네시아 R/DP 그레이드 2/AP

수출 가능 등급은 1(최고)에서 6까지이다. 그레이드 2는 결점두 허용치가 12~25개이다. 부호 A는 아라비카, R은 로부스타, WP는 수세 처리(Wet Processed), DP는 건식 처리(Dry Processed), AP는 폴리싱 처리(After Polished), 즉 실버스킨 제거 작업을 거친 것을 말한다. 커피콩 크기 또한 부가할 수 있는데, 이때 부호는 L(대형), M(중형), S(소형)이다.

케냐 AB FAQ 이븐 로스트 클린 컵(even roast clean cup)

케냐 아라비카 그레이드 AB, 페어 애버리지 퀄리티(Fair Average Quality, 일반 품질)를 말한다.
등급(E, AA, AB, PB, C, TT, T)은 커피콩의 크기와 밀도를 기반으로 하며, 건식 처리된 커피(음부니, Mbuni)는 커피콩 크기를 기반으로 3개 등급이 있다. 추가로 음료 품질에 따라서 1(최고)에서 10까지 상세 분류가 있다.

멕시코 프라임 워시드 유로프렙(Europrep)

프라임 워시드(Prime Washed, prima lavado)는 해발 600~900m 고도에서 생산된 것이며, 멕시코의 고도별 등급 체계는 400~1400m까지이다. 유로프렙(European Preparation, EP)은 스크린 17에 걸리는 커피로서 300g당 결점두 최대 15개까지를 말한다.(유로프렙 조건은 국가마다 다르다.)

파푸아 뉴기니(PNG) 와이 그레이드(Y-grade), 스크린 16

파푸아 뉴기니는 2016년에 수출 가능한 아라비카 커피의 등급 분류 체계를 과거 12등급제에서 5등급제로 간소화했다. 각각 A(최고), B, Y(커피콩의 크기로도 구분 가능), Y2, Y3를 나타낸다. 로부스타는 3등급으로 나눈다: R1(최고), R2(통상의 일반 품질에 해당), RT(트리아쥬(triage), 즉 하등품)

베트남 로부스타 그레이드 2, maximum 5% blacks and broken

스페셜 그레이드(Special Grade) 및 그레이드 1~5까지의 총 6단계 중 그레이드 2를 말한다. 해당 등급은 스크린 사이즈와 결점두에 기반한다. 품질 서술에 수분 함량, 커피콩 유형 및 커피콩 크기별 허용 혼합비 등의 상세 내용이 들어가는 경우가 많다.

지역에 대한 정보도 넣는 것이 좋다.
만약 있다면, 추가로 넣으면 좋은 정보는 다음과 같다: 생산자/수출업자 이름, 주소, 담당자, 이메일, 전화번호, 커피를 재배한 곳(주소나 서술), GPS(위도-경도), 고도, 연 강우량, 커피 재배지 면적, 농장 내 여타 활동, 지속 가능성(가능한 인증 또는 가맹 증명), 커피 종류, 연 생산량, 연중 커피 공급 시기(분기별 포대 수량 예측치), 지난 3년간 주요 구매자의 위치.

	생두 샘플 양식	
1	생산자/수출업자 이름	트리 탑(협동조합, 시다모); 수출업자: DDN Ltd., 아디스아바바
2	샘플 목적: (ㄱ) 또는 (ㄴ)	(ㄱ) 선적 전 샘플 (ㄴ) 판촉용 샘플 X
3	날짜	04 May 2018
4	샘플 참조 사항(이름/ 지역/번호)	TEBU 5/6430(C)-트리 탑(협동조합, 시다모)
5	품종과 생산 연도	에티오피아 아라비카, 수세(Fully Washed), 2017/18(수확월 2월)
6	등급(생산국 자체 기준)	시다모 그레이드 2, 스크린 14 초과 최소 97%
7	고도	해발 1770m
8	샘플 무게 *	500g
9	포대 수량: (ㄱ) 또는 (ㄴ)	(ㄱ) 즉시선적가능 (ㄴ) 판매가능수량: 550
10	판매 참조 사항 **	–
11	구매자 참조 사항 **	–
12	선적월 **	–
13	송하인 / 수하인	–
14	공급에 관한 제반 사항 ***	유사 커피 구매 이력: 2016년 3월, 290포대, GCP/4C 인증, DHP(Double hand-picked, 2중 핸드픽)

*   별도로 요청하지 않는 경우 최소 300g을 발송한다. 2겹 지퍼락 비닐봉투 등을 사용한다.

**   선적 전 샘플에 대해서만 쓰인다.

***   판촉용 샘플은 샘플이 전체 물량 중 어느 하나만 반영하지 않도록 노력해야 한다.

주의: 예시에서 나온 이름 및 기타 자료는 가상이지만 실제와 가까운 형태로 설정했다.

● 포도와 와인을 팔고자 하는 경우

포도 재배 사업과 와인을 생산하는 사업은, 미국의 경우라면 대개 운영 주체가 다른 편이다. 유럽의 경우는 와인 제조 업체 대다수가 자체 포도밭에서 포도를 기르거나 또는 조합 내 다른 회원에게서 포도를 받아 온다.

미국의 일부 포도 재배자들은 매년 동일한 와인 양조장에 포도를 공급한다. 그러나 생산한 포도를 자유 시장에 내놓는 재배자들도 있다.

아래에 포도, 포도 주스, 벌크 와인, 샤이너(shiner, 라벨 없이 병입만 한 와인) 매매용 포털의 표기사항 예시가 있다.

작성일자: 2017년 1월 7일 토요일

제품유형(Product Type)**:** 포도

지역: 캘리포니아 템플턴(Templeton)

연도: 2017

아펠라시옹: 템플턴 갭 디스트릭트 AVA(Templeton Gap District AVA)

품종: 진판델

포도 재배 형태: 재래식(Conventional)

물량: 5톤

가격: 2,600.00달러/톤

업체: Zin's Barrel(진즈 배럴)

설명: 1.8에이커, 4-6톤, (0.7헥타르, 3.6-5.4톤) Westside Premium Templeton Gap Zinfandel(웨스트사이드 프리미엄 템플턴 갭 진판델)

클론: 뒤프라(Dupratt)

대목: 101-14

식부거리: 3' x 8'(92 x 244cm)

트렐리싱, 트레이닝: 단방향 VSP, 나무당 가지 7, 가지당 싹 2, 싹당 송이 2

2016 수확분: TA 7.3, pH 3.70, Brix 25.8 도일(degree day) 수 상당히 많으며 일광 특성이 있음. 계절상 결실 중 당도 형성에 제약이 있음

연락: 제프 톰슨(Jeff Thompson), 전화 805-776-3087, https://www.facebook.com/zinsbarrel?fref=ts

농장명: 걸트루즈 빈야즈(Gertrud's Vineyards)

농장 면적: 2.23에이커(0.9헥타르)

포도 품종: 진판델

최초 나무 심은 연도: 2004년

평균 수령: 13년

와인 지역: 센트럴 코스트(Central Coast), 파소 로블즈(Paso Robles), 템플턴 갭 디스트릭트 AVA(Templeton Gap District AVA)

카운티: 산 루이스 오비스포(San Luis Obispo)

지표: 언덕사면 포함

고도: 1158피트(353m)

경사: 24.6%(13.8도)

사면: 동(98도)

기후: 평균 2739도일(°F)

기온: 연평균 최고/최저: 73.1/41.5°F, 22.8/5.3°C

기온: 성장기 평균 최고/최저: 79.6/46.0°F, 26.4/7.8°C

비: 연평균: 20.6인치(523mm)

비: 성장기 평균: 3.2인치(81mm)

토양: 조성: 칼로도(Calodo), 급: 롬질(loamy), 혼합, 써믹(Thermic), 칼슘질 반건성(Calci Haploxeroll), 대분류: 몰리졸(Mollisol), 소분류: 세롤스(Xerolls), 미분

주의:
- 미터, 센티미터, 밀리미터, 헥타르, 톤, 섭씨 변환은 저자가 했다. 미국에서는 미터법 수치를 거의 쓰지 않는다.
- 본 예시에서는 캘리포니아의 〈와인 비즈니스 먼슬리(Wine Business Monthly)〉지에서 사용하는 분류를 썼다. 가상의 이름을 사용했으며 자료가 명확히 나타나도록 일부 수정을 했다.

5.2 유통망 참여자와 참여자의 가치 창출

◉ 생산국의 부가가치 창출 – 말처럼 쉽지는 않다.

커피 생산국에서 수출하는 커피는 생두가 90%를 넘는다. 가공된 것은 주로 인스턴트 커피이다. 원두(roasted coffee) 형태 수출은 1%가 채 되지 않는다.

생산국에서 창출되는 부가 가치가 이처럼 낮은 이유는 무엇일까? 어떤 이는 수입국에서 가공된 커피에 높은 관세를 부과하기 때문이라고 말한다. 그러나 실제로는 관세는 보통 수준이며, 설령 원두 품목에 대한 관세를 면제해준다 해도 아마 창출되는 부가 가치는 여전히 낮을 것이다.

주된 이유는 기술적인 것과 물류적인 것이다. 아래 세 가지 예를 들어 설명하겠다.

- **품질 보존**: 가공되지 않은 생두는 보존 기간이 길고 창고에서 수 개월, 때로는 수 년씩 보관할 수 있다. 원두나 분쇄 커피는 그렇게 할 수 없다. 새로운 포장재를 도입하면서 보존 기간이 늘어나긴 했어도 그 정도는 아니다. 일반적으로는 가능한 한 가공을 늦게 해야 음료 품질이 가장 좋다. 예를 들어 마시기 직전 분쇄를 하는 식이다.
- **시장 맞춤형 블렌드 및 브랜드**: 원두와 분쇄 커피는 대부분 블렌드 제품으로 판매된다. 일단 배합비가 제대로 맞춰진 뒤에는 로스터는 그 비율을 쉽게 바꾸지 않는다. 블렌드는 시장 내 여러 다양한 입맛에 호소력이 있는 맞춤식 제품이며, 때로는 물 품질이 다른 경우에 대해서도 대비해 두고 있다. 또 다른 중요 요소로는 블렌드 구성 커피를 대체할 수 있는 제품의 가용성, 제철 시기, 공급과 균형의 변동 상황이다. 이런 요소들은 소비자와는 너무 멀리 떨어져 있는 생산국에서 다루기 어렵다.
- **적시 배송**: 로스터가 블렌드 구성을 바꾼다거나 수량을 고칠 경우 판매자가 수 일 안으로 해당 제품을 보내 주어야 한다. 더하여, 소매 업체가 주문을 바꾸면 로스터가 맞추어 주어야 한다. 예를 들어, '목요일까지 배송요망, 지난주 500g포장이 아니라 이번에는 반드시 1kg 포장'이라는 식으로 주문이 오는데, 구매자가 1만km 떨어져 있다면, 이런 유형의 요청은 맞출 수가 없다.

◉ 커피 유통망에서 발생하는 이익과 이익을 얻는 이

일부 커피 재배자들은 커피를 키우기만 하고, 음료를 맛보기는커녕 본 적도 없다. 그렇지만 상당수 재배자는 음료도 만들고 맛도 본다. 또한 그들은 수입국에서 커피 한 잔 가격이 3달러를 넘기도 한다는 말도 듣는다. 그 한 잔에 들어가는 커피의 양은 10g이 채 되지 않는데도 말이다.

물론 3달러가 온전히 커피에만 매겨진 값은 아니다. 설탕이나 우유, 직원 급여, 제조와 서비스 비용, 세척, 장소 임대, 냉난방, 안락의자나 신문, 음악 사용료 등에도 돈이 들어간다.

동일하게, 수퍼마켓에서 판매하는 커피 1kg 팩 가격이 15달러(파운드로 7달러선)라는, 재배자가 받는 단가 대비 5-10배 높은 가격인 이유 또한 이해하기는 쉽지 않다.

도대체 그 모든 중간상인들은 무슨 역할을 할까? 커피 생산자 스스로 무언가 더 많은 역할을 맡을 수 있지 않을까? 커피 생산국에서는 이러한 의문이 자주 대두되곤 했다. 짧게 대답하자면, 중간상인을 배제할 수는 있어도 중간상인이 하는 일을 없앨 수는 없다. 커피를 조달하고 수송하고 보관하며 자금을 대부하고 품질 규정에 맞추어 주고 대용량을 적시 주문할 경우 재빨리 대응해 주는 사람은 있어야 한다.

표 5.8은 커피 농장에서 수퍼마켓 매대에 이르는 긴 유통망의 각 단계마다 들어가는 비용의 예시이다. 이 예시는 동아프리카산 고품질 아라비카가 북반구의 한 소매점에서 판매되는 경우이다.

대부분의 국가에서, 커피 재배자는 FOB 수출 가격 대비 60-80%를 지급받는다. FOB는 물류 용어로서 'Free on Board(본선인도조건)'을 의미한다. 브라질의 재배자들은 내륙 수송을 하는 경우 때로는 90%까지 받는다. 그 외 중남미 국가들은 대개 75-80%이며 아프리카 대부분은 50-75% 이다.

FOB 단가 대비 재배자가 받는 비율은 대개 1990

○ 표 5.8 재배자에서 소매 판매업자에 이르는 커피 유통 경로

	생두 $/kg	원두 $/kg	소매가 대비 비율
원두 1kg당 소매가		26	100%
부가가치세(8% 기준)		1.90	7%
원두 1kg당 소매가(순가격)		24.10	(93%)
소매 판매 비용과 마진		8.05	31%
도매가(wholesale price)		16.45	(62%)
로스터의 이윤		1.60	6%
로스터의 간접비		1.20	4%
로스터의 판촉 광고비		3.50	13%
로스팅, 포장, 물류비		5.50	21%
원두 1kg당 공장 내 로스터 지출 비용		(4.65)	(18%)
생두 1kg당 공장 내 로스터 지출 비용	3.90		
로스터로의 수송비	0.05	)	
보험, 대출, 헤지 비용	0.15	)	
창고비	0.10	)	2%
거래업체의 마진	0.05	)	
항구 수수료	0.05	)	
원두 1kg당 CIF 가격		(4.15)	(16%)
생두 1kg당 CIF 가격	3.50		
운송비	0.20		1%
원두 1kg당 수출(FOB)가격		(3.95)	(15%)
생두 1kg당 수출(FOB)가격	3.30		
수출업자의 비용과 마진	0.30	)	
세금	0.10	)	
처리장 및 관련 비용	0.20	)	5%
협동조합에서의 1차 처리비용	0.50	)	
원두 1kg당 재배자 가격		(2.60)	(10%)
생두 1kg당 재배자 가격	2.20		

자료: The Coffee Exporter's Guide, ITC/UN, 2012, 일부 내용은 저자가 개정

주의
- 위 예시에서 아라비카 커피의 수출가는 kg당 3.30달러이다.(파운드당 1.50달러, FOB조건)
- 파운드당 1.50달러의 수출가는 뉴욕의 ICE 상품시장에서의 아라비카 커피 거래(C계약)에 대한 기준 가격과 유사하다. ICE 거래가는 2010년에서 2017년 사이 1.00달러에서 3.00달러를 약간 넘는 수준까지 변동했다. 그림 5.1에서 확인할 수 있다.
- 위 예시에서 커피 재배자는 수출가(FOB)대비 67%를 받는다. 동아프리카의 경우 60~70%가 일반적이다. 중미와 남미는 이보다 더 높은 편이다.
- 원두 1kg의 실제 최종 소매가는 위 26달러 대비 1/3 미만에서부터 두 배에 이르기까지 다양하다.
- 수입국에서 부과하는 부가가치세(Value Added Tax, VAT)는 중요한 요소이다. 수%에 불과한 경우도 있지만 25%에 달하는 경우도 있다. 예시에서는 8%이다.
- 생두에서 원두로 환산할 때는 ICO의 가이드에 따라 1.19를 곱했다.
- 로스터와 소매업자의 비용과 마진이 가장 높다. 일반적인 생각과는 달리, 수출업자나 수입업자, 선적업체의 마진은 그렇게 높지 않다.

년대 커피 시장 자유화가 불면서 높아졌다. 표 5.9는 실제 커피 생산 비용에 대한 브라질의 사례이다.

중남미 국가에서 지역 거래업자와 중간상인은 때로는 꼬요떼(coyote, 코요테)라고 불린다. 아메리칸 자칼(jackal), 브러시 울프(brush wolf), 프레리 울프(prairie wolf)로도 불리는 동물로서 북미와 중미 전역에서 활

동하는, 죽은 고기를 먹는 개과 동물이다.

○ 생두의 남반구–남반구 거래: 정책별로 다르다.

일부 커피 생산국, 예를 들어 중미와 남미의 일부 국가들은 병원균 전파를 우려해 생두 수입을 금지하고 있다. 이 국가들에서는 샘플조차 수입할 수 없다. 브

라질은 인스턴트 커피를 대량 생산하는데, 이는 전적으로 국내 소비용이다. 정책이 바뀔 수는 있겠지만 지금은 생두 수입이 금지되어 있기 때문이다. 남미 국가 중에서는 에콰도르가 예외인데, 베트남산 로부스타를 비롯해 생두를 대량 수입해서 대부분을 인스턴트 커피로 가공한다. 이 제품은 에콰도르의 주요 수출품이다.

아시아의 일부 국가를 비롯해, 생두 수입이 허용된 국가들은 세계 각지의 커피를 조달할 수 있기 때문에 최종 커피 제품을 다양하게 공급할 수 있다.

○ 표 5.9 커피 생산 비용: 브라질 미나스 제라이스 주의 예시

항목	60kg 포대당 달러
변동비	
나무심기, 관리, 수확 (주로 일용직)	85
비료	25
살충제	10
기타 작업, 포대 비용 등	5
변동비 합	125
고정비	
토지, 농장, 기계류 감가상각비, 보험 등	15
대출이자	5
요소소득	5
고정비 합	25
총비용	150

자료: 위 예시는 Coffee & Cocoa International(2011)에서 인용한 브라질 내 4개 연구소 자료를 일부 기반으로 한다. 위 자료는 최신 상황을 반영하지는 않았지만 항목별 비중은 잘 드러나 있다.

주의:
• 60kg 포대당 총비용 150달러는 kg당 2.5달러, 파운드당 1.13달러이다.
• 브라질의 커피 생산자는 일반적으로 수출가(FOB)의 85~90%를 받는다. 그렇기에 위 예시에서라면 수출가격이 파운드당 1.30달러는 넘어야 재배자가 이익을 얻는다.
• 위에서 보듯, 노동 비용은 브라질에서 기계화가 계속 진행되고 있는 이유이다.

○ 새로운 커피점은 계속 늘어나는데 커피 소비량이 크게 늘지 않은 이유는 뭘까?

세계 인구는 연 1%씩 증가하는 반면, 세계 커피 소비량은 2000년 이래 연 2% 가까이 성장 중이다. 소비 증가 대부분은 신흥 시장, 특히 아시아에서 이루어졌다.

2000년 이래 북미, 유럽 지역의 여러 길모퉁이마다 새로운 커피 매장이 문을 열고 있지만, 이 국가들의 총 커피 소비량은 그다지 변하지 않았다. 심지어 일부 국가에서는 소비량이 떨어졌다. 이에 대한 몇 가지 설명이 있다.

• **잔당 커피 사용량이 줄어들었다**: 30년 전 유럽의 가정에서 마시는 커피 한 잔에는 분쇄 커피 7-8g이 들어갔다. 그런데 오늘날 소매용 커피 포장에 적힌 조리 예는 6-7g을 권장하는 경우가 일반적이다. 캡슐이나 포드 형태로 제공되는 싱글 컵은 더 적을 때도 있어, 심지어 5g만 들어 있는 것도 있다. 로스팅, 분쇄, 블렌드, 추출 작업에 신기술이 도입되면서 커피 단위 무게당 더 많은 성분을 추출할 수 있다. 잔당 1g 줄이는 게 뭐가 그리 대단할까 싶지만, 실제로는 약 13%가 절감된다. 전 지구적으로 보자면, 13%는 세계 총 생산에서 아프리카 전체가 생산하는 몫이다.

• **버리는 커피가 줄어들었다**: 사무실이나 작업장 또는 주방에서 사용하던 재래식 커피 머신은 한 번에 6-10잔씩 만들었지만, 이제 이런 머신을 거의 쓰지 않는다. 결과적으로 커피를 가장 많이 소비하던 싱크대 하수구가 커피를 소비하는 양이 확 줄었다. 과거엔 아침에 먹다 남은 커피는 다음 날 모두 싱크대에 버렸다.

• **외식 증가**: 카페, 커피점, 레스토랑, 구내식당에서 커피를 마시는 인구가 늘고 있다. 집이 아닌 바깥에서 커피를 마시는 신규 커피 소비자들이 나타났고, 이 덕에 전체 커피 수요는 확실히 증가했다. 다만 그 여파도 두 가지 존재한다. 먼저, 전문가가 커피를 만들면서부터 버려지는 커피의 양이 줄어들었고 이는 전체 소비량 감소로 이어졌다. 또한, 업장의 커피는 잔당 가격이 높고, 그래서 소비자

들은 두세 잔씩 마시기를 꺼린다.

- **로부스타의 높은 자극 효과**: 대부분의 소비자들은 카페인에서 자극 효과를 얻지만, 카페인이 너무 많으면 심박수가 증가하는 등의 부작용이 나타난다. 로부스타는 아라비카에 비해 카페인 함량이 높은데, 블렌드의 로부스타 비중이 높아지고 있기 때문에, 소비자들이 전보다 더 적게 마셔도 1일 카페인 섭취량을 채워버린다. 이는 결국 소비 감소로 이어진다.
- **음료간 경쟁**: 소프트드링크나 아이스티 같은, 젊은이들이 소비하는 다른 음료 산업과의 경쟁이 심화되고 있다.

● 와인 유통망에서 발생하는 이익

와인은 재배와 가공, 심지어 최종 제품의 판매까지도 한 장소, 즉 와이너리에서 이루어지는 것이 특징이다.

이는 곧 세금을 제외한 나머지 모든 매출액이 생산자의 몫임을 의미한다. 물론, 실제로는 대부분의 와인은 다양한 서비스를 제공하는 거래업체 및 소매업체를 거치며, 이들은 최종 판매가의 일부를 차지한다. 각자의 마진은 나라마다 크게 다르며, 세금 또한 다르다.

● 미국의 와인 판매: 3단계 체계

미국의 와인 거래는 생산자, 도매업자(distributor), 소매업자의 3단계를 거친다. 수입산 와인 또한 이와 유사하여, 수입업자, 도매업자, 소매업자의 3단계를 이룬다.

이러한 체계는 1930년대, 금주법(1920-1933년)이 끝나 와인 생산과 소비가 자유화되었을 때 갖추어졌다. 세금을 수취하고 생산자가 몇 가지 브랜드만 공급하는 식으로 소매 업자나 레스토랑 및 바를 조종하지 못하도록 생산자와 소매업자 사이에 도매업자(dist

● 표 5.10 소매가 20달러인 와인 1병에 들어 있는 부가가치: 미국의 사례

항목	단위 비용($)	누적 비용($)	소매가 대비 비중(%)
포도-재배와 수확	2.00	2.00	10
가공과 병입	2.00	4.00	10
병, 라벨, 코르크 등	1.00	5.00	5
선적, 마케팅, 판매, 관리 등	3.50	8.50	17.5
와인 제조장의 이윤	1.00	9.50	5
와인 제조장에서의 판매가	9.50	9.50	47.5
도매업자 마진-소매업자와 레스토랑 판매(통상 25-50% 차지한다)	4.30	13.80	21.5
소매업자 마진-최종 소비자에게 판매(25-45% 차지)	5.70	19.50	28.5
연방 정부 및 주 정부 세금	0.50	20.00	2.5
와인 제조장 밖에서의 비용	10.50	20.00	52.5
총 소매 가격	20.00	20.00	100

자료: The Oregonian(신문) 등의 자료를 바탕으로 저자가 계산함

주의
- 도소매 마진은 편차가 크며 부분적으로는 제공하는 서비스에 따라 다르다.
- 대금의 분할 지급(amortization)과 대부는 와인 제조업체의 비용에 포함되어 있다.
- 와인에 부과하는 연방 정부의 내국소비세는 오랫동안 도수 14%까지는 갤론당 1.07달러(병당 0.21달러), 14% 이상 도수는 갤론당 1.57달러(병당 0.31달러)였다. 2018년 초 들어서는 생산량이 3만 갤론(11.4만 리터, 15.1만 병) 미만인 경우, 모든 유형의 테이블 와인에 대해 갤론당 0.07달러로 세금이 경감되었다. 생산량이 많으면 세율도 조금씩 높아진다.
- 주 정부에서 부과하는 소비세는 평균 갤론당 0.72달러(병당 0.15달러)이다. 세율은 주별로 다르며, 캘리포니아(갤론당 0.20달러), 텍사스(0.20달러), 뉴욕(0.30달러)이 가장 낮은 축에 들고 켄터키(3.17달러), 알래스카(2.50달러), 플로리다(2.25달러)가 가장 높은 축에 든다. 일부 주에서는 별도 항목으로 세금을 더 부과한다.

ributor 또는 wholesaler로 불린다.)가 들어왔다.

미국 내 대부분의 주는 이 3단계 체계를 의무화했다. 시간이 지나면서 도매업자의 수는 줄어들었고, 그만큼 더 영향력이 커졌다.

2017년 말 기준으로, 아래 4대 도매업자가 미국 시장의 60%를 지배하고 있다.

- 서던 글레이저스 와인 앤 스피리츠(Suthern Glazer 's Wine & Spirits), 본사는 플로리다에 있으며 36개 주에 와인을 공급한다.(거래하는 와인 제조장은 1200개에 달한다.)
- 리퍼블릭 내셔널 디스트리뷰팅 컴퍼니(Republic National Distributing Company), 본사는 텍사스에 있으며 22개 주에 와인을 공급한다.(거래하는 와인 제조장은 750개 이상)
- 브레이크스루 베버리지 그룹(Breakthru Beverage Group), 본사는 뉴욕과 일리노이에 있으며 15개 주에 와인을 공급한다.(거래하는 와인 제조장은 600개 이상)
- 영즈 마켓 컴퍼니(Young's Market Company), 본사는 캘리포니아에 있으며 11개 주에 와인을 공급한다.(거래하는 와인 제조장은 600개 이상)

위 자료는 2017년 후반에 나온 〈Wines & Vines〉의 것으로, 미국 내 10대 도매업체 중 미국 와인의 약 90%를 생산하는 캘리포니아에 본사가 있는 업체는 단 하나(영즈 마켓 컴퍼니)라고 한다. 2017년 말에는 리퍼블릭 내셔널 디스트리뷰팅 컴퍼니와 브레이크스루 베버리지 그룹 양 사가 상호 합병을 발표하기도 했다.

도매업자는 와인 양조장에 현금을 빌려주고, 와인 저장, 판촉, 보급과 판매 대금 수취 같은 여러 가지 서비스를 제공한다. 하지만 많은 생산자, 소매 판매업자들은 자유롭게 거래하기를 원한다. 와인 양조장은 시음장에서 소비자에게 직접 판매할 권한이 있고 이 방식으로 3단계 판매 체계를 우회할 수는 있지만, 이러한 판매량은 적다.

도매업체가 부과하는 마진은 제공하는 서비스에 따라 다르다. 일반적으로는 표 5.10에 나타난 것처럼 25-50% 정도이다.

● **와인의 생산과 판매는 복잡한가? 장소에 따라 다르다.**

너무 간략하게 설명하는 건가 싶지만, 아래와 같다. 유럽에서는 와인 제조가 복잡하다. 규제 사항과 지켜야 할 규정이 많다. 그러나 판매는 복잡하지 않다. 예를 들어, 네덜란드나 덴마크에 와인 수입업체를 하나 세운 뒤, 남유럽에 있는 몇몇 공급업체와 계약하고 집 한켠에 있는 창고에 와인 상자를 쌓아두면 된다.

신대륙에서는 거의 정반대이다. 포도 재배와 와인 생산은 내키는 대로 할 수 있다. 법규도 훨씬 적다.(실험도 얼마든지 가능하다.) 그러나 거래가 상당히 복잡하다. 시간도 많이 잡아먹고 비용 장벽도 상당하다. 미국에는 위에서 말했듯이 3단계 거래 체계가 있을 뿐만 아니라, 주류 판매에 대해 주별로 규제 내용이 다르다. 온라인 판매에서부터 소비자에게 직접 공급하는 방식까지, 다 규제 사항이 다르다. 후자의 경우 많은 지역에서 금지사항이다.

● **프리 더 그레입스!(Free the Grapes!) 미국에서 일어나고 있는 운동**

미국 연방법에는 와인 배송 금지 규정이 없다.. 주별로는 법적 규제 내용이 다르고 주 상호간 협약도 여기에 관여할 수 있다. 소비자에게 합법적 와인 직배를 허가한 주는 30년 전에는 넷 뿐이었다. 그러나 지금은 40개 주 이상이 주 밖으로의 배송을 허용한다. 소비량으로는 미국 전체의 90%를 넘는 수준이다. 2018년까지 이런 배송을 완전 또는 일부 금지하는 주는 앨러배마, 아칸소, 델라웨어, 켄터키, 미시시피, 뉴저지, 오하이오, 오클라호마, 로드 아일랜드, 유타이다.

너무 간략화한 면이 있긴 하지만, 유럽 규정으로는 와인 제조가 어렵고 거래는 쉽다. 그에 비해 미국은 거의 정반대이다.

'프리 더 그레입스!(Free the Grapes!)'는 수천에 달하는 미국의 와인 양조장을 대표하는 단체인 코앨리

션 포 프리 트레이드(Coalition for Free Trade), 패밀리 와인메이커스 오브 캘리포니아(Family Winemakers of California), 나파 밸리 빈트너스 어소시에이션(Napa Valley Vintners Association), 와인어메리카(WineAmerica), 와인 인스티튜트(Wine Institute)가 1998년 만든 단체이다. 위 회원들은 1997년에 처음 모여 플로리다 및 다른 주의 소비자들과 가장 좋은 성과를 낼 수 있는 방법을 논의했다.

'프리 더 그레입스!'의 주된 사명은 소비자가 와인 선택권을 갖게 하는 것으로, 이를 위해 소비자와 와인 양조장, 소매업자를 연결해 와인이 국내 직배송되는 문제에 초점을 두고 있다.

◕◕ 미끼 상품(loss leader)으로서 커피와 와인 :

커피와 와인은 수퍼마켓에서 미끼 상품으로 흔히 등장하는 제품이다. 고객을 유치하기 위해—이렇게 찾아온 고객이 이윤이 많이 나는 다른 제품도 구매하리라 기대하고—마진 없이, 심지어는 손해를 보는 가격을 붙이기도 한다. 수퍼마켓에서 판매하는 와인이 병당 3달러이고 커피는 파운드당 2.50달러라면 이를 염두에 둘 필요가 있다.

일부 국가에서는 미끼 상품식 홍보를 막기 위해 주류 제품에 최저가격을 설정한다. 영국이 그 예인데, 2017년까지는 주류 부가세 포함 병당 2.50파운드 아래로 파는 것을 법으로 금지했다.

5.3 계약과 가격

◕ 커피 계약을 이루는 주요 요소

생두의 판매자와 구매자는 계약에서 수량, 품질, 상품의 도착 기일, 상품 전달 장소, 가격, 지불 방법, 필요 서류, 기타 여러 상세사항을 합의한다.

대부분의 생두는 FOB(Free on Board, 본선인도조건) 조건으로 거래된다. 이는 출항할 배의 난간을 넘어서는 순간 상품이 전달된다고 보는 조건을 말한다. 선박을 선정하는 것은 통상 판매자이지만, 운송료를 지불하는 것은 구매자이다.

생두의 품질(quality)은 '샘플 기반(on sample basis)' 또는 '기술 조건(on description)'이라는 조건으로 합의된다. 고품질 커피는 일반적으로 샘플 기반으로 거래된다. 이는 샘플을 통해 품질을 확인(Subject to approval of sample, SAS, 견품 조건)하는 것이다. 이 조건에서 구매자는 샘플이 맞지 않을 경우 자유롭게 주문을 취소할 수 있다. 로부스타 커피 및 일부 주류(mainstream) 아라비카 커피는 대개 기술 조건으로 거래된다. 이것은 산지 국가, 생두 외관 및 음료 품질에 대한 일반적인 표식을 사용하는 것이다.

대금 지급(payment)에는 주로 신용장(Letter of Credit, L/C)을 쓴다. 구매자는 자신의 거래 은행에 대금을 맡기고, 판매자가 합의된 곳(주로 항구)에 커피를 배송하고 서류를 보내면 자신의 지역 은행에서 대금을 지급받는다. 해당 서류는 주로 해운사가 발행하는 선하증권(Bill of Lading), ICO의 원산지증명서(Certificate of Origin) 및 무게와 품질 증명서이다. 상품이 도착한 뒤 구매자가 이를 반출하려면 몇 가지 추가 서류가 필요할 수 있다.

아라비카 커피 선물 계약인 C 계약의 가격이 가장 널리 쓰인다. 미국 뉴욕의 상품 거래 시장에서 결정되며 생두 1파운드당 미화 달러로 표시된다.

국제 커피 거래에서 지배적으로 쓰이는 표준 계약은 두 가지이다.

- **유럽식 커피 계약(European Contract for Coffee, ECC, 유러피언 컨트랙트 포 커피)**은 유럽의 커피 업계에서 세운 유러피언 커피 페더레이션(European Coffee Federation, ECF)에서 펴낸 것이다. 국제 커피 거래 물량 중 60% 정도는 ECC 계약을 쓴다.
- **GCA 계약(Green Coffee Assocation's contract, GCA, 그린 커피 어소시에이션스 컨트랙트)**은 아메리칸 그린 커피 어소시에이션(American Green Coffee Associat

ion)에서 펴냈다. 국제 커피 거래 물량 중 30% 정도가 GCA 계약을 쓴다.

국제 커피 거래 물량 중 나머지 10%(추정)는 다른 다양한 계약을 사용한다.

어떤 계약 양식을 쓰느냐는 커피를 생산하고 거래하는 지역이 아닌, 목적항이 어디냐에 따라 좌우된다. 뉴욕의 거래업자가 남미에서 커피를 들여와 벨기에의 앤트워프에 있는 구매자에게 커피를 넘긴다면, 일반적으로 ECC/ECF 계약을 쓸 것이다. 유럽 거래업자가 아프리카에서 커피를 사서 뉴올리언스로 보낸다면, 대개는 GCA 계약을 쓸 것이다. 그 외 다른 나라로 판매하는 경우에는 두 계약 양식 모두 쓸 수 있다.

위 두 계약은 구조는 어느 정도 비슷하지만, 세부 내용에서는 다른 점이 많다.

● C 계약: 일종의 세계 커피 시장 가격

원유, 금, 구리, 옥수수, 밀, 커피 같은 상품군(commodities)들은 '세계 시장 가격'이라는 용어를 쓴다. 이 말은 주로 특정 상품 거래소(exchange)에서 거래되는, 품질이 명확히 정의된 제품군의 가격을 말한다.

광유(mineral oil)의 국제 시장 가격은 일반적으로 배럴(42미국 갤런, 159리터)당 가격으로 나타낸다. 명확하게 규정된 두 종류의 광유—하나는 유럽의 북해에서 생산되는 브렌트 원유(Brent crude oil)이고 다른 하나는 그보다 가격이 약간 저렴한 서부 텍사스 중질유(West Texas Intermediate)이다.—제품을 기준으로 가격을 책정한다. 나머지 품질의 원유는 그보다 고가(premium, 프리미엄) 또는 그보다 저가(discount, 디스카운트)로 가격이 정해진다.

커피 가격 또한 같은 방식으로 정해진다. 아라비카 커피를 거래하는 최대 상품 거래소는 뉴욕의 ICE 거래소이다. 이곳에서 사용하는 C 계약(C contract)은 흔히 세계 커피 시장가격, 곧 아라비카 커피의 기준 가격이 된다. C 계약에서는 향후 24개월 뒤(미래 시점)까지 특정 품질의 생두가 물리적으로 공급되는 것을 기준으로 가격을 정한다.

그림 5.1에서는 생두 가격이(2008년과 2013년) 파운드당 100센트 아래로 떨어지고 2011년 300센트 이상으로 뛰는 변동을 보여준다.

뉴욕의 상품 거래소에서 거래되는 커피는 20개 산지 국가에서 공급된다. 각 커피는 미국과 유럽의 항구 내 ICE의 인가를 받은 창고(warehouse)로 배송된다. 산지별, 항구별로 프리미엄과 디스카운트가 적용된다.

뉴욕의 ICE에서 결정되는 가격은 아라비카 커피 기준이며 산지의 FOB 조건은 파운드당 미화 달러로 나타낸다. 최소 거래 물량은 37,500파운드(17,010kg)으로, 컨테이너를 가득 채울 수 있는 양이다.

로부스타 커피 또한 이와 유사하지만 거래 장소는 런던의 ICE 상품 거래소이다. 가격은 미터법 상의 톤당 미화 달러이며 거래 단위는 10톤이다. 로부스타 커피는 대개 아라비카 가격의 60~70% 선이다.

상품 거래소(commodity exchange, terminal market, futures market으로도 불린다.)의 참여자는 두 부류로 나뉜다.

- **실물 커피를 사거나 판매하는 상업 거래인(commercial trader)**들은 헤징(hedging)이라는 방식으로 가격 위험을 최소화하길 원한다.
- **가격 향방에 대해 투기하는 비 상업 거래인(non-commercial trader)** 대부분은 투자 펀드(managed fund) 및 기업형 투자자로서 이들은 실물 커피와는 아무 관련이 없다.

한 가지 선물(futures)거래를 예로 들어 보자. 어떤 커피 로스터가 있고, 이 로스터는 다음 번 수확철이 될 때까지 특정 가격으로 생두를 지속적으로 공급받고자 한다.

비 상업 거래인, 소위 투기자(speculator)는 가격 변동(price fluctuation) 위험을 인수(이는 상업 거래인에게 유리하다.)하는 대신, 잠재수익을 얻는다. 잠재수익은 때때로 매우 높아질 수 있다. 투기자는 또한 위험을 예측하고 자신의 전망에 따라 재빨리 자신의 매매 위치(position)를 바꿀 수 있다. 이런 과정에서 가격은 자주 크게 변할 수 있다. 상업 거래인도 가격 변화를 예결

12/29/2017 C=126.20 -.10 O=126.95 H=128.00 L=116.90 Mov Avg 3 lines

Volume 435818.00 Open Interest 211508.00

Created with SuperCharts by Omega Research © 1997

⦿ 그림 5.1 2009년부터 2017년 사이 뉴욕에서 거래된 아라비카 커피의 월별 선물 시장 가격

뉴욕의 ICE Futures U.S.에서 거래된 아라비카 생두 단가로서 단위는 파운드당 미화 센트이다. 표 상의 가격 곡선을 따라 세로로 그어져 있는 막대 표시는 각 달의 가격 변동치를 나타낸다. TradingCharts의 허락을 얻어 개재함.

하고자 하지만, 짧은 시간에 대량의 커피를 사고 팔 게끔 비 상업 거래인처럼 할 수는 없다.

거래소에서 거래되는 실물 커피는 전체 커피 중 극히 일부이다. 하지만 계약분은 실물 배송일이 도달할 때까지 수 개월 넘게 여러 번 거래된다.

뉴욕과 런던의 거래소에서는 이처럼 끊임없이 거래가 이루어지며, 여기서 결정된 가격은 하루 내내 전 세계 시장에서 기준이 된다. 커피 생산자, 수출업자, 수입업자, 로스터, 소매 판매자가 이 가격을 자신들의 일일 거래 참조 자료로 삼는다.

뉴욕의 거래소는 과거 뉴욕 보드 오브 트레이드 (New York Board of Trade, NYBOT)로 불렸다. 런던의 거래소는 과거 런던 인터내셔널 파이낸셜 퓨처스 앤 옵션스 익스체인지(London International Financial Futures and Options Exchange, LIFFE, 발음은 '라이프'로 한다.)로 불렸다. 두 거래소 모두 현재는 미국의 인터콘티넨틀 익스체인지(Intercontinental Exchange, Inc., ICE) 산하에 있다.

⦿ ICO 가격지수(ICO indicator price)

런던에 본부를 둔 국제 커피 기구는 커피의 일일 가격 지수를 제공한다. 가격 지수는 여러 국가의 거래 업자에게서 매일 수집한 자료를 기반으로 한다. 각 시장별 발전상을 반영하여 매 2년마다 자료의 비중을 바꾼다. 아라비카 커피 그룹이 셋, 로부스타는 하나를 두고 있다.

• **콜롬비언 마일드(Colombian Milds)**: 콜롬비아, 케냐, 탄자니아산 커피가 들어간다.
• **아더 마일드(Other Milds)**: 볼리비아, 브룬디, 코스타리카, 쿠바, 도미니카 공화국, 에콰도르, 엘살바도르, 과테말라, 아이티, 온두라스, 인도, 자메이카, 말라위, 멕시코, 니카라과, 파나마, 파푸아 뉴기니, 페루, 르완다, 베네수엘라, 잠비아, 짐바브웨산 커피가 들어간다.
• **브라질리언 내추럴(Brazilian Naturals)**: 브라질 외 에티오피아와 파라과이산 커피가 들어간다. 이는

● 표 5.11 ICO 커피 가격 지수: 예시

ICO 가격 지수(2017.12.8 기준)	미화 센트/파운드
ICO 종합 지수(ICO Composite)	113.63
콜럼비언 마일드(Colombian Milds)	140.65
아더 마일드(Other Milds)	136.63
브라질리언 내추럴(Brazilian Naturals)	120.34
로부스타(Robustas)	88.23

주의: 종합 지수는 각 일일 가격 지수에 가중치를 다르게 해서 평균값을 구한 것이다. 비중은 콜롬비언 마일드에 10%, 아더 마일드에 23%, 브라질리언 내추럴에 30%, 로부스타에 37%를 둔다. 각 비중은 시장에서 해당 커피 그룹의 비중을 반영한 것이다.

각 국에서 생산되는 주요 커피 유형을 반영하기 때문이다.

• **로부스타(Robustas)**: 23개 생산국의 커피가 들어간다.

가격 지수는 주로 통계 및 경향 분석에서 참조용으로 쓰인다.

● 와인의 가격 기제는 기묘하다.

와인의 가격 결정 방식은 다른 상품과는 다르다. 한 병 가격이 3달러 미만일 수도 있고 3천 달러가 넘을 수도 있다. ─그렇지만 모두 와인으로 불린다. 예술 작품을 제외하면 이 정도로 가격 차가 벌어지는 제품은 드물다. 왜 그럴까? 분명한 이유는 품질이다. 그러나 그보다 훨씬 더 중요한 것은 그 와인에 따라오는 이야기(story)와 그 와인의 고유성(uniqueness)과 희소성(rarity)이다. "이쪽으로는 오직 이것뿐"─즉, 가장 유서가 깊다거나, 가장 유명하다거나 등등의 이미지를 부각시켜 와인을 판매한다.

● 와인 선물(futures): 앙 프리뫼르(en primeur) 거래

매년 3-4월경이면 와인 저널리스트와 비평가 및 거래업자들이 보르도에 와서 종전 수확분으로 만든 와인 샘플을 맛보고 점수를 매긴다. 아직 와인은 배럴에 담겨 있는 미완성품으로 탄닌이 아직 부드러워지지 않은 상태라서 제대로 맛을 보기가 어렵다. 그렇

기에 이 점수는 예비 성격이 강하고 87-90, 92-94 식의 범위로 매겨진다. 점수는 100점제를 쓴다.

이후 와인 양조장은 해당 와인의 판매 수량과 판매가를 결정한다. ─또는 좀 더 숙성시켜 2년 뒤 병입한 뒤에 공개할 수도 있다.

와인 선물(앙 프리뫼르(en primeur)라고도 한다.)에 투자한다는 것은 배럴에 담긴 와인을 구매한다는 뜻이다. 구매자는 아직 제맛이 나오지 않은 와인이 2-3년 뒤 병입되어 실물이 나올 시점에 어떤 제품이 될지 모른 채 구매한다. 그러한 까닭에, 투자자 및 수집가는 등급 분류를 거친 그랑크뤼급 보르도 와인을 좋은 가격에 구매할 수 있다.

보르도에서 앙 프리뫼르 판매는 1970년대에 시작되었다. 현재는 부르고뉴와 론 밸리에서도 진행 중이다. 이탈리아의 바롤로, 바르바레스코, 브루넬로 및 알바 인근 로에로, 스페인의 리오하 지역에도 유사한 제도가 있지만 규모는 더 작다. 캘리포니아와 호주에서도 앙 프리뫼르 판매가 있지만 규모가 작고 주로 개별 생산자들이 진행한다.

● 런던 인터내셔널 빈트너스 익스체인지(London International Vintners Exchange(Liv-ex)

런던 인터내셔널 빈트너스 익스체인지(Liv-ex)는 런던에 있는 고급 와인 거래소이다. 참여 회원 수는 440개이며 거래소에서 다루는 상품 및 제공 서비스 유형은 총 세 가지로 나뉜다.

• **거래소(exchange)**는 전 세계에서 접속 가능한 온라인 마켓으로 회원은 표준 계약에 의거하여 상품 등록, 입찰 및 거래를 할 수 있다. 현재 등록 및 입찰되는 양은 하루 2천만 파운드에 달한다.
• **데이터베이스 시스템**에서는 실시간 시장 자료 및 과거 시장 자료를 제공한다. 2500만 건의 자료가 있으며 매일 2만 건씩 갱신된다.
• Liv-ex 산하 저장소─바인(Vine)이라 부른다.─는 **보관, 처분, 공급 체계**를 갖추고 있다. 바인은 런던, 보르도, 홍콩에 있으며, 이를 통해 회원들은 와인을 실제 수송할 필요 없이 소유권을 이전할

수 있다. 저장량은 12병입 박스로 일렬로 쌓는다면 높이가 20km에 달할 것이다.

Liv-ex에서는 고품질 와인에 대한 5개 가격 지수를 배포하며 가격 지수는 널리 열람할 수 있다. 가격 지수를 이루는 성분 구성은 주기적으로 갱신된다. 새 와인이 진입하거나 기존의 와인이 빠질 수 있고, 비중 또한 달라진다.

- **Liv-ex Fine Wine 50 Index**에서는 거래량이 가장 많은 보르도 1등급 제품 중 연도순으로 10년까지의 최근 빈티지(선물 거래 대상은 제외한다.)의 일일 가격을 추적한다. 2017년의 경우는 2004-2013년산 빈티지가 대상이었다.
- **Liv-ex Fine Wine 100 Index**는 한 달에 한 번 나온다. 이 지수에서는 수요량이 가장 높은, 그러므로 유통량이 많은 고품질 와인 100개의 가격 흐름을 반영한다. 대부분은 보르도산인데, 이는 곧 시장 상황을 반영한다. 부르고뉴, 론, 샹파뉴산 와인 및 이탈리아산 와인도 포함된다. 각 와인 제품은 시장 내 영향력에 따라서 비중이 매겨진다.
- **Liv-ex Bordeaux 500 Index**에서는 주요 와인 500개 제품의 가격 흐름을 반영하며 매월 계산된다. 이 지수 아래에는 6개 부 지수가 있다.: Fine Wine 50, Right Bank 50, Second Wine 50, Sauternes 50, R ight Bank 100, Left Bank 200이다.
- **Liv-ex Fine Wine Investables Index**는 와인 투자 포트폴리오에서 주로 나타나는 와인의 가격 동향을 추적한다. 해당 지수는 24개 주요 샤또에서 공급하는 보르도산 레드 와인으로 구성된다. 가장 오래된 것은 1982년산이며 선택 기준은 로버트 파커의 점수를 따른다.
- **Liv-ex Fine Wine 1000 Index**에는 전 세계 와인에 대해 다루는 7개 부 지수가 있다. 각각 Liv-ex Bordeaux 500, Bordeaux Legends 50, Burgundy 150, Champagne 50, Rhone 100, Italy 100, Rest of the World 50이다.

> **◉ 베어리시 마켓(bearish market)과 불리시 마켓 (bullish market)의 뜻은?**
>
> 국제 거래에서는 가격이 내려가고 있거나 내려갈 것으로 보일 때 'The market is bearish.(하락세를 보인다.)'라고 말하며, 가격이 올라가고 있거나 올라갈 것으로 보일 때 'The market is bullish.(상승세를 보인다.)'라고 한다. 커피 거래인이 시장 가격이 올라갈 것으로 예상하고 이에 따라 행동한다면, 이를 보고 'be bullish(상승세 입장이다)'라고 말한다.
> 두 가지는 어떻게 구별할까? 곰(bear)은 화가 나면 앞발로 적을 때려 눕히려고 한다. 이에 비해 수컷 소(bull)는 뿔로 들어 올리려 한다. 뉴욕의 월 스트리트에는 돌격하는 수소의 조각이 있는데, 이는 가격이 올라갈 것이라는 낙관적인 거래 전망을 묘사한 것이다.

다음은 위 7개 부 지수에 대한 설명이다.

- **보르도 500(Bordeaux 500)**: 보르도 지역 내 최고 50개 샤또에서 생산하는 와인으로 최근 10년까지, 실제 공급되는 빈티지를 다룬다.(2017년 기준 2004-2013)
- **보르도 레전드 50(Bordeux Legends 50)**: 보르도산 중 특히 우수하다고 평가된 옛 빈티지(1982년산) 50개 와인 제품을 선별한다.
- **버건디 150(Burgundy 150)**: 부르고뉴산 화이트 와인과 레드 와인 15개 제품 중 최근 10년까지 실제 공급되는 빈티지를 다룬다. 해당 제품군에는 도멘 드 라 로마네-콩티(Domaine de la Romanée-Conti) 레이블 6개가 들어간다.
- **샴페인 50(Champagne 50)**: 12개 샴페인 제품군 중 실제 공급되는 최신 빈티지를 다룬다.
- **론 100(Rhône 100)**: 론 와인(남부 5개, 북부 5개) 중 최

근 10년까지 실제 공급되는 빈티지를 다룬다.

- **이탈리 100(Italy 100)**: 수퍼 투스칸(Super Tuscan, 토스카나산 최고급 와인 생산자에 대한 별칭) 5개 및 기타 주요 이탈리아 생산자 5곳이 생산하는 와인으로 최근 10년까지의 실제 공급되는 빈티지를 다룬다.
- **레스트 오브 더 월드 50(Rest of the World 50)**: 스페인, 포르투갈, 미국, 호주에서 공급하는 5개 와인 제품 중 최근 10년까지의 실제 공급되는 빈티지를 다룬다.

각 항목별로 매매호가에 기반하여 가격 지수를 매긴다. 각 와인 제품들은 실제 공급되는 제품이며 앙 프리미르(en primeur, 선물 거래 제품) 가격은 고려하지 않는다.

가격 비교를 위해 2003년도 12월의 가격이 100으로 설정되어 있다. 2018년 초 보르도 레전드, 버건디 150, 샴페인 50 가격 지수는 300을 훌쩍 뛰어올랐고, 이탈리 100, 레스트 오브 더 월드 가격 지수는 200을 상회한다. 론 가격 지수는 180정도로 높아졌다.

이러한 가격 경향을 해석하자면, 소량 거래되는 고급 와인의 가격은—처음에 100이 아니었더라도—크게 치솟은 것으로 볼 수 있다. 대부분은 향미를 즐기기 위한 용도보다는 투자와 럭셔리 물품으로서, 무늬만 와인인 제품이 되었다. 최근 들어, 이런 고가 와인 상당수를 중국인들이 구매하고 있다.

◐◑ 옥션: 커피 옥션은 소수, 와인 옥션은 다수

커피 세계에서는 경매 행사가 몇 없다. 가장 잘 알려진 것은 컵 오브 엑설런스(Cup of Excellence)이다. 주로 중남미의 11개 국가에서 진행하며 커핑 대회 후 인터넷망을 이용해 전 세계에서 입찰한다. 해당 프로그램에 대해서는 4.4장 및 9.2장에서 상술한다. 이와 유사한 고품질 커피 옥션이 파나마와 에티오피아에서 좀 더 소규모로 진행되고 있다.

소량 공급되는 고품질 와인 옥션은 유럽에서 지난 수 세기 동안 흔하게 열렸다. 그러나 미국에서는 20세기 후반에 들어서야 합법화되었다. 뉴욕시의 경우 1994년이 되어서야 합법화되었다.

21세기 전까지 와인 옥션의 중심 축은 유럽이 쥐고 있었다. 소더비(Sotheby's), 크리스티(Christie's), 보넘(Bonham) 등 런던의 경매소가 옥션 시장을 지배했다. 2000년 이후부터는 최대 옥션 시장은 미국에서 열렸다. 뉴욕의 애커 메럴 앤 컨디트(Acker Merrall&Condit), 자키스(Zachys), 시카고의 하트 데이비스 하트(Hart Davis Hart) 등이 중심을 이룬다. 2015년경에는 이제 홍콩이 최대 옥션 시장이 되었다. 위 경매소들 중 일부가 이곳에서 옥션을 열고 있다.

암스테르담, 세네바, 로스 앤젤레스, 샌프란시스코 및 기타 장소에서도 고품질 와인 옥션이 열리고 있다.

온라인 와인 옥션은 1990년대 말부터 수가 늘고 있다. 그러나 입찰자가 한데 모이는 기존 방식의 경매 행사가 쇠퇴할 것 같지는 않다. 그 이유 중 하나로는 경매 물품에 대한 경매소의 관리, 경매소에 대한 신뢰, 명망을 들 수 있다.

주요 경매소의 연간 거래량은 5천만-1억 달러 정도이다. 병당 평균 가격은 미국에서는 주로 500달러선, 유럽과 아시아에서는 1천 달러선이다.

거의 어느 옥션에서든 최고가에 판매되는 유명 와인이 10-20여 개 있다. 아래 그 중 몇 가지를 소개한다.

- **프랑스: 보르도(Bordeaux)산**: 오-브리옹(Haut-Brion), 라피트 로쉴드(Lafite Rothschild), 라플레르(Lafleur), 라투르(Latour), 마고(Margaux), 디켐(d'Yquem, 화이트 와인). **뽀므롤(Pomerol)산**: 페트뤼스(Petrus), 르팽(Le Pin). 생떼밀리옹(Saint-Émilion) 산: 안젤뤼스(Angélus), 오존(Ausone), 슈발 블랑(Cheval Blanc), **부르고뉴(Burgundy)산**: 도멘 드 라 로마네-콩티(Domaine de la Romané-Conti, 앙리 자이에(Henri Jayer)
- **이탈리아: 바롤로(Barolo)산**: 지아코모 콘테르노 몬포르티노(Giacomo Conterno Monfortino), **토스카나(Toscana)산**: 테누타 델로르넬라이아(Tenuta dell'Ornellaia), 마세토 토스카나(Masseto Toscana)
- **호주**: 펜폴즈 그렌지(Penfolds Grange)

- **미국**: 스크리밍 이글(Screaming Eagle), 잉글눅(Inglenook)

5.4 와인의 지리적 표시(Appellation, 아펠라시옹)

● 아펠라시옹에 들어 있는 산지와 국적

수 세기 동안 와인은 지역과 포도 품종에 따라 분류되었다. 그러나 전국적인 등급 분류가 유럽에 도입된 것은 1900년대 초가 되면서부터이다. 가장 잘 알려진 것은 프랑스의 아펠라시옹 제도로서 이것이 유럽연합의 등급 분류 및 규제 모델이 되었을 뿐만 아니라 세계 각지의 제도에도 영향을 미쳤다.

프랑스의 아펠라시옹 도리진 콩트롤레(Appellation d'Origine Contrôlée, AOC)는 '법적으로 보호된 지역 명칭'으로 의역할 수 있다.(프랑스어로 appeller는 부르다, 이름을 짓다 라는 의미이다.) 이 용어는 법을 통해 정의하고 보호하는 지리적 위치를 말한다.

아펠라시옹은 다음과 같은 요소에 기반한다.

- **물리적 환경**: 기후, 토양, 지형, 경사도 등 – 해당 속성은 모두 자연적인 것이다.
- **식물 자원**: 포도 품종, 대목 품종
- **기술적 경작사항과 전통**: 포도밭의 생산량, 관개, 식부 밀도, 트렐리싱, 트레이닝에 관한 규제 사항, 와인 제조장의 첨가 허용 물질, 블렌드 요구 사항, 에이징 기간 등 와인 제조에 대한 규제 사항

프랑스에서 아펠라시옹 도리진 콩트롤레를 도입한 것은 1935년이다. 규정 제정 목적은 다음과 같다.

- 포도 재배자와 와인 제조장이 고유한 최고의 방식으로 고품질 와인을 생산할 수 있도록 이끌고 독려한다.
- 명성 높은 이름이 오용되지 않도록 와인 제조업자를 보호한다.
- 소비자를 안내하고 보호한다.

프랑스에서는 이 규정을 통해 수 세기 동안 이어진 지역의 제조 관습과 산지를 드러내고 보호하고자 했다. 이 규정은 또한 소비자에게 제품에 대해 알려주고 당시 양으로 승부하던 와인으로부터 생산자를 보호하는 목적도 있었다. – 1830-1960년 사이 프랑스의 식민지였던 알제리산 와인과의 경쟁 또한 염두에 두고 있었다.

1930년까지만 해도 알제리는 (프랑스, 이탈리아, 스페인에 이은) 세계 4위의 와인 생산지이자 최대 수출국이었다. 이미 1920년대에도 상당수의 프랑스 와인 제조장에서는 값싼 알제리산 와인을 수입해서는 블렌드에 섞어 넣었다. 소비자에게 투명성을 제공하기 위해, 지역에 기반한 여러 다양한 규정이 도입되었는데, 최초는 샤또뇌프 뒤 빠프에서였다. 1935년, 프랑스의 아펠라시옹 제도는 공식적으로 도입되었다. 규제 당국은 국립 원산지 명칭 통제 연구소(Institut National des Appellations d'Origine des vins et des eaux-de-vie(INAO))이다.

● 유럽의 와인 등급 분류: 2012년부터 적용되는 신규정

유럽 연합은 2012년에 새로운 통일 와인 등급 분류 규정을 도입했다. 이로 인해 기존의 AOC 규정은 AOP 규정으로 바뀌었다. 두드러진 차이점은 현재의 와인 등급 분류에 사용되던 용어가 바뀌었다는 사실이다.

대부분의 국가들은 기존의 네 가지 분류 대신 세 가지 분류를 사용하게 됐다.

- **Protected Designation of Origin(PDO, AOP, DOP, g.U., 원산지 명칭 보호)**: 이 등급은 규제가 가장 엄격하다. 특정 지리적 위치에서 재배 가공된 것으로, 기록되어 있는 제조 방식을 사용해야 한다. 자연적 요소와 인력 요소의 품질과 속성에 대한 규정이 있다. 또한 국가별로 자체 생산과 관리 규정이 존재한다. 포도는 전적으로 반드시 해당 지역에서만 생산되어야 한다.
- **Protected Geographical Indication(PGI, IGP, g.g**

● 표 5.12 프랑스, 이탈리아, 스페인, 포르투갈, 독일의 와인 등급 분류

등급		1	2	3- (아래의 3 등급과 병합)	3	3+ (위의 3 등급과 병합)
프랑스	신 규정	Vin 또는 Vin de France	IGP (Indication Géographique Protégée)	–	AOP (Appellation d'Origine Protégée)	–
	구 규정	Vin de table	Vin de pays	VDQS (Vin Délimité de Qualité Supérieure)	AOC/AC (Appellation d'Origine Contrôlée)	–
이탈리아	신 규정	Vino	IGP (Indicazione Geografica Protetta)	–	DOP (Denominazione di Origine Protetta)	–
	구 규정	Vino da Tavola	IGT (Indicazione Geografica Tipica)	–	DOC (Denominazione di Origine Controllata)	DOCG (Denominazione di Origine Controllata e Garantita)
스페인	신 규정	Vino	IGP (Indicación Geográfica Protegida)	–	DIO (Denominación de Origen Protegida)	–
	구 규정	Vino de Mesa	Vino de la Tierra	–	DO (Denominción de Origen)	DOCa (Denominación de Origin Calificada)
포르투갈	신 규정	Vinho	IGP (Indicação Geográfica Protegida)	–	DOP (Denominaçao de Origem Protegida)	–
	구 규정	Vinho de Mesa	Vinho Regional	IPR (Indicação de Província Regulamentada)	DOC (Denominação de Origem Controlada)	–
독일	신 규정	Wein	g.g.A. (geschützte geografische Angaben)	–	g.U. (geschützte Ursprungs- bezeichnung)	–
	구 규정	Deutscher Tafelwein	Landwein	QbA (Qualitätswein bestimmter Anbaugebiete)	QmP (Qualitätswein mit Prädikat)	–

주의
• 본 분류는 유럽 연합 내 모든 국가에서 유효하다.
• '신 규정'은 2012년도에 도입된 규정을 의미한다.
• Protected Designation of Origin = PDO, DOP, AOP, g.U.
• Protected Geographical Indication = PGI, IGP, g.g.A.

.A., 지리적 표시 보호): 이 등급은 포도를 생산 가공하는 지리적 위치와 밀접한 관련성이 있는 와인에 대해 적용한다. 해당 와인은 지리적 표시제에 등록될 정도로 걸맞는 품질과 평판 및 속성을 지녀야 한다. 포도의 85% 이상이 해당 지역에서 생산되어야 한다.

- **Wine(최저등급)**: 이 등급은 이제 품종명(주된 품종)과 빈티지를 라벨에 명기하여 판매할 수 있다. 과거에는 허용되지 않았다.

기존 생산지는 신 규정으로 자율 전환할 수 있는 반면 신규 생산지는 신 규정만 따라야 한다. 일부 생산자는 지난 수십 년간 내려온 '옛' 분류법, 즉 프랑스에서라면 아펠라시옹 도리진 콩트롤레(줄여서 아펠라시옹 콩트롤레)를 선호한다. 바롤로 DOCG나 DOC, IGT 등 이탈리아산 와인에서도 옛 분류법으로 표기한 것을 다수 볼 수 있다. 독일의 와인 생산자 또한 새 규정인 게쉬츠테 우르슈프룽스베자이흐눙(geschützte Ursprungsbezeichnung, g.U) 대신 콸리태츠바인 미트 프래디카트(Qualitätswein mit Prädikat)를 선호한다

프랑스에서는 등급별 등록 기관이 다르다. 각 등급마다 포도 농장 인증 수수료와 생산량에 따른 수수료가 부과된다. 수수료는 AOP/AOC 등급이 가장 비싸다.

Protected Designation of Origin(PDO), Protected Geograrphical Indication(PGI)은 식음료 전반에 사용되는 등급 분류이다. 유럽 연합에서 제정한 PDO와 PGI 표장은 치즈, 햄 같은 제품에 널리 쓰이지만 커피나 와인에는 거의 쓰이지 않는다. 이 책을 쓰는 시점을 기준으로 해당 표장을 사용한 커피, 와인 제품의 예를 들자면, 커피는 프랑스에서 판매되는 카페 드 콜롬비아(Café de Colombia) 제품이 있고, 와인은 프랑스 랑그독-루시용에서 생산되는 코토 드 페리악(Coteaux de Peyriac), 스페인의 마요르까(Mallorca), 독일의 모젤(Mosel), 영국의 플럼프턴(Plumpton)이 있다.

유럽 연합의 와인 등급 분류 개정에 대해 평하자면, 아무래도 소비자 입장에서는 더 쉬워졌다고 말할 수 있다. 자동차나 냉장고, 세탁기에 있는 에너지 효율 표시 처럼, 숫자(1, 2, 3, 4, …)나 색이 들어간 문자(A, B, C, D, …)를 사용하는 단순한 체계를 적용했으니 말이다. 이를 차치하더라도, 최소한 모든 국가에서 동일한 등급 체계를 쓰고, 서로 다른 언어를 쓰는 데 따른 혼란도 없앨 수 있었다.

위와 같은, 색-부호 조합 방식의 단순 등급 분류 체계는 호주의 울프 블래스(Wolf Blass) 같은 일부 와인 양조장에서도 사용한다. 이 업체에서는 낮은 등급에서부터 붉은색, 노란색, 은색, 금색, 회색, 검은색을 쓰며, 싱글빈야드 포도로 만든 값비싼 최고급 와인은 백금색을 쓴다.

물론, 어떤 이들은 와인이 가지고 있는 복합미와 신비로움과 로맨틱함이 와인의 매력이며, 숫자나 단순한 색상 코드들은 이런 이미지를 손상시킨다고 주장하기도 한다.

● 프랑스의 와인 아펠라시옹

유럽 연합에서 2012년 새로운 등급 분류 체계를 도입한 이래, 프랑스의 와인 등급은 표 5.12에서 볼 수 있듯 3가지가 되었다.

- **아펠라시옹 도리진 프로테제(Appellation d'Origine Protégée, AOP)**: 과거의 아펠라시옹 도리진 콘트롤레(Appellation d'Origine Contrôlée, AOC)를 대신한다.
- **엥디카시옹 제오그라픽 프로테제(Indication Géo graphique Protégée, IGP)**: 과거의 뱅 드 페이(Vin de Pays)를 대신한다.
- **뱅 드 프랑스(Vin de France)** 과거 뱅 드 따블르(Vin de Table) 등급으로서 현재는 포도 품종과 빈티지 표기를 붙여 판매할 수 있다.

AOP/AOC, IGP 등급의 와인은 등급의 이름 말고는 변한 것이 없다. 그에 비해 과거 VDQS(뱅 델리미테드 콸리테 수페리에르, Vin Delimité de Qualité Supérieure)는 폐지되었다. 프랑스 와인의 약 50% 정도가 AOP/AOC 및 IGP 등급이다. 400여 개 지역에서 생산된다.

프랑스 와인이 아펠라시옹 인증을 따려면 포도 품종, 최대 생산량, 식부 밀도, 트렐리싱과 트레이닝, 관개, 숙성기간 관련 요구사항 중 하나 또는 그 이상을 충족해야 한다. 마지막 관문은 위원회의 블라인드 테이스팅인데 이 검사에서는 그 지역의 전형적인 (티피시테, typicité) 맛이 나는지를 확인한다. 여기서 일부 와인이 탈락하는데, 역설적이지만 블라인드 테이스팅에서 탈락한 와인 중 일부는 최고의 품질을 위해 노력하는 재배자와 와인 메이커가 만든 것으로서 AOP/AOC 인증이 없어도 잘 팔리는 경우가 있다. 또한 위원회가 점점 일률적인 맛 취향으로 변했다고 비판하는, 내추럴 와인이나 퓨어 와인을 주장하는 생산자도 있다.

샤또뇌프 뒤 빠프에서는 13개 포도 품종─적포도 9개 품종과 백포도 4개 품종─을 허용한다. 현재 가장 일반적인 품종은 그르나슈로 물량비가 70%에 달한다. 다음이 시라, 무르베드르이다.

아펠라시옹 인증을 담당하는 프랑스의 기관은 INAO이다. 1930년대 인증 체계를 처음 갖추었을 때의 구성이 대부분 유지되고 있다. INAO는 한때 앙스티튜 나시오날 데 아펠라시옹 도리진 데 뱅 에 데 조드비(Institut National des Appllations d'Origine des vins et des eaux-de-vie, 와인과 브랜디의 산지 명칭에 관한 국립기관)라 불렸다. 이 긴 이름을 줄인 것이 바로 INAO이다.

2013년 INAO는 아펠라시옹 인증을 받은 화이트 와인에 대해 보충용 물량 생산을 허용했다. 이 덕에 와인 제조업체는 생산성이 높은 해에─아펠라시옹 제한량을 넘어서는─와인을 일정량 저장할 수 있다. 그리고 이후 흉작인 해에 이 저장물을 와인에 보충할 수 있다. AOC 와인 생산자 협회(Confédération Nation ale des Producteurs de vins d'Appellations d'Origine Contrôlé es)는 이런 정책을 호평해왔다. 다만 프랑스산 와인이 이미 공급 초과라는 것은 간과되는 듯하다. 2015년에는 아펠라시옹 인증을 받은 레드 와인 또한 보충용 물량 생산이 허용되었다.

● 보르도 와인과 부르고뉴 와인의 등급 분류 비교

보르도

메독(Médoc): 토지가 아닌 각 샤또를 한 브랜드로 보고 등급 분류한다. 분류 기준은 1855년의 등급 분류 및 1973년의 재분류를 바탕으로 한다. 많은 포도밭들이 흩어져 있으며, 등급 변경에 대한 인지 또는 논의 없이 농장의 확대나 교체가 이루어지고 있다.

많이 알려진 1855년의 보르도 와인 등급 분류는 전문가의 품질 점수가 아니라 가격과 명성에 기반했다.

뽀므롤(Pomerol): 등급 분류는 없으며 몇 가지 금지 규정만 있다.

생떼밀리옹(Saint-Émilion): 약 90개 샤또에 대해 매 10년마다 새로 등급을 정한다. 등급 단계는 프르미에 그랑 크뤼 클라쎄(Premier grand cru classé, A 또는 B), 그랑 크뤼 클라쎄(Grand cru classé)로서 평가 범주는 다음의 네 가지이다.

- 맛
- 명성(가이드, 잡지에서 해당 샤또가 얼마나 자주 언급되는지, 인터넷 검색 순위는 얼마인지, 가격대, 홍보 매체, 샤또 설비는 어떠한지에 따라)
- 지형과 지리(샤또까지의 거리, 토양 유형)
- 포도 재배와 와인 제조(식부밀도, 와인 발효조의 온도 관리 등)

생떼밀리옹 지역의 재평가 위원회 구성원은 해당 지역이 아닌 곳에서 위촉하며 위원회의 결정은 농무부에서 인준한다. 부적절한 절차와 편파적인 심사에 대한 고발 때문에 재분류가 중단되기도 한다. 어떤 건은 법원에 수년씩 계류 중이다. 그렇지만, 등급을 높일 수 있다는 일말의 가능성 때문에 많은 생산자들이 와인 제조 작업에 많은 노력을 기울이고 있다.

크뤼 브루주아(Crus Bourgeois): 이 등급을 받은 생산자는 특정 규칙을 반드시 준수해야 한다. 해당 규칙에는 관광객의 방문 허용 여부라든가 테이스팅 패널의 승인 등의 내용이 담겨 있다.

부르고뉴

부르고뉴 와인은 프랑스 내에서 AOP/AOC 등급을 받은 제품 수가 가장 많다. 이곳의 포도밭은 대개 아주 작은 크기의 농지들로 이루어져 있기에 포도밭 영역에 대한 규제가 엄격하다. 최고급 부지의 경우 프르미에 크뤼와 그랑 크뤼 등급을 받는데, 여기서는 생산자가 아닌 포도밭에 등급이 부여된다. 심지어 같은 밭의 포도나무 줄마다 재배자가 다를 수 있다.

프랑스의 아펠라시옹 제도에서는 프르미에 크뤼와 그랑 크뤼 등급에 대해 품질 규정을 두고 있다. 크뤼(Cru)는 '등급(growth)'이라는 뜻으로 하나 또는 몇 개의 포도밭을 가리킨다. 이 용어는 지역마다 다르게 쓰인다.

● 프랑스 아펠라시옹 제도의 확산

프랑스의 아펠라시옹 제도(및 일부 유럽식 등급 체계)는 신대륙에서 등급 분류 제도를 적용할 때 모델이 되었으나 한 가지 큰 변화가 있었다. 프랑스식 체계에서는 허용되는 포도 품종, 식부 밀도, 생산량과 관개 등 포도 재배에 대한 규정이 훨씬 더 엄격하다. 그에 비해 신대륙에서는 대개, 포도 품종이나 농장 위치, 빈티지, 알코올 함량, 황 함량에 대한 라벨 표기만 구대륙과 동등할 정도로 엄격하다.

유럽의 아펠라시옹 제도는—오늘날의 와인 세계 관점에서 본다면—아마도 너무 엄격하지 않은가 싶다. 포도 재배와 와인 제조에서 실험적인 시도를 해볼 여지가 거의 없기 때문이다. 프랑스의 아펠라시옹 제도는 마치 '프랑스의 이상'을 보호하는 것처럼 보인다. 그것이 마치 프랑스 그 자체인 양 말이다.

프랑스의 전 대통령 니콜라 사르코지(Nicolas Sarkozy)는 고속철인 떼제베 신 노선 개통식에서 '르 떼제베, 세 라 프랑스(le TGV, c'est la France., 떼제베, 이것이 프랑스다.)라고 선언했다. 같은 식으로, 대통령의 이 말을 '라펠라시옹 뒤 뱅, 세 라 프랑스(l'appellation du vin, c'est la France., 와인의 아펠라시옹 제도, 이것이 프랑스다.)라고 바꾸어 말하고픈 이가 있을 것이다.

● 1855년 시행된 보르도 와인 품질 등급 제도

보르도산 와인의 등급 분류 제도는 나폴레옹 3세 치세 때인 1855년, 만국 박람회를 위해 시작되었다. 당시 88개 샤또에(61개 샤또는 레드 와인, 27개 샤또는 화이트 와인) 대해 심사를 진행했는데, 심사 근거 자료는 가격과 명성이지 품질은 아니었다.

시간이 흘러 많은 요소가 바뀌면서 이 등급은 더 이상 시대에 맞지 않았다. 예를 들어, 알코올 함량은 과거 9%였던 것이 13%까지 올라갔고, 산도 또한 과거에는 지금에 비해 높지 않았다. 여기에, 시간이 흐르면서 농장 영역이 변했다.—어떤 경우에는 엄청나게 달라졌다.

1855년도의 등급 분류는 1973년 개정되었다. 신중한 평가와 정당성 검증을 거쳐 '1급' 그룹에 올라선 샤또는 샤또 무통 로칠드(Château Mouton Rothschild)였다. 기존 1급으로는 샤또 오브리옹(Château Haut-Brion), 샤또 라피트 로칠드(Château Lafite Rothschild), 샤또 라투르(Château Latour), 샤또 마고(Château Margaux)가 있다

● 이탈리아의 와인 아펠라시옹

산지 지정에 대한 이탈리아법인 데노미나찌오네 디 오리지네 콘트롤라타(Denominazione di Origine Controllata, DOC)는 1960년대 초 제정되었고 1980년대에는 데노미나찌오네 디 오리지네 콘트롤라타 에 가란티타(Denominazione di Origine Controllata e Garantita, DOCG)로 확대되었다. DOCG에서는 최대 생산량을 비롯해 몇 가지 항목에 대해 더 엄격한 규정을 두었으며, 기술적 평가와 관능 평가를 모두 거쳐야 한다.

위 두 규정은 지금까지도 이탈리아산 와인에 널리 쓰이며, 2012년의 유럽 연합 통합 등급 분류 제도가 도입된 뒤에도 여전히 쓰이고 이다. 2018년 초 기준으로 DOCG 인증 와인은 74개, DOC 인증 와인은 334개로, 모두 408개 DOP(Denominazione di Origine Protetta, 데노미나찌오네 디 오리지네 프로테타, 원산지 등급 표시제) 인증 와인이 있다.

● 키안티 아펠라시옹과 수퍼 투스칸(Super Tuscans) 인증

아펠라시옹 인증 조건이 너무 엄격하다고 생각하는 와인 제조업자는 많다. 블렌드에 넣을 수 있는 포도 품종이나, 최대 생산량 제한, 최소 에이징 기간, 허용되는 알코올 함량 등이 제약이 될 수 있다. 그래서 일부 제조업자는 아예 (아펠라시옹 인증에 필요한) 규정을 준수하지 않고 국적만 표기하는 것을 선호한다. 이렇게 아펠라시옹 제도에서 분리되고자 하는 와인 제조업자들이 있는데, 스페인의 리오하 지역, 이탈리아의 키안티 지역이 대표적이다. 그리고 키안티의 제조업자들이 만든 규정이 수퍼 투스칸(Super Tuscans)이다.

수퍼 투스칸은 토스카나 지역의 마을인 키안티 내 와인 제조업자들이 1970년대에 제정한 제한 규정이다. 이들은 기존 아펠라시옹 요건인, 산지오베제 품종은 최소 75% 쓰고 여기에 일부 백포도를 포함한 지역 품종을 더한다는 내용을 따르지 않기로 했다.

규정을 따르지 않는다고 해서 기존의 등급인 키안티 클라시코(Chianti Classico)에서 비노 다 타볼라(Vino da Tavola, 테이블와인)로 급이 낮아지는 것을 의미하는 것은 아니다. 수페르 투스칸스에 들어가는 품종은 주로 까베르네 소비뇽, 메를로, 시라이며, 소비자는 이 와인들을 높이 평가하고 생산자들 또한 수퍼 투스칸이라는 브랜드 정책으로 큰 성공을 거두고 있다. 다만 수퍼 투스칸은 공식적인 등급 분류에는 들어가지 않는다.

키안티 지역에서는 2013년, 보다 더 높은 등급을 도입했다. 그란 셀레찌오네(Gran selezione)라는 이름으로, 자기 소유 밭에서 재배한 포도만 사용하는 와인에 붙인다. 이 등급은 기존에 사용하는 등급으로 농장에서 재배, 가공, 병입했다는 의미인 인테그랄멘테 프로도토 에 임보틸리아토(Integralmente prodotto e imbottigliato)의 보충용으로 사용한다. 기존 등급인 리제르바(Riserva)의 최소 24개월 배럴 숙성에 비해 해당 등급은 배럴 숙성을 최소 30개월을 요구한다.

● 스페인의 와인 아펠라시옹

스페인의 아펠라시옹 제도에서는 전면 라벨에 포도 밭이나 재배한 마을을 언급할 수 없다. 과거에는 재배지 자체가 아닌 보다 넓은 지역을 보여주는 형태를 썼지만, 앞으로는 변할 수 있다.

DOP―과거에는 DO, DOCa로 불렸다.―에 등록된 지역은 69개소이다. 이 중 DOCa(Denominación de Origen Classificada, 데노미나씨온 데 오리헨 끌라시피까다) 인증을 받은 것은 리오하(Rioja)와 쁘리오랏(Priorat)의 둘뿐이다. 리오하는 1991년, 쁘리오랏은 2003년에 인증을 받았다. 리베라 델 두에로(Ribera del Duero) 또한 DOCa 인증 후보로 거론되고 있지만 아직은 아니다. 화이트 와인 DO 중 가장 유명한 곳은 아마도 루에다(Rueda)일 것이다.

상당수 와인은 GI, 단일 에스테이트로 등록되어 있다. 주요 아펠라시옹에 해당하지 않는 농장에서 생산한 고품질 와인에 대한 항목인 비노 데 파고스(Vino de Pagos)에 속하는 와인도 10여 개 있다.

리오하 지역의 주 포도 품종은 뗌쁘라니요와 그르나슈(가르나차)이다. 그렇지만 와인 라벨에는 포도 품종을 표기하지 않는 경우가 많다. 최저 에이징 기간만이 ―때로― 언급되고 있다.

- 끄리안자(Crianza): 오크 통에서 1년, 병입 후 1년
- 레제르바(Reserva): 오크 통에서 1년, 병입 후 2년
- 그란 레제르바(Gran Reserva): 오크 통에서 2년, 병입 후 3년

오크 에이징은 오직 225리터들이 배럴만 쓸 수 있다. 오크 통의 재질은 주로 어메리칸 오크이다.

● 독일의 와인 아펠라시옹
독일에서는 수확기 포도의 당 함량을 기준으로 등급을 분류한다. 와인의 당 함량이나 와인의 알코올 함량은 평가 대상이 아니다.

당 첨가를 하지 않고 고품질을 의미하는 프래디카츠바인(Prädikatswein)은 여섯 개 항목으로 나뉜다.

- 카비넷(Kabinett): 주로 알코올 함량이 10% 미만인 것
- 슈페틀레저(Spätlese): 지연 수확
- 아우슬레저(Auslese): 선별 수확
- 베렌아우슬레저(Beerenauslese): 포도 선별 수확, 때로는 BA로 표기함
- 아이스바인(Eiswein): 아이스와인
- 트로큰베렌아우슬레저(Trockenbeerenauslese): 마른 상태의 열매를 지연 수확하여 가장 달콤한 와인을 만듦. TBA로 표기

암트리흐 프뤼풍스눔머(Amtliche Prüfungsnummer)는 도이쳐 프래디카츠바인(Deutscher Prädikatswein) 인증을 말한다. 아래의 예시처럼 나타낸다.

1 907 098 334 13(피스포르테르 미켈스베르그(Piesporter Michelsberg, 모젤산 와인))
1 :　　지역 번호, 여기서는 코블렌츠(Koblenz)를 말한다.
907 :　지구 번호
098 :　와인 제조장 번호
334 :　와인 제조장에서 부여한 시리얼 넘버
13 :　　빈티지(제조년도)

베어반트 도이쳐 프래디카츠-운트 콸리태츠바인귀테르(Verband Deutscher Prädikats- und Qualitätsweingüter, VDP)

VDP는 독일의 200여 와인 제조장이 모여 만든 단체이다. VDP 회원은 최고의 와인 생산자들로서 독일의 와인 법규에 더해 자체 규정까지 준수하고 있다. VDP는 네 가지 등급이 있으며, 최고 등급은 그로세 라거(Grosse Lage)이며 아래로 에르스테 라거(Erste Lage), 오르츠바인(Ortswein), 구츠바인(Gutswein)이 있다.

● 스위스의 와인 아펠라시옹
스위스는 각 캔톤(canton-주)별로 와인 아펠라시옹 규정이 다르다. 예를 들어, 세르바냥 드 모르그(Servagnin de Morges)는 보 캔톤의 아펠라시옹 등급으로 다음과 같은 요건이 있다.

- 헥타르당 최대 생산량 50헥토리터
- 수확기 당 함량은 82욐슬러(Oechsle)
- 오크 배럴 에이징 포함 최소 에이징 기간 16개월
- 위원회(코미시옹 뒤 세르바냥, Commission du Servagnin)의 품질 승인을 받을 것

생산량은 와인 세계에서는 드물게, 제곱미터당 포도 생산량(kg 또는 g)으로 재는 경우가 흔하다. 해당 예시는 표 2.11에서 소개하고 있다.

● 미국의 와인 아펠라시옹
미국의 지리적 표시제 관련 규정인 아메리칸 비티컬처럴 에어리어(American Viticultural Area, AVA)는 1970년대 후반에 제정되었다. 이 규정에서는 포도 재배에 영향을 미치는 자연 요소들, 예를 들어 지형이나 기후는 고려하지만 포도나 와인은 고려하지 않는다. AVA에는 지리적 사항에 대한 기술만 있을 뿐 품질 규정은 없다.

재배 품종이나 생산량, 관개, 와인 제조 방식에 대해서는 규정이 없다. 미국을 비롯해 다수 신대륙 국

가는 이 규정이 대개 비슷하고, 상당한 규제 사항을 가지고 있는 대다수 유럽 국가의 규정과는 다르다. 그렇기에 미국의 AVA 인증을 받은 와인은 어떤 향미가 난다고 안내하는 용도보다는 좋은 이야기를 붙여 마케팅용으로 쓰이는 경우가 많다.

AVA는 각 주별로 정하는데 일부가 중복되거나 하부 AVA가 들어가는 경우가 있어 혼동을 일으킬 수 있다. 워싱턴 주의 콜럼비아 밸리 AVA(Columbia Valley AVA)의 경우, 하부 6개 AVA, 사우스 오리건 AVA(South Oregon AVA)에는 4개 AVA가 있다. 캘리포니아의 노스 코스트 AVA(North Coast AVA)에도 4개 AVA가 있는데, 각각 멘도시노(Mendocino), 레이크 카운티(Lake County), 소노마(Sonoma), 나파 밸리(Napa Valley)이다. 그런데 나파 밸리 단독으로 다시 16개 AVA가 있다. 캘리포니아에는 그 외에도 2006년에 로다이 AVA(Lodi AVA)에서 쪼개어진 6개 하부 AVA가 있고, 2014년에는 파소 로블스(Paso Robles)가 11개 하부 AVA로 나뉘었다.

미국 최초의 AVA는 미주리 주의 오거스타(Augusta)로서 1980년에 등록되었다. 규모가 가장 작은 AVA는 북부 캘리포니아의 콜 랜치(Cole Ranch)로서 1983년에 만들어졌다. 콜 랜치가 적용되는 포도 재배지 면적은 총 60헥타르에 불과하다. – 해당하는 모든 지역은 이스터리나 빈야즈 앤 와이너리(Easterlina Vineyards & Winery)가 소유하고 있다.

와인에 AVA를 사용하기 위해서는 다음과 같은 사항을 따라야 한다.

- 포도의 최저 85%는 AVA 적용 지역 내에서 재배되어야 한다.(오리건 주에서는 90%, 워싱턴 주에서는 95%를 적용한다.)
- 포도 재배지를 언급할 경우, 포도의 최저 95%는 해당 포도 재배지에서 재배되어야 한다.
- 빈티지를 언급할 경우, 포도의 최저 95%는 해당 연도에 생산되어야 한다.
- 버라이어틀 와인의 경우 사용되는 품종의 최저 75%는 언급해야 한다.(미국 토착 포도 품종은 51% 이상을 언급해야 한다.)

AVA 적용지 경계는 재무부 산하 연방기관인 주류담배과세무역청(Alcohol and Tobacco Tax and Trade Bureau, TTB)에서 정한다.

● 와인 아펠라시옹 항목: 예시와 검토

위에서 본 대로, 유럽의 아펠라시옹은 특정한, 법적으로 정의한 지역에서 와인이 생산되었다는 진정성을 보장하는 엄격한 규제 체제로 기능한다. 이렇게 엄격한 규정을 둔 이유는 간략히 세 가지로 볼 수 있다: 최고의 작업으로 고품질의 와인을 생산하게 하고, 명성을 유지해서 와인 제조자와 소비자를 보호하는 것이다.

그러나 아펠라시옹은 때때로 실험과 변화를 막는 쪽으로 작용한다. 아펠라시옹이 있으면 와인 제조업자는 알코올 함량이나 새로운 포장 방식 같은 부분에서 소비자 취향에 맞추기가 어렵다. 규제 때문에 새로운 포도 품종을 도입한다든가 관개를 하는 방식으로 기후 변화에 대응하는 농법도 어려울 수 있다.

예를 들어, 이탈리아의 토스카나 지방에서는 특정 포도 품종만을 써야 한다는 규정 때문에 일단의 와인 제조업자들이 키안티 지역의 아펠라시옹을 버리고 자신들이 선호하는 와인을 만들기로 한 일이 있다. – 여기서 나온 것이 현재 잘 알려져 있는 수퍼 투스칸이다.(본 장 및 11장에서 수퍼 투스칸에 대한 자세한 내용이 나온다.)

아래에 유럽의 와인 아펠라시옹에 맞추어야 하는 재배 및 와인 제조 수칙에 대해 일부 사례를 들었다.

포도밭의 식부 밀도:
- 헥타르당 최저 3000그루, 줄 간 최대 2.5m
- 헥타르당 최저 9000그루
- 헥타르당 최대 4500그루, 줄 간 최대 2.2m, 줄 내 최저 0.85m

트렐리싱, 트레이닝, 가지치기:
- 프르미에 크뤼, 그랑 크뤼에서는 귀요(Guyot) 트레이닝이 허용되지 않는다.(그러므로 꼬르동 드 후아야(Cordon de Royat) 방식이 일반적이다.)

- 고블렛(Gobelet) 트레이닝(=부시(bush) 트레이닝))은 허용한다.(시라 품종은 귀요 트레이닝, 양방향 꼬르동 드 후아야를 허용한다.)
- 고블렛 트레이닝만을 허용하는 품종으로는 그르나슈 누아, 무르베드르, 삑플 누아(Picpoul Noir), 테레 누아(Terret Noir)가 있다. 고블렛 트레이닝 및 두 선을 사용하는 양방향 꼬르동 드 후아야 방식은 그르나슈 블랑, 삑플 블랑, 피카르당(Picardan), 클레레트(Clairette), 루싼(Roussanne), 부불렝(Bourboulenc), 무스카뎅(Muscardin), 바카레즈(Vaccarèse), 쌩쏘, 쿠누아즈(Counoise)가 있다.
- 시라 품종은 고블렛, 양방향 꼬르동 드 로야, 열매를 맺는 가지를 길게 두고 눈을 최대 8개까지 둔 귀요 트레이닝은 허용한다.
- 메를로 종은 포도나무당 새싹을 최대 11개 둔다.

나무의 나이 :
- 최저 10년

돌풍 피해 예방 :
- 그물망은 사용할 수 없다.(일조량이 줄어들면서 떼루아 영향이 줄어들고 와인의 지역성이 감소하기 때문이다.)

관개 :
- 수확이 끝난 뒤부터 5월 1일까지 허용한다.

포도 품종(버라이어틀, 블렌드 강제 사항 및 허용 사항) :
- 한 가지 품종만을 허용한다: 샤르도네, 리즐링, 게뷔르츠트라미너, 피노 누아
- 뗌쁘라니오 품종만 허용한다. 단 실험 목적(기후 변화 대응)으로 토우리가 나시오날(Touriga Nacional)을 심을 수 있으나 최종 블렌드에는 넣을 수 없다.
- 포도 품종이 레이블에 명기될 경우, 와인의 100%를 해당 품종에서 생산해야 한다.
- 최저 70%는 해당 품종에서 생산해야 한다.: 예 – 말벡
- 어떤 조합이건 허용하는 품종 개수는 최대 13개이다.

- 포도 블렌드 최저 함량으로 까리냥(Carignan) 40%, 그르나슈 20%, 무르베드르 10%, 시라 10%는 반드시 들어가야 한다. 나머지 20%는 자유롭게 구성할 수 있다.
- 최대 24개 품종을 허용하되 50% 이상은 그르나슈 누아를 써야 한다.
- 로제: 피노 블랑, 샤르도네는 블렌드 내에서 합하여 총량 15%를 넘어서는 안 된다.
- 코퍼먼테이션을 진행한 와인은 품종의 최대치, 최저치를 엄격하게 적용한다.

포도송이:
- 송이 무게는 최저 250g이며 당 함량은 1-18%까지이고 시든 포도는 제거한다.

저급 포도 제거 :
- 포도의 5-20%를 제거한다.

생산량:
- 최대 생산량은 화이트 와인의 경우 65hL/ha, 레드 와인의 경우 60hL/ha이다.
- 최대 생산량은 35hL/ha이다.(이 정도면 허용치가 매우 낮은 축이다.)
- 최대 생산량은 포도는 10,500kg/ha이며 와인은 65hL/ha이다. 수치는 매년 정한다.
- 최대 생산량은 레드 와인은 $0.72L/m^2$, 화이트 와인은 $0.92L/m^2$이다. 수치는 매년, 포도 품종별로 발표한다.
- 제한치를 초과하는 모든 와인은 증류/또는 전체 생산분을 아펠라시옹 없는 와인으로 판매한다.
- 포도 150kg에서 포도액은 최대 100리터를 생산한다.(포도 1kg당 667mL에 해당한다.)

수확 시기와 방법:
- 수확 일자는 매년 결정한다.
- 수확 전, 포도 재배자는 관청에 스파클링 와인 생산 목적으로 재배한 포도밭을 신고해야 한다.
- (당 함량) 82 웩슬러가 되었을 때 수확을 시작할 수

있다.

- 천연 당 함량이 리터당 145g(알코올 잠재 함량 8.5%에 상당한다.)에서 수확을 시작할 수 있다.
- 알코올 잠재 함량 최저치가 되면 수확을 시작할 수 있다. 레드 와인은 11%, 화이트 와인은 11.5%이다.
- 영하 7도 이하일 때에만 포도 수확을 허용한다.(아이스바인)
- 포도는 인력으로 수확해야 하며 100kg 미만 용량의 용기에 담아 수송하며, 전체 분량을 압착한다.

잔존 당 함량(쌉쌀함/달콤함):

- 잔존 당 함량 최대치는 화이트 와인 리터당 17g이다.
- 잔존 당 함량 최저치는 레드 와인은 리터당 2g, 화이트 와인은 리터당 3g이다.

알코올 함량:

- 최저 알코올 함량은 화이트 와인은 10.5%, 레드 와인은 10.2%이다.
- 게뷔르츠트라미너, 피노 누아의 경우 챕털리제이션을 통해 높일 수 있는 알코올 함량은 최대 1.5%이다.

산도:

- 총 산도(Total Acidity, TA) 최저치는 리터당 4.5g이다.

에이징:

- 최저 기간으로 오크 통에서 1년, 병입 후 2년
- 225리터들이 배럴을 써야 한다.

지역 티픽이티:

- 와인은 평가 위원회가 맛보고 평가하여 승인한다. 해당 규정은 아펠라시옹에서 일반적으로 명기되어 있지만, 실제로는 거부되는 경우가 거의 없다.

배포일자:

- 수확 후 3월 1일(또는 6월 30일, 또는 그 외)부터 허용한다.

수송과 포장:

- 산지를 벗어난 벌크 수송 및 백인박스 판매는 허용하지 않는다.
- 플루트 병(flute bottle)만 사용할 수 있으며, 산지에서만 병입할 수 있다.
- 마개로는 코르크만 사용한다.

물류와 포장

물류와 포장
Logistics and Packaging

6.1 수송, 선적, 컨테이너, 벌크

◉◐ 컨테이너와 메가베슬(mega-vessel, 초대형 컨테이너선)

커피와 와인에 들어가는 전체 비용 중 수송 비용의 비중은 놀라울 정도로 작다.

상품군(soft commodity) 중 생두의 단가(파운드당 미화 달러, 포대당 미화 달러)는 다른 상품에 비해 매우 높다. 이 때문에 국제 수송 비용(대개 해상 운송하며 수천

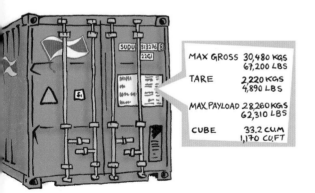

그림 6.1 컨테이너 그림, 무게와 부피 제한치가 표기되어 있다.

주의
- 위 선적용 컨테이너에 나와 있는 자료는 단순 예시이다.
- 위 자료의 용어 대신 다른 용어가 사용되기도 한다. 일부 예를 들면, MAX GROSS(최대 총 중량)는 MGW, M.G.W.로, TARE(컨테이너 자체 중량)는 TARA로, MAX PAYLOAD(최대 화물 중량)는 NET, MAX CARGO로, CUBE(내부 용적, 부피)는 CU.CAP.로 표시한다.

km를 이동한다.)은 전체 비용 중 극히 일부이다. 대략 최종 제품, 즉 원두 소매가 대비 1% 정도이다. 이에 비해 설탕은 수송 비용이 소매가 대비 10%에 달하며, 때로는 이를 넘기도 한다.

과거의 화물 운송 방식이었던 브레이크 벌크 카고(break bulk cargo, 컨테이너 형태 또는 완전 벌크 형태와는 달리, 개별 포장 단위로 싣는 화물) 방식 대신 컨테이너 수송이 각광을 받기 시작한 것은 1960년대 초이다. 첫 대형 컨테이너 운송 업체는 미국의 맬컴 매클레인(Malcolm Mclean)이 운영한 시-랜드 컨테이너(Sea-Land Container)였다. 이 업체는 미국의 동해안을 따라 컨테이너 운송을 시작했으며 이후 1960년대 동안 유럽과 아시아에서도 컨테이너 선적을 진행했다. 현재 이 업체는 덴마크의 A.P. 몰러-머스크(A.P. Moller-Maersk)의 자회사이다.

전 세계의 컨테이너 수는 현재 1700만 개이며 연간 운송되는 컨테이너 물량은 2억 개에 달한다. 최대 크기 선박의 경우 컨테이너(TEU, twenty-foot equivalent unit, 20피트 사이즈 컨테이너 상당)를 2.1만 개 이상 실을 수 있다. 일렬로 세우면 130km가 되는 양이다.

컨테이너(TEU-20피트 컨테이너 기준)의 외부 크기는 다음과 같다.

- 길이: 20피트(6.06m)
- 폭: 8피트(2.44m)
- 높이: 8피트(2.44m), 또는 8피트 6인치(2.59m)가 표

준으로, 더 높은 것들도 있다.

광폭형(pallet-wide version) 컨테이너도 있다. 유럽식 목재 팔레트(폭 1.2m) 두 개가 들어갈 수 있도록 2인치(5cm) 더 넓다.

선적용 컨테이너는 아래 예시에서처럼 식별부호와 숫자가 기재되어 있다.

SUD : 컨테이너 소유주 (또는 운용업체)의 코드이다. 위의 경우는 함부르크 쥐드(Hamburg Süd)이다.
U : 컨테이너 유형을 나타내는 코드이다. 여기서는 표준 화물용 컨테이너를 말한다.
313 276 : 컨테이너의 시리얼 번호(serial number), 등록 번호(registration number)를 말한다.
8 : 검증용 번호이다. 위 코드와 시리얼 번호를 바탕으로 계산한다.

컨테이너의 크기와 유형은 별도 번호로 표기한다.:

2 : 길이 – 20피트를 말한다.
2 : 높이: 8피트 6인치를 말한다.
G1 : 유형: 일반용

최대 총 중량(maximum gross weight, MGW)은 선적용 컨테이너 대부분이 30,480kg이다. 실 중량은 항만의 크레인의 작동 중량, 해당 국가 내 수송 차량의 차축 하중을 넘어설 수 없으며, 그 외 일반 보안 사항 및 도로나 다리의 제한 중량도 제한 요소가 된다.

현대 선적에서는 점차 40피트 컨테이너를 사용하는 추세이지만, 상당수 커피 생산국의 경우, 40피트 컨테이너는 내륙에서 사용하기 어렵거나 조작 불가능한 경우가 많다. 그래서 생산국에서는 20피트 컨테이너가 더 일반적이다.

● 컨테이너로 생두 수송하기

컨테이너에 커피를 실어 나르는 방식은 1980년대부터 나타났다 그 전까지는 벌크선(cargo ship)의 선창에 포대를 적재했다. 컨테이너를 사용하는 선적 방식에서 가장 큰 위험 요소는 온도와 습도 변화에 커피가 노출되면서 곰팡이가 발생할 수 있다는 것이다. 무더운 열대기후에서 커피를 포장해서 핀란드나 캐나다 등, 겨울에 갑판 상부 적재(open deck) 형태로 컨테이너를 보낸다면 심각한 문제가 발생할 수 있다.

20피트 컨테이너에 커피를 가득 채울 경우 대략 300포대, 약 19톤을 실을 수 있다. 빅 백(big bag)이라 불리는 폴리프로필렌 재질의 포대는 1-1.5톤을 담을 수 있는데, 이 또한 널리 쓰인다. 벌크 컨테이너에는 거대한 점보 백(jumbo bag)으로 안감을 채운 뒤(lining, 라이닝) 사용하는데, 그러면 거의 22톤을 채울 수 있다.

60kg 포대 사용시 이점 :

- 소규모 생산자와 소량을 다루는 수출업자에게 쓰일 수 있을 만큼 작업 유연성이 있다.
- 종류가 다른 커피를 한 컨테이너에 함께 실을 수 있다.
- 커피를 싣고 내릴 때 대형 급송기 같은 값비싼 장비를 쓸 필요가 없다.
- 커피 포대에 정보가 적혀 있기 때문에 도착지에서도 커피의 정체성이 유지된다.

커피 계약에는 합성섬유 재질 포대로 선적한다거나 컨테이너에 벌크로 담지 않는 이상, 일반적으로 커피 재질을 황마(jute, 주트), 사이잘 삼(sisal), 에니껭(henequen), 기타 식물성 섬유를 사용한다고 명기할 수 있다. 커피 포대의 주요 생산국은 방글라데시로서, 개당 단가는 1-1.50달러이다.

커피 무역에서는 60kg(132.3파운드)을 담는 포대가 가장 일반적이다. 이 60kg들이 포대는 국제 커피 기구에서 생두 생산 및 무역 통계를 낼 때 사용하는 단위이기도 하다. 일부 국가에서는 다른 용량의 포대를 쓴다.

- 45.6kg(100파운드)은 하와이, 푸에르토리코에서 쓴다.
- 50kg(110.2파운드)은 예멘과 인도 일부 지역에서

쓴다.

- 69kg(152.1파운드)은 중미와 멕시코 일부 지역에서 쓴다.
- 70kg(154.3파운드)은 볼리비아와 콜롬비아에서 쓴다.

최근 브라질 시장에는 30kg들이 종이 포대가 선을 보였다. 앞으로 많이 사용될 것으로 보인다.

점보 백(jumbo bag) 사용의 장점 :

- 컨테이너에 실을 수 있는 양이 20% 늘어난다 – 기존의 18톤보다 4톤 많은 22톤 가까이 실을 수 있다.
- 대규모 로스터라면 쉽게 짐을 내려 바로 사일로로 옮길 수 있다.
- 인력 부담이 줄어서 안전 및 보건 관련 규정을 준수할 수 있다.
- 공기나 응축수 접촉이 줄어들어 그로 인한 오염 위험이 줄어든다.
- 포대 자체 또는 포대에 인쇄된 잉크에 오염될 위험이 줄어든다.
- 대형 포대는 재사용이 가능해서 비용이 절감되고 친환경이다.

커피를 대형 포대에 담아 컨테이너로 수송하는(bulk container with jumbo bag) 방식은 1990년대 말에 시작되었으며 오늘날에는 일반적으로 쓰이고 있다.

● 컨테이너로 벌크 와인 수송하기

전 세계 와인의 40%, 약 1억 헥토리터는 수출된다. 수출 와인의 40% 이상, 즉 약 4천만 헥토리터는 벌크로 선적된다. 20피트 컨테이너에 풍선 모양의 유연성 있는 용기(flexitank, 플렉시탱크)를 사용하는 것이 일반적이다.

벌크 와인 수출에서는 세 국가가 전체 물량의 절반 이상을 차지한다. 스페인은 1천만 헥토리터, 이탈리아는 700만 헥토리터, 호주가 400만 헥토리터를 벌크 수출한다. 신대륙의 경우 현재 절반 이상을 벌

크로 선적한다. 2005년의 경우에는 30%였다.

'벌크화(going bulk)'는 와인 제조업체로서는 큰 모험이다. 수천km 떨어져 있는 알지 못하는 이에게 와인 처리의 마지막 단계를 맡긴다는 것은 쉽사리 결정할 수 있는 것이 아니다. 지위, 긍지, 관리(사기 위험)를 잃을 수도 있을 뿐만 아니라, 고용 인원도 줄어들고 병입을 통한 수익도 감소한다.

◐● 컨테이너의 선적 용량–제약 요소는 용량인가 무게인가?

20피트 컨테이너에 커피를 가득 담으면 약 300포대, 즉 18톤을 실을 수 있다. 벌크라면 21톤을 담을 수 있다. 컨테이너의 자체 무게는 2톤을 약간 넘으므로 총 중량은 20톤(또는 벌크 선적시 23톤)이다. 이 정도는 허용 최대 무게인 30.480톤을 훨씬 밑돈다. 즉, 커피를 적재할 때는 제한 요소는 용량이지 무게는 아니다.

병입한 와인을 상자에 담을 경우에도 제한 요소는 용량이다. 대략 1.2만 병, 포장 무게까지 포함해 약 15톤을 싣는다.

와인을 벌크로 선적할 경우는 플렉시탱크(flexitank)의 최대 크기가 제한 요소이다. 표준 플렉시탱크는 2.4만 리터를 담을 수 있다. 컨테이너 부피 중 3/4 정도만 채워지고 무게는 24톤 정도이기에 이 또한 대개는 컨테이너 제한 중량인 30.480톤을 밑돈다. 다만 이 경우 물리적 제한 요소는 컨테이너 벽에 가해지는 압력이다.

● 벌크 와인의 정의

OIV 및 세계 세관 기구(World Customs Organization, WCO)에 따르면, 10리터 이상 용기에 담긴 와인은 벌크 와인으로 본다. 10리터보다 작은 용기에 담긴 와인은 적합 제품(conditioned product)으로 본다. 2013년까지는 두 부류를 나누는 기준이 2리터였다. 았고, 이 영상은 2015년도 국제 포도 와인 필름 페스티벌(International Grape and Wine Film Festival, Oenovideo)에서 수상했다. 포도 수확 기계의 주요 제조 업체는 어메리칸 그레이프 하비스터(American Grape Harvesters, AGH), 안드로스(Andros), 바르감(Bargam), 보바흐드(Bobard), 브라우드 오브 뉴 홀랜드(Braud of New Holland), ERO, 그리고아르, 나이른(Nairn), 오흐보/코르반(Oxbo/Korvan), 펠렝(Pellenc)이 있다.

6.2 소매용 포장

● 커피 봉지, 캡슐, 포드(pod)

소매용 커피 봉지는 무엇보다도 공기(산소와 향 물질)와 자외선 및 공기 중 수분으로부터 커피를 보호해야 한다. 그리고 제품에 대한 정보를 알려주는 동시에 구매자 끄는 매력이 있어야 한다 – 제품을 선택할 수 있도록 주의를 끌고 다시 구매할 수 있을 만큼 인상에 남아야 한다.

로스터가 커피 포장용으로 선택할 수 있는 재질과 모양은 광범위하다. 양철, 금속을 입힌 폴리에스테르 봉지, 다층 알루미늄 필름, 재사용이 가능한 지퍼백, 소비자가 커피의 향을 맡을 수 있고 과도한 이산화탄소가 빠져나갈 수 있는 단일 방향 가스 배출 밸브, 진공 포장, 특이한 포장 등이 가능하다. 최근에는 환경 친화 소재를 사용해 보다 단순한 복고풍 봉지를 쓰는 경향이 나타나고 있다.

1회용 커피(single serve)에 해당하는 캡슐은 2000년대 초 이후로 인기를 얻고 있다. 일반적으로는 플라스틱 용기에 알루미늄 호일로 봉인한 형태로서 안에 분쇄 커피가 담겨 있다. 최근에 나온 일부 캡슐은 옥수수 같은 식물성 분해 가능 재질을 사용한다. 캡슐의 크기는 등록 상표인 네스프레소가 표준처럼 사용된다. 다른 제조업체들이 그 규격을 따라 사용하고 있다.

캡슐 커피는 일반적인 에스프레소 머신에 비해 더 높은 압력을 가해 추출한다. 추출 과정이 효율적이라, 일반적인 유럽형 커피컵에 들어가는 커피의 양은 7g이지만 캡슐은 대부분 5-6g만 들어간다.

커피 포드(coffee pod, coffee pad) 또한 인기 있다. 납작한 원형 모양의 용기로 재질은 생분해 가능하다. 일반적으로 분쇄 커피 8g이 들어간다.

● 와인병: 모양, 크기, 색상, 무게

연간 와인병 생산량은 180억 개이다. 와인 140억 리터를 담을 수 있는 양이다.

와인 용기로서 이상적인 재질은 유리이다. 화학적으로 비활성이라 접촉하는 어떤 성분에도 영향을 주지 않는다. 나아가, 100% 재활용이 가능하다. 단점이라면 유리병은 깨지기 쉽고 만드는 데 에너지가 많이 든다는 것이다.

현재 우리가 아는 와인병은 17세기 말 영국에서 도입되었다. 유럽 대륙에서 와인을 수입하던 상인들이 와인을 판매하기 전 병에서 와인을 숙성시키려는 의도에서 사용했다.

오늘날 비 발포성 와인 시장에서는 다음 네 가지 유형의 병이 지배적으로 쓰인다.

- **보르도 형(Bordelaise)**: 어깨가 명확하게 드러나고 옆선이 직선적으로 전통적으로 프랑스 보르도 지역에서 쓰고 있다.
- **부르고뉴 형(Burgundy)**: 어깨가 부드럽게 경사져 있다. 다른 유형에 비해 넓고 무겁고 두텁다.
- **론 밸리 형(Rhône Valley)**: 프랑스 남부에서 기원한 모양으로 부르고뉴 형과 유사하지만 더 좁고 더 길쭉한 것도 있다.
- **플뤼트 형(flûte, Hock)**: 다른 병에 비해 좁다. 독일의 라인, 모젤, 프랑스의 알자스 와인에 일반적이다.

와인 스타일과 병 모양은 거의 동격이다. 신대륙의 와인 제조업체는 대개 프랑스나 기타 유럽의 병입 전통을 따른다. 예를 들어, 아르헨티나의 대형 업체인

● 그림 6.2 일반적인 두 가지 와인병: 보르도 형과 부르고뉴 형

트라피체 그룹에서는 피노 누아와 샤르도네 품종을 쓴 것은 부르고뉴 형 병에 담는다. 다른 와인은 대부분 전통 보르도 형이지만 어깨가 각진 병에 담는다.

독일에서 리즐링 품종을 사용한 것은 대부분 플뤼트라 불리는, 키 크고 날씬하며 색이 있는 병에 담는다. 전통적으로 병의 색은 와인의 산지를 상징한다. 녹색은 모젤, 갈색은 라인가우(Rheingau)를 뜻한다. 일부 병은 푸른색인데, 이것은 해당 브랜드의 판촉용인 경우가 많다.

프랑스 알자스산 와인은 플뤼트 병에만 담아 판매하며 특별한 디자인이 들어간다. 여기서는 백인박스 또는 기타 대체형 포장은 허용되지 않는다.

● 표준 와인병의 크기: 왜 750mL인가?

750mL, 1리터의 3/4 용량이 전 세계 와인병의 표준 용량이 된 이유는 무엇일까? 이 질문에 대한 명확한 답은 없지만, 그럴듯한 가설을 제시하는 자료는 몇 가지 있다.

과거 보르도산 와인을 영국이나 기타 지역으로 수세기 동안 수출할 때 사용한 표준형 225리터들이 배럴과 관련 있다는 설이 있다. 그 용량이 50 영국식 갤런(imperial gallon)—정확히는 49.5 영국식 갤런—에 해당한다. 이 50 영국식 갤런을 병에 담으면 총 300병, 즉 갤런당 여섯 병씩 담는 것이 편했다. 그때의 병의

용량은 758mL이고, 열두 병을 모으면 2갤런이 된다.

758mL 용량은 사용하기 편했다. 나아가, 유리 제조 장인들이 불어서 만들 수 있는 용량인 600-800mL에 들어맞기도 했다. 1793년에 미터법 체계가 도입되면서—여기서 1리터가 1/1000 세제곱 미터가 되었다.—표준 병 크기로 750mL를 선택하게 되었다. 이런 전환에는 시간이 걸렸고, 독일이나 스위스 등 일부 국가에서는 여전히 700mL 또는 720mL들이 와인병이 있다.

미국의 표준 와인병 크기는 한때 'a fifth(1/5)'였다. 미국식 갤런의 1/5인 757mL를 뜻하는 말이다. 1979년이 되어 미국에서도 미터법을 선택해 병 표준 크기를 750mL로 맞추었다.

> 750mL = 0.75리터 = 26.4 영국식 액량온스
> = 25.4 미국식 액량온스 = 1.32 영국식 파인트
> = 1.59미국식 액량파인트
> 1 영국식 갤런 = 160 영국식 액량온스 = 4.546리터
> 1 미국식 갤런 = 128 미국식 액량온스 = 3.785리터
> 1영국식 갤런 = 1.20 미국식 갤런
> 1리터 = 0.22 영국식 갤런 = 0.26 미국식 갤런
> 1리터 = 35.2 영국식 액량온스 = 33.8 미국식 액량온스

● 표 6.1 가장 일반적인2 와인병의 크기와 이름

용량(리터)	상대 비율	이름, 내용
0.187	0.25	피콜로(piccolo), 스플릿(split), 쿼터(quater)
0.25	0.33	쇼핀(chopine)
0.375	0.5	데미 보틀(demi-bottle), 하프 보틀(half-bottle)
0.378	0.505	텐스(tenth)—미국식 갤런 대비
0.5	0.67	제니(Jennie), 50cL
0.75	1	스탠다드(standard), 750mL
0.757	1.01	피프스(fifth)—미국식 갤런 대비
1	1.33	리터(litre)—카톤 포장에서는 일반적
1.5	2	매그넘(magnum)
3.0	4	더블 매그넘(double magnum)—백인백스 포장에서 일반적

3리터보다 큰 병 중 일부는 성경에서 이름을 따서 므두셀라(Methuselah), 발타자르(Balthazar), 네부카드네자르(Nebuchadnezzar), 멜키오르(Melchior), 솔로몬(Solomon), 골리앗(Goliath)이라고 불린다. 가장 큰 병은 약 30리터를 담을 수 있다.

● 병과 환경

유리병은 석영 모래, 탄산칼슘, 석회, 돌로마이트, 장석을 사용해 만든다.

기존의 와인병은 무게 450-500g(16-18온스)이다. 가벼운 유리를 사용하게 되면서 300g을 약간 넘는 무게의 병을 만들 수 있게 되었으며, 잘 깨지지 않도록 강화유리를 사용하는 경우도 있다. 가장 무거운 병은 750g으로 최고급 와인을 담는 데 사용한다.

스웨덴의 와인 독점 기업 시스템볼라겟(Systembolaget)은 와인 공급자에게 420g 이하 무게의 병을 사용하도록 요구하며, 이를 어길 경우에는 과태료를 매긴다. 캐나다에서도 이와 유사하게, 420g까지의 병을 환경 친화적이라고 언급한다.

병 유리는 재활용하면 색이 유지된다. 그러므로 최고의 재활용법은 다시 유리병을 만드는 것이다. 영국은 병입 와인을 대량 수입하기 때문에 착색 유리병이 초과 공급되고 있다. 연간 100만 톤 이상의 유리가 매립된다. 다행히 영국의 수입 와인 중 벌크의 비중이 늘어나고 있는 상황이다. - 벌크 와인 덕에 재활용 유리를 사용한 병의 수요가 늘고 있다.

유럽 연합의 유리 재활용률은 65% 정도이다. 가장 높은 곳은 북유럽으로, 재활용 관련 규정이 있기에 원자재 —컬릿(cullet)이라 부른다.—를 꾸준히 공급할 수 있다.

미국의 유리 재활용률은 원료의 가격이 일정하지 않고 출렁거리기 때문에 제각기 달리 나타난다. 2015년가지는 미국의 와인 양조장에서 사용하는 병의 33%만이 미국에서 생산되었다. 나머지 병은 중국(36%), 멕시코(14%), 유럽(11%)에서 공급되었다.(자료: 와인 비즈니스 먼슬리(Wine Business Monthly) 2016년 11월판))

세계 최대의 와인용 유리병 생산 업체는 오웬스-

● 그림 6.3 PET를 사용한 와인병: 예시 - 하씨엔다(Hacienda)

일리노이 사(Owens-Illinois, Inc.)로서 본부는 미국 오하이오 주에 있다. O-I라는 브랜드를 사용하는 이 업체는 전 세계 23개국 70개 생산 공장을 운영 중이다.

폴리에틸렌 테레프탈레이트(plyethylene terephthalate, PET)를 사용하면 재활용이 가능하고 잘 깨지지 않으며 가벼운 병을 만들 수 있다. 항공사에서는 꽤 오래 전부터 가볍고 재활용이 가능하며 부서지지 않는 185mL 용량의 PET 병을 써왔다. 750mL들이 PET 병은 동급 용량의 유리병에 비해 무게가 1/5 수준이다. PET 병으로 바꾼 최초의 업체는 미국 와인 그룹인 브롱코(Bronco)로서, 이 업체는 하씨엔다(Hacienda) 와인에 PET 병을 적용했다. 아래 사진을 참조하기 바란다.

● 샤또에서 병입(Mis en bouteille au château, 미장 부테이유 오 샤또)

샤또무통로쉴드(Château Mouton-Rothschild)의 필립(Philippe) 남작은 1924년부터 과거 보르도 시에서 거래업자(négociant)들이 병입하던 것에서 벗어나, 샤또 내에서 병입 작업을 시작했다. 그보다 앞서 병입 작업을 시작한 샤또도 있긴 했지만, 해당 사실을 라벨에 기입하고 이를 통해 내용물에 대해 보증한 것은 그가 처음이었다. 그 뒤로, 여러 생산자들은 와이너리에서 병입하는 것을 브랜딩에서 중요한 부분으로 인식하게 되었다. 일부 생산자들은 코르크 윗면에 다음과 같은 문자를 기입하기도 한다:

- 프랑스어: Mis en bouteille au château, Mis en bouteille à la propriété, Mis en bouteille dans nos caves, Mis en bouteille au domaine, Mise du domaine
- 스페인어: Embotellado en la propiedad
- 이탈리아어: Messo in bottiglia nelle proprie cantine
- 독일어: Erzeugerabfüllung
- 영어: Bottled at the Estate

미국의 경우, 'Estate bottled, 와이너리에서 병입' 표기를 위해서는 다음 세 가지 범주를 만족해야 한다.

- 포도가 와인 양조장에서 소유 또는 임대한 포도밭에서 공급되어야 한다.
- 포도밭은 단일 AVA(미국 포도 재배지역, 미국의 포도 산지 인증) 내에 있어야 한다.
- 와인 양조장과 포도밭은 동일한 AVA 안에 있어야 한다.

일부 제조업자는 마지막 항목은 공정하지 않다고 여기고 있다. AVA는 아주 작은 것도 있고 매우 큰 것도 있기 때문이다. 오늘날, 프랑스의 여러 샤또 및 기타 세계의 여러 와인 제조업자는 병입 작업을 트럭에 병입 설비를 실은 이동식 업체에 외주를 주고 있다. 이러한 병입 방식은 실용적이고 빠르며 위생적일 뿐만 아니라 비용 면에서도 효율적이고 와인 양조장의 공간도 절약해준다.

● 샤또뇌프-뒤-빠프: 병에 엠블렘 삽입

아비뇽 유수가 있던 1309-1378년 사이, 새 교황청인 샤또뇌프-뒤-빠프에 포도밭이 조성되었다. 그로부터 오랜 세월이 흐른 1930년대에 아펠라시옹 제도가

와인에 도입되었다.

1937년에 샤또뇌프-뒤-빠프 아펠라시옹을 보유한 이들은 양각 엠블렘을 넣은 고유의 병을 만들었다. 이 엠블렘은 성 베드로의 열쇠 위로 교황의 삼중관을 나타내며 고딕체로 샤또뇌프-뒤-빠프 콩트롤레(Châteauneuf-du-Pape contrôlée)를 적어놓았다. 이 엠블렘은 법적으로 보호되며 독자성과 수집성 면에서 브랜드 가치를 높이고 있다.

● 카톤 및 박스 포장을 사용한 와인

오늘날에는 스웨덴-스위스 업체인 테트라팩(Tetra Pak) 같은 업체에서 생산하는 종이팩 포장을 사용한 와인이 많이 판매되고 있다. 무균 상태가 유지되는 이런 제품들은 브릭(brick)이라 불리기도 한다. 이 포장은 가볍고 취급하기 좋으며 비용도 절약되고 환경 친화적이다. 일부 제품은 완전히 재활용 가능한 식물성 자재로 생산된다.

호주에는 1960년대 말에 와인에 백인박스(bag-in-box, b-i-b, BIB)를 적용했다. 일부 국가에서는 이를 캐스크(cask)라고 부르는데, 이런 외관상의 특징은 2009년에 나온 호주 우표에서도 확인할 수 있다.

프랑스에서는 이 포장을 고상하게 퐁텐 아 뱅(fontaine à vin, 포도의 샘)이라고 하거나, 퀴비테네르(cubitainer) 또는 줄여서 퀴비(cubi)라고 부른다. 사진에는 위쪽에 밸브를 달아둔 실용적인 TOPFLOW 모델을 적용한 현대식 백인박스를 보여주고 있다.

일부 국가에서는 백인박스라는 말이 상표 등록되어 있다. 소유자는 스머핏 카파(Smurfit Kappa)로서 이 업체는 박스에 사용되는 여러 가지 소형 밸브를 생산한다.

박스는 가볍고, 적재가 쉬우며 깨지지 않기 때문에 생산과 수송 중 발생하는 탄소량이 적다. 또한 공기가 거의 들어가지 못하므로 개봉 후에도 (약 수 주일간) 보존성이 좋다. 전체 와인 중 10% 이상이 박스 포장으로 판매되며, 이 비율은 증가세이다. 호주와 스웨덴,

노르웨이에서는 50%를 넘는다. 미국에서는 20%이다. 그러나 이탈리아와 스페인에서는 겨우 몇 % 정도에 불과하다.

● 맥주와 비슷한 유형으로서, 캔입과 탭 와인

캔 와인은 틈새시장을 공략하는 상품으로서, 병입 와인, 캔 맥주 각 제품과 경쟁이 되고 있다. 캔 용량은 날씬하고 우아해 보이는 187mL에서부터, 술집에서 맥주 애호가 옆에 앉은 남성이 선호할 법한 남성적인 크기의 375mL까지 다양하다. 캔을 사용하는 업체는 점점 늘어나고 있는데, 이 중 대표적인 업체로는 프랑스의 와인스타(Winestar), 이탈리아의 띠아모(Tiamo), 미국 캘리포니아의 맨컨(Mancan)과 산스 와인(Sans Wine), 미국 오리건 소재 유니언 와인(Union Wine)의 언더우드(Underwood)제품군, 호주의 바로크스 와인즈(Barokes Wines)가 있다.

생맥주처럼 탭에서 와인을 바로 제공하는(on tap) 시장 또한 급속히 성장 중이다. 바 아래 스테인레스 스틸 케그(keg)를 두는 방식은 편리하고 비용 절감이 되며 환경 친화적이라 인기를 끌고 있다. 탭 와인 브랜드군 들 중 대표적으로 미국의 프리 플로 와인즈(Free Flow Wines), 캐나다의 프레시탭(FreshTAP), 스위스의 비바리움(Bibarium)이 있다.

6.3 와인병 마개

와인병 마개를 제작하는 업체들은 어떤 마개를 제작하는지 상관 없이, 자신들의 특수 소재가 가장 좋다거나, 가장 환경 친화적이라며 기술적으로 설명하며 그럴싸한 이야기를 늘어놓는다.

와인병 마개는 어떤 것이건 간에 훌륭하며, 대개는 20년 전에 비해서 훨씬 더 좋다. 선택의 폭은 더 넓어졌고, 그 품질은 더 좋아졌으며, 디자인은 더 혁신적이며, ─그리고 마지막이지만 가장 중요한 문제─마개 때문에 손상되는 와인은 더 적어졌다.

와인병 마개(bottle closure, stopper)는 여섯 가지 유형으로 나눌 수 있다.

- **천연 코르크(natural cork)**: 코르크나무(cork oak)의 껍질에서 찍어내거나 파낸다.
- **합성 코르크(technical cork)**는 세 가지로 나뉜다.
  - 콜메이티드 코르크(colmated cork)는 접착제와 코르크 가루를 섞은 것으로 천연 코르크 함량이 90% 정도이다.
  - 어글로머레이티드 모울디드 코르크(agglomerated moulded cork)는 코르크 알갱이를 접착제와 섞어 만드는 것이다.
  - 어글로머레이티드 코르크 또는 저품질 코르크의 양 끝에 고품질 코르크 판을 붙인 유형은 1+1로 불리기도 한다.
- **합성 마개(synthetic closure)**: 주입-사출형 플라스틱으로 만든다. 사탕수수 등의 천연섬유를 사용한 마개 또한 이 항목에 들어가기 때문에 '합성'이란 표현은 약간은 오해를 일으킨다.
- **스크류 마개(screw cap)**: 주로 알루미늄 재질이다.
- **유리**: 비노-실(Vino-Seal), 비노록(Vinolok) 등이 있다.
- **기타 마개**: 스파클링 와인에 사용되는 조르크(Zork)제품, 스크류 형태의 코르크 마개인 헬릭스(Helix)제품이 여기에 들어간다.

천연 코르크 마개는 매년 생산되는 전체 190억 개 병 중 65%에 사용된다. 스크류 마개는 25%를 약간 넘는다. 나머지 10%의 대부분은 여러 종류의 합성 마개들이다. 가장 저렴한 것은 스크류 마개, 가장 비싼 것은 천연 코르크이다.

사람들은 오랫동안, 스크류 마개를 사용한 와인은 천연 코르크로 봉인한 와인에 비해 열등하다고 여겼다. 그러나 2000-2010년 사이, 여러 고품질 와인 생산자들이 스크류 마개로 바꾸면서 이런 인식이 바뀌었다. 호주와 뉴질랜드의 대형 와인 제조업자 단체들은 점차 코르크 대신 스크류 마개를 쓰기로 결정했다. 최근 들어 상당한 전환을 보인 국가로서 전체 와인 중 70-90%를 스크류 마개를 쓰는 오스트리아가

● 그림 6.4 코르크 결함: TCA의 구조식

있다. 이탈리아는 아직 20% 정도만 스크류 마개를 쓰며, 포르투갈과 스페인은 그보다 훨씬 더 낮다. 이 국가들은 코르크 마개의 주요 생산자이기도 하다.

● 코르크: 코르크나무에서 병마개로

천연 코르크가 와인병 마개로 쓰인 것은 1700년대 초부터이다. 코르크는 압축성이나 탄성이 좋고 공기와 물의 투과성이 좋으며 밀도가 낮아 잘 썩지 않는데다가 마찰 계수가 높다. 마개로 쓰기에 매력적인 장점이 많다. 게다가 코르크는 향이 없고, 자연적이고 우아해 보인다. 뽑을 때 나는 소리도 훌륭하다.

코르크는 코르크나무(Quercus suber)에서 두터운 껍질을 벗겨내는 방식으로 수확한다. 나무 수령이 20세일 때부터 수확할 수 있지만, 병마개로 만들 정도로 자라려면 30세가 넘어야 한다.

코르크 수확은 매 9년마다 진행한다. 코르크나무의 수명은 200년을 넘기도 한다. 수확 연도는 나무에다 표시를 한다. 예를 들어, 2019년에 포르투갈을 방문했을 때, 크게 '7'자가 표시된 코르크 나무를 보았다면, 이는 가장 최근에 수확한 연도를 말하므로, 여기서는 2017년에 수확했음을 알 수 있다. 그러면 다음 번 수확 연도는 아마도 2026년이 될 것이다. 그때가 되면 나무에 크게 '6'을 표시할 것이다.

와인병 마개용 코르크를 만들기 위해서는 먼저 코르크나무의 껍질을 물에 삶아 정제하고 연화(softening)시켜야 한다. 다음 1개월 정도 두어 수분 함량을 초기 40%에서 20% 미만으로 내린다.

와인에서 'corked', 'corky'향이 난다면(즉 마개를 열기도 전에 병 안에서 와인이 상한 경우), 이는 코르크 결함(cork taint)으로, 원인 성분 TCA에 의한 것이다. TCA (2,4,6-트라이클로로아니솔(trichloroanisole))의 분자식은 $C_7H_5Cl_3O$이다. TCA에 대한 인간의 역치는 리터당 2나노그램, 즉 리터당 10억분의 2g이다.

최근 들어, 코르크 마개 제조업체에서는 여러 가지 방법으로 마개 제품을 정제할 수 있고, 이로써 스크류 캡으로 바꾸었던 업체들마저 다시 코르크로 돌아갈 정도로 실패율이 급감하게 되었다.

한편, 위 구조식에서 원자 수를 센다면, 탄소 원자여섯 개와 수소 원자 두 개가 적어 보일 것이다. 구조식에서는 탄소 원자는 'C'라는 글자 대신 두 결합 사'각'으로 나타낸다. 그러므로 가운데 6각형의 여섯 개 빈 각 부분은 모두 탄소이다. 수소 원자 또한 숨겨져 있는데, 다른 원자와의 결합이 없는 두 각 부분(아래 왼쪽과 아래 오른쪽)이 수소가 있는 곳이다.

코르크에 브랜드 글자와 로고를 기입하는 방식은 크게 세 가지이다. 잉크를 쓰거나, 표면을 불로 지지거나(열판 위로 굴린다.), 레이저를 쓴다. 레이저를 쓰는 방식이 보다 정교하고, 위조 방지를 위한 독자 프린트 또한 가능하다.

대부분의 와인용 코르크에는 푸드 세이프(Food Safe)라는 국제 심볼이 찍혀 있다. 이 심볼은 와인잔과 포크 형태이다.

코르크 마개를 사용한다는 것은 기술적 품질 사항 외에도 '복고풍' 생활 양식의 일부를 이룬다. 이는 시계에 로마 숫자를 사용하는—그리고 기계 가동부가 전혀 없는데도 똑딱거리는 소리를 더하는—것과 어느 정도 일맥상통한다.

코르크에는 향수가 가득하다. 모양 때문이기도 하고, 병마개를 딸 때 나는 상징적인 소리 때문이기도 하다. 디지털 카메라에서 구식 취향의 찰칵 소리라든지 할리 데이비드슨(Harley-Davidson) 모터사이클 특유의 엔진 소리(할리 데이비드슨에서는 1994년에 이 음을 상표로 출원했지만 등록되지 못했다.) 같은 것이다. 다행스럽게도, 코르크 마개가 뽑힐 때 나는 상징적인 소리는 특허 등록한 사람이 없다. 다만 일부 신형 와인 병 마개 제조 업체에서는 이 소리를 모방하려 노력하고 있다.

● 코르크 마개, 스크류 마개 제조업체
매년 전 세계에서 쓰이는 연간 190억 개의 와인병 마개 중 절반은 아래의 네 대형 제조업체가 생산한다.

- **아모림(Amorim)**은 150년 된 포르투갈 기업으로 코르크 마개를 생산한다. 직원 수는 3천 명이 넘는다. 세계 최대의 천연 코르크 마개 생산 업체로서 포르투갈, 스페인, 미국, 아르헨티나, 모로코, 알제리, 튀니지, 러시아에 20개 이상의 업체를 운영 중이다. 연간 코르크 마개 생산량은 40억 개로서 하루 천만 개 이상을 생산한다!

- **디암(Diam)**은 어글로머레이티드 코르크 마개의 최대 생산자로서 제품 구성비는 코르크 알갱이 95%에 접착제 5%이다. 연간 생산량은 20억 개로서 프랑스의 랑그루시옹, 스페인의 엑스트레마두라(Extremadura)에 공장이 있다. 천연 코르크 가루 및 알갱이는 이산화탄소를 사용해 부정적인 향미 성분인 TCA를 빼낸다.

- **노마코르크(Nomacorc)**는 과거 타 제품군의 사출 제조 경험을 바탕으로 1990년대에 와인 마개를 처음으로 만들었다. 현재 생산량은 연 25억 개로서 미국, 벨기에, 아르헨티나, 중국에 모두 네 개의 공장이 있다. 비발포 와인 마개 시장의 10%를 점유하고 있으며 사탕수수 등의 식물 기반 재료를 사용한 환경 친화적 와인 마개를 생산하는 것으로 알려져 있다. 이 업체는 벤벤션스 그룹(Vinventions group) 산하이며 해당 그룹은 여타 유형의 코르크 마개, 유리 마개, 스크류 마개 또한 제조하고 있다. 이들 제품군은 다른 브랜드명으로 판매된다.

- **스텔빈(Stelvin)**은 호주의 포장업체 암코(Amcor)에서 생산하는 유명 스크류 마개 브랜드이다. 암코는 호주, 미국의 캘리포니아, 캐나다, 칠레, 프랑스에 공장이 있다. 최초의 스크류 마개 제품은 1960년대에 나왔다. 현재 이 그룹은 병마개를 비롯한 여러 관련 제품군을 생산하고 있다.

● 특이한 코르크 마개 두 가지
코르크 마개가 어떻게 생겼는지는 대다수가 알고 있

● 호주 펜폴즈 리코킹 클리닉스(Penfolds Re-corking Clinics)
펜폴즈 리코킹 클리닉스는 와인 양조장 펜폴즈의 레드 와인에 대해 15년 넘게 건강 상태 확인 및 리코킹(마개 교체) 서비스를 제공하고 있다. 본 클리닉은 1991년 설립되었으며, 지금까지 13만 개의 병에 대해 리코킹 작업을 진행했다. 필요할 경우에는 동일 와인을 더하고, 새로운 마개를 하여 보존 기간을 늘린다. 또한 리코킹으로 와인 양조장에서는 와인을 평가하고 와인의 내력을 알 수 있다.
펜폴즈 리코킹 클리닉스는 출장 서비스가 가능하며, 미국, 캐나다, 영국, 스웨덴, 독일, 스위스, 뉴질랜드, 중국에서도 서비스를 제공하고 있다.
펜폴즈 박사는 자신의 환자들에게 '의학적 효과'를 내기 위해 1844년에 호주에서 와인 생산을 시작했다. 오늘날 펜폴즈는 세계 최대의 와인 업체 트레저리 와인 에스테이츠(Treasury Wine Estates) 산하의 주요 고가 브랜드이다.

다. 여기서는 일반적인 마개와 모양이 다른 두 가지 마개, 헬릭스(Helix)와 엑설런트 코르크(Excellent Cork)를 소개한다.

헬릭스는 스크류 마개와 코르크 마개의 혼성체인 코르크 마개로 와인병 내부로 들어가는 쪽에 나사선이 있다. 미국의 대형 와인병 제조업체인 오웬스 일리노이와 포르투갈에 있는 최대 코르크 마개 제조업체 아모림의 합작으로 생산되었다. 뽑을 때 코르크 특유의 소리가 나면서 기존 코르크 마개와는 달리 병에 다시 끼우기 쉽게 되어 있다. 주요 사용자 중에는 대형 업체인 브롱코 와인이 있다.

엑설런트 코르크사는 스페인 업체로, 코르크와 유사한 성질에 여러 가지 색상을 구현할 수 있는 합성 물질을 사용한 마개를 제조한다. 2015년에 이 업체는 DUO라는 마개 제품을 특허 등록하고 생산을 개시했다. 이 제품은 쉽게 병을 다시 닫을 수 있다. 대부분의 와인 마개들이 다시 끼우기 힘들다는 점을 생각한다면, 대형 마개 업체들이 이런 제품을 내놓지 않았다는 것은 이상한 일이다. 이와 유사한 제품을 생산하는 업체도 있겠지만, 저자가 이 책을 만들기 위해 조사했을 때는 찾지 못했다.

● 병을 딸 때 코르크 마개를 우아하게 보여주는 방법

와인병에 있는 호일 캡슐 윗부분은 대개 코르크 병따개(corkscrew)에 있는 칼 또는 전용 호일 커터로 제거한다. 이 캡슐이 플라스틱제가 아닌 주석 또는 알루미늄제라면 (1990년대부터 보건 및 환경 이유로 납은 사용하지 않는다.) 따낸 캡슐 윗부분을 코르크 마개 받침대로 쓰는 방법이 있다.

윗부분의 호일을 조심스레 잘라내되 다 자르지 말고 약간 남겨둔다. 그러면 이 윗부분이 마치 한쪽에 경첩이 달려 있는, 작은 뚜껑처럼 된다.

그리고 그보다 5mm 아랫부분을 잘라내는데, 이때에도 같은 부분을 자르지 않고 남겨둔다.

처음 잘라낸 윗부분을 병의 목 부분까지 젖히고 링은 180도로 젖힌다.

코르크 마개를 뽑아 링에 끼우면 글자를 읽을 수 있다. 예를 들면, Mis en bouteille au château라거나, Estate bottled, 또는 South Africa 2015 같은 글자가 있을 것이다.

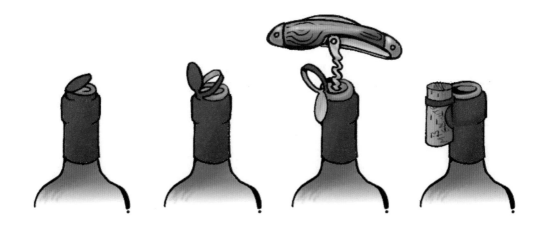

링을 매만져서 코르크 마개를 고정시킨다. 180도 젖혀 놓은 윗부분으로 코르크를 부드럽게 감싼다.

● 앗, 죄송해요! 드랍스탑(Dropstop) 발명품

드랍스탑 디스크는 1989년 덴마크의 한 목수가 발명했다. 그는 친척 아주머니의 생일 잔치 때 비싼 테이블보 위로 레드 와인을 흘린 뒤 이를 발명했다고 한다. 이 기구는 와인을 따를 때 흘리지 않게 해준다.

모양은 단순하게 보이지만 완벽하게 기능하도록 만드느라 상당한 시간이 걸렸고, 여러 가지 재료를 사용해서 많은 실험 끝에 탄생했다고 한다. 현재 폴리에스테르, 폴리프로필렌, 알루미늄을 사용한 다층 박막 재질의 제품들이 있다. 표면에는 라미네이팅 처리를 하여 유럽 연합의 일반 식품 기준을 통과했다. 덴마크의 포장업체 슈르(Schur)에서 생산하며 수년 동안 전 세계에서 특허로 보호되었다.

● 스크류 마개 와인병을 우아하게 여는 법

스크류 마개는 일반적으로 병 위쪽을 덮는 기다란 덮개의 윗부분을 말한다. 아랫부분과 윗부분은 여덟 개의 작은 이음매(bridge)로 연결되어 있고, 마개를 열 때 이 부분이 끊어진다. 마개 전체를 돌리면 살짝 느슨해진다. 마개는 약간 비틀어져 있어서 이음매가 하나씩 끊어지면서 열린다. 그러므로, 다음 번 와인병을 열 때는 천천히 돌리면서 딱 딱 딱 끊어지는 우아한 소리를 즐기기 바란다.

소비

소비
Consumption

7.1 국가별, 일인당 소비량

◉ 세계 커피 소비량

세계 연간 커피 소비량은 1.5억 포대, 900만 톤을 약간 넘는다. 하루 25억 잔에 달하는 양이다.

유럽 연합을 제외하면, 미국이 세계 최대의 커피 소비 시장으로 연 소비량은 2500만 포대에 달한다. 현 소비 추세로 본다면, 수년 내로 브라질이 미국을 제치고 최대 소비 시장이 될 것으로 보인다.

◉ 일인당 커피 소비량 – 놀라운 수치

일반적으로는 이탈리아인이 전통적으로 에스프레소를 위시하여 커피를 상당량 마시고, 그 점에서 여러 가지 추출 방식에 이탈리아식 용어가 전 세계적으로 쓰인다고 알려져 있다. 그러나 이탈리아의 일인당 연간 커피 소비량은 6kg 정도로 유럽 여러 국가들, 특히 북유럽 국가들(덴마크, 핀란드, 아이슬란드, 노르웨이, 스웨덴)에 비해 낮다. 북유럽의 일인당 커피 소비량은 9kg을 넘는다.

북유럽 국가들의 일인당 커피 소비량은 세계 최대로서 프랑스, 독일, 이탈리아, 미국의 일인당 소비량에 비해 훨씬 높다.

미국의 일인당 연간 커피 소비량은 1946년 9kg로 정점을 찍었다. 2017년의 소비량에 비하면 두 배이

다. 일본의 일인당 커피 소비량은 3.5kg, 대한민국은 2.3kg으로서, 두 국가가 차 문화가 일반적이었다는 점을 감안하면 이는 고무적인 수치이다.

브라질은 세계 최대의 커피 생산자 및 수출 국가이면서 동시에 커피 생산 국가들 중 소비량이 가장 높은 축에 드는 나라이기도 하다. 브라질의 일인당 연간 커피 소비량은 6kg로서 미국이나 호주, 프랑스, 스페인에 비해 일인당 커피 소비량이 더 높다. 일인

◉ 표 7.1 국가별 커피 소비량

국가	연간 소비량, 60kg 포대 백만 단위	국가	연간 소비량, 60kg 포대 백만 단위
세계	150	대한민국	2.5
유럽 연합	42	중국	2.5
미국	25	알제리	2.0
브라질	21	콜롬비아	1.5
일본	8	호주	1.5
인도네시아	5	인도	1.5
러시아	4	태국	1.5
필리핀	4	사우디아라비아	1.5
에티오피아	3.5	우크라이나	1.0
캐나다	3.5	스위스	1.0
멕시코	2.5	터키	1.0
베트남	2.5	기타	19.5

자료: ICO, 2016년 자료를 반올림. 400만 포대 미만 수치는 소숫점 1자리까지 표시

당 국내 커피 소비량이 높은 생산국으로는 이외에 코스타리카, 엘살바도르, 에티오피아가 있다. 인도네시아와 멕시코 또한 국내 소비량이 높은 축에 든다.

○ 브라질의 커피 소비량은 어떻게 높아졌을까?

브라질 사람들이 커피 소비량 증가는 자연스럽게 일어난 현상이 아니다. 이는 브라질 커피 로스터 협회(ABIC)에서 오랜 기간 동안 이끌어 온 판촉 프로그램 덕분이다.

본 프로그램 중 하나로 1980년대부터 시작한 셀로데 푸레사(Selo de Pureza, 순정 인증)가 있다. 브라질은 고품질 커피 제품은 수출하고 저품질 제품은 국내에 남기는 방식을 택하지 않기로 했다. 소비자들은 모든 커피 상품 중에서 원하는 것을 고를 수 있었고, 또한 치커리나 곡물, 다른 저렴한 첨가물이 섞이지 않은 커피를 공급받았다.

또 다른 요소로는 잠재 소비자인 젊은 층—학생들까지 포함하여—을 목적으로 한 판촉 행사가 있다. 이는 홍보 로고에 나와 있는 글귀인 '까페 나 메레다, 사우디 나 에스꼴라(Café na Merenda - Saúde na Escola, 식사에는 커피, 학교에서는 건강)'에서 나타난다.

국내 소비 진작을 위한 브라질 프로모션 사례는 ICO와 브라질 컨설팅 그룹 P&A 마케팅(P&A Marketing)을 통해 여타 생산국으로 공유되었다. 브라질 사례를 통한 교육으로 효과를 본 국가로는 콜롬비아, 코스타리카, 엘살바도르, 인도, 인도네시아, 멕시코가 있다. ICO는 웹사이트(www.ico.org)에 관련 지침을 게시하고 있다.

○ **표 7.2 국가별 일인당 커피 소비량**

국가	1년간 kg	국가	1년간 kg
핀란드	12	폴란드	4
노르웨이	10	일본	3.5
스웨덴	9	영국	3.5
덴마크	9	호주	3.5
네덜란드	8	코스타리카	3.5
스위스	8	남아프리카	3
벨기에	8	엘살바도르	2.5
오스트리아	8	에티오피아	2.4
독일	7	대한민국	2.3
캐나다	7	러시아	1.7
브라질	6	인도네시아	1.3
이탈리아	6	멕시코	1.3
슬로베니아	6	세계	1.2
프랑스	5	필리핀	1.2
유럽 연합	5	베트남	1.2
미국	5	터키	0.7
포르투갈	4	중국	0.13
스페인	4	인도	0.08

자료: ICO, 브라질 P&A 마케팅 사, USDA, 국가 및 업체 통계, 저자 계산

주의
- 본 단위는 생두 환산값(Green Bean Equivalent, GBE)을 kg으로 나타낸 것이다. 원두 1kg(2.2파운드)를 생산하기 위해서는 생두 1.2kg(2.6파운드)이 필요하다.
- 위 수치는 입수 가능한 최근 3년간의 값을 평균한 것이다. 소비량이 4kg 미만인 경우에는 소숫점 1자리까지 나타냈다.
- 특히 코스타리카, 인도네시아, 멕시코, 남아프리카 관련 자료원은 다른 자료원과 다르다.
- 인구가 50만 미만인 나라는 본 목록에 포함하지 않았다.

미국의 일인당 연간 커피 소비량은 5kg로서 1940년대 말 수치에 비해 절반 정도이다.

전 세계에서 하루에 소비하는 커피와 와인의 양은?

- **커피 25억 잔**: 숫자로 표현하면 2,500,000,000잔(cup)이다. 이 값은 생두 1.5억 포대(900만 톤), 잔당 평균 생두 사용량 9g(원두 7g)을 바탕으로 나왔다.
- **와인 5억 잔**: 숫자로 표현하면 500,000,000잔(glass)이다. 이 값은 와인 2.7억 헥토리터 중 증류주 사용량 10%를 제외한 2.4억 헥토리터를 바탕으로 나왔다. 여기서 잔 용량은 평균 140mL로 했다.

● 세계 와인 소비량

1990년대 이래 와인은 주로 음식에 곁들여 먹는 주류에서 여러 상황에서—혼자서도, 또는 사회화 과정 중에서도—즐길 수 있는 음료가 되었다.

세계 연간 와인 소비량은 약 2.4억 헥토리터로 상당히 안정적이다. 최대치는 1970년대와 1980년대로서 약 2.7억 헥토리터였으며, 2000년 이후로는 2007년이 2.52억 헥토리터로 최고치를 기록했다.

세계 최대 와인 소비국은 미국으로 와인 소비량이 3천만 헥토리터를 약간 넘는다. 지난 2013년 이래 프랑스를 넘어섰다.

현재 와인 소비량은 생산량 대비 3천만 헥토리터, 12% 정도가 낮다. 이러한 공급, 소비량은 오랫동안 상당히 안정적이었다. 위 3천만 헥토리터 중 대다수는 증류 처리되어 브랜디(brandy)나 베르무트(vermouth) 등의 다른 음료 제조에 사용된다. 유럽 연합에서는 소위 와인 호수(wine lake) 시절에는 초과 공급 기간 내 일부 기간 중에는 증류 작업에 대해 보조금을 지급한 일이 있다.

일인당 와인 소비량이 가장 높은 국가로 프랑스, 포르투갈, 이탈리아가 있다. 이들은 2000년 이래 소비량이 20% 감소했음에도 불구하고 아직 소비량이 높은 축에 든다.

유럽의 소비량은 세계 전체 소비량의 60%정도이다. 2000년에는 70%였다. 주요 와인 소비국들 중 일부는 최근 소비가 곤두박질쳤다. 프랑스는 2000-2017년 사이 소비량이 20% 이상 줄어들었고, 동 기간 이탈리아는 소비량이 30%, 스페인에서는 40% 감

소했다. 독일은 10년 넘게 소비량에 변화가 없다.

유럽에서 와인 소비량이 줄어든 데는 몇 가지 이유가 있다. 예를 들어 음주운전 같은 건강과 안전에 대한 경각심이 커졌다. 일부 젊은 층은 와인이 약간은 구식이라 생각하고 맥주나 칵테일을 선호하기도 한다. 미국은 정반대로 와인이 최신 유행에 해당한다. 어떤 드라마에서는 등장 인물들이 주방에서 와인 잔을 든 채로 돌아다니며 잡담을 나눈다.

● 표 7.3 국가별 와인 소비량

국가	연간 100만 헥토리터
세계	240
미국	31
프랑스	28
이탈리아	22
독일	20
중국	17
영국	13
아르헨티나	10
스페인	10
러시아	9
호주	5
포르투갈	5
캐나다	4
남아프리카	4
네덜란드	4
브라질	3
칠레	3
그리스	3
루마니아	3
오스트리아	3
일본	3
스위스	3
벨기에	3
기타	34

자료: OIV, 2014–2017년 사이 값(일부는 추정치임)을 평균하여 반올림했다. 일부 극단적인 수치가 나타난 경우는 제외했다.

● 일인당 와인 소비량: 시간이 지남에 따라 변한다

지난 50년 사이 유럽의 일인당 와인 소비량은 상당한 변화가 있었다. 소비량이 늘어난 곳도 있고 적어진 곳도 있다. 프랑스, 이탈리아, 포르투갈 등 남유럽 국가들은 연간 소비량이 일인당 100리터에서 40리터 이하로 줄어들었다. 영국, 네덜란드, 노르웨이 등 북유럽 국가는 반대로 소비량이 10배 이상 늘었다. 다만 원래 소비량이 낮았기에 소비량이 대폭 상승한 지금도 남유럽 국가에 비해서는 낮은 편이다.

미국의 일인당 연간 와인 소비량은 11리터(2.9 미국식

● 표 7.4 국가별 일인당 와인 소비량, 1960년대와 비교

국가	연간 리터 (괄호 안은 1960년 수치)	국가	연간 리터 (괄호 안은 1960년 수치)
프랑스	41(121)	영국	20(2)
포르투갈	41(99)	체코 공화국	20(6)
슬로베니아	39	불가리아	18
스위스	35(37)	노르웨이	18(1)
이탈리아	34(108)	아일랜드	18
크로아티아	34	칠레	17(80)
덴마크	33(3)	캐나다	13
오스트리아	30(21)	미국	11(3)
벨기에	28	남아프리카	7
루마니아	27	러시아	8
그리스	26	베트남	6
독일	25(12)	일본	6
아르헨티나	25(12)	세계	3.5
호주	24(9)	폴란드	2
네덜란드	23(2)	브라질	2
헝가리	21	중국	1.3
뉴질랜드	21	터키	1.0
스페인	21(52)	멕시코	0.5
스웨덴	21(4)	인도	0.03

자료: OIV 2016년도 자료 등의 일부 자료 및 저자 계산

주의: 자료원은 각각 다르다. 자료원에 따라 전체 인구, 15세 이상, 법적 음주 허용 연령 이상으로 나뉜다.

갤런)로서 대다수 와인 생산국 중에서는 낮은 편이다.

중국은 연간 소비량이 1700만 헥토리터로서 시장 자체는 세계 5위에 들지만, 일인당 연간 소비량은 1.3 리터로 낮은 편이다.

표 7.4에서는 일부 국가의 일인당 연간 와인 소비량을 나타내고 있다. 괄호 내 수치는 1960년대의 수치로서 비교를 위해 기입하였다.

● 로제 와인의 인기

최근 로제 와인(rosé) 와인이 인기를 끌면서 전체 생산량의 10% 가까이를 점유하고 있다. 과거 로제 와인이 가벼운 여성용 와인이라는 인식은 이제 사라졌다.

2015년에 프랑스의 로제 와인 소비량은(수입 물량 포함) 800만 헥토리터를 넘어섰다. 이는 프랑스의 비발포 와인 소비량 중 30%에 달하는 양이다.

미국의 로제 와인 소비량은 320만 헥토리터로서 전체 와인 소비량 중 10%를 차지한다.

튀니지나 우루과이의 경우, 로제 와인이 전체 와인의 절반 이상을 차지한다.

● 표 7.5 국가별 로제 와인 생산량

국가	100만 헥토리터	세계 생산량 대비 비율
프랑스	7.6	30
스페인	5.5	23
미국	3.5	15
이탈리아	2.5	10
위 4대 국가의 합	19.1	80
나머지	5.1	20
세계	24.1	100

자료: OIV 2014년도 자료. 다른 자료에서 수치 갱신

주의: 스파클링 와인 수치는 포함하지 않았다.

● 1950년대 이래 보졸레 누보(Beaujolais Nouveau)의 등장

보졸레 지역은 1937년부터 아펠라시옹이 적용되었다. 보졸레 누보(새 보졸레라는 뜻이다.) 와인은 그 자체

가 하나의 브랜드가 되었는데, 여기에는 기술적인 이유 및 판촉 이유의 두 가지 이유가 있다.

먼저, 보졸레 누보 와인 제법은 포도송이를 그대로 탱크에 넣어 고속 카보닉 매서레이션을 진행하는 방법으로 이산화탄소가 들어 있는 채로 봉인한다는 점에서 다른 양조 방식과는 다르다. 이 이산화탄소층이 산소가 접근하지 못하게 하고 포도껍질 내에서 발효되게 하므로, 탄닌 함량은 낮게 유지되고 과일향이 나타난다.

다음, 이 와인은 11월 세째 주의 특정 일자에 시장에 공개된다. 이 정도면 수확 후 7주가 채 지나지 않은 때이다.

보졸레 누노는 1950년대 처음 도입되었을 때부터 일종의 기믹이 있었다. 1970년대 후반부터 파리나 전 세계 다른 도시까지 와인을 급속 배송하는 경쟁을 열었고, 이는 성공적인 홍보 효과를 거두었다. 연간 생산량은 2500만 병(18.5만 헥토리터)이고 주로 가메 품종을 사용한다. 생산량의 40% 정도를 수출하는데, 일본이 그 절반 정도를 수입한다. 보졸레 누보의 성공에 큰 공헌을 한 이로 대형 와인 거래상인 조르쥐 뒤뵈프(George Duboeuf)가 꼽힌다.

가메 품종은 와인 비평가들이 거의 호평하지 않는 품종이지만, 보졸레 누보를 통해 유명해질 수 있었다.

가메 품종은 와인 비평가들이 거의 호평하지 않는 품종이지만, 이러한 방식으로 유명해질 수 있었다. 확실히 모험이긴 했지만 효과는 있었다.

보졸레 누보의 판매량은 20세기 말-21세기 초에 연간 약 6500만 병(50만 헥토리터)로 가장 높았다.

● 와인, 맥주, 증류주를 통한 알코올 섭취량

전 세계 알코올 섭취량은 맥주와 증류주(도수가 높다.)를 통한 섭취가 와인을 통한 섭취에 비해 세 배 가량 더 많다. 표 7.6에서 확인할 수 있다.

전 세계 알코올 섭취량은 맥주와 증류주를 통한 섭취가 와인을 통한 섭취에 비해 세 배 가량 더 많다.

● **표 7.6 세계 알코올 섭취량**

제품	연간 10억 리터	알코올 평균 함량	연간 알코올 섭취량, 10억 리터
와인	24	12%	2.9
맥주	190	5%	9.5
증류주	20	40%	8.0
총합	–	–	20.4

자료: OIV 2016년도 자료를 비롯한 여러 자료를 바탕으로 저자 계산

UN의 세계 보건 기구(World Health Organization, WHO)에서는 웹사이트 및 Global status report on alcohol and health, 2014에서 다음과 같은 내용을 알려주고 있다.(괄호 안은 저자의 언급이다.)

* 알코올 섭취량이 가장 높은 나라는 러시아와 동유럽으로서, 15세 이상 인구의 일인당 연간 섭취량이 14-16리터에 달한다. 서유럽 대부분 국가와 캐나다, 남아프리카, 호주는 10-12리터이다. 미국과 남미 대부분 국가는 8-10리터이다.(이탈리아의 알코올 섭취량이 그다지 높지 않다는—연간 7리터—것은 주목할 만하다. 이 나라는 최근 수십 년 사이 와인 섭취량이 많이 줄긴 했지만, 어쨌든 일인당 와인 소비량이 가장 높은 축에 속하기 때문이다.)
* 알코올 섭취량 중 50%는 증류주 형태로 들어온다.(WHO에서 제시하는 수치는 OIV에서 제시하는 수치에 비해 더 높다. 이는 아마도 WHO에서는 가정에서 만드는 주류나 밀주 등을 포함하기 때문일 것이다. 이들은 전체 알코올 섭취량의 1/4 정도로 추산된다.)
* 2010년 기준 세계 일인당 연간 알코올 섭취량은 15세 이상 인구에 대해 순수 알코올 환산시 6.2리터였다. 하루 순수 알코올을 13.5g 섭취하는 셈이다.
* 15세 이상 세계 인구의 62%는 지난 12개월 동안 주류를 마시지 않았다.(놀랍게도 비율이 높다.)
* 2012년 기준, 약 330만 건, 비율로는 전체 사망건의 6% 정도가 알코올 섭취에서 원인을 찾을 수 있다.(알코올 섭취와 건강 문제는 7.4장에서 다룬다.)

- 일반적으로, 국가 경제가 더 부유할수록 일인당 알코올 소비량은 더 높아진다.(다만 일부 자료에서는 해당 내용에 대해 이견이 있다.)

전 세계 알코올 섭취량 중 와인 비중은 1961년에서 2014년 사이 절반으로 줄었다는 점은 주목할 만 하다. 표 7.7은 이에 대해서 알려주고 있다.

● 표 7.7 1961년과 2014년 와인, 맥주, 증류주를 통한 알코올 섭취 비율

음료	1961	2014
와인	35%	15%
맥주	29%	42%
증류주	36%	43%
총합	100%	100%

자료: Alexander J. Holmes and Kym Anderson, Journal of Wine Economists, Volume 12, Number 2, 2017.

주의
- Holmes and Anderson의 기사에서는 2010년의 일인당 총 일코올 십취량이 5.1 리터이며, 이 중의 30%는 기록이 없다는 점이 드러나 있다.
- 일인당 알코올 섭취량이 가장 높은(연간 8리터 이상) 국가들로 오스트리아, 벨기에, 룩셈부르크, 불가리아, 크로아티아, 덴마크, 프랑스, 독일, 헝가리, 아일랜드, 몰도바, 포르투갈, 러시아, 스페인, 스위스, 영국이 있다.
- 위 기사에서는 54개 국가와 지역에 대해 2010~2014년 사이 주된 알코올 공급원에 따라 세 부류로 나누었다. 아래의 목록 중 신규 진입한 국가들은 해당 국가에서 1961~1964년 사이의 주된 알코올 공급원을 괄호로 추가 표시했다.

와인을 주로 마시는 국가: 알제리, 아르헨티나, 크로아티아, 덴마크(맥주), 프랑스, 조지아, 그리스, 이탈리아, 몰도바, 모로코, 포르투갈, 스웨덴(증류주), 스위스, 영국(맥주), 우루과이
맥주를 주로 마시는 국가: 호주, 오스트리아, 벨기에, 룩셈부르크, 브라질(증류주), 캐나다, 칠레(와인), 핀란드(증류주), 독일, 홍콩(증류주), 헝가리(와인), 아일랜드, 말레이시아, 멕시코, 네덜란드, 뉴질랜드, 루마니아(와인), 싱가포르, 남아프리카(증류주), 스페인(와인), 튀니지(와인), 터키(와인), 미국, 기타 서유럽 국가(증류주), 기타 동유럽 국가, 기타 중남미 국가, 기타 아프리카와 중동 국가
증류주를 주로 마시는 국가: 불가리아(와인), 중국, 인도, 일본, 대한민국, 노르웨이, 필리핀, 러시아, 대만, 태국, 우크라이나, 기타 아시아 국가

7.2 소비자들의 다양한 선택지

○ 커피 소비자들의 다양한 선택지

커피에 대한 소비자들의 선택지는 방대하다. 특히 2000년대 초부터 선택지가 엄청나게 커졌다. 유럽의 대규모 및 중규모 수퍼마켓에서는 원두, 분쇄 커피, 단일 산지, 인스턴트, 캡슐, 포드, 디카페인 등 150가지 이상의 커피를 고를 수 있다. 이 중 많은 수가 지속가능성 관련한 여러 가지 유형의 인증을 받았다. 미국 또한 선택지가 많다. 다양한 향미를 지닌 여러 가지 커피들이 판매된다.

아래에는 2000년대 초반, 커피점에서 선택 옵션이 넘쳐나던 시절에 저자가 포스터에서 본 글귀이다. 원본을 알 수 없기에 최초의 저자는 알 수 없다. 바리스타와 고객 그림은 새로 만들어 올렸다.

"자, 커피 한 잔입니다. 아라비카종이고요, 천천히 로스팅했고 페어 트레이드로 거래되었어요. 제 3 세계의 재배자들을 지원하면서 환경을 보존할 수 있도록 유기농으로 자란 커피입니다. 버드 프렌들리 인증도 받았죠. 위험에 빠진 철새들의 거주지를 보호하면서 우림지의 생존을 도모하는 신성한 인증 말입니다. 잔 크기는 세 가지입니다. 레귤러, 톨, 그란데. 자, 이제 레귤러에 대해 말하자면…"

○ 에스프레소와 기타 커피 메뉴

커피 매장에서 커피 한 잔을 주문하는 것은 30년 전에 비해 복잡해졌다. 오늘날 선택할 수 있는 옵션이 많기 때문이다.

앞서 그림에서 본 것처럼 선택지는 거대하다. 표 7.8은 전 세계 거의 어디에서든 커피 매장에서 볼 수 있는 일반적인 메뉴 목록을 보여준다.

○ 표 7.8 15가지 일반적인 커피 메뉴, 비교용으로 에스프레소를 단위로 사용함

메뉴	mL (1액량온스 = 30mL)	강도	커피- 에스프레소	스팀 우유	우유 거품	뜨거운 물	설명 및 첨가물에 관한 정보
리스트레토 (ristretto)	15~25	6+	1	–	–	–	restringere는 이탈리아어로 제한 내지 농축이라는 뜻이다.
에스프레소 (espresso)	30	6	1	–	–	–	**커피 6~9g, 용량과 농도는 다양하다.**
에스프레소 콘 파냐 (espresso con panna)	30~45	5	1	–	–	–	위에 거품낸 크림을 얹는다. 파냐는 크림을 뜻한다.
마키아토 (macchiato)	30~60	5	1	–	약간만	–	전 세계적으로 우유의 양은 다양하다. 마키아토는 점이 있다는 뜻이다.
룽고 (lungo)	40~130	3~4	1	–	–	–	일반적인 크기는 100mL이다. 룽고는 이탈리아어로 길다, 연장되었다는 뜻이다.
꼬르따도 (cortado)	60~90	3~4	1	1~2	–	–	대형 유리잔에 담아 제공하기도 한다. 스페인어로 잘라내다, 줄이다, 짧게 하다라는 뜻이다.
브레베 (breve)	80~130	3	1	1~2	1(크림)	–	일반적으로 무지방 우유와 지방분이 적은 크림을 더한다. 브레브는 이탈리아어로 짧다는 뜻이다.
플랫 화이트 (flat white)	100~160	3	1	2~3	0~1	–	호주와 뉴질랜드에서 시작했다. 현재는 미국에서 일반적인 메뉴이며 유럽에서도 인기가 늘고 있다.
카푸치노 (cappuccino)	140~190	3	1	2~3	1~2	–	고운 코코아 가루 또는 시나몬 가루를 위에 올린다.
비에니즈 (Viennese)	145~190	2~3	1	1~2	1~2(크림)	–	비너(Wiener)라고도 한다. 여러 가지 변종과 조합이 있다. 휘핑 크림 외에 코코아 등 여러 가지로 향을 더할 수 있다.
커피 (coffee)	100~180	2~3	(추출 커피)	–	–	–	추출 커피는 거의 어떤 용량으로든 제공할 수 있다.(에스프레소 용량으로는 만들지 않는다.)
카페오레 (café au lait)	120~150	2	(추출 커피)	1~2	–	–	원래는 에스프레소가 아니라 추출 커피를 썼다. 레(lait)는 프랑스어로 우유를 뜻한다.
카페라테 (caffè latte)	140~230	2	1	3	1	–	일부 국가에서는 라테 마키아토라고 말한다. 라테는 이탈리아어로 우유를 뜻한다.
아메리카노 (Americano)	140~250	2	1	–	–	4~5	추출 뒤, 별도의 추출 없이 뜨거운 물을 더한다.
모카 (Mocha)	100~200	1~2	1	2~3	거품낸 우유는 대체용이다.	–	바닥에 초콜렛 시럽을 약간 깔아둔다. 휘핑크림을 더할 수 있다.

주의
- 본 표에서는 30mL 용량의 에스프레소를 비교용으로 사용했다.
- 모든 메뉴는 여러 가지로 변용된다. 에스프레소 용량이 20~25mL일 수도 있고(예를 들어 이탈리아에서) 45mL가 될 수도 있다(예를 들어 미국에서).
- 커피 용량과 상세 제법은 전 세계 여러 자료에서 나타난 정보를 기반으로 한다. 첨가하는 우유 비율 및 기타 첨가물의 비율은 나라마다 다르다.
- 대부분의 커피 유형 관련 이름은 이탈리아어를 쓴다.
- 일반적으로 추출 커피 120~150mL 잔에는 원두 6~8g을 쓴다. 에스프레소는 6~10g 또는 그 이상을 쓸 수 있다.

에스프레소는 보통 강한 맛을 좋아하거나 활력을 얻기 위해 카페인을 단시간에 섭취하고자 하는—또는 서서 빨리 마시는 것을 즐기는—사람들이 주문한다. 잔 크기는 사용된 커피의 양에 따라 싱글(30mL, 1 액량 온스), 더블, 트리플이 나올 수 있다. 추출(샷, shot) 시간으로는 리스트레토(ristretto, 제한적이라는 뜻이다.), 노르말레(normale, 보통), 룽고(lungo, 길다는 뜻이다.)이 나올 수 있다. 세 종류에 사용되는 분쇄 커피의 양이 같고 추출 정도도 같지만 물의 양이 다르다.

에스프레소는 약로스팅에서부터 매우 강한 로스팅에 이르기까지 여러 정도로 로스팅한 커피를 사용해 추출한다. 로스팅 정도에 대해서는 표 3.4에 나타나 있다.

○ '카푸치노(cappuccino)'의 어원

cappuccio(카푸치오)는 이탈리아어로 '후드'를 비롯한 머리에 쓰는 것을 말한다. 접미사 -ino 는 작은 것을 나타내는 지소 접미사이다. 곧 카푸치노(cappuccino)는 작은 후드를 뜻한다.
16세기 카푸친회 수도사가 썼던 후드는 특히나 밝은 갈색이었다.—이것이 카푸치노라는 이름의 기원이라고 한다.
커피를 우유, 우유거품과 함께 제공하는 방식은 1920년대와 1930년대, 즉 에스프레소가 유명해지고 10년쯤 뒤에 유행했다. 일부에서는 1900년대 이전, 비엔나에서 커피에 우유나 크림을 더해 작은 컵에 담아 내는 인기 메뉴 이름이 카푸치너(Kapuziner)였다고 한다.—그런데 이 또한 카푸친회 수도사와 연관짓고 있다. 어떤 경우건, 이 단어의 기원은 같아 보인다.

○● 커피와 와인을 마시는 특별한 경험

커피를 마실 때, 또는 와인을 마실 때, 소비자는 자신이 마시기로 선택한 제품이 자기 이미지의 일부가 된다고 느낀다. 그리고 모든 사람들은 여러 다양한 방법으로 특별한 누군가가 되고자 한다. 차나 시계 또는 옷을 살 때도, 또는 잡지를 구독할 때에도 마찬가지이다. 자신이 어떤 사람인지, 때로는 자신이 어떻게 보였으면 하는지까지 나타내는, 일종의 자기 자부심이다 – 어떤 이들에게는 자신이 다른 사람들보다 더 중요하다는 증거이기도 하다. 영어 속담을 바꾸어 말하자면, '지금 마시고 있는 것이 무언지 말해주면, 당신이 누구인지 알려주겠다.'인 것이다.

와인은 스타일 산업으로서 많은 와인 애호가들에게 와인은 개인적 심미안의 연장선이다. 심지어는 그런 이미지를 추구하는 이들도 있다. 이런 사람들 중에는 남에게 보여주기 위해 매우 값비싼 와인을 사지만 집에서는 백인박스 같은 저렴한 와인을 마시는 이도 있을 것이다. 커피도 마찬가지이다. 집 안 가득 채워 놓은 좋아 보이는 값비싼 장비들이, 사실은 주인이 누군지, 주인이 어떤 사람이 되고 싶어하는지, 주인이 어떻게 보이고 싶어하는지를 나타내는 경우가 있다.

카푸치노라는 말은 16세기 이탈리아의 카푸친(Capuchin) 수도사가 썼던 갈색 후드에서 따왔다.

◎● 커피는 와인처럼 되고파 한다: 다비도프(Davidoff)의 사례

다비도프(Davidoff) 사에서 판매하는 커피는 커피 세계가 어떠한 방식으로 와인 세계처럼 되고 싶은지 보여주는 좋은 예시이다. 다비도프는 원래 고가의 시가 담배에서 출발했지만 오늘날은 커피를 비롯한 여러 럭셔리 제품으로 브랜드를 확장했다.

이 업체의 영어판 홍보 문구에서는 커피를 와인 세계의 단어로 설명한다. – 어떤 단어들은 상당히 젠체하는 느낌이다. 예를 들어 블렌드 대신에 그랑 퀴베(Grand cuvée)를, 커피 커퍼라는 말 대신 커피 소믈리에(sommelier)를 쓰고 있으며, 커피 전문가, 커피 테이스팅에 대해서는 프랑스어인 코네쇠르(Connoisseur)와 데귀스타시옹(degustation)을 쓴다. 그리고 커피도 coffee라고 하지 않고 café라고 한다

● 와인 소비자의 선택지: 프랑스와 영국의 모순

프랑스의 소비자들은 와인 선택지가 넓다. 까르푸(Carrefour), 카지노(Casino), 샹피옹(Champion), 인테르마르쉐(Intermarché), 쥐페르 위(Super U) 및 수퍼마켓에서도 다양한 와인을 판다. 좀 큰 업장에는 거의 500개 이상의 와인이 진열되어 있을 것이다. 다만 이들 중 98%는 프랑스산이다.

어떤 와인을 진열하는가는 전적으로 수퍼마켓 체인의 결정에 달려 있다. 이들은 조달 가능성, 구매 가격, 예상 마진과 소비자 취향을 종합해 상품을 결정한다. 다만, 프랑스산이 아닌 와인은 찾기 어렵다는 점은 품질과 가격에 바탕한 진정한 소비자 취향을 반영하는 것일까? 아니면 다른 변명거리가 있을까? 자국 제품에 대한 충성심? 습관? 전통? 대체 상품에 대한 무지와 무관심? 무언가 새로운 것을 선택할 때의 두려움? 와인 애호가라면야 전문 와인 가게에서 전 세계에서 생산된 다양한 품종을 찾아낼 방도가 있을 것이다. 그러나 일일 쇼핑에서라면 선택지는 프랑스산으로 한정된다.

프랑스의 수퍼마켓에서 찾을 수 있는 비 프랑스산 와인은 대개 캘리포니아의 갈로, 아르헨티나의 말벡, 호주의 옐로 테일, 포르투갈의 마떼우스 로제(Mateus rosé), 이탈리아의 키안티 또는 발폴리첼라(Valpolicella)이다. 경우에 따라서는 모로코나 튀니지산 저가 레드 와인도 있을 수 있다. 여기까지만 하면 다섯 개 대륙에서 온 것이니까 누군가는 전 세계에서 선정했다고 말할 수도 있을 것이다.

그러나 공평하게 말하자면, 통계 자료에서는 프랑스에서 소비되는 전체 와인 중 1/4는 수입산이다. 그리고 수입산 중 3/4 이상은 벌크로 수입되는데 그 상당수가 스페인산이며, 이런 벌크 와인은 바에서, 또는 산지에 대한 정보를 밝히지 않은 채 블렌드 원료로 사용된다.

다른 나라들 또한 와인의 국적 다양성이 떨어지는 경우가 많다. 예를 들어, 이탈리아에는 이탈리아산 와인은 수백 가지가 있지만 수입 와인은 하나도 없는 매장들이 있다.

영국의 수퍼마켓은 이 점에서는 대척점에 있다: 다만 최근에는 이런 경향이 좀 줄어들긴 했지만, 여전히 전 세계 각지에서 광범위하고 다양하게 와인이 공급되고 있다. 아스다(Asda), 막스 앤 스펜서(Marks & Spencer), 모리슨(Morrison), 세인스버리즈(Sainsbury's), 테스코(Tesco), 웨이트로즈(Waitrose)는 물론, 알디(Aldi)나 리들(Lidl) 또한 고객들이 고를 수 있는 선택지가 엄청나다.

영국의 수퍼마켓들이 다양한 국적의 와인 구색을 갖춘 이유는 무엇일까. 자국의 와인 생산량이 비교적 적고, 오랜 기간 상인들이 유럽 외의 지역에서 무역을 해왔으며, 남아프리카, 호주, 뉴질랜드와의 관계가 특히 더 긴밀한 것 들이 이유가 된다. 그리고 아주 오래 전 일이지만, 영국이 보르도 지역을 300년 넘게(1152-1453) 지배했던 것도 영향을 주지 않았을까 한다.

영국의 식당이나 바에서 제공하는 와인 또한 매우 다양하다. 일부 프랑스 소믈리에들은 영국에 머무르면서 그 다양성에서 배우려고 하기도 한다.

● 와인의 다양성은 떨어졌을까? 그렇기도 하고 아니기도 하다.

일부에서는 와인 매장이나 수퍼마켓에서 방대한 와인 선택지가 있음에도 불구하고 와인의 다양성은 떨

어졌다고 말한다. 그렇기도 하고, 그렇지 않기도 하다.

그렇다─ 다양성이 축소된 이유를 최소 세 가지 들 수 있다.

먼저, 전 세계 재배자들은 농장을 안전하게 운영하고 싶어하며 자신이 잘 아는 것을 재배하고 팔고자 한다. 널리 재배되는 주요 30개 품종의 재배 면적은 2000년에는 전체 포도 재배지의 57%였던 것이 2010년에는 63%로 늘었다.(2.1장에서 상술한다.)

두 번째, 포도 재배지와 와인 양조장의 기술 혁신으로 빈티지 간 관능 및 품질 편차가 줄어들었다. 전체 품질 수준이 수십여 년 전에 비해 높아진 것은 좋은 일이다. 일반 지식, 전문적인 연구 분석, 더 나은 장비, 새로운 양조방식과 모니터링 덕에 거의 모든 와인의 품질이 높아졌다. 이제는 정말 나쁜 와인은 거의 볼 수 없다.

그리고 세 번째, 성공적인 브랜드들은 항상성을 가장 중요하게 생각하기 때문에, 매우 엄격한 품질 관리 체제로 거대 배치를 가공한다. 현재 이렇게 생산되는 와인이 많아졌다. 상업적으로 성공한 공식을 감히 바꿀 수 있을까?

그렇지 않다─ 더 많은 국가에서, 더 많은 브랜드가 공급되고 있다. 이는 다양성이 높아지고 있음을 의미한다. 그리고 최근 들어서는, 소비자들이 다양성을 추구하고 있다는 명백한 징후가 보인다. 로제 와인이나 스파클링 와인 구매가 늘고 있으며, 여기에 유기농, 바이오다이내믹, 페어트레이드 같은 여러 인증을 더할 수도 있다.

● **대량 생산과 다양성: 와인과 차를 비교한다면**
자동차 산업의 발전상과 비교해 보자. 합병과 인수가 있었지만 그럼에도 브랜드 수는 많아진 것 같다. 또한 선택지도 2000년에 비해 지금이 훨씬 커졌다. 그렇지만 시판되는 차들은 점점 비슷해지는 것 같다. 크기나 일부 럭셔리한 차들의 장식 정도만 빼면 비슷해 보인다. 이는 차량을 디자인하는 대규모 엔지니어 팀이 사용하는 컴퓨터 모델도 어느 정도 유사한 데다

가 시험 모델은 모두 하이테크 기능 검사를 통과해야 하기 때문이다. 그래서 최종적으로 검사를 통과하는 모델들이 상당히 유사하다 해도 놀랄 일은 아니다. 모든 차량은 바람 저항을 적게 받도록 최적화되었고, 연료 효율성이 좋은 엔진을 달고 신소재 경량 자제를 사용했으며 인체 공학적인 기기와 위성 항법 체제, 에어백, ABS 브레이크, 기타 안전 부품을 장착했다. 선택지가 커졌다? 그건 맞는 말이기도 하고 아니기도 하다.

그런데, 상당수 사람들은 1920년대 생산된 부가티 등의 빈티지 카, 1957년산 미국 셰비 모델 또는 1960년대 초에 출시된 시트로엥 DS, 모리스 미니(오스틴 미니) 같은 클래식 카를 열망한다. 이런 클래식 모델들은 크기나 모양이 완전히 달라서 각각 개성이 있다.

이런 다양성은 이제는 더 이상 존재하지 않는다. 그렇다 해도 전체적으로는 지금의 차가 훨씬 낫다. 안전성, 연료 효율성, 공해 방지, 소음 저감, 좌석의 안락함, 즐길거리, 내비게이션 같은 부분들이 훨씬 좋아졌다. 다양성은 줄었지만, 전체적인 차 품질은 명백히 나아졌음을 기뻐하자. 그리고 과거에 비해 차는 가격도 엄청나게 저렴해졌다. 와인처럼 말이다.

● **와인의 알코올 함량: 편차, 경향 및 (때로는) 오해를 일으키는 라벨**
생산자들은 향과 향미가 진한, 잘 익은 와인을 좋아

하는 소비자의 취향을 만족시키고 싶어 한다. 그런 와인은 늦게 수확한 포도로 만들어야 한다. 그러나 나무에 오래 달려 있으면 포도의 당 농도도 높아지기 때문에, 결과적으로 와인의 알코올 함량이 높아진다. 그렇게 하지 않으려면 발효를 일찍 멈추는 수밖에 없는데, 그러면 와인의 단맛이 너무 과해진다.

2010년대가 되면서 많은 소비자들이 도수 높은 와인에서 떠나고 있다. 이런 이유로 현재 많은 와인 양조장에서는 병입 전에 알코올 함량을 낮춘다. 역삼투압이나 스피닝 콘(4.2장에서 설명한다.) 같은 현대 기술을 사용하면 늦은 수확으로 더해진 향과 향미를 손상시키지 않고 알코올 함량을 낮출 수 있다.

그럼 소비자들이 원하는 알코올 함량은 얼마일까? 그리고 실제 알코올 함량은 얼마일까? Journal of Wine Economics(vol 10, No.3, 2015)에서 나온 Julian M. Alston, Kate B. Fuller et al.,의 〈*Splendid Mendax: False Label Claims About High and Rising Alcohol Content of Wine*〉에 답이 있다.

캘리포니아 대 데이비스 분교 소속의 와인 경제학자 대다수가 속한 그룹에서 캐나다의 온타리오 주류 관리 협회(Liquor Control Board of Ontario, LCBO)에서 1992-2009년 사이 와인을 수입하면서 진행한 129,123개 와인에 대한 실험 결과를 다시금 면밀히 분석했다.

이 연구는 한편으로는 기온이 상승하면서(지구 온난화) 와인 속 알코올 함량이 얼마나 높아지는지를 알아내고자 한다. 91,432개에 달하는 와인 자료를 바탕으로, 이 연구에서는 지구 온난화가 미치는 영향은 미미하다고 결론내렸다! 이 연구에서는 와인의 알코올 함량에 대한 정보도 알려주고 있는데, 요약한 내용은 아래와 같다.

● 주요 재배지 및 포도 색상에 따른 알코올 함량 편차

- 구대륙(유럽)의 와인은 대체로 신대륙 와인에 비해 알코올 함량이 0.6% 낮다.
- 화이트 와인은 대체로 레드 와인에 비해 알코올 함량이 0.5% 낮다.
- 프랑스산 와인을 기준으로 할 경우, 캐나다, 뉴질랜드, 포르투갈산 와인은 알코올 함량이 더 낮다. 다른 모든 나라의 와인은 알코올 함량이 더 높으며, 특히 호주와 미국은 더욱 그러하다.

주의: 독일 쪽 자료는 유형에 따라 편차가 너무 커서 제외했다. 이쪽은 알코올 함량이 극도로 낮은 경우가 많다.

● 지난 18년(1992–2009) 사이 알코올 함량은 조금씩 높아졌다.

- 대체로, 지난 18년 사이 알코올 함량은 레드 와인에서는 1.3%, 화이트 와인에서는 0.7% 높아졌다. 가장 높이 상승한 것은 호주산 와인이다.
- 알코올 함량이 증가한 주된 이유는 시장에서 더 풍부한 향, 향미 및 알코올 함량을 요구하고, 와인 제조업자들이 이 요구에 부응했기 때문일 것이다.

● 뱅 드 메르드(Vin de merde, 똥와인)

프랑스 남부 랑그독–루시용은 재배 면적이 23만 헥타르에 달해, 세계 최대의 와인 재배지라고 불리기도 한다. 연간 생산량은 거의 1400만 헥토리터(18억 병)에 달하는데, 이는 독일, 칠레, 남아프리카, 호주의 생산량보다 많다.

이 지역에서 생산하는 와인 종류는 다양하다. 일반 와인, 즉 2012년 발효된 EU 등급 분류에 따라 뱅 드 프랑스(vins de France)라 불리는 와인도 엄청나게 생산한다.

그런데 이 지역의 고품질 아펠라시옹 와인 생산자들은 엄청난 생산량과 이 '보통'이라는 이미지 때문에 피해를 보고 있다고 느낀다. 이 와인 중 일부에 뱅 드 메르드(vins de merde), 말 그대로 똥와인이라는 표현까지 있을 정도이다.

2008년, 한 와인 생산자 단체가 이러한 경멸적인 언급에 대응해 아예 뱅 드 메르드(Vin de Merde)라는 상표를 만들었다. 이 책을 쓰는 동안에는 이 와인에 대한 평가는 없었지만, 와인 자체는 시장에서 잘 팔리고 있고 스토리텔링도 좋다. 다른 여러 와인들처럼, 이 와인도 라벨에 동물이 있다. 바로 파리 한 마리!

- 기온 상승은 평균 알코올 함량 상승의 주된 원인이 아니다. 언론이나 기타 매체에서 기온이 원인이라고 하는 것에 견주어 보면 이 결과는 주목할 만하다.

● 실제 알코올 함량과 라벨에 표시된 함량 간의 차이

- 모든 와인에 표기된 알코올 함량은 실제 알코올 함량에 비해 0.13% 낮았다.
- 일반적으로, 알코올 도수가 높은 와인은 실제 함량 대비 낮은 함량을 기재한다. 이런 와인의 라벨에 표기된 수치는 대략 0.4% 낮은 편이다.
- 일반적으로, 알코올 도수가 낮은 와인은 실제 함량 대비 높은 함량을 기재한다.
- 실제 함량과 기재 함량 간의 차이는 신대륙 쪽 와인이 구대륙 쪽 와인에 비해 더 크다.

● 알맞은 알코올 도수

캐나다에서 진행한 연구에 따르면, 와인 제조업자는 주로 법에 허용된 오차범위 안에서 의도적으로 알코올 함량을 라벨에 낮게(또는 높게, 이는 사안에 따라 다르다.) 기재하는데, 이는 마케팅을 위해서이다. 이 부분에서 소비자가 어느 수준의 알코올 도수를 선호하는지 추론할 수 있다. 간략히 말해, 레드 와인은 13% 정도이고 화이트 와인은 12.5%이다. 이는 표 7.9에서 볼 수 있다.

○ 독일의 급작스런 생두 공급원 이동 – 무슨 일이 일어난 것일까?

독일은 매년 생두 1900만 포대(110만 톤)를 수입한다. 이 중 절반은 생두 또는 원두 형태로 재수출된다. 2016년에는 네 국가(브라질, 베트남, 온두라스, 페루)가 독일에 도착하는 커피의 70% 이상을 공급했다. 그런데 1990년에는 위 네 나라가 공급하는 커피는 전체의 10% 미만이었다.

독일 내에서 소비하는 커피는 90% 이상이 블렌드 기반이다. 그렇지만 최근 30년 사이, 이 블렌드 조성이 바뀌었다. 1990년에는 콜롬비아산 커피(모두 아라비카이다.)가 독일이 수입하는 커피 중 26%를 차지한

표 7.9 시장에서 선호하는 와인 속 알코올 함량: 캐나다의 사례

와인 산지	레드 와인	화이트 와인
구대륙	12.8%	12.3%
신대륙	13.2%	12.7%

자료: Journal of Wine Economics Vol. 10, No. 3, 2015

주의:
- 이 표는 1992–2009년 사이 캐나다 온타리오로 수입된 와인을 기반으로 한 것이다. 세계 다른 지역의 소비자 취향 또한 이와 유사할 것이라고 가정한다.
- 독일의 리즐링과 같은 달콤한 와인은 분석에 포함되지 않았다. 이런 와인은 알코올 도수가 8% 정도에 불과하다.
- 2009년 이래로 많은 나라에서는 알코올 도수가 약간 낮은 와인 쪽으로 수요가 이동했다.

데 비해 베트남은 이제야 커피를 수출하기 시작했다. 그런데 2016년이 되자 콜롬비아의 비중은 5% 미만으로 쪼그라든 반면, 베트남의 비중(실질적으로 모두가 로부스타이다.)은 26%까지 올라갔다. 이는 표 7.10에 나타나 있다.

1990년 이래 독일이 수입하는 커피 중 로부스타의 비율은 14%에서 35%까지 올라갔다. 주된 요인은 로부스타의 가격이 저렴(아라비카의 2/3)한 데 있다. 다른 이유들로는, 커피콩의 증기 정제 같은 기술 도입, 로부스타의 전반적인 품질 상승, 로스터의 블렌딩 경험이 많아진 것 등이다. 그렇긴 해도, 일부 숙련된 커피 커퍼들은 1980년대와 1990년대의 독일 커피 품질이 더 나았다는 사실을 아는 것 같다.

다른 나라에서도 커피 소비 중 로부스타의 비율이 높아지는 모습이 나타나고 있다. 표 7.11에서는 세계 각지의 로부스타 소비량에 대해 개괄하고 있다.

○ 비행기에서 제공하는 커피

비행기에서 커피를 추출해서 제공하는 것은 그렇게 쉬운 일은 아니다. 두 가지 이유 때문이다.

먼저, 물이 끓으면 모든 에너지가 액체의 증발로 이동하기 때문에 온도는 더 이상 높아지지 않는다. 물은 대기압에서 100℃에 끓지만 압력이 낮은 환경에서는 보다 낮은 온도에서 물이 끓는다.

상업용 대형 비행기는 대략 1만 미터 높이를 나는데, 이런 고도에서는 물이 67℃에 끓는다. 다행히 비

◉ 표 7.10 독일로 커피를 수출한 국가, 1990, 2005, 2016년도 기준 및 아라비카/로부스타 비율

국가	1990		2005		2016	
	단위 : 1000포대	%	단위 : 1000포대	%	단위 : 1000포대	%
브라질(아라비카/로부스타)	994	8	4246	28	6108	32
베트남(로부스타)	–	–	2549	17	5106	26
온두라스(아라비카)	148	1	671	4	1650	9
페루(아라비카)	86	0.5	741	5	988	5
4개 국가 합	1228	9.5	8207	54	13763	72
기타 국가	11474	90.5	6789	46	5246	28
총합	12702	100	14996	100	19009	100
아라비카/로부스타 비율		86/14		71/29		65/35

자료: ICO; ITC의 The Coffee Exporter's Guide, 2012, Deutscher Kaffee Verband; Eugen Atté coffee agent 및 기타주의

- 2016년의 로부스타 비율 35%는 신뢰도 있는 추정치이다. 해당 자료는 업계 자료를 기반으로 한 것으로, 이는 공식 무역 통계에서 아라비카와 로부스타 간 구별을 더 이상 하지 않은 데 따른다.
- 로부스타는 재수출 커피의 35% 이상을 차지하지만 정확한 비율은 등록되지 않았다.
- 2016년의 경우 위 국가 외 아래 4개 국가도 독일로의 주요 커피 수출국이다.: 콜롬비아(아라비카) 5%, 에티오피아(아라비카) 4%, 우간다(주로 로부스타 3%), 인도네시아(아라비카, 로부스타) 3%

◉ 표 7.11 전 세계 지역별 커피 소비량 중 로부스타의 비율

지역	로부스타	설명
북미	20%	비율이 안정적이지만 약간 떨어지고 있다. 전체 커피 소비량은 천천히 증가하고 있지만, 일인당 소비량은 1940년대 후반 소비량의 절반에 불과하다. 캐나다의 로부스타 사용량은 전체의 10%밖에 되지 않는다.
중남미	45%	주로 브라질에서 로부스타를 많이 소비한다. 브라질은 또한 중남미에서 유일한 대규모 로부스타 생산자이기도 하다. 브라질은 다른 커피 생산국 대비 일인당 커피 소비량이 훨씬 높다. 콜롬비아와 중미는 로부스타 소비량이 적다.
서유럽	40%	남유럽의 경우는 로부스타 비중이 55% 정도이다.(주로 에스프레소 블렌드에 사용된다.) 그러나 북유럽 국가에서는 10%에 불과하다.
동유럽, 러시아	45%	수년간 비율이 안정적이었다. 세계 평균 수치보다 비중이 약간 높은 것은 음용 전통과 가격 때문이다.
아프리카	60%	(아프리카 중부와 서부에서는) 재고와 가격이 중요하다. 동아프리카에서 아라비카를 많이 쓰고, 특히 에티오피아는 아라비카만을 생산하고 소비한다. 아프리카 대다수 국가들은 커피 소비량이 적은 편이다.
아시아(중동 포함), 오세아니아	65–70%	최근 로부스타 비중이 성장세이다. 인스턴트 커피—대부분 설탕과 크리머가 들어 있다.—가 한 가지 이유이다. 대한민국, 일본, 호주에서는 로부스타 비율이 30% 정도로 낮은 편이다.
세계	40%	1960년대 이래로 로부스타 비율이 점차 높아지고 있다. 최대 로부스타 공급국가는 브라질, 베트남, 인도네시아이다.

자료: Volcafe 뉴스레터 등의 여러 자료를 기반으로 계산

주의:
- 비율은 2011–2017년 자료를 바탕으로 했으며 반올림한 수치이다.
- 순수 로부스타로 만든 음료를 마시는 곳은 극히 일부이다. 주로 남부 유럽, 동유럽, 로부스타 생산 국가 정도이다.

행기 내부는 고도 2,400m 정도 환경으로 가압하는데, 이 경우는 물이 92℃에 끓는다. 그렇지만 커피를 만드는 동안에 물 온도는 더 떨어질 수 있다.

게다가 비행기 내부는 건조하다. 여기에 낮은 기압까지 결합하면, 코의 민감도는 떨어지고 입이 마른다. 그러면 향이나 향미 발현이 적어진다.

예를 들자면, 히말라야 산맥 8800m 고도에서 커피를 만든다면, 72℃만 되어도 끓어오르는 물로 커피를 만드는 것이다.

● 비행기에서 제공하는 와인

포르투갈의 국적 항공사인 TAP 포르투갈(TAP Portugal)에서는 9명의 전문 테이스팅 패널을 초청해 화이트 와인 40개, 레드 와인 40개, 스파클링 와인 10개를 맛보고 순위를 매겼다. 항공사는 이렇게 선정한 와인 각각 10개, 10개, 4개를 이번에는 해발 9,000m에서 맛보게 했다. 이 테스트를 통해 패널이 내린 결론은 – 낮은 기압과 건조한 공기를 감안한다면 – 비행기에서 제공할 수 있는 최고의 와인은 알코올이 많고 복잡한 향미가 있고 오크의 영향으로 탄닌이 많은 와인이 아니라 갓 만들어 향이 살아 있고 과일향이 풍부한 와인이었다. 이런 내용은 자체 잡지인 2013년도 9월판 TAP 지에 실렸다.

영국의 비즈니스 트래블러(Business Traveller)는 1986년부터 연례 셀러스 인 더 스카이 어워즈(Cellars in the Sky Awards)를 열고 있다. 2015년에는 75개 항공사가 초청되어 이 중 35개 항공사가 참여했다. 최근 열린 대회에서는 호주의 콴타스 항공(QANTAS airlines) 및 자회사인 제트스타(Jetstar)와 아랍에미리츠 연합의 에미레이츠 항공(Emirates)이 최고 자리에 올랐다. 일반적으로는 아시아 쪽 항공사들이 높은 점수를 받는다. 대회 개설 이래 최고 점수는 2015년 싱가포르 항공이 받았는데, 이 항공사의 훌륭한 샴페인 셀렉션이 큰 영향을 주었다. 그 외, 브리티시 항공(British Airways), 캐세이 퍼시픽(Cathay Pacific), 엘 알(El Al), 에바 에어(EVA Air), 가루다 인도네시아(Garuda Indonesia), 대한항공(Korean Air), 필리핀 항공(Philippine Airlines), 카타르 항공(Qatar Airways)이 메달을 딴 일이 있다.

월드 오브 파인 와인(World of Fine Wine)에서는 최고 항공사 목록(Best Airline List)을 작성한다. 2014년에는 콴타스 항공이 우승했고, 2016년과 2017년에는 아랍 에미리츠 연합 기반의 에미레이츠 항공이 우승했다. 에티하드 항공(Etihad Airways) 또한 훌륭한 와인을 제공한다고 알려져 있다. 중동 지역 대다수는 주류 음용이 금지되어 있는데, 이들 국적 항공사는 가장 인상적인 와인 리스트를 제공하다니 자못 흥미로운 일이다.

7.3 커피 포장과 와인 라벨 – 정보와 모양

◐ 커피 포장에 담겨 있는 정보

커피 라벨에 대한 상세한 규정은 없으며, 시장에 따라 일반적인 요건에 부합하기만 하면 된다. 일부 포장에는 '커피'라는 문구와 그램이나 온스 단위로 나타낸 용량, 브랜드 정도만 나와 있다. 다른 일부 포장에는 지역, 지속 가능성 항목, 처리, 관여한 사람, 향과 맛에 대한 정보가 있다.

커피 포장에서 허용되지 않는 것은 명백히 오해를 불러일으키는 모든 종류의 내용이다. 실제와는 다른 산지를 언급하는 것이 그 한 예이다. 가상의 지역명을 만들어서는 '센트럴 하이랜드 커피(Central Highland Coffee)'라는 이름으로 판매하는 것 또한 오해를 불러 일으킬 수 있지만, 이 정도는 사안에 따라 달리 처리할 수 있을 것이다.

'100% 아라비카'로 표시한 커피는 많다. 아라비카의 뛰어난 향미 때문에 대개 로부스타에 비해 수요가 더 높기 때문이다. 예를 들어, 커피 포장에 '남미, 중미, 아시아 산'이라는 언급 정도만 있다면, 이 커피는 브라질, 베트남, 인도네시아 등의 지역에서 생산된 로부스타가 일부 들어 있을 가능성이 있다. 로부스타의 비율은 거의 기재되지 않는다.

블렌드 제품의 비율을 상세하게 기술하기는 어렵다. 또한, 최종 소비자의 기대치를 충족시키는 것이 중요하기 때문에 커피 포장은 오해를 불러일으켜서는 안 된다. 한 예로, 유럽의 시장에서 판매하는 콜롬비아 커피가 50%만 사용된 '콜롬비아 블렌드'는 포장에 이렇게 써 있을 수 있다.

> **콜롬비아 블렌드**
> (모두 아라비카):
> 콜롬비아 40%
> 브라질 20%
> 자바 20%
> 콜롬비아 메델린 엑셀소 10%
> 탄자니아 10%

'콜롬비아 블렌드'라는 이름을 쓰려면, 콜롬비아 커피 성분이 향미 프로필을 결정하는 요소가 되어야 한다. 정해진 최저 비율은 없으며, 블렌드를 구성하는 다른 성분에 따라 달라진다. 위 블렌드에서는 다른 성분들 덕에 여전히 콜롬비아 커피 같은 맛이 난다고 볼 수 있다. 모든 것은 경우에 따라서 결정된다.

콜롬이아 하나만 놓고 봐도 상황이 훨씬 더 복잡해질 수 있다. 까페 데 꼴롬비아(Café de Colombia) 표기는 유럽 연합법에 의거 지리적 표시제가 적용되어 보호를 받는다. 위 표기를 사용하기 위해서는 콜롬비아 커피 재배자 협회(FNC)의 규정에 따라 수출된 콜롬비아 커피가 들어가야 한다.

● 와인 라벨에 담겨 있는 정보

와인 라벨은 몇 가지 목적에서 제작된다: 라벨은 잠재 구매자의 주의를 끈다.(보시오! 사시오!)또한 잠재 소비자에게 해당 제품에 대한 정보를 주고 확신을 준다. 그리고 구매자가 다시 구매할 때 그 와인을 알아챌 수 있게 한다.

와인 라벨에는 현 시대 최고의 프린팅 기술들이 쓰인다. 실크 스크리닝, 엠보싱(압인), 호일 스탬핑(foil-stamping, 은박 입히기), 다이컷(die cut, 형판 절단), 종이 질감, 붓글씨와 필서에 기반하여 새로 제작한 글꼴과 이미지, 석판 인쇄(lithography) 등이다. 와인 진열대는 일종의, 작은 고품질 프린트물이 일렬로 진열된 미술관이기도 하다.

> 버틀러(butler)라는 말은 앵글로 노르만어인 부텔레르(buteler) 및 구 노르만어의 부텔리어(butelier)에서 온 말로서, 고대 프랑스어의 보텔리어(botellier)에 상응하는 말이다. 버틀러는 와인병을 담당하는 이로써, 와인병(bottle)은 보떼이유(boteille)라는 말에서 나왔다. 현대 프랑스에서는 한 병(영어로는 a bottle)을 윈느 부떼이유(une bouteille)라고 한다.

라벨의 품질은 아래 세 가지 속성으로 판별할 수 있다.

- **명백한 사실(hard data)**: 주로 생산자, 산지, 포도 품종의 이름, 용량과 알코올 함량
- **주된 부분(theme)**: 샤또, 예술작품, 사람이나 동물, 풍광 또는 나무, 포도송이, 와인 배럴, 배, 자전거 등의 물건
- **외관의 호소력**: 모양이나 사진, 조화로움, 프린트된 내용, 색상, 대비, 종이, 라벨 형태의 품질에 따른 호소력으로 시선을 끌고 기억하게 만든다.

저자는 본 책을 작성하는 동안(2011-2017) 와인 매장과 레스토랑, 서적, 잡지, 홍보물 등에서 수천 가지의 라벨을 살펴보았다. 가장 일반적인 것은 글자만 있거나 표장 또는 농장이나 건물로 간단하게 샤또를 표현한 것이었다. 그 외에는 산마루나 문장(coat of arms), 가문을 나타내는 방패, 포도밭, 배럴, 배가 그려진 라벨도 흔했다.

그림으로는 동물이 가장 많이 많았다. 그중에서도 새가 단연코 많았는데, 포도밭에서 새를 그다지 좋아하지 않는다는 점을 생각하면 기묘한 일이다. 표 7.13에서는 와인 라벨에서 잘 나타나는 동물들을 볼 수 있다.

● 와인 라벨에 표기된 영양 정보

유럽 연합이나 미국, 기타 여러 국가에는 거의 모든 식품 라벨에 영양 정보를 밝혀야 한다는 규정이 있다. 하지만 와인은 예외이다.

소비자에 대한 식품 정보 제공에 관한 유럽 연합 법규 1169/2011에 기하면, 알코올 도수 1.2% 초과 음료는 첨가물이나 영양학적 수치 및 칼로리를 밝힐

필요가 없다. 일부 와인 양조장에서 자발적으로 해당 정보가 표기된 라벨을 사용하는 경우는 있다.

2017년이 되어, 유럽 연합 위원회(EU Commission)에서는 업계가 참여하여 주류 전반에 적용되는 '자율 규제안'을 제시하라고 제안했다. 위원회는 이후 해당 규제안을 평가해 법안을 세울 계획이다. 유럽 연합에서 업체가 규제안 제정에 참여하도록 한 것은 업계에게 희소식이면서 또한 매우 놀라운 소식이기도 하다.

미국의 포장 식음료 라벨링은 미국 식품의약국(Food and Drug Administration, FDA)의 소관이며, 여기서는 라벨에 관련하여 엄격한 규정을 두고 있다. 그러나 와인 및 주류 라벨링은 주류담배과세무역청(Alcohol and Tobacco Tax and Trade Bureau, TTB) 관할이라 위 라벨링 규정에는 예외이다. TTB에서는 와인을 포도 기반의 음료로서 알코올 도수가 7% 초과하는 것이라 정의하고 있다.

이렇게 차이가 나는 이유는 무엇일까? FDA에서는 공중 보건 보호를 책임지고 있으며, 첨가물이나 영양 수치를 라벨에 표시하는 것은 그런 영역에 들어간다. 이에 비해 TTB에서는 소비자가 금전적으로 사기를 당하지 않도록 보호하고, 알코올 음료 제품이 허용 및 과세 요건을 충족하는 데 초점을 둔다. TTB에서는 새로운 와인 라벨 신청을 매년 10만 건 정도 받는다.

미국에서는 포장된 식료품의 영양 정보를 라벨에 기재하는 것은 오래 전부터 강제 사항이었다. 그러나 주류의 알코올 함량을 기재해야 하는 규정은 없다. 아주 이상하다 들릴 수도 있는데, 실제로는 첨가물 목록이나 영양 자료를 기재하는 것이 금지 사항이었다. TTB에서 2013-2 결정(ruling)을 통해 주류에도 기존의 영양분석표(nutrition facts)를 라벨에 붙이는 것과 유사하게 단위영양분석표(serving facts)를 나타낼 수 있게 한 뒤에야 이런 표기가 허용되었다. 앞으로도 모를 일이긴 하다. 이러한 유형의 정보가 어느날 일상화되거나, 심지어는 강제적으로 변할지도 모르는 일이다.

현재까지는 일부 와인 양조장이 serving facts를 와인 라벨에 넣고 있다. 다만 그림 7.1에서도 나타나듯이, 현재의 형식으로는 제공하는 정보가 그렇게 흥미롭지는 않다.

Serving Facts	
Serving Size	5 fl oz (148 ml)
Servings Per Container	5
Amount Per Serving	
Alcohol by volume	14%
fl oz of alcohol	0.7
Calories	120
Carbohydrate	3g
Fat	0g
Protein	0g

● 그림 7.1 미국 와인 라벨의 serving facts

● 와인 라벨에 표기된 알코올 함량

와인의 알코올 함량은 부피비로 표기한다. 때로는 ABV, abv, v/v로 나타낸다.

유럽 연합과 스위스에서는 와인 라벨에 표기된 알코올 함량의 오차 범위를 0.5%(퍼센티지 포인트)까지 허용한다.

미국은 알코올 도수 14%까지는 허용치가 1.5%(퍼센티지 포인트)이다. 14%를 넘는 경우에는 1% 까지 허용된다. 예를 들자면, 어느 와인에 알코올 도수가 12%라고 라벨에 써 있다면, 그 와인의 알코올 도수는 10.5에서 13.5%의 범위에 있다고 볼 수 있다. 알코올 도수가 14.5%라면, 15.5% 도수까지는 허용하는 것이다.

캐나다는 와인의 알코올 도수에 대한 법적 제한 규정이 없기 때문에 함량 표시 오차에 대한 허용치 규정도 없다. 아르헨티나는 0.5%, 호주와 뉴질랜드는 1.5%까지는 허용한다.

● 와인 라벨에 표시된 버라이어틀과 블렌드

어떤 와인 라벨에 '메를로'만 적혀 있다면, 메를로로 만든 와인이 얼마나 들어간 것일까? 이런 버라이어틀 와인—단일 품종 또는 주된 품종으로 만든 와인—에 대한 라벨 규정은 국가마다 다르다.

유럽 연합의 버라이어틀 와인은 표시된 포도 품종이 최소 85%는 들어 있어야 한다. 일부 지역, 예를 들어 부르고뉴의 일부 그랑 크뤼 생산자들은 자체적으로 정한 더 높은 비율을 지킨다.

2012년 이래로 유럽 연합의 와인 관련 규정에서는 기존의 '테이블 와인'에 해당하는 등급이자 현재는 '와인'으로 표기되는 일반 와인에 대해서도 사용한 포도 품종을 언급하는 것을 허용한다.

미국의 버라이어틀 와인은 표시된 포도 품종이 최소 75% 이상 들어가야 한다. 그러나 일부 주, 예를 들어 오리건에서는 그보다 더 엄격하다. 미국 재래종은 51%만 들어가도 된다.

칠레, 남아프리카, 뉴질랜드의 규정도 표시된 포도 품종의 최소 비율은 75%이다. 다만 유럽 수출용 와인은 좀 더 엄격하게 85%를 따른다. 아르헨티나와 호주는 85%를 요구한다.(호주 태즈메이니아 주는 100%이다.)

표 3.14에서는 블렌드 내 포도 품종을 표기 또는 표기하지 않은 와인 라벨을 예시로 들고 있다.

● 와인 라벨에 표시된 국가 또는 산지 명칭

병에 국가나 지역이 표기되어 있다면, 해당 국가나 지역 와인이 얼마나 들어 있어야 할까? 유럽에서는 최소량을 85%로 본다. 미국에서는 미국산(American) 표기를 한 병의 내용물의 최소 75%가 미국산이어야 한다. 아르헨티나의 최소 75%이며 호주는 85%이다. 중국은 국내산 와인이 10%만 되어도 중국산(Product of China) 표기를 할 수 있다.

● 와인 라벨에 표기된 빈티지

유럽 연합에서는 와인 내용물의 최소 85%는 표기된 년도에 생산된 것이어야 한다. 100%를 요구하는 아펠라시옹도 일부 있다. 2012년 이후, 과거의 테이블 와인인 기본 와인 제품군에도 수확 연도를 표시할 수 있다. 미국과 호주는 최저선이 85%이고 아르헨티나는 75%이다.

● 와인 라벨에 표기된 '황산염 함유(Contain Sulphites)'

유럽 연합에서는 와인에 들어 있는 황산염(이산화황) 성분이 리터당 10mg 이상일 경우—대부분 이 수치보다 높다—'Contains Sulphites(황산염 함유)'라는 표기를 해야 한다. 허용 최대치는 레드 와인은 리터당 150mg, 화이트 와인은 리터당 200mg이다.

화이트 와인 허용치가 더 높은 것은, 천연 보존 성분이 백포도에는 더 적게 들어 있기 때문이다.

호주와 뉴질랜드에서는 황산염(sulphites)이라는 표기 대신 'PRESERVATIVE(220) ADDED(보존제 220 첨가)'라는 표기만 해도 되며, 이 표기가 더 보편적이다.

3.2, 4.1, 8.2 장에서 황산염에 대한 자세한 내용을 소개하고 있다.

● 리저브(Reserve)라는 말의 의미는?

리저브(Reserve), 스페셜 셀렉션(Special selection), 내추럴 와인(Natural wine) 같은 말은 대개 법적으로 정의된 것이 아니다. 올드 바인즈(Old vines), 프랑스어로 비에이유 비뉴(Vieilles vignes), 독일어로 알터 레븐(Alte Reben) 같은 말 또한 마찬가지다. 이런 말은 기술적이나 법적으로 정의된 것이 아니기 때문에 거의 대부분 국가에서 어떤 와인에든 쓸 수 있다.

그에 비해, 레제르브(Reserve), 레제르바(Reserva)는 일부 국가에서 제한이 있다. 예를 들어 스페인에는 아래와 같은 규정이 있다.

- **그란 레제르바(Gran Reserva):** 오크통 안에서 최소 2년, 병입 후 최소 3년을 숙성함
- **레제르바(Reserva):** 오크통 안에서 최소 1년, 병입 후 최소 2년을 숙성함
- **끄리안자스(Crianzas):** 오크통 안에서 1년, 병입 후 1년 숙성함
- **꼬세차(Cosecha, 수확이라는 의미):** 바로 병입한 숙성되지 않은 와인

이탈리아의 리제르바(Riserva)는 지역별로 규정이 다르다. 일반적으로는 오크통 숙성과 병입 숙성을 합쳐

최소 2년을 에이징하지만, 어떤 곳은 최소 5년이 규정이다.

아르헨티나, 오스트리아, 칠레, 포르투갈, 미국 워싱턴 주에서도 리저브(Reserve) 사용에 제한을 둔다.

◐◑ 유럽에서 커피 포장 및 와인병에서 보이는 e 모양 표기

유럽 연합에서는 식품, 음료, 기타 제품을 포장할 때 소문자 e를 약간 가공한 듯한 글자가 내용물의 순중량(net weight) 또는 순용량(net volume) 옆에 표기된 경우가 많다. 예를 들어 'e 500g', '750mL e'와 같은 식이다.

이는 추정표시(estimated sign) 또는 이-마크(e-mark)라고 한다. 커피나 와인 같은 여러 제품에, 해당 제품이 유럽 연합의 중량, 부피 관련 정확도 요구치 및 허용 한계 관련 규정에 맞추어 포장했다는 뜻이다.

표 7.12에 나온 대로 허용 오차 비율은 무게나 부피가 커질수록 줄어든다.

◐◑ 시각 장애인용 정보가 담긴 라벨

독창적인 커피 포장 및 와인 라벨 중에 시각 장애인을 위하여 몇 가지 정보를 점자(Braille(브라이유) alphabet))로 표기한 것이 있다. 점자는 그림 7.2에서처럼―내셔널 브라이유 프레스(National Braille Press)의 허가로 전제―작은 돌기로 특정 형태를 만들어 글자로 표현한 것이다. 시각 장애인은 점자로 와인 정보를 알 수 있다. 이 방식은 시각 장애인이었던 루이 브라이유(Louis Braille, 1809-1852)가 세 살 때부터 개발한

것이다.

프랑스(및 기타 유럽)의 수퍼마켓 체인 그룹 오샹(Auchan)에서는 관련 단체인 동므와 떼쥬(Donne-moi tes yeux, 나 대신 봐주세요)와 10년 넘게 협력하고 있다. 커피를 비롯한 이곳의 제품 라벨에는 핵심 정보가 점자로 표기되어 있다. 프랑스의 커피 브랜드 카페 메오(Café Meo)는 제품 포장에 점자 표기가 있다.

스페인의 와인 양조장 보데가스 에드라(Bodegas Edra)의 라자루스 와인(Lazarus Wine)은 시각 장애인 직원이 생산한다. 이 와인의 라벨은 아름다운 노란색과 검정색으로 되어 있으며, 스페인의 바우드(Baud) 에이전시에서 디자인했다.

라자루스 와인은 2006년 출시되었으며, 와인 구매 시 감각에 의지하는 와인 제조 교육을 수강할 수 있다. 알려진 바로는, 시각 장애인 와인 제조인들이 비장애인 제조자보다 먼저 향과 향미의 뉘앙스와 문제점을 찾아내는 경우가 많고, 이 덕에 초기 단계에 문제를 해결한 방법을 찾을 수 있다고 한다.

1990년대, 남프랑스의 엠 샤푸티에(M. Chapoutier) 업체가 처음으로 라벨에 점자로 핵심 내용을 넣었다고 알려져 있다. 포르투갈, 브라질, 호주에도 라벨에 점자로 정보를 제공하는 와인 업체가 있다.

◐ 커피 포장에 등장하는 동물

커피 포장에는 동물 그림이 많다. 대개는 커피가 생산된 지역을 나타낸다. 이 책을 쓰면서 가장 많이 보았던 동물과 커피 생산 국가를 연결하면 다음과 같다.

◐◑ 표 7.12 유럽 연합의 무게와 부피에 대한 허용 오차 예시

무게, 부피	허용 오차		참고
250g	9g	3.0%	
500g	15g	3.0%	(1파운드(lb) = 4 54g))
1,000g(1kg)	15g	1.5%	
750mL	15mL	2.0%	표준 와인병 용량
1000mL(1리터)	15mL	1.5%	와인 카톤 용량
1,500mL(1.5리터)	22.5mL	1.5%	매그넘(magnum) 와인병 용량

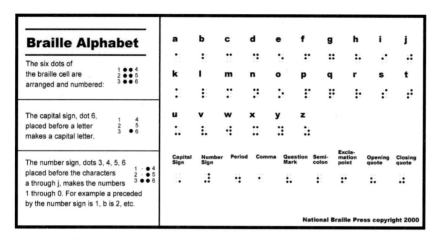

○● 그림 7.2 점자

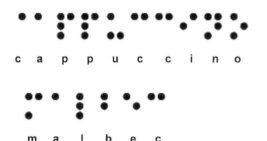

○● 그림 7.3 점자로 표현한 카푸치노와 말벡

- 벌새: 코스타리카
- 앵무새: 과테말라, 엘살바도르, 페루, 가봉, 인도네시아(수마트라), 네팔
- 맹금류: 에티오피아(시다모)
- 나비: 중남미(특정되는 나라는 없다.)
- 코끼리: 인도, 케냐, 아프리카(특정되는 나라는 없다.)
- 기린: 케냐
- 코뿔소: 탄자니아
- 사자: 카메룬
- 호랑이: 인도네시아(수마트라), 멕시코
- 맷돼지: 미국(하와이)
- 고릴라: 콩고, 콩고 민주 공화국, 르완다
- 오랑우탄: 인도네시아
- 말: 페루

- 노새: 콜롬비아

일반적으로 커피 농장은 생명 다양성 면에서 새를 선호한다. 미국의 스미소니언 연구소(Smithsonian Institute)에서는 버드 프렌들리(Bird-Friendly)라는 인증 프로그램을 통해 커피 농장에 새가 있다고 홍보한다.

커피 브랜드 로고에도 새가 많이 등장한다. 특히 벨기에 앤트워프에서 1863년에 설립된 펠리컨 루쥬(Pelican Rouge)와 미국 몬태나 주의 레드 버드(Red Bird)가 유명하다.

커피 세계에서 가장 많이 사용되는 로고는 아마도 네슬레(Nestlé) 그룹의 로고일 것이다. 네슬레는 1868년에 앙리 네슬레(Henri Nestlé)가 창업했다. 로고에는 어미새가 아기 새 두 마리에게 먹이를 주는 모습이 있는데, 이는 이 업체의 초기 제품인 이유식을 시각적으로 표현한 것이다. 스위스, 독일어로 lé 는 지소접미사라서, 문자 그대로 해석하면 '작은 둥지'라는 뜻이다.

● 와인 라벨에 등장하는 동물 − 때로는 모순적
와인 라벨에도 동물이 흔히 등장한다. 업계에서는 '크리터 브랜드(critter brand, 생물 브랜드)'라고 한다.

와인 라벨에 등장하는 동물은 때로는 국가의 상징이기도 한다. 호주 와인의 캥거루, 뉴질랜드의 키위, 양, 고래, 남아프리카의 얼룩말, 칠레와 아르헨티나

의 콘도르, 미국의 맹금류(eagle, hawk, falcon) 등이다. 라벨에 새가 있는 유럽 와인도 많지만, 보통 제비, 참새, 찌르레기, 나이팅게일 같은 작은 새들이다.

포도밭에서는 일부 동물은 환영하지만 싫어하는 동물도 있다. 예를 들어, 양은 잡초를 먹어서 좋고 닭은 벌레를 먹기 때문에 좋다. 멧돼지, 사슴, 토끼는 포도를 먹고 땅을 파헤치며 심지어는 포도나무를 헤집고 줄을 끊어먹기 때문에 꺼린다. 포도 재배자들은 그물, 철사, 전기 펜스, 동물 기피 스프레이, 고주파 소음 발생기 등을 사용해 이런 동물을 쫓는다.

새들 역시 포도를 좋아하기 때문에 쫓아야 한다. 다만 포도 재배자들이 좋아하는 새가 있다. 예를 들어, 외양간올빼미(barn owl)는 설치류(생쥐, 들쥐, 다람쥐)와 두더지 같은 농사에 피해를 주는 동물들을 잡아먹기 때문에 환영받을 뿐만 아니라, 공들여 사육하는 농장도 한다. 매(여기서는 falcon류) 또한 같은 식으로 사육된다. 이쪽은 찌르레기, 제비, 개똥지빠귀, 되새, 까마귀 등 포도를 먹고 열매를 손상시켜 병을 일으키는 새들을 쫓아낸다.

미국 캘리포니아 주에서는 작은 새들을 쫓아내는 용도로 매(falcon)를 빌리는 경우도 있다. 실제로 사냥하는 용도는 아니고 큰 몸집을 보여줌으로써 포도를 먹는 작은 새들을 쫓아내기만 한다. 대용으로서 매 모양의 연이나 맹금류 모양의 드론을 포도밭에 날리는 경우도 있다.

필자는 본 책을 저술하면서 일상생활 및 10여 개 국가—주로 유럽 및 미국, 아시아, 호주, 뉴질랜드 등—를 여행하면서 찾아볼 수 있는 와인 중 라벨에 새가 나오는 것을 관찰해 보았다. 매장, 식당, 와인 양조장, 책, 홍보자료 등에서 동물이 나오는 라벨은 약 1,300개였다. 전향적 조사는 아니므로 일종의 수동적 조사 결과이다. 본 자료는 2012-2017년 동안 관찰한 것으로, 주요 핵심 내용은 표 7.13에 나와 있다.

와인 라벨에 가장 많이 등장하는 동물이 작은 새라는 점은 모순이기도 하다. 포도밭에서는 이 작은 새들은 싫어하기 때문이다. 아마도 무언가 긍정적인 요소—자유, 평화, 즐거움, 노래하기, 아름다운 색상, 우아함, 그리고 와인 제조업체와 소비자 모두가 좋아하는—와 관련 있기 때문이 아닌가 한다.

나비와 무당벌레도 와인 라벨에 많이 등장한다. 다만 이 중에서도 일부는 포도밭에서 좋아하지 않는다. 개미는 열심히 일하는 와인 제조인의 의미로 볼 수도 있겠지만, 단 두 건밖에 찾지 못했다. 모두 스페인 제품이었다.

포도밭에서 좋아하는 새
- 올빼미는 밤에 설치류를 사냥한다.
- 매(falcon, hawk)는 낮에 작은 새들을 쫓는다.
- 파랑새, 피비새(phoebe), 녹색제비, 벌새는 매미충 같은 애벌레를 잡아먹는다.

포도밭에서 싫어하는 새
- 찌르레기(starling, blackbird), 되새, 개똥지빠귀(thrush, robin), 까마귀 등 포도를 먹는 새들

● 옐로우 테일(Yellow Tale)−캥거루가 아니라고?

2013년 10월에 호주의 카셀라 와인즈(Casella Wines)는 10억 병째 옐로우 테일 와인을 생산했다. 이 와인은 라벨에 [yellow tail]* 이란 표기가 되어 있으며, 출시된 지 11년 만에 10억 병 생산을 달성했다. 이 와인 양조장에서는 2015년에만 포도 20만 톤을 사용해 1.56억 병(1300만 상자)을 생산했다.
옐로 테일 와인의 매출 70% 정도는 미국에서 이루어지며 독일계 와인, 주류 가문을 통해 유통된다. 나머지 중 13%는 영국에서 판매되며 호주 자체 매출은 10% 미만이다. 미국의 수입 와인 중 유통량이 가장 많은 것이 옐로 테일이라고 한다. 이 와인 라벨에는 발이 노란 바위왈라비(rock wallaby)가 있다. 캥거루처럼 보이지만 캥거루는 아니다.

● 표 7.13 와인 라벨에 등장하는 동물

동물	확인한 사례	국가	포도밭의 선호	참고 (전체 라벨 중 비율)
새	453			(35%)
독수리(eagle)	10	미국, 스위스, 남아프리카, 호주, 이탈리아	○	작은 새들을 쫓아낸다.
매(falcon)	10	이탈리아, 스위스	○	미국 캘리포니아 주에서는 작은 새들을 쫓기 위한 용도로 매를 임대하기도 한다. 매가 들어가는 상자는 칠레와 뉴질랜드에서 조립한다. 매 이미지가 있는 라벨은 이탈리아에 가장 많다.
매(hawk)	16	뉴질랜드, 호주, 캐나다, 미국	○	작은 새들을 쫓아낸다.
대머리독수리(buzzar)	6	이탈리아, 호주, 뉴질랜드, 포르투갈	○	작은 새들을 쫓아낸다.
까마귀류(crow, raven)	10	미국 등	○/×	까마귀는 포도를 먹을 수 있다.
맹금류	15	이탈리아, 미국, 포르투갈, 스위스, 칠레	○	여러 종의 새들을 먹이로 삼는다.
콘도르	5	아르헨티나, 칠레	−	두 나라의 국가 상징이다.
올빼미	12	미국, 그리스, 프랑스 등	○	외양간올빼미는 설치류의 천적이기 때문에 둥지용 박스까지 만들어준다.
갈매기	6	뉴질랜드, 스페인, 포르투갈	−	−
거위	17	호주, 이탈리아, 칠레 등	○	잡초 제거에 좋다. 달팽이나 바구미 같은 작은 벌레를 잡아먹는다. 캘리포니아, 칠레, 남아프리카, 영국에서 포도 재배에 거위를 이용한다.
오리	17	미국, 호주, 포르투갈 등	○	잡초 제거에 좋다. 달팽이나 바구미 같은 작은 벌레를 잡아먹는다.
백조	8	호주, 캘리포니아, 유럽	−	
두루미	7	미국 캘리포니아, 호주, 칠레, 포르투갈	−	
황새	3	유럽	−	
플라밍고	8	일부 나라	−	
왜가리	6	남유럽, 호주	−	
공작	28	이탈리아, 크로아티아, 마케도니아, 남아프리카, 호주 등	−	
꿩	10	이탈리아, 조지아, 몰도바, 호주 등	−	

동물	확인한 사례	국가	포도밭의 선호	참고 (전체 라벨 중 비율)
새	**453**			**(35%)**
자고새	16	스위스, 프랑스 등	–	스위스의 로제 와인인 Oeil de perdrix(윌 드 페흐드리)는 자고새의 눈 색깔에서 이름을 따왔다.
딱다구리	3	스위스, 이탈리아	–	–
수탉	20	프랑스, 이탈리아, 칠레 등	o	뿌리벌레, 집게벌레, 바구미를 잡아먹고 잡초를 제거한다. 배설물로는 비료를 만다.
병아리	6	프랑스, 호주	o	뿌리벌레, 집게벌레, 바구미를 잡아먹고 잡초를 제거한다. 배설물로는 비료를 만든다.
칠면조	2	그리스, 호주	–	–
비둘기(dove, pigeon)	14	남유럽	–	–
벌새	8	캘리포니아, 칠레, 호주 등	o	벌레를 잡는다.
특이한 새	11		–	키위, 펭귄, 펠리컨, 에뮤, 앵무새, 박쥐, 고대 그림들
기타 새(주로 작은 새)	164	유럽 등	x	특히 찌르레기(starling) 및 그 외에도 다른 찌르레기(blackbird), 개똥지빠귀(robin), 되새(finch), 흉내지빠귀(mockingbird)는 포도를 먹기 때문에 포도밭에서 싫어한다.
야생동물	**227**			**(18%)**
코끼리	14	미국 캘리포니아, 프랑스, 남아프리카, 인도 등	–	
기린	2	남아프리카	–	
코뿔소	7	이탈리아 등	–	
하마	2	프랑스	–	
사자	24	이탈리아, 프랑스, 남아프리카 등	–	
표범, 호랑이, 치타	7	남아프리카, 이탈리아 등	–	
얼룩말	7	남아프리카	–	
들소(buffalo)	4	–	–	
곰	9	일부 나라	x	포도나무를 해친다. 곰은 메를로는 좋아하지만 게뷔르츠트라미너는 싫어한다고 알려져 있다.
사슴류(stag, deer, bok, moose)	39	미국 등	x	포도와 잎을 먹는다.
맷돼지	17	프랑스, 이탈리아(토스카나) 등	x	포도송이 전체를 먹고 포도나무와 트렐리스를 무너뜨린다.
늑대	29	이탈리아, 포르투갈, 프랑스, 남아프리카 등	x	–
여우	13	미국, 스위스 등	x	구약성서 솔로몬서 2:15 에는 여우는―포도밭을 망친다 라는 구절이 있다. 이솝 우화에서도 여우와 포도 이야기가 있다. 여기에서 신 포도라는 말이 나왔다.
원숭이, 고릴라	6	일부 나라	x	남아프리카의 비비는 달콤한 포도만 먹고 나머지는 던져 버린다.
토끼(hare, rabbit)	25	여러 나라	x	포도를 먹고, 때로는 포도덩굴까지 먹어버린다.
캥거루	12	호주	x	포도와 잎을 먹는다.
고슴도치	6	이탈리아, 남아프리카 등	–	–

동물	확인한 사례	국가	포도밭의 선호	참고 (전체 라벨 중 비율)
야생동물	227			(18%)
거북이	4	호주, 스페인 등	–	–
가금류	299			(23%)
말	76	여러 나라	o	우아하고, 매력적이며 강인한 동물이다.–일부 라벨에는 야생마가 등장한다.
기수가 탄 말	44	주로 유럽	o	카우보이나 무장한 사람이 포함된다.
마차, 쟁기를 끄는 말	8	일부 나라	o	말은 역사적으로 포도밭 내 작업 및 와인 수송에서 중요한 역할을 했다. 현재도 바이오다이내믹 포도밭에서는 흔히 보인다.
나귀, 노새	8	일부 나라	–	
소	49	스페인, 아르헨티나, 이탈리아, 호주, 마다가스카르 등	–	
돼지	12	일부 나라	–	
양	20	뉴질랜드, 호주, 이탈리아 등	(o)	겨울철 포도밭에서 잡초를 먹는다. 뉴질랜드, 프랑스 등에서 쓰고 있다.
염소	10	일부 나라	–	야생 염소를 포함한다.
낙타, 라마	7	칠레 등	–	–
닭, 칠면조	–	–	–	새 항목에서 언급했다.
개	54	여러 나라	o	인간에게 친근하고, 다른 동물들을 겁주어 쫓아버린다.
고양이	11	이탈리아 등	–	절반 이상은 이탈리아에서 왔다.
해양생물	59			(5%)
물고기	13	뉴질랜드, 호주, 남유럽 등	무관	
고래, 돌고래	12	남아프리카, 뉴질랜드	무관	
해마	9	이탈리아, 호주 등	무관	
기타 해양생물	5	–	무관	가재, 새우, 문어, 불가사리 등
파충류	26			(2%)
뱀	4	이탈리아, 오스트리아, 미국, 호주 등	o/x	다람쥐를 잡아먹지만 포도밭에서 일하는 사람들에게는 좋지 않다.
도마뱀, 도마뱀붙이, 카멜레온	22	스위스, 미국, 남유럽 등	–	
곤충	139			(11%)
메뚜기	7	이탈리아 등	x	병원균, 바이러스, 박테리아의 숙주이다.
잠자리	14	신대륙, 프랑스	–	–
나비	47	여러 나라	x(o)	아름답고 매력적이지만 일부 나비는 포도잎과 꽃에 알을 깐다.–수주일 뒤 애벌레가 포도나무를 망친다. 그렇지만 일부 나비는 환영받는다.
무당벌레	15	유럽에만 있다.	o/x	일부 종은 깍지벌레나 진딧물을 먹는 등의 이유로 유용하다. 그 외, 색이 다채로운 아시아 무당벌레처럼 상한 열매를 먹고 자라고 다른 무당벌레를 죽이는 것도 있다. 이러한 포도가 수확되어 다른 포도와 함께 으깨지면 와인 향미에 결점이 나타난다.

동물	확인한 사례	국가	포도밭의 선호	참고 (전체 라벨 중 비율)
곤충	139			(11%)
벌	20	유럽	o/x	포도는 자가 수분하긴 하지만, 벌이 있으면 수분이 어느 정도 보완된다. 나방 포식자로서 유용할 수 있다. 말벌(wasp)은 포도에 해가 끼치거나 수확에 방해가 되기도 한다.
파리	1	프랑스	–	프랑스의 뱅 드 메르드(똥와인) 농담으로 지은 것이겠지만 잘 팔린다.
거미	1	호주	o/x	일부 거미는 해충을 잡는다. 수확할 때 거미가 포도와 함께 들어갈 수 있다.
개미	2	스페인	(o)	개미를 유기농 식생과 토양 건강이 좋다는 징표로 보는 재배자가 있다. 개미를 그만큼은 좋아하지 않는 재배자도 있다.
기타 곤충	6	–		반딧불이, 나방, 각다귀, 딱정벌레 등
기타 생물	49			(4%)
개구리	15	프랑스 및 일부 다른 나라	–	–
달팽이	5	프랑스, 이탈리아, 미국	x	포도나무의 싹을 먹을 수 있다. 수확시 포도와 함께 들어갈 수 있다.
조개	23	남유럽, 칠레, 뉴질랜드 등	무관	–
기타	7		(x)	전갈, 비버, 쥐(mouse, rat) 등
신화	23			(2%)
용	7	프랑스, 미국 캘리포니아, 중국	무관	–
유니콘	4	프랑스, 이탈리아, 스위스 등	무관	유니콘은 때로는 컬트적인 와인에 사용되는 용어이다.
페가수스, 켄타우로스 등	11	이탈리아, 프랑스, 스위스 등	무관	–
총	1,275			(!00%)

자료: 2012–2017년 사이 저자가 관찰한 1275개 와인 라벨

주의

- 이 목록은 2012–2017년 사이 저자가 살펴본 와인병 라벨 및 소매용 와인 포장에 근거한다. 저자는 유럽 연합(12개국), 스위스, 미국(5개 주), 에티오피아, 우간다, 케냐, 호주, 뉴질랜드, 홍콩, 싱가포르에서 본 라벨을 근거로 이 목록을 작성했다.
- 일부 라벨은 포스터, 브로셔, 책, 광고에서만 본 것이다.
- 일부 동물들은 포도밭에서 환영받는지 꺼려지는지 분명하지 않다. 예를 들어, 일부 무당벌레는 환영받지만 다른 일부 무당벌레는 그렇지 않다.
- 말과 염소 항목에는 야생 동물과 가금류 동물 모두가 들어간다.
- 기타 항목에는 전갈, 비버, 담비, 두더지, 고슴도치, 쥐 등이 들어간다.
- 본 항목에는 문장이나 업체 로고에 사용된 동물은 포함하지 않았다. 이런 유형에는 사자, 말, 대형 새들이 많다.

● 키안티 로고의 검정 수탉

키안티 클라시코 인장에는 이탈리아어로 갈로 네로(gallo nero)라고 하는 검정 수탉이 있다. 전설에 따르면 13세기 플로렌스 시와 시에나 시는 키안티 지역을 차지하기 위한 전쟁을 끝내기 위해 경마 대회를 열기로 했다. 동이 틀 무렵 수탉이 울면 양쪽에서 기사가 출발해서는 이들이 만나는 지점이 두 시의 경계가 되기로 한 것이다. 플로렌스의 기사는 검정 수탉을 며칠간 모이를 주지 않았고, 그 덕에 경기 당일이 되자 수탉은 동이 트기 훨씬 전에 울어댔다. 그리하여 플로렌스의 기사는 시에나의 기사보다 먼저 출발했고, 시에나에서 겨우 20km 떨어진 곳에서 두 기사가 만났다. 이러한 연유로 검정 수탉은 키안티의 상징이 되었다.

이탈리아어로 수탉은 갈로(gallo)라고 한다. 키안티 이야기는 차치하고, 거대한 와인 양조장인 아메리칸 갈로 와이너리(American Gallo Winery)가 자사 제품에 두 마리 수탉을 그리는 이유가 있다. 이 업체는 1930년대에 이탈리아계 미국인인 어니스트 갈로와 줄리오 갈로 형제가 세웠다.

◐ 자바: 커피 용어이자 프로그래밍 언어 이름

자바는 1995년 미국 캘리포니아 주 팔로 알토(Palo Alto)에 있는 썬 마이크로시스템즈(Sun Microsystems)에서 개발한 프로그래밍 언어이다. 자바(Java)라는 말은 썬 사의 직원 여섯 명이 피츠 커피에서 자바 커피를 마시면서 프로그램 언어의 이름을 정하며 나왔던 몇 가지 제안 중 하나라고 한다. 컴퓨터 회사 이름을 애플(Apple)이라고 붙이는데 프로그래밍 언어를 자바라고 하지 못할 이유는 없지 않겠는가.

피츠 커피 앤 티는 캘리포니아 주 오클랜드에 본부가 있는 미국의 커피 체인점이다. 자바(인도네시아 바하사 어로는 자와라고 한다.)는 인도네시아에서 다섯 번째로 큰 섬으로 면적은 13.9만km²이다. 인구는 1.35억 명(인도네시아 인구의 60%를 차지한다.)으로, 세계에서 가장 인구가 많은 섬이다. 섬 크기는 그리스, 네팔, 미국의 뉴욕 주와 비슷하다.

인도네시아는 세계 4위의 커피 생산국이다. 연간 생산량은 1100만 포대(66만 톤)이다. 생산량의 25%는 아라비카, 75%는 로부스타이다.

7.4 건강

◐● 커피와 와인: 건강에 나쁘다는 인식에서 좋다는 인식으로

수 세기 동안 커피와 와인은 인간의 건강에 좋지 않은 영향을 준다는 의심의 눈초리를 받았다. 오랫동안 많은 연구가 이루어졌고, 최근 연구에서는 두 음료 모두 적당히만 섭취하면 심장 질환이나 파킨슨병 및 알츠하이머 질환 발생 위험 감소 등 건강에 좋은 효과를 줄 수도 있다는 결과가 나왔다.

두 음료의 위상과 이미지는 부정적인 쪽에서 중립, 나아가 긍정적인 쪽으로 옮겨오고 있다. 이는 커피와 와인으로 생계를 유지하는 이들에게 희소식이다. 또한 이 음료들을 가볍게 즐기는 많은 이들에게도 좋은 소식이다.

그렇지만 이런 기분 좋은 연구에서도 주의깊게 살펴봐야 할 점이 한 가지 있다: 두 음료가 건강에 미치는 영향에 대한 연구 보고 중 대부분은 일반적으로 다음 세 가지에 대한 정보가 부족하거나, 심지어 고려조차 하지 않는 것 같다.

• 커피나 와인을 마시지 않는다면, 음료 애호가들은 무엇을 마셔야 할까? 차, 주스, 탄산수, 물, 맥주, 도수 높은 술?
• 커피와 와인은 누가 마실까? 주로 건강하고, 일반적으로 자기의 건강과 웰빙에 관심을 가지는 이들?

- 건강에 긍정적인 영향이란 것은 얼마만큼 간접적인가 - 스포츠나 생활 운동의 파급 효과 같은 것은 아닐까? 커피나 와인은 활발한 움직임과 사회활동에 필요한 자극과 에너지를 제공하니 말이다.

아마도 앞으로 이 분야에 대한 연구가 진척되면 이런 질문의 답이 나올 것이다.

건강과 관련해 유용한 정보원으로서 다음을 들 수 있다.

- Institute for Scientific Information on Coffee(ISIC, 커피에 관한 과학 정보 연구소), http://www.coffeeandhealth.org
- Wine Information Council(와인 정보 위원회) http://www.wineinformationcouncil.eu
- Wine in Moderation https://www.wineinmoderation.eu

칼로리에 대한 설명

1cal는 물 1g의 온도를 1℃ 올리는 데 필요한 에너지이다. 그러므로 물 1000g(1kg), 대략 1리터의 온도를 1℃ 높이려면 1000cal, 즉 1kcal의 에너지가 필요하다.

국제 도량형 단위에서 1cal는 4.18줄(J)이며 1kcal는 4.18킬로줄(kJ)이다. 줄은 영국의 양조업자이자 물리학자인 제임스 프레스콧 줄(James Prescott Joule, 1818-1889)에서 따왔다. 호주는 식음료의 에너지 함량을 표기할 때 가장 일관되게 국제 도량형 단위를 쓰는 나라 중 하나이다.

성인이 신체 활동을 영위하고 체온을 37℃로 유지하기 위해서는 하루 1600-2800kcal(6700-11700kJ)의

칼로리: 혼동에 주의!

미국의 영양 표시 사항 및 일반적인 영양 권고는 하루 2000cal 섭취를 기준으로 한다. 여기서 칼로리라는 말은 실제로는 킬로칼로리, 1000cal를 말한다. 킬로칼로리(Kcal)은 때로는 대문자로 시작하는 Calories로 나타내거나 음식 칼로리, 식이 칼로리, 큰칼로리 등으로 표시한다. 시간이 흐르면서, 일부 국가에서는 칼로리란 말 자체가 킬로칼로리를 뜻하는 말이 되었다.

에너지를 얻어야 한다. 실제 에너지 요구량은 성별, 체중, 대사, 신체 활동, 주변 온도에 따라 다르다.

○ 커피 한 잔의 칼로리는?

커피 그 자체는 거의 칼로리가 없다. 하지만 커피점 메뉴들의 칼로리 수치는 상당하다. 이는 많은 커피 음료에 여러 첨가물이 들어가기 때문이다. 표 7.14은 일반적으로 커피점에서 판매되는 메뉴들의 크기별 칼로리 함량을 보여준다.

● 와인 한 잔의 칼로리는?

드라이 와인(dry wine) 한 잔의 열량은 대개 120kcal(500kJ)이다. 일상 언어로 표현하자면, 미국인들의 표현으로는 '120 food calories, 또는 그냥 120칼로리'이다. 물론 기술적으로는 kcal가 정확한 표현이다.

와인 한 잔 용량 150mL에 어떻게 그런 열량 수치가 나오는지는 아래를 확인해보자.

○ 표 7.14 다섯 가지 커피 음료의 칼로리

제공량	30mL (1액량온스)	100mL (3.5액량온스)	150mL (5액량온스)	300mL (10액량온스)
커피음료	킬로칼로리(kcal)			
에스프레소	1–3	–	–	–
추출 커피(블랙커피)	–	1	1–2	2
카페라떼	–	40	65	130
카푸치노	–	30	45	85
모카	–	70	100	200

자료: 몇몇 단체, 커피 업체, 커피 매장의 메뉴 등에서 자료 수집

주의:
- 본 표의 칼로리 함량은 예시이다. 열량은 용량과 첨가된 크림 또는 우유의 유형, 예를 들어 하프 앤 하프, 탈지하지 않은 우유, 저지방, 무지방, 아몬드유, 두유, 라이스밀크, 코코넛 등에 따라 다르다.
- 설탕 1티스푼(4g)을 첨가하면 열량은 15kcal(63줄) 늘어난다.
- 미국을 포함한 일부 국가에서는 식음료의 열량을 calories, Calories(큰칼로리)로 표시한다. 다만 기술적으로는 킬로칼로리가 정확하다.
- 표 7.8은 위 다섯 가지 메뉴의 커피와 우유의 양을 보여준다.
- 100mL와 100g은 열량표에서 일반적인 기준이다. 이 대신 사용하는 것으로는 '1회 제공량당(per serving)'이 있다.
- 위에서 1회 제공량 기준은 1액량온스로서 반올림했다. 영국식 1액량온스는 28.4mL이고 미국식 1액량온스는 29.6mL이다.
- 1Kcal = 4.18kJ

- 드라이 와인의 알코올 함량은 부피비로 12-13%, 무게비로는 10%이다. 알코올이 와인 속 나머지 성분—주로 물—에 비해서는 가벼운 물질이기 때문이다. 그러므로, 한 잔 분량의 와인 무게는 145g 정도 되고, 이 중 알코올 무게는 14.5g이다.
- 알코올의 열량은 7kcal/g이다. 그러므로 알코올의 열량은 102(14.5×7)kcal이다.
- 드라이 와인에 들어 있는 탄수화물은 잔당 4g 정도이다. 탄수화물(당 포함)의 열량은 4kcal/g이므로 합하면 16kcal이다.
- 그러므로 한 잔의 열량 총합은 118(102+16)kcal이고, 반올림하면 120kcal, 500kJ이 된다.

위 식을 볼 때, 달콤한 저알코올 와인이 드라이한 고알코올 와인에 비해 열량이 낮다는 것을 추론할 수 있다. 알코올을 제거한 와인(dealcoholized wine, 알코올 함량 0.5% 미만)은 일반 와인에 비해 열량이 절반 미만이다.

◐ 역사적으로 커피를 금지하고자 했던 시도들

지금까지 커피를 금지하려고 했던 사례는 많다. 이런 사건 중 종교적 문제, 건강에 대한 우려, 국가 무역 불균형, 커피점이 정부나 왕에 대한 반란 음모의 본거지가 된 것이 원인인 경우도 있었다. 여기서는 영국과 프러시아에서 있었던 두 사례를 소개하겠다.

영국에서는 1600년대 후반에 의사들이 선술집에서 맥주나 마실거리 대신 커피를 마시도록 장려한 적이 있다. 그런데 1674년에 한 여성 단체가 이에 반대하면서 여성의 커피 반대 청원(Women's Petition Against Coffee)을 출판했다. 아래는 약간 길고도 상당히 흥미로운 세 가지 청원 문구이다.

커피는 남자들이 시간을 낭비하게 하고 입에 화상을 입게 하며 돈을 낭비하게 만든다. 이 자그마하고 저열하고 검고 진하고 추잡하고 쓰고 쏘는 듯한 욕지기나는 흙탕물 같은 것 때문이다.
… 이 커피라 불리는, 추잡하고 끔찍하며 이교도적인 신문물 음료를 너무 많이 마시고 있다… [그리하여]…

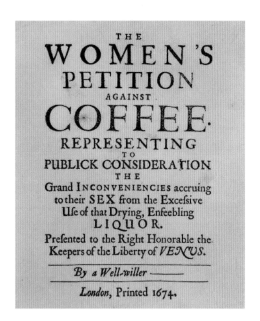

우리 남편들은 거세당하고 우리의 친절하고 용감한 청년들은 불구가 되어 발기 불능에 빠졌으니…
사람을 마르게 하고 약하게 만드는 이 음료의 남용으로 인해 그들의 성에 미치는 거대한 불편함을 대중에게 알리고자 하노라. 여신 비너스의 자유를 수호하는 귀족 여러분께 바치노라.

진정 선을 위하는 이가 씀

마침내 영국의 찰스 2세는 1675년 후반에 커피점을 금하는 칙명을 내렸다. 그러나 시민들이 널리 들고 일어나는 바람에 2주만에 명령은 철회되었다.

1777년에는 프러시아의 프리드리히 대왕이 커피를 금지하고 맥주를 장려했다. 우선 수입품 커피 때문에 무역 불균형이 일어났기 때문이지만, 맥주 소비는 커피를 따라잡지 못했고, 얼마 지나지 않아 대왕은 금지 정책을 거둬들였다. 4년 뒤, 대왕은 커피 사업을 전매한다고 선언했고 국영 커피 로스팅 공장을 세웠다.

● 미국, 구소련, 프랑스의 금주 운동

금주 운동의 이유와 알코올 금지 규정은 과거부터 지금까지 모두 달랐다. 가장 일반적인 주장은 (소비자의)

건강 관련 및 (소비자와 기타 사람들의) 안전, 그리고 종교적인 것이다.

여기서는 건강과 안전을 이유로 3개 대륙에서 시행되었던 세 가지 엄격한 알코올 금지 정책에 대해서 알아보려 한다.

● 미국의 금주법

금주법(Prohibition Act)은 미국의 수정 헌법 18조로 비준되어 1920년부터 1933년까지 발효되었다. 금주법은 미국 내 어디에서든 음주를 위한 알코올의 제조, 수송, 판매를 금지한 법이다. 하원의원 앤드루 볼스테드(Andrew Volstead)의 이름을 따 볼스테드 법(Volstead Act)이라 불린 금주법이 발효된 원인은 국가적으로 음주 문제가 심각했기 때문이다. 금주법은 대공황 시대인 1933년, 수정 헌법 18조를 폐지하는 수정 헌법 21조에 의해 폐지되었다.

그렇지만 실제로는, 금주법 시대에도 성찬 의식에 쓰이는 와인 및 '약용' 와인은 허용되었기 때문에 와인 생산과 소비는 유지되었다. 다만 초점이 주로 알코올 함량에 있었기에, 이 시대 와인의 품질은 낮은 편이었다. 캐나다 또한 1916년에서 1927년 사이 금주 정책이 유지되었다.

1990년대 후반, 미국에서 20세기를 경축하는 기념 우표가 발행되었다. 1998년에 나온 한 우표는 '금주법 시행(Prohibition Enforced)이라는 이름으로, 밴 샨(Ben Shahn)의 그림 중 일부를 담고 있다. 여기서는 정부 요원이 레드 와인을 하수구에 버리는 모습이 나온다.

● 구소련의 포도밭 갈아엎기(1980년대)

1980년대 고르바초프 서기장 시대의 구소련에서 포도나무를 뽑아낸 일이 있었다. 이유는 알코올 남용 때문이었다. 현 15개 국가 대부분은 물론, 구소련의 영향을 많이 받던 불가리아, 루마니아에서도 포도밭 면적이 줄어들었다. 당시 구소련의 포도 재배지 130만 헥타르 중 20% 이상이 파괴되었다. 일부 생식용 포도밭도 실수로 파괴되었다고 한다. 여기에 포도 가격은 고정되어 있었기에, 일부 지역에서는 포도 재배자가 다른 작물로 전환하면서 와인용 포도 재배 면적은 더 줄어들었다.

이로부터 25년 후, 고르바초프는 포도나무 뿌리뽑기 프로그램이 너무 극단적이었다고 인정했다. 특히, 심각한 알코올 남용은 와인보다는 도수 높은 술이 훨씬 더 큰 원인이었기 때문이다.

현재의 러시아 지역만 따지면, 1980년대 전체 포도 재배지 면적은 20만 헥타르였다. 2015년의 면적은 9만 헥타르뿐인데, 이 중 3만 헥타르는 2014년까지는 우크라이나의 영토였던 크림 반도에 속했다. 현재 러시아는 포도나무를 다시 심는 야심찬 계획을 세웠다. 일부 정보원에 따르면 30만 헥타르를 더 심을 것이라고 한다.

● 프랑스의 에빈 법과 붉은 풍선

프랑스의 에빈 법(Loi Évin)은 술 광고를 제한하고 와인의 생산과 소비를 의심적은 눈으로 바라보고 있다. 이 법은 1991년에 채택되었으며 금주 단체인 ANPAA(Association Nationale de Prévention en Alcoologie et Addictologie)이 이끈 운동의 결과로 탄생했다. 당시 수상이었던 클로드 에빈의 이름을 땄는데, 알코올 도수 1.2%를 넘는 모든 음료의 광고를 금지했다. 아래 예시에서 나오는 것처럼, 이 법은 매우 엄격했다.

2015년 1월 7일, 파리 고등 법원(tribunal de grande instance de Paris)에서는 꼬뜨 뒤 론의 와인 생산자들에게 광고 내용을 바꾸라는 가처분 명령을 내렸다. 원래 광고에는 한 남자가 붉은 풍선을 쥐고 있고 배경에는 '오 구 드 라 비(au goût de la vie, 인생을 위한 맛)'이란 문구가 써 있다. 다만 이미지는 그대로 둬도 된다

AU GOÛT DE LA VIE

♥ Côtes du Rhône

L'ABUS D'ALCOOL EST DANGEREUX POUR LA SANTÉ,À CONSOMMER AVEC MODÉRATION.

고 허가했다.

2016년 5월 27일, 파리항소법원(la Cour d'appel de Paris)에서는 붉은 풍선을 그린 일러스트 또한 불법이라고 평결했다. 술을 즐거움과 연결시키는 것은 불법이라는 에빈 법에 저촉된다고 본 것이다.

이 포스터가 왜 금지되었는지 제대로 이해하려면, 프랑스에서는 술집에서 '엉 발롱 드 후쥬(un ballon de rouge)'라는 주문이 일반적이라는 사실을 알아야 한다. 이 말은 곧 레드 와인 한 잔을 뜻한다.

● 커피잔의 경고 문구 – 주의 – 내용물이 뜨거움! (CAUTION–HOT CONTENT!)

1994년, 뜨거운 커피를 무릎에 흘려 심각한 화상을 입고 맥도날드에 소송을 걸었던 한 미국인 노인이 승소했다. 이 사건 이후로, 미국의 커피 업체들은 뜨거운 커피 소송 대란을 겪었다.

시민 배심원단이 보상액으로 거의 300만 달러에 가까운 돈을 지급하라고 평결하면서 맥도날드의 뜨거운 커피 건은 언론의 주목을 받았다. 피해자가 얼마나 심하게 다쳤는지 모르는 사람들은 소송을 제기한 그녀를 조롱했다. 결과적으로 그녀가 받은 것은

64만 달러뿐이었고, 이 중 일부는 화상 치료비에 쓰였다는 점 역시 주의를 끌지 못했다.

맥도날드 사건을 비롯한 여러 소송건에 대해, 커피 전문가이자 변호사인 댄 콕스(Dan Cox)는 저서 〈Handling Hot Coffee: Preventing Spills, Burns, and Lawsuits〉에서 다루었다. 이 책은 커피 업계와 커피점 운영자 및 법률가에게 이 사건에 대해 알리기 위해 쓰여졌으며, 보호적 조치를 취하라고 권고했다. 또한 이 책에서는 품질 좋은 따뜻한 음료를 만드는 데 필요한 업계 표준을 설명한다.

대부분의 커피는 91-96℃에서 추출된다. 이 온도는 바람직한 향과 향미를 추출하는 최적의 조건이다. 추출된 커피는 일반적으로 80-85℃이고, 제공 온도는 71-82℃이다.

당연히, 커피는 위험하다. 때문에 커피 컵 뚜껑에 CAUTION-HOT CONTENT 같은 경고 문구가 있다. 이 문구 자체가 그만한 가치를 하기 때문이다.

● 와인병에 있는 경고와 권장 문구

유럽 연합에서는 주류 소비에 대한 공통된 경고나 규정이 없다. 여러 와인 제조업자, 도소매상들은 책임 있는 와인 소비를 위한 여러 프로그램을 지지하거나 지원한다. 이런 프로그램들 중 '와인 인 모더레이션(wine in moderation, 적당한 음주, www.wineinmoderation.eu)'은 와인병에 기재된 경우도 있다. 다만 고급 와인이나 대부분의 샴페인에는 경고 문구를 부착하지 않는다.

유럽의 와인병에는 '임산부용이 아님(not for pregnant women)' 로고가 붙어 있는 경우가 많다. 일부에는 경고 문구도 써 있다.

영국에서는 다음 같은 정보를 와인병에 부착해야 한다는 강제 정책을 오랫동안 시행해왔다.

Drink Responsibly UK Chief Medical Officers recommend adults to not regularly exceed: Men: 3–4 units daily Women: 2–3 units daily www.drinkware.co.uk 영국에서의 1 유니트는 순수 알코올 10mL, 8g 이다.	책임 있는 음주를 하십시오 영국 정부의 최고 의료 책임자는 성인의 정기적인 음주량이 아래 수치를 넘기지 않기를 권고합니다. 남성: 하루 3–4유니트 여성: 하루 2–3유니트 www.drinkware.co.uk

위 기준은 2016년부터 남녀 모두 일주일에 14유니트로 줄었다. 이 새로운 권고안은 2019년 말부터 와인병에 적용될 것으로 보인다.

미국에서는 모든 와인에 아래의 문구를 대문자로 표기해야 한다.

GOVERNMENT WARNING: (1) ACCORDING TO THE SURGEON GENERAL, WOMEN SHOULD NOT DRINK ALCOHOLIC BEVERAGES DURING PREGNANCY BECAUSE OF THE RISK OF BIRTH DEFECTS. (2) CONSUMPTION OF ALCOHOLIC BEVERAGES IMPAIRS YOUR ABILITY TO DRIVE A CAR OR OPERATE MACHINERY, AND MAY CAUSE HEALTH PROBLEMS.	연방 정부의 경고문 (1) (연방 정부의) 의무감에 따르면, 여성은 선천적 결손증 위험 때문에 임신 중에는 알코올이 들어간 음료를 마셔선 안 됩니다. (2) 알코올이 들어간 음료를 음용하면 운전, 기계 가동 능력이 손상되며 건강에 문제가 초래될 수 있습니다.

● 알코올 음료의 기준 용량은 서로 다르다.

세계 보건 기구(WHO)에서는 순수 알코올 10g이 포함된 양을 알코올 음료 1단위로 정의하고 있다. 그러나 국가별로는 8-20g으로 다양하다. 위험도가 낮은 음주에 대한 지침 또한 국가별로 다르다.

여성에 대한 권장 최대치는 하루 10-42g으로 나라마다 다양하다. 일부 국가의 주당 권장량은 84-140g이다. 남성의 경우는 하루 10-56g, 주당 100-280g이다.

● 혈중 알코올 농도와 운전자 제한 농도

혈액 속에 알코올이 있을 경우 주의력과 반응 속도에 영향을 준다. 그러므로 상당히 조심할 필요가 있는 활동―예를 들어 차량 운전―을 하는 중 또는 하기 전에 알코올 음료 섭취는 위험하며, 법으로 제약을 거는 경우가 많다.

UN 식량농업기구(FAO)에서는 전 세계 자동차 운전자에 대한 허용 가능한 혈중 알코올 농도(blood alcohol concentration, BAC) 최대치를 정했다. 2014년 기준 운전 가능한 제한 수치는 52개국에서 0.05%(0.5/1000)로서, 상당수 유럽 연합 국가도 이 수치를 따른다. 일부 국가에서는 한계치를 정하지 않았다.

영국의 알코올 단위는 다른 대부분 국가의 단위-기준 용량-에 비해 20-30% 낮다.

1990년대 후반 여러 국가(유럽 연합 내 국가 대부분을 포함)에서는 운전 허용 가능한 혈중 알코올 농도를 0.08%에서 0.05%로 내렸다. 영국의 잉글랜드(England)와 웨일즈(Wales)에서는 0.08%를 유지했으나 스코틀랜드(Scotland)에서는 0.05%로 설정했다. 미국과 캐나다, 멕시코의 제한치는 0.08%이며 호주, 남아프리카는 0.05%이다. 인도와 일본은 0.03%이고 중국은 0.02%이다. 운전 직종 및 초보 운전자에 대한 기준은 더 엄격한 곳도 있다. 독일, 스웨덴, 노르웨이, 스위스는 21세 미만 운전자에게 더 엄격한 규정을 적용한다.

한 사람이 얼마나 많은 알코올을 마시고 운전할 수 있는지에 대한 지침은 존재하지만, 실제로 알코올 음료를 마셨을 때 어떠한 영향이 있는지는 사람마다 다르다. 나아가, 표 7.15에서처럼 국가별 단위 또한 다르다.

● 숙취-원인은 무엇인가?

숙취의 원인은 아직까지 규명되지 않았다. 와인, 특히 레드 와인이 여러 사람들에게 숙취를 일으키는 이유에 대해 아직 결정적인 설명이 나오지 않았다. 몇 가지 자료에 따르면, 세간에서 생각하는 것과는 달리

● 표 7.15 국가별 기준 용량과 적절한 음주 권고량

국가	기준 용량	여성		남성	
	g	일일 최대 g	주당 최대 g	일일 최대 g	주당 최대 g
호주	10	20	–	20	–
오스트리아	20	16	112	24	168
캐나다	14	27	136	41	204
칠레	14	42	98	56	196
중국	10	–	–	50	100
덴마크	12	–	84	–	168
프랑스	10	20	140	30	210
독일	12	12	–	24	–
인도	10	12	–	24	–
이탈리아	12	20	–	36	–
일본	–	20	–	40	–
폴란드	10	20	140	40	280
포르투갈	10–12	10–24	–	10–24	–
싱가포르	10	10	–	20	–
남아프리카	11–12	24	–	24	–
스페인	10	–	110	–	170
스웨덴	10	10	–	20	–
스위스	10–12	20–24	–	30–36	–
영국(아래 주의 참조)	8	16–24	–	24–32	–
미국	14	42	98	56	196
WHO	10	–	–	–	–

자료: Governmental standard drink definitions and low-risk alcohol consumption guidelines in 37 countries, Agnieszka Kalinowski and Keith Humphreys, Stanford University School of Medicine, California, USA, 2015., 저자의 허락을 받아 전재

주의:
• 에틸알코올 10g(WHO에서 기준 용량으로 정의)은 부피로는 12.7mL 정도이다. 알코올이 물보다 가볍기 때문이다.
• 알코올 도수 13%인 와인 750mL 용량 한 병에는 기준 용량 7.7단위가 들어 있다.
• 이스라엘, 네덜란드, 노르웨이 같은 국가에서는 기준 용량이나 지침이 없다.
• 임신 중에는 금주를 권고하는 게 일반적이다. 또한 일반인도 일주일 중 1~3일 정도는 알코올을 금하라는 권고 사항이 많다.
• 영국은 2016년 권고안을 수정했다. 수정 권고안에서는 주당 14단위로 양을 낮추었다. 또한 여성과 남성의 권장량이 동일한데 흔하지 않은 경우이다. 수정 전, 영국의 최고 의료 책임자는 남성은 일일 3~4단위, 여성은 일일 2~3단위를 넘기지 말라고(위 표에서 나타난 대로) 권고했다. 또한, 영국의 알코올 단위는 10mL(8g)으로 다른 나라들 대비 20~30% 적은 양이라는 것도 염두에 두어야 한다.
• 영국의 새로운 권고안 및 일부 국가들은 불과 수 년 사이 알코올 소비량을 줄이기 위해 권고안을 수정했다.
• 미국의 자료는 미국 국립보건원(National Institutes of Health)에서 정한, 위험도 낮은 음주에 대한 지침에서 따온 것이다. 미국에서는 적당한 음주(moderate drinking) 같은, 다른 지침 또한 흔히 사용되기 때문에 저자는 이를 별도로 언급했다. 하지만 이 '적당한 음주' 지침은 여성 하루 14g, 남성 하루 28g으로 오히려 더 엄격해서 용어 사용에 혼란이 있을 수 있다.
• 위 표의 일부 자료는 미터법으로 전환해 반올림 처리했다.

황산염은 원인은 아니라고 한다.

평균적으로 레드 와인보다 화이트 와인의 황산염 함량이 더 높다. 일부 사람들은 황산염에 알레르기가 있지만, 두통은 알레르기의 일반적인 증상은 아니다. 알코올 또한 원인이 아닐 가능성이 있는데, 알코올 도수가 40% 넘는 증류주에는 숙취가 없는 사람도 와인과는 잘 맞지 않는 경우도 있다. 원인이 어디에 있건, 대부분의 사람들에게 해당되는 중요한 증상이 한 가지 있다. 바로 알코올에 의한 탈수 증상이다. 즉, 와인과 함께 또는 와인을 마신 직후 물을 많이 마시는 것도 두통을 예방하는 좋은 방법이 될 수 있다.

● 황산염: 일일 섭취 가능 용량

세계 보건 기구 및 여러 기관에서는 식품 안전 관점에서 황산염의 하루 허용 가능 섭취량을 체중 1k당 0.7mg로 하는 지침을 발표했다. 이 제한치는 임시적인 것으로 현재 연구와 조사가 계속되고 있다.

위 지침에 따르면 체중 70kg인 사람의 경우 허용치는 50mg이다. 1리터당 120mg의 황산염이 들어 있는 와인이라면 대략 세 잔 정도이다. 일부 과일 및 제품에도 황산염이 들어 있으므로, 하루 허용 가능 섭취량은 쉽게 초과될 수 있다. 다만 이 수치는 상당히 여유 있게 설정되었다는 것을 염두에 둘 필요가 있다.

● 황산염: 유럽 연합과 신대륙에서의 제한치

유럽 연합 지침(European Directive EC) no.89/2003은 '알레르겐(알레르기 유발원) 지침'으로도 알려져 있다. 해당 지침은 2005년 발효되었으며, 이때부터 와인 속 황산염 함량이 10mg/L 이상이면 와인에 황산염이 들어 있다는 문구 기재가 의무화되었다.

유럽 연합에서 정한 황산염의 제한치는 레드 와인 150mg/L, 화이트 와인과 로제 와인은 200mg/L이다. 단맛이 나는 와인으로서 잔존 당 함량이 리터당 5g 이상인 경우, 레드 와인의 허용치는 200mg/L, 화이트 와인과 로제 와인은 250mg/L이다. 단맛이 나는 디저트용 와인은 황산염 함량이 가장 높다. 병 속에서 당이 발효되는 것을 막기 위해 황산염이 필요하기 때문이다.

화이트 와인과 로제 와인은 가공 중 포도 껍질과의 접촉 시간이 짧아서 천연 항산화 성분이 적기 때문에 레드 와인에 비해 산화에 취약하다. 그래서 황산염이 더 많이 필요하고, 이 때문에 제한 수치도 더 높다. 스파클링 와인, 슈패틀레저(spätlese), 다른 틈새 시장용 제품들은 제한 수치가 다르다. 유기농 인증을 받은 와인은 수치가 낮다. 이에 대해서는 8.2장에서 서술했다.

미국의 일반 와인 황산염 법적 허용 최대치는 350mg/L이다. 미국 식약청(FDA)이 세운 규정에서는 국내에서 생산된 것으로서 황산염 함량이 10mg/L인 모든 와인은 'Contains sulfites(황산염 함유)'라는 문구를 라벨에 기재해야 한다.

다른 국가들에도 황산염 허용 최대치 규정이 있다. 예를 들어 칠레는 300mg/L, 아르헨티나의 레드 와인은 130mg/L, 화이트 와인은 180mg/L이고, 남아프리카는 각각 150mg/L, 160mg/L, 호주는 250mg/L이다.

'황산염 함유' 문구는 천식 때문에 황산염에 민감한 일부 사람들을 위해 만든 정보 규정이다. 인구의 1% 미만 정도에 해당한다.

호주와 뉴질랜드에서는 와인의 뒤쪽 라벨에 'PRESERVATIVE(220) ADDED(보존제 220 첨가)'라는 문구를 넣는다. 황산염(sulphites)이라는 표현은 쓰지 않는다. 첨가물 번호에 대한 규정은 4.1장에서 설명한다.

7.5 스파클링 와인

● 네 가지 제법

스파클링 와인은 이산화탄소(CO_2)가 압축, 용해되어 들어 있는 와인이다. 병마개를 열어 가압 상태를 풀면, 이산화탄소가 방울로 바뀐다. 스파클링 와인은 포도가 완전히 익기 전, 즉 당 함량이 낮고 산도가 높아 청량감을 주는 상태에서 수확하여 만든다.

이산화탄소는 여러 가지 제법으로 발생하는데, 일

반적으로는 아래의 네 가지가 가장 많이 쓰인다:

- **메토드 트라디쇼넬**(Méthode traditionelle), **메토드 샹파누아즈**(Méthode campenoise), **메토드 클라식**(Méthode classique)은 샹파뉴 지역에서 사용하는 전통적인 방식이다. 1차 발효를 마친 뒤, 병에 이스트와 당을 소량 첨가해 2차 발효를 일으켜 기포를 발생시킨다. 이후 병을 거꾸로 뒤집어서 리즈(lees, 이스트 침전물)가 병목을 타고 미끄러져 내려오게 한다. 그리고 병을 주기적으로 돌려준 뒤 병을 냉각시켜서 얼어붙은 침전물을 뽑아낸다. 이를 데고르쥬멍(dégorgement, 토해내기)이라고 한다. 마지막에 코르킹을 한다.
- **탱크방식**(tank method), 프랑스의 와인메이커 이름을 딴 **샤르마 방식**(Charmat method)이라는 방법은 고압을 견디는 거대 탱크에서 자연 발효를 진행하고 가압하에서 병입한다. 이탈리아에서는 메토도 마르티노띠(metodo Martinotti)라고 하며 북미에서는 벌크 프로세싱(bulk processing), 탱크 프로세싱(tank processing)이라 한다. 비용 대비 효율적이며 와인 품질의 항상성을 지켜주는 방식이라 널리 쓰이고 있다.
- **탄산법**(carbonized method)은 소프트드링크처럼 이산화탄소를 주입하는 방식으로 비용이 상당히 저렴하다.
- **메토드 앙쎄스트랄**(Méthode ancestrale)은 스파클링 와인을 만드는 고전적인 방식으로서 알코올 발효가 끝나기 전에 와인을 병입한다. 2차 발효가 일어나지 않기에 침전물을 얼려서 빼내는 작업 또한 하지 않는 경우가 많다. 병 안에 일부 침전물이 남아 있는 경우가 많다.

표준 750mL 용량의 스파클링 와인병에 들어 있는 이산화탄소는 약 5L 정도이다. 완전 스파클링 와인의 압력은 최대 6기압(88psi)에 달하며 세미 스파클링 와인은 3기압 미만이다. 예를 들어, 일반적인 자동차 타이어의 압력은 2-2.4기압(29-35psi)이다. 1기압의 압력은 대기압에 상당한다.

프랑스의 베네딕트회 수도승이자 와인 양조 책임자(cellar master)인 샹파뉴의 돔 페리뇽(Dom Pérignon, 1639-1715)은 1690년대에 가장 먼저 스파클링 와인을 만든 사람이라고 언급된다. 그가 훌륭한 와인메이커이긴 하지만, 이 주장은 사실이 아닐 가능성이 크다. 스파클링 와인의 개발은 꾸준히 진화해 왔으며 랑그독-루시용의 수도승이 1530년대에 이미 스파클링 와인을 생산하고 있었을 가능성이 있다.

최근 연구에서는 최소한 17세기 중엽부터 영국의 와인 제조인들이 샹파뉴에서 런던으로 선적된 와인처럼 만들기 위해 2차 발효 중에 당과 당밀을 첨가하는 방식을 제대로 실행했다고 강력하게 추정한다. 이런 방식은 영국의 의사 크리스토퍼 메렛(Christopher Merret)이 1662년 처음으로 기술했다.

스파클링 와인의 압력을 견딜 수 있는 튼튼한 병이 발명되면서 처음 득을 본 이들은 영국의 와인 제조업자들이다. 1630년대, 유리병 제조 연료로 나무 대신 석탄을 쓰면서 훨씬 높은 온도의 화력을 얻었고 그 덕분에 튼튼한 병을 만들 수 있었다.

세계의 스파클링 와인 제조량은 대략 연간 1900만 헥토리터로서 전체 와인의 7%이다. 2000년에 스파클링 와인의 비율은 3%에 불과했다. 표 7.16에서처럼 스파클링 와인 여덟 병 중 한 병은 샹파뉴에서 생산된다.

● 프랑스의 스파클링 와인

프랑스에서는 20개 이상의 와인 산지에서 스파클링 와인을 생산한다. 샹파뉴(Champagne)는 그중 하나이다. 미국에서 쓰는 몇 가지 예외를 제외하면, Champ agne라는 단어는 샹파뉴 지역에서 생산한 스파클링 와인을 담은 병에만 쓸 수 있다. 그 외에는 병 내 압력에 따라서 크레망(Cremant), 블랑켓뜨(Blanquette), 뱅 무쏘(vin mousseux, 스파클링 와인), 페티앙(pétillant)으로 불린다.

● 샴페인/샹파뉴(Champagne): 와인 이름이자 지역명

샴페인은 샹파뉴 지역에서 재배된 포도로 만든 스파클링 와인이다. 이 지역의 아펠라시옹은 1927년 이래 바뀌지 않았다.

AOP(Appllation d'Origine Protegée, AOP) 등록 지역은 33,600헥타르로서 320개 마을 및 인근 지역에 걸쳐 있다. 재배자 수는 1.5만 명이 넘으며, 이들 중 5천 명은 와인 제조인이기도 하다.

샹파뉴의 제조자들은 코미떼 앙테르프로페시오넬 뒤 뱅 드 샹파뉴(Comité Interprofessionnel du Vin de Champagne, CIVC, 샹파뉴 와인 범 직업군 위원회)에서 만든 규칙과 규정을 준수해야 한다. 여기에는 가지치기, 생산량, 압착, 병입 전 리즈(이스트 침전물) 처리 시기, 가격 유지를 위한 시장 공개 시점 등과 관련한 조건이 들어 있다.

매년 7월경 재배자와 도매상 협회(코미떼 샹파뉴, Comité Champagne)에서는 샹파뉴 지역 내 AOP 체제하에서의 허용 최대 생산량을 결정한다. 최근에는 헥타르당 10,500kg이었다. 재배자마다 최대 8,000kg까지의 초과 생산량은 저장한 뒤 다음 해에 쓸 수 있다. 이런 체계는 생산량이 낮은 해에 재배자를 보호하고 매해 가격 변동을 줄이기 위한 조치이다.

샴페인과 프랑스의 다른 스파클링 와인은 유형에 따라서 등급 분류된다. 표 7.17에서 볼 수 있듯 단맛

● 표 7.17 스파클링 와인의 단맛 정도: 프랑스에서의 등급 분류

유형	등급	잔존 당 함량 – 리터당 그램
드라이(dry)	브륏 제로(Brut Zero)	0
	브륏 나튀르(Brut Nature)	0–3
	엑스트라 브륏(Extra Brut)	0–6
	브륏(Brut)	< 12
스위트(sweet)	엑스트라 섹(Extra Sec)	12–17
	섹(Sec)	17–32
	드미-섹(Demi Sec)	32–50
엑스트라 스위트 (Extra sweet)	두(doux)	> 50

주의
- 섹(sec)이란 말은 프랑스어로 단맛이 없다, 드라이하다라는 뜻이고 브륏(brut)은 거칠다는 의미의 rough의 고어이다. 두(doux)는 부드럽다는 뜻이다.
- 스파클링 와인의 잔존 당에 대한 OIV의 지침 또한 동일한 분류를 사용한다.

에 따라 나누어진다.

도사쥬(dosage)는 최종 마개를 하기 전 마지막 작업으로 소량의 리큐르 드 도사쥬(liqueur de dosage)를 와인에 더한다. 리큐르 덱스페디시옹(liqueur d'exp édition)이라고도 부른다.

도사쥬에 쓰는 리큐르는 리터당 당을 500~750g 함유한다. 동일한 와인 또는 이전 해에 저장해 둔 저장 와인으로 만들 수 있다.

● 샴페인의 블렌드와 빈티지

샹파뉴의 포도 재배지 중 75%는 적포도를 재배한다. 샴페인은 껍질 없이 발효하기 때문에 대개는 색상이 없다. 샴페인의 재료에 적포도 품종인 피노 누아와 피노 뮈니에(Pinot Meunier) 중 하나 또는 두 품종 모두 사용될 경우, 이 샴페인은 블랑 드 누아(Blanc de No

● 표 7.16 전 세계, 프랑스, 샹파뉴의 스파클링 와인 생산량

생산 장소와 제품	연간 생산량	용량과 매출액의 비율
세계 와인 생산량	2.7억 헥토리터	2.7억 헥토리터
세계 스파클링 와인 생산량	1900만 헥토리터	세계 와인 생산량의 7%
프랑스 스파클링 와인 생산량	380만 헥토리터(5억 병)	세계 스파클링 와인의 20%
샹파뉴 스파클링 와인 생산량	230만 헥토리터(3억 병)	세계 스파클링 와인의 13%, 매출액 면에서 40%

자료: 2016년을 비롯한 최근 연도의 수치를 평균해서 반올림함

irs)라고 부른다. 백포도인 샤르도네 품종만 쓸 경우에는 블랑 드 블랑(Blanc de Blacns)이라고 한다.

대규모 샴페인 제조 공장에서는 여러 가지 포도 품종 및 빈티지가 다른 와인을 블렌드한다. 이런 와인은 빈티지가 없다는 뜻의 넌-빈티지(non-vintage) 또는 고상하게 멀티-빈티지(multi-vintage)라고 부른다. 일부 와인 제조업자는 매년 자신들의 스타일을 유지하기 위해서 포도 품종, 부지, 연도가 다른 100개 이상의 와인을 블렌드한다. 상파뉴의 와인 제조인 중 이러한 조합(assemblage, 아썽블라쥬)에 필요한 경험과 관련된 비밀을 지닌 이들은 위상이 특별한 셰프 드 꺄브(Chef de cave)가 된다.

포도 수확이 탁월한 해에는 해당 빈티지가 그 특별한 해에 난 포도로만 만들었다고 '선언'할 수 있다. 이런 빈티지 샴페인은 해당 수확 특성과 물량에 따라 2년 또는 3년마다 한 번 정도만 나온다. 빈티지 샴페인은 전체 샴페인 중 10-15% 정도이다. 빈티지 와인은 리즈가 있는 상태에서 3년간 숙성해야 한다. 이에 비해 넌-빈티지 와인은 1년만 숙성하면 된다.

로제 와인뿐 아니라 로제 샴페인(Rosé Champagne)도 인기를 끌고 있다. 로제 와인은 적포도인 피노 누아로 만든 와인을 백포도로 만든 샴페인에 10%까지 추가해 만든다. 피노 누아 포도를 블렌드에 남겨 발효 중 껍질에서부터 색소를 얻을 수도 가능하지만 잘 쓰지 않는 방식이다.

샴페인의 생산량은 연간 3억 병이 조금 넘는다. 이 중 절반은 프랑스에서 자체 소비한다. 수출 물량은 주로 영국(상파뉴에서 생산되는 와인 전체 물량의 10%를 구매한다.)과 미국, 독일, 일본, 벨기에, 호주로 이동한다. 세계 스파클링 와인 중 샴페인의 비중은 물량으로는 13%, 매출액으로는 40%이다.

● **샴페인의 브랜드와 생산자 단체**

샴페인 브랜드를 보유한 업체 중 가장 큰 곳은 LVMH 그룹이다. 이 그룹은 돔 페리뇽, 크룩(Krug), 메르씨에(Mercier), 모엣 에 샹동(Moët & Chandon), 뤼이나르(Ruinart), 뵈브 클리코(Veuve Clicquot) 샴페인 하우스들을 보유하고 있다.

다른 주요 브랜드로는 볼랑제(Bollinger), 빌르꺄르 살몽(Billecart-Salmon), 꺄나르 뒤셴(Canard-Duchêne), 되츠(Deutz), 플뢰리(Fleury), 뒤발 르루아(Duval-Leroy), 앙리 지로(Henri Giraud), 고쎄(Gosset), 샤를 하이드직(Charles Heidsieck), 쟈끄쏭(Jacquesson), 랑송(Lanson), 로랑 페리에(Laurent-Perrier), G.H. 멈(G.H. Mum), 페리에-주엣(Perrier-Jouët), 피페 하이드직(Piper-Heidsieck), 뽀므리(Pommery), 루이 로데레(Louis Roederer), 폴 로제(Pol Roger), 테땅제(Taittinger), 빌마(Vilmart), 브랑켄(Vranken)이 있다.

베스트셀러 브랜드 중 하나로 니콜라 퓌야트(Nicolas Feuillatte)는 80개 이상의 조합 내 5천 명의 생산자가 생산한 포도를 사용해 1천만 병 이상을 생산한다.

샴페인 병에는 생산자 유형을 나타내는 작은 부호가 기재되어 있는 경우가 있다.

- **NM(Négociant Manipulant, 네고시앙 마니퓔랑)**: 포도와 머스트를 구매해 자체 와인 양조장에서 자체 이름 하에 샴페인을 생산하는 대형 업체.
- **RM(Récoltant Manipulant, 레콜탕 마니퓔랑)**: 포도를 재배하고 가공하는 양조업자. 각자의 이름은 잘 알려지지 않지만 이런 샴페인에 대한 수요는 증가세로서 상당히 놀라운 실적을 기록하고 있다. 이들 재배자가 생산하는 샴페인은 경우에 따라 레 샹파뉴 드 비네롱(Les Champagnes de Vignerons)이라는 라벨이 붙는다.
- **CM(Coopérative de Manipulation, 코오페라티브 드 마뉘퓔라시옹)**: 회원이 생산한 포도로 자체 와인 양조장에서 샴페인을 생산하여 판매하는 조합.
- **RC(Récoltant Coopérateur, 레콜탕 코오페라퇴르)**: 조합에서 와인을 생산하지만 포도 재배자의 이름으로 판매한다. 그러므로 CM과 함께 제작된다.
- **ND(Négociant Distributeur, 네고시앙 디스트리뷔테르)**: 와인 판매상이 자기 이름으로 와인을 판매한다.
- **SR(Société de Récoltants, 소시에테 드 레콜탕)**: 둘 이상의 포도 재배자가 세운 업체로서 구성원은 와인 양조장을 공유하고 자체 라벨 와인을 만든다. 재배자가 대개 와인 제조에도 참여하는 점에서 CM

과 구분된다.

- **MA(Marque d'Acheteur, 마크 다쉬퇴)**: 구매자의 브랜드로서 식당, 수퍼마켓, 개인이 브랜드가 될 수 있다. 생산자 이름도 기재할 수 있다.

● 샴페인의 수요와 미망인

샴페인이 지금의 위상이 된 데는 19세기 초반 미망인들의 역할이 컸다. 이들은 남편이 죽은 뒤 가문의 사업을 물려받아 운영했다.

뵈브 클리코(Veuve Clicquot)는 미망인인 바르브 니콜 클리코 퐁사댕(Barbe-Nicole Clicquot Ponsadin)의 이름을 딴 샴페인이다. 그녀는 1805년, 27세의 나이로 남편을 잃었다. 현재 이 와인은 미망인이 생산하는 가장 유명한 샴페인일 것이다. 아래는 1850년에 클리코 여사를 그린 것이다. 뵈브 클리코의 허락 하에 전재한다.

이와 어느 정도 유사한 내력이 있는 것으로 뽀므리(Pommery), 로랑 페리에(Laurent-Perrier), 루이 로데레(Louis Roederer), 볼랑제(Bollinger) 및 보다 최근의 것으로는 뒤발 르루아(Duval-Leroy)가 있다.

뵈브 뽀므리 브랜드가 1860년 성공을 거두면서 미망인 자체가 상업적 자산이 되었다는 점이 명백해졌다. 이때부터 샴페인 제조업체의 소유주들은 와인 양조장 및 와인 제품에 이름을 쓸 수 있는 가문의 미망인을 찾아다녔다.

미망인 마케팅이 큰 성공을 거두자, 일부 샴페인 제조자 및 스파클링 와인 제조자는 단순히 마케팅용으로 뵈브(Veuve)란 말을 붙이기도 한다. 물론 관련된 미망인이라곤 없다.

프랑스 다른 지역에도 미망인 스파클링 와인 제조자가 있다. 이 중 뵈브 암발(Veuve Ambal)과 뵈브 뒤 베르네(Veuve du Vernay)가 있다. 미망인을 언급하는 옛 와인 양조장 및 최근의 와인 양조장으로는 뵈브 두소(Veuve Doussot), 뵈브 뒤랑(Veuve Durand), 뵈브 푸르니 에 피쓰(Veuve Fourny et Fils), 뵈브 고다르 에 피쓰(Veuve Godard et Fils)가 있다.(피쓰(fils)은 자식, 자식들

을 의미한다.)

● 이탈리아의 스파클링 와인

이탈리아의 스파클링 와인은 크게 두 가지이다. 스푸만테(Spumante)는 완전 스파클링 와인으로서 병 내 압력은 최대 6기압이다. 프리잔테(Frizzante)는 그보다 약해서 병 내 압력은 3기압 정도이다.

가장 이름 있는 이탈리아산 스파클링 와인은 이탈리아 북동부, 베네치아와 파도바(Padova) 인근에서 생산되는 프로쎄코(Prosecco)이다. 프로쎄코 DOC 지역인 베네토(Veneto) 주와 프리울리-베네치아 줄리아 주에서 생산한다. 생산의 1/4은 아솔로(Asolo), 코넬리아노-발도비아데네(Conegliano-Valodobbiadene)에서 생산된 것으로 프로쎄코 수페리오레 DOCG(Prosecco Superiore DOCG)로 분류된다. 프로쎄코는 백포도인 글레라(Glera)품종―과거에는 프로세코 품종으로 불렸으며, 현재 이름은 트리에스테 인근 마을의 이름을 땄다.―을 사용하며 스푸만테와 프리잔테 모두를 생산한다.

프로쎄코는 2차 발효 중에 탄산 거품이 생성된다. 때로는 병 안에서 발효(메토도 클라시코(Metodo Classico), 메토도 트라디지오날레(Metodo Tradizionale))하기

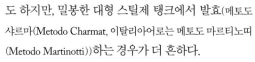

● **샹파뉴: 스위스의 마을이라고? 그렇다!**

스위스에서 프랑스어권인 쥐라(Jura) 산맥 발치에 있는 소규모 와인 생산 마을의 이름도 샹파뉴이다.
이 마을은 로마 시대부터 있었다. 공식적으로는 885년 캄파냐(Campagnia)라는 이름으로 처음 등록되었다가 899년 콤
파니아스(Companias), 1228년 참파네스(Champanes), 1453년 참파니에(Champanie, Champaigne)로 바뀌었다가 오늘날
샹파뉴가 되었다.
스위스의 샹파뉴에서 생산된 와인은 병에 원산지를 쓰지 않는다. 이는 지리적 표시제에 대한 유럽 연합과 스위스 간
의 협약을 준수하는 것인데, 일부 사람들은 이 협약이 부당하다고 여기지만 이는 다른 문제이다.
스위스에서는 이 마을의 이름을 CHampagne라고 표기한다. 이는 스위스에 등록한 자동차의 차량 코드 또는 스위스의 웹사이트에서 따온 것이
다.(CH는 스위스 연방을 라틴어로 표기한 Confoederatio Helvetica의 약어이다.)

도 하지만, 밀봉한 대형 스틸제 탱크에서 발효(메토도 샤르마(Metodo Charmat, 이탈리아어로는 메토도 마르티노띠(Metodo Martinotti))하는 경우가 더 흔하다.

프로쎄코는 다음과 같이 분류된다.

- 브루트(단맛이 가장 없는 와인으로 리터당 잔존 당 함량 12g 미만)
- 엑스트라 드라이(리터당 12-17g)
- 드라이(리터당 17g 초과, 이름은 단맛이 없다는 뜻이지만 약간 단 경우가 많다.)

최근 프로쎄코의 매출이 늘고 있으며 현재는 연간 4억 병을 넘어섰다.(샴페인은 연간 3억 병 정도이다.) 모든 프로쎄코 와인의 70% 이상은 수출되며, 최대 시장은 영국이고 다음이 미국이다. 최근 프로세코가 이같이 성공한 이유로서는 당연히 그 항상성이 들어갈 것이다. 이는 비교적 단 맛이 많고 과즙이 많은, 음료를 만드는 포도 품종을 주된 원료로 쓴 결과이다.

람부르스코(Lambrusco)는 과거 1970년대 유명했던 와인으로 현재 다시 인기를 얻고 있다. 탄산이 적은 스파클링 와인 또한 로제 와인 형태로 생산되는데, 알코올 함량은 과거 8%에서 현재는 12%로 높였다. 다른 유명 스파클링 와인 생산지로서는 프란치아코르타(Franciacorta), 아스티(Asti)가 있다.

● **스페인의 스파클링 와인**

스페인어로 스파클링 와인은 에스뿌모소(Espumoso)라고 한다. 가장 유명한 것은 까바(Cava)로서 연간 생

산량은 2.5억 병이다. 까바는 지리적 표시제로 보호받는 지구가 없지만 이 중 90% 이상은 카탈루냐의 바르셀로나 인근 뻬네데스(Penedès)와 주변 지역에서 생산된다. 꼬도르니우(Codorníu)와 프레시넷(Freixenet)이 주요 브랜드로서 두 와인의 생산량은 합하여 1억 병을 넘는다.

까바에서 가장 일반적으로 쓰이는 품종은 백포도인 마까베오(Macabeo), 빠레야다(Parellada), 사레요(Xarello)이다. 로제 까바는 주로 그르나슈(스페인어로는 가르나차)와 무르베드르(스페인어로 모나스뜨렐)로 만든다.

까바는 에이징과 잔존 당 함량에 따라 다음과 같이 등급을 나눈다.

- 에이징: 까바는 9개월 미만, 호벤(Joven)은 9-15개월, 레제르바(Reserva)는 15-30개월, 그란 레제르바는 30개월 초과이다.
- 잔존 당 함량: 부룻 나뚜레(Brut Nature)는 리터당 3g 미만, 무가당. 엑스뜨라 브룻(Extra Brut)은 리터당 6g 미만, 무가당. 브룻(Brut)은 리터당 12g 미만, 엑스뜨라 세꼬(Extra Seco)는 12-17g/L, 세꼬(Seco)는 17-32g/L, 세미세꼬(Semiseco)는 32-50g/L, 둘체(Dulce, 단맛을 의미한다.)는 리터당 50g 초과이다.

최고 등급에 해당하는 까바 델 파라헤(Cava del Paraje)는 2016년 추가됐다. 이 등급은 헥타르당 최대 생산량이 8000kg으로 제한되고 10년 이상 된 포도나무에서 수확한 포도만 써야 한다는 규정이 있다.

까바에 대한 수요―및 이로 인한 생산―는 점차 당 성분이 낮은 쪽으로 옮겨왔다. 까바는 독일과 미국에서 잘 팔린다.

● 미국의 스파클링 와인

미국에서 스파클링 와인을 부르는 용어는 피즈(fizz), 버블리(bubbly) 등 다양하다.

미국 내 소수의 스파클링 와인 생산자들은 오랫동안 자신의 제품들을 샴페인(Champagne)이라고 불러왔다. 2006년에 미국과 유럽 연합이 와인 협약을 맺고, 이에 따라 미국에서는 지리적 표시제 보호를 받는 특정 용어를 사용에 대한 신규 허가를 금지했다.

이 협약에는 부르고뉴(영어로 버건디(Burgundy)), 샤블리(Chablis), 키안티(Chianti)를 비롯한 몇 가지 이름도 포함되어 있다. 기존에 이런 명칭 사용을 허락받은 생산자는 선제적 사용에 의한 예외(grandfathered exemption)을 받아 해당 명칭을 계속 사용할 수 있다.

● 다른 국가의 스파클링 와인

영국, 캐나다의 온타리오 주, 브라질 남부, 호주의 태즈메이니아(Tasmania) 등 기후가 서늘한 와인 생산 지역에는 스파클링 와인이 많다. 영국에서는 이런 틈새 시장이 급속히 성장 중이며 프랑스의 두 샴페인 생산 업체가 영국에서 생산을 시작했다.

독일의 스파클링 와인은 젝트(Sekt)라고 불리며 주로 탱크 발효법(샤르마(Charmat)법))으로 생산된다. 다만 샤움바인(Schaumwein)은 탄산을 주입한다. 페를바인(Perlwein)과 슈프릿치히(Spritzig)는 압력이 3기압 이하로 약한 스파클링 와인이다.

러시아 및 구소련 연방 지역의 스파클링 와인은 사베쯔키 샴판스카예(Советское Шампанское, 라틴 문자를 사용하면 Sovetskove Shampanskove)로 불린다. 국제법상 해당 명칭을 병에 라틴 문자로 표기할 수는 없다. 러시아는 단맛이 덜한(brut) 것보다는 단맛이 있는(doux) 것을 더 선호한다.

CHAPTER 8

지속 가능성

CHAPTER 8

지속 가능성
Sustainability

8.1 지속 가능성 기준

지속 가능성 기준: 숲에서 시작한다.

지속 가능성 운동은 새로운 것은 아니다. 이미 1560년대에 오늘날 독일 동부에 해당하는 작센 지방에서 지속 가능성에 대한 계획이 실행된 일이 있다. 당시 목재 공급이 부족해지면서 나무를 갈아심는 계획이 세워졌는데, 목재는 광산 버팀목과 열원으로 대량 사용되었다. 1713년부터는 광산 운영자 한스 카를 폰 카를로비츠(Hans Carl von Carlowitz)가 더 구체적인 나무 갈아심기 계획을 실시했다. 일부에서는 그를 공식적으로 지속 가능성 기준을 도입한 최초의 인물이라 말한다.

영국의 작가 존 에블린(John Evelyn)과 프랑스의 행정가 장바티스트 콜베르(Jean-Baptiste Colbert)가 독자적으로 지속 가능성에 관한 지침을 펴냈던 1660년대—이후 카를로비츠가 이들의 지침을 읽고 영감을 얻었다—에 숲 관리는 핵심 문제이기도 했다.

1924년, 독일의 한 재배자 단체는 오스트리아의 철학자 루돌프 슈타이너(Rudolf Steiner)에게 화학 비료 사용을 독려하는 녹색 혁명에 대한 반대 운동으로서 바이오다이내믹 농법(biodynamic agriculture, 생물기능농법) 개발을 위한 청원에 도움을 달라고 요청했다. 슈타이너는 이미 1890년대부터 인간과 자연의 높은 수준의 공존을 지지해왔다. 슈타이너가 바이오다이내믹 운동에 참여하면서 유기농 커피 농업이 시작할 수 있었다. 첫 사례는 1930년, 멕시코 남부 치아빠스 주의 핀까 이를란다(Finca Irlanda)였다. 페어 트레이드를 비롯한 지속 가능 인증 브랜드가 세워지기 50년 전의 일이다.

1972년에는 로마 클럽(Club of Rome)에서 종말론 성격의 책 〈성장의 한계(Limits to Growth)〉를 펴냈다. 1973년의 제1차 석유 파동이 있기 1년 전의 일이다. 20세기 말에는 식량과 대부분의 자원이 부족해질 것이라 전망한 이 책의 내용은 당시 매우 충격적이었지만, 결국은 틀린 것으로 판명되었다. 첫 번째, 육종, 비료, 관개 등 신기술의 도움으로 많은 식량을 효율적으로 생산하게 되었고, 두 번째, 대부분의 자원 매장량이 예상치보다 훨씬 많은 것으로 나타났다. 세 번째, 신기술이 도입되면서 원자재 요구량이 줄었다. 전화기나 전화선에 들어가던 구리선은 수많은 예 중 하나이다.

1987년에 UN에서는 브룬틀란 보고서(Brundtland Report) '우리들 공동의 미래(Our Common Future)'를 펴냈다. 여기서는 지속 가능한 개발을 '후손 세대가 자신들에게 필요한 것을 구하고 누리는 데 해를 끼치지 않으면서, 현재 필요한 것을 충족하는 발전'이라 정의한다. 이 보고서는 이후 1992년의 환경과 개발에 관한 리우 선언(Rio Summit on Sustainability and Climate Change in 1992) 및 이후 환경 과제에 관한 정상 회담의 길을 열었다.

자발적 기준

많은 재배자들과 업체들은 환경 면에서 양심적이면서 사회적 책임감이 있고 경제적으로도 가능한 사업 활동을 하고 있다. 이들은 지속 가능성을 위한 '행동 수칙(code of conduct)'과 관련된 일련의 활동에 참여한다. 그들 스스로 이런 수칙의 존재를 믿고 시장에서도 이런 것을 요구하기 때문이다.

자발적 기준은 제품 또는 생산 과정에 대한 규칙, 지침, 특성을 말한다. 재배자, 처리업자, 판매상, 소비자들이 이를 따른다. 상당수 자발적 기준은 민간 부문—주로 대기업—에서 개발되었다. 이들은 지속 가능성 관련 세 가지 범주(환경, 사회, 경제)의 다양한 조합에 초점을 맞출 수 있으며 그 외, 제품 품질을 보증한다거나, 생산자의 이미지를 증진시키는 등, 다른 목적 또한 달성할 수 있다.

◉ 커피의 지속 가능 기준

전 세계 커피의 절반은 인지도 있는 지속 가능 기준 하에 생산된다. 약 7천만 포대, 400만 톤에 해당한다. 그러나 지속 가능 기준에 부합된다고 인정된 커피 중 끝까지 지속 가능 상품으로서 거래되고 라벨에 표기되는 커피는 1/3 정도에 불과하다. 모든 당사자들이 이런 상황을 인지하고 있으며 그 차이를 줄이기 위해 노력하고 있다.

커피 소비자들이 쉽게 접할 수 있는 주된 지속 가능 기준은 유기농, 페어트레이드(Fairtrade), 레인포리스트 얼라이언스(Rainforest Alliance), UTZ 서티파이드(UTZ Certified)가 있다. 이에 대해서는 아래에 소개한다. 각 기준들은 전 세계에서 거래되는 커피의 2-4% 정도를 차지한다. 일부 커피는 2중, 심지어는 3중으로 인증받는다. 그래서 각 비율을 단순히 합할 수는 없다.

4C 수칙(4C Code of Conduct)을 준수해 생산되는 커피는 전 세계에서 거래되는 커피의 최대 7%를 차지한다. 4C 수칙은 업체 간 공급망을 대상으로 하는 기초적인 수칙으로서 원래는 4C 협회(4C Association)에서 고안했다. 현재는 커피 어슈어런스 서비스즈(Coffee Assurance Services)에서 운영하고 있다.

네스프레소의 AAA, 스타벅스의 C.A.F.E. 프랙티시즈(C.A.F.E. Practices), 큐리그 그린 마운틴(Keurig Green Mountain)의 리스폰서블 소싱 가이드라인(Responsible Sourcing Guidelines)는 민간 기업이 자체적으로 사용하는 표장이다. 이들은 자체적으로 개발해 펴낸 기준이 있으며 각 회원들은 제3자 기구에 의해 인증받는다. 이 자체 기준들은 여러 면에서 레인포리스트 얼라이언스와 UTZ의 기준과 유사하며, 커피 품질에 대한 내용도 들어 있다.

스타벅스의 C.A.F.E.(Coffee and Framer Equity Practices, 커피와 재배자의 형평 운동) 프랙티시즈는 2003년 시작되었으며 컨서베이션 인터내셔널(Conservation International)과 사이언티픽 서티피케이션 시스템즈(Scientific Certificatin Systems, SCS)의 지원을 받았다. 스타벅스가 사용하는 커피는 거의 100%가 이 기준에 부합한다. 각 농장은 SCS 글로벌 서비스(SCS Global Service)가 200점제 채점 기준으로 검사한다. 스타벅스의 일부 커피는 유기농, 페어트레이드, 레인포리스트 얼라이언스 인증도 받는다.

표 8.1에서는 커피에 대한 주요 지속 가능 기준을 개괄했다. 약간은 단순해 보이지만 비교 용도로 개괄할 경우 유용할 것으로 보인다.

◉ 표 8.1 커피의 주요 지속 가능성 기준과 각 기준에서 다루는 범주

범주	'주요 범주'에서의 기준	모든 범주에 해당하는 기준
환경	– 유기농 – 바이오다이내믹 – 그늘 재배 – 버드 프렌들리	– 레인포리스트 얼라이언스 – UTZ 서티파이드 – 4C 코드 오브 컨덕트 – 네스프레소 AAA – 스타벅스 C.A.F.E. 프랙티시즈 – 큐리그 그린 마운틴 리스폰서블 소싱
사회	– 페어트레이드 인터내셔널 – 페어트레이드 미국	
경제	–	

주의
- 레인포리스트 얼라이언스와 UTZ는 2017년 레인포리스트 얼라이언스라는 이름으로 병합하기로 결정했다.
- 사회적 범주에는 생산된 제품에 대한 공정한 최저가격과 피고용인에 대한 고용 조건, 지역 사회와 가정 설비 및 건강과 교육 및 성에 대한 기여가 들어간다.
- 경제적 범주에서는 농장이나 사업 단위의 수익성, 규제나 세금 및 보조금 같은 영업 환경을 다룬다.

○ 커피의 3대 지속 가능 기준

여기서는 커피 세계에서 가장 두드러지게 나타나는 3대 기준을 살펴본다. 참고로, 2017년에 레인포리스트 얼라이언스와 UTZ가 합병하고 레인포리스트 얼라이언스라는 이름으로 활동하기로 했다.

각 기준을 엄격히 지키는 여러 업체들 중 일부 이름은 각 단체의 웹사이트 및 일부 업체의 웹사이트와 브로셔 및 커피 제품에서 구했다. 시간이 흐르면서 일부 업체는 합병하거나 이름을 바꾸었다.

○ 레인포리스트 얼라이언스

레인포리스트 얼라이언스(Rainforest Alliance, RA)는 1980년대 말, 삼림 보호를 목적으로 중남미와 미국에서 설립되었다. 커피 재배 쪽에 도입된 것이 1990년대이다. 처음에는 주로 환경 범주에 관여했지만 점차 사회적 분야와 경제적 분야 또한 다루게 되었고, 현재는 철저한 전방위 접근법을 택하고 있다.

바나나, 오렌지, 차, 코코아, 꽃 같은 제품들 또한 레인포리스트 얼라이언스 인증을 받아 녹색 개구리 로고를 달 수 있다.

일부 커피 포장에는 전체가 아니라 부분적으로─예를 들어 오직 30%─인증을 받았다고 나와 있다. 비율은 45%, 50%, 70%이 될 수도 있다. 다만 제품의 생산자가 100% 인증을 받을 때까지 지속적으로 인증 비율을 늘려가는 조건 하에서만 이런 인증을 표기할 수 있다.

레인포리스트 얼라이언스의 인증을 받는 커피 브랜드는 다양하다. 이들 중 일부를 예로 들면, 보이즈 커피(Boyd's Coffee), 카리부 커피(Caribou Coffee), 달마이어(Dallmayr), 던킨 도넛(Dunkin' Donuts), 게발리어(Gevalia), 야콥스 다우베 에그베르츠(Jacobs Douwe Egberts), 자크 바브르(Jacques Vabre), 큐리그 그린 마운틴, 라바짜(Lavazza), 맥도날드(Mcdonald's), 네스프레소, 피츠 커피 앤 티, 코스타 커피(Costa Coffee), 타시모(Tassiomo), 치보(Tchibo), UCC 우에시마가 있다. 일부 항공사(전일본공수, 아메리칸 에어라인, 아시아나, 브리티쉬 에어웨이즈, 일본항공)와 할리데이 인(Holiday Inn) 등의 호텔도 인증을 받았다.

○ UTZ 서티파이드

UTZ 서티파이드는 1990년대 말 과테말라의 커피 생산자와 네덜란드의 커피 구매자가 협력 계약을 맺은 것을 기원으로 한다. 원 이름은 우츠 카페(Utz Kapeh)로서 마야어로 '좋은 커피'를 뜻한다. 이후 코코아, 차, 헤즐넛, 팜 오일, 쌀도 포함하게 되었으며 현재는 전 세계적으로 적용되고 있다. 가장 잘 알려진 곳은 유럽이다.

2016년에 UTZ 인증을 받은 커피는 87만 톤(1450만 포대)이다. 전 세계 생산량의 10%이며 2010년도 인증량의 두 배에 달한다. 최대 물량은 브라질에서 나왔으며 35%를 차지한다. 이외 베트남이 20%, 온두라스 9%, 페루 9%, 콜롬비아 9%이며 나머지 인도, 니카라과, 우간다, 에티오피아, 멕시코, 과테말라산 커피가 인증을 받았다. 인증을 받은 커피 재배지는 총 56.7만 헥타르이다.

2017년에 레인포리스트 얼라이언스와 UTZ 서티파이드가 합병을 결정하면서, 2018년부터는 레인포리스트 얼라이언스라는 이름과 녹색 개구리 로고를 사용한다.

커피 세계에서 UTZ 브랜드 파트너로는 어홀드 커피 컴퍼니(Ahold Coffee Company), 알디(Aldi), 버거킹(Burger King), 카페 필라우(Café Pilão), 커피 클럽(Coffee Club), 달마이어(Dallmyr), D.E. 마스터 블렌더스(D.E. Master Blenders), DE 센세오(DE Senseo), 델타 카페스(Delta Cafés), 에데카(Edeka), 이케아(IKEA), 자바 트레이딩 사(Java Trading Co.), 라바짜(Lavazza), 리들(Lidl), 맥도날드(Mcdonald's), 미그로스(Migros), 네슬

레(Nestlé), 파울리그(Paulig), 피츠 커피 앤 티, 페테르 라르센스 카페(Peter Larsens Kaffe), 피아자 도로(Piazza d'Oro), REWE, 시몬 레벨트(Simon Lévelt), 스머커즈(Smucker's), 치보(Tchibo), UCC 우에시마가 있다.

● 글로벌 커피 플랫폼, 4C 수칙

글로벌 커피 플랫폼(Global Coffee Platform, GCP)은 다중 지속 가능 플랫폼으로서 2016년에 독일의 4C 협회(Common Code for the Coffee Community, 커피 공동체를 위한 공통 수칙)과 네덜란드의 지속 가능 무역 운동 단체인 IDH에서 운영하는 서스테이너블 커피 프로그램(Sustainable Coffee Program)에서 설립했다.

글로벌 커피 플랫폼의 회원은 약 300개가 넘으며 대규모 또는 소규모의 재배자, 재배 단체, 수입업자, 수출업자, 커피 로스터, 판매상, 기타 유통망 내 당사자와 민간 단체, 기부 단체, 개인이 참여하고 있다.

4C의 설립 목적은 글로벌 커피 플랫폼으로 계속 이어지고 있으며, 특히 다음과 같은 부분이 강조되고 있다.

- 최악의 관행을 제거함으로써 기본적인 지속 가능 원칙에 부합함
- 동참을 원하며, 지속 가능성에 따른 증진 체계(Sustainability Progress Framework)에 맞추어 장기적으로 지속 가능한 발전을 보여줄 준비가 되어 있는 (거의) 모든 이에게 열려 있다는 포괄성

어느 브라질 조합에 소속된 커피 재배자가 한 말이 이런 철학을 가장 잘 표현해준다.

다른 일반적인 인증 기준과는 반대로, 4C는 매우 포괄적인 방식으로 움직인다. 재배자가 무언가 잘못을 저질렀다면, 즉 아직 지속 가능성에 위배되는 무언가를 했다 해도 그는 배제되지 않는다. 4C에서는 재배자에게 이렇게 말한다. 우리와 함께하자, 그러면 우리가 당신과 함께 일하고 보다 나은 활동을 할 수 있도록 도와줄 것이라고 말이다. 그러므로, 4C는 재배자가 지속 가능한 생산 활동을 하도록 움직이게 하는 첫 발걸음이다.

2016년, 4C 수칙 및 인증 체계 관리 부문은 글로벌 커피 플랫폼에서 분리되어 새로운 업체인 커피 어슈어런스 서비스 사(Coffee Assurance Services GmbH & Co. KG, CAS)로 이관되었으며, CAS는 다시 메어 카본 솔루션즈 사(Meo Carbon Solutions GmbH)의 일원이 되었다. 현재 GCP는 몇 가지 지속 가능 기준에 대한 가맹을 담당하고 있어서, GCP를 4C와 직접 연결시키는 것은 적절하지 않다.

GCP의 기본 공통 수칙(Baseline Common Code)은 현재 4C의 수칙과 동일한데, GCP 가맹 주체가 자체 지속 가능 기준을 만들 때 기초로 사용할 수 있다. 이런 용도로 만들어진 체계가 이퀴벌런스 메커니즘(Equivalence Mechanism)이다.

4C 시행 수칙(4C Code of Conduct)은 커피 생산 국가에 있으며 4C에 부합하는 커피를 생산하고 판매하려는 생산 주체―소위 4C 유닛(4C Unit)―에게 적용된다. 4C 유닛은 재배자 단체, 조합, 수합 처리장, 정제소, 지역 거래인, 수출 기구가 될 수 있으며, 심지어는 (커피 생산국 내의) 로스터도 가능하다. 사전 조건으로서 이들은 생두를 최소한 1컨테이너(20톤) 생산할 수 있어야 한다.

4C 수칙에 부합하는지 여부는 4C 검증인(4C verifier)이 감시한다. 이들은 커피 어슈어런스 서비스 사에서 승인한 지역 감사 담당자이며, 커피 어슈어런스 서비스 사는 검증인을 훈련시킬 뿐만 아니라 4C 유닛에게 라이센스를 발급한다.

4C 시행 수칙은 다음과 같이 구성되어 있다.

- 10가지 '허용할 수 없는 활동'은 4C 검증을 신청하기 전 반드시 개선해야 한다.
- 27가지 원칙은 경제, 사회, 환경 범주를 다룬다.

위 27개 원칙에는 다음과 같은 내용이 들어 있다.

환경 원칙 10가지는 다음과 같다.
- 자연자원에 적용되는 원칙 6가지
- 농화학 제품 사용에 적용되는 원칙 3가지
- 에너지에 적용되는 원칙 1가지

사회 원칙 9가지는 다음과 같다.
- 모든 재배자 및 모든 사업 관계자에게 적용되는 원칙 2가지
- 직원에게 적용되는 원칙 7가지

경제 원칙 8가지는 다음과 같다.
- 사업 면에서 커피 영농에 대한 원칙 3가지
- 4C 유닛의 관리 주체가 재배자를 지원하는 것과 관련한 원칙 5가지

이 27개 원칙은 설명하기 쉬운 '신호등' 체제로 평가한다.

붉은색은 허용되지 않는다는 뜻이다.
노란색은 개선의 여지가 있다는 뜻이다.
녹색은 허용된다는 뜻이다.

4C 라이센스(4C 라이센스는 시행 수칙에 부합함을 확인해 주며, 라이센스 보유자가 4C 부합 커피(4C(Compliant Coffee)를 판매할 수 있게 해준다.))를 받기 위해서는, 4C 유닛은 해당 유닛 내에서 모든 사업 파트너와의 활동 중 허용되지 않는 10가지 활동을 개선해야 한다.

4C 유닛은 또한 각 범주에서 평균적으로 '노랑' 이상의 성취도를 받아야 하며 별개로 진행되는 검증 감사를 통과해야 한다. 평균적으로 노랑이라는 뜻은 모든 원칙을 통틀어서, 특정 범주에서 '붉은색' 등급을 받은 것이 있다면, 그 동일한 범주에서 '녹색' 등급을 동일한 수만큼 받아 균형을 맞추어야 한다는 뜻이다. 이 경우 평균적으로 노랑으로 간주되는데, 첫 3년간, 즉 재검증을 받기 전까지는 이것이 인정되고, 이후부터는 어떤 범주에서도 '붉은색' 성취도가 나오면 안 된다.

현재 많은 이들이 글로벌 커피 플랫폼에 가입했다. 많은 사람들에게 GCP는 추후 더 엄격한 기준으로 가기 위한 디딤돌로 받아들여지고 있다. 레인포레스트 얼라이언스, UTZ, 페어트레이드 같은 요구 사항이 엄격한 기준에 부합한다는 것은 곧 4C에는 자동적으로 부합한다는 의미이다. 그 역은 성립하지 않는다.

글로벌 커피 플랫폼의 파트너는 현재 300개가 살짝 넘는다. 이 파트너들은 생산자, 무역&산업체, 시민사회 단체, 단체 회원, 개인 회원의 다섯 개 항목으로 분류된다.

글로벌 커피 플랫폼을 충실히 따르는 사업체로는 알디 노르드(Aldi Nord), 알디 쥐드(Aldi Süd), COOP-CH, 달마이어, ECOM, HACOFCO, J. Th. 다우쿠에(J. Th. Douqué), 야콥스 다우베 에그베르츠(Jacobs Douwe Egberts), 리들(Lidl), 루이 드레퓌스(Louis Dreyfus), 뢰프베르그스 릴라(Löfbergs Lila), 마커스(Markus), 마루베니, 멜리타(Melitta), 미츠이, 네드커피(Nedcoffee), 네슬레(Nestlé), 노이만 카페 그룹(Neumann Kaffee Gruppe), 노블 커피(Noble Coffee), 올람(Olam), 파울리히(Paulig), 수카피나(Sucafina), 수프레모(Supremo), 치보(Tchibo), 트리스타오(Tristão), 비나카페(Vinacafe), EDF & 만 볼카페(EDF & MAN Volcafe), 왈테르 마테(Walter Matter)가 있다.

2017년 중엽, 4C 부합 커피(4C Compliant Coffee)의 총량은 4천만 포대를 넘어섰다. 240만 톤, 전 세계 커피의 30%에 달하는 양이다. 4C 커피의 거래 물량은 1천만 포대로서 공급 대 수요 비율은 4:1이다. 앞으로는 이 비율이 점차 낮아질 것으로 보인다.

동시에, 4C 인증 생산 단체는 300개를 넘어섰다. 20개국에서 36만 이상의 커피 재배자 및 130만 이상의 직원들이 4C 인증 커피를 생산하고 있다.

● 커피의 인증과 검증 ─ 그 차이는 무엇인가?

커피 산지는 지속 가능성과 관련해 두 가지 부합 과정을 거쳐야 한다. 두 과정 모두 제3자 감시자가 생산과 처리 및 관리까지의 모든 과정을 감시한다.

인증(certification)은 외부 관계자, 예를 들어 소비자들에게 어필하기 위한 것이다. 소매용 포장에는 일반적으로 인장 내지는 간단한 문구가 들어간다. 예를 들어 레인포레스트 얼라이언스, UTZ, 유기농 인증은 해당 기준을 따르고 있다는 것을 보여준다.

검증(verification)은 내부 과정을 평가함으로써 유통망 내 관계자에게 확인시키는 용도이다. 일부 경우, 소매 포장에 관련 사항, 예를 들어 4C 등이 언급

될 수 있지만, 그렇다 해도 포장 뒷면에 나올 것이다. 이에 관한 인장이나 로고는 최종 소비자에게 보여주기 위한 것이 아니다.

4C 수칙은 검증(verification)을 사용하는 기본적인 기준으로서 인증에 비해 가볍다. 검증은 생산자 그룹에서 자체 평가하는 샘플 감사로 진행되기에 진행 비용이 저렴하다. 제어 변수가 적어서 감독 주기가 길어질 수 있지만, 검증 시스템에 문제는 없다. 여기다 재배자로서는 검사 담당자나 이웃 생산자들 앞에서 '지속 가능하지 않은' 활동에 대해 설명하고 변명하는 일이 난처하기도 할 것이다. 때문에 검증 쪽이 가맹 커피 생산자를 다수 확보할 수 있었다. 또한 인증 대비 비용이 효율적인 것도 원인이었다.

점차 단계를 밟아 나가 페어 트레이드, 레인포리스트 얼라이언스, UTZ 같은 요구 사항이 많은 기준에 도달하려는 생산자에게, 4C 수칙을 먼저 준수하는 것이 이상적으로 여겨진다. 위 상위 기준들은 모두 인증을 바탕으로 한다.

◉ 커피의 지속 가능 기준에서 숨겨진 의제
기존의 방식 대신 지속 가능한 방식으로 바꾸면 엄청난 장점이 있다. 어떤 사례에서는, 이 기준을 따랐을 때 가장 중요한 가치는 행동을 통한 이해와 새로운 방법과 규칙에 대한 기록, 그리고 이들과 함께 따라오는 지침과 검사로 판명되었다. 아래에 두 사례를 소개한다.

* **생산성 증가**: 어느 한 가지 접근법을 채택하고 제대로 된 기록을 통해 재배자는 자신의 활동을 인지할 수 있고, 이로써 발전을 이룩할 수 있다. 과거의 습관을 바꾸고 새로운 방법과 규칙을 따르면 생산성이 더 높아질 수 있다. 다만, 유기농법에서는 그런 경우가 많지 않다. 오히려 생산성이 줄어드는 경우가—최소한 첫해에는—제법 있다. 새로운 습관을 기초로 하면 생산성(헥타르당 포대)은 수 년 뒤 늘어난다. 게다가 이런 목표를 할당된 토지, 소모되는 시간, 사용하는 비료의 투입량을 줄인 상태에서도 달성할 수 있으며, 품질 또한 떨어지지 않는다.

* **추적 가능성(traceability)과 투명성(transparency)**은 누가 무엇을 어디서 언제 했는가(Who did what, where and when?)에 답해준다. 추적 가능성은 제품의 내력을 문서 및 과학적, 객관적, 수치적 자료 기록으로 검증할 수 있는 가능성이다. 투명성은 공유된 기록 또는 과정을 통해 볼 수 있는 가능성, 때로는 까다로운 질문에도 공개적이고 정직한 방법으로 해답을 알려줄 수 있는 가능성이다.

커피 거래소, 로스터 및 유통망에서는 자신들이 언제 커피를 구할 수 있을지 묻는다. 그래야 그들에게 질문을 던지는 다른 로스터나 소매업자, 최종 소비자, 언론인들에게 확실한 답을 할 수 있기 때문이다. 지속 가능성 인증 또는 검증된 커피는 공정하게 '추적 가능'하고 '투명'하다. 어떤 구매자들은 바로 추적 가능하고 투명하기 때문에 — 때로는 실제 지속 가능성이나 그와 함께 딸려오는 인장 때문이 아니라, 바로 그 이유 때문에 — 지속 가능한 커피를 찾는다. 스칸디나비아 시장에서는 커피에 대한 '이야기'가 판촉에서 점점 더 중요한 요소가 되고 있다.

저자는 주로 아프리카에서 지속 가능 프로그램을 시행하는 중에 이러한 사실을 확인했다. 산지에서 조합의 임원들, 그리고 국제 생두 거래인들 모두 이런 설명을 해주었다. – 때로는 그들은 낮은 목소리로 이렇게 말하곤 했다. "지속 가능성 기준이란 걸 왜 내가 좋아하는지 진짜 이유를 알려드리죠." 어쨌든, 좋은 결과가 나오긴 했다. 이제 '숨겨진 의제'보다는 '보조적 의제'에 대해 얘기할 차례이다.

◉ 유기농 커피와 페어트레이드 커피 – 음료 품질은 어떠한가?
1990년대, 유기농 제품과 페어트레이드 제품에 대한 수요가 훌쩍 높아지던 시기, 이 인증을 받은 커피들은 음료 품질 대회에서 줄곧 낮은 점수를 받았다. 그럼에도 이 커피에는 프리미엄이 붙어 팔렸는데, 이 프리미엄은 재배자들이 훈련을 받고 작물을 돌보고 서류 작업을 하느라 뺏긴 추가 시간에 대한 보상 개

넘이었다. 나아가 첫해, 유기농 재배에서 흔히 일어
나는 수확량 감소에 대한 보상 개념이기도 했다.

그렇지만 유기농 인증 및 페어트레이드 커피를 구
매하기 위해 추가 비용을 낼 준비가 된 소비자는 많
았다. 음료 품질은 보통 중간 정도였는데, 특히 페어
트레이드 커피가 그랬다. 그럼에도 소비자들은 '최소
한 누군가에겐 좋은 일 아니겠어.'라고 생각하며 품
질 문제를 양해해 주었다.

이제 그런 시대는 지나갔다. 대부분의 소비자들은
더 이상 음료 품질을 양보하려 하지 않는다. 그 결과,
생산자는 품질 향상을 해야 했고, 오늘날 인증 커피
들은 커핑 패널들에게 일반 커피만큼의 점수를 받게
되었다.

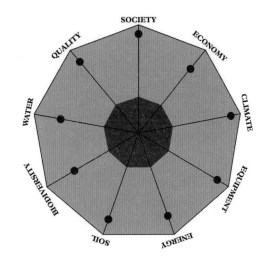

● 와인의 지속 가능 기준: 5개 대륙의 사례

와인 세계에는 커피 세계에서처럼 전 세계적으로 통
용되는 지속 가능 기준은 없다. 각 국가마다 자체 기
준이 개발되고 시행되었기 때문이다. 여기, 5개 대륙
에서 와인에 대해 적용되는 지속 가능 기준 여섯 개
를 간략히 설명하고자 한다.

● 오스트리아

오스트리아 와인 재배자 협회(Austrian Winegrowers Ass
ociation) 회원들은 신호등 방식의 스파이더 다이어그
램을 사용해 자체 평가를 한 후 지속 가능 인증 신청
을 할 수 있다. 범주는 총 아홉 개로 모든 항목이 녹색
범위에 들어야 지속 가능 기준에 들 수 있다. 각 범주
는 기후 중립성, 물 사용, 에너지와 기구, 토양의 비옥
도, 생물 다양성, 높은 품질 기준, 사회적 측면, 경제
적 보상이다.

● 미국(캘리포니아)

지속 가능한 와인 재배 수련을 위한 캘리포니아 수
칙(California Code of Sustainable Winegrowing Workbook)
은 2002년 공개되었다. 최신판인 제3판은 2013년에
공개되었다. 이 수칙은 부분적으로는 1990년대 지속
가능성의 선두주자로 꼽혔던, 샌프란시스코와 센트
럴 코스트(Central Coast) 카운티의 동부 지역 로다이

(Lodi) 와인 재배지에서 앞서 시행된 활동에 기반을
두고 있다.

본 수칙에는 자기 평가서가 들어 있는데, 1점(가장
지속 가능하지 않음)에서 4점(가장 지속 가능함)으로 답할
수 있는 질문 200개가 들어 있다. 누구에게나 열려
있는 포괄적인 수칙이며 첫 점수가 아무리 낮아도 향
후 점수 향상을 위한 계획을 짤 수 있다.

이 수칙의 제작에는 캘리포니아 지속 가능 와인
재배 연합(California Sustainable Winegrowing Alliance),
와인 연구소(Wine Institute) 외 회원수 1800명으로 캘
리포니아 내 와인의 65%를 생산하는 캘리포니아 와
인용 포도 재배자 협회(California Association of Winegra
pe Growers)가 참여했다.

샌프란시스코만 동쪽 로다이 와인 재배지에서 생
산된 와인은 나파나 소노마 지역에서 생산된 와인 만
큼 잘 알려지지는 않았다. 그러나 이 지역은 향후 지
속 가능 기준을 바탕으로 신용을 얻을 것이다. 세부

녹색은 포도밭에 대한 것으로 자체 농장의 포도, 장기(2년 이상) 공급자로부터 공급받는 포도를 관리하는 내용이다.

붉은색은 와인 양조장과 관련된 수칙으로, 병입 등의 기술적인 설비에 대한 내용이다.

오렌지색은 포도밭에서부터 가공을 거쳐 거래 단계에 이르는, 유통망 내에서 모든 단계, 모든 기능적 면에서의 사회적 범주와 관련된 것이다.

포도 재배자로서 녹색 인증을 받았거나 와인 양조장으로서 붉은색 인증을 받았다면 자신의 건물과 브로셔에 지속 가능 수칙에 따른 로고를 사용할 수 있다. 그러나 최종 제품(와인)에 로고를 부착하려면 위 세 가지 영역 모두에 대해 인증을 받은 기업체여야 한다.

● **남아프리카**

남아프리카 지속 가능 와인(Sustainable Wine South Africa, SWSA)은 아래 네 기구의 연합체이다.

* 와인증류주협회(Wine and Spirit Board, WSB)
* 통합 와인 생산자 협회(Integrated Production of Wine)
* WWF-SA 보존 대변인(WWF-SA Conservation Champion)
* 남아프리카 와인(Wines of South Africa, WOSA)

와인에 대한 인증은 1998년부터 IPW가 세웠다. 자격을 획득한 이는 SWSA의 진실성 및 지속 가능성에 대한 인증(Certified Integrity & Sustainability) 인장을 받는데, 2010년부터 사용되고 있다.

진실성(Integrity)은 와인 전량이 표기된 지역에서 생산되었으며, 최소한 표기된 품종과 빈티지가 80% 이상 사용되었으며, 와인의 병입 지역이 남아프리카임을 나타낸다.

규칙인 지속 가능한 와인 재배에 관한 로다이 규칙(Lodi Rules for Sustainability Winegrowing)은 2005년에 101개 항목으로 만들어졌다. 사업, 인간 자원, 생태계, 토양, 물, 유해 생물에 대한 관리를 다루는 6개 장으로 구성되어 있다. 이 기준은 모두 측정 가능하며, 제3자가 인증한다.

로다이 지역에는 보조 기준으로서 살충제 환경 평가 시스템(Pesticide Environmental Assessment, PEAS)이 있다. 이것은 포도 재배지에서 사용하는 모든 살충제가 환경과 인간에 미치는 영향을 양적으로 나타내는 것이다. 포도밭이 특정 범주를 만족할 경우, 이 인증을 획득한다.

재배자들은 지속 가능 활동을 함으로써 점수를 쌓고, 각 항목별로 배정된 총점 중 50% 이상, 전체 6개 항목에 대한 총점 중 70% 이상을 얻어야 한다. 일부 기준은 필수적으로 수행해야 한다. 로다이산 와인으로서 지속 가능 인증을 받은 농장에서 난 와인을 85% 이상 사용한 상품은 'Certified Green' 로고를 부착할 수 있다.

● **칠레**

칠레에서도 지속 가능 수칙을 색상으로 단계를 구분하지만, 다른 대다수 기준에 비해 의미가 약간 다르다.

전 세계 페어트레이드 와인의 2/3은 남아프리카산이다.

지속 가능성(Sustainability)은 생산자가 IPW의 항목 중 최소 65%를 통과했음을 의미한다. 이 비율은 프로그램이 처음 도입된 2000년 이래 꾸준히 높아지고 있다.

와인 및 농산물의 도덕적 거래를 위한 협회(Wine and Agricultural Ethical Trading Association, WIETA)에서는 공정 노동 활동(Fair Labour Practice) 인증을 실시하고 있다. WIETA는 여러 당사자로 구성된 자발적 조직으로 2002년에 결성되었다. 여기서는 교육과 기술 지원을 통해 와인 업계의 유통망 내에서 도덕적인 거래를 촉진하고, 올바른 행동을 위한 수칙을 회원들이 얼마나 잘 지켰는지 평가하는 감시 기구가 있다. 생산자, 판매상, 거래 연합, 비정부 기구, 정부기관이 여기에 참여하고 있다. WIETA의 회원은 1500명으로 지금도 성장 중이다. 현재 인증 수는 1천여 개이다.

마지막으로, 전 세계 페어트레이드 인증을 받은 와인 중 2/3은 남아프리카에서 생산된다는 점은 언급할 가치가 있다. 와인의 페어트레이드 원칙은 8.4장에서 설명한다.

● 호주
2014년에 호주 지속 가능 와인 재배단(Sustainable Australia Winegrowing, SAW)에서는 지속 가능 체제를 도입했다. 진입 단계에 장벽이 없어서 누구나 참여할 수 있다. 이런 체제 도입의 목적은 지속적인 성장인데, 이는 다음 네 가지 인증 부문으로 장려된다.

붉은색: 주의 필요(Needs attention)
노란색: 좋음(Good)
녹색: 매우 좋음(Very Good)
푸른색: 훌륭함(Excellent)

이 체제는 자체 평가시 동일 지역의 다른 재배자를 기준으로 하는 비교 평가 방식을 사용한다. 평가의 주안점은 포도 재배의 모든 면에서 진보를 이루는 것이고, 독립 전문가가 이를 동료 심사(peer-review) 방식

으로 평가한다.

SAW는 애들레이드(Adelaide) 인근의 맥라렌 베일(MaLaren Vale)에서 시작했다. 이곳의 몇몇 와인 양조장은 유기농 또는 바이오다이내믹 인증을 받았다. 체제의 포괄성, 상태와 증진을 평가할 때 색상을 쓰는 점 등은 앞서 설명했던 글로벌 커피 플랫폼에서 쓰는 원칙과 유사성이 크다.

SAW는 호주 와인 조사 연구소(Australian Wine Research Institute, AWRI)로부터 완전 인트와인 멤버십(Entwein membership)을 받았다. 인트와인 호주(Entwein Australia)는 상위에 있는 보다 넓은 지속 가능 프로그램을 담당하며, 국제 표준 기구(International Organization for Standards, ISO)의 ISO 14001 같은 다른 인증 또한 담당하고 있다.

● 뉴질랜드
뉴질랜드의 경우, 2017년 기준으로 98%라는 놀라울 만큼의 포도 재배지가 1994년 창립된 뉴질랜드 지속 가능 와인재배(Sustainable

Winegrowing New Zealand)로부터 인증을 받았다. 포도밭의 7% 정도는 인증된 유기농 프로그램 하에서 운영되며, 일부는 바이오다이내믹 인증도 받았다.

2016년도 지속 가능 보고서(Sustainability Report for 2016)에서는 생물 다양성 증진, 부산물 감축과 재활용, 물과 에너지 사용, 사람에 대한 투자, 토양 보호, 농화학 제품 사용 감소 등 와인 산업에서 진행하는 활동에 대해 강조하고 있다.

◎● 커피와 와인 초심자에게 유용한 지속 가능 기준

지속 가능 프로그램에 참여한 커피 재배자는 개선책을 배우고 실천하기를 바란다. 지속 가능하다는 말은 자부심을 주며, 지속 가능한 활동은 대개 새로운 시장에서 보다 나은 사업 기회를 만들어주고, 때로는 약간의 프리미엄을 주기도 한다. 또한 개선된 영농 활동을 통해 이 프로그램을 잘 따르면 생산성이 높아진다.(다만 유기농법은 최소한 첫해에는 생산이 줄어들 수 있다.)

4C 수칙(앞에서 상술)은 꾸준한 증진이라는 철학을 반영하는 지속 가능 기준이다. 여기서는 간단한 신호등(붉은색-노란색-녹색) 점수 체제를 채택해, 초기 자체 평가 및 이후 개별 재배자가 기본적인 지속 가능 항목에 부합하는지 평가하는 데 사용하고 있다.

시작할 때 자체 평가를 거쳤다면 누구나 착수 단계에서부터 4C 수칙에 도전할 수 있다. 재배자들은 이후—분명히, 약간의 지원과 검토를 거쳐서—간단한 재평가를 받으면서 단계별로 개선점을 등록한다.

와인 업계의 일부 기준들 역시 점진적으로 개선해 나가겠다는 목표를 가진 이라면 누구나 가입할 수 있다. 또한 평가에 색상표를 쓰는 기준들도 있다. 예를 들어 캘리포니아의 로다이 규칙(Lodi Rules) 및 호주 지속 가능 와인 재배(Sustainable Australia Winegrowing)가 이에 해당한다. 모두 위에서 설명했다.

◎● 커피와 와인의 지속 가능 기준 – 시작 목적은 달랐다.

커피의 지속 가능 기준은 수입국 내 관계 당사자에 의해 지침 형태로 개발되었으며, 그 시작에는 커피

재배자에 대한 대금 지급이나 커피 재배자의 작업 환경에 대해 묻는 유럽 내 소비자 단체의 압력이 있었다. 이런 압력으로 1980년대에 네덜란드에서 막스 하벨라르(Max Havelaar) 운동이 시작되었고, 이후 유럽의 페어트레이드 운동 단체인 FLO 및 미국의 트랜스페어(TransFair)가 활동을 했다.

와인의 지속 가능 기준은 근원이 다르다. 포도 재배자들이 스스로, 포도밭에서 본 것을 토대로 창립했다. 이들은 살충제나 비료에 노출된 토지 환경과 사람들의 건강에 대해 걱정하기 시작했다.

다른 말로 하자면, 커피 기준은 하향식으로 개발되었으며 사회적 측면(재배자)에 초점을 둔 반면, 와인 기준은 주로 환경적인 이유(자연)로 상향식으로 세워졌다. 두 분야에서 나타난 지속 가능 프로그램들 대부분은 오늘날 환경, 사회, 경제의 세 가지 분야를 모두 다룬다.

◎● 표 8.2 커피와 와인에서의 지속 가능 기준: 시작점이 다르다.

	커피	와인
언제 시작되었는가?	수입국 네덜란드 및 유럽 기타 지역의 소비자들	생산국 포도 재배자와 와인메이커
처음에는 어느 분야가 초점이었는가?	사회적 - 공정가격에 초점을 맞추었으며 이후 다른 분야로 관심이 확장.	환경 - 이후 유기농 및 자연 기반의 농업 활동으로 옮겨갔다.
각 운동의 근거는 무엇인가?	연대 - 가난한 커피 재배자와 그 가족을 위한 것이었다.	자연 - 자연 파괴에 대한 위기감, 생산에 관계된 사람들의 건강에 관심이다.

위 설명은 약간 단순화한 것이다. 유기농 운동은 1920년대 독일과 기타 유럽 지역에서 시작된 것으로, 녹색혁명에 동참하지 않은 재배자와 공장의 화학약제에 노출되지 않은 생산물을 원했던 소비자의 협력으로 일어났다.

커피의 유기농 운동 시작은 소규모이긴 해도 1930년대까지 거슬러 올라간다. 멕시코의 독일계 생산자와 독일계 구매자가 유기농 커피를 생산하기로 한 것이다. 재배자들을 이끌어준 것은 독일의 데메테르(De meter)로서, 바이오다이내믹 영농의 최초 인증 기관이다.

1980년대 및 1990년대에 페어트레이드 운동이 커피 분야에서 활성화되면서, 위 재배자들은 인증 관련 경험과 이미 진행하고 있던 유기농 마케팅을 통해 이득을 보았다.

커피와 와인 모두 지속 가능 기준이 점차 경제적 범주에 초점을 맞추는 모습은 흥미롭다. 이런 변화의 원인은, 소규모 커피 농장이나 소규모 와인 양조장이 환경이나 사회적 문제에 장기적으로 관심을 가지기 위해서, 먼저 그 사업이 존속 가능해야 하기 때문일 것이다.

◐◑ 지속 가능 기준: 커피가 와인보다 더 복잡하다.

지속 가능 기준은 기준 개발, 훈련, 부합, 감시 등 여러 가지 면에서 와인보다는 커피 쪽이 더 복잡하다. 물론 와인 쪽이 쉽다는 것은 절대 아니다. 아래에서 네 가지 이유를 설명한다.

세계적 기준과 국가적 기준: 커피에 대한 주요 지속 가능 기준들은 전 세계적으로 쓰이며, 특정 상황의 몇 가지 예외를 제외하면, 참여한 모든 당사자에게 같은 내용이 적용된다. 가장 널리 쓰이는 기준(프로그램 또는 제도)은 유기농(Organic), 페어트레이드(Fairtrade), 레인포리스트 얼라이언스(Rainforest Alliance), UTZ 서티파이드(UTZ Certified), 글로벌 커피 플랫폼(Global Coffee Platform)의 4C 수칙(4C Code)이다.

이에 상응하는 와인 업계의 프로그램들은 대개 1개 국가 또는 1개 지역에서만 쓰인다. 여러 가지 기구와 기준들 중, 호주 와인 재배자 협회(Australian Winegrowers' Association)의 지속 가능 인증(Certified Sustainable), 캘리포니아 지속 가능 와인 재배자 연합(California Sustainable Winegrowing Association), 남아프리카 지속 가능 와인(Sustainable Wine South Africa), 뉴질랜드 지속 가능 와인 재배(Sustainable Winegrowing New Zealand)가 있다.(모두 앞에서 설명했다.)

> 커피의 주요 지속 가능 기준들은 국제적이며 전 세계적으로 쓰인다. 와인의 기준들은 대부분 국가 단위이다.

이 기준들은 모두 개별 국가 내에서 세워진 것으로 참여자들 스스로 규칙을 결정했다. 말 그대로 '우리, 기준을 어느 정도로 할까?' 하는 셈이다.

와인 쪽은 또 다른 이점이 있다. 참여 당사자들이 모두 인근에 있거나 최소한 동일 주, 동일 국가 내 있고, 사용하는 언어도 같다.

그렇긴 하지만, 와인 쪽 기준 다수는 OIV에서 발표한 '지속 가능한 포도 재배 및 와인양조-환경-사회-경제-문화적 관점에서의 일반 원리(General Principles of Sustainable Vitiviniculture-Environmental-Social-Economic and Cultural Aspects)' 및 국제 와인 증류주 협회(International Federation of Wine and Spirits) 및 OIV에서 세운 '전 세계 와인 지구의 환경적 지속 가능 원칙(Global Wine Sector Environmental Sustainability Principles)'에 의존한다는 점은 유념해야 한다.

길고 복잡한 유통망: 커피의 유통망은 와인에 비해 길고 복잡하다. 유통망의 모든 당사자는 기준에 참여하고 따라야 하는데, 여기서는 ㄱ)오지에 살고 있는 많은 생산자들(대부분 소규모 생산자들)이 관여되고, ㄴ)물리적 변화를 겪는 많은 단계가 제어되어야 하며, ㄷ)당사자 대부분(커피를 소유하는 이들)은 서로를 모르고, ㄹ)씨앗에서부터 최종 음료에 이르는 유통망의 많은 당사자들이 서로 멀리 떨어져 있다—때로는 1만km 이상—는 것을 고려해야 한다.

예를 들어, 우간다 협동 조합의 회원은 소규모 재배자들로 수가 5천 명에 가깝고 멀리 떨어진 지역에 살고 있으며 사용하는 언어가 네 가지이다. 이들을 평가하고 훈련하며 감시하고 검사하는 일은 매우 큰일이다. 그런데 이 5천의 소규모 재배자들이 생산하는 양은 우간다 전체 커피의 1%에 불과하다. 그리고 우간다의 커피 생산량은 세계 총량의 2%에 불과하다.

블렌드 제품의 지리적 분산: 대부분의 원두 커피 상품은 세계 각지의 재료를 섞은 블렌드이다. 블렌드는 둘에서 다섯 또는 그 이상의 산지에서 생산된 커피로 만든다. 이 점이 커피에 복잡성을 더한다. 와인도 블렌드가 있지만, 일반적으로 사용하는 품종의 수가 더 적고 포도는 단일 농장 또는 최소한 단일 지역에서 공급된다. 이렇게 커피 유통망에는 복잡성이라는 요소가 있기에 레인포리스트 얼라이언스에서는 때로는 '이 커피의 40% 이상은 레인포리스트 인증을 받았습니다.' 같은 언급을 할 수밖에 없다. 위 문구는 최소한 세 가지 커피 중 하나는 블렌드라는 뜻으로 볼 수 있다.

참여자의 교육 수준: 온두라스, 르완다, 인도네시아, 여러 국가의 소규모 재배자들은 대부분의 포도 재배자나 와인 제조인 및 와인 업계의 당사자에 비해 정보에 대한 접근이 어렵고 교육 수준도 낮다. 그래서 커피 산업의 지속 가능 훈련에서는 글로 된 설명서 대신 그림으로 된 설명서를 사용하기도 한다. 4C 기준에서는 농장의 여러 활동에 대한 평가를 할 때 붉은색–노란색–녹색 색상표를 쓴다.(앞서 설명했다.)

　브라질의 한 설명서는 만화 같은 일러스트를 사용해 커피 농장에서 가장 권장할 만한 활동을 설명했다. 여기에는 한 줄의 글도 없다. 이 설명서는 제한적인 교육을 받은 재배자들이 최적의 영농법을 이해할 수 있도록 만들어졌다. 설명서의 일러스트들은 모든 커피 재배자에게 필요한 정보를 담고 있다. 꼭 지속 가능성 프로그램을 따르는 재배자만을 위한 것이 아니다.

그림 8.1은 위에서 언급한 설명서에 나온 최적 영농법에 대한 예시이다. 이 메뉴얼은 다테하(Daterra) 커피 그룹과 푼다싸우 에두까르 디파스코알(Fundação Educar DPaschoal)의 지원으로 만들어졌다.

8.2 환경: 첫 번째 범주

◐● 유기농이란 무엇인가?
유기농과 바이오다이내믹 영농의 근거는 두 가지로

● 그림 8.1 커피 농장에서 해야 하는 작업과 하면 안 되는 작업을 설명한 그림 매뉴얼

볼 수 있다: 하나는 자연과의 조화로운 작물 재배를 통해 생태계의 지속 가능성과 다양성을 보존하고 지원하는 것이고, 다른 하나는 건강한 농산물을 생산하는 것이다.

　유기농은 피복작물의 사용, 주기적인 가지치기, 인공 비료와 화학 살충제 대신 자연 비료와 살충제를 사용하는 방식으로 예방적인 유지 관리를 목적으로 하는, 사전 보호적인 활동이다. 많은 유기농 기준에서는 물과 에너지 사용, 온실 가스 방출 및 여성과 어린이의 건강과 기본교육 등 사회적 개발 면에서의 시금석이 될 만한 조건 또한 포함하고 있다. 유기농을 하려면 많은 일을 해야 한다.—단순히 자연을 그대로 두는 것이 아니다.

유기농 인증은 과정에 하는 것이다. 커피나 와인이라는 제품에 하는 것은 아니다.

유럽 연합에서는 모든 유기농 식품 포장에 연두색 잎 모양의 로고를 넣는다. 이 로고는 세 가지 정보와 함께 실린다. 먼저 유기농 관리를 하

ES-ECO-002
Agriculture Españo

고 있는 해당 국가의 ISO 코드가 나오고, 다음 관리 주체의 코드 번호, 마지막으로 해당 농산물 원재료가 재배되고 있는 장소가 기재된다.

위 예시에는 연두색 로고와 스페인에서 유기농 인증을 받았다는 문구가 함께 있다. 기타 사례를 들어 보면, 와인에서는 GB-OR.G-03 EU Agriculture(유럽 연합 농산물), AT-BI0-301 Osterreich-Landwirtschaf(오스트리아 농산물), NZ-BI0-003 New Zealand Agriculture(뉴질랜드 농산물), 커피에서는 GB-ORG-05 Non-EU Agriculture(비 유럽 연합 농산물), NL-BI0-01 niet-EU Landbouw(비 유럽 연합 농산물-네덜란드어), DE-öKO-024 Non-EU- Farming(비 유럽 연합 농산물)이 등장한다.

유기농 인증 표시인 이 아름다운 연두색 로고는 2010년에 도입되었다. 독일의 젊은 예술가가 디자인한 것으로 3,400건의 응모작 중에서 선정되었다. 일부 제품들은 과거 오랫동안 사용해온 국가별 유기농 인증 로고와 위 로고를 함께 사용하기도 한다.

미국에서 유기농 인증을 받은 제품에 가장 일반적으로 사용하는 로고는 녹색 원형의 "USDA ORGANIC"이다.

◑● 왜 유기농 농산물을 재배하고 판매하는가?

재배자나 소비자에게 유기농 인증을 받은 제품을 재배하고 구매하는 이유를 묻는다면, '화학 물질에 대한 두려움' 때문이라는 대답을 듣게 될 것이다. 아주 틀린 말은 아니지만, '화학 물질(chemical)'이란 용어의 의미를 온당하게 사용했다고 볼 수는 없다. 사실상 모든 것은 화학 물질으로 이루어져 있고, 그 대부분은 무해하다. 인간의 신체도 화학적 합성물이거니와, 화학 덕분에 먹고 살 수 있다. 화학과 화학 물질은 사실 긍정적인 뜻과 연계될 가치가 있다.

'유기농화(going organic)' 주장에 나타나는 관점은 세 가지이다.

- **자연 보호**: 대지, 흙, 식생, 식물군, 궁극적으로는 우리의 후손들에게 더 좋다.
- **건강**: 독성 물질은 재배자, 일꾼, 처리업자와 최종 소비자들을 위해, 결과적으로 자신을 위해 사용하지 않는다.
- **맛이 더 좋다**: 때로는, 아마도 그럴 것이겠지만 다만 과학적 증거는 부족하다. 뭐, 맛에 대한 취향은 주관적이니까.

유기농 제품의 재배와 생산에는 추가 비용이 든다. 비료나 약제 살포 비용은 아낄 수 있겠지만, 유기농 체제를 유지하기 위해 농장에서 더 많은 작업을 해야 하고 더 세심하게 주의를 기울여야 하며 재배 기록을 위해 많은 시간을 써야 한다. 게다가 인증 비용도 든다. 하지만 생산성은 대개 낮은 편이다.-최소한 첫해에는 그럴 가능성이 높다. 병충해 위험은 더 높고 최종 제품의 보존 기한도 더 짧을 수 있다.

과거에는 유기농 제품에 일반 제품 가격보다 높은 가격을 붙여 추가 비용을 보충했다. 그러나 공급과 수요라는 근본적인 시장 원리 앞에서, 유기농에 경건한 프리미엄을 얹어주는 시대는 지나갔다. 물론 여전히 유기농 프리미엄이 가능한 제품군이 있지만 커피와 와인은 그런 제품군이 아니다.

그렇다면 왜 유기농 제품을 생산하는가? 그에 대한 유추 가능한 이유는 다음과 같다.

- 재배자의 태도(원래 선한 사람이다-재배자와 일꾼 모두)
- 무언가 다른 것을 찾는 잠재 고객에 대한 주목
- 유기농에서 요구하는 상세한 기록과 감시는 추적 가능성과 투명성을 만든다. 그리고 이 추적 가능성과 투명성을 요구하는 곳이 많다.

◐ 유기농 인증 커피의 수

2015년 기준으로 전 세계 유기농 인증 커피 재배지는 74만 헥타르로서 총 재배 면적의 7%를 차지했다. 2004년에는 18만 헥타르였다.

유기농 인증 커피의 연간 생산량은 420만 포대 정도(25만 톤)로서 전체 커피의 3%에 가까운 수치이다. 인증받은 커피의 절반을 약간 넘는 수(220만 포대, 13만 톤)만이 끝까지 유기농 라벨을 붙인 채로 거래되고 소비된다.

재배지는 7%나 되는데 생산량은 3%를 겨우 넘는 이유는 크게 세 가지로 정리할 수 있다. 유기농 커피 재배 농장에는 그늘나무와 재식림으로 심은 토착형 나무가 많아서, 커피나무의 밀도가 낮다. 다음, (인공 비료를 쓰지 않는) 유기농 커피 생산은 일반 커피 대비 생산성이 대개 낮다. 그리고 커피 농장은 다른 작물 또는 가금류 사육과 함께 쓰이는 경우도 있다.

2010년 기준으로 유기농 커피의 최대 생산국은 온두라스, 페루, 멕시코, 에티오피아, 인도네시아였다.

유기농 커피는 주로 독일, 덴마크, 노르웨이, 스웨덴, 스위스의 소비자들이 구매한다. 그 다음으로는 핀란드, 네덜란드, 영국, 벨기에에서 많이 구매하며, 3위권은 일본, 캐나다, 미국이다. 그러나 모두 인구 대비 소비량으로 보면 물량이 적은 편이다.

● 유기농 인증 와인

유기농 인증 와인은 일반적으로 생산 비용이 일반 와인 대비 25-40% 더 들어간다. 그 이유는 크게 두 가지이다: 먼저, 생산성이 낮다. 다음, 관리와 기록을 비롯해 포도밭과 와인 양조장에서 해야 할 일이 더 많다.

와인 생산자들이 이런 추가 비용을 단순히 매출 단가 인상으로 메꾸기는 어렵다. 유기농을 한다는 것은 '태도'의 문제인 경우가 많다.

유기농 인증을 받은 와인용 포도를 기르는 포도 재배지 및 전환 중인 재배지는 전 세계에서 30만 헥타르이다. 이는 와인용 포도를 재배하는 전체 재배지 대비 6%를 약간 넘는 수치이다. 오스트리아와 이탈리아는 그 선두격으로서, 두 나라 모두 전체 재배지 대비 9%가 유기농 인증을 받은 와인용 포도를 재배한다.

유기농 와인 생산은 건조한 지역에서 더 유리하다. 곰팡이와 해충 문제가 건조한 지역에서 더 적게 나타나므로 약제 살포 필요성도 줄어든다. 미국 동부에 비해 캘리포니아 지역에 유기농 포도로 만든 와인이 더 많은 것은 그런 이유이다. 이탈리아에서도 유기농 인증 비율은 건조한 남쪽 지역(시칠리아, 풀리아)이 나머지 지역보다 더 높다.

● 유기농 인증을 받은 와인에 들어 있는 황산염

대부분의 와인에는 황산염(sulphites, 이산화황)이 10-20mg/L, 즉 10-20ppm의 비율로 들어 있다. 황산염 자체는 발효 과정 중 자연적으로 생성되는 물질이지만, 비 유기농 와인의 경우, 대부분의 황산염은 가공 단계에서 첨가한다. 그 목적에 대해서는 3.2장 및 4.1장에서 언급했다.

유럽 연합 규칙 203/2012는 유기농 와인 생산에 대한 유럽 연합의 규정으로, 황산염 함량 제한 규정이 포함되어 있다. 와인의 바이오다이내믹 인증은 유럽 연합이 아니라 각 인증 단체에서 자체적으로 제한량을 정한다.

유기농 인증을 받은 와인 대부분은 황산염 수치가 법적 허용치보다 낮다. 일부 유기농 인증 기준 제한

● 표 8.3 유럽 연합 내 일반, 유기농, 바이오다이내믹 와인의 황산염 허용치

와인 유형	레드 와인 mg/L	화이트 와인, 로제 와인 mg/L
일반	150	200
유기농	100	150
바이오다이내믹	70	90

수치는, 유럽 연합 규칙에서 설정한 것보다 더 엄격하다.

화이트 와인과 로제 와인은 가공 중 포도 껍질과의 접촉 시간이 짧아 자연 항산화 성분이 적기 때문에 레드 와인 대비 산화 위험이 더 높다. 그래서 황산염을 더 넣는 경우가 많고, 이 때문에 허용 수치도 더 높다. 일부 단맛 나는 와인 또한 허용 수치가 높은데, 잔존 당의 후발효를 막기 위해서이다. 황산염을 첨가하면 당과 결합하기 때문이다.

2012년 이래, 유럽 연합에서는 와인 양조장이 인증을 받은 경우 '유기농 와인(organic wine)'이라는 용어를 쓸 수 있게 허락했다. 그 전에는 '유기농으로 키운 포도를 사용하여 만든 와인'에만 인증을 해줬다.

유기농은 해야 할 일이 많다.—단순히 자연을 그대로 두는 것이 아니다.

미국의 일반 와인 황산염 제한 수치는 350mg/L이다. 유기농 와인은 10mg/L에 불과하며, 황산염은 첨가할 수는 없다. 그래서 유기농 와인 항목에 미국산 와인은 거의 없다. 이 조건을 충족시키지 못한 와인은 "유기농으로 재배한 포도로 만든 와인(Wine made from organically grown grapes)"이라는 라벨을 달 수 있다. 이 경우 제한 수치는 100mg/L이다. 바이오다이내믹 인증의 제한 수치 또한 100mg/L이다. 다만 유기농 정도가 어떻든 간에, 미국에서는 이런 종류의 와인이 유럽만큼 팔리지는 않는다. 제한 수치는 예를 들어 350ppm 같은 식으로, ppm(parts per million, 100만분의 1)으로 표시하는 경우도 있다.

와인 업계의 황산염 사용에 대한 일반 사항은 3.2장에서 설명한다.

●● 유기농의 맛이 더 좋다 – 때로는

유기농으로 재배한 커피의 고유 음료 품질은 일반 커피에 비해 우수할까? 현재의 관찰 및 검토 결과로는 어느 정도 논쟁의 여지가 있다.

저자의 14년간의 커피 업계 경험 및 5년간의 집필 준비 동안, 유기농 커피가 일반 커피보다 맛이 더 좋다는 것을 증명하는 분석이나 증언은 한 건도 만나지 못했다. 어떤 사람들은 맛으로 차이를 알 수 있다고 말하지만, 그것이 유기농으로 키운 커피가 맛이 더 좋다는 것을 의미하지는 않는다. 일부 전문가나 일부 최종 소비자들은 유기농으로 키운 커피를 더 좋아한다고 하는데, 어디까지나 주관적인 취향임은 의심할 여지가 없다.

유기농으로 재배하고 인증을 받은 와인이 관능에 미치는 영향에 대해 최근 몇 가지 평가가 진행된 바 있다. 연구에 따라 결과가 달리 나오긴 했지만, 블라인드 테스트에서는 유기농 와인이 때로 높은 품질 점수를 받곤 했다. 이것이 유기농법 때문인지 아니면 유기농 와인 생산자가 포도밭에서나 와인 양조장에서 더 공을 들였기 때문인지는 아직 밝혀지지 않았다.

'내럴 와인(natural wine) 즉 '개입하지 않고 그대로 방치하여 생산한 와인(no-intervention wine)'은 품질에 편차가 있다. 자연 생산한 와인은 때로 매우 좋을 수도 있지만, 경험 많은 와인 비평가들은 일반 와인에 비해 품질이 고르지 않다는 데 동의한다.

●● 바이오다이내믹이란 무엇인가?

바이오다이내믹 농법은 오스트리아의 철학자 루돌프 슈타이너(Rudolf Steiner, 1861-1925)의 정신 과학 및 사상에서 나왔다. 슈타이너는 모든 생명체의 메커니즘의 복잡성을 잘 짜여진 앙상블이라고 봤다.—이 앙상블은 우주적 리듬과 관련 있는 에너지이자 힘이었다. 슈타이너의 가르침과 그의 원리들 중 일부는 1190년대에 스페인 세비야에 살았던 아랍 농학자인 이븐 알 아왐의 사상과 유사하다.

바이오다이내믹 영농은 기본적으로 유기농이며, 여기에 두 가지 철학과 실천사항이 더해진다.

• 달과 행성, 별의 움직임와 차고 기울기에 맞추어 농업 활동의 시기를 정한다.
• 퇴비 만들기와 약초를 사용한 약제 살포를 '제법'과 함께 한다.

슈타이너는 비료 살포를 보조하는 용도로 아홉 가지

'제법'을 기술했다. 준비 자료에는 500에서 508까지 번호가 붙어 있는데, 이 중 두 가지는 부엽토 발생을 촉진하고 일곱 가지는 퇴비 작업에 쓰인다. 아래에 두 가지 예시를 들어 보면 다음과 같다:

500(소의 배설물을 뿔 속에 채워 만든 거름): 쇠뿔에 소의 배설물로 만든 거름을 채워 부엽토 혼합물을 준비한다. 이를 땅에 묻어 겨울 동안 분해되도록 한다.
501(석영가루와 물의 혼합물): 이 혼합물을 쇠뿔에 채워 넣고 봄에 땅에 묻는다.

500과 501 제법을 활용하기 위해서는 뿔 속의 내용물 한 스푼 정도를 물 40-60리터에 넣고 휘젓는 방향을 바꿔가며 소용돌이를 만든다. 이 거름 용액은 포도밭에 연중 2회 살포해 병을 예방한다.

502-508번 제법은 특정 꽃, 식물, 나무껍질을 원료로 한다.

데메테르 분트(Demeter Bund)는 바이오다이내믹 농업으로 재배 생산되는 제품을 인증하는 단체이다. 데메테르는 그리스 신화에서 농업과 수확을 관장하는 여신의 이름이다.

데메테르 바이오다이내믹 거래 협회(Demeter Biodynamic Trade Association)는 비영리기구로서 40개 이상 국가에서 활동하고 있다. 본부는 독일 다름슈타트(Darmstadt)에 있다.

오렌지색 데메테르 로고는 그 상품이 바이오다이내믹 원칙에 따라서 생산되었음을 인증한다. 과거의 로고는 흑백 꽃 그림이었는데 주로 뒤쪽 라벨에 다른 정보와 함께 실려 있

었다.

위 오렌지색 라벨은 국제적으로 통용되며 50개국, 3500명의 재배자, 10만 헥타르에서 생산되는 제품들에 적용된다. 데메테르의 규칙은 국제적으로 공통이지만 몇 가지 제품은 개별 국가별로 보다 엄격한 규제가 적용된다.

◎● 바이오다이내믹 커피와 와인

바이오다이내믹 커피는 많지 않다. 주요 생산국으로는 브라질, 인도, 멕시코, 페루가 있다.

멕시코 남부 치아빠스 주의 핑카 이를란다(Finca Irlanda)는 1930년대에 유기농 커피 생산을 시작했다. 이 농장은 오늘날 데메테르에서 인증하는 바이오다이내믹 커피의 주요 생산지이다. 브라질의 샤파타 지아만치나(Chapada Diamantina)는 아마도 가장 규모가 큰 바이오다이내믹 커피 농장 단체일 것이다.

바이오다이내믹 농업을 도입한 루돌프 슈타이너는 술을 마시지 않았다. 그의 추종자들인 인지학파(Anthroposophist) 회원들도 대개는 술을 마시지 않았다. 그렇기에 바이오다이내믹 와인 생산자들은 불행히도 그 혜택을 받지 못했다. 만약 받았다면 꽤나 매력적인 시장이 나타났을 텐데 말이다.

바이오다이내믹이 '화학제품은 절대 쓸 수 없다.'를 의미하지는 않는다. 예를 들어, 포도밭에서 구리 성분의 살균제를 소량은 쓸 수 있다. 첫 번째 랙킹 작업 이후 산화를 방지하기 위해 황산염을 첨가할 수도 있다. 다만 그 제한 수치는 레드 와인 70mg/L, 화이트 와인 90mg/L로 일반 와인에 비해 낮다. 바이오다이내믹 인증을 받은 일부 생산자들은 자체적으로 이보다 더 낮은 40mg/L로 제한하기도 한다. 유럽 연합에서 정한 유기농 레드 와인과 화이트 와인의 황산염 제한치는 각각 100, 150mg/L이니 얼마나 낮은 수치인지 비교해 볼 수 있다.

데메테르는 와인을 두 가지 등급으로 나눈다. 로고는 동일하며, 라벨을 주의 깊게 읽으면 두 등급이 다르다는 것을 알 수 있다. 아래에 프랑스어로 표기된 사례를 보자.

- 뱅 이쉬 드 레젱 데메테르(*Vin Issu de raisin Demeter*): 바이오다이내믹 인증을 받은 포도로 만들었지만, 와인 제조에는 어떠한 규정도 적용되지 않았다.
- 뱅 데메테르(*Vin Demeter*): 바이오다이내믹 인증을 받은 포도로 와인을 만들었으며, 와인 제조 또한 데메테르의 규정을 따랐다. 이스트나 챕털리제이션, 파이닝, 추가적 황산염 사용 등에 대한 엄격한 제한 규정을 준수했다.

비오디뱅(Biodyvin)은 1996년 프랑스에서 국제 바이오다이나믹 포도 재배자 신디케이트(Syndicat international des vignerons en culture bio-dynamique, 셍디카 앙테르나쇼날 드 비녜홍 앙 퀼튀르 비오-디나미크)가 세웠다. 비오디뱅은 프랑스 전역 및 독일 일부 지역에서 활동하며 모든 유형의 와인에 대해 인증한다. 비오디뱅은 여러 상품군을 다루는 다른 인증 단체와 달리, 오직 와인만을 다룬다. 비오디뱅의 적용 범주는 외형적으로는 데메테르와 같다.

현재 프랑스의 포도 재배지 중 2%가 바이오다이내믹 인증 또는 전환 단계에 있다. 보르도와 샹파뉴 지역의 일부 대형 샤또, 브랜드 및 명망 높은 샤또, 브랜드는 바이오다이내믹 원칙에 충실하다. 이 점에서 바이오다이내믹은 더 이상 소규모 장인 와인 제조인에만 해당하는 규정이 아니다.

아르헨티나와 칠레는 바이오다이내믹 와인을 생산하는 주요 국가이다. 아르헨티나는 중소 규모 생산자가 많은 반면, 칠레는 생산자 수는 적은 반면 1,200 헥타르 이상에 달하는 대형 바이오다이내믹 인증 포도 재배지들이 있다. 게(Gê)와 꼬얌(Coyam) 브랜드를 보유한 칠레의 에밀리아나(Emiliana) 그룹은 세계 최대의 바이오다이내믹 와인 생산자로 알려져 있다.

● 바이오다이내믹은 판촉용 도구가 아니라 태도이다.

주목할 것은, 포도 재배자들과 와인 제조인 다수는 굳이 바이오다이내믹 인증을 받지 않은 채 그 원칙을 고수한다는 점이다. 그 원인 중 하나는, 바이오다이내믹 와인이 특별한 가격 프리미엄 없이 거래되는 경우가 많기 때문이다. 이는 유기농 와인도 마찬가지이다.

일부 프랑스와 이탈리아의 고명한 유기농 및 바이오다이내믹 고품질 와인 생산자들은 환경 관련 라벨을 전혀 붙이지 않는다. 이들에게 바이오다이내믹 원칙을 따르는 것은 판촉용 도구가 아니라 하나의 태도이다. 행성의 위상에 작업 주기를 맞춘다든가 쇠뿔에 거름을 채운 뒤에 포도밭에 묻는다든가 하는 컬트스러운 규칙도 몇 가지 있고, 이런 점을 못마땅하게 생각하는 사람도 있을 수 있지만, 위 생산자들의 이런 자세는 그 자체로 존경받아야 한다고 본다.

● 바이오다이내믹 달력

마리아 툰(Maria Thun, 독일, 1922-2012)은 나무 심기, 수확, 시음의 최적 시기를 알려주는 와인용 바이오다이내믹 달력을 고안했다. 이 달력은 행성의 알맞은 상호 작용에 기반한 최적 날짜를 색을 사용하여 나타낸다.

열매의 날(fruit day): **붉은색**(좋음)
꽃의 날(flower day): **노란색**(좋음)
잎의 날(leaf day): **파란색**(피할 것)
뿌리의 날(root day): **보라색**(피할 것)

마리아 툰의 아들 마티아스 툰(Matthias Thun)은 천체 달력을 출판했다. 이 달력은 여러 가지 식물과 작물의 씨뿌리기, 나무심기, 가지치기, 수확을 하기에 최적인 날짜를 보여준다. 그는 〈When Wine Tastes Best: A Biodynamic Calendar〉도 펴냈다. 이 책은 Floris Books 사에서 출판했으며, 스마트폰 앱도 있다.

영국의 일부 대형 수퍼마켓 체인에서는 언론이나 대중에게 공개하는 와인 테이스팅 일정을 열매의 날과 꽃의 날에 잡는다. 이들의 경험으로는 그 날짜에 와인이 보다 잘 표현되고, 소비자들은 와인을 더 많이 구매한다고 한다.

2016년, 뉴질랜드에서 12개 바이오다이내믹 와인에 대한 블라인드 테이스팅이 진행되었다. 몇몇 국가에서 19명의 경험 많은 와인 전문가가 참여했다. 와인 평가는 꽃의 날과 뿌리의 날에 진행되었다. 테이스팅 결과, 모든 속성에서 와인이 다르게 평가되었지만, 바이오다이내믹 캘린더에서 나온 날 유형은 어떤 와인 속성에도 체계적인 영향을 미치지 않았다. 그러므로 이 달력의 가치에 대해서는—최소한 향과 향미에 대해서는—의문이 있는 셈이다. 이에 대해 흥미를 가진 이들이 많으니, 앞으로 더 많은 조사가 이루어질 것으로 보인다.

루돌프 슈타이너는 바이오다이내믹 영농법을 도입했지만 자신은 와인을 마시지 않았으며, 그의 추종자들도 와인을 마시지 않았다. 그렇지 않았다면 매력적인 시장이 등장했을 것이다.

● 내추럴 와인이 존재하는가?

포도 재배와 와인 양조에서도 기술적 개입을 최소화하려는 움직임이 있다. 이는 환경을 보존한다는 점에서 이점이 있다. 그러나, '내추럴 와인(natural wine)'에 대한 명확한 정의는 없으며, '자연적(natural)'이라는 용어를 와인 라벨에 어떻게 사용해야 한다는 규정은 없다. 재배자마다 자체적으로 정의를 하는데, 천연 이스트 사용이나 황산염 무첨가 같은 조건이 포함된 경우가 많다.

일부 사람들은 자연적이라는 말 대신 장인적(artisanal), 진정한(authentic), 정직한(honest)이라는 단어를 더 선호한다. 그러나 순수하게 자연적인 와인이란 존재하지 않는다. 인간의 개입 없이 이루어지는 와인 제조란 있을 수 없다. 그렇다면 인간이 어디까지 개입할 때 자연적이라는 말을 쓸 수 있을까? 아마도 '산업화 이전(pre-industrial)' 내지는 '첨가물이 거의 없는(next-to-no-additive)'이라는 말이 더 나을지도 모른다.

호주의 플라잉 와인메이커는 이런 말을 했다: 오늘의 전통이란 어제의 기술적 혁신을 말한다.

조작(manipulation)은 인간의 손(mani의 원형 manus는 손을 의미한다.)으로 능숙하게 다루었다는 의미이다. 그런데 지금은 이 '능숙한 다룸'이 비밀리에 진행되는 경우가 많다. 일부 기술적 개입이 부정적인 느낌으로 이어질 수 있기 때문이다. 농축, 온도 제어, 필터링, 펌핑, 신종 이스트 사용 같은 것들이다. 와인메이커들은 자기 와인을 자랑할 때 자연의 영향이란 말을 좋아한다. 어떤 와인메이커는 자신이 와인을 공들여 만들었다거나 개선했다는 정도로 표현한다. 조작이라는 말보다는 이쪽이 약간 중립적으로 들린다.

어떤 사람들은 와인을 조작하면 할수록 떼루아가 적어진다고 말한다. 아마도 맞을 것이다. 그러나 떼루아 또한 부정적인 영향을 줄 수 있다. 그래도 과연 그것을 지켜 나가길 원할까?

와인의 품질을—굳이 말하자면 – 개선시키기 위한 일부 기법에 대해서는 4.1장의 표 4.8에서 설명하고 있다.

○● 버드 프렌들리 커피와 동물 친화적 프로그램들

미국의 스미소니언 철새 연구소(Smithsonian Migratory Bird Center)는 커피에 버드 프렌들리(Bird Friendly) 인증을 제공한다. 해당 인장—등록상표—은 철새와 텃새 모두에게 좋은 거주지를 제공하는 방식으로 재배한 커피에 주어진다. 이 인증을 받기 위해서는 그늘재배만으로는 충분하지 않다. 다만 그늘재배 그 자체만으로도 환경적으로 바람직하고 일반적인 방식이며, 그늘재배에 대한 인증도 따로 존재한다.

버드 프렌들리 인증 관련 범주로서 다음 같은 항목이 있다.

- 일반 나무의 상부(canopy) 높이: 농장의 바탕이 되는 토착종의 상부 높이는 최소 12m이다.
- 잎으로 덮인 정도: 건기 중 가지치기 후 측정했을 때 40% 이상이어야 한다.
- 식물군의 다양성: (토착종은 기본이고) 목질 수종은 10종 이상, 이 중 최소한 10가지는 샘플 채취한 전체 개별 개체의 1% 이상을 차지해야 하며, 커피 재배지 전체에 고루 퍼져 있어야 한다.
- 현재 유기농 인증을 받은 상태여야 한다.

버드 프렌들리 인증을 받은 커피의 90% 이상은 중남미에 있다. 시간이 지나면서 버드 프렌들리 프로그램

● 그림 8.2 동물 친화 인증 라벨

은 점점 확대되었고, 2017년의 판매량은 2010년 대비 두 배에 달한다. 시장은 북미가 지배하고 있다.

그 외 동물 친화 커피로는 고릴라 프렌들리(gorilla-friendly), 오랑우탄 프렌들리(orangutan-friendly), 코끼리 프렌들리(elephant-friendly) 커피가 있는데, 공식적인 인증은 없고 기부나 기타 수단을 통해 지원을 받고 있다.

와인에는 버드 프렌들리 프로그램은 없다. 7.3장의 표 7.13에서처럼 일반적으로 포도밭에서는 새를 좋아하지 않는다는 점이 이유 중 하나일 것이다. 다만 다른 동물 친화 프로그램은 있는데, 예를 들어 연어 보호(Salmon-safe) 와인 인증이 있다.

이 인증은 강의 수질에 영향을 미치는 특정 살충제 사용 및 물 소비에 초점이 맞춰져 있다. 연어 보호는 미국 서부 및 캐나다의 브리티쉬 콜롬비아(British Columbia) 주에서 자주 등장하는 프로그램이기도 하다. 다른 생물 다양성 관련 사례로는 프랑스 남부에서 시행하는 서티파이드 비 프렌들리(Certified Bee Friendly, 벌 친화 인증)가 있다.

생물 다양성의 중요성과 종 다양성이 새, 나비, 파충류, 여러 동물에 미치는 이점은 과테말라의 아나까페(Anacafé)에서 펴낸 명쾌한 정보서 〈그린 북(Green Book)〉에 잘 나타나 있다.(www.guatemalancoffees.com/greenbook) 이 책은 온라인 및 앱으로도 볼 수 있다.

● **슬로우 와인(Slow Wine)**
슬로우 와인은 이탈리아에서 기원한 슬로우 푸드(Slow Food)운동의 일환이다. 현재 150개국에 회원이 있으며, 회원들은 좋은 품질의 음식을 공동체 및 환경과 연계하는 활동을 한다. 슬로우 푸드는 패스트푸드(fast food), 나아가 패스트라이프(fast life), 지역 전통 음식의 소멸, 음식의 기원 및 음식의 사회적 중요성에 대한 인식 부족에 반대한다. 이탈리아에서는 천 페이지에 달하는 슬로우 와인 가이드가 나왔는데, 1,900개 이상의 와인 양조장에서 생산하는 와인 목록이 있다. 이 운동의 로고는 달팽이이다.

○● **농업 부산물의 활용**
커피열매의 껍질은 커피 농업에서 소중한 퇴비이다. 때로는 소 거름이나 비료와 섞기도 한다. 커피 생산 중 발생하는 커피 껍질 및 기타 폐기물은 커피콩을 말리는 연료로 사용할 수도 있다.

호주의 한 발명가 단체는 커피 껍질을 사용해 재사용이 가능하고 식기 세척기에서 사용 가능한 재활용 커피컵을 만들었다.-이 커피컵은 멋지기까지 하다. 그 브랜드는 허스키컵(HuskeeCup)이다. 다음은 무엇일까?

와인 제조시에 발생하는 폐기물은 포스(pomace) 또는 그레이프 마크(grape marc)라고 하는데, 주로 포도 껍질, 씨앗, 포도송이의 줄기이다. 포머스는 재배용 멀칭 자재로 쓰는 것을 비롯 여러 용도로 사용된다. 영약학적으로 가치가 크지 않고 소화가 다 되는 것은 아니지만, 가축의 보조 먹이로 사용할 수도 있다. 일부 학자들은 나이 든 암소는 포머스를 좋아하지 않고

어린 암소는 포머스를 먹는다고 보고했다. 이 학자들은 소들이 피노 누아종의 포머스를 좋아했다고 첨언했다.

프랑스의 와인 양조장은 매년 300만 톤에 달하는 포머스를 생산한다. 와인 제조인 증류인 조합인 페데라시옹 나쇼날 데 디스틸레리 코오페라티브 비티콜(Federation Nationale des Distilleries Coopératives Viticoles, FNDCV)은 위 폐기물의 절반 가량을 수합해 제품으로 생산한다. 이 중 상당 비율이 마르(marc, 포도 찌꺼기로 만든 독한 술)가 되는데, 프랑스어로는 디제스티프(digestif), 이탈리아어로는 그라빠(grappa)라고 한다. 최근에는 자동차용 일반유와 혼합하는 용도로 바이오연료로도 사용된다. 증류 업계에서는 2012년 이래 유럽 연합의 보조금 감소에 따라, 제품 다변화를 꾀하고 있다.

포도 씨앗에서는 타르타르산과 정제유를 추출할 수 있다.

8.3 기후 변화

기후(climate)란 말은 그리스어인 클리마(klima)와 라틴어인 클리마(clima)에서 왔다. 둘 다 경사, 기울어짐을 가리키는 말이다. 이 용어는 태양이 지평선 위로 떠 있는 높이를 가리킨다. – 현재도 이 뜻은 확장된 climate의 용례 중 하나이다. 현재 climate은 온도, 강우량, 습도, 바람의 방향과 바람 세기까지 포괄한다.

여기서 기후 변화란 온도가 높아지고, 해수면이 상승하고, 강우 형태가 바뀌는 것을 말한다. 이런 변화는 예기치 않게 발생하며, 때로는 커피 재배자와 포도 재배자가 극복해야 할 가장 큰 과제가 된다. 기후 변화를 일으키는 원인은 '자연 그 자체'와 인간의 활동이 미치는 영향이 섞여 있지만, 이 책에서는 원인에 대해서는 논하지 않고 결과만 살펴보려 한다.

'기후(climate)'는 오랜 시간 동안 일반적인 조건으로 존재해 왔으며, 이에 비해 '날씨(weather)'는 실제로 발생하는 것 또는 일, 월, 년 등의 특정 기간 동안 발생한 것이다.

○ 기후 변화가 커피 생산에 미치는 영향

커피 생산에 최적의 기후 조건은 무엇인가? 아래에 간략하게 단순화한 답이 있다.

- 연 강우량 1300-1900mm
- 연평균 기온 18-22˚C
- 개화가 일어나기까지 2-3개월의 건기
- 개화를 일으키는 강우
- 열매 결실 기간 동안 주기적인 강우
- 수확과 일광 건조가 용이한 건기

그런데 날씨가 점점 변하고 있다. 예를 들어, 예정에 없던 세찬 강우로 꽃이 다치고 열매가 되기 전에 떨어진다. 비로 인해 커피의 개화 시기가 방해를 받기도 한다. 그러면 열매의 결실이 뒤죽박죽이 되면서 재배자는 덜 익은 것, 약간 덜 익은 것, 완전히 익은 것, 너무 익은 것을 같이 수확한다. 최신 분리기를 쓰면 이런 열매들을 효율적으로 분리할 수는 있지만, 장비 자체가 비싸기도 하고, 덜 익은 열매는 분리를 해도 쓸 데가 없다.

많은 커피 생산지의 연평균 기온이 계속 상승하고 있다. 또한 이상 강우가 자주 발생한다. 이는 곧 가뭄을 일으키는 두 가지 원인이 된다.

○ 커피 생산자의 적응과 영향 줄이기

기후 변화에 대한 반응은 크게 두 가지이다. 하나는 피할 수 없으니 적응하자는 반응이다. 다른 하나는

● 표 8.4 일부 커피 재배지의 기후 변화에 대한 선택지

가능한 해법	영향
커피 품종 교체	가능하다 – 대규모 작업에 이상적이다. 콜롬비아가 좋은 예로서, 2007년부터 2013년까지 전국적으로 특정 아라비카 품종을 다른 아라비카 품종으로 교체했다. 그 외, 열에 잘 견디는 로부스타 종이 기존의 아라비카 재배지에 들어오고 있다. 이는 표 2.7에서 볼 수 있다.
고지대로 이동	다른 곳으로 이사하지 않는 한, 개인 재배자로서는 거의 불가능하다. 이런 이동으로 일어날 수 있는 결과 중 하나는, 숲 벌채 및 그로 인한 생물 다양성 감소이다.
고위도로 이동	개인 재배자로서는 거의 불가능하다. 브라질은 1970년대와 1980년대에 커피에 심각한 피해를 주는 서리를 피하기 위해 국가적 사업으로 커피 생산지를 옮긴 바 있다. 예를 들어, 파라냐 주의 커피 재배지를 더 건조하고 서리 위험이 덜한 미나스 제라이스 주로 옮겼다. 최근 과제는 가뭄과 싸우는 것이다.
영농 방법 수정	그늘재배 도입이 유용할 수 있다. 물자원이 부족하지 않다면 관개 또한 선택지가 될 수 있다. 접붙이기 또한 가능한 방법이다.
가지치기	많은 조언이 있고 여러 가지 실험이 진행 중이다.

기후 변화로 인한 영향을 덜 받을 수 있는 방법을 찾자는 것이다. 커피 산업을 위한 가장 뚜렷한 선택지 몇 가지는 표 8.4에서 볼 수 있다.

로부스타는 아라비카에 비해 장기적으로 기후 변화로 인한 위험에 더 잘 대응할 수 있다. 로부스타는 여러 질병에 내성이 있으며 고온에도 잘 견딘다. 그래서 전통적으로 아라비카를 생산하던 여러 국가들도 생산 품종에 로부스타를 포함하는 추세이다. 이런 경향은 44개국의 아라비카 대 로부스타 비율을 보여주는 2.1장의 표 2.7에서 나타나 있다.

일부 아라비카 계통은 기후 변화에 특히 취약하다. 그런 품종의 아라비카 재배자는 다른 품종으로 점차 바꾸어야 할 것이다. 텍사스에 본부를 둔 월드 커피 리서치(World Coffee Research)에서는 중미와 카리브해, 아프리카의 민관 기구와 협력해 커피 품종 카탈로그를 펴냈다.

이 카탈로그는 대체 아라비카 품종으로 바꾸고자 하는 커피 재배자를 위한 안내서이다. 여기에는 33개 아라비카 품종에 대해 아래 11개 항목을 포함한 여러 변수가 수록되어 있다.

- 고지대에서의 품질 잠재력(1-5점)
- 생산 잠재력(1-5점)
- 키(키 큰 품종/키 낮은 품종)
- 최적 고도(600-1500m 이상)
- 병 저항력(잎녹병, 네마토드(nematode, 선충)), 커피베리병
- 영양소 요구량
- 커피콩의 크기(1-4점)
- 잎 끝의 색상(1-4점)
- 열매 결실(시기)
- 열매 중 커피콩 비율(outturn)
- 최적 식부 밀도

● **기후 변화가 와인 생산에 미치는 영향**

와인용 포도에 가장 알맞은 기후는 아래와 같다.

- 겨울에 춥다 – 그러나 너무 추우면 안 된다.
- 싹이 돋는 봄에 서리가 없어야 한다.
- 성장기인 여름에 더워야 한다 – 그러나 너무 더우면 안 된다.
- 성장 동안 일조량이 충분해야 한다.
- 향미 발현을 위해 낮과 밤의 일교차가 커야 한다.
- 연 강우량이 500-1000mm로 대부분 봄, 여름에 비가 와야 한다.

포도 재배는 기온 상승, 강우 형태 변화, 우박, 폭풍우, 홍수를 동반한 기후 변화로 위협을 받고 있다. 이로 인해 많은 와인 산지의 생산량과 품질이 떨어지고 있다. 지역 기후 예측은 광역 기후 예측만큼이나 쉽

● 표 8.5 일부 와인 산지의 기후 변화 대응을 위한 선택지

가능한 해법	영향
포도 품종 교체	열에 잘 견디고 늦게 수확하는 포도 품종은 여러 가지가 있다. 아펠라시옹 제한 규정 때문에 품종 교체가 지장을 받을 가능성은 있으며, 이는 주로 유럽에 해당된다.
고지대로 이동	이사하지 않는 한, 개인 재배자로서는 거의 불가능하다. 삼림보호구역에 영향을 미칠 수 있다. 영향은 현재 장소에 따라 다르지만, 대부분의 지역들은 고도를 100m 높일 때마다 온도가 0.6~1.0도 낮아진다.
고위도로 이동	개별 재배자로서는 거의 불가능하다.
트렐리싱과 트레이닝 변화	많은 실험이 진행 중이다. 예를 들어 스페인의 일부 포도 재배자들은 포도가지를 더 높게 올리기도 한다.
영농 방법 수정	상부 관리를 통해 결실을 연장할 수 있다. 예를 들어, 가지와 잎을 더 늦게 잘라내거나, 상부 크기를 줄이거나, 많은 열매를 맺도록 한다. 잎을 많이 잘라내면 결실을 늦추면서 산도는 유지할 수 있다. 식부 밀도를 높이면 포도나무의 뿌리가 더 깊게 자라면서 물을 안정적으로 확보할 수 있고 포도나무가 서로 그늘을 드리워준다.
관개	(주로 신대륙에서) 이미 널리 쓰이고 있지만, 대개는 물이 부족한 곳에서 한다. 일부 유럽 아펠라시옹에서는 관개를 허용하지 않거나 제한 규정이 있는데, 이는 수정이 필요하다.
와인 제조 방법 변화	발효 전에 산을 첨가(애시디피케이션)하는 방법은 이미 온난한 지역에서 많이 실행되고 있다.

지 않다. 때문에 개별 포도 재배자 및 와인 제조인에게 기후 변화에 어떻게 적응해야 하는지 조언하기란 매우 어려운 문제이다.

캘리포니아가 처한 큰 문제는, 기온 상승으로 인해 캘리포니아의 많은 지역이 고급 와인용 포도 품종을 기르기에 최적인 기온 상한선을 이미 넘어섰다는 것이다. 대부분의 와인용 포도는 성장기 평균 온도가 12-22℃인 지역에서 재배된다. 그러나 일부 품종은 온도에 훨씬 민감해서 이보다 기온 범위가 좁은 지역에서 자란 포도만 고품질 와인을 만들 수 있다. 하지만 캘리포니아의 여러 지역은 이미 '너무 더운(too hot)' 지대가 되어 버렸다.

기후 변화가 미치는 영향은 간접적이고 결과론적일 수 있다. 기온과 습도가 높아지면서 보트리티스(Botrytis), 오이디엄(Oidium), 밀듀(mildew, 흰곰팡이) 같은 병을 일으키는 곰팡이, 바이러스, 박테리아, 기타 미생물에 더 많이 노출되고, 질병은 바이러스와 박테리아를 퍼뜨리는 해충이 늘어나면서 확산된다.

기후 변화에 가장 많이 노출된 국가는 스페인, 이탈리아, 호주, 미국 캘리포니아 주의 센트럴 밸리, 아르헨티나 일부 지역이다. 그러나 한편으로는 기후 변화로 인해 새로이 포도를 생산하거나 더 많은 발전을 기대하게 된 지역도 있다. 아르헨티나, 칠레, 뉴질랜드의 일부 지역이 이런 혜택을 입었다. 또한 호주의 태즈메이니아와 캐나다의 브리티쉬 콜럼비아 주, 스칸디나비아 반도의 국가들, 폴란드 및 발트해 국가들이 신규 와인 생산지가 되었다.

일부 포도 재배자 및 와인 메이커들이 기후 변화에 대해 대응하기 위해 채택할 수 있는 선택지는 표 8.5에서 소개했다.

포도 재배자와 와인메이커들은 날씨의 영향을 유심히 관찰하고 그에 대응하고 있다. 아주 미약한 기후 변화에도 포도는 극단적으로 민감하게 반응하기 때문이다. 유럽의 와인 제조업자들은 거의 천 년 넘게 날씨를 관찰하고 기록해왔다. 이 기록은 기후학자들이 기후 변화를 분석하는 데 도움이 되는 귀중한 자료이다. 여기에는 소빙하기가 있던 1400년부터 1800년까지의 시기가 포함되어 있고, 이제 21세기에 겪고 있는 변화도 기록되고 있다.

● **지구 온난화에 대응할 수 있는 가장 적합한 품종**

상당수 와인용 포도는 성장기의 평균 온도가 12-22도이기만 하면 거의 어느 곳에서든 자랄 수 있다. 그러나 가장 잘 자라려면 온도 편차가 좁아야 한다. 그

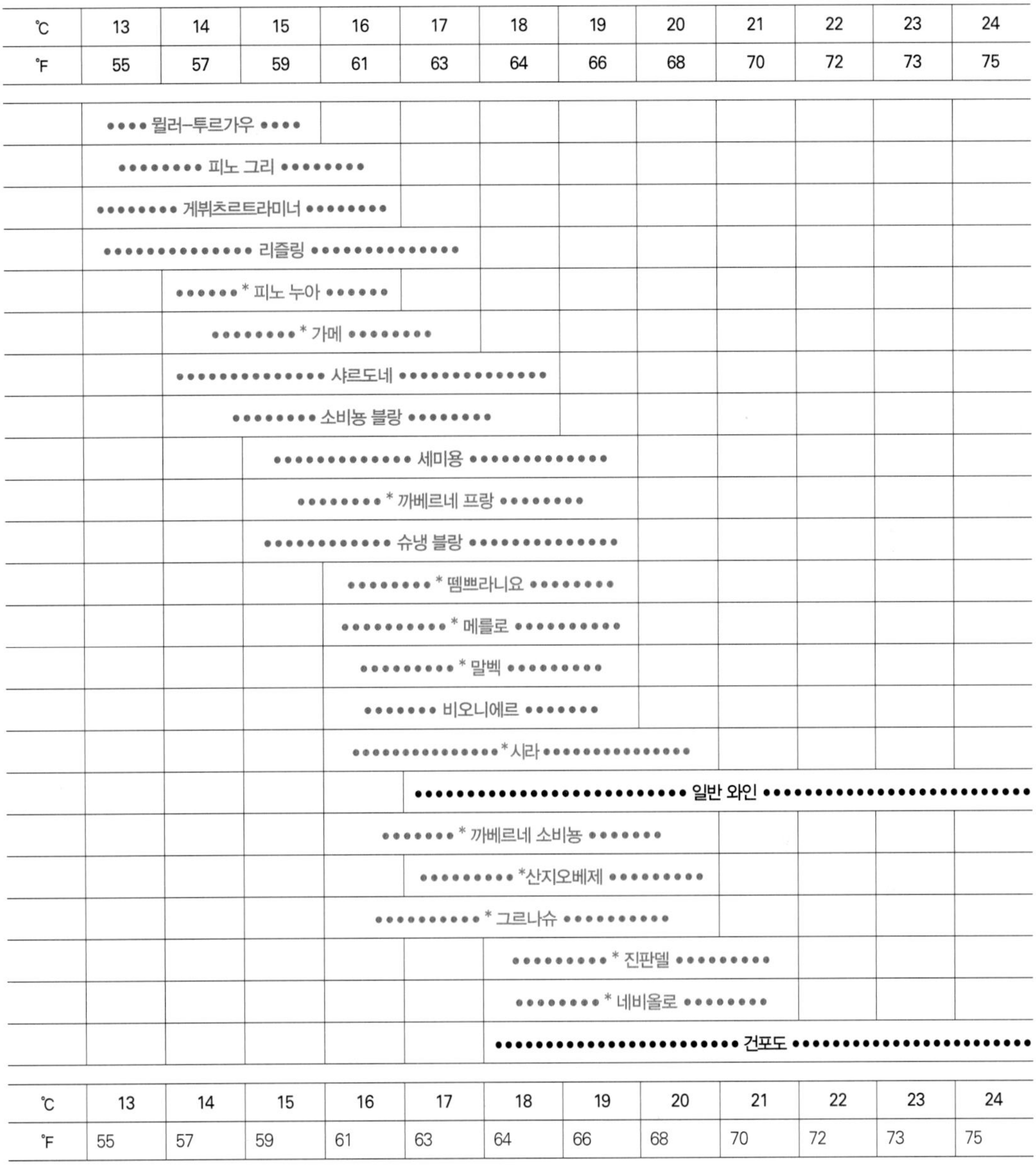

℃	13	14	15	16	17	18	19	20	21	22	23	24
℉	55	57	59	61	63	64	66	68	70	72	73	75

•••• 뮐러–투르가우 ••••

•••••••• 피노 그리 ••••••••

•••••••• 게뷔르츠트라미너 ••••••••

•••••••••• 리즐링 ••••••••••

••••••• * 피노 누아 •••••••

•••••••• * 가메 ••••••••

•••••••••• 샤르도네 ••••••••••

•••••••• 소비뇽 블랑 ••••••••

•••••••••••• 세미용 ••••••••••••

•••••••• * 까베르네 프랑 ••••••••

•••••••••• 슈냉 블랑 ••••••••••

•••••••• * 뗌쁘라니요 ••••••••

•••••••• * 메를로 ••••••••

•••••••• * 말벡 ••••••••

•••••• 비오니에르 ••••••

•••••••••••••• *시라 ••••••••••••••

•••••••••••••••••••••• 일반 와인 ••••••••••••••••••••••

•••••••• * 까베르네 소비뇽 ••••••••

•••••••• *산지오베제 ••••••••

•••••••••• * 그르나슈 ••••••••••

•••••••• * 진판델 ••••••••

•••••••• * 네비올로 ••••••••

•••••••••••••••• 건포도 ••••••••••••••••

℃	13	14	15	16	17	18	19	20	21	22	23	24
℉	55	57	59	61	63	64	66	68	70	72	73	75

● **그림 8.3 포도 품종별 성장기 동안의 이상적인 온도**

자료: Dr. Gregory V. Jones, Linfield College, McMinnville, Oregon(Jones, 2006, and Jones et al., 2012)이 진행 중인 연구 자료 수치에 기반한다. 저자의 허락을 받아 전재한다.

주의

• 위 수치는 세계적으로 기준이 되는 재배지에서 생산한 세계에서 가장 많이 재배하는 몇 가지 품종으로 만든 고품질 및 중간 품질의 와인에 필요한 성장기 평균 온도 및 생물 계절학적 요구량의 관계에 기반한 기후–결실 정도를 보여준다.

• 연구에 포함되었지만 여기에 소개하지 않은 포도 품종도 있다. 그리고 가메 품종과 슈냉 블랑 품종은 저자가 여러 자료를 기반으로 추가했다.

• Science of Grapevines {Markus Keller, 2015) 등의 연구에 따르면 이 표 대비, 리즐링 품종과 시라 품종은 약간 더 높은 기온에, 진판델 품종은 약간 더 낮은 기온에 위치한 다.

• 게뷔르츠트라미너 종과 리즐링 종은 기후 변화 노출에 가장 민감한 백포도 품종들이다. 적포도 품종에서 가장 민감한 것으로는 피노 누아, 까베르네 소비뇽, 메를로가 있다.

• 성장기는 북반구에서 4–10월이고 남반구에서는 10–4월이다.

• 백포도 품종은 일반적으로 적포도에 비해 시원한 기후에 더 잘 맞다. 이 또한 와인 품종의 재배지를 보여주는 2.1장 표 2.8에 나타나 있다.

림 8.3은 일반적인 포도 품종의 경우 여러 기온 지대에서 어떤 품종이 가장 잘 자라는지를 보여준다. 이런 자료는 기후 변화 문제로 포도 품종을 교체해야 하는 포도 재배자에게 유용하다.

◑● 이산화탄소의 역할 – 꼭 부정적인 것만은 아니다.

이산화탄소는 대기의 0.04%만 차지한다. – 나머지는 질소(78%), 산소(21%), 알곤(0.93%) 등이다. 이산화탄소는 사람과 동물, 식물을 포함한 모든 생명 체계에서 필수적이다. 포도나무 잎은 물과 이산화탄소를 사용해 광합성을 해서 당을 만든다.

기후 변화와 관련된 논의에서, 이산화탄소는 대개 부정적으로 인식되는데 그 자체가 문제인 것은 아니다. 하지만 대기 중 이산화탄소가 열복사를 흡수하기 때문에, 이산화탄소가 많으면 열이 빠져나가지 못해 지구의 기온이 상승한다.

이산화탄소는 기후에 부정적인 영향을 미치는 온실효과를 일으키는 기체 중 하나이다. 온실효과를 일으키는 기체들은 수증기, 메테인(CH_4), 이산화질소(N_2O), 오존이 있다. 이런 기체 중 일부는 극소량이면서도 이산화탄소에 비해 수 배 더 큰 영향을 끼친다. 여러 온실 효과를 일으키는 기체의 영향을 비교하기 위해 이산화탄소 상당량으로 변환되곤 한다.

커피와 와인을 생산하는 어떤 단계에서는 엄청난 양의 이산화탄소가 생성된다. 커피의 디카페인 공정, 와인 배럴과 코르크의 정제, 일부 스파클링 와인 제조 시 기체방울을 만들 때 등이다.

◑● 커피와 와인이 기후에 미치는 영향

커피와 와인이 기후에 미치는 영향에 대한 분석은 많다. 이런 분석들은 두 제품의 재배, 수확, 처리, 수송, 가공 및 소비가 미치는 부정적인 영향에 초점을 맞추었다. 좀 더 포괄적으로 물질과 에너지 흐름이라는 생활 주기를 평가한 연구에서는 커피나무와 포도나무가 이산화탄소를 포집하는 능력, 즉 탄소 격리(carbon sequestration)도 포함하고 있다.

◑● 표 8.6 이산화탄소 방출량: 커피 한 잔과 와인 한 잔의 비교

	커피	와인
125mL 용량에 대한 이산화탄소 방출량	60g	240g
여러 변수를 반영한, 관찰 자료 예시(수치는 반올림했다.)	블랙커피 20–100g 우유를 넣은 커피 70g 카푸치노 200g 카페라떼 300g	소매용 병 하나당 이산화탄소 발생량은 0.35kg에서 3.95kg까지 다양하다. 잔으로 환산하면 60–660g 쯤이다. 병당 1.4kg, 잔당 240g 정도로 나타내는 분석이 많다.
유통망의 핵심 단계별 이산화탄소 발생 비율 여러 가지 상황에 따라 자료는 다르게 나타난다.	재배 및 농화학 제품(비료, 살충제) 투입: 25–30% 초기 처리: 10% 미만 수송: 10% 미만 로스팅: 10–15% 추출(가정/카페): 35–40% 폐기물 처리와 재활용: 5% 미만	재배 및 농화학 제품(비료, 살충제) 투입: 20–25% 와인 양조장에서의 가공: 10% 미만 포장(병, 카톤 등): 40% 수송: 30% 폐기물 처리와 재활용: 5% 미만

자료: 연구소, 기구, 업체, 개인이 발표한 분석을 조합했다.

주의

• 가정에서 커피를 추출할 때 비율이 높은 것은 물을 끓이고, 소비되지 않은 커피 폐기물 처리를 포함한 결과이다.

• 와인병은 와인 제품의 생활주기 중 가장 주요한 이산화탄소 발생 요인이다. 병 자체를 만드는 데도 에너지가 많이 필요하며, 수송과 최종 처리 또는 재활용 과정에도 에너지가 많이 들어간다. 백인박스는 생산에서 활용 및 폐기까지 발생하는 이산화탄소 량이 병의 절반 수준이다.

• 와인은 수송 거리보다는 수송 방법이 이산화탄소 발생량을 결정한다. 와인을 최종 소비자와 가까운 병입 공장으로 벌크 수송하면 수송에 따른 이산화탄소 발생량을 40% 가까이 절약할 수 있다. 연료와 이산화탄소 발생 면에서 보자면, 캘리포니아에서 뉴욕까지 와인병을 트럭 수송하는 것이 칠레나 남아프리카에서 뉴욕으로 해상 운송하는 것보다 비용이 더 많이 들어간다.

커피 한 잔의 생산, 수송, 소비에서 발생하는 이산화탄소의 양은 60g이다. 와인 한 잔의 경우 240g이다.

이보다 광범위한 분석을 수행한 연구에 따르면 커피와 와인의 생산과 소비가 기후에 미치는 영향은 전체적으로 볼 때 긍정적이다. 커피나무(와 그늘나무)와 포도나무가 탄소를 저장하는 역할을 하기 때문이다.

표 8.6에서는 커피와 와인의 생산, 수송, 소비에서 발생하는 일반적인 ─평균─ 이산화탄소 방출량 및 여러 분석에서 나타나는 수치 차이에 대한 설명을 덧붙이고 있다. 커피 한 잔의 생산, 수송, 소비에서 발생하는 이산화탄소의 양은 60g 정도이다. 와인 한 잔은 240g이다.

비교하자면, 유럽에서 중형 크기의 자동차 한 대가 발생시키는 이산화탄소는 km당 140g이다. 그러므로 하루 커피를 세 잔 마신다면 이산화탄소 방출량은 자동차로 1.3km 드라이브했을 때와 같다. 하루 와인 한 잔씩 마실 경우 방출량은 1.7km 드라이브에 상응한다.(이는 양적 측면에서만 본 것이다.)

8.4 사회적 측면: 두 번째 범주

페어 트레이드(fair trade)와 페어트레이드(Fairtrade)는 무엇이 다른가?

1988년 네덜란드에서 처음 페어 트레이드 운동을 시작했을 때, 이 운동은 막스 하벨라르(Max Havelaar)로 알려졌다. 이 이름은 1860년대 네덜란드 소설에 나오는 주인공의 이름에서 따왔다. 이 소설은 제목 역시 '막스 하벨라르'인데, 에두아르드 다우베스 데커(Eduard Douwes Dekker)라는 작가가 멀타툴리(Multatuli)라는 필명으로 발표했다. 소설에서 막스 하벨라르는 네덜란드의 공무원으로서 현재의 인도네시아에 해당하는 네덜란드 동인도 식민지에 대해 비판적인 태도를 취한다.

페어트레이드 인터내셔널(Fairtrade International, 여기서는 페어트레이드를 한 단어(Fairtrade)로 쓴다.)은 주로 개도국에서 생산한 농산물의 인증 기준이었지만, 시간이 흐르면서 점차 다른 제품들도 포함되었고, 현재는 파키스탄의 축구공에서부터 탄자니아의 꽃, 페루의 장인들이 생산하는 금제품까지 아우르고 있다.

페어트레이드는 조합 내 소규모 농장의 인증을 위해 개발되었다. 페어트레이드 인증의 주된 목적은 최소 금액을 보장하고 생산자 및 그 가족들에게 알맞은 노동 조건 및 생활 환경을 보장하는 데 있다.

2011년에 페어 트레이드 미국(Fair Trade USA)에서는 개별 농장, 대형 농장 및 이주 노동자들 또한 인증 범위에 포함시키기로 결정하고, 독일 본에 본부가 있는 페어트레이드 인터내셔널(Fairtrade International, FLO)에서 독립했다.

● 페어트레이드 커피

페어트레이드 인증을 받은 커피는 전 세계 커피 시장의 2% 정도를 차지한다. 스칸디나비아, 네덜란드, 스위스, 영국이 페어트레이드 커피의 주요 시장이다.

페어트레이드 기준상 커피에 부여되는 프리미엄은 표 8.7에 나와 있다.

페어트레이드 식 커피 가격 공식은 다음과 같다.

(ㄱ) 페어트레이드 최저 가격, **또는** 시장 가격이 그보다 높을 경우, 이에 해당하는 선물 시장 가격(해당 커피에 대해 적용되는 일반 편차를 더하거나 뺀다.) +

(ㄴ) 페어트레이드 프리미엄으로서 파운드당 20센트 +

(ㄷ) 유기농 인증 커피일 경우 추가 금액

'해당하는 선물 시장 가격'이란 뉴욕 상품 거래소에

○ 표 8.7 페어트레이드 커피에 부여되는 프리미엄

커피 유형	페어트레이드 최저 가격(일반 커피) 파운드당 미화 센트	페어트레이드 프리미엄 파운드당 미화 센트	유기농 프리미엄 (옵션) 파운드당 미화 센트
아라비카(수세)	140	20	30
아라비카(건식)	135	20	30
로부스타(수세)	105	20	30
로부스타(건식)	101	20	30

서 거래되는 아라비카 커피에 대한 'C'계약을 말한다. 해당 인용 가격은 생산국에서 FOB(Free on Board, 본선인도조건) 조건으로 파운드당 수출 가격이다.

그림 5.1에 나온 것처럼, 2010년 말에서 2012년 초 사이, 아라비카 커피의 시장가격은 파운드당 200센트를 넘어섰으며 최고 309센트까지 오르기도 했다. 이 시기가 지난 후 커피 가격은 여러 번 120센트 아래로 내려갔다.

로부스타 커피에 대한 참조 선물 시장 가격은 런던의 상품 거래소에서 거래되는 가격에 따른다.

○ **다이렉트 커피: 신뢰에 기반한 대안 커피**

일부 커피 로스터들은 페어트레이드 체제가 의미 있는 변화를 주기에는 너무 제약이 많다고 생각한다. 어떤 이들은 대금 지불에 관련된 일괄적인 공식을 좋아하지 않는다. 이런 로스터들은 현재 다이렉트 트레이드(Direct Trade)로 알려져 있는 방식을 고안했으며, 재배자들에게 페어트레이드 가격 대비 25% 이상 높은 대금을 지불한다. 다이렉트 트레이드는 정의나 조건에 대해 일치된 견해가 없으며 제3자 인증 또한 없다. 다이렉트 트레이드 협약은 신뢰를 기반으로 한다.

구매자는 생산자와의 대화를 통해 환경적 측면을 고려하고, 각 생산자에 따라 조건을 맞추어준다. 재배자에게 직접 커피를 받으며 높은 품질의 커피를 생산할 수 있도록 인센티브를 포함해 지불한다.

다이렉트 트레이드 모델을 실행 중인 업체는 카운터 컬쳐 커피(Counter Culture Coffee), 인텔리젠시아 커피(Intelligentsia Coffee) 등 미국의 대형 커피 로스터와 덴마크의 커피 콜렉티브(Coffee Collective)등이 있다.

● **페어트레이드 와인**

페어트레이드 운동은 1980년대, 개도국의 생산자와 가족들에게 공정한 대금 지불 및 적정한 근로 조건과 생활 환경을 보장하기 위해 시작되었다. 원래의 초점은 커피와 기타 농산물이었다.

페어트레이드 와인은 유럽에는 2003년도, 미국에는 2007년도에 도입되었다. 현재 페어트레이드 인증을 받은 와인의 절반 이상은 남아프리카산이다. 다른 주요 공급 국가로는 아르헨티나와 칠레가 있으며, 브라질, 조지아, 레바논, 튀니지도 소량 생산한다.

각 와인 생산지로 배송된 포도의 페어트레이드 가격 산출 공식에는 생계비와 재배 방식에 따른 비용이 반영된다. 예를 들어, 페어트레이드 최저가격은 포도 1kg당 0.28유로, 페어트레이드 프리미엄이 kg당 0.05 유로이면 이를 합산하여 가격을 산출한다. 페어트레이드 프리미엄은 언제나 더하는 것으로, 시장가격(또는 협상가격)이 페어트레이드 최저가격보다 높아도 더한다. 이는 새로운 장비를 도입하거나, 보건 프로그램, 또는 교육 기회를 제공하기 위함이다.

2016년 기준 페어트레이드 와인의 연 판매량은 2500만 리터(3300만 병)이다. 최대 시장은 영국, 독일, 네덜란드 북유럽 국가들(덴마크, 핀란드, 아이슬란드, 노르웨이, 스웨덴)이다.

○ **커피 생산국의 여성: 고용과 소유**

여러 커피 생산 국가에서 유통망의 초기 단계에서 기본적인 작업 대부분을 처리하는 것은, 여성이다. 농장 일과 수확, 초기 처리 및 분류는 거의 그들의 몫이다. 그러나 커피는 '남자의 작물'로 인식되는 경우가 많고, 커피를 판매하거나 궁극적인 수익 관리는 남자가 도맡는 경향이 있다.

이런 불공평한 직무 부하나 수익의 불공정한 분배에 불만을 가진 여성들이 단체를 조직하고 1세기가 넘게 이어져온 관습을 변화시키려 하고 있다. 이들 중 가장 규모가 큰 조직은 2003년 설립된 국제 여성 커피 연합(International Women's Coffee Alliance, IWCA)이다. 이 단체는 처음에는 중미에서 커피를 생산하는 여성과 북미에서 커피를 수입하는 여성 간의 협력체제로 시작했다.

　IWCA는 여전히 비영리 단체이며 연수, 훈련, 판매 홍보를 이끌고 있다. 이 단체는 국가별 챕터(chapter, 국가별 단체) 창립을 지원하며, 2017년까지 19개 커피 생산국—브라질, 부룬디, 카메룬, 콜롬비아, 코스타리카, 콩고 민주 공화국, 도미니카 공화국, 엘살바도르, 과테말라, 온두라스, 인도, 케냐, 멕시코, 니카라과, 페루, 필리핀, 르완다, 탄자니아, 우간다—에서 국가별 챕터를 설립했다. 일본에도 IWCA 챕터가 있다.

　각 국가별 챕터마다 여성 회원들이 스스로 만든 헌장이 있다. 각 헌장은 교육이나 토지 소유권, 상속 규정, 자금 대출 등 여성이 해당 국가에서 특히 집중적으로 요구하고자 하는 문제와 과제에 초점이 맞춰져 있다. 이처럼 각 챕터는 IWCA 본부의 지원과는 달리 상향식으로 이루어지며 하향식 지시에 기반하지 않는다.

　단체에 가입한 수많은 여성들은 어떤 혜택을 받을까? 자체 설명에 따르면 주로 다음과 같은 혜택이 있다:

- 농장의 작업, 수확, 저장, 거래 등 '커피에 대한 모든 것'의 정보를 교환한다.
- 작업과 거래에서 단체의 힘을 행사할 수 있다. 예를 들어 기구 공유나 비료의 공동구매, 커피 대량 판매가 가능하다.
- 커피 외 다른 작물을 재배하고 제품을 거래하는 등, 커피 작업 이외의 활동으로 추가 소득을 얻는 방법과 경험을 나눌 수 있다.
- 상속이나 토지 소유권 문제 같은, 지역, 지구, 국가 정책에 여성의 목소리를 낼 수 있다.
- 토론회에 참가해 토론을 경험함으로써 자신감과 자부심을 얻을 수 있다. 이런 경험은 커피가 아닌 다른 여러 부분에서 유용하다. 과거에는 여성들이 자신의 주장을 펼 수 없었다. 많은 여성들이 단체

활동을 통해 이런 추가적인 이익을 얻는다. 그중에서도 자신감과 자부심은 가장 중요하다.

이런 견해는 2009-2013년 사이 여러 커피 생산국의 여성 워크숍에서 발표되었다. 저자는 몇몇 워크숍의 책임자로 참여했다.

◎ 표 8.8 커피 산지에서 여성의 피고용도

총 작업량에서 여성의 비율	범위(%)	일반적인 비율(%)
농장 작업	10–90	70
수확	20–80	70
국내 거래	5–50	10
분류	20–95	75
수출	0–40	10
기타 작업(인증, 연구 등)	5–35	20

자료: 2008년 4개 대륙 15개 국가에서의 저자 및 ITC 설문

◎ 표 8.9 커피 산지에서 여성의 소유 현황

전체 소유 중 여성의 소유 비율	범위(%)	일반적인 비율(%)
커피 생산용 토지, 사용권 포함	5–70	20
커피(수확후의 제품)	2–70	15
커피(국내 거래된 제품)	1–70	10
커피 업체(수출업체, 연구소, 인증 단체, 수송 업체 등)	1–30	10

자료: 2008년 4개 대륙 15개 국가에서의 저자 및 ITC 설문

커피 산지의 여성의 활동은 여러 나라에서 우표와 지폐에 표현되어 왔다. 앙골라, 브라질, 콜롬비아, 카메룬, 코스타리카, 코트디부아르, 엘살바도르, 케냐, 우간다, 베네수엘라에서도 우표 및 지폐가 발행된 일이 있다. 한편으로는 낭만적으로 보이지만 실제로는 고된 일이다.

● 와인 산지의 여성: 와인 제조업자, 단체, 대회
와인 제조는 전통적으로 남성이 하는 일이었지만, 현재 바뀌고 있다. 20세기 말부터 점점 더 많은 여성들

이 와인 산업에 흥미를 갖고, 모든 종류의 일에 종사하고 있다. 연구소와 판촉만 담당해왔던 기존의 관습을 넘어서고 있는 것이다. 와인 제조업이라는 전통적으로 '힘든 일'로 여겨지는 직종은 아직 남성이 주도

◉ 그림 8.4 여성이 커피 일을 하는 모습이 그려진 우표와 지폐

적이지만, 현재 대부분의 국가에서 여성은 와인 제조업자의 10-15%를 차지한다. 일부 자료에 따르면, 이탈리아에서는 30%에 달한다고 한다.

와인 양조장에서 일하는 여성의 수는 앞으로도 증가할 것으로 보인다. 유럽과 미국, 기타 지역의 많은 와인 교실의 학생 중 절반이 여성이기 때문이다. 런던의 인스티튜트 오브 마스터스 오브 와인(Institute of Masters of Wine)의 2017년도 후반 졸업생 열네 명 중 일곱 명은 여성이었으며, 전 세계 와인 앤 스피리트 에듀케이이션 트러스트(Wine & Spirit Education Trust) 과정을 배우는 수천 명의 학생들 중 절반이 여성이다. 이미 21세기 초 캘리포니아 대학 데이비스 분교의 포도 재배학 및 양조학 과정을 수강하는 학생의 절반이 여성이었다.

유럽 와인 학교의 교사 또한 이를 확인해 주었다. 그에 따르면, "가문이 운영하는 와인 양조장 역시 아들보다는 딸이 물려받는 것이 더 순조로운 것 같다. 아버지는 제조장이 어떻게 변화해야 하는지에 대한 딸의 생각을 경청하고 잘 수용하며, 큰 다툼 없이 사업을 현대화한다."

여성 와인 제조업자나 와인 직종에 종사하는 여성들은 스스로 여러 유형의 단체를 조직했다. 여러 나라에 많은 단체가 있다. 아래는 여러 가지 다른 목적으로 조직된 많은 단체들 중 몇 가지 예시에 불과하다. 어떤 단체는 20년 전에 조직되었다.

- Women in Wine in Europe
- Les Cercles des Femmes de Vin(프랑스 내 10개 단체가 있다.)
- Les Alienor Du Vin De Bordeaux(프랑스)
- L'Ordre des Dames des Art du Vin et de la Table (프랑스)
- Le Donne del Vino(이탈리아)
- Vinissima a.k.a. Frauen & Wein(독일)
- Les Artisanes de la Vigne et du Vin(스위스)
- Greek Women of Wine.
- Women in the Vine & Spirits(미국)
- Women for WineSense(미국)

- Women Winemakers of California(미국)
- Wine Sisterhood(미국)
- Asociacion Mujeres del Vino de Argentina(AMU VA)
- The Fabulous Ladies' Wine Society(호주)

와인 업계 여성을 위한, 또는 여성이 조직한 대회 또한 수가 늘고 있다. 이 중 다음 대회들이 유명하다.

- **콩쿠르 몽디알 데 뱅 페미날리즈(Concours Mondial des Vins Féminalise)** 프랑스 본(Baune)에서 열리는 대회로서 2007년 조직되었으며 간략히 페미날리즈(Féminalise)라고 불리는 경우가 많다. 처음에는 프랑스산 와인만 출품되었으나 2015년 이래로 국제화되었다. 4,500개 이상의 와인이 출품되며 20개국 이상 850명의 여성 심판이 평가한다. 심판진 모두 전문가 또는 와인에 대한 지식이 해박한 이들이다.
- **인터내셔널 위민즈 와인 컴피티션(International Women's Wine Competition)**: 미국 소노마에서 열리며 1200여 종의 와인이 출품된다. 미국산 와인이 중심이지만 다른 나라에서 생산한 와인도 점차 늘고 있다. 대회는 가격, 포도 품종, 여성 구매자 및 여성 최종 소비자에 대한 호소력 등에 따라 분야를 나누었다. 심판진은 모두 여성이다.

- **오스트레일리안 위민 인 와인 어워즈(Australian Women in Wine Awards)** 올해의 포도 재배자, 올해의 와인 제조인, 올해의 연구자 등의 8개 분야에서 시상한다.

8.5 경제적 측면: 세 번째 범주

◯◯● 지속 가능성: 이윤이 먼저다.

커피의 지속 가능 기준은 전통적으로 사회적, 환경적 범주에 초점을 맞추어져 있었고, 경제적 측면에는 상대적으로 무관심했다.

그러나 여러 경험을 통해, 농업을 무엇보다 하나의 사업으로 인식해야 한다는 사실이 드러났다. 재배자가 비용 관리와 생산성, 궁극적으로는 수익성을 최적화하지 않고서는 보다 지속 가능한 환경적, 사회적 활동을 할 수 없음이 증명되었다. 글로벌 커피 플랫폼에서는 이에 따라 몇 가지 원칙을 개정해, 영농을 수익성 있는 사업으로서 인지하게 되었고, 이로써 경제적 측면에 대한 관점을 성립했다.

이런 관점 변화는 커피의 다른 기준에서도 관찰되며, 이후 와인에서도 찾아볼 수 있다.

수익성, 그리고 유통망에서 누가 얼마를 버는가에 대한 문제는 5.2장에서 다룬다.

기구와 대회

기구와 대회
Organizations and Competitions

9.1 커피 기구와 와인 기구

● 국제 커피 기구(international Coffee Organization)

국제 커피 기구(International Coffee Organization, ICO)는 1963년, UN 지원 하에 설립되었다. 1963년에서부터 1989년, 쿼터 체제가 폐지될 때까지, 연례 커피 수출 쿼터에 대한 정부간 협의를 진행하는 곳이었다.

국제 커피 협약(International Coffee Agreement)이 발효되던 1963년의 세계 커피 수출 총량은 4600만 포대, 280만 톤이었다. 할당량이 많은 나라로는 브라질(1800만 포대), 콜롬비아(600만 포대), 코트디부아르(230만 포대), 앙골라(220만 포대)가 있었다. 쿼터제가 폐지된 후인 2017년의 총 수출량은 1억 포대, 600만 톤이 넘는다. 두 배 넘게 확대되었다.

한때 ICO는 직원 수가 100명이 넘는 거대 조직이었지만 지금은 런던 본부에 스무 명 정도가 근무한다. 회원국은 전 세계 생산량의 98%, 소비량 80%를 차지한다. 회원국이 아닌 대표적인 나라로 캐나다가 있다. 다만 캐나다는 일부 ICO 기술 위원회에 옵저버로 참여한다.

> 10월 1일은 국제 커피의 날이자 ICO에서 커피 생산과 거래 통계에 사용하는 '커피 연도'의 첫날이기도 하다.

ICO에서는 세계 커피 교역량과 가격에 대한 유용한 통계 자료를 생산한다. 이 자료는 전체 회원국이 의무적으로 발급해야 하는 원산지 증명서(Certificate of Origin) 자료에 기반한다.

ICO에는 또한 통계, 재무, 추적 가능성, 품질, 개발 계획에 대해 다루는 위원회가 있다. 민간 위원회 측에서는 지속 가능성, 식품 안전, 품질 기준, 홍보 등의 내용을 담당한다.

2018년 초 기준으로, 2011년에 발효된 10년 기한의 국제 커피 협약(ICA, 2007)에 회원으로 가입한 커피 생산국 수는 44개이다.

ICO의 가격 지수에 대해서는 5.3장에서 설명한다.

ICO의 44개 생산국 회원:

앙골라, 볼리비아, 브라질, 부룬디, 카메룬, 중앙아프리카 공화국, 콜롬비아, 콩고 민주주의 공화국, 코스타리카, 코트디부아르(아이보리코스트), 쿠바, 에콰도르, 엘살바도르, 에티오피아, 가봉, 가나, 과테말라, 온두라스, 인도, 인도네시아, 케냐, 리베리카, 마다가스카르, 말라위, 멕시코, 네팔, 니카라과, 파나마, 파푸아뉴기니, 파라과이, 페루, 필리핀, 르완다, 시에라리온, 탄자니아, 태국, 동티모르, 토고, 우간다, 베네수엘라, 베트남, 예멘, 잠비아, 짐바브웨

ICO의 7개 수입국 회원 :

유럽 연합(총 28개 국가), 일본, 노르웨이, 러시아, 스위

스, 튀니지, 미국(미국은 2018년 중순에 탈퇴했다.)

○ 여러 커피 기구

스페셜티 커피 어소시에이션(The Spe cialty Coffee Association, SCA, 스페셜티 커 피 협회)은 2017년, 스페셜티 커피 어 소시에이션 오브 어메리카(Specialty Coffee Association of America, SCAA, 1982년 설립)와 스페 셜티 커피 어소시에이션 오브 유럽(Specialty Coffee As sociation of Europe, SCAE, 1998년 설립)이 합병하면서 세 워졌다. 주 사무소는 런던과 캘리포니아 롱비치(Long Beach)에 있으며 직원 수는 60명이다.

이 기구는 훈련, 교육, 표준과 프로토콜 매뉴얼 출 판 활동을 하며, 미국과 유럽에서 각각 연례 커피 컨 퍼런스 및 박람회 행사를 개최한다. 각 행사마다 1만 명 이상의 관람객이 모인다. 해당 행사에서 열리는 대회 및 기타 활동에 대해서는 9.2장에서 설명한다.

커피 퀼리티 인스티튜트(Coffee Quality Institute, CQI)

는 품질 관련 사항에 대한 직접적인 훈련을 제공한 다. 인증 체계, 수확, 수확 뒤 처리, 커핑 프로토콜과 커핑 목적, 로스팅과 마케팅 등, 커피 유통망 내 모든 단계의 훈련이 가능하다.

2003년에는 잘 알려진 큐그레이더(Q-Grader) 인증 프로그램을 시작했다. 현재 전 세계 큐 그레이더는 5 천 명을 넘는다. 로부스타를 전문으로 하는 커퍼의 경우 R-Grader 인증 훈련을 받을 수 있다.

CQI는 커피 코어 프로그램(Coffee Corps Program) 또한 관장한다. 이 프로그램은 민-공 협력 프로그램 으로 업계 전문가와 기술 지원을 원하는 산지의 재배 자, 거래업자, 처리장 종사자, 연합체와 연결해준다. 2003년 이래 500명 이상의 자원자가 본 프로그램에 참여했다. 개별 프로그램은 2-3주 지속되며, 자원자 상당수는 여러 번 기술 지원을 받는다.

CQI는 미국에 있다. CQI는 파트너십 포 젠더 이 퀴티(Partnership for Gender Equity)에도 참여하고 있다.

내셔널 커피 어소시에이션(National Coffee Association,

NCA, 전미 커피 협회)은 미국의 커피 산업체로 구성된 협회이다. NCA에서는 시장과 과학 분야에서 연구 조사를 진행하고 국내외 정부 관계 및 홍보와 교육을 담당하고 있다.

유러피언 커피 페더레이션(European Coffee Federation,

ECF)은 1981년 설립되었으며 본부는 브뤼셀에 있다. 유럽의 생두 거래업자, 커피 로스팅 업계, 인스턴트 커 피 제조업자 및 디카페인 커피 제조업자를 대표한다.

ECF에 가입한 업체들이 다루는 수입 물량은 연간 4천만 포대로서 전 세계 거래 물량의 거의 절반 정도 이다. ECF에서는 유럽식 커피 계약인 ECC(European Contract for Coffee)를 만들었다. 현재 전 세계 커피 거 래량의 60% 정도가 ECC 계약을 사용한다.

그린 커피 어소시에이션(Green Coffee Association,

GCA)은 미국의 거래업자 협회로서 생두의 수출, 수 송, 저장, 보험, 자금 융자, 수입, 무역 및 로스팅을 업 무로 하는 개인 및 업체에게 자원 및 이익을 제공한 다. GCA에서는 GCA 계약(Green Coffee Association) 을 만들었으며, 전 세계 커피 거래량의 30% 정도가 이 계약을 사용한다. GCA 본부는 뉴욕에 있다.

아프리칸 파인 커피 어소시에이션(African Fine Coffee

Association, AFCA)은 지역 기반의 협회로서 가입국은 브룬디, 콩고 민주 공화국, 에티오피아, 케냐, 말라위, 르완다, 남아프리카, 탄자니아, 우간다, 잠비아, 짐바 브웨의 11개국이다. 사무국은 우간다 캄팔라에 있다.

생산국과 소비국의 유통망에 속한 개인들이 협회 의 개인 회원으로 활동한다. AFCA는 연례 컨퍼런스 및 박람회를 개최하며, 2천 명 이상의 참관객이 모인 다. AFCA는 또한 커피 품질 경연 대회인 테이스트 오브 하비스트(Taste of Harvest)를 열고 있다.(상세 내용 은 4.4장, 9.2장에서 설명한다.)

월드 커피 리서치(World Coffee Research, WCR)는 비

영리 연구 개발 단체로서 커피 산업 내 30개 단체와 업체가 참가 또는 기금을 지원해 설립했다. 현재 텍

사스 A&M 대학 내 노먼 볼로그 인스티튜트 포 인터
내셔널 애그리커쳐(Norman Borlaug Institute for Internati
onal Agriculture) 산하 단체로서 상품으로서의 커피 품
종을 보호, 증진하는 연구에 기금을 지원한다. 예를
들어, WCR에서는 생물 다양성 보존을 위해 에티오
피아와 남부 수단에서 야생 품종 및 재배종을 수집하
는 작업을 전개하고 있다.

WCR에서는 중미와 카리브해, 아프리카 내 15개
커피 연구소와 협력해, 재배자를 둘러싼 모든 변수들
을 고려할 때, 그에게 가장 알맞은 품종을 알려주는
아라비카 커피 품종 카탈로그(Arabica Coffee Varieties)
를 만들었다. 이에 대한 상세 내용은 8.3장에서 설명
한다.

WCR은 또한, 캔자스 주립대학(Kansas State Univer
sity)와 협력으로 커피 관능 용어집(Coffee Sensory Lexi
con)을 개발했다. 이 용어집에서는 커피에서 나타나
는 향미, 향, 질감 관련 110개 속성을 규명했다. 이 용
어집은 화학적, 유전학적 분석과 더불어 여러 연구
프로젝트에서 커피 샘플에 대한 분석에서 사용된다.
WCR은 이 용어집을 통해 커피 품질의 근본을 이해
하고, 향후 전지구적 기후 변화 상황에서 어떤 장소
에 어떤 품종을 재배할 것인지 확인하고자 한다. 상
세 내용은 4.3장에서 설명한다.

인스티튜트 포 사이언티픽 인포메이션 온 커피(Insti
tute for Scientific Information on Coffee, ISIC)는 1990년
설립된 비영리 단체로서 커피와 건강 관련 부문을 연
구하고 홍보한다. ISIC 회원은 유럽의 6개 대형 커피
업체로서 일리카페(Illycaffè), 야콥스 다우베 에그베르
츠(Jacobs Douwe Egberts), 라바짜(Lavazza), 네슬레(Nest
lé), 폴릭(Paulig), 치보(Tchibo)이다. ISIC의 연구 및 정
보는 주로 보건 전문가에 맞춰져 있다.

● International Organisation of Vine and Wine

국제 포도 와인 기구(Internatioanl Or
ganisation of Vine and Wine, L'Organisa
tion Internationale de la Vigne et du Vin,
OIV)는 전 세계 포도 재배 대란 사

태에 대응하기 위해 설립된 정부 간 기구로서 1924
년 세워졌다. 창립 회원국은 프랑스, 그리스, 헝가리,
이탈리아, 룩셈부르크, 포르투갈, 스페인, 튀니지이
다. 본부는 파리에 있으며 직원은 15명이다.

OIV에서는 포도 농업 관련 제품의 생산 및 판촉
환경 개선을 위해 국제 기준의 조화 및 정의에 기여
하고 있다.

OIV의 회원국은 현재 46개국이며 전 세계 와인
생산량의 85% 이상, 전 세계 소비량의 80% 가까이
를 차지하고 있다. 이외 12개 국제 기구가 옵저버로
참여한다.

OIV에서는 월드 컨그레스 오브 바인 앤 와인(Wor
ld Congress of Vine and Wine) 행사를 매년 개최한다. 회
원국 중 한 곳에서 개최하는 이 행사에서는 포도 재
배, 양조학, 해당 분야의 경제학과 규제 개선을 논의
한다.

OIV에서는 산업에 도움이 되는 규제적이며 지속
가능한 작업을 개발, 촉진하며 품질, 건강, 정보 등의
분야에서 소비자의 이익을 보호한다. 최종 소비자의
이익을 위한 전략적 목표를 위해 다섯 가지 중심 목
적을 가지고 있다.

- 지속 가능한 포도 농업을 진흥한다.
- 포도 농산물에 대한 진정성 관련 규칙을 세우고
  산업 발전을 위한 규제 작업을 촉진한다.
- 시장 경향을 이해하고 유통망에 동력을 불어넣는
  다.
- 소비자의 안전에 기여하고 소비자의 기대를 고려
  한다.
- 국제 협력과 OIV 관리를 강화한다.

현재 **OIV 회원국**은 알제리, 아르헨티나, 아르메니
아, 호주, 오스트리아, 벨기에, 보스니아-헤르체고비
나, 브라질, 불가리아, 칠레, 크로아티아, 사이프러스,
체코 공화국, 핀란드, 프랑스, 조지아, 독일, 그리스,
헝가리, 인도, 이스라엘, 이탈리아, 레바논, 룩셈부르
크, 마케도니아, 몰타, 몰도바, 몬테네그로, 모로코, 네
덜란드, 뉴질랜드, 노르웨이, 페루, 포르투갈, 루마니

아, 러시아, 세르비아, 슬로바키아, 슬로베니아, 남아
프리카, 스페인, 스웨덴, 스위스, 터키, 우루과이이다.
옵저버 중에는 중국의 닝샤와 옌타이가 있다.

미국은 2000년까지 OIV 회원국이었다. 영국은
2006년에 비용 문제를 거론하면서 OIV를 탈퇴했다.

● 기타 와인 기구
국제 와인 법 협회(International Wine Law Association,
Association Internationale des Juristes du Droit de la Vigne
et du Vin, IWLA/AIDV)는 1985년 설립되었으며 파리
의 OIV 본부에 있다. 30여 개국 350명의 회원이 있
다.

국제 와인 주류 연합(International Federation of Wines
and Spirits, Federation Internationale des Vins et Spritueux,
FIVS)은 1951년 설립되었다. 국제적 규모에서 와인,
맥주, 주류 산업의 이익을 도모하며, 거래의 원활화,
소비자 이익, 사회와 환경적 지속성을 주 내용으로
활동하고 있다.

FIVS 회원 및 제휴 회원은 미국, 프랑스, 이탈리
아, 스페인, 독일, 영국, 러시아, 남아프리카, 호주
등 26개국의 협회 및 민간업체이다. FIVS 에서는
FIVS-어브리지(FIVS-Abridge)라는 거대 와인 관련
규정 데이터베이스를 운영하고 있다. 해당 데이터베
이스는 OIV 규정, 코덱스 알리메넨타리우스(Codex
Alimenentarius, ISO 등을 바탕으로 한다. FIVS는 파
리의 OIV 본부에 있다.

월드 와인 트레이드 그룹(World Wine Trade Gro
up, WWTG)의 회원국은 아르헨티나, 호주, 캐나
다, 칠레, 조지아, 뉴질랜드, 남아프리카, 미국이다.
WWTG 회합 특별 참가국으로는 브라질, 중국, 멕
시코, 파라과이, 우루과이가 있다. 전 세계 대비 생산
량으로는 30%, 소비량으로는 25%를 차지하는 규모
이다.

WWTG는 1998년 설립되었으며 양조 작업, 포
장, 인증, 거래 장애 제거, 일반적인 정보 공유 등의
일련의 사안에 대해 비공식적 협력을 도모하고 있다.

유럽 와인 위원회(European Wine Committee, Comité eu
ropéen des entreprises vins, CEEV)는 1960년에 설립되
었다. 유럽 연합 내 와인 산업체 및 거래업체를 대표
한다. 현재 23개 국가별 협회로 구성되어 있으며 가
입 업체는 7천여 개, 관련 종사자는 20만 명에 달한
다. 사무국은 브뤼셀에 있다.

9.2 커피 경연: 음료 품질, 챔피언십

커피 대회는 두 가지 부류로 나눌 수 있다. 하나는 커
피 그 자체의 품질(음료 품질)를 겨루는 것이며, 다른
하나는 커피를 다루는 개인, 예를 들어 바리스타나
로스터, 테이스터의 기술를 보는 대회이다. 여기서는
음료 품질을 겨루는 대회 네 개, 커피 작업 기술을 보
는 여섯 개의 대회를 소개하겠다.

● 컵 오브 엑설런스: 가장 중요한 커피 품질 프로그램
컵 오브 엑설런스(Cup of Excellen
ce, COE)는 최고 품질의 커피를 뽑
는 가장 권위가 높은 대회이다. 경
연은 2단계로 진행되며, 출품 대
상은 동일 국가의 재배자들이 생
산한 커피이다. 대회에 커피를 출품하는 재배자 수는
200명 미만에서 1천 명 이상까지, 나라마다 천차만
별이다.

1단계에서는 상당히 치열하게 선별이 이루어진다.
먼저 국내 심판진이 선별하고, 다음으로 주로 수입국
출신으로 구성된 경험 많은 심판진 20-30명이 선별
한다. 국제 심판진은 자신이 구매자가 될 수도 있을
뿐 아니라 어떤 커피를 구매할지 사전에 정보를 얻는
이점이 있기 때문에 보수 없이 대회에 참여한다.

COE에서는 100점 만점제 커핑 폼을 사용한다. 최
소 86점 이상을 얻는 커피만 결선에 올라선다. 최고
점수를 얻은 10개 커피는 거의 100번 넘는 커핑 평가
를 거치고, 이 중 최고가 컵 오브 엑설런스를 수상한
다.

COE는 대회가 벌어지는 국가 밖에서도 상당한 주목을 받는다. 어떤 국가에서는 시상식이 공식적으로 진행되며 대통령이 상을 수여하기도 한다.

2단계는 약 6주 뒤에 진행된다. 대개 30-40개에 달하는 최고 커피들을 인터넷 옥션을 통해 판매한다. 옥션에는 사전 등록한 전 세계의 구매자들이 참여할 수 있으며, 이 구매자들은 위 기간 동안 경매에 나온 모든 커피 샘플을 자체적으로 볶아 맛을 본다.

인터넷 옥션은 약 6-10시간 진행된다. 옥션이 진행되는 동안 경매자는 부호로만 표시되며 신원은 경매가 끝난 뒤에 공개된다. 현재 COE 커피의 상당수는 일본과 대한민국의 로스터들이 구매하고 있다.

최고급 커피들은 파운드당 20-40달러에 달하는 상당히 높은 가격에 거래된다. 이와 비해, 품질이 좋은 주류 아라비카 커피의 수출가는 파운드당 1.50-2.00달러 선이다.

COE 프로그램은 품질과 가격 사이에 명쾌한 연관성을 맺어주며, 좋은 커피를 생산하기 위한 노력을 아끼지 않은 COE 수상 재배자들은 높이 평가받는다. COE는 완전한 투명성을 기반으로 운영되며, 이 대회가 아니었으면 세상에 알려지지 못했을 소규모 재배자들이 '발견되고' 특유의 커피로 인지된다는 매력이 있다. 재배자는 샘플 한 가지를 무료로 출품할 수 있으며 매출의 80% 이상을 받는다. – 나머지는 조직 위원회로 간다.

COE 프로그램은 매년 중미(코스타리카, 엘살바도르, 과테말라, 온두라스, 멕시코, 니카라과)와 남미(브라질, 콜롬비아, 페루), 아프리카(부룬디, 르완다)의 11개 국가에서 개최된다.

첫 시작은 1999년 브라질에서였다. ICO와 커먼 펀드 포 커마디티즈(Common Fund for Commodities, 스폰서), UN 산하 인터내셔널 트레이드 센터(International Trade Center), SCAA, 브라질 스페셜티 커피 협회(Brazil Specialty Coffee Association)의 협력으로 이루어졌다.

COE 프로그램 및 COE 표장은 미국의 비영리 기관인 얼라이언스 포 커피 엑설런스 사(Alliance for Coffee Excellence Inc., ACE)에서 소유하고 운영한다. ACE의 본부는 오리건 주 포틀랜드에 있다. 중남미에서는

타짜 데 엑셀렌시아(Taza de Excelencia)란 이름으로 알려져 있다.

COE에서 사용하는 점수표는 그림 4.10에서 볼 수 있다.

○ 테이스트 오브 하비스트(Taste of Harvest): 아프리카의 커피 대회

테이스트 오브 하비스트(Taste of Harvest)는 AFCA에서 주최하는 아프리카 최대의 연례 커피 품질 대회이다. 한동안은 여러 국가를 망라한 광역 대회로 열렸지만 현재는 AFCA 연례 컨퍼런스 내 행사로서 국가별로 대회를 열고 있다. 각 국가마다 커피의 고유한 특성이 다르기에 서로 비교할 의미가 없다는 것이 그 이유였다.

테이스트 오브 하비스트 대회의 패널은 SCA 커핑 프로토콜을 따라 10가지 항목에 대해 채점한다. SCA에서는 100점 만점 중 80점 이상을 받은 커피를 스페셜티 등급으로 보는데, 테이스트 오브 하비스트 대회의 수상권 하한치는 84점이다.

테이스트 오브 하비스트에서 사용하는 점수표는 그림 4.11에서 볼 수 있다.

○ 산지 원두에 대한 대회

파리에 본부를 둔 에이전시 포 더 밸로리제이션 오브 애그리컬처럴 프로덕츠(Agency for the Valorization of Agricultural Products, :'Agence pour la Valorisation des Produits Agricoles, AVPA)는 비영리 민간 단체로서 주로 생산자와 미식가들로 구성되어 있다. 여기서는 대중 홍보 속에 잊혀지기 쉬운 농산물의 가치와 우수성을 인식하는 것을 목표로 하고 있다.

AVPA에서는 인터내셔널 컨테스트 오브 커피스 로스티드 인 데어 컨트리즈 오브 오리진(International Contest of Coffes Roasted in their Countries of Origin)이라는 대회를 2015년부터 파리에서 열고 있다. 대회는 첫 회부터 인기와 인지도를 얻었고, 2017년에는 20개국에서 출품한 거의 200개에 달하는 커피가 심사를 받았다.

● 국제 커피 관능 평가: 모든 유형

인터내셔널 인스티튜트 오브 커피 테이스터스(International Institute of Coffee Tasters, L'Instituto Internazionale Assaggiatori Caffè, IIAC)는 커피의 관능 분석에 초점을 맞추어, 전 세계에서 출품한 커피 샘플을 평가한다. IIAC에서 주최하는 대회에서는 에스프레소용 커피, 캡슐, 포드, 필터용 커피 모두가 심사 대상이다.

여기에 참여하는 커피 로스팅 업체들은 제품의 관능 특성과 함께 순위 결과를 받는다. 우승자는 우승 제품에 대회 로고를 사용할 수 있다. 이 대회는 이탈리아 관능 평가인 단체인 센트로 스투디 아사지아토리(Centro Studi Assaggiatori, CSA) 및 여러 국가의 관능 평가 기구가 함께 주관하며, 인터내셔널 어캐더미 오브 센서리 어낼러시스(International Academy of Sensory Analysis, IASA)가 후원한다.

● 월드 커피 이벤츠 – 여러 가지 기술 경연

월드 커피 이벤츠(World Coffee Events, WCE)는 SCAE 와 SCAA(두 단체는 2017년에 SCA 로 통합되었다.)가 설립한, 아일랜드 더블린에 있는 커피 행사 주관 기구로서, 가장 권위 높은 대회들을 개최한다. 현재 여섯 가지 부문의 대회를 열고 있으며, 그 대다수는 SCA 의 연례 컨퍼런스 박람회에서 열린다.

월드 바리스타 챔피언십
(World Barista Championship)

월드 바리스타 챔피언십은 2000년에 처음 열렸다. 참가자들은 각국의 대회 우승자들로서 15분 안에 에스프레소 네 잔, 우유 기반 음료 네 잔, 창작 음료 네 잔, 총 열두 잔을 만든다. 심사위원은 총 일곱 명으로 커피 머신 작업에 대한  기술적 능력 평가 및 만든 음료에 대한 관능 평가를 진행한다.

이 대회는 지금까지 미국과 유럽 외에 과테말라, 일본, 대한민국에서 열렸다. 우승자는 호주, 덴마크, 엘살바도르, 과테말라, 아일랜드, 일본, 노르웨이, 폴란드, 대만, 영국, 미국, 그리고 대한민국에서 나왔다.

월드 컵 테이스터스 챔피언십
(World Cup Tasters Championship)

커피 커퍼에 대한 경연으로, 스페셜티 커피의 맛 차이를 구분하는 속도, 기술, 정확도를 본다.

대회에서는 커피 세 잔을 삼각형 모양으로 두는데, 두 잔은 같고 한 잔은 다르다. 커퍼는 냄새와 맛을 보아 가능한 빨리 다른 한 잔을 찾아야 한다. 가장 빨리 가장 많이 알아맞힌 상위 여덟 명이 준 결선에 진출해서 다시 상위 네 명이 결선을 치른다.

월드 브루어스 컵 챔피언십
(World Brewers Cup Championship)

직접 추출하는 필터식 커피 브루잉 기술을 평가하는 대회로, 수작업 커피 추출 및 서비스의 우수성을 겨룬다. 참가자들은 한 번에 세 잔씩 음료를 만들어 심사 패널에게 제출한다. 예선에서는 기본 제조(compulsory service, 의무 서비스)와 자유 제조(open service, 오픈 서비스)한 커피를 만든다. 기본 제조에서는 대회에서 제공된 커피 원두를 사용해 음료를 만든다. 자유 제조에서는 자신이 고른 커피 사용할 수 있으나 음료에 프리젠테이션을 더해야 한다. 상위 여섯명은 결선에 진출하며, 결선에서는 자유 제조만 한다.

월드 커피 인 굿 스피릿 챔피언십
(World Coffee in Good Spirit Championship)

커피와 주류를 사용해 보다 창의적인 음료 메뉴를 개발하기 위해 열리는 대회이다. 커피와 주류가 완벽히 조화를 이루도록, 바리스타이자 바키퍼(barkeeper)로서 기술을 얼마나 잘 결합시키는지에 주목한다. 참가자는 따뜻한 커피와 주류를 사용한 동일 창작 음료 두 잔, 차가운 커피와 주류를 사용한 동일 창작 음료 두 잔, 총 네 잔을 만든다. 결선에는 여섯 명이 진출하는데, 아이리쉬 커피(커피와 위스키를 사용) 두 잔과 커피와 주류를 사용한 창작 음료 두 잔을 만든다.

월드 커피 로스팅 챔피언십
(World Coffee Roasting Championship)

2013년부터 개최되었으며, 생두의 품질 평가 능력, 해당 커피의 좋은 특성을 가장 잘 강조해 주는 로스팅 프로파일을 발현하는 능력, 원두의 궁극적인 음료 품질에 대해 평가한다.

월드 라떼 아트 챔피언십
(World Latte Art Championship)

2004년부터 개최되었다. 8분간 소량의 우유를 사용한 에스프레소 두 잔, 카푸치노 두 잔, 에스프레소와 우유를 사용한 자유 메뉴 두 잔을 만든다.

SCA에서는 위 대회와 별도로, 지속 가능성과 품질 및 스페셜티 커피 산업에 미친 공로 부문에도 상을 수여한다.

9.3 와인 대회와 여러 경연 대회

● 와인 대회: 수와 규모가 커지고 있다.

기록에 따르면 첫 와인 품질 대회는 프랑스의 존엄왕 필리프 2세 아우구스투스(1165-1123)가 열었다. 1124년경, 서기관 앙리 단델리(Henri d'Andeli)가 바타이유 데 뱅(Bataille des Vins, 와인 전쟁)이라는 204행 길이의 시로 이에 대해 서술했다.

내용을 보면, 왕은 전령을 보내 프랑스 바깥 여러 국가에서 와인을 수집하고, 사람들을 불러 맛을 보게 했다. 순위는 왕이 매겼으며, 영국인 성직자가 도움을 주었다고 하는데, 아마도 궁정의 광대가 아닐까 한다. 먼저 화이트 와인을 맛보았는데, 당시엔 레드 와인이 화이트 와인만큼의 위상이나 격을 갖추지 못했기 때문이다. 당시 승자는 키프로스(사이프러스)산 와인이다.

오늘날 와인 대회는 매우 많고, 또한 성장세이다. 프랑스에서만도 1년에 100개 이상의 대회가 열린다. 1990년대에 비하면 두 배나 많은 수치이다.

주요 국제 대회는 참가비가 높다. 대개 1회 출전에 150-200달러가 든다. 와인 1만 병 이상을 취급하는 거대 규모의 경연에서는 매출만 200만 달러 가까이 나오며 여기에 수상 메달이 그려진 스티커나 기타 홍보물 판매 수익도 있다.

여러 대회들 중 30여 개 대회는 OIV의 후원을 받거나 OIV의 대회용 세부 지침을 따른다. 이들 지침에는 심판진 구성에 관한 권고나, 표 4.25에서 나오는 점수표 같은 것이 들어간다. OIV에서는 대회에 출품된 와인 샘플 중 수상 제품이 30%를 넘지 않도록 권장한다.

일부 대회에서는 대회 인정(recognition)을 출품 와인 상당수에 부여한다. 수상(award)은 출품 와인 중 70%까지 주는 경우가 많지 않다. 일반적으로는 gold award를 3%, silver award를 15%, bronze award는 25%로 하고, 25%를 인정(commended, recognized)으로 한다.

● 훌륭한 와인 심판이 되려면?

와인 심판이 되는 데 특히 도움이 되는 능력은 두 가지로 볼 수 있다. 하나는 동일한 샘플에 동일한 점수를 줄 수 있는 능력이고, 다른 하나는 여러 샘플이 있을 때, 이들을 충분히 구분할 수 있을 만큼의 점수 범위를 두는 능력이다. 심판들의 의견이 완전히 일치되는 것은 필수 요소가 아니다.

로버트 호지슨(Robert Hodgson)과 징 카오(Jing Cao)가 진행한 와인 심판 관련 연구 결과 중 일부에서 이 내용을 지적하고 있다. 이들의 연구는 미국 와인 경제학자 협회(American Association of Wine Economists)가 발간하는 〈Journal of Wine Economics (no.26, 2013)〉에 'Criteria for Accrediting Expert Wine Judges'라는 제목으로 실려 있다.

위 저자는 또한, 많은 심판들이─이들 중 몇몇은 광범위한 전문 지식을 지니고 있지만 그럼에도─대회에서 항상 일정한 평가를 내리지 못한다고 결론을 내렸다. 연구진은 분석 결과, 전문가들이 와인 대회에서 일정한 평가를 내릴 수 있는지, 와인 대회가 와인 품질에 대해 신뢰도 높은 추천을 해줄 수 있는지에 대해 의심하게 되었다.

● 표 9.1 전 세계에서 열리는 61개 와인 대회

대회명	장소, 시작 연도	출전 수	조직, 참가자, 와인, 심판진
디캔터 월드 와인 어워즈 (Decanter World Wine Awards)	영국 런던 2004	50개국 17,000개	디캔터 지에서는 디캔터 아시아 와인 어워즈(Decanter Asia Wine Awards), 디캔터 파인 와인 인카운터즈(Decanter Fine Wine Encounters) 또한 여러 국가에서 개최하고 있다. 30개 국가에서 220명의 심판이 심사한다. 출품된 와인의 70% 가까이는 수상(award)하고 다른 15%는 대회 인정(recognition)을 받는다.
인터내셔널 와인 챌린지 (International Wine Challenge)	영국 런던 1982	50개국 10,000개 이상	IWC은 중국, 인도, 일본, 러시아, 폴란드, 싱가포르에서도 대회를 주최하고 있으며, 위스키 같은 제품들의 대회도 연다. 심판진은 200명 정도로, 와인학 박사가 다수 포함되어 있다. 대회는 4월과 11월에 열린다.
인터내셔널 와인 앤 스피릿 컴피티션 (International Wine & Spirit Competition)	영국 런던 1969	90개국	증류주(spirit)를 포함해 35개 부문에 대해 시상한다. 심사 항목에 화학 분석도 들어 있다. 심판진은 250명 이상이다. IWSC에서는 홍콩 인터내셔널 와인 앤 스피릿 컴피티션(Hong Kong International Wine & Spirit Competition, HKIWSC)도 개최한다.
인터내셔널 와인 컨테스트 (International Wine Contest)	벨기에 브뤼셀 1961	20개국 이상	소비자 제품군을 평가하는 몬데 셀렉시옹(Monde Selection)이 주최한다. 심판진은 70명이며 OIV가 후원한다.
콩쿠르 몽디알 드 브뤼셀 (Concours Mondial de Bruxelles)	벨기에 브뤼셀 1994	50개국 8000개 이상	2006년 이래 장소를 바꿔가며 열리고 있다. 지난 개최지들은 리스본(포르투갈), 마스트리히트(네덜란드), 시칠리아(이탈리아), 보르도(프랑스), 룩셈부르크, 플로브디브(불가리아), 바야돌리드(스페인), 베이징(중국)이다. 50개국 320명이 심판으로 참여한다.
인터내셔널 벌크 와인 컴피티션 (International Bulk Wine Competition)	네덜란드 암스테르담 2011	10개국 100개 이상	독일 출판사 마이닝거(Meininger)와 함께 진행하는 월드 벌크 와인 엑시비션(World Bulk Wine Exhibition, WBWE) 내 행사이다. 최소 1만 리터 이상 생산하는 와인 제조업체를 대상으로 한다. 분야는 화이트 와인, 레드 와인, 로제 와인, 특별 와인으로 나뉜다. 6개 대륙 20여 심판이 심사하며 OIV 규정을 따른다.
챌린지 인터내셔널 뒤 뱅 (Challenge International du Vin)	프랑스 보르도 1976	40개국 5,000개	콩쿠르 드 뱅(Concours des Vins)라고도 한다. 800명의 전문가 및 아마추어 테이스터가 참여한다. 이 행사(악어로 CIV)는 프랑스 최대의 와인 대회로서 ISO9001 인증을 받았다.
비날리에 엔테르나쇼날 (Vinalies Internationales)	프랑스 파리 1994	3,500개	위농 데 에놀로그 드 프랑스(Union des Œnologues de France)가 주최한다. 35개국 150명의 심판진이 심사한다. 6개 부문에 대해 시상한다. 중국에서도 대회가 열리는데, 50개가 넘는 나라에서 참여한다. ISO9100 인증을 받았으며 OIV가 후원한다. 생산자는 평가 요약서를 받는다.
콩쿠르 제네랄 아그리콜 (Concours Général Agricole)	프랑스 파리 1976	프랑스 한정, 4,000생산자 15,000개	프랑스 농무부 주재로 열리는 여러 제품별 대회 중 와인 부문이다. 심판진은 2,500명의 자원자로 이루어지며 이들의 평가에 기반해 시상한다.
레 그랑 콩쿠르 뒤 몽드 (Les Grands Concours du Monde)	프랑스 스트라스부르 2012	20개국 이상 900개	리즐링, 피노 누아, 피노 그리, 게뷔르츠트라이너, 실바너, 기타 블렌드별로 심사한다. 20개국 70명의 심판진으로 구성되며 OIV가 후원한다.
시타델 뒤 뱅 (Citadelle du vin)	프랑스 부흑 2001	30개국 1,200개	페데라시옹 몽디알 데 그랑 콩쿠르 인태르나시오노 드 뱅 에 스피리튀외(Fédération Mondiale des Grands Concours Internationaux de Vins et Spiritueux, VINOFED)가 후원하는 전 세계 9개 대회 중 하나이다. OIV의 심판진 60명이 심사한다.
에페르베상 뒤 몽드 (Effervescents du Monde)	프랑스 디종 2003	20개국 이상 600개 이상	샴파뉴, 크레망(Cremant, 샴파뉴 외 프랑스의 스파클링 와인), 스푸망테(Spumante, 이탈리아의 스파클링 와인), 까바(Cava, 스페인의 스파클링 와인) 및 기타 스파클링 와인에 대해 시상한다. 자연적인 스파클링 기법을 적용한 와인만 참가할 수 있다. 최저 생산량은 1000리터이다. 심판진은 100명이다.
샤르도네-뒤-몽드 (Chardonnay-du-Monde)	프랑스 부르고뉴 1993	40개국 1,000개	파스퇴르 연구소에서 주관하며 양조학회(포럼 에놀로지)에서 주최한다. 양조학회에서는 시라/쉬라즈 와인 대회도 개최한다. 샤르도네 와인에 대해 몇 가지 부문에서 시상하고 있다.

대회명	장소, 시작 연도	출전 수	조직, 참가자, 와인, 심판진
시라 뒤 몽드 (Syrah du Monde)	프랑스 론 2007	26개국 370개	샤또 담퓌(Château d'Ampuis)에서 주최한다. 출품한 와인 중 30%는 메달을 수여받는데, 주로 프랑스 와인이 받는다. 금메달은 호주 와인 비중이 높다.
몽디알 뒤 로제 (Mondial du Rosé)	프랑스 칸느 2007	30개국 1,000개	위농 데 에놀로게 드 프랑스(Union des Œnologues de France)에서 주최하며 일반 및 발포성 부문 모두에 대해 심사한다. 20개국 50여 명의 심판이 심사한다.
콩쿠르 몽디알 데 뱅 페미날리스 (Concour Mondial des vins Féminalise)	프랑스 본 2007	4,500개	흔히 페미날리스라고 줄여 부른다. 주로 프랑스 산 와인이 출품되지만 2015년부터 국제 대회가 되었다. 20개국 850명의 여성 심판이 심사한다. 심판진은 전문가이거나 와인에 대한 지식이 많은 사람들이다.
콩쿠르 인터내셔널 와인 인 박스 (Concours International Wine in Box)	프랑스 툴루즈 2014	325개	소비자 그룹이 심판 중 일부를 맡는다. 출품된 와인 중 메달을 받는 것은 30% 정도에 불과하다. 주로 유럽 와인이 출품되며 일부 아르헨티나, 칠레, 남아프리카 와인이 있다.
월드 블라인드 와인 테이스팅 챔피언십 (World Blind Wine Tasting Championship)	프랑스, 장소를 바꿔가며 열림 2013	12개: 프랑스산 4개, 외국산 8개. 각 팀은 4개 회원으로 구성됨	주의: 이 대회는 와인 품질 대회가 아니라 와인에 대한 기술 경연이다. 라 레뷰 뒤 뱅 드 프랑스(La Revue du Vin de France)에서 주최한다. 최근 우승팀은 2013년은 벨기에, 2014년은 프랑스, 2015년은 스페인, 2016년은 중국, 2017년은 스웨덴에서 나왔다. 2017년의 경우 24개 팀이 참여했으며, 안도라, 폴란드, 러시아, 퀘벡, 짐바브웨에서도 참여했다. 참가자는 주요 품종, 생산국가, 아펠라시옹, 빈티지 및 가능하다면 생산자도 알아맞혀야 한다.
비니부오니 디탈리아 (Vinibuoni d'Italia)	이탈리아 2002	4,000개 이상	투어링 클럽 이탈리아노(Touring Club Italiano)에서 출판하는 연례 이탈리아 와인 가이드에 실릴 와인을 뽑는다. 약 500개 와인이 수상하며, 기타 와인은 이름만 등재된다. 약 100명의 심판이 심사한다.
비니탈리 인테르나치오날 어워즈 (Vinitaly International Awards)	이탈리아 베로나 1994	30개국 3,000개	매년 4월, 베로나피에레(Veronafiere, 이탈리아 와인 행사)에서 열린다. 100점 만점제에서 90점 이상의 점수를 얻은 와인이 수상한다. 유기농 와인을 대상으로 하는 상으로 프리 와인(Free Wine – Wine without Walls)이 있다.
콩쿠르 몬디알 데 뱅 엑스트렘 (Concour Mondial des Vins Extrêmes, CERVIM)	이탈리아 아오스타 1994	유럽과 서아시아 15개국 700개	과거에는 인터내셔널 마운틴 와인 컴피티션(International Mountain Wine Competition)으로 불렸다. 고지대, 경사도 30% 이상, 계단식 농지, 작은 섬 등, 와인이 재배되기 어려운 지형 지역에서 생산된 '극단적인' 와인에 대해 심사한다. OIV가 후원한다.
꼰꾸르소 인떼르나시오날 데 비노스 박쿠스 (Concurso Internacional de Vinos Bacchus)	스페인 마드리드 2003	20개국 이상 1,800개	스페인의 와인 수집단체인 유니온 에스파뇰라 데 까따도레스(Espanol de Catadores)가 주최하며 OIV가 공인한다. 100명 이상의 심판이 심사한다.
꼰꾸르소 인떼르나시오날–뗌쁘라니요스 알 문도 (Concurso Internacional–Tempranillos al Mundo)	스페인 마드리드 2006	국가에 관계 없이, 뗌쁘라니요 및 관련 품종만 가능	페데라시옹 에스파뇰라 데 아소시아시오네스 데 에놀로고스(Federación Española de Asociaciones de Enólogos, FEAE), 아소시아시온 데 에놀로고스 데 마드리드(Asociación de Enólogos de Madrid(Adema)), DO 비노스 데 마들드(DO, Vinos de Madrid)에서 주최한다. OIV가 감독한다.
무에스뜨라 데 비노스 비오이나미꼬스 (Muestra de Vinos Biodinámicos)	스페인 바르셀로나 2015	9개국 80개 와인 양조장	어소시에이션 오브 바이오다이내믹 와인 프로듀셔스(Association of Biodynamic Wine Producers, Renassance des Appllations, Return to Terroir)에서 주최한다.
라 훈따 데 가스띠야 이 레온 (La Junta de Castilla y Léon)	스페인 1991	20개국 1,800개	출품된 와인 90%가 스페인산이다. 스페인 외 30개국에서 70명의 심판이 참여한다. 2년에 한 번씩 열린다.
프로투갈 와인 트로피 (Portugal Wine Trophy)	포르투갈 아나디아 2014	30개국 1,900개	도이체 바인 마케팅(Deutsche Wein Marketing)에서 주최하며 OIV가 후원한다. 30개국 55명의 심판이 심사한다.
베를린 와인 트로피 (Berlin Wine Trophy)	독일 베를린 2004	모든 국가에서 참여 가능, 2년에 1번 개최 6,200개	도이체 바인 마케팅(Deutsche Wein Marketing)에서 2013년부터 시작한 대회로서, 대한민국과 포르투갈에서도(Asia Wine Trophy in South Korea, Portugal Wine Trophy) 대회를 열고 있다. 30국 120명의 심판이 참여한다. OIV 후원 대회 중에서는 최대 규모이다.

대회명	장소, 시작 연도	출전 수	조직, 참가자, 와인, 심판진
도이치 란드비르츠샤프츠 게젤샤프트 (Deutsche Landwirtschafts Gesellschaft)	독일 1956	독일산 와인만 가능 4,500개	분데스바인프래미에룽(Bundeswein Prämierung, 연방 와인 상)으로 불리며, 독일 농학회(German Agricultural Society, DLG)에서 주최한다. 지역 대회에서 수상한 와인만 심사한다. 출품 와인 80% 이상이 수상하며 순위별로 gold extra, gold, silver, bronze 등급을 받는다.
문두스 비니 (Mundus Vini)	독일 노이슈타트 2001	40개국 8,000개(부문 2개)	유기농 와인 부문의 비오-바인프라이스(Bio-Weinpreis)를 비롯해 여러 부문을 시상한다. 출판사 마이닝거 베를라크(Meininger Verlag)에서 프로바인(ProWein) 페어 행사와 연계하여 주최하며 2년에 1번씩 시상한다. 출품 와인의 40% 가 수상한다.
베스트 오브 리즐링 (Best of Riesling)	독일 노이슈타트 2006	14개국 2,600개	독일산 와인이 주를 이룬다. 단맛과 알코올 함량에 기반해 7개 부문에서 경쟁한다. 100명의 심판이 참여하며, 마이닝거 지가 주최한다.
인터내셔널 오개닉 와인 어워드 – 비오바인프라이스 (International Organic Wine Award–Bioweinpreis)	독일 2010	20개국 180개 와인 양조장 700개	바이오다이내믹 인증을 받은 받은 와인이 포함된다. 바이오다이내믹 와인 및 균류 내성 품종을 사용한 와인들을 PAR 관능 평가(Product-Analysis-Ranking)제에 기반해 평가한다.
인터내셔널 PIWI 와인 어워드 (International PIWI Wine Award)	독일 프라스도르프 2011	15개국 300개	리전트(Regent), 론도(Rondo), 레옹 밀레(Léon Millet), 솔라리스(Solaris) 등의 균류 내성종을 사용한 와인 대회이다. 심판은 16명이며 PAR 방식으로 평가하고 순위를 매긴다.
몬디알 데 피노 (Mondial des Pinots)	스위스 시에라 1998	25개국 1,300개	피노 누아, 피노 로제, 블랑 드 누아, 스파클링 피노, 피노 그리, 피노 블랑, 그랑 마에스트로 뒤 피노 누아(Gran Maestro du Pinot) 부문에 대해 심사한다. 25국에서 심판이 참여한다. 주최자인 VINEA에서는 메를로 종 대회도 주최한다. OIV가 후원한다.
AIWC 비엔나 (AIWC Vienna)	오스트리아 비엔나 2003	40개국 1,800개 와인 양조장 12,000개 이상	부수 부문으로 국가별 최고 생산자, 유기농 와인 최고 생산자, 최고 판매자 등이 있다.
빈아고라 (VinAgora)	헝가리 1992	15개국 500개 이상	인터내셔널 페더레이션 오브 와인 컴피티션즈(International Federation of Wine Competitions) 회원이 감독한다. 스파클링 와인 부문이 있다. 15개국 40명의 심판이 심사한다. OIV가 후원한다.
비노 류블리야나 (Vino Ljubljana)	슬로베니아 류블리야나 1955	20개국 400개 이상	VINOFED 그룹 내 대회로서 대형 박람회와 함께 진행한다. 출품 와인의 30%는 국내산이다. 15개국 50명의 심판이 심사한다. OIV가 후원한다.
인터내셔널 와인 컨테스트 부카레스트 (International Wine Contest Bucharest)	루마니아 부카레스트 2004	36개국 1,500개	인터넷 네트워크인 글로벌 와인 앤 스피리츠(Global Wine & Spirits)에서 주최하며 OIV가 후원한다. 루마니아 내에서 장소는 옮겨 가며 열린다. 12개국에서 심판이 참여한다.
셀렉시온 몬디알레 데 뱅 (Sélections Mondiale des Vins)	캐나다 퀘벡 1983	35개국 2,000개	주최측은 스피리츠 및 레이블에 대한 대회도 주관한다. 24개국 80명 이상의 심판이 심사한다. OIV가 후원하며 OIV 대회 규정을 준수한다.
뉴욕 인터내셔널 와인 컴피티션 (New York International Wine Competition)	미국 뉴욕 2011	25개국 1,200개 이상	동일 가격대의 와인 그룹 내에서 평가한다. 심판진은 30명인데, 모두 주로 뉴욕 기반의 매입자이다. 유기농 및 바이오다이내믹 와인 시상을 별개로 진행한다.
핑거 레이크 인터내셔널 와인 컴피티션 (Finger Lake International Wine Competition)	미국 뉴욕 로체스터 2000	20개국 3,700개 이상	캘리포니아에서 열리는 대회를 제외하면 미국 최대의 와인 대회일 것이다. 행사 수익은 어린이를 위한 캠프 굿 데이(Camp Good Day)에 기부된다. 16개국 70명 이상의 심판이 심사한다.
애머추어 앤 커머셜 와인 컴피티션 (Amateur and Commercial Wine Competition)	미국, 장소는 변동 1986	미국산 와인만 참여	미국 와인학회(American Wine Society, AWS)에서 진행하는 대회로서 각 그룹별로 300개의 와인이 출품된다. 아마추어 부문 와인 제조자는 평가와 조언이 기입된 점수표를 받는다.
와인 스펙테이터 월즈 베스트 100 (Wine Spectator World's Best 100)	미국 1988	18,000개	와인 스펙테이터 지의 관능 평가 패널이 매년 선정한다. 수상 와인의 1/3 정도는 프랑스와 이탈리아산, 다른 1/3 은 미국산, 나머지 1/3은 다른 10여 개 국가 와인들이다.

대회명	장소, 시작 연도	출전 수	조직, 참가자, 와인, 심판진
샌 프란시스코 크로니클 와인 컴피티션 (San Francisco Chronicle Wine Competition)	미국 캘리포니아 1984	28개 주 7,000개 이상	미국산 와인 대상 대회 중에는 최대 규모이다. 65명의 심판이 참여한다.
샌 프란시스코 인터내셔널 와인 컴피티션 (San Francisco International Wine Competition)	미국 캘리포니아 1980	26개 이상 국가 4,900개	와인의 75% 이상이 수상하며, double gold gold, silver, bronze 등급을 받는다. 심판은 55명이다.
인터내셔널 위민즈 와인 컴피티션 (International Women's Wine Competition)	미국 캘리포니아 소노마, 노이슈타트 2007	1,200개	미국산 와인이 주를 이루지만 다른 나라들의 참여가 점차 늘고 있다. 가격, 품종, 여성 구매자 및 여성 최종 소비자에 대한 호소력, 기타 요소를 바탕으로 한 심사 부문이 있다. 심판진은 모두 여성이다.
TEXSOM 인터내셔널 와인 어워즈 (TEXSOM International Wine Awards)	미국 댈러스 1985	20개국 이상 3,600개	1999년까지는 국내 대회로 치뤄졌다. 2016년에는 미국 내 18개 주에서 와인을 출품했다. 10개국 67명의 심판이 참여한다. 출품된 와인의 절반 이상은 gold, silver, bronze를 수상한다.
까따도르 와인 어워즈 (Catad'Or Wine Awards)	칠레 산띠아고 1996	북미와 남미 600개 이상	11개국 45명의 심판이 참여한다. 칠레, 아르헨티나, 브라질, 우루과이, 페루, 볼리비아, 멕시코, 미국, 캐나다에서 출품한다. 스파클링 와인 부문 대회가 별개로 있다. OIV 규정을 따른다.
브라질 와인 챌린지 (Brazil Wine Challenge)	브라질 리우 그란데 두 술 2009	18개국 700개	브라질리언 어소시에이션 오프 에놀로지(Brazilian Association of Enology, ABE), 셀러 매거진(Cellar Magazine)에서 주최한다. 평가 체계는 완전 컴퓨터 기반이며 이 덕에 빠른 진행이 가능하다. 10개국 60명의 심판이 심사한다. OIV, UIOE에서 지원한다.
시드니 인터내셔널 와인 컴피티션 (Sydney International Wine Competition)	호주 시드니 1982	최대 2,000개 이하	주로 호주와 뉴질랜드산 와인이 출품되나 다른 국가의 와인도 참여한다. 최종 심사는 알맞은 음식과 함께 진행한다. 심판은 15명이다.
뉴질랜드 인터내셔널 와인 쇼 (New Zealand International Wine Show)	뉴질랜드 오클랜드 2005	10개국 2,100개	매년 9월에 열린다. 출품 와인 70% 이상은 금, 은, 동 메달을 받는다. 심판은 25명이다.
에어 뉴질랜드 와인 어워즈 (Air New Zealand Wine Awards)	뉴질랜드, 지역을 옮겨 가며 열림 1976	뉴질랜드 한정 1,400개	뉴질랜드의 1,700여 포도 재배자 및 와인 양조장에서 대회를 소유하고 주관한다. 1987년 이래 항공사인 에어 뉴질랜드에서 스폰서를 맡고 있다. 수상되는 와인은 60여개(출품 와인 중 5% 미만)뿐이다.
식스 네이션즈 와인 챌린지 (Six Nations Wine Challenge)	호주 2003	600개, 초청된 와인만 가능	호주, 캐나다, 칠레, 뉴질랜드, 남아프리카, 미국산 와인이 출품된다. 각국의 심판 여섯 명이 각각 자국과 타국의 와인 100개를 15개 등급으로 나누어 선정한다. 과거에 아르헨티나가 회원이었고, 캐나다가 새로이 참가했다.
차이나 와인 앤 스피리트 어워즈 (China Wine & Spirit Awards)	중국 (홍콩 및 기타 지역)	35개국 4,000개	봄과 가을에 각각 열린다. 홍콩과 중국의 전문가 로서 심판으로 지원한 이들(500명이 넘는다.) 중 100명을 심판으로 선정한다. 곡주, 스파클링 와인, 강화 와인, 증류주 부문이 있다.
캐세이 퍼시픽 홍콩 인터내셔널 와인 앤 스피리트 컴피티션 (Cathay Pacific Hong Kong Int'l Wine and Spirit Competition)	중국 홍콩 2008	30개국 1,200개	영국의 IWSC에서 주관한다. 심판은 25명이며 거의 아시아산 와인이 출품된다.
저팬 와인 챌린지 (Japan Wine Challenge)	일본 도쿄 1998	28개국 1,600개	아시아 최초의 국제 와인 대회로서 심판은 30명이다. 출품 와인 중 70%가 수상한다.
아시아 와인 트로피 (Asia Wine Trophy)	대한민국 대전 2013	30개국 4,000개	도이체 바인 마케팅(Deutsche Wein Marketing)의 지원으로 열린다. 140명 이상의 심판이 참여한다. OIV에서 후원한다.

자료: 대회 조직 위원회 웹사이트 및 일부 대회는 행사 후 출판 정도

주의

• 위에서 소개한 와인 대회는 전 세계에서 개최되는 수많은 대회 중 몇 가지만 추린 것이다. 국가별, 단일 품종별, 주제별 대회들이 있는데, 이는 대회가 그만큼 다양하다는 것을 말해준다.

• 출품 개수는 최근 대회에서 출품 심사된 와인 수이다. 반올림한 수치이다.

● 닝샤 와인메이커스 챌린지(Ningxia Winemakers Challenge): 또 다른 유형의 대회

2012년, 중국의 두 단체가 전 세계 와인 제조업자를 초청해 전문가를 위한 포도 재배 대회를 열었다. 이 대회는 전 세계 전문 와인 제조업자의 도움을 아 닝샤 성에서 최고의 와인을 생산할 수 있을지 가능성을 찾아보자는 목적으로 개최되었다. 결과적으로는 호주, 칠레, 프랑스, 뉴질랜드, 남아프리카, 스페인, 미국에서 일곱 와인 제조업자가 참여했고, 우승자 발표는 2014년에 있었다.

두 번째 대회는 2015년 열렸다. 140명이 넘는 와인 제조업자가 신청했고 47명이 선정되었다. 이들은 불가리아, 인도, 멕시코, 몰도바, 스웨덴, 영국이 포함된, 17개국 출신으로서, 국내 제조업자와 짝을 지어 부지를 할당받고, 3헥타르 부지에 적포도를 심었다. 이들은 수확과 발효 동안에는 15일 이상을 닝샤에 머물면서 작업했고, 이후 2년 동안은 파트너 업자를 최소 한 번 이상 방문해 와인 양조와 숙성을 감독했다.

이렇게 만든 와인을 2017년 열 명의 국제 심판이 심사했고, 최고 5개 와인은 금메달과 10만 위안의 상금을 받았다. 남아프리카, 호주, 미국, 스웨덴, 영국의 와인 제조업자의 기술 지원을 받아 생산된 와인이었

● 1976년 파리 심판: 프랑스 와인 대 캘리포니아 와인

1976년, 파리에서 영업하던 한 영국인 청년 와인 판매상인 스티븐 스퍼리어(Steven Spurrier)와 조수 패트리셔 갤러거(Patricia Gallagher)가 프랑스 내 저명한 와인 테이스터 아홉 명을 초청해 캘리포니아산 레드 와인과 화이트 와인을 맛보게 했다. 프랑스산 고품질 와인(보르도산 레드 와인과 부르고뉴산 화이트 와인) 또한 제공했고, 모든 와인은 블라인드 테스트로 진행했다.
이 테스트는 20점제로 진행했고, 평가 항목은 다음의 네 가지였다.

- 눈(색상과 투명도)
- 코(향)
- 입(맛과 구조)
- 조화(모든 감각의 조합)

그런데 결과는 놀라왔다. 레드 와인과 화이트 와인 모두, 최고 점수는 캘리포니아산 와인이 받았다. 물론 그렇다고 해서 캘리포니아 와인이 우승자라고는 할 수 없다고, 그런 결과가 나온 데에는 적어도 두 가지 이유가 있다고 주장할 수는 있다. 먼저, 이 행사 자체가 캘리포니아와 프랑스의 와인을 비교하려는 의도로 열린 것은 아니었다. 테이스터 선정에서부터 와인 선택에 이르기까지 목적에서 차이가 있었다. 다음, 캘리포니아 와인은 여섯 개가 나왔는데, 프랑스 와인은 네 개만 나왔다. 이는 확연히 캘리포니아 쪽에 유리했다. 그렇지만, 그 후 재현 실험이며 통계 연구가 이루어졌고, 10년, 20년, 30년, 40년 뒤에 재대결이 벌어졌는데, 대부분 처음 결과를 입증했다.
당시, 주최 측은 언론에도 초청을 보냈지만, 실제 참석한 이는 조지 M 태버(George M. Taber) 한 명뿐이었다. 그 리고 1주일 뒤, 그가 쓴 짧은 글이 〈타임〉에 실렸고, 전 세계에서 그 행사와 와인에 대해 관심을 가지게 된다.  글은 캘리포니아의 토양, 기후, 포도 품종, 그리고 여러 사람들의 고된 노력과 위험을 무릅쓴 실험이 보상을 가져온 것이라는 내용이었다. 캘리포니아는 구대륙이 차지하고 있던 위대한 와인의 지위를 가져올 수 있었고, 이로써 더 많은 이들이 자기의 와인에 확신을 갖게 되었다.
2005년, 태버는 〈Judgement of Paris: California vs. France and the Historic 1976 Paris Tasting that Revolutionized Wine,(파리의 심판: 캘리포니아 대 프랑스, 그리고 와인의 혁명을 일구었던 역사적인 1976년 파리에서의 테이스팅)〉을 펴냈다. 당시의 테이스팅과, 와인 생산자에 대한 이야기를 담은 이 책은 베스트셀러가 되었다.
2014년에 워싱턴의 스미소니언 미국사 박물관(Smithsonian National Museum of American History)은 당시 승리했던 캘리포니아산 와인 두 개를 전시 했다.

- 스택스 립 와인 셀러스(Stag's Leap Wine Cellars), 까베르네 소비뇽, 1973
- 샤또 몬텔레나(Chateau Montelena), 샤르도네, 1973

태버의 책 제목 'Judgement of Paris'은 일종의 말장난이다. 이 말 자체가 그리스 신화의 한 장면을 말하는 것이기도 하다. 신화에서는 파리스(Paris)왕자가 세 여신인 라, 아테나, 아프로디테 중 가장 아름다운 이를 결정한다. 다만 이것은 위 내용과는 다른 이야기이긴 하다.

다. 해당 행사의 주최자는 헬란 마운틴스 이스트 풋힐즈 인터내셔널 페더레이션 오브 바인 앤 와인(International Federation of Vine and Wine of Helan Mountain's East Foothills)이고 후원은 닝샤 포도 산업 개발 당국이다.

2000년 이래 닝샤 성의 와인용 포도 재배 면적은 10배로 커졌다. 2017년 재배 면적은 4만 헥타르이며 100여 개 와인 양조장이 들어서 있다.

● 플라잉 와인메이커

플라잉 와인메이커(flying winemaker)는 전문 포도 재배자 겸 와인메이커로서 자기 와인 양조장이나 거주지에서 멀리 떨어진 와인 양조장에 기술 지원을 하는 사람을 말한다. 이들은 바쁜 수확철이나 발효 작업 시기에는 자신의 와인 양조장에 일하고 그 시기가 지나면 다른 곳으로 간다. 예를 들어, 호주의 플라잉 와인메이커는 9-10월에 유럽이나 미국으로, 유럽과 미국의 플라잉 와인메이커는 4-5월에 남반구로 날아간다.

● 미국 워싱턴 주 롱 새도우즈 빈트너스(Long Shadows Vintners)의 플라잉 와인메이커

미국의 와인 제조업자 앨런 슈프(Allen Shoup)는 지난 20년간 워싱턴 주에서 샤또 세인트 미쉘(Chateau Ste. Michelle) 및 부속 와인 양조장을 세우면서 성공을 거두었다. 그는 또한 와인 제조 파트너십 강화를 통해 이탈리아의 피에로 안티노리(Piero Antinori)나 독일의 독토르 에른스트 루센(Dr Ernst Loosen)을 콜럼비아 밸리로 진출시키는 등의 성과도 이루었다.

슈프는 2000년, 국제 와인 제조업자 및 파트너들과 함께 워싱턴 주의 와인 포트폴리오를 만들겠다는 생각으로 자신의 샤또를 떠났다. 5개 국가의 상징적인 와인 제조업자 아홉 명이 왈라 왈라(Walla Walla)에 있는 혁신적이면서 실험적인 와인 양조장에 합류했다. 슈프는 이 와인 양조장을 롱 새도우즈(Long Shadows)라고 불렀다.

각 와인 제조업자들은 자신의 본고장에서 가장 잘 알려진 종을 사용해 제법에 무관하게 가능한 최고의 와인을 생산할 수 있다.

공개된 최초의 와인은 2002년산으로, 매 빈티지가 최고 권위의 와인 비평가들에게서 90점 이상을 얻었다.

● 표 9.2 워싱턴 주의 롱 새도우즈 빈트너스에 참여한 와인 제조업자와 그들이 생산한 와인들

롱 새도우스에서 생산한 와인의 브랜드명	롱 새도우스에서 사용한 포도 품종	와인 제조업자	와인 제조업자의 본래 위치 및 해외에서의 특정 경력
포이츠 리프(Poet's Leap)	리즐링(유일한 화이트 와인)	아르민 디엘(Armin Diel)	독일(나에(Nahe), 륌멜샤임(Rümmelsheim))
페더(Feather)	까베르네 소비뇽(유일한 단일 품종 레드 와인)	랜디 던(Randy Dunn)	미국(캘리포니아 나파 밸리)
시퀄(Sequel)	시라 94% 까베르네 소비뇽 6%	존 듀발(John Duval)	호주 바로사 밸리(Barossa Valley), 칠레
새기(Saggi)	산지오베제 59% 까베르네 소비뇽 33% 시라 8%	암브리지오 폴로나리(Ambrigio Folonari), 지오반니 폴로나리(Giovanni Folonari)	이탈리아(토스카나) 미국
피루에트(Pirouette)	까베르네 소비뇽 65% 메를로 16% 쁘띳 베르도 12% 까베르네 프랑 7%	어거스틴 후니어스 시니어(Augustin Huneeus Sr.), 필립 멜카(Philippe Melka)	미국(캘리포니아 나파 밸리), 칠레; 미국(캘리포니아 나파 밸리), 프랑스, 호주, 이탈리아
체스터-키더(Chester-Kidder)	까베르네 소비뇽 66% 시라 23% 쁘띳 베르도 11%	질레스 니코(Gilles Nicault), 앨런 슈프와 협업	미국(워싱턴 왈라 왈라), 프랑스 미국(캘리포니아, 워싱턴)
페데스털(Pedestal)	메를로 81% 까베르네 소비뇽 9% 까베르네 프랑 5% 쁘띳 베르도 5%	미셸 롤랑(Michel Rolland)	프랑스(뽀므롤, 보르도) 그 외 미주와 아시아의 일부 국가

플라잉 와인메이커는 대개 잘 익은 과일맛이 풍부하며 때로는 알코올 함량도 높은 '국제적으로 팔릴 만한 와인'을 만드는 방법에 대해 조언한다. 이들은 자신의 와인에 대한 취향을 각인시키며, 와인 양조장은 판촉의 일환으로 플라잉 와인메이커의 이름을 사용하는 경우가 많다. 가장 분주한 이들은 전 세계 15개 이상의 와인 양조장을 찾아다니며 기술 지원을 한다.

문화적 가치

문화적 가치
Cultural Values

10.1 유네스코 세계 유산: 커피, 와인과 관련된 지역

유엔 교육 과학 문화 기구(United Nations Educational, Scientific and Cultural Organization, UNESCO, 유네스코)는 1945년 발족했다. 유네스코에서는 전 세계 문화적, 자연적 유산을 찾아 보호하고 보존하여 후손 세대에게 물려주고자 한다.

세계 유산 목록(World Heritage List)에 등재되기 위해서는 그 지역이 인류에게 전 지구적으로 뛰어난 가치가 있어야 하며 열 가지 선정 범주 중 적어도 하나 이상 조건을 충족해야 한다. 세계 유산 협약(World Heritage Convention) 시행을 위한 운영 지침에서 설명된 바로는, 문화적 범주는 여섯 개, 자연 범주는 네 개로 나타나 있다.

현재 세계 유산 목록에 등재된 지역은 160개 국가 내 1천여 곳이 넘는다. 이탈리아, 중국, 스페인, 프랑스, 독일, 멕시코, 인도, 영국, 러시아, 미국, 호주, 브라질에 있는 곳들이 다수 등재되어 있다.

각 지역은 문화(76%), 자연(20%), 혼합(4%) 세 부류로 나뉜다. 커피 및 와인과 관련된 지역은 모두 문화 부문에 해당한다.

유네스코에서는 문화란 지속 가능성을 가능케 하고, 의미와 에너지의 근원을 이루고, 창조와 혁신의 샘이 되며 도전을 일으키고 적절한 해법을 찾는 자원이 되는 원천으로서 고려되어야 한다고 본다. 이러한 믿음과 정신으로 유네스코는 유산을 등재한다.

United Nations
Educational, Scientific and
Cultural Organization

세계 유산 협약

세계 무형 유산

문화적 지역 등재 범주

1. 인간의 창의성으로 빚은 걸작을 대표할 것.
2. 오랜 세월에 걸쳐 또는 세계의 일정 문화권 내에서 건축이나 기술 발전, 기념물 제작, 도시 계획이나 조경 디자인에서 인간 가치의 중요한 교환을 반영할 것
3. 현존하거나 이미 사라진 문화적 전통이나 문명의 독보적, 적어도 특출한 증거일 것
4. 인류 역사에 있어 중요 단계를 예증하는 건물, 건축이나 기술의 총체, 경관 유형의 대표적 사례일 것
5. 특히 번복할 수 없는 변화의 영향으로 취약해졌을 때 환경이나 인간의 상호 작용이나 문화를

대변하는 전통적 정주지나 육지의 사용, 바다 사용의 탁월한 사례일 것

6. 탁월한 보편적 중요성이 있는 사건이나 실존하는 전통, 사상이나 신앙, 예술 및 문학작품과 직접 또는 유형적으로 연관될 것(위원회에서는 이 범주는 다른 범주와 연계되어 다루어야 한다고 보고 있다.)

자연적 지역 등재 범주

7. 최상의 자연 현상이나 뛰어난 자연미와 미학적 중요성을 지닌 지역을 포함할 것

8. 생명의 기록이나, 지형 발전상의 지질학적 주요 진행과정, 지형학이나 자연 지리학적 측면의 중

요 특징을 포함해 지구 역사상의 주요 단계를 입증하는 대표적 사례일 것

9. 육상, 민물, 해안 및 해양 생태계와 동ㆍ식물 군락의 진화 및 발전에 있어 생태학적, 생물학적 주요 진행 과정을 입증하는 대표적 사례일 것

10. 과학이나 보존 관점에서 볼 때 보편적 가치가 탁월하지만 현재 멸종 위기에 처한 종을 포함한 생물학적 다양성의 현장 보존을 위해 가장 중요하고 의미가 큰 자연 서식지를 포괄할 것

(위 1-10은 유네스코 세계유산 등재 신청에 관한 규정 제3조 (세계유산 등재기준) 1-6호에 나타난 번역을 따른다.)

○ 표 10.1 유네스코 세계 유산으로 등재된 커피 지역과 커피 문화

국가, 지역 유네스코 번호	등재 이유와 내용
오스트리아 비엔나 커피점 문화 2011년(신청)	오스트리아는 2011년 오스트리아 커피 문화와 전통을 세계 무형 유산에 등재 신청했다. 비엔나 커피하우스 전통은 17세기로 거슬러 올라간다. 비엔나 커피하우스는 시간과 공간을 소비하는 특유의 장소로 서술되고 있지만, 신청서에는 커피에 대한 내용만 있다.
콜롬비아 콜롬비아의 꼬르디예라 데 로스 안데스에서의 커피 재배 경관 2011년, 1121번	**범주 5:** 극도의 도전적인 지형 조건(가파른 경사)에서 세대를 거듭하면서 자연 자원에 대한 혁신적인 활동을 해온, 지속적인 육지 사용의 탁월한 사례 커피는 농경 및 도시 거주에서 사용된 문화적 행태 및 물질에서 찾을 수 있는, 비견할 수 없는 존재성을 갖추고 있다. **범주 6:** 커피 전통은 이 나라 문화를 가장 잘 대표하는 상징이다. 콜롬비아에는 유형, 무형의 커피 문화가 풍부하다. 그들은 자기들만의 생산 과정과 거주지 유형의 조화로운 통합을 비롯해 특유의 유산을 만들어냈다. 이런 커피 문화와 전통은, 솜브레로 아과데뇨(Sombrero aguadeño)—챙이 있는 전통 모자—라든가, 커피 생산자가 지금도 사용하는 숄더백 같은 전통 의상을 통해 이어지고 있다.
쿠바 쿠바 남동부 지역의 최초의 커피 플랜테이션의 고고학적 풍광 2000년, 1008번	**범주 3:** 19세기와 20세기 초 쿠바 동부의 커피 농장 유산은 원시림 속에서 농업 개발을 이루어낸 고유하면서도 표현력 높은 증거라고 할 수 있다. 세계 다른 곳에서는 이미 사라져버렸다. **범주 4:** 19세기와 20세기 초 쿠바 동부의 커피 생산으로 특유의 농업 경관이 나타났으며, 이는 이런 유형의 영농이 상당한 단계까지 진척되었음을 보여준다.
에티오피아 야유 커피숲 2010년, 번호—	**분야:** 유네스코 인간과 생물권(Man and Biosphere, MAB) 프로그램 에티오피아 남서부 야유 **커피숲**은 유네스코의 인간과 생물권 프로그램에 등록되어 있다. 야유 커피숲은 카파(Kaffa, Kafa) 생물권 보호구역이라고 하기도 한다. 야유 숲은 자연과 문화 자원 보존에 핵심 역할을 한다. 이곳은 지구의 얼마 남지 않은 우림 중 일부이다. 전체 면적은 16.7만 헥타르이며 16만 명의 사람이 살고 있다. 숲 일부는 야생 아라비카 커피의 유전 자원 보존지구인 게바–도기 삼림 커피 보존지구(Geba–Dogi Forest Coffee Conservation Area)로서 **커피**의 본고장이다. 일부 자료에 따르면 이곳에 5천여 품종의 **커피**나무가 있다고 한다. 유네스코 생물권 보존 지구는 지속 가능한 개발을 위한 시험적 장소로서 생물학적, 문화적 다양성을 보존하고 인간과 자연의 협력을 통한 경제적, 사회적 개발을 꾀하고자 한다.

국가, 지역 유네스코 번호	등재 이유와 내용
터키 터키식 커피 문화와 전통 2013년(신청)	터키는 터키식 커피 문화와 전통을 무형 문화 유산에 등재 신청했다. 15세기 중엽 오스만 투르크 시대에 콘스탄티노플(현재의 이스탄불)에 커피가 소개되었고 세계 최초의 커피점이 문을 열었다. 터키식 커피 문화와 전통은 16세기로 거슬러 올라간다. 당시에는 화려한 인테리어의 커피점에서 커피를 팔았으며, 특유의 맛과 사회화라는 면에서 특징이 있다. 터키식 커피는 특별한 제법과 유서 깊은 추출법을 사용하며, 이는 지금도 쓰이고 있다. 자신들만의 제법을 쓰면서 커피를 끓이는 주전자(체즈베), 커피잔(핀칸), 예술적인 막자사발 등 특유의 도구와 식기류가 탄생했다. 커피는 설탕, 카다멈, 계피 등의 향신료와 함께 제공된다. 터키식 커피는 또한 사회화 과정의 맥락 안에서 문화 공간, 사회 가치, 신념을 한데 모으는 공동의 관례이다. 유네스코는 터키식 커피가 그리스, 아르메니아 및 인근 아랍 국가에서 나타나는, 어느 정도 속성이 유사한 전통들과 달리 어떤 고유성을 가지고 있는지 고려해야 할 것이다.
아랍 에미리츠, 사우디아라비아, 오만, 카타르 아랍식 커피 전통 2015년(10.COM)	**분야: 무형 문화 유산** 아랍식 커피는 아랍 사회에서 환대의 의미이자 손님을 후하게 대접한다는 의식으로서 제공한다. 전통적으로, 아랍식 커피는 손님이 보는 앞에서 볶고 추출한다. 사회의 모든 영역, 특히 가정에서 남녀가 커피를 즐겼다. 유사한 관습은 예멘이나 에티오피아 등 이웃 국가에서 흔히 볼 수 있다. 이런 전통을 가지고 있는 대표적인 이들은 베두인족이다.

주의
- 커피가 등재 이유의 하나로써 나타난 경우는 범주를, 그렇지 않은 경우는 분야로 표시했다.
- 저자는 '커피' 문구를 별도로 강조 표시했다.

● 표 10.2 유네스코 세계 유산으로 등재된 와인 지역과 문화

국가, 지역 유네스코 번호	등재 이유와 내용
크로아티아 흐바르 아일랜드 포도밭 (Hvar Island Vineyards) 2007. No.1240	**범주 2, 3, 5** 스타리그라드 평야(Stari Grad Plain)는 돌벽, 장벽 및 돌로 만든 작은 대피소를 분기점으로 **포도밭**과 올리브 밭이 나뉘어 있다. 기원전 380년경, 고대 그리스 시대에 측량을 통해 토지를 분할 사용한 모습이 가장 잘 보존된 예시이다. 벽, 테두리, 대피소들은 고대 그리스인들이 활용한 토지 구획 체계를 가장 잘 보여준다.
프랑스 주리스딕션 오브 생떼밀리옹 (Jurisdiction of Saint-Émilion) 1999, No. 931	**범주 3:** 생떼밀리옹 구역은 현재까지 보존되고 생산 활동이 이루어지고 있는 역사적인 **포도 재배지**의 탁월한 사례이다. **범주 4:** 엄밀하게 정의된 지역 내에서 이루어지는 집약적인 포도 재배와 **와인** 생산 및 이를 통해 형성된 경관은 생떼밀리옹의 역사를 통해 특별하게 나타난다. INAO의 생떼밀리옹 와인에 대한 첫 AOC 등급 분류는 1954년에 있었다. 초기 등급은 4개였다가 1984년에 생떼밀리옹과 생떼밀리옹 그랑 크뤼(Saint-Émilion Grand Cru) 두 개로 줄였다. 생떼밀리옹은 1884년의 첫 와인 신디케이트, 1932년 지롱드(Gironde)에 세운 최초의 공동 저장소 등 그 혁신으로 주목을 받아왔다. 생떼밀리옹의 포도밭에서는 연평균 23만 헥토리터를 생산한다. AOC 인증 면적은 5,600헥타르이며 주 재배 품종은 메를로(60%), 까베르네 프랑, 까베르네 소비뇽이다. 생떼밀리옹은 보르도 시 동쪽 40km에 있다. 보르도 역시 유네스코의 세계 유산 지정 지역이다.

국가, 지역 유네스코 번호	등재 이유와 내용
프랑스 루아르 밸리 (Loire Valley) 2000, No. 933	범주 1, 2, 4 루아르 계곡은 역사적인 시가지와 마을이 있으며 위대한 건축 기념물(샤또)이 있고 오랜 세월 거주민과 물리적 환경의 상호 작용을 통해 형성된 재배지가 있는, 매우 아름다운 문화적 풍광이 있는 곳이다. 이곳의 토지 이용 방식은 매우 다양하여, 도시의 인구 밀집 지대로부터 집약적 원예 농업은 물론, **포도밭**(일부는 범람원에 의존한다.)과 삼림 사냥지대까지 있다. 루아르 계곡에는 주요 포도 품종이 없다. 대부분의 포도는 비교적 짧은 재배 기간 중에 완전히 다 익으며, 기후가 온화해서 산미가 높아 신선한 느낌이 난다.
프랑스 부르고뉴 포도밭 (Burgundy Vineyards) 2015, No. 1425	범주 3, 5 디종 시 인근 꼬뜨 드 뉘(Côte de Nuits), 꼬뜨 드 본(Côte de Beaune) 사면에 1,247개의 떼루아와 미세 기후(**포도밭** 구획)가 존재한다. 자연 조건(지형과 노출 상황)은 물론이거니와 포도 품종도 달라서 각각의 조건에 맞추어 재배해왔다. 이곳은 중세 중기(High Middle Ages) 이래 포도 재배와 와인 생산이 개발되어 온 탁월한 예시이다.
프랑스 샴파뉴 언덕, 샴페인 하우스, 와인셀러 (Champagne Hilldises, Houses and Cellars) 2015, No.1465	범주 3, 4, 6 오비예(Hautvilliers), 아이(Ay), 마뢰이 쉬르 아이(Mareuil–sur–Ay)의 유서 깊은 **포도밭**, 랭스(Reims)의 생 니캐즈(Saint–Nicaise)에 있는 저장고, 샴페인 길(Avenue de Champagne), 에페르네(Épernay)의 포르 샤브롤(Fort Chabrol)에 있는 샴페인 하우스로서, 랭스와 에페르네 시 주변 및 인근 샴페인 하우스와 와인 저장고를 포함한다. 이 지역들은 전체 샴페인 생산 과정을 보여준다.
조지아 크베브리 와인 제조 전통 (Qvevri Wine-making Tradition) 2013, Decree N.257	**분야**: 무형 문화 유산 조지아의 사회적, 정치적 환경 변화에도 불구하고 크베브리(Qvevri, Kvevri) **와인** 제조 전통은 8천 년 가까이 이어지고 있다. 크베브리에서는 와인 발효, 에이징, 보관에 조지아의 흙으로 만든 토기를 사용했다. 이 용기는 달걀 모양으로, 최적 온도를 유지할 수 있도록 땅에 묻어 대개 5~6개월 둔다. 크베브리 와인 제조 방식이 단순히 낭만적이고 전통적인 것으로 보일 수도 있지만, 여러 생산자들이 이 토기를 값비싼 스틸제 탱크를 대신하는 훌륭한 대안으로 사용해왔다. 그러나 현재 크베브리의 토기를 사용해 생산하는 조지아 **와인**은 많지 않다.
독일 라인 계곡 중상부 (Upper Middle Rhine Valley) 2002, No. 1066	범주 2, 4, 5 65km를 뻗어 이어지는 라인 계곡 중상부에는 성채와 유서 깊은 마을, **포도밭**이 있어서 극적으로 다르고 다양한 자연 풍광에 맞추어 살아온 사람들의 오랜 역사가 드러난다. 지난 수 세기동안 역사와 전설에서 자주 등장했으며 작가, 예술가, 음악가들에게 강력한 영감을 주었다. 천 년도 전부터, 이 깊은 계곡에 계단식 **포도밭**이 조성되어 있었다. 20세기 들어 이곳은 구조적으로 상당한 변화를 겪었다. 그중 두드러지는 것은 전통적인 **와인** 제조업, 광산업, 채석 사업의 쇠퇴이다. 현재 이곳은 관광업이 중심이다. 라인 계곡 중상부에서는 전반적으로 리슬링을 재배한다. 재배 면적은 400헥타르가 넘는다. 1980년에 나온 독일 우표에는 2천 년에 걸친 중유럽의 와인 생산을 기념하고 있다. 우표에는 세 가지 그림이 있는데, 1309년경 이탈리아의 식물학자 페트루스 데 크레센티스 (Petrus de Crescentiis)가 쓴 리베르 루랄리움 콤모도룸 (Liber Ruralium Commodorum, 시골의 이점을 보여 주는 책)을 바탕으로 한 것으로, 그림은 1493년경 활동한 독일 쉬페이어(Speyer)의 페테르 드라흐(Peter Drach)가 그렸다.

국가, 지역 유네스코 번호	등재 이유와 내용
헝가리 토카이 와인 생산지 (Tokaj Wine Region) 2002, No. 1063	범주 3: 이 지역은 최소 천 년 이상 와인 생산을 이어왔고 현재까지도 활발한 뚜렷한 **포도 재배** 전통이 있다. 범주 5: 포도 재배지 및 거주지는 이곳 특유의 전통적인 토지 사용 형태를 생생하게 보여준다. 지역 전체 면적은 88,124헥타르이며 모두 포도 재배지는 아니다. 토카이 아쑤(Tokaji Aszú)는 1100년 이전부터 생산해 왔으며 법적으로 구역을 획정한 것은 1737년으로, 이는 세계 최초의 포도 재배지 등급 분류(아펠라시옹)으로 보는 견해가 있다. 현재 포도 재배 면적은 6천 헥타르이며, 지역종인 푸르민트(Furmint)가 주요 품종이다. 그물처럼 이어진 오래된 와인셀러들은 대부분 화산암을 깎아 만든 것으로 토카이의 가장 특징적인 요소이다.
이탈리아 친케 테레 (Cinque Terre) 1997, No. 826	범주 2, 4, 5 이탈리아 북서부 라 스페지아(La Spezia)의 친케 테레와 포르토베네레(Portovenere) 사이에 있는 리구리안 리비에라(Ligurian Riviera)는 탁월한 가치를 지닌 문화지역이다. 자연 풍광이 매우 뛰어나며 사람과 자연이 조화롭게 교감을 이뤄 살고 있다. 천 년 동안 이어온 전통적인 삶의 방식을 간직한 이 지구는 지금도 이곳 공동체 구성원들에게 중요한 사회 – 경제적 역할을 하고 있다. 친케 테레에서 잘 알려진 DOC 화이트 **와인**은 친케 테레와 시아케트라(Sciacchetrà) 두 가지이다. 두 와인 모두 친케 테레 농업 협동조합(Cooperative Agricultura di Cinque Terre)에서 생산하며, 사용 품종은 보스코(Bosco), 알바롤라(Albarola), 베르멘티노(Vermentino)이다.
이탈리아 피에몬테 랑게 – 로에로와 몬페라토의 포도밭 경관 (Vineyard Landscape of Piedmont: Langhe-Roero and Monferrato) 2014, No. 1390	범주 3, 5 피에몬테(랑게 – 로에로, 몬페라토)의 **포도 재배**지는 문화적, 자연적 가치 및 오랫동안 발전해온 **포도 재배 및 와인 생산**의 가치로 등재되었다. 바롤로(Barolo)와 바바레스토(Barbaresco)의 DOCG 와인 재배지 내 8개 마을과 5개 구도 포함된다. **포도 재배**지 면적은 10,800헥타르이다.
이탈리아 판텔레리아(시칠리아와 튀지니 사이에 있는 섬) Pantelleria 2014, No. 720	**분야**: 무형 문화 유산 판텔레리아는 전통적으로 비테 아드 알베렐로(vite ad alberello)라는, 상부 트레이닝(head trained) 방식의 덤불 포도 품종을 재배했다. 이 섬에서 생산하는 DOC **와인**은 파씨토 디 판텔레리아(Passito di Pantelleria)와 모스카토 디 판텔레리아(Moscato di Pantelleria) 두 가지이다. 이들은 머스캣 드 알렉산드리아(Muscat de Alexandria), 또는 지비보(Zibibbo)라는 오래된 백포도 품종에서 나온 열매를 말려 만든다. 섬 면적은 83 km²이다. 등재 목록 내 범주는 다음과 같이 요약할 수 있다. R1: 경작, 자연과 환경과 관련되어 있으며 섬 사람들이 오랜 시간에 걸쳐 전승해왔다. R2: 특정 환경적 역경(특히 물 부족)에 창조적으로 적응했다. R3: 교육, 문서화, 연구, 홍보를 통해 가능성을 높이며 판테넬리아 마을과 지역 및 국가 연구소와 연계를 강화했다. R4: 자유로운 환경에서 충분한 정보를 받은 상태에서 사전 합의하여, 포도 재배자와 판텔레리아 주민이 무형 문화 유산 지정 준비에 참여했다. R5: 시칠리아 지역은 이미 (ㄱ) 지역 전통에 대한 국가적 보고(National Inventory of Traditional Rural Practices), (ㄴ) 국립 지역 경관(National Rural Landscapes), (ㄷ) 무형 문화 유산 등재(Intangible Cultural Heritage Register)를 마쳤다.
포르투갈 알투 도루 와인 생산지 (Alto Douro Wine Regio) 2001, No. 1046	범주 3: 알투 도루 지역에서는 근 2천 년간 **와인**을 생산했으며, 꾸준한 인간 활동이 지금의 경관을 만들었다. 범주 4: 알투 도루의 경관에서 계단식 경지, 퀸타(quinta: **와인** 생산 농가 군락), 마을, 예배당, 도로 등 **와인 제조**와 관련된 전반적인 활동을 볼 수 있다. 범주 5: 알투 도루의 문화적 경관은 전통적인 유럽 **와인** 생산지의 탁월한 사례로서 오랜 기간 인간의 활동 발전상을 보여준다.

국가, 지역 유네스코 번호	등재 이유와 내용
	알투 도루 지역에서는 약 2천 년간 자리를 지켜온 지역민들이 와인을 생산했다. 18세기 이래로 알투 도루의 주요 상품인 포트 **와인**은 높은 품질로 유명세를 떨쳤다. 이런 오랜 포도 재배 전통 덕에 기술적, 사회적, 경제적 발전을 이루어, 탁월한 아름다움을 지닌 문화적 경관이 탄생했다.
포르투갈(아조레스) 피쿠 섬 포도 농업 (Pico Island Vineyard Culture) 2004, No.1117 rev	**범주 3:** 피쿠 섬의 경관에서는 작은 화산섬에 처음 사람이 정착했던 15세기부터 발전상을 통해 특유의 **포도 재배** 문화를 볼 수 있다. **범주 5:** 손으로 일군 작은 돌담으로 구획된 농지의 이 비할 데 없는 아름다운 경관은 적대적인 환경 속에서 세대를 거듭해가며 지속 가능한 삶과 가치 높은 **와인**을 창조한 소규모 재배자들을 대변해주고 있다. 대서양에 있는 987헥타르 면적의 피쿠 화산섬에는 수천에 달하는 소규모 농지(currai, 쿠라이)를 바람과 바닷물로부터 보호하기 위해 세운 훌륭한 담장들이 있다. 15세기부터 시작된 **포도 재배**를 입증하는 유산으로, 이 특유의 농지 조합, 19세기 스타일의 가옥, **와인셀러**, 교회, 항구가 있다. 인간이 만든 이 지역의 아름다운 경관은 이곳이 한때 와인 산업으로 매우 번성했던 지역임을 보여준다.
남아프리카 케이프 와인랜드 (The Cape Wineland) 2009(신청)	본 신청에서는 (ㄱ) 1655년 처음 **포도나무**를 심었다는 점과 (ㄴ) 토착 건축 양식 면에서 범주 2, 3, 4, 5에 적용된다고 주장한다.
스위스 라보 계단식 포도 재배지 (Lavaux Vineyard Terraces) 2007, No.1243	**범주 3:** 라보 **포도 재배지**의 경관은, 지역에 특화된 오랜 문화적 전통이 혁신을 거듭하며 이어져왔음을 보여준다. 잘 보존된 지역과 건물들을 통해, 근 천 년에 걸친 혁신과 발전을 매우 뚜렷하게 볼 수 있다. **범주 4:** 라보 포도 재배지의 발전상을 보며 가치 높은 **포도 재배 및 와인 생산지**에 대한 후원, 감독, 보호에 대한 이야기를 알 수 있다. 그리고 이런 문화는 이곳의 역사에 중대한 부분을 담당하고 있다. **범주 5:** 라보 포도 재배지의 풍광은 인간과 자연이 이룩한 상호작용을 보여주는 탁월한 예시이다. 고유하면서도 생산적인 방식으로 지역 경제의 큰 부분을 담당하는 고가치의 **와인** 생산을 위해 지역 자원의 최적화를 이뤄냈다. 급속도로 확산되는 도시화에 맞서, 지방 자치단체의 강력한 보호 조치가 시작되었다. 알프스 사면 락 레만(Lac Léman) 상부 경사지 830헥타르의 면적에 1만여 개의 계단식 경지가 있고, 각 경지마다 세운 돌담은 길이가 450km에 달한다. 가장 일반적인 품종은 백포도인 샤쓸라(Chasselas)이다.
스위스 베베이 포도 재배자 축제 Winegrowers' Festival in Vevey 2016, No. 1201	**분야:** 무형 문화 유산 1797년부터 시작된 이 축제는 20년에 한 번 열린다. 가장 최근 축제가 1999년에 있었으니 다음번 축제는 2019년이다. 이 **와인** 축제는 3주 동안 진행되고 15개 행사가 열리며 행사를 돕는 인원만 5천여 명이다. 베베이 와인 재배자단(Vevey Brotherhood of Winegrowers)이 주최한다. 음악, 음식, 행진과 함께 최고 **포도 재배 및 와인 생산자**에 대한 시상을 한다.

주의
- 와인이 등재 이유의 하나로써 나타난 경우는 범주를, 그렇지 않은 경우는 분야로 표시했다.
- 저자는 포도 및 와인 관련 문구는 강조 표시했다.

오스트리아 다뉴브 강 둘레에 있는 박하우 밸리(Wachau Valley)는 유네스코 유산이지만 와인 때문에 지정된 것은 아니다. 이 지역의 포도 재배 면적은 1,350헥타르로서 주요 품종은 그뤼너 벨트리너와 리즐링이다.

유네스코 유산으로 등록될 후보로 이탈리아의 전통 에스프레소 커피, 스파클링 와인인 프로세코(Prosecco) 생산과 관련하여 이탈리아의 베네토(Veneto)와 프리울리(Friuli)지구, 이탈리아의 키안티 클라시코(Chianti Classico) DOCG 지구, 스페인의 리오하 와인 재배지가 있다.

10.2 음악과 종교

○ 악보로서 CAFE

카페(CAFÉ)를 악보에서 표시하면 아래와 같다. 아래 악보에서는 길이로 나타내면 카아아페(CAAAFE)가 된다. 아마도 카페 룽고를 뜻하는 것이리아.

이탈리아 사람들은 커피와 음악을 다 사랑한다. 아마 커피도, 음악도 알레그로 모데라토 운 포코 비바체 마 논 트로포(allegro moderato, un poco vivace, ma non troppo: 적당히 빠르게, 약간 활발하게, 그러나 지나치지 않게)로 주문할 것이다.

물론 위 말은 농담이긴 하지만, 위의 네 음 자체는 진짜이다.

커피와 음악 모두를 좋아한다면, 프랭크 시나트라의 1946년작 The Coffee Song(They've Got an Awful Lot of Coffee in Brazil)을 들어 보라. 쿠바의 가수 시오라마 알파로가 베네수엘라에서 발표한 1961년도 노래 Moliendo Café(커피 분쇄) 또한 영감을 줄 것이다.

○ 요한 세바스티안 바흐의 커피 칸타타

작곡가 요한 세바스티안 바흐(1685-1750)는 커피를 즐겨 마셨다고 한다. 최소한, 그는 1730년대에 짧은 희극 오페라인 '커피 칸타타(Coffee Cantata, BWV211, Schweigt stille, plaudert nicht, 조용하라, 잡담을 멈춰라)'를 작곡한 사람이다. 이 소규모 오페라는 바흐의 고향인 독일 라이프치히에 있는 침메르만 커피점(Zimmermann's)에서 처음 공연되었다.

이 오페라에 나오는 솔로이스트 세 명 중 한 명은 슐렌드리안(Schlendrian) 씨의 딸 리스헨(Lieschen)으로서 아버지의 뜻을 거역하고 커피를 많이 마신다. 그녀는 자신이 커피를 얼마나 좋아하는지 노래로 주장한다.

아버지, 그렇게 엄하게 말하지 마세요!
하루에 세 번 마시지 못한다면,
아! 귀여운 커피잔을 들지 못하게 한다면,
너무나 괴로워서
바짝 구운 염소가 될지도 몰라요

아! 커피는 얼마나 맛있는지
천 번의 키스보다도 더 달콤하고
머스캣 와인보다도 부드럽네요.
커피, 커피를 마셔야겠어요
누군가 나를 만족시키고 싶다면
가져다주세요. 커피를!

결국 아버지는 딸의 소원을 들어주었고, 모두가 함께 '커피를 마시는 것은 자연스럽다네'라는 노래를 부른다.

● 포도밭과 음악

일부 포도 재배자들, 특히 이탈리아의 재배자들은 포도밭이나 와인셀러에서 바로크 시대 또는 고전 음악을 튼다. 이들은 음파가 포도와 와인 품질에 좋은 영향을 준다는 것을 경험으로 안다.

토스카나의 파라디소 디 프라싸나(Paradiso di Frassina)에서는 포도밭에 스피커 40개를 설치해서 음악을 튼다. 주장에 따르면, 음악은 포도나무의 건강(병충해가 최소한으로 줄어든다.)과 와인에 좋은 영향을 준다고 한다. 와인 라벨에도 악보가 그려져 있는데, 한 악보에는 모짜르트의 '마술피리' 음계가 그려져 있다. 포도밭에서 가장 선호하는 음악이 모짜르트의 곡이다.

이탈리아 리미니(Rimini)의 테누타 비오디나미카 마라(Tenuta Biodinamica Mara) 포도밭에서도 모짜르트 음악을 자주 튼다. 와인셀러에서 제조와 숙성을 하는 동안에는 그레고리안 찬가(Gragorian chant)를 재생한다고 한다.

아마도, 모짜르트와 이탈리아 와인 사이에 특별한 관계가 있는 것 같다. 이탈리아의 레드 와인용 품종으로 베네토(Veneto), 트렌티노(Trentino)에서 재배하는 마르제미노(Marzemino)는 모짜르트의 오페라 돈 죠반니(Don Giovanni)에서 언급된다. 극에서 돈 죠반니는 "베르사 일 비노! 엑첼렌테 마르제미노!(Versa il vino! Eccellente Marzemino!)"라고 말한다. "와인을 부어라! 탁월한 마르제미노를!" 라는 뜻이다.

칠레의 몬떼스 와이너리(Montes Winery)에서는 2004년부터 와인 에이징 때 중세 음악을 튼다. 특히 그레고리안과 바흐의 음악을 많이 선택한다. 칠레의 다른 와인 제조업체인 떼루아 소노로(Terroir Sonoro)는 재즈를 선호하는데, 배럴 내부에 스피커를 넣었다. 이탈리아 남부 풀리아(Puglia)에 있는 한 와인 업체에서는 포도밭과 와인셀러에서 주로 바흐의 곡을 재생한다.

프랑스 루아르 밸리의 포도 재배자들도 음악을 사용한다. 그들이 4년 넘게 음악을 이용해보니 특정 유형의 전자음악에 노출된 포도나무가 그렇지 않은 포도나무에 비해 포도 병원균인 esca 균 공격을 덜 받았다고 한다.

다른 지역에도 포도밭에 음악을 트는 곳이 있다. 남아프리카의 스텔렌보쉬(Stellenbosc)에 있는 데모르겐존(DeMorgenzon)이나 뉴질랜드 블렌하임(Blenheim) 인근 일랜즈 에스테이트(Yealands Estate)가 한 예이다.

● 성경 속 와인: 노아와 와인 메이커 예수

성경에는 와인이나 다른 주류에 대한 언급이 200번 넘게 나온다. 긍정적인 표현도, 죄악시하는 표현도 모두 있다.

구약 모세 오경(창세기)에서 와인이 나온다. 기원 2100년대, 방주를 타고 홍수에서 살아남은 노아가 포도나무를 심고 와인을 양조했다는 부분이다. 그가 술해 취해 아들들을 난처하게 만든 이야기도 나온다.

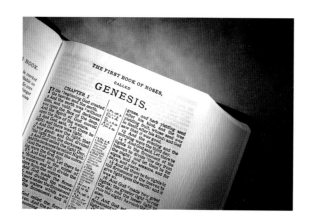

노아는 950년을 살았지만 홍수가 났을 때 이미 600살이었으므로 와인이 장수의 (유일한) 근거라고는 볼 수 없다.

신약 성경에도 와인이 언급된다. 그중에는 예수가 적당히 와인을 즐겼다는 내용도 볼 수 있다.

요한복음 2:10에는 예수가 가나의 결혼 잔치에서 물을 와인으로 바꾼 이야기가 나온다.

> 다음 날 갈릴리 가나 마을에서 결혼 잔치가 있었다. 예수의 어머니가 그곳에 있었고, 예수와 그의 제자들도 잔치에 초대받았다. 잔치 중 와인이 떨어졌고, 예수의 어머니가 그에게 말했다. "와인이 떨어졌다."

> "어머니, 저와 상관없는 일입니다."라고 예수는 대답했다. "아직 제가 나설 때가 아닙니다." 그러나 그의 어머니는 하인들에게 말했다. "내 아들이 말하는 대로 다 들어주거라."

> 예수 가까운 곳에 유대인들이 의식을 하기 전 씻을 물을 담는 돌항아리가 여섯 개 있었다. 각각 20에서 30갤론을 담을 수 있는 크기였다. 예수는 하인들에게 항아리를 물로 채우라고 말했다. 항아리가 다 채워지자, 예수가 말했다. "이제 그걸 떠서 잔치 음식 담당자에게 가져다주어라." 하인들은 예수의 말을 따랐다.

> 음식 담당자가 맛을 보았더니, 좋은 와인이었다. 그는 이 와인이 어디서 왔는지는 알지 못한 채(물론 하인들은 알고 있었지만) 신랑을 불렀다. "잔치 주인들은 언제나 가장 좋은 와인을 준비합니다." 그는 말했다. "하지만 손님들이 모두 취한 뒤에는 덜 좋은 와인을 대접하는 게 보통입니다. 그런데 당신은 지금 가장 좋은 와인을 대접하시는군요!"

갈릴리 가나에서 있었던 이 일은 예수가 보여준 첫 기적이었다.

여기서 주목할 만한 것은, 잔치 음식을 담당하는 이의 말, 흔히 가장 좋고 가장 비싼 와인을 먼저 제공한다는 말이다. 지금도 이런 경우가 많지만, 모든 사람이 동의하는 것은 아니다. 다만, 일반적으로는 화이트 와인을 레드 와인보다 먼저, 스파클링 와인은 일반 와인보다 먼저, 가벼운 느낌의 와인을 무거운 느

껌의 와인보다 먼저 제공해야 한다는 점은 대체로 동
의한다.

예수가 십자가에 못 박히기 전 열린 최후의 만찬
에서도 와인이 나온다. 이 와인은 단순한 과즙이나
논알코올 음료가 아니라 진짜 와인으로 여겨진다. 그
렇지만 사학, 종교학 관련 전문가들이나 와인 전문가
들도, 당시 어떤 종류의 와인이 만찬에 올랐을지, 어
떤 포도 품종이 쓰였을지는 파악하지 못했다.

◐◑ 커피와 와인을 생산하는 가톨릭 종교인

전 세계 커피의 45%, 전 세계 와인의 55%는 가톨릭
종교인 또는 가톨릭이 지배적인 지역의 사람들이 생
산한다. 커피나 와인과 관련된 사람들이 이들 세계
에서 '평균적인' 사람들이라고 한다면, 커피 생산에
서 중남미가 차지하는 비중, 와인에서 남유럽이 차지
하는 비중을 감안할 때, 이는 놀랄 일이 아니다. 두 지
역 모두 라틴(Latin)이라고 표현되고(Latin America, Lat

in Europe), 이곳에는 가톨릭에 기반한 종교적, 문화적
역사가 있다.

세계 인구 75억 명 중 12.5억 명이 가톨릭이다.
17%에 해당한다. 아래는 일부 국가의 가톨릭 인구
비중이다. 비율값이 높은 순으로 나열했다.

커피 :

중남미: 멕시코, 페루 85%, 콜롬비아 75%, 코스타리
카 70%, 브라질 60%, 온두라스, 과테말라, 니카라
과, 엘살바도르 45-55%

아프리카: 부룬디 65%, 르완다 50%. 코트디부아르,
케냐, 카메룬, 탄자니아 25%

와인 :

이탈리아, 포르투갈 85%, 아르헨티나 75%, 스페인
70%, 프랑스, 칠레 65%, 독일 30%, 호주, 미국
25%

CHAPTER 11

국가별 커피와 와인

국가별 커피와 와인

Coffee and Wine by Country

11.1 자료와 역사

◎ 커피 관련 자료

별도로 기재한 경우를 제외하면, 입수 가능한 최근 4년간의 연례 수치 평균값을 사용했다. 대부분은 2016-17시즌부터 시작한다. 수치 자료는 반올림했고, 평년 수치를 반영할 수 있도록, 수치가 크게 다르게 나온 연도는 제외했다. 생산 및 소비 수치는 모두 생두 환산값(GBE)을 사용했다.

● 와인 관련 자료

'포도 재배지(헥타르)'는 별도로 기재한 경우를 제외하면 와인용 포도만 재배하는 포도 재배지를 말한다.

와인 생산량(연간 100만 헥토리터 단위)은 날씨에 따라 매년 다르다. 2013-2017년(2017년은 추정치를 썼다.) 기간 동안의 물량을 평균하되, 평년 수치를 반영할 수 있도록, 수치가 크게 다른 연도는 제외하였다.

와인 소비량은 국가 전체에 대한 것은 연간 100만 헥토리터 단위, 일인당 소비량은 연간 리터 단위로 나타내되, 입수 가능한 가장 최근 4년간의 평균값을 사용했다. 소비량은 연간 편차가 적다.

◎● 자료원

국가 자료는 국제 커피 기구(ICO), 국제 포도 와인 기구(OIV), 국가 통계, 국가 홍보 자료, 저자의 계산과

추정 등 여러 가지 자료원을 바탕으로 한다.

세계 인구 76.5억명

● **커피 재배 면적**: 1100만 헥타르
  생산량: 연간 1.51억 포대(910만 톤)
  생산성: 헥타르당 12포대: 생두 720kg = 원두 605kg = 커피 8.6만 잔(잔당 7g 사용)에 해당한다.
  수출: 생산국에서 생두 1.12억 포대를 수출한다.
  소비: 1.52억 포대. 한 사람당 매년 생두 1.2kg, 130 잔을 소비한다.

● **포도 재배 면적**: 750만 헥타르, 이 중 와인용 포도를 생산하는 포도 농지는 470만 헥타르이다. 2006년 대비 30만 헥타르가 줄었다.
  생산량: 2.71억 포대
  생산성: 57hL/ha, 5,700리터 =7700병 =4.6만 잔 (잔당 125mL)에 해당한다.
  소비: 2.44억 헥토리터, 일인당 연간 3리터, 약 25 잔을 넘는 양이다.

알바니아 인구 290만 명

● **포도 재배 면적**: 1만 헥타르.
  적포도/백포도: 60/40
  생산량: 20만 헥토리터

전 세계에서 하루에 소비되는 커피와 와인은?

- 커피 25억잔: 숫자로는 2,500,000,000잔이다. 연 생산량 생두 1.5억 포대(900만 톤), 1잔당 생두 9g(원두 7g) 조건으로 계산했다.
- 와인 5억잔: 숫자로는 500,000,000잔이다. 와인 연 생산량 2.7억 헥토리터 중에서 증류 처리 10%를 제외한 2.4억 헥토리터를 소비하고, 잔당 평균 140mL 조건으로 계산했다.

알제리 인구 4100만 명

● **포도 재배 면적**: 와인용 포도 재배지 3만 헥타르. 1878년 1.8만 헥타르, 1890년 9.6만 헥타르, 1903년 17.4만 헥타르, 1935년 40만 헥타르, 1962: 40.5만 헥타르.

　적포도/백포도: 86/14

　생산량: 60만 헥토리터. 1935년: 2천만 헥토리터, 이 시기 알제리는 세계 4위의 생산국이었다. 1960년: 1800만 헥토리터. 1980년: 200만 헥토리터

　수출: 8천 헥토리터

　소비: 60만 헥토리터, 일인당 1.5리터

　역사: 1900-1940년 사이, 알제리 와인이 유럽으로 대량 수출되면서 프랑스에서는 아펠라시옹을 비롯한 와인 규제 정책을 도입한다. 1950년대와 1960년대에 알제리는 세계 최대 와인 수출국이었다.

앙골라 인구 2700만 명

○ **커피 재배 면적**: 5천 헥타르(추정치이며 실제로는 이보다 높을 것으로 보인다.)

　생산량: 로부스타 5만 포대. 증가하고 있다.(추정치이며 실제로는 이보다 높을 것으로 보인다.) 1960년대와 1970년대에 앙골라는 아프리카 최대의 커피 생산지이자 세계 최대의 로부스타 생산지였다. 국제 커피 기구(ICO)가 1963년 창립할 당시 앙골라는 조기 가맹국이자 활발한 활동을 편 결과 첫 번째 국제 커피 규약(International Coffee Agreement, ICA) 하에서는 200만 포대

가 넘는 쿼터를 확보했다. 1970년대 초, 생산량 400만 포대로 고점을 찍었으나 1975년 혁명―27년간 이어진 내전의 시작―이 일어난 이후로 50만 포대 미만으로 격감했다. 앙골라산 로부스타는 상당수가 고지대에서 그늘재배한다. 로스터들 사이에서 평판이 좋다.

아르헨티나 인구 4400만 명

○ **커피 소비량**: 일인당 1kg

● **포도 재배 면적**: 23만 헥타르, 이 중 와인용 포도 재배지는 21.5만 헥타르이다. 세계에서 가장 넓은 포도밭이 있다.

　적포도/백포도: 62/38. 적포도 품종은 말벡(재배지 18%), 시라, 보나르다(Bonarda), 아스뻬란뜨 보우스켓(Aspirant Bouschet), 빠이스/크리오쟈(País/Criolla), 까베르네 소비뇽 까베르네 프랑, 쁘띠 베르도, 메를로, 뗌쁘라니요가 있다. 백포도 품종은 소비뇽 블랑, 샤르도네, 세레자(Cereza), 뻬드로 히메네즈(Pedro Ximénez), 또론떼스(Torrontés)가 있다. 거의 대부분의 포도밭에서 관개를 한다.

　생산량: 1400만 헥토리터. 아펠라시옹은 Origin, GI, DOC 세 가지이다. 안데스 산맥 발치에 있는 꾸요 지역의 멘도사 지방이 생산의 60% 가까이 차지한다. 산 후안 지방은 30%를 약간 넘는다. 소규모 재배자 수는 3만 명이다.

　생산성: 67hL/ha

　수출: 350만 헥토리터, 8억 달러어치로 연중 편차가 있다. 수출품의 60%는 말벡 품종으로 2005년에는 최대 25%까지 올라갔다.

　소비: 1050만 헥토리터. 생산의 70%가 국내에서

소비된다. 일인당 25리터 정도로, 1970년에 일인당 92리터로 정점을 찍었을 때보다 낮아졌다. 국내 소비량이 많은 것은 음주 문화에 익숙한 스페인과 이탈리아 이주민이 많기 때문이다. 1991-2015년 사이, 연간 일인당 와인 소비량은 53리터에서 25리터로 감소했으나 맥주 소비량은 25리터에서 51리터로 높아졌다.

역사: 첫 포도나무를 1550년에 심었다. 1680년대 네덜란드 정착민이 이주하고 이후 위그노(Huguenot, 프랑스의 개신교파)가 이주하면서 생산량이 늘어났다. 말벡 품종은 1868년에 수입되었다. 아르헨티나는 전 세계 말벡 와인의 75%를 생산한다.

아르메니아 인구 300만 명

● **포도 재배 면적:** 1.8만 헥타르 중 2천 헥타르만 와인 용이고 나머지는 다 브랜디 용이다.

적포도/백포도: 60/40

생산량: 6만 헥토리터이며 30%는 수출된다. 주요 시장은 러시아이다.

생산성: 30hL/ha(추정치이며 실제로는 이보다 높을 것으로 보인다.)

역사: 1980년 이래 생산량이 떨어졌는데, 여기에는 두 가지 이유가 있다: 구소련 시절인 1980년대 말, 금주 캠페인 일환으로 포도나무를 뽑아버렸다. 1991년 독립 이후에는 와인 생산이 민영화되었다.

호주 인구 2500만 명

◐ **커피 재배 면적:** 1500헥타르(추정). 아라비카/로부스타: 99/1. 품종이 다양하며, 티피카, 문도 노보, 부르봉, K7, 까뚜아이, SL6 등이 있다. 주요 재배지는 퀸즐랜드 북부 열대기후 지역 및 퀸즐랜드 남동부에서 뉴 사우스 웨일즈 북부까지 이어지는 지역이다.

생산량: 3.5만 포대, 2천 톤(자료에 따라 다르다.) 기계 수확 비율은 99%이다. 재배자는 200인 정도이며 이들 중 일부는 커피 로스팅도 한다. 커피 재배 고도는 대체로 250-400m로서 아라비카로는 특히 낮은 고도에서 재배하고 있다.

소비: 170만 포대, 일인당 4.5kg이며 상당수가 에스프레소로 소비된다.

역사: 커피는 1800년대 중엽 이후 재배되었으며, 대규모 재배는 1930년대부터 시작되었다.

● **포도 재배 면적:** 14.5만 헥타르 - 2007년의 17.4만 헥타르에 비해 줄어들었다.

적포도/백포도: 61/39 적포도 품종은 쉬라즈 24%, 까베르네 소비뇽 14%, 메를로, 피노 누아, 쁘띠 베르도, 백포도 품종은 샤르도네 14%, 소비뇽 블랑, 피노 그리, 세미용, 뮈스까이다.

생산량: 1300만 헥토리터, 포도 180만 톤. 10%는 스파클링이다. 2,500여 와인 생산자가 있다. 와인의 절반 정도는 남부 호주에서 공급된다.

생산성: 84hL/ha, 수출 700만 헥토리터(생산량의 60%), 17억 달러 규모. 1985년 수출량은 2%에 불과했다.(생산량도 보다 적었다.) 수출 물량의 50%를 약간 넘는 양이 벌크 수송된다. 최대 시장은 미국, 영국, 중국이다.

산업: 최대 와인 업체는 트레져리 와인 에스테이츠(Treasury Wine Estates), 페르노 리카 와인메이커즈(Pernod Ricard Winemakers), 어콜레이드 와인즈(Accolade Wines), 카셀라 와인즈(Casella Wines)가 있다. 카셀라 와인즈는 옐로 테일(Yellow Tail)브랜드를 소유하고 있으며 연 생산량은 1.5억 병이다.

역사: 1791년 뉴 사우스웨일즈에서 생산이 시작되었으며 처음 심은 포도나무는 유럽과 남아프리카에서 온 것이다.

오스트리아 인구 860만 명

◐ **커피 소비:** 86만 포대, 일인당 6kg

역사: 오스트리아의 커피 문화는 첫 카페가 문을 연 해인 1683년까지 거슬러 올라간다.

- **포도 재배 면적**: 4.5만 헥타르, 2000년의 5.1만 헥타르에 비해 줄어들었지만 생산량은 약간 늘어났다.

  적포도/백포도: 36/64. 32%는 자체 품종인 그뤼너 벨트리너며 12%는 적포도인 블라우어 즈바이겔트(Blauer Zweigelt) 품종이다.

  생산량: 240만 헥토리터.

  생산성: 55hL/ha

  수출: 약 20%. 2002년의 수출량은 8천만 리터로 수익은 8천만 유로였다. 2016년에는 4900만 리터를 수출해 1.48억 유로를 벌어들였다. 수출은 물량 중심에서 품질 향상으로 변해왔다.(리터당 1유로에서 리터당 3유로)

  소비: 일인당 30리터

  규제: 2003년에 오스트리아는 디스트릭투스 아우스트리아에 콘트롤라투스(Districtis Austriae Controllatus, DAC)라는, 품종보다 산지를 더 강조하는 등급 분류 체계를 도입했다.(이웃 국가의 벨트리너 품종과의 경쟁도 한몫했다.) 현재 8개 DAC 등급이 있다.

아제르바이잔 인구 1천만 명

- **포도 재배 면적**: 3천 헥타르(추정)

  생산량: 15만 헥토리터(자료에 따라 다름). 1970년대는 훨씬 많은 양을 생산했으나 이후 1980년 중 구소련 정권이 금주 캠페인 중 나무를 뽑아버렸다.

  소비: 일인당 10리터

벨기에 인구 1100만 명

- **커피 소비**: 130만 포대, 일인당 7kg

  산업: 앤트워프 항은 세계 최대의 커피 항구로서 유럽 내 여러 국가로 커피가 이동하는 관문이다. 일부 생두 수입업체는 예를 들어 제브리헤(Zeebrugge)에 시브리지(Seabridge) 창고를 보유하고 있는 에피코(Efico)처럼, 최신 커피 저장 설비로 유명하다.

- **포도 재배 면적**: 250헥타르

  생산량: 50개 와인 양조장에서 100만 리터를 생산한다. 2017년에는 뫼즈밸리 림부르크(Maasvallei Limburg)가 AOP 와인 생산지로 등록되었는데, 국경 접경지가 등록된 것으로 유럽 최초의 사례이다. 이곳은 벨기에와 네덜란드 사이의 뫼즈(Maas) 강 계곡에 있다.

볼리비아 인구 1100만 명

- **커피 재배 면적**: 1.5만 헥타르(추정)

  생산량: 아라비카 13만 포대, 주로 티피카와 까뚜라 종이다. 생산량의 40%는 수출된다.

- **포도 재배 면적**: 2천 헥타르. 주로 말벡과 까베르네 소비뇽 품종이다.

  생산량: 8만 리터(추정치)

  소비: 일인당 2리터, 국내 와인은 20%를 차지한다.

브라질 인구 2억 1200만 명

- **커피 재배 면적**: 나무를 교체 중이거나 농장 확장 중인 재배지 30만 헥타르를 합쳐 210만 헥타르, 나무는 80억 그루가 넘는다. 재배지 절반이 미나스 제라이스 주에 있다. 2002년에는 260만 헥타르였다. 평균 식부 밀도는 헥타르당 4천 그루에 가깝다.

  생산량: 33만 농가에서 연간 5천만 포대를 생산하며, 전 세계 커피의 1/3을 생산한다. 1920년에는 브라질이 전 세계 생산량의 80%를 생산했다.

  아라비카/로부스타: 76/24. 가장 일반적인 아라비카 품종은 문도 노보와 까뚜아이이다. 생산량의 약 15%는 수세식 또는 펄프드 내추럴이다. 인스턴트 커피 생산량은 연 450만 포대(전 세계 생산량의 25%)이다. 최대 조합인 쿠수페(Cooxupé)는 회원 수 1.2만 명에 연간 600만 포대를 생산한다. 다른 대형 조합으로 코카펙(Cocap ec), 코카트렐(Cocatrel), 쿠파라이소(Cooparaiso), 쿠페르시트루스(Coopercitrus) 엑스포카세르(Ex pocaccer), 미나술(MinaSul)이 있다.

생산성: 평균 헥타르당 27포대. 아라비카는 헥타르당 25포대, 1.5톤이고 로부스타는 헥타르당 30포대, 1.8톤이다.

수입: 생두를 수입할 수는 없으나 바뀔 가능성이 있다. 원두 수입량은 2만 포대로 주로 유럽에서 들어온다.

수출: 연간 3100~3600만 포대를 수출하며 50~70억 달러를 벌어들인다. 85%는 아라비카이다. 커피는 국가 수출 수익의 3%를 차지한다. 독일과 미국이 최다 수입국이다. 원두와 분쇄 커피 수출량은 2.6만 포대(1600톤)이다. 인스턴트 커피 수출은 350만 포대(21만 톤)이다.

소비: 2100만 포대. 90% 이상이 원두 또는 분쇄 커피이다. 일인당 6.3kg이다. 브라질은 2020년대에 미국을 제치고 세계 최대의 소비시장이 될 것으로 보인다.

산업: 1400여 로스터가 있으며 이 중 그루포 트레스 코라송이스(Grupo 3 Corações), 야콥스 다우베 에그베르츠, 멜리타(Melitta)의 세 업체가 브라질 원두커피 및 분쇄 커피 시장의 50% 이상을 차지한다. 상파울루 주의 에스피루트 상투 두 핀얄(Espirito Santo do Pinhal)에 위치한 핀얄렌시 S/A(Pinhalense S/A)는 세계 최대의 생두 가공 설비 제조 및 수출업체이다.

역사: 1727년에 커피나무를 처음 심었다. 브라질은 근 200년간 독보적인 최대 커피 생산국이다.

○ 다양한 향미와 품질

브라질 커피는 품종, 기후 조건, 농장 크기, 재배 내력, 수확 방식, 처리법 등의 다양성에서, 가능한 모든 다양성을 거의 다 제공한다. 이 나라에서는 모든 종류의 커피를 찾을 수 있다. 대량 벌크로 공급되는 상품군 등급의 로부스타(코닐론)에서부터 세계에서 가장 뛰어난 품질의 마이크로랏 스페셜티 커피가 있고, 인증 또한 여러 가지이다.

브라질은 커피 브랜딩 및 커피의 다양성을 일깨우기 위한 노력을 진행 중이다. 그 방법 중 하나로, 브라질은 14개 커피 재배지를 나누어 'One Country, Many Flavour(한 나라에 여러 향미)'라는 공동 글로건 아래 각 재배지를 홍보하고 있다.

위 14개 재배지는 미니스 제라이스 주의 술 데 미나스(Sul de Minas), 세하두 미네이루(Cerrado Mineiro), 샤파다 데 미나스(Chapada de Minas), 마타 데 미나스(Mata de Minas), 에스피리투 상투 주의 에스피리투 상투 마운틴스(Espírito Santo Mountains), 코닐론/로부스타(Conilon/Robusta), 상 파울루 주의 모지아나(Mogia

○ 표 11.1 브라질 각 주별 커피 생산량 및 아라비카/로부스타 비

주	커피 생산량 100만 포대	아라비카/로부스타 %
미나스 제라이스	28	98/2
에스피리투 상투	14	25/75
상 파울루	5	100/0
바이아	2.0	65/35
파라냐	1.5	100/0
론도니아	1.5	10/90
리우데자네이루	0.5	100/0
기타	0.5	–
총합	53	76/24

자료: 여러 브라질 관련 자료. 2012~2016년 수치 중 극단적인 해는 제외하고 평균해서 반올림했다.

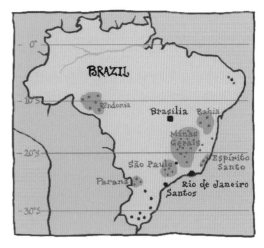

na), 미드웨스트 리전(Midwest Region), 바이아 주의 바이아 플래토(Bahia Plateau), 세하두 바이아나 앤 웨스트 리전(Cerrado Baiana and West Region), 애틀랜틱 바이아(Atlantic Bahia), 파라냐 주의 노스 파이오니어링(North Pioneering), 그 밖에 론도니아(Rondônia)와 리우 데자네이루(Rio de Janeiro(둘 다 코닐론/로부스타 생산지이다.))가 있다.

이쯤 해서, 산토스 커피(Santos coffee)에 대해 언급하고자 한다. 1세기 이상, 상파울루 주의 해변 도시인 상투스(Santos)는 브라질 최고 커피가 수출되던 항구였다. 이로 인해 많은 사람들이 '산토스 커피'를 무언가 특별하다는 느낌으로 받아들였다. 그러나 이 지역—리우데자네이루에서 남서쪽으로 300km 거리—에는 실제 그런 커피는 없다.

● **포도 재배 면적**: 9만 헥타르. 이 중 3.5만 헥타르는 와인용 포도를 재배한다.(자료에 따라 다르다.). 1995년에는 2.2만 헥타르였다.

적포도/백포도: 83/17. 주로 샤르도네, 소비뇽 블랑, 시라, 까베르네 소비뇽, 메를로, 기타 비티스 비니페라 종이 아닌 포도를 재배한다.

생산량: 300만 헥토리터. 연중 편차가 상당하다.(2016년 130만 헥토리터, 2017년 340만 헥토리터) 상당수 와인이 스파클링이다. 1200개 와인 양조장이 있으며 그들 중 다수가 2헥타르 정도의 소규모 포도밭을 가지고 있다. 최대 생산자는 협동조합인 아우로라(Aurora)로서 1300여 회원이 가입해 있고 연간 5천만 리터를 생산한다.

생산성: 80hL/ha

수출: 260만 리터(350만 병)으로 수익은 1천만 달러이다. 최대 시장은 영국이다. 브라질은 에스푸만테스(Espumantes)라 불리는 스파클링 와인 시장에서 점차 자리를 잡고 있다.

소비: 400만 헥토리터, 일인당 2리터

역사: 첫 포도나무는 1532년 심어졌다고 한다. 대량 생산은 1870년에 이탈리아 이주민들이 시작했다.

지리: 주요 와인 생산지는 6곳으로 이중 5개 지역이 남위 28-32도 리우 그란데 두 술 주에 있다.(깜빠냐(Campanha), 세하 두 수데스치(Serra do Sudeste), 세하 가우샤(Serra Gaúcha), 캄포스 데 시마 다 세하(Campos de Cima da Serra), 플라날투 카타리넨시(Planalto Catarinense)). 북동부의 발리 두 상 프랑시스코(Vale do São Francisco)는 적도에서 1천 km 이내 지역으로 일 년에 두 번 수확이 가능하다. 이 주요 여섯 지역 외에도 소량으로 와인을 생산하는 지역들이 있다. 예를 들어 상 파울루 주 북부 에스피리투 상투 두 핀알은 전통적으로 커피 산지이지만 와인도 생산한다.

불가리아(유럽 연합) 인구 710만 명

● **포도 재배 면적**: 6.7만 헥타르－1980년대에 비해 크게 낮아졌다. 대다수 포도 품종은 까베르네 소비뇽, 메를로, 까베르네 프랑 및 지역 품종인 마브루드(Mavrud), 멜닉(Melnik), 파미드(Pamid)이다.

적포도/백포도: 64/36.

생산량: 포도 22만 톤, 160만 헥토리터. 1985년: 450만 헥토리터

생산성: 24hL/ha. 수출: 80만 헥토리터로 러시아, 독일, 스웨덴, 폴란드가 주요 수입국이다. 영국 시장은 성장 중이다.

소비: 100만 헥토리터, 일인당 13리터이며, 일부 자료에서는 그보다 소비량이 낮게 나와 있다.

부룬디 인구 1200만 명

○ **커피 재배 면적**: 7.5만 헥타르

생산량: 20만 포대(15만에서 40만 포대까지 편차가 있으며, 최고 기록은 1980년대의 50만 포대이다.) 수세 처리장 190개소. 아라비카/로부스타: 98/2. 부룬디와 르완다는 아프리카 대륙에 있는 여러 국가 중 유일하게 컵 오브 엑설런스 대회를 개최하고 인터넷 옥션을 여는 나라들이다.

카메룬 인구 2500만 명

- ◐ **커피 재배 면적**: 14만 헥타르(아마도 더 높을 것으로 보인다.)

  생산량: 50만 포대 – 1980년대의 180만 포대에 비해 줄어들었다.

  아라비카/로부스타: 13:87. 커피는 1913년에 들어왔다.

캐나다 인구 3700만 명

- ◐ **커피 소비**: 460만 포대, 일인당 7kg.

  거래: 최대 업체는 100개 이상의 브랜드를 보유한 마더 파커(Mother Parker)와 팀 호튼즈(Tim Hortons)이다. 캐나다는 ICO 가맹국은 아니지만 ICO 기술 위원회에는 참여한다.

- ● **포도 재배 면적**: 1.2만 헥타르. 주로 온타리오 주와 브리티쉬 콜럼비아 주에 있으며, 다음이 퀘벡 주와 노바스코샤(Nova Scotia) 주이다.

  적포도/백포도: 46/54.

  생산량: 70만 헥토리터 – 95% 이상이 국내에서 소비된다. 약 700개 와인 양조장이 있다. 블렌드 제품을 대량 생산한다. 수입 포도와 주스를 일부 원료로 사용한 것은 'Cellared in Canada(캐나다에서 양조)'로 팔린다.

  생산성: 55hL/ha(추정치)

  수출: 미국, 중국, 홍콩, 러시아, 대한민국, 영국으로 수출이 증가세이다.

  무역: 유럽 연합과 미국에서는 캐나다의 수입 관련 법규와 엄격한 지역 보호 정책에 대해 이의를 제기하고 있다. 해당 규정과 정책은 소비자

의 선택권도 제한한다.

소비: 500만 헥토리터, 일인당 14리터

중앙아프리카 공화국 인구 510만 명

- ◐ **커피 재배 면적**: 1.8만 헥타르

  생산량: 6만 포대(아마도 더 낮을 것으로 추정.) 과거에는 30만 포대 이상 생산하기도 했다.

칠레 인구 1800만 명

- ◐ **커피 소비**: 일인당 1kg
- ● **포도 재배 면적**: 12.2만 헥타르(1981년 10만 헥타르, 1985년 6.7만 헥타르). 포도밭이 젊다 – 90%가 10년 미만이다.

  적포도/백포도: 72/28. 적포도 품종은 까베르네 소비뇽, 메를로, 피노 누아, 까르미네르가 많다. 까르미네르 품종의 90% 이상이 칠레에서 생산되고 대부분이 중국에서 소비된다. 화이트 와인은 샤르도네, 소비뇽 블랑 품종을 쓴다. 일부 지역에는 140년 이상 된 포도밭이 있다.

  생산량: 1100만 헥토리터, 250개 와인 양조장이 있고 이 중 세 곳은 매우 크다. 생산량은 2000-2015년 사이 두 배로 증가했다. 칠레는 바이오다이내믹 와인의 최고 생산지이다.

  생산성: 100hL/ha

  수출: 900만 헥토리터로 19억 달러어치이다. 칠레는 프랑스, 이탈리아, 스페인에 이어 세계 4위의 와인 수출국으로서 호주를 앞선다. 국가 수출의 4%를 와인이 차지한다. 주요 소비국은 중국으로 양자간 자유무역협정의 이점을 누리고 있다.

  소비: 300만 헥토리터, 일인당 17리터이다. 칠레는 독일 및 동유럽 이민자들이 많아서 남유럽 이민자들이 많은 아르헨티나에 비해서는 습관성 와인 소비량은 적은 편이다.

  지리: 재배지들이 멀리 떨어져 있고 모래질 토양이 많아 필록세라 병이 퍼지지 않았다. 그래서

이곳의 포도나무 상당수는 원 품종 뿌리를 그대로 쓰고 있다. 북부와 남부의 거리가 엄청나서 와인 산지도 달리 구분한다. 그러나 실제로는 위도보다는 경도(태평양 해안과 안데스 산맥 중 어느 쪽이 더 가까운지에 따라서)가 포도와 와인에 더 큰 영향을 미친다.

역사: 1550년대에 처음 포도나무를 심었다.

중국 인구 14억 2천만 명

○ **커피 재배 면적**: 12만 헥타르(지금도 성장 중이다). 1965년에는 4천 헥타르였으며 1970년대와 1980년대는 재배 면적이 더 줄었다. 중국의 커피 생산에는 네슬레가 핵심 역할을 했는데, 1980년대부터 실험, 훈련, 개발을 이끌어왔다.

생산량: 19만 포대(11.5만톤) - 1998년의 10만 포대에서 늘어났다.

아라비카/로부스타: 96/4. 남서부 윈난 성에서 90% 이상을 생산하는데, 거의 대부분이 아라비카이며, 품종은 거의 까띠모르이다. 로부스타는 주로 하이난, 푸젠 성에서 생산된다.

생산성: 헥타르당 15포대

수입: 연간 200만 포대(12만 톤)을 수입하며 주로 베트남과 인도네시아에서 가져온다. 미국과 동남아시아에서 원두와 인스턴트 커피를 일부 수입한다.

수출: 75% 정도, 주로 독일과 미국, 벨기에, 말레이시아, 일본에 수출한다.

소비: 290만 포대(17.5만톤), 일인당 130g이다. 물량과 가격 기준으로 인스턴트 커피가 소매 매출의 90% 이상을 차지한다. 스타벅스는 1999년에 첫 매장을 열었으며, 2018년 초 기준 매장 수 2800개를 기록하고 있다. 다른 주요 커피 매장으로는 홍콩에서 시작한 퍼시픽 커피(Pacific Coffee)가 매장 수 1천 개, 영국의 코스타(Costa) 매장이 500개 있으며, 그 외 미국의 맥카페(McCafé)나 대한민국의 브랜드가 진출했다.

○ **중국의 특이한 커피 생산 형태 및 무역 형태**
중국은 양질의 아라비카를 주로 생산하며 대부분을 생두 형태로 수출한다. 그런데 수출량과 비슷한 수준의 로부스타를 수입해서 국내 소비용으로 사용하고 소량은 인스턴트 커피로 만들어 재수출한다. 즉, 중국은 양질의 커피는 대부분 수출하고 값싼 커피를 수입하는 것이다. 물론 품질이 좋은 원두와 분쇄 커피, 인스턴트 커피도 수입한다. 무역상의 물량, 산지, 목적지는 표 11.2에서 언급한다.

● **포도 재배 면적**: 와인용 포도 재배지 12만 헥타르. 전체 포도 재배지 87만 헥타르.

적포도/백포도: 94/6(추정치). 적포도: 까베르네 소비뇽(전체 적포도의 40%), 메를로, 까베르네 프랑, 백포도: 샤르도네(전체 백포도의 43%), 와인 대부분은 원종 뿌리를 그대로 사용한 포도나무에서 수확한 포도를 쓴다. 북부, 고비 사막 일부가 포함된 춥고 매우 건조한 지역에서 재배한다. 포도밭의 ¾은 기온이 영하 30℃ 아래로 떨어지는 지역에 있어서 겨울에는 포도나무를 덮어두고 봄에 벗겨낸다. 2015년 후반, 정부는 9개 재배지를 중국의 와인 제조 지역으로 보고했다. 이들은 각각 북동부 재배지, 창리(동부 허베이 성), 자오둥 반도(동부 산둥반도), 후아이유 분지(사창지구, 동부 허베이 성), 산시 칭수, 신장 지구(서부), 간수 성, 닝샤 헬란 산 동부(중부), 남서부 재배지이다.

생산량: 1100만 헥토리터, 이 중 2%는 수출된다.

생산성: 92hL/ha. 아펠라시옹이 처음 적용된 곳은 닝샤 산지로 1855년의 보르도 등급 분류 원칙을 기반으로 했다. 한 가지 범주를 예로 들자면, 1무 면적에 포도 500-800kg 생산이 있다. 1무는 667제곱미터로서 헥타르당 7500-12000kg, 헥타르당 50-80헥토리터에 해당한다.

수입: 600만 헥토리터로서 25%는 벌크이다. - 이들 중 일부는 지역 와인과 섞어 블렌드용으로 쓰인다.

소비: 1700만 헥토리터.(2000년: 350만 헥토리터) 이

○ 표 11.2 중국의 연간 커피 생산량과 수입, 수출량

60kg 100만 포대 생두 환산값	생두			원두, 분쇄 커피, 인스턴트 커피
	아라비카	로부스타	전체 (아라비카+로부스타)	
ㄱ. 생산	1.8 주로 원난성	0.1	1.9	2.7 사용 가능 물량으로 아라비카, 로부스타 총량
ㄴ. 수입	0.5	1.6 주로 베트남, 인도네시아	2.1	0.4 원두, 분쇄 커피는 주로 미국에서, 인스턴트는 주로 동남아시아에서 수입
ㄷ. 생산+수입(ㄱ+ㄴ)	2.3	1.7	4.0	3.1
ㄹ. 수출	1.3 주로 독일, 미국, 일본	–	1.3	0.2
ㅂ. 중국의 사용가능 물량(순수 물량) (ㄷ-ㄹ)	1.0	1.7	2.7	2.9

자료: 2017년까지의 ICO, ITC/UN, USDA, 국내 생산자, 브로셔, 잡지 기사 등의 자료 기반

중 65%는 국내산이다. 주로 프랑스(40%), 호주(17%), 칠레(12%), 스페인, 이탈리아, 미국에서 수입한다. 일인당 소비량: 1.5리터(2000년 0.4리터). 판매되는 와인의 85%는 레드 와인인데, 여기엔 몇 가지 이유가 있다: 먼저, 중국에서는 붉은색이 행복을 상징하고 부, 권력, 행운과 관련 있다. 다음, 레드 와인의 탄닌은 차의 탄닌와 약간 유사해서 환영받는다. 세 번째, 중국인들은 차가운 음료를 좋아하지 않는다. 그래서 화이트 와인을 아예 빼버리는 경우도 있다. 현재 여러 주류(증류주와 맥주)를 대체하는 용도로 와인 소비가 장려되고 있다. 와인용 포도는 곡물이 자라지 않는 지역에서 재배할 수 있어서 비옥한 토지는 식량 생산 용도로 사용할 수 있기 때문이다.

역사: 와인 생산은 1890년 산동 지방 옌타이에서 시작했다. 오늘날 옌타이와 펑라이 지역에는 140개 와인 제조 공장이 있고, 국내 총 생산량의 30% 이상을 생산한다. 생산량이 많은 다른 지역으로는 신장, 닝샤, 산시 성이 있다. 일부 포도 품종은 중국 원종이지만 19세기 후반 들어 오스트리아, 독일, 이탈리아, 스페인에서 포도 품종을 수입했다. 1950년대와 60년대에

는 동유럽에서 포도나무 꺾꽂이를 주로 수입했다. 미국, 프랑스, 이탈리아는 1980년대 이후 주요 꺾꽂이 수출국이 되었다.

산업: 일부 외국 와인 그룹이 중국 파트너와 함께 생산을 시작했다. 이들 중 프랑스의 LVMH는 원난 성 남서부 지역에 30헥타르, 닝샤 지역 60헥타르를 스파클링 와인 용으로 쓰고 있다. 샤또 라피트 로쉴드는 CITIC라는 중국 파트너와 함께 산둥성 펑라이 지역에 15헥타르에서 포도를 재배 중이다. 가장 인기 많은 브랜드는

●● 커피와 와인을 중국어로 써보자.

커피	咖啡	각 글자에 있는 네모는 입을 표현한 것이다. 이 표의문자는 커피라는 발음을 표현하기 위해 만들어졌다. 즉, 커피라는 단어는 중국어에 늦게 도입되었다.
와인	葡萄酒	처음 두 표의문자는 포도가 난 식물을 설명한다. 세 번째 글자는 술이라는 뜻이다. 즉, 포도로 만든 술이라는 뜻이다. 이 단어는 만들어진 지 천 년이 넘었다.

여기 표기된 문자는 간체자가 아닌 번체자이다.

창유(Changyu)와 그레이트월(Great Wall)이다.

콜롬비아 인구 4900만 명

◉ **커피 재배 면적:** 89만 헥타르. 언덕이 매우 많아서 교통수단으로 노새를 사용하기도 한다. 2008-2009 시즌 상당한 녹병 피해를 입은 뒤, 전국 규모의 나무 갈아심기 프로젝트로 병 저항력이 있고 생산성이 좋은 품종(주로 까스띠요(Castillo)) 30억 그루를 심었다. 콜롬비아 커피 재배자 연합(Federación Nacional de Cafeteros de Colombia, FNC)은 50만 이상의 커피 재배자 가구를 대표한다.

생산량: 1360만 포대. 2010-2012 시즌에는 병으로 인해 800만 포대 미만에 그쳤다. 콜롬비아 커피는 수세식이며 대체로 품질이 좋다. 생산량의 40% 이상이 지속 가능 프로그램을 따르고 있다.

생산성: 헥타르당 14포대

수출: 1천만 포대. 이 중 40%는 미국으로 수출되고 다음이 일본, 독일, 벨기에이다. 1950년대에는 커피가 수출 수익의 75% 이상을 차지했다. 오늘날에는 10% 미만이다. 후안 발데즈와 그의 노새 꼰치따가 나오는 유명한 로고, FNC의 유럽 연합에서의 지리적 표시제 등록 등은 80년 이상 진행되어 온 국가적 차원의 홍보 사례이다. 최고 3개 등급은 수프레모, 엑셀소, 마일즈로서, 주로 커피콩의 크기에 따라 나뉘어진다. 커피는 60kg이 아닌, 70kg 단위로 관리하고 포대에 담는다.

소비: 150만 포대, 일인당 2kg

산업: 콜롬비아 업체인 뻬나고스(Penagos)는 생두 처리용 기기에 있어 최고 제조 업체 중 하나이다. 이 회사의 제품은 전 세계적으로 판매된다.

역사: 1723년에 커피가 들어왔으며 10년 뒤 재배가 확산되었다.

2007년에 FNC 설립 80주년을 맞았다. 저자는 당시 후안 발데즈 모델을 만나 UN International Trade Centre에서 발행한 The Coffee Exporter's Guide 한 부를 증정했다.

콜롬비아(Colombia)에서는 커피가 난다. 이 콜롬비아는 모음 'ㅗ'가 두 개 있다.(미국 워싱턴 주와 오리건 주의) 콜럼비아 밸리(Columbia Valley) 및 캐나다의 브리티쉬 콜럼비아에서는 와인이 난다. 이 철자 차이는 외우기 쉽다. 커피콩 열매에는 커피콩이 '두 개' 있고 콜롬비아도 'ㅗ' 모음이 '두 개' 있다.

● **포도 재배 면적**: 1500헥타르(추정치)

   생산량: 8만 헥토리터

콩고 민주주의 공화국 인구 8200만 명

○ **커피 재배 면적**: 12만 헥타르

   생산량: 34만 포대(1990년에 180만 포대로 정점을 찍었다.) 아라비카/로부스타: 18/82

   수출: 14만 포대

코스타리카 인구 490만 명

○ **커피 재배 면적**: 9.6만 헥타르, 4억 그루의 커피나무가 자란다. 커피 재배자는 5만 명을 약간 넘는다. 커피의 80%는 고도 1200m 이상 지대에서 생산된다.

   생산량: 160만 포대 – 녹병 피해를 입은 뒤로 2011년 수치에는 아직 도달하지 못했다. 생산량은 1990년에 270만 포대로 최고를 기록했다. 규제 정도가 높아 항상성과 높은 품질이 보장된다. 모든 커피는 아라비카이다.

   생산성: 헥타르당 18포대

   수출: 100만 포대를 약간 넘는다.

   소비: 일인당 4kg – 중미 지역에서는 가장 높은데, 이곳을 찾는 많은 관광객들이 자체 소비하는 데다 돌아갈 때 커피를 가지고 가는 것도 원인 중 하나일 것이다.

   역사: 커피는 1780년에 들어왔으며 상업적 생산은 1810년에 시작했다.

코트디부아르(아이보리코스트) 인구 2300만 명

○ **커피 재배 면적**: 30만 헥타르(더 클 것으로 추정)

   생산량: 210만 포대, 모두 로부스타 – 서 아프리카 최대의 커피 생산국이다. IOC가 설립되던 1963년에는 세계 3위의 커피 생산국으로서(브라질, 콜롬비아 다음, 앙골라 앞) 수출 쿼터가 230만 포대에 달했다. 코트디부아르는 현재 세계

최대의 코코아 생산국으로서 전 세계 물량의 40%를 차지한다.

크로아티아(유럽 연합) 인구 430만 명

● **포도 재배 면적**: 2.9만 헥타르

   적포도/백포도: 35:65. 고유 포도 품종이 60가지가 넘는다. 현재 미국을 비롯해 기타 지역에서 널리 재배되는 진판델 품종은 크로아티아가 원산이다.

   생산량: 140만 헥토리터

   생산성: 50hL/ha

   산업: 슬라보니아 지역에서 고품질 오크 배럴을 생산한다.

쿠바 인구 1100만 명

○ **커피 재배 면적**: 2.7만 헥타르. 1961년 17만 헥타르, 1999년 12만 헥타르.

   생산량: 10만 포대(자료에 따라서 다르다.) 모두 아라비카이다. 1840년 60만 포대, 1956년 40만 포대.

   수출: 적다

   수입: 30만 포대. 주로 베트남과 에콰도르에서 들어온다.

   소비: 일인당 1kg(추정치)

   역사: 커피 생산은 1748년부터 시작되었으며 수출은 1780년대에 처음 했다. 1900년 이후로는 담배와 설탕 재배에 밀렸다. 쿠바의 커피 재배지는 유네스코 세계 유산으로 등록되었다. 상세한 내용은 10.1장에서 다룬다.

● **포도 재배 면적**: 300헥타르(추정치)

   생산량: 1.2만 헥토리터

사이프러스(유럽 연합) 인구 120만 명

● **포도 재배 면적**: 9천 헥타르. 사이프리오트(Cypriot)나 그릭 레프카다(Greek Lefkada) 등, 여러 고유

품종을 포함해 포도 품종의 종류가 매우 방대
하다.

적포도/백포도: 66/34

생산성: 12.5만 헥토리터. 대형 와인 양조장 네 곳,
소형 와인 양조장 60곳이 있다.

체코 공화국(유럽 연합)　인구 1100만 명

● **포도 재배 면적**: 1.8만 헥타르, 1600년과 같은 면적
이다. 1930년에는 3900헥타르, 1995년에는 1.1
만 헥타르였다. 적포도/백포도: 37/63. 일반적
인 품종은 그뤼너 벨트리너 9%, 뮐러-투르가
우 9%, 리즐링 7%, 벨쉬리즐링(Welschriesling),
생 로랑(St. Laurent), 블라우프랭키쉬(Blaufränki
sh), 프랑코니아(Franconia)이다. 재배자 수는 1.9
만 명이다.

생산량: 52만 헥토리터

생산성: 30hL/ha

소비: 230만 헥토리터, 일인당 21리터(1960년: 6리
터). 맥주 소비량은 일인당 158리터로 유럽에
서 최고이다.

덴마크(유럽 연합)　인구 570만 명

◐ **커피 소비**: 일인당 9kg, 15%는 인스턴트이다. 세
로스팅 업체가 시장의 75%를 차지하는데, 그
중 두 업체는 해외 그룹의 자회사이다. 덴마크
의 바리스타는 월드 바리스타 챔피언십 2001,
2002, 2005, 2006년도 우승을 차지한 바 있다.

● **포도 재배 면적**: 100헥타르. 적포도 품종은 론도, 리
전트, 레옹 밀로(Léon Millot), 백포도 품종은 솔
라리스(Solaris)가 있다.

생산량: 3천 헥토리터(추정치), 95개 와인 양조장이
있다. 덴마크는 2000년부터 유럽 연합에서 와
인 생산국으로 분류되었다.

수입: 180만 헥토리터, 주요 공급 국가는 이탈리아
20%, 프랑스 18%, 칠레, 호주, 스페인이다.

소비: 180만 헥토리터, 일인당 34리터이다. 80%가

레드 와인이다.

도미니카 공화국　인구 1100만 명

◐ **커피 재배 면적**: 3만 헥타르(추정치). 아라비카, 주
로 티피카를 재배한다.

생산량: 40만 포대. 이 중 90%는 국내에서 소비된
다.

수입: 커피잎녹병 때문에 이제는 커피를 수입해야
관광객 수요 및 미국의 도미니카 거주민 수요
를 맞출 수 있을 정도가 되었다.

소비: 일인당 3kg

에콰도르　인구 1700만 명

◐ **커피 재배 면적**: 14만 헥타르, 10만 가구가 농장을
경작 중이다.

생산량: 65만 포대. 아라비카/로부스타: 68/32. 티
피카 계열 및 티피카 육종군이 주도적이다.
1980년대 생산량은 근 200만 포대에 달했다.

생산성: 헥타르당 6포대

수입: 로부스타 생두 140만 포대를 브라질, 베트남
등의 국가에서 수입해 인스턴트 커피를 만드
는 데 사용한다.

소비: 25만 포대, 일인당 1kg, 85%는 인스턴트로
섭취한다.

수출: 170만 포대. 65%는 인스턴트로 수출된다.
주요 시장은 독일, 폴란드, 러시아이다.

이집트　인구 9900만 명

● **포도 재배 면적**: 700헥타르(추정), 포도 품종이 매우
많다.

생산량: 4.3만 헥토리터

소비: 관광객들이 이집트 와인의 70% 정도를 소
비한다.

엘살바도르 인구 620만 명

- **커피 재배 면적**: 15.2만 헥타르. 평균 나무 나이가 40년 정도로 상당히 노후했다. 엘살바도르는 중미에서 녹병 피해가 가장 컸던 나라 중 하나이다. 빠까스(Pacas) 등, 병에 취약한 부르봉 계열에 대한 의존도가 높았기 때문이다. 상당수 소규모 재배자들은 새로운 나무를 심을 만한 자금을 구할 길이 없어서 회복이 느린 상황이다. 아라비카 품종인 빠까마라(Pacamara)는 엘살바도르에서 개발되었다.
- **생산량**: 60만 포대. 병과 날씨 때문에 편차가 크다. 1970년대에는 380만 포대로 최고 생산량을 기록했고, 이후 생산량 격감에는 내전이 큰 영향을 미쳤다.
- **생산성**: 헥타르당 8포대 – 편차가 크다.
- **수출**: 40% 이상은 미국으로 가며, 그 외 일본과 독일도 대규모 구매자이다. 규모는 크지 않지만, 엘살바도르 커피는 신뢰성이 높고 결점두가 적다고 알려져 있다.
- **소비**: 30만 포대. 일인당 2.5kg.

에티오피아 인구 1억 800만

- **커피 재배 면적**: 40-52만 헥타르(자료별로 다르다.) 소규모 재배자 수는 대략 120만이다.
- **생산량**: 700만 포대–모두 아라비카이다. 약 25%가 수세 처리된다.
- **생산성**: 헥타르당 11포대
- **수출**: 독일(300만 포대), 사우디아라비아(100만 포대), 프랑스, 미국, 일본, 이탈리아(각 20만 포대). 수출 수익은 9억 달러에 달한다.
- **소비**: 350만 포대. 일인당 2.3kg. 커피 생산국으로서는 매우 예외적으로 높다.
- **역사**: 에티오피아는 인간에게도, 커피에게도 모두 종이 시작된 곳이다. 이 나라의 슬로건 하나는 '커피–세계로 보내는 에티오피아의 선물'이다.
- **포도 재배 면적**: 700헥타르(추정치)

- **생산량**: 4만 헥토리터(추정치)
- **산업**: 카스텔 그룹(Castel Group, 프랑스)이 지웨이 호수(Lake Ziway)인근 해발 1,600m 고지대에 160헥타르, 포도나무를 나열할 경우 300km에 달하는 농장을 운영 중이다. 아디스아바바에서 170km 남쪽이고 북위 8도, 적도에서 1천 km 이내에 세워진 농장이다. 90%가 적포도 품종(메를로, 시라, 까베르네 소비뇽), 10%가 백포도 품종(샤르도네)이다. 에티오피아의 카스텔 농장의 연 생산량은 9천 헥토리터(120만 병)로 이 중 50%가 수출된다.
- **생산성**: 65hL/ha
- **역사**: 에티오피아의 와인 생산 전통은 길다. 종교적인 목적에서 주로 단맛 나는 와인을 생산해왔다. 아와시 와이너리(Awash Winery)는 아디스아바바 동쪽에 500헥타르가 넘는 포도 재배지가 있다. 일부 포도밭은 2,300m 고도에 있고 나무 수령이 70년이 넘는 것도 있다. 모든 와인은 국내에서 소비된다. 수확은 6-7월과 11-12월이다.

핀란드(유럽 연합) 인구 550만

- **커피 소비**: 100만 포대, 일인당 12kg, 일인당 소비

량이 가장 높다. 대대수는 아라비카이다.

- **포도 재배 면적:** 10헥타르 – 주로 적포도인 리전트 (Regent)와 백포도인 솔라리스(Solaris)이다. 자체 품종인 질가(Zilga)는 생산성이 높은데 때때로 신맛이 난다. 북위 60도 지역에서도 7월과 8월 온도가 프랑스의 알자스 지방 정도로 높기 때문에 재배가 가능하다.

생산량: 약 200헥토리터

생산성: 20hL/ha(추정치)

소비: 55만 헥토리터, 일인당 11리터. 와인에 붙는 세금이 상당하여 유럽 연합에서 최고 수준이다. 국영 매장인 알코(Alko)에서 와인을 판매한다.

프랑스 인구 6500만

- **커피 생산:** 인도양에 있는 레위니옹(Réunion)과 태평양에 있는 뉴칼레도니아(New Caledonia), 프랑스령 폴리네시아(French Polynesia, Tahiti)에서 커피를 약간 생산한다. 카리브해의 마르띠니끄 섬에서는 과거 해군 사관 가브리엘 드 클리외(Gabriel de Clieu)가 1720년에 미주 대륙으로 가져온 최초의 아라비카 씨앗의 후손으로 알려진 나무를 사용해 다시 커피 농장을 조성했다.

커피 소비: 580만 포대, 일인당 5.3kg

산업: 대서양 연안의 르아브르(Le Havre)는 과거 주요 커피 수입항이었지만 시간이 지나면서 그 비중은 줄어들었다.

- **포도 재배 면적:** 78만 헥타르. 프랑스 전체 면적의 1.2%이며 농업 가능 면적 대비 3.7%에 해당하는데, 최근 면적이 줄고 있다. 역사적으로는 1870년에 240만 헥타르, 1950년에 140만 헥타르를 기록했다. 357개 아펠라시옹이 있으며 지역별로 규정이 다르다.

적포도/백포도: 68:32. 가장 많은 품종은 적포도는 까베르네 소비뇽, 메를로, 까베르네 프랑, 피노 누아, 그르나슈, 시라, 가메이고 백포도는 샤르

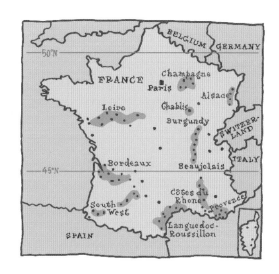

도네, 소비뇽 블랑, 슈냉 블랑, 피노 블랑, 피노 그리, 비오니에, 세미용이 있다.

생산량: 4500만 헥토리터. 연도별 편차가 있다. 2017년에는 3800만 헥토리터로 특히 낮았는데, 서리와 우박 때문이었다. 와인은 재배 면적으로는 전체 대비 4% 미만이지만 농산물 총 가치의 15%를 차지한다.

생산성: 56hL/ha, 세계 평균값과 같다. 역사적으로는(반올림 수치) 1860-1900년도에 20hL/ha, 1900-1920 및 1930년: 30hL/ha, 1950년대 40hL/ha, 1980년대 70hL/ha, 2000년대 50hL/ha, 2010년대 56hL/ha이다.

수입: 700만 헥토리터. 80%는 스페인에서 수입하는데 주로 벌크로 들어온다.

수출: 1400만 헥토리터로서 총 90억 달러에 달한다.

소비: 3900만 헥토리터, 일인당 46리터로서 주당 1.2병을 마시는 셈이다. 일인당 연간 소비량은 상당히 줄어들었다. 1900년도에 160리터, 1930년에 125리터, 1960년에 125리터, 2016년에 46리터이다. 소비 구성은 레드 와인 53%, 로제 와인 30%, 화이트 와인 17%이다.

- **보르도, 부르고뉴 – 모든 와인의 척도**
프랑스의 보르도와 부르고뉴산 와인은 '모든 와인'의

척도로 불린다. 여기에는 최소 세 가지 이유가 있다. 먼저, 역사가 오래되었고 또한 매혹적이다. 다음, 와인 품질이 좋은 것으로 잘 알려져 있다. 그리고 광범 위한 브랜드 활동으로 인지도가 높다. 두 지역의 와인에 대한 주요 수치는 아래 표 11.3에서 설명한다.

● 표 11.3 보르도, 부르고뉴, 샹파뉴 지역 및 프랑스 전체 와인 산업 비교

	보르도	부르고뉴	샹파뉴	프랑스
포도 재배지 면적 – 헥타르	112,000	29,000	33,500	785,000
포도 재배자	9,200	3,800	20,000	142,000
와인 양조장	6,800	1,300	4,500	70,000
생산량 – 백만 헥토리터	5.9(15%)	1.5(3%)	2.3(5%)	45(100%
적포도/백포도	88/12	35/65	(8)/92	66/34
수출 – 백만 헥토리터	2.1(16%)	0.7(5%)	1.0(8%)	13(100%)
아펠라시옹	65	100	1	357

자료: 지역 웹사이트, 여러 보고, 책, 잡지

주의:
• 일부 자료 간 수치 차이가 있다. 가능한 경우 2017년 자료를 포함해, 최근 5년간 수치를 평균하고 반올림했다. 수치가 특별히 높거나 낮은 해는 제외했다.
• 적포도/백포도 비율은 두 가지 유형의 포도 재배지 면적을 비교한 것이다. 1960년 보르도의 적포도/백포도의 비율은 50/500이었다.
• 샹파뉴의 적포도/백포도 비율은 스파클링 와인에 대한 것으로, 여기서는 로제 와인과 화이트 와인을 비교했다. 많은 화이트 샴페인이 적포도로 만들어진다.

● 프랑스의 외국인 소유의 샤또와 포도밭

시간이 지날수록 영국, 벨기에, 미국, 스위스 국적의 외국인들이 보르도의 샤또를 사들이고 있다. 1997년, 홍콩의 한 사업가가 생떼밀리옹의 한 샤또를 구매하면서, 아시아 최초의 보르도 샤또 소유주가 되었다. 2009년까지 중국인이 보유한 샤또는 네 개였으나 2016년에는 100개로 늘어났다. 중국인 소유의 샤또는 아직 8천 개에 달하는 보르도 샤또 중 2%에 불과하지만, 프랑스 언론은 이런 상황에 크게 주목했다. 중국인 투자자 대부분은 명성이나 고가로 알려진 샤또보다는 생산량이 많은 샤또를 구매했는데 주된 이유는 중국으로의 수출 때문이었다. 하지만 부르고뉴에는 중국인이 소유한 와인 양조장이 몇 없다.
프랑스 와인 양조장 주인의 국적이나 소유 상황에 대해 자세히 연구한 자료가 있다. 포도 재배지 자산에 특화된 부동산 그룹인 비네아 트랜젝션(Vinea Transaction)이 2015년에 펴낸 자료이다. 이 연구에서는 프랑스 전체 포도 재배지 중 2%가 외국인의 소유이며, 주로 보르도, 랑그독–루시용, 프로방스에 몰려 있다고 한다.

● 랑그독(Languedoc), 페이독(Pays d'Oc)이라는 용어의 기원과 의미

뱅 드 페이독(Vin de Pays d'Oc)은 프랑스 남부, 지중해 해안지대의 랑그독 지역에서 생산된다. '옥(Oc)'은 라틴어로 '이것'을 의미하는 혹(hoc)에서 온 것이다. 프랑스 고어 방언으로 옥(oc)은 긍정의 의미로 쓰였으며, 페이(pays)는 '지역'을 뜻한다. 그러므로 랑그독(Languedoc)은 말 그대로 '옥(oc)이라는 언어(language)'를 말하는 것이고, 페이독(Pays d'Oc)은 원래는 '옥(oc)이라고 말하는 지역'을 의미한다.
프랑스 와인 양조장 주인의 국적이나 소유 상황에 대해 자세히 연구한 자료가 있다. 포도 재배지 자산에 특화된 부동산 그룹인 비네아 트랜젝션(Vinea Transaction)이 2015년에 펴낸 자료이다. 이 연구에서는 프랑스 전체 포도 재배지 중 2%가 외국인의 소유이며, 주로 보르도, 랑그독–루시용, 프로방스에 몰려 있다고 한다.

● **샤또(Château), 도멘(Domaine), 끌로(Clos)의 차이는?**

• 샤또(Château)는 성채를 뜻하는 'citadel'에서 나온 카스텔(chastel)이 원형이다. 보르도의 샤또는 상당수가 1800년경에 세워졌다. 다만 오래되어 보이게 지었을 뿐이다. 프랑스의 일부 샤또는 작고 단아하며, 영국에서 흔히 '성'이라고 지칭하는 것과는 다르다.
• 도멘(Domaine)은 프랑스어로 샤또와 의미가 거의 같다. 동일 재배자 또는 동일 와인 양조장에 속한 소규모 포도밭을 가리키는 경우가 있다. 일반적으로는 부르고뉴(여기서는 샤또라는 말을 쓰지 않는다.)및 프랑스 기타 지역에서 사용한다.
• 끌로(Clos)는 부르고뉴 주변에서 기원한 것으로 돌담을 둘러친 포도밭을 말한다. 이런 돌담은 거의 사라졌지만, 그 경계 자리는 남아 있어서 아펠라시옹 체제에서 와인을 구분할때 이용하곤 했다. 이 용어는 때로는 앙클라브(enclave, 고립된 영역)로 해석되기도 한다.

가봉 인구 180만

○ **커피 재배 면적**: 500헥타르(추정치)
  생산: 2천 포대(추정치) - 1980년대 2.5만 포대에 비해 줄었다.

조지아 인구 400만

● **포도 재배 면적**: 4.8만 헥타르. 상당수 포도는 브랜디용으로 쓰인다. 지역 포도 품종이 500개가 넘으며, 이 중 백포도인 카치텔리(Rkatsiteli), 적포도인 사페라비(Saperavi)가 재배지의 60%를 차지한다.
  적포도/백포도: 20/80(자료에 따라 다르다.)
  생산량: 100만 헥토리터; 90%는 수출된다. 전통 흙단지인 크베브리(qvevri)를 사용해 생산하는 것이 조지아 와인에 대한 통상적인 이미지이지만, 실제 이 방식으로 생산되는 와인은 얼마 되지 않는다.
  소비: 일인당 18리터

독일(유럽 연합) 인구 8100만

○ **커피 수입**: 연간 1900만 포대. 이 중 600만 포대는 브라질, 500만 포대는 베트남에서 들어온다. 65%는 아라비카로서, 1990년의 86%에 비해 비중이 줄었다.
  수출: 수입한 커피의 절반은 여러 가지 형태로 가공해서 재수출한다.

소비: 950만 포대, 일인당 7kg, 아라비카/로부스타 비율은 65/35로서 1990년의 86/14에 비해 비율이 낮아졌다.(비율의 변화에 대해서는 7.2장 표 7.10에서 상세히 나와 있다.)
산업: 함부르크(Hamburg)는 생두 수입과 가공 면에 있어 가장 중요한 항구 도시이다. 세계 최대의 커피 거래 업체인 노이만 카페 그룹 등 여러 커피 업체의 본사가 이 도시에 있다. 주요 독일 브랜드로는 달마이어, 멜리타, 치보 외 네덜란드-독일계 업체인 야콥스 다우베 에그베르츠가 있는데, JAB 홀딩 사의 소유이다.
● **포도 재배 면적**: 10.2만 헥타르, 13개 지역에서 재배한다. 7천 헥타르 이상이 유기농 인증을 받았다.
  주요 품종: 적포도는 슈페트부르군더(Spätburgunder, 피노 누아) 12%, 도른펠더(Dornfelder) 8%, 백포도는 리즐링 23%, 뮐러-투르가우(Müller-Thurgau) 14%, 실바너(Sylvaner, 실바너(Silvaner)의 독일어) 5%, 그라우부르군더(Grauburgunder, 피노 그리) 4%이다.
  적포도/백포도: 35/65
  생산량: 900만 헥토리터(세계 총 생산량의 3.5%), 이 중 30%는 조합에서 생산한다.(독일 와인 분류에 관한 상세 내용은 5.4장에서 다룬다.)
  생산성: 91hL/ha(1970년대 중엽에는 105hL/ha)
  수출: 400만 헥토리터. 이 중 절반은 벌크로 수입해서 독일에서 병입한 후 재수출하는 것이다. 수출액은 10억 달러이다.
  소비: 2100만 헥토리터, 일인당 27리터 —2000

독일의 포도 품종 이름

블라우부르군더(Blauburgunder): 피노 누아(오스트리아, 스위스에서)

블라우어 프뤼부르군더(Blauer Frühburgunder): 피노 누아 변종

에렌펠서(Ehrenfelser): 리즐링과 실바너 교배종

그라우부르군더(Grauburgunder): 피노 그리

구테델(Gutedel): 샤쓸라(Chasselas, 옛 스위스 품종)

로터 트라미너(Roter Traminer): 게뷔르츠트라미너

룰랜더(Ruländer): 피노 그리(단맛 와인)

슈패트부르군더(Spätburgunder): 피노 누아(독일)

바이스부르군더(Weissburgunder): 피노 블랑

년 이래 안정적이다. 소비되는 와인은 독일산 36%, 이탈리아산 17%, 프랑스산 11%, 스페인산 10%이다.

5.4장에서 독일의 와인 분류에 대해 설명했다.

가나 인구 2900만

◉ **커피 재배 면적**: 300헥타르(추정치)

생산량: 3천 포대(추정치). 1960년대에는 10만 포대에 달했다. 가나는 세계 2위의 코코아 생산국이다.(1위는 코트디부아르)

그리스(유럽 연합) 인구 1100만

◉ **커피 소비**: 90만 포대, 일인당 5kg으로 이 중 60%는 인스턴트이다. 브라질과 코트디부아르가 50% 이상을 공급한다.

● **포도 재배 면적**: 5.5만 헥타르. 90%는 지역 품종인 사바티아노(Savatiano), 로디티스(Rhoditis), 무스캇(Muscat, 블랑(blanc), 알렉산드리아(Alexandria), 함부르크(hamburg)), 아요리티코(Agiorgitiko)를 심는다.

생산성: 64hL/ha

생산량: 350만 헥토리터

소비: 300만 헥토리터, 일인당 26리터. 유명 그리

스 와인인 레치나(Retsina)는 송진으로 향을 낸 것이다.

과테말라 인구 1700만

◉ **커피 재배 면적**: 30.5만 헥타르 - 국토의 3%에 가깝다. 생산되는 커피의 95% 이상은 그늘재배로 생산한다.

생산량: 380만 포대, 95%는 수세 아라비카이다. 부르봉, 문도 노보, 까뚜라, 빠까마라, 까뚜아이, 빠체, 게이샤가 있다. 로부스타 생산량은 10만 포대로서 대부분 수세식이다. 생산자는 12.5만 명이다.

생산성: 헥타르당 13포대

수출: 360만 포대 — 최대 구매자는 미국으로 32%, 다음이 일본 20%, 캐나다 13%, 벨기에, 독일이다. 과테말라는 스타벅스에 커피를 대량 공급한다. 〈과테말란 그린 북(Guatemalan Green Book)〉은 구매자 및 일반인에게 유용한 자료를 가득 담고 있는, 국가 홍보 매체로서 좋은 예이다. 과테말라 국영 커피기구인 아나카페(Anacafé)에서 구할 수 있다.

아이티 인구 1100만

◉ **커피 재배 면적**: 3만 헥타르(추정치)

생산량: 30만 포대. 한때 세계 최대 커피 생산국이었으나 1791년 혁명이 일어나면서 생산량이 줄었다. 1960-1990년 사이 평균 생산량은 60만 포대를 웃돌았다.

온두라스 인구 830만

◉ **커피 재배 면적**: 34만 헥타르. 거의 모든 커피가 그늘재배이고 상당수 농장이 유기농 인증을 받았다. 중남미 지역에서는 나무 나이가 가장 젊은 축에 든다. 11.5만 개 농장이 있으며 거의 대부분이 소규모 생산자이다. 커피 녹병이 2013

년에 창궐하면서 재배지 3만 헥타르 정도가 사라졌다. 현재 나무 교체 프로그램 및 신규 농장에 대한 대량 투자를 통해 회복하고 있는 중이다.

생산량: 650만 포대. 증가세이다. 모두 아라비카이다. 세계 6위, 중미 1위이다.

생산성: 헥타르당 평균 16포대인데 편차가 크다. – 일부 농장은 헥타르당 25포대를 넘어선다.

수출: 지역 가문이 운영하는 업체가 수출의 30% 이상을 차지한다. 다른 대형 수출 업체는 해외 기업이다. 수출의 절반은 유럽(특히 독일과 스칸디나비아 지방)이며, 주로 블렌드 용도로 쓰인다. 야콥스 다우베 에그베르츠의 커피 메이드 해피(Coffee made Happy) 프로그램에서는 온두라스(및 에티오피아, 인도네시아, 베트남)에서 커피를 조달한다.

소비: 일인당 1kg

역사: 첫 커피는 1804년 생산되었다.

헝가리(유럽 연합) 인구 980만

○ **커피 소비**: 53만 포대, 일인당 3kg

● **포도 재배 면적**: 6.7만 헥타르, 22개 와인 산지, 39개 조합이 있다. 1995년에는 13.3만 헥타르였다. 가장 유명한 와인 산지는 토카이(Tokaj)로 6천 헥타르이다. 이곳은 유네스코 문화 유산으로 등록되었다.

생산량: 260만 헥토리터. 헝가리는 1900년경에는 생산량이 높았다.

생산성: 40hL/ha

수출: 60만 헥토리터

수입: 40만 헥토리터

소비: 250만 헥토리터, 일인당 27리터

인도 인구 13억 5천만 명

○ **커피 재배 면적**: 40.5만 헥타르. 주로 남쪽의 카르나타카 주(Karnataka, 70%), 케랄라 주(Kerala, 20%),

타밀 나두 주(Tamil Nadu, 5%)에서 자란다. 카르나타카 주에 인도의 커피 수도로 일컬어지는 방갈로르(Bangalore)가 있다. 95% 이상을 소규모 재배자가 생산한다. 대부분의 커피는 그늘을 제공하는 키가 큰 나무 아래에서 자란다. 과일나무, 야채나 향신료의 재료가 되는 나무와 섞어심기하는 경우가 많다. 로부스타 비중은 점차 높아졌다. 1950년 18%, 1960년 42%, 1990년 54%, 2000년 63%, 2016년 69%. 주요 아라비카 품종은 까띠모르/카우베리(Cauvery), 켄트(Kent), S795이다. 아라비카 커피의 65% 이상은 수세 커피이며 로부스타는 20% 정도가 수세 커피이다. 인도 수세 로부스타는 품질이 높아 명성이 높다. 몬순 커피는 인도 남서부 말라바르 해안에서 생산하는 커피로서, 수확한 커피콩을 짠맛 나는 바닷바람에 노출시킴으로써 커피콩의 색상과 향미를 매력적으로 바꾼 것이다. 생산자는 27만 명이다.

생산량: 520만 포대로 일부 편차가 있다.

아라비카/로부스타: 29/71

생산성: 헥타르당 13포대

수출: 450만 포대. 이탈리아가 가장 큰 시장이다.

소비: 130만 포대, 일인당 80g이다. 블렌드에는 대개 치커리 뿌리를 볶은 것을 첨가한다. 커피에 대한 수입 관세는 100%이며, 모든 형태(생두, 원두 인스턴트)에 관계 없이 부과된다.

산업: 인도의 대기업 타타(Tata, 트럭이나 영국의 재규어(Jaguar) 등 사업 영역이 넓다.)는 커피 부문에서 주요 업체이다. 타타는 아시아 최대의 커피 경작 기업이자 대형 로스터이다. 타타는 스타벅스 파트너이자(2018년 초 매장 수 100개를 넘어섰다.) 미국의 에이트 오클락 커피(Eight O'Clock Coffee)의 소유주이다.

역사: 1600-1610년경, 커피가 전래되었으며 1680년대부터 대규모로 재배되었다.

● **포도 재배 면적**: 12만 헥타르, 이 중 2800헥타르만이 와인용 포도를 재배한다.

주요 품종: 시라/쉬라즈, 까베르네 소비뇽, 샤르도

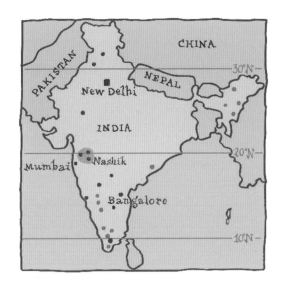

네, 슈냉 블랑

적포도/백포도: 75/25(추정치)

포도 재배지는 북위 10-20도이나, 대부분의 와인용 포도는 남반구 재배지에서처럼 2-3-4 월경에 수확해 몬순 기간에 맞추어 두었다. 세심한 가지치기와 관개 덕분에 이런 식의 수확기 변경이 가능하다.

생산량: 19만 헥토리터. 약 100개의 와인 양조장이 있으며, 주로 인도 중, 서, 남부인 마하스트라 주와 카르나타카 주에 있다. 와인의 2/3는 뭄바이 북동부의 나식(Nashik) 지역에 있다. 방갈로르 북쪽의 난디 힐즈(Nandi Hills) 또한 와인을 상당량 생산한다. 주요 생산자로는 나식 지역의 술라 빈야즈(Sula Vineyards), 몇 군데에 농장이 있는 그로버 잠파 빈야즈(Grover Zampa Vineyards)가 있다.

생산성: 65hL/ha(추정치)

수출: 2만 헥토리터, 미화 700만 달러

소비: 35만 헥토리터, 일인당 0.03리터. 60%는 레드 와인이다. 와인의 25%는 호주, 프랑스, 이탈리아에서 수입된다. 소비량이 적은 것은, 종교 때문에 금주를 하는 사람이 많고, 식사에 향신료를 많이 쓰며, 경제적 수입이 적은 인구가 많기 때문이다. 또한 인도로 수입되는 와인에 부과되는 관세가 높고 심지어는 인도 내 주를 통과할 때에도 관세가 붙고 와인 자체에 대한 주세도 높다. 일부 주의 주세는 200%이다. 29개 주마다 자체 세금 정책이 있으며 라벨에 대한 요구사항도 다르다.

인도네시아 인구 2억 6400천만 명

- **커피 재배 면적**: 125만 헥타르
  생산량: 1050만 포대, 소규모 생산자 150만
  아라비카/로부스타: 16/84
    아라비카와 로부스타 모두 높은 품질로 명성을 얻고 있다.
    인도네시아산 아라비카 커피는 인도네시아의 섬 이름을 따 자바(Java)라고 불리기도 한다. 그러나 인도네시아 최고 커피는 술라웨시, 수마트라, 티모르 서부 지역에서 생산된다. 재배 품종은 티피카, 티모르 교배종, 까뚜라, 까띠모르 등이다.
  생산성: 헥타르당 8포대
  수출: 600만 포대. 최대 시장은 미국, 필리핀, 말레이시아, 일본, 독일이다.
  소비: 600만 포대, 일인당 1.4kg.
  역사: 커피 생산은 1690년 네덜란드인에 의해 시작되었다.

이스라엘 인구 830만 명

- **커피 소비**: 60만 포대, 일인당 4kg
- **포도 재배 면적**: 5천 헥타르
  적포도/백포도: 70/30
  일반적인 품종: 까베르네 소비뇽, 시라, 까리냥(Carignan)이 있다.
  생산량: 35만 헥토리터, 300개 와인 양조장이 있는데, 이 중 주요한 업체는 10개 미만이다. 와인의 99%는 코셔(Kosher) 인증을 받았다.
  생산성: 70hL/ha
  소비: 일인당 7리터, 85%가 국내 와인이다.

이탈리아(유럽 연합) 인구 6천만 명

○ **커피 로스팅**: 토리노에 본부가 있는 라바짜(Lava-zza)는 이탈리아 시장의 1/3 이상을 점유하고 있다. 다른 주요 브랜드로는 킴보(Kimbo, Café do Brasil 산하), 일리카페(illycaffè), 세가프레도(Segafredo)가 있다. 이탈리아 내 800여 개 로스팅 업체는 800만 포대의 커피를 처리하는데, 이 중 700만 포대는 170개 로스팅 업체가 직수입한다. 나머지는 극소규모 및 중간 규모 로스팅 업체가 구매한다. 이탈리아 북부의 트리에스테 시는 커피의 수도 내지는 에스프레소의 중심지로 일컬어진다.

소비: 580만 포대, 일인당 6kg

산업: 이탈리아는 에스프레소 머신 및 여러 커피 관련 기구의 주요 공급지이다.

● **포도 재배 면적**: 69만 헥타르, 이 중 64.5만 헥타르가 와인용 포도 재배지이다. 10%는 유기농 인증을 받았거나 전환 중이다. 이탈리아는 세계 1위의 유기농 와인 생산지로 전 세계 유기농 와인의 20%를 담당한다. 시칠리아는 오직 유기농 인증을 받은 와인만 생산한다.(2016년부터 적용되는) 유럽 연합 규정에 맞추어 포도 재배지에 대한 확장 허가 신청이 여러 건 접수되어 있으며, 허가가 날 경우 연 생산량은 유럽 연합 내 국가마다 1%씩 늘어나게 된다. 이탈리아의 공식 포도 품종은 300가지가 넘는데, 그 한 가지 이유는 1861년 이탈리아가 통일되기 전까지는 오랜 세월 동안 여러 왕국으로 나뉘어져 있었기 때문이다. 표 2.5에서는 여러 가지 품종에 대해 상세 설명하고 있다.

적포도/백포도: 57/43

주요 품종: 적포도로는 산지오베제, 네비올로, 몬테풀치아노(Montepulciano), 메를로, 바르베라(Barbera), 모스카토(Moscato)가 있으며 백포도로는 트레비아노(위니 블랑), 글레라(Glera), 피노 그리지오(Pinot Grigio)가 있다.

생산량: 4700만 헥토리터

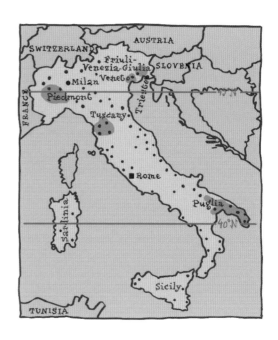

생산성: 68hL/ha

수출: 60억 달러

소비: 2300만 헥토리터, 일인당 34리터. 1900년에는 일인당 120리터, 1930년 120리터, 1960년 110리터, 1970년 110리터, 2016년 34리터이다.

국제적으로 잘 알려진 와인으로는 바롤로, 바르바레스코(Barbaresco), 브루넬로가 있다. 이에 대해서는 표 11.4에서 설명한다.

● **전통 와인에 대한 이탈리아의 변용―아마로네(Amarone), 리파쏘(Ripasso), 수퍼 투스칸(SuperTuscans)**

아마로네는 북부 이탈리아의 베네토(Veneto)와인 산지의 발폴리첼라(Valpolicella)지역에서 만든 단맛이 없는(dry) 와인이다. 지역 품종은 세 가지로, 코르비나(Corvina), 론디넬라(Rondinella), 몰리나라(Molinara)이다. 종래 방식으로는 익은 열매를 밀짚 매트 위에서 100-120일간 말린다. 이런 방식은 '말려서 쪼글쪼글하게 만든다'는 뜻의 아파씨멘토(appassimento), 라시나테(rasinate)라고 부른다. 이렇게 만든 포도의 잔존당 함량과 향미는 프랑스의 뱅 드 파유(Vin de Paille, 밀짚 와인)과 유사하다. 중세에 건포도를 사용한 와인이

● 표 11.4 바롤로, 바르바레스코, 브루넬로 와인

와인	지역	포도품종	특성과 설명
바롤로	피에몬테 1980ha	네비올로	산미가 높고 탄닌 함량이 많은 향긋한 와인이다. 최소 에이징 기간은 3년으로 이중 18개월은 배럴 에이징한다. 리제르바(Riserva)는 5년 에이징한다. 이 와인은 수십 년간 에이징하기에 알맞다.
바르바레스코	피에몬테 690ha	네비올로	바롤로보다 숙성 시간이 짧고 더 가벼운 맛이 난다. 최소 에이징 기간은 2년으로, 9개월 베럴 에이징한다. 리제르바는 4년 에이징한다.
브루넬로	토스카나 몬탈치노 2000ha	산지오베제	단일 품종으로 만드는 와인으로 이런 유형은 토스카나에서는 드물다. 헥타르당 8톤이라는 생산 제한이 있다. 색상은 어둡고 탄닌이 적다. 최소 에이징 기간은 5년으로 나무통에서는 최소 2년, 병입 후 최소 4개월간 에이징한다. 리제르바는 6년간 에이징하는데 나무통에서 최소 2년, 병입 후 최소 6개월간 에이징한다.

이와 유사했을 것으로 여겨진다. 아마로네 생산량은 1997년에 100만 리터에서 2016년에는 1500만 리터로 증가했다.

리파쏘 또한 발폴리첼라에서 생산되는 와인으로 아마로네의 작은형이라 불리기도 한다. 생산 방식은 아마로네와 비슷하지만, 아마로네를 만들고 남은 포머스(pomace, 양조 후 남은 찌꺼기)를 발효 중에 첨가한다. 이렇게 만든 와인은 단맛이 날 수도 있고 쓴맛이 날 수도 있는데, 알코올 도수는 매우 높아진다. 연 생산량은 3천만 병 정도로 2005년 대비 다섯 배 늘어났다.

수퍼 투스칸은 1970년대 키안티 관련 규정이 너무 제약적이라고 본 일단의 와인 제조인들이 만들었다. 이들은 산지오베제 품종을 최소한 75%(키안티 클라시코의 경우는 80%) 써야 한다는 아펠라시옹 규정에서 벗어나, 다른 포도 품종—대부분은 지역종이다.—을 선별 사용해 균형을 맞추고자 했다. 아펠라시옹 규정을 따르지 않기에 이 와인들은 키안티나 키안티 클라시코보다 아래 등급인 비노 다 타볼라(Vino da Tavola), 즉 테이블 와인 등급이다. 수퍼 투스칸은 주로 까베르네 소비뇽, 메를로, 시라 등의 품종과 블렌딩한 것으로, 공식 등급은 아니다.

바롤로, 프로세코 등, 이탈리아에서 가장 유명한 와인 산지에서 생산된 와인에는 작은 리본이 달려 있는데, 이 리본에는 영문자와 숫자로 이루어진 AANM01066571, AAXM08137009, 3104YJDW60XQ, BK043KNERS60D 같은 부호가 있다. 와인 제조업자는

포도 재배지 크기에 따라서 제한된 숫자를 부여받는데, 생산량이 허용된 양을 넘어버리면, 그 초과분은 테이블 와인 등급으로 팔아야 한다.

자메이카 인구 290천만 명

○ **커피 재배 면적**: 8천 헥타르, 값비싼 자메이카 블루 마운틴(Jameica Blue Mountain)은 해발 900-1700m에서 재배된다.

생산량: 4만 포대. 소규모 재배자는 7천 명이 넘는다.

수출: 블루 마운틴은 상당수가 일본으로 판매된다.

일본 인구 1억 2600만 명

○ **커피 수입**: 연간 800만 포대. 최대 공급자는 브라질로 28%를 차지한다.

아라비카/로부스타: 75/25

일본은 컵 오브 엑설런스 대회 옥션에서 거래되는 고가의 고품질 커피 상당량을 수입한다.

소비: 800만 포대, 일인당 4kg. 자동판매기 캔커피의 인기가 높다. 즉석에서 만들어 마시는 커피(ready to drink coffee, RTD coffee)는 농축 커피액을 사용하는 경우가 많다.

산업: 최대 로스터는 가문이 운영하는 우에시마 커피 컴퍼니(Ueshima Coffee Company, UCC)이

다. UCC 그룹은 유럽의 유나이티드 커피(United Coffee)를 소유하고 있다. UCC의 직원 수는 4천 명이 넘고 연 커피 사용량은 300만 포대이다.

● **포도 재배 면적**: 1800헥타르(추정치). 국토 남북에 펼쳐져 있다. 북위 35도 정도(튀니지, 로스앤젤리스 정도)로, 와인용 포도를 생산하기에는 습도가 너무 높다. 가용 토지가 부족한 것도 제약 요소이다. 유럽의 적포도, 백포도 품종은 30% 정도에 불과하다.

  생산량: 100만 헥토리터. 약 200개 와인 양조장이 있다. 코슈(Koshu)와 머스킷 베일리 A(Muscat Bailey A) 같은 토착 품종을 포함해 국내산 포도를 사용한 것은 20만 헥토리터뿐이다. 수입 포도 및 포도 머스트를 사용한 와인은 80만 헥토리터이며 이 또한 '일본산 와인'으로 팔린다.

  수출: 2014년 2천 헥토리터를 수출했다. 영국에 주로 판매되었다.

  소비: 350만 헥토리터. 2000년의 250만 헥토리터에서 늘어났다. 일인당 3리터 정도이다.(도쿄는 일인당 8리터 정도 소비한다.)

카자흐스탄 인구 1800만 명

◐ **커피 소비**: 13만 포대
● **포도 재배 면적**: 7천 헥타르, 주로 백포도를 재배한다.
  생산량: 30만 헥토리터 정도. 대형 와인 양조장 3개 및 소규모 제조장 몇 곳이 있다.
  생산성: 43hL/ha
  역사: 1990년경, 구소련의 고르바초프 서기장이 금주 캠페인을 벌이면서 포도 재배지가 사라졌고 생산량이 격감했다.

케냐 인구 4900만 명

◐ **커피 재배 면적**: 11.5만 헥타르(아마도 더 많을 것으로 추정). 거대 규모의 플랜테이션 두 개 외에도 60만 명에 달하는 소규모 재배자가 있다.

생산성: 헥타르당 8포대. 편차가 크다.
생산량: 70만 포대. 90%는 수세 커피이며, 일반적으로 품질이 높다. 현재는 아라비카뿐이지만, 로부스타 실험 재배가 진행 중이다. 생두는 나이로비에서 매주 열리는 옥션에서 거래되는데, 이 옥션은 커피 생산국에서 지금까지 열리고 있는 몇 안 되는 옥션 중 하나이다. 조합 생산량이 전체 생산량의 70%를 차지한다. 1985년 생산량은 200만 포대였다.
수출: 70만 포대
소비: 5만 포대, 일인당 0.1kg 미만. 따뜻한 음료로는 차를 선호한다.
역사: 커피는 1892년에 케냐에 들어왔다.

라오스 인구 700만 명

◐ **커피 재배 면적**: 7.5만 헥타르. 이 중 1.5만 헥타르는 아직 생산성이 없다.
생산량: 50만 포대. 1990년에는 10만 포대였다.
아라비카/로부스타: 44/56. 2000년에는 10/90이었다.

레바논 인구 600만 명

● **포도 재배 면적**: 와인용 포도 재배지 1300헥타르(추정치). 까베르네 소비뇽과 메를로가 주종이다.
적포도/백포도: 75/25
생산량: 700만 리터(7만 헥토리터), 35개 와인 양조장이 있으며 이 중 세 곳이 규모가 큰 제조장이자 수출업체이다. 일부 와인은 시라 품종으로 만든다.
수출: 200만 리터
수입: 100만 리터
소비: 일인당 1.2리터

룩셈부르크(유럽 연합) 인구 60만 명

● **포도 재배 면적**: 1250헥타르, 주로 리바너(Rivaner,

뮐러-투르가우, 27%), 옥세루아(Auxerrois), 피노 그리, 리즐링, 피노 블랑, 게뷔르츠트라미너 같은 백포도 및 적포도인 피노 누아가 주종이다.

생산성: 95hL/ha

생산량: 12만 헥토리터

수출: 50%가 수출되며, 주요 수입국은 벨기에이다.

소비: 일인당 51리터, 세계 최고 수준이다.

마케도니아 　인구 210만 명

● **포도 재배 면적**: 2.5만 헥타르. 자체 포도 품종을 많이 재배한다.

　적포도/백포도: 56/44(자료마다 다르다.)

　생산량: 120만 헥토리터. 65%는 벌크로 수출된다.

　소비: 일인당 8리터

마다가스카르 　인구 2600만 명

◐ **커피 재배 면적**: 10만 헥타르(추정치). 마다가스카르는 전 세계 100여 가지 야생 커피 품종 중 절반을 보유하고 있다. 그중에는 세계 최대 크기의 커피콩, 카페인이 거의 없는 커피콩도 포함된다. 다만 카페인이 거의 없는 커피콩은 향미가 나쁘다.

　생산량: 60만 포대

　아라비카/로부스타: 5/95

● **포도 재배 면적**: 800헥타르

　생산량: 3만 헥토리터(추정치)

말라위 　인구 1800만 명

◐ **커피 재배 면적**: 3천 헥타르(추정치)

　생산량: 2.5만 포대, 1500톤 – 모두 아라비카이며, 특히 까띠모르 종이 많다. 생산량은 1990년대 10만여 포대로 가장 높았다.

　역사: 1880년대에 도입되었다.

말레이시아 　인구 3100만 명

◐ **커피 재배 면적**: 2만 헥타르(추정치)

　생산량: 30만 포대(자료별로 다르다.) 주로 로부스타이며 일부 리베리카종이 있다.

　수입: 생두 150만 포대, 가공된 커피 40만 포대

　수출: 110만 포대(아마도 더 높을 것이다.), 주로 인스턴트 커피. 말레이시아는 아시아 최대 인스턴트 커피 생산국이다.

　소비: 90만 포대, 일인당 1.8kg

멕시코 　인구 1억 3천만 명

◐ **커피 재배 면적**: 70만 헥타르(자료별로 다르다.)

　생산량: 350만 포대. 2012년에 450만 포대였던 것이 2016년 300만 포대 밑으로 떨어진 것은 녹병 때문이다.

　아라비카/로부스타: 96/4

　　1950년대에 멕시코는 독일 데메테르의 지원을 받아 세계 최초로 유기농 커피를 생산했지만, 1980년대와 1990년대가 되어서야 본격적인 붐이 일었다. 멕시코는 지금도 세계 최대의 유기농 인증 커피 생산국이다.

　생산성: 헥타르당 7포대

　수입: 로부스타 50만 포대를 수입한다.

　수출: 최대 수입국은 미국이다. 수출량의 30%는 인스턴트, 원두, 분쇄 커피이다.

　소비: 240만 포대(생산량의 60%, 주로 인스턴트로 소비된다.)

　산업: 멕시코에 있는 네슬레 커피 공장은 세계 최대 규모이다.

● **포도 재배 면적**: 6천 헥타르, 대부분 국제적으로 많이 재배하는 포도 품종이다.

　적포도/백포도: 69/31

　　4만 헥타르는 생식용 포도, 건포도와 증류주용이다.

　생산량: 30만 헥토리터(아마도 더 낮을 것으로 추정). 80개 와인 양조장이 있으며 물량이 늘고 있다.

와인의 75%는 바하 깔리포니아(Baja California)에서 생산된다.

수출: 60%(자료별로 다르다.)

수입: 80만 헥토리터

소비: 90만 헥토리터. 일인당 0.75리터이다. 80%는 수입한다.

역사: 첫 포도나무는 1520년에 심어졌으며 1600년에는 실제 와인 양조장이 설립되었다. 그러나 정기적인 생산은 1860년대가 되어서야 가능했다.

몰도바 인구 410만 명

● **포도 재배 면적**: 와인용 포도 재배지는 8.5만 헥타르이고 기타 포도 재배지는 3.5만 헥타르이다.

　적포도/백포도: 31/69. 가장 중요한 지역종은 적포도는 사페라비, 백포도는 카치텔리, 실바너이다.

　생산량: 180만 헥토리터

　생산성: 24hL/ha

　수출: 80%는 수출되는데, 이 중 2/3는 벌크로 거래된다. 수출 수익은 1.5억 유로로서 전체 수출 수익의 10%이다. 역사적으로는 러시아에 주로 수출했으나 최근에는 매출이 떨어지는 중이고, 중국, 루마니아, 폴란드 수출은 증가세이다.

　소비: 일인당 14리터(추정치)

　역사: 몰도바는 세계 최대, 최장 길이(200km 이상)의 와인 저장고로 유명하다.

몬테네그로 인구 60만 명

● **포도 재배 면적**: 4천 헥타르. 지역종인 크르스탁(Krstac), 브라낙(Vranac)이 주요 품종에 들어간다.

　적포도/백포도: 75/25

　생산량: 20만 헥토리터. 최대 와인 업체는 플란타제(Plantaže)이다.

모로코 인구 3500만 명

● **포도 재배 면적**: 와인용 포도 재배지 1.3만 헥타르. 그 밖의 포도 재배지 5만 헥타르.

　적포도/백포도: 89/11

　주요 품종은 적포도 시라와 그르나슈, 지역종으로 백포도인 파라나(Faranah)가 있다.

　생산성: 31hL/ha

　생산량: 35만 헥토리터

　소비: 90% 이상이 국내 와인이며, 로제 와인이 일반적이다. 일인당 1리터쯤 소비하는데, 일부 와인은 실제로는 관광객들이 소비한다.

미얀마(버마) 인구 5500만 명

◐ **커피 재배 면적**: 1.5만 헥타르(추정치)

　생산량: 13만 포대

　아라비카/로부스타: 80/20

● **포도 재배 면적**: 80헥타르(추정치)

　생산량: 3500헥토리터−대부분은 두 와인 양조장에서 생산된다.

네팔 인구 2900만 명

◐ **커피 재배 면적**: 2천 헥타르를 약간 넘는다. 2000년의 200헥타르에서 증가했다.

　생산량: 1만 포대, 600톤으로 컨테이너 35개 분량이다. 모두 아라비카이다.

　역사: 커피는 1990년대에 들어왔다.

네덜란드(유럽 연합) 인구 1700만 명

◐ **커피 소비**: 130만 포대, 일인당 8kg.

산업: 네덜란드-독일계 그룹인 야콥스 다우베 에 그베르츠가 시장 대부분을 지배하고 있다. 이 업체는 JAB 홀딩 사 산하에 있는 주요 유럽 커 피 브랜드이다. 지속 가능 기준인 막스 하벨라 르(Max Havelaar, 현재의 페어트레이드(Fairtrade)) 및 UTZ 서티파이드(UTZ Certified, 현재 레인포 리스트 얼라이언스(Rainforest Alliance)와 합병)는 네덜란드에서 시작했으며 지금도 존재감이 뚜 렷하다.

● **포도 재배 면적**: 300헥타르, 170개 포도밭이 있다.

생산량: 1.2만 헥토리터(추정치) 유럽 최초의 접경 지 AOP 산지인 뫼즈벨리 림부르크(Maasvallei Limburg)는 2017년에 승인을 얻었으며, 벨기에 와 네덜란드 사이 뫼즈 강 계곡에 있다.

소비: 400만 헥토리터, 일인당 23리터

뉴질랜드 인구 460만 명

◐ **커피 소비**: 30만 포대, 일인당 4kg(추정치)

● **포도 재배 면적**: 3.6만 헥타르, 2000년 이래 두 배 이상 늘어났으며, 지금도 확장세이다. 포도 재 배지 70% 이상이 남섬의 북단 말보로(Malboroug h)에 있다.

적포도/백포도: 19/81. 소비뇽 블랑(재배지로 60%, 생 산량으로 70%, 수출량으로 80%), 피노 누아는 생산 량 기준 10%, 샤르도네는 8%를 차지한다.

생산성: 72hL/ha

생산량: 270만 헥토리터로서 연간 편차가 유의하 게 나타난다. 와인 양조장은 675개로 2010년 과 같다.

수출: 210만 헥토리터로 11억 달러에 이른다. 85% 는 소비뇽 블랑으로 만든 것이다. 미국 30%, 영국 25%으로 두 나라에서 대부분 구매한다.

소비: 90만 헥토리터. 뉴질랜드 생산량의 60%에 달한다. 일인당 18리터이다.

산업: 와인 제조업자 90% 이상은 서스테이너블 와인그로잉 뉴질랜드(Sustainable Winegrowing New Zealnd, SWNZ)에 가입했으며, 포도 재배지 의 98%는 SWNZ 기준에 부합한다. 뉴질랜드 와인병의 90%는 스크류캡을 쓴다.

역사: 최초의 포도밭은 1819년, 영국 선교단이 만 들었다.

니카라과 인구 620만 명

◐ **커피 재배 면적**: 12.6만 헥타르. 나무가 비교적 어리 다. 전통적으로 아라비카를 재배했고, 주 품종 은 까뚜라이다. 로부스타를 소량 생산하며, 일 부는 지역 인스턴트 커피 제조용으로 쓰인다. 머콘 커피 그룹(Mercon Coffee Group)에서는 로 부스타 나무 심기 프로그램을 이끈 바 있다. 생 산자는 4.4만 명이다.

생산량: 190만 포대, 연중 편차가 크다.

생산성: 헥타르당 13포대

수출: 수출업자 수는 적지만 규모가 크다.—외국 업체가 지배하고 있다.

나이지리아 인구 1억 9200만 명

◐ **커피 재배 면적**: 4천 헥타르(추정치)

생산량: 4만 포대

노르웨이 인구 530만 명

◐ **커피 소비**: 80만 포대. 일인당 10kg. 모두 아라비카 이다. 인스턴트는 7%에 불과하다.

● **포도 재배 면적**: 25헥타르(추정치). 텔레마르크(Tele mark) 인근 그바르브(Gvarv)의 레르케카사(Lerk ekåsa) 농장은 북위 60도에 가까운, 최북단에 위 치한 포도밭이다. 이 포도밭의 면적은 6헥타르 로, 주로 차가운 기후에 알맞은 백포도 독일계 솔라리스(Solaris) 품종을 기른다. 최근 적포도 가 도입되었다.

파나마 인구 410만 명

- **커피 재배 면적**: 1.9만 헥타르, 커피 생산자는 8천 명 정도이다.

  생산량: 10만 포대

  아라비카/로부스타: 95/5(추정치)

  게이샤(Geisha, Gesha) 품종 커피는 매우 높은 가격에 판매된다. 2017년 베스트 오브 파나마(Best of Panama) 옥션에서는 1위를 한 보케테 지역 아시엔다 라 에스메랄다(Hacienda La Esmeralda)의 게이샤 커피 100파운드가 파운드당 601달러에 거래되었다. 생두 거래 역사상 세계 최고가이다.

- **포도 재배 면적**: 50헥타르(추정치)

  생산량: 1300헥토리터

파푸아 뉴기니 인구 790만 명

- **커피 재배 면적**: 11.5만 헥타르

  생산량: 90만 포대-1990년과 같은 규모이다.

  아라비카/로부스타: 97/3

  42만 명의 재배자 가족이 90%를 재배한다. 20헥타르 이상 면적의 플랜테이션 60개가 10%를 재배한다. 모든 커피는 수세 커피이다. 최근 파푸아 뉴기니산 커피 일부가 대회 및 품질 평가 행사에서 높은 점수를 받아 관심을 끌고 있다.

파라과이 인구 680만 명

- **포도 재배 면적**: 1만 헥타르

  생산량: 60만 헥토리터

  소비: 180만 헥토리터. 일인당 26리터.

페루 인구 3200만 명

- **커피 재배 면적**: 38만 헥타르. 그중 2만 헥타르는 아직 생산성이 없다. 9개 커피 재배지에 12만 개 농장이 있다.

  생산량: 아라비카 450만 포대, 티피카가 70%, 까뚜라가 20%이다.

  페루는 주요 유기농 커피 생산국(그리고 온두라스와 멕시코가 주요 생산국이다.)이며 생산량의 25%는 페어트레이트 인증을 받았다.

  생산성: 헥타르당 13포대

  수출: 독일 35%, 미국 20%, 벨기에 순이다.

  소비: 일인당 0.7kg

- **포도 재배 면적**: 1.5만 헥타르

  생산성: 44hL/ha

  생산량: 60만 헥토리터.

  상당량을 증류 처리한다.

  소비: 일인당 2리터

  역사: 스페인인들이 1550년 와인 생산을 시작했다.

필리핀 인구 1억 400만 명

- **커피 재배 면적**: 2.9만 헥타르

  생산량: 50만 포대

  아라비카/로부스타: 10/90. 리베리카와 엑셀사 종을 일부 생산한다.

  생산성: 헥타르당 18포대

  수출: 대부분의 커피는 국내 소비된다. 생산량이 국내 소비량의 1/3 수준이라 거의 수출하지 않는다.

  소비: 일인당 1.1kg

  역사: 1740년, 스페인인들이 커피를 도입했다. 1860-1889년 사이는 세계 주요 수출국이었으며 이후 녹병 피해를 입었다. 해당 커피 지구는 1950년대에 부활했다.

폴란드(유럽 연합) 인구 3900만 명

- **커피 소비**: 220만 포대, 일인당 3.5kg

- **포도 재배 면적**: 260헥타르, 성장 중이다.

  생산량: 5천 헥토리터(아마도 더 많을 것으로 추정). 200개 와인 양조장이 있다.

수출: 12%

수입: 150만 헥토리터

소비: 150만 헥토리터. 일인당 4리터.

포르투갈(유럽 연합) 인구 1천만 명

● **포도 재배 면적**: 와인용 포도 재배지 16.5만 헥타르, 기타 포도 재배지 6만 헥타르.

적포도/백포도: 67/33

알바리뉴(Alvarinho), 아린토(Arinto) 바가(Baga), 비칼(Bical), 카스텔라웅(Castelão), 엔크루자두(Encruzado), 페르나웅 피레스(Fernão Pires), 루레이루(Loureiro), 틴타 로리스(Tinta Roriz)/아라고네즈(Aragonês) (뗌쁘라니요), 투리가 프랑카(Touriga Franca), 투리가 나시오날(Touriga Nacional), 트린카데이라(Trincadeira) 등 여러 가지 토착 품종이 와인 제조에 쓰인다.

생산성: 40hL/ha

생산량: 650만 헥토리터. 비뉴 베르드(Vinho Verde, 녹색 와인이란 뜻)은 저알코올 와인으로서 포르투갈 북부 지역에서 아잘(Azal) 품종으로 만든다. 포르투갈의 주력 와인이며 포트 와인 다음으로 유명한 와인이다.

수출: 280만 헥토리터. 8억 달러 상당

소비: 450만 헥토리터. 일인당 41리터.

산업: 포르투갈은 세계 최대 코르크 생산국이다.

푸에르토리코 인구 330만 명

○ **커피 재배 면적**: 3500헥타르(추정치)

생산량: 3만 포대. 2015년의 8만 포대에서 내려갔다. 커피 재배자는 4천 명이다.

아라비카/로부스타: 85/15

수출: 2천 포대

수입: 20만 포대. 주로 멕시코에서 수입한다.

소비: 일인당 2.5kg

루마니아(유럽 연합) 인구 1900만 명

● **포도 재배 면적**: 18만 헥타르, 이 중 17.7만 헥타르에서 와인용 포도를 재배한다. 1945년에는 28만 헥타르, 1970년에는 34.5만 헥타르였다. 포도 재배는 이 나라 8개 지역 전역에 퍼지는 중이다. 국내 품종인 페테아스카(Feteasca)가 25%를 차지한다.

적포도/백포도: 38/62

생산성: 28hL/ha

생산량: 430만 헥토리터. 연중 330만에서 540만 헥토리터로 편차가 크다.

수출: 10만 헥토리터(2%만 수출된다. 주로 영국, 독일, 중국, 네덜란드에 수출된다.) 순 수입국에 속하며, 프랑스, 스페인, 이탈리아에서 와인을 수입한다.

소비: 일인당 27리터

러시아 연방 인구 1억 4300만 명

○ **커피 소비**: 400만 포대, 일인당 1.7kg-2000년이래 거의 2배로 늘었다. 약 65%는 인스턴트 커피이다. 인도가 최대 공급국(25%)이다. 뜨거운 음료 시장의 2/3는 차가 차지하고 있다.

● **포도 재배 면적**: 9만 헥타르. 크림 반도의 재배지 3.5만 헥타르를 포함한 수치이다. 1980년대의 재배지 면적보다는 작지만 점차 늘고 있다.

생산성: 60hL/ha(추정치. 이보다 더 적을 것으로 추정.)

생산량: 550만 헥토리터. 러시아의 와인 관련 자료는 크림 반도 부분을 포함했는지 명확하지 않아서 자료별로 수치가 다르다.

소비: 900만 헥토리터. 일인당 7리터(1980년대: 20리터)

러시아는 세미 스위트(약간 단맛) 와인을 선호한다. 소비의 60%는 국내 와인이다. 1990년대에는 30%이었다.

르완다 인구 1억 2천만 명

⊙ **커피 재배 면적**: 3.5만 헥타르, 소규모 재배자 40만 명이며, 재배자당 나무 수는 평균 200그루이다.

생산성: 헥타르당 12포대

생산량: 40만 포대. 거의 대부분 아라비카, 주로 부르봉이다.

르완다는 아프리카에서 컵 오브 엑설런스 대회를 처음 개최했다. 아프리카에서 인구 밀도가 가장 높다.

세르비아 인구 880만 명

⊙ **커피 소비**: 55만 포대, 일인당 6kg
● **포도 재배 면적**: 6.9만 헥타르

생산량: 200만 헥토리터−1990년대 대비 낮아졌다.

슬로바키아(유럽 연합) 인구 540만 명

● **포도 재배 면적**: 1.4만 헥타르

적포도/백포도: 28/72

일반적인 품종: 그뤼너 벨트리너, 벨쉬리즐링, 뮐러-투르가우

생산량: 35만 헥토리터

생산성: 27hL/ha

소비: 65만 헥토리터. 일인당 12리터. 60%는 수입한다.

슬로베니아(유럽 연합) 인구 210만 명

● **포도 재배 면적**: 1.7만 헥타르

생산량: 70만 헥토리터

적포도/백포도: 31/69

생산성: 42hL/ha

수출: 10% 미만

소비: 일인당 39리터, 포도 품종도 많고, 말린 포도를 쓴 와인, 아이스 와인, 스파클링 와인 등 와인 종류가 엄청나게 다양하다.

남아프리카 인구 5600만 명

⊙ **커피 재배 면적**: 200헥타르

생산량: 2500포대(추정치)

소비: 60만 포대, 일인당 0.7kg, 이 중 50%는 베트남에서 수입한다. 90%가 인스턴트 커피이다.

● **포도 재배 면적**: 와인용 포도 재배지는 9.6만 헥타르, 기타 포도가 3만 헥타르이다.(2006년 와인용 포도 재배지는 10.2만 헥타르였다.)

적포도/백포도: 45/55

주요 포도 품종은 슈냉 블랑(지역에서는 스틴(Steen)으로 부른다.) 18%, 콜롬바드(Colombard) 12%, 까베르네 소비뇽 12%, 쉬라즈 11%, 소비뇽 블랑 9%이다. 포도 재배자는 3,300명이다.

생산성: 100hL/ha

생산량: 1천만 헥토리터, 560개 와인 양조장이 있으며 이 중 49개는 조합이다. 남아프리카의 대표 포도 품종인 피노타쥬(Pinotage, 피노누아와 쌩쏘의 교배종)는 생산량의 7%를 차지한다.

수출: 500만 헥토리터. 이 중 65%는 벌크로 선적된다. 25%는 영국, 20%는 독일, 다음이 러시아, 스웨덴, 프랑스 순이다. 수출액은 7억 달러이다.

소비: 350만 헥토리터. 일인당 7리터이다. 와인 소비는 오랫동안 그대로지만 맥주 소비는 계속 증가해서 현재 60리터를 기록하고 있다.

역사: 위그노와 네덜란드 정착민이 1659년부터 와인을 생산했다.

대한민국 인구 5100만 명

⊙ **커피 소비**: 190만 포대, 일인당 2.3kg

대한민국은 일본과 함께, 컵 오브 엑설런스에서 거래되는 고가 고품질 커피의 주요 구매자이다.

산업: 카페베네가 아시아와 북미에 1천 개 이상의 매장을 열었다.

남수단 인구 1300만 명

◐ **커피 재배 면적**: 미상. 일부 커피는 야생으로 자란다. 생산: 미상. 일부 수세 로부스타가 있다.

수출: 주로 프랑스로 수출된다. 네스프레소와 스위스가 생산과 판매를 위한 장기 계획으로 재배자들을 지원하고 있다.

스페인(유럽 연합) 인구 4600만 명

◐ **커피 소비**: 330만 포대. 일인당 4.3kg, 메스끌라(mezcla, 혼합물)는 일반 원두(나뚜랄(natural)이라 부른다.)와 설탕을 넣어 로스팅한 커피를 혼합한 블렌드이다. 메스끌라 중 설탕을 넣어 로스팅한 커피의 비율은 20-50%이다. 최대 공급 국가는 베트남으로 비중은 30%에 가깝다.

● **포도 재배 면적**: 99.5만 헥타르 중 94만 헥타르에 와인용 포도를 재배한다. 재배지 8.4만 헥타르르 유기농 인증을 받거나 전환 중(1.8만 헥타르)이다. 약 700개 와인 양조장에서 유기농 인증 와인을 생산한다. 전 세계에서 가장 널리 생산되는 품종인 아이렌(Airén)은 스페인의 고유 품종으로서 생산량의 25%를 차지한다. 상당수 물량은 브랜디로 증류된다. 다른 유명 품종으로는 적포도인 뗌쁘라니요, 가르나차(그르나슈), 보발(Bobal), 모나스뜨렐(monastrell, 무르베드르), 백포도로는 알바리뉴(Albarinho, 알바리뇨(Albariño)), 팔로미노(Palomino), 마까베오(Macabeo), 베르데호(Verdejo)가 있다. 관개는 1996년부터, 2003년부터는 아펠라시옹 규정하에 일부 지역에서 허용하고 있다. 까나리 제도(Canary Islands)는 지역 품종을 심은 재배지가 1만 헥타르에 달한다. 이 포도밭의 최대 고도는 1,600m이며 떼네리페(Tenerife) 섬 사면에 있다.

적포도/백포도: 54/46

생산량: 3800만 헥토리터. 연중 편차가 매우 크다. 스페인은 2012년에 5천만 헥토리터라는 예기

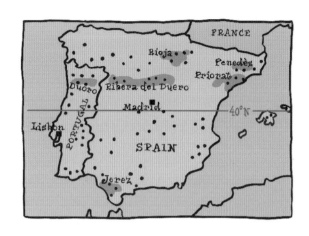

치 못한 엄청난 생산량으로 프랑스와 이탈리아를 앞지르는 세계 최대 와인 생산국이 된 적이 있다. 리오하(Rioja)는 스페인 와인의 8%를 생산한다. 이 지역의 포도 재배지는 6.3만 헥타르로서 재배자는 1.8만 명이고, 와인 양조장은 500개가 넘는다. 유명한 산지 중 리베라 델 두에로(Ribera del Duero), 쁘리오랏(Priorat), 뻬네데스(Penedès)가 잘 알려져 있다. 뻬네데스는 스파클링 와인인 까바(Cava)로 유명하다.

생산성: 34hL/ha

가뭄에 잘 견디는 포도나무를 드문드문 심는 방식이 널리 쓰였고, 이 점에서 생산성이 낮다.

수출: 2400만 헥토리터, 30억 달러 규모. 스페인은 물량에 있어 세계 최대의 수출국이며 프랑스와 독일이 각각 500만 헥토리터씩 수입한다. 물량의 50%가 벌크로 수출된다.

소비: 1천만 헥토리터, 일인당 20리터. 1900년에 80리터, 1960년에 50리터, 1980년에 40리터였다.

스리랑카 인구 2100만 명

◐ **커피 재배 면적**: 3500헥타르(추정치)

생산량: 3.5만 포대

역사: 커피는 1700년경에 도입되었다. 1880년까지 실론(당시 국가명)은 브라질과 인도네시아를 이은, 세계 3위의 커피 생산국이었다. 심각한

커피녹병의 창궐로 인해 재배자들은 차를 비롯한 다른 작물로 바꾸었다.

스웨덴(유럽 연합) 인구 990만 명

- **커피 소비**: 120만 포대, 일인당 8kg
- **포도 재배 면적**: 70헥타르(자료별로 다르다. 이 중 절반 정도가 상업용으로 재배된다.)

  생산량: 2천 헥토리터(추정치)

  소비: 200만 헥토리터, 일인당 21리터.
  정부는 시스템볼라겟(Systembolaget)이라는 업체를 통해 와인과 증류주의 소매 판매를 독점하고 있다. 이는 1922년에 도입된 정책으로, 일종의 가벼운 금주법에 해당한다. 스웨덴은 건강 촉진을 이유로 유럽 연합의 자유무역협정 규정 적용이 면제된다. 전체 와인의 절반 정도가 백인박스 형태로 판매된다. 유기농 인증 와인은 20%를 차지한다.

스위스 인구 850만 명

- **커피 소비**: 일인당 8kg

  산업: 생두 거래 플랫폼 역할을 하고 있으며, 국제적으로 거래되는 생두의 절반 이상이 스위스를 기반으로 거래된다. 블레이저(Blaser), 데코트레이드(Decotrade), ECOM, 수카피나(Sucafina), 탈로카(Taloca), 볼카페(Volcafe), 월터 매터(Walter Matter) 등의 커피 거래 업체 및 네슬레(Nestlé)와 네스프레소 같은 로스팅 업체의 본사가 스위스에 있다. 로잔에는 스타벅스(본사는 미국 시애틀에 있다.)의 생두 사업 부서 및 품질 관리 연구소도 있다.
- **포도 재배 면적**: 1.5만 헥타르. 고유 품종 80개를 포함, 250개 이상 품종을 재배한다. 1870년에는 3.3만 헥타르, 1957년 1.25만 헥타르.

  적포도/백포도: 56/44. 적포도 품종은 피노 누아(블라우부루군더) 30%, 가메, 메를로가 많고, 백포도 품종은 샤쓸라(펜당(Fendant), 구테델(Guted

el)로도 불린다.) 28%를 차지한다.

  생산량: 100만 헥토리터

  생산성: 67hL/ha

  수출: 생산량의 2% 미만

  소비: 250만 헥토리터로 중 40%는 스위스산 와인이 차지한다. 일인당 34리터로서 1995년의 48리터 대비 감소했다.

탄자니아 인구 5700만 명

- **커피 재배 면적**: 18만 헥타르, 일반적인 농장 크기는 1-2헥타르이다.

  생산량: 90만 포대. 연도별 편차가 있다.

  아라비카/로부스타: 70/30

  수출: 연 1억 달러 정도이다.

  역사: 커피는 1877년에 도입되었다.
- **포도 재배 면적**: 미상. 중부 탄자니아의 도도마(Dodoma) 인근, 킬리만자로 산기슭에서 소량 생산된다.

태국 인구 6800만 명

- **커피 생산량**: 80만 포대

  아라비카/로부스타: 4/96

  소비: 150만 포대. 일인당 0.7kg. 수입 관세가 높다.
- **포도 재배 면적**: 300헥타르(추정) 북위 14-18도에 위치한다.

  생산량: 1만 헥토리터(추정치)

  적포도/백포도: 55/45

  소비: 2천만 리터. 일인당 0.3리터. 시장의 65%를 프랑스와 호주산 와인이 점유하고 있다.

  역사: 와인 생산은 1980년대부터 시작되었다.

동티모르 인구 120만 명

- **커피 재배 면적**: 1만 헥타르(추정치)

  생산량: 12만 포대

  아라비카/로부스타: 80/20

토고 인구 770만 명

○ **커피 재배 면적**: 9만 헥타르(추정치)

아라비카/로부스타: 0/100. 고품질 로부스타를 생산하는 곳으로 알려져 있다.

생산량: 14만 포대. 2012년과 2013년에는 60만 포대였다.

역사: 커피는 1923년 도입되었다.

튀니지 인구 1200만 명

● **포도 재배 면적**: 와인용 포도 재배지 1.5만 헥타르, 일반 포도 재배지 5.5만 헥타르(자료별로 다르다.)

적포도/백포도: 85/15

일반적인 품종은 까리냥, 그르나슈, 시라, 쌩쏘, 머스캣이 있다.

생산량: 30만 헥토리터. 상당 비율이 로제 와인이다. 수출량은 적다.

소비: 25만 헥토리터. 일인당 2리터. 관광객이 소비하는 양을 합한 수치이다. 60%는 로제 와인이다.

터키 인구 8100만 명

○ **커피 소비**: 70만 포대, 일인당 0.6kg. 80%가 인스턴트이다.

역사: 1453년 최초의 카페가 문을 열었다. 터키에서는 터키식 커피 문화가 나타났고, 이 전통은 유네스코 무형 문화 유산으로 등록될 예정이다.

● **포도 재배 면적**: 49만 헥타르. 이 중 와인용 포도를 재배하는 지역은 1.5만 헥타르이다. 전체 43만톤 중 3% 미만이 와인으로 사용된다.

적포도/백포도: 76/24(추정치). 고유 품종이 많다. 터키는 미국 다음으로 건포도 생산량이 많다.

생산성: 50hL/ha(자료별로 다르다.)

생산량: 80만 헥토리터. 7개 와인 산지가 있으며

인가된 와인 양조장은 100곳이 넘는다. 4% 정도(3만 헥토리터)는 수출된다. 와인 생산 자체는 금지되지 않았지만 와인 양조장에서 판매시 매상세 62%가 붙기 때문에 생산량이 늘지 않는다. 와인세는 오스만 투르크 시대(1299-1923)에도 있었다.

소비: 일인당 1리터. 절반 정도를 관광객이 소비한다.

우간다 인구 4200만 명

○ **커피 재배 면적**: 31만 헥타르. 농장이 170만 개로, 농장별 평균 면적은 0.2헥타르. 나무 수는 200그루 정도이다.

생산량: 350만 포대

아라비카/로부스타: 20/80

수출: 320만 포대 – 아프리카 주요 수출국이다.

소비: 국내 생산분의 6%정도. 일인당 0.4kg이다.

우크라이나 인구 4400만 명

○ **커피 소비**: 160만 포대, 일인당 2kg이다. 70% 정도는 인스턴트이다.

● **포도 재배 면적**: 5만 헥타르, 이 중 70%는 와인용 포도 재배지이다. 크림 반도가 우크라이나 영토였던 2014년까지는 8.7만 헥타르였다.

생산량: 170만 헥토리터

생산성: 40hL/ha(추정치)

수출: 80% 이상은 벌크로 수출된다.

영국(유럽 연합) 인구 6600만 명

영국은 그레이트 브리튼 섬(Great Britain)―잉글랜드, 스코틀랜드, 웨일즈―과 북부 아일랜드로 구성된다.

○ **커피 생산**: 영국은 대서양 한가운데, 적도 바로 아래 있는 섬인 세인트 헬레나(St. Helena)에서 커피를 생산한다. 2000년대 초반 생산량이 20톤, 한 컨테이너에 채울 만한 양을 조금 넘어 고점을 찍은 뒤 급감했다.

역사: 1730년대에 커피가 도입되었다. 프랑스의 보나파르트 나폴레옹(Napoleon Bonaparte)이 1815년에 이 섬에 유배되어 1821년 죽을 때까지 지냈다. 전해 내려오는 이야기에 따르면 그는 이곳의 커피를 높이 평가―프랑스와 남아프리카에서 구했던 와인의 대체용으로서―했다고 한다.

소비: 320만 포대, 일인당 3kg

● **포도 재배 면적**: 2300헥타르, 포도밭 600개 이상, 와인 양조장 130개가 있다. 1975년에는 150헥타르였다. 주요 포도 품종은 샤르도네, 피노 누아로 각각 20%가 넘는다.

생산량: 5만 헥토리터―650만 병으로서 70%는 스파클링 와인이다.

생산성: 25hL/ha

소비: 일인당 21리터. 영국은 세계 와인 생산량의 5%를 소비한다. 세계 수입 와인 총량에 비하면 물량으로는 17%, 가격으로는 20%에 달한다. 즉, 영국에서는 평균 이상의 품질을 지닌―최소한 가격이라도 더 높은―와인을 마신다. 비발포성 와인의 주요 공급자는 호주, 프랑스, 이탈리아, 미국, 스페인, 남아프리카 공화국이다. 이탈리아는 스파클링 와인의 거의 절반을 공급하며, 주로 프로세코를 수출한다. 영국은 와인에 부과하는 세금이 특히 높다. 병당 2.5파운드(관세 2.08파운드에 부가세를 더한 값이다.)를 매긴다.

역사: 잉글랜드의 윌리엄 1세(정복자 윌리엄)는 1086년, 토지대장에 45개 와인 양조장을 기록했다. 당시는 현재보다 기온이 더 온화했던 시기이다.

미국 인구 3억 2800만 명

○ **커피 재배 면적**: 3200헥타르. 대부분 하와이 주에 있다. 50%는 하와이 섬에 있고, 30%는 코나(Kona) 지구에 있다. 농장은 750개이다. 캘리포니아 주의 산타 바바라 카운티 인근 골레타(Goleta)에도 작은 커피 농장이 있다.

생산량: 6만 포대(4천 쇼트톤, 200컨테이너) 모두 아라비카이며 까뚜아이, 까뚜라, 문도 노보, 티피가가 있다.

소비: 2400만 포대. 일인당 4.3 kg이다. 단위 소비량이 가장 높았던 1946년에는 일인당 9kg에 달했다. 최근 최대 공급 국가는 브라질로서 연간 500만 포대를 공급한다. 기타 베트남(400만

○ **로이드 커피 하우스**(Lloyd's Coffee House)**: 보험 시장의 기원**

1688년에 에드워드 로이드(Edward Lloyd)는 런던의 타워 스트리트(Tower Street)에 로이드 커피 하우스를 열었고, 이후 1691년에는 가게를 롬바르드 스트리트(Lombard Street)로 옮겼다. 이 커피점은 거래업자와 선주들이 즐겨 찾는 소식 교환의 장이었다. 이것이 오늘날 라임 스트리트(Lime Street) 인근에 본사를 둔 로이드 보험 시장의 토대가 되었다. 최초의 커피 매장과 기기들은 대부분 잘 보존되어 런던의 국립 해양박물관(National Maritime Museum)에서 전시 중이다. 롬바르드 스트리트에는 과거의 위치를 알려주는 푸른색 플라크가 설치되어 있다. 현재 그 곳은 슈퍼마켓이 되었다.

포대), 콜롬비아(300만 포대), 과테말라(150만 포대), 인도네시아, 멕시코, 페루, 온두라스에서 커피를 수입한다.

역사: 커피는 1825년에 하와이에 처음 들어왔다.

● **포도 재배 면적:** 전체 포도 재배 면적은 44.5만 헥타르 중 와인용 포도 재배 면적은 25만 헥타르. 까베르네 소비뇽, 피노 누아, 샤르도네의 비율이 성장 중이다.

생산량: 2600만 헥토리터 중 89%가 캘리포니아에서 생산된다. 캘리포니아에서는 나파와 소노마 지역이 가장 잘 알려져 있지만, 실 생산량은 캘리포니아 전체 생산량 중 각각 4%, 9%에 불과하다. 캘리포니아의 생산 물량 중 2/3는 새크라멘토(Sacramento) 북쪽에서 프레즈노(Fresno) 남쪽에 이르는 센트럴 밸리(Central Valley)에서 생산된다. 그 외 주의 생산량은 워싱턴 주 3.5%, 뉴욕 주 3%, 오리건 주 1%이다.(표 11.5에서는 18개 주의 생산 비율을 보여준다.)

적포도/백포도/로제: 47/40/13

일부 와인 제조업자는 자연 포도 품종만 사용해

◉ 미국 커피 기업의 소유권, 브랜드, 시장의 변화(1773–2017)

1773: 보스턴 티 파티 사건 이후 커피가 인기를 끌다.

1793: 뉴욕에 첫 로스터가 문을 연다.

1864: 아버클(Arbuckle) 형제가 아리오사(Ariosa) 커피를 생산하다.—카우보이들에게 인기를 끌다.

1872: 폴저스 커피(Folgers Coffee Company)가 설립된다.

1881: 힐스 브라더스(Hills Brothers), MJB(맥스 J. 브랜든스타인, Max J. Mrandenstein)이 샌 프란시스코에서 설립된다.

1882: 뉴욕 커피 거래소(Coffee Exchange in New York)가 문을 열었다. 맥스웰 하우스(Maxwell House)는 테네시 주에서 설립된다.

1928: 제너럴 푸즈(General Foods)가 맥스웰 하우스를 인수했다. 맥스웰 하우스는 50년 이상 미국의 최고 브랜드를 유지한다.

1930: 유반(Yuban)이 뉴욕 최고 브랜드가 된다.

1946: 미국 내 일인당 커피 소비량이 연간 9kg이 되었다.(2007년 기준 측정값은 4.5 kg이다.)

1963: 프록터 앤 갬블(Procter & Gamble)이 폴저스를 매입한다.

1966: 피츠 커피 앤 티(Peet's Coffee & Tea)가 캘리포니아 버클리에 문을 연다.

1971: 스타벅스가 시애틀에서 문을 연다.

1978: 사라 리(Sara Lee)가 네덜란드의 대형 로스팅 업체 다우베 에그베르츠(Douwe Egberts)를 매입한다.

1978: 프록터 앤 갬블의 폴저스가 미국 원두 및 분쇄 커피 시장의 27%를 점유한다. 맥스웰 하우스는 22%를 점유한다. 다만 모회사 제너럴 푸즈의 커피 브랜드—산카(Sanka), 유반(Yuban), 맥스팍스(Max–Pox), 브림 멜로우즈(Brim Mellows)—를 포함한 전체 점유율은 32%로 더 높다.

1979: 제너럴 푸즈 사가 인스턴트 커피 시장의 48%를 점유한다.

1980: 폴저스가 시장 선도 브랜드가 된다.

1981: 그린 마운틴 커피 로스터즈(Green Mountain Coffee Roasters)가 설립된다.

1985: 스위스의 네슬레가 힐즈 브라더스(Hills Brothers) 브랜드와 MJB를 매입하다.

1985: 궐련업체인 필립 모리스(Philip Morris)가 제너럴 푸즈를 사들인다. 제너럴 푸즈 자회사인 맥스웰 하우스도 같이 매입된다.

1988: 필립 모리스가 크라프트(Kraft)를 사들여 크라프트 제너럴 푸즈(Kraft General Foods)를 만든다.

1990: 필립 모리스가 독일계 그룹인 제이콥스 슈샤르(Jacobs Schuard, 야콥스 슈하르트)를 매입한다.

1991: 크라프트 제너럴 푸즈 사와 프록터 앤 갬블 사가 각각 시장의 33%씩을 점유하다.

1997: 큐리그에서 K–Cup을 선보이다. K–Cup은 이후 미국의 표준 캡슐-포드가 된다.

1999: 사라 리가 네슬레로부터 힐즈 브라더스와 MJB를 매입하다.

2003: 필립 모리스 사가 사명을 알트리아 그룹(Altria Group, Inc)으로 바꾸다.

2005: 마시모 자네티 베버리지(Massimo Zanetti Beverage)가 사라 리로부터 힐즈 브라더스와 MJB를 매입하다.

2008: 알트리아가 크라프트 사 주식을 모두 매각하고 커피 사업에서 손을 떼다.

2012: 룩셈부르크 기반의 JAB 홀딩(JAB Holding Co,)이 피츠 커피 앤 티를 매입하다.

2014: 맥스웰 하우스와 폴저스가 시장의 40%를 점유하다.

2014: 큐리그 사와 그린 마운틴 커피 로스터즈 사가 합병하여 큐리그 그린 마운틴(Keurig Green Mountain)이 되다.

2016: 큐리그 그린 마운틴 및 미국의 유명 커피 브랜드들이 시장을 선도하는 유럽 커피 그룹인 JAB 홀딩에 매입되다.

2017: 미국의 SCAA와 유럽의 SCAE가 합병해 스페셜티 커피 어소시에이션(Specialty Coffee Association)이 되다.

와인을 생산하려고 노력하고 있다.

생산성: 95hL/ha, 지역적으로 편차가 매우 크다.

수출: 400만 헥토리터. 약 16억 달러 규모이다. 유럽이 40%, 캐나다가 25%를 수입한다.(2000년의 경우 5억 달러 규모였다.) 수출의 98%는 캘리포니아 산 와인이 차지한다.

수입: 최대 공급자는 호주, 아르헨티나, 칠레, 프랑스, 이탈리아, 스페인이다. 매출액 면으로는 이탈리아가 가장 크다 – 20억 달러 규모이다.

소비: 3300만 헥토리터. 이 중 70%는 국내 와인이다. 일인당 11리터

로제 와인(블러시(blush)라고도 한다.)는 시장의 15%, 스파클링은 6%를 차지하고 있다.

일인당 소비량이 높은 주는 워싱턴 DC(26 리터), 뉴햄프셔(20리터), 버몬트(18리터), 메사추세츠, 뉴저지, 네바다, 코네티컷, 캘리포니아 주이다. 소비량이 낮은 주는 웨스트 버지니아, 미시시피, 캔자스, 유타 순이다.

세금: 과거 오랫동안 연방 소비세는 알코올 도수 0-14%인 비발포 와인에 갤런당 1.07달러(병당 0.21달러), 알코올 도수 14% 이상 술에는 갤런당 1.57달러(병당 0.31달러)를 부과했다. 2018년 초가 되면서 모든 비발포 와인의 경우, 생산량이 3만 갤런(11.4만 리터, 15.1만 병)이내인 경우는 갤런당 0.07달러로 연방 소비세가 경감됐다. 생산량이 많을수록 세액은 점차 높아진다. 만약 생산량이 75만 갤런(약 380만 병)을 넘는다면 갤런당 1.07달러가 부과된다. 주 소비세는 갤런당 0.72달러, 병당 0.15달러이다.(상세 내용은 표 11.5를 참고.)

산업: 3대 대형 음료 업체(E&J 갤로 와이너리(E&J Gallo Winery), 와인 그룹(Wine Group), 컨스텔레이션 브랜즈(Constellation Brands)는 미국 내 판매되는 전체 와인의 절반 이상을 공급한다. 와인 양조장은 1.1만개(2000년에는 2900개)이며 이 중 4700개가 캘리포니아에 있다. 북미의 토착종인 비티스 라브루스카(Vitis labrusca)는 와인에는 거의 쓰이지 않는다. 여기에 속하는 품종 중

하나가 포도주스, 포도잼, 생식용 포도로 많이 쓰는 콩코드 포도(Concord grape)이다. 특히 이 포도는 뉴욕 주에서 많이 쓰인다.

역사: 1560년대 지금의 사우스 캐롤라이나에서 스페인인들이 최초로 와인을 제조했다. 이후 1620년대에 뉴멕시코에서 스페인 선교단이 포도밭을 만들고 소규모로 와인을 생산했다. 이들은 1660년대에 텍사스에서도 와인을 제조했다. 1800년경 켄터키에서 와인이 생산되었으며 직후 인디애나에서도 와인이 생산되었다. 오하이오에서 상업적 규모로 와인 제조가 이루어진 것은 1830년대이다.

비티스 리파리아(Vitis riparia) 같은 미국 품종들은 19세기 중엽부터 유럽의 비티스 비니페라 종을 공격한 필록세라로부터 포도나무를 구해내는 데 큰 공을 세웠다. 유럽에서는 이들 미국 품종을 대목으로 사용하는 대규모 접목 프로그램을 진행해 포도나무를 살려냈다. 이때 미주리, 텍사스 주에서는 대목을 대량 제공했다.

● **미국의 와인 규정**

아메리칸 비티컬처럴 에어리어(American Viticultural Area, 와인재배지역)는 지리적 요소로 구분한 와인 재배지를 말한다. 재배지의 경계는 주류담배과세무역청(Alcohol and Tobacco Tax and Trade Bureau, TTB)에서 결정한다. AVA 등록 신청서에는 해당 지역의 역사와 지리적, 지형적 특색을 담아야 한다. 그 내용이 설득력이 있어야 하며 토양 전문가와 기상학자, 역사학자의 근거 자료가 있어야 한다.

AVA의 통상 절차는 길어지기도 한다. 일부 AVA는 지형, 기후 면에서 독특하며 인지 가능한 특성이 있는 와인을 생산한다. 그에 비해 주로 홍보 내용이 중심인 AVA도 있다. AVA 내에 하부 AVA가 별개로 존재할 수 있다. 또한 AVA가 거대 지역 AVA 내에 존재할 수도 있다. 포도 품종, 재배 과정, 생산량, 와인 제조 방법에 대한 조건은 없다. AVA는 품질이나 고유성을 보장하지 않는다.

이 산지 등록제는 1980년대 초반에 시작되었다. 현

● 표 11.5 미국 내 와인을 생산하는 18개 주: 역사, 포도 품종, 세율

주	생산 비율	역사, 포도 품종, 과세
아리조나	<0.1%	AVA는 두 곳이 있다. 와인 양조장은 100개를 약간 넘어간다.
캘리포니아	89%	까베르네 소비뇽, 샤르도네가 주요 품종이다. 와인 양조장은 4,700개(2007년 2,400개)이다. 와인 주 소비세는 갤런당 0.20달러, 병당 0.04달러로서 미국에서 가장 낮은 편이다.
플로리다	0.3%	일반적인 품종은 머스카딘(Muscadine, 뮈스까딘)이다. 와인 주 소비세가 가장 높은 곳 중 하나로 갤런당 2.25달러, 병당 0.45달러이다.
아이다호	<0.1%	첫 포도밭은 1870년대에 생겼다. 포도 재배지 면적은 500헥타르이다.
켄터키	0.3%	니콜라스빌 와이너리(Nicholasville Winery)는 미국 최초의 상업적 포도밭과 와인 양조장으로 알려져 있다. 1799년 스위스 출신의 존 제임스 뒤포(John James Dufour)가 세웠으며 1803년에 첫 와인을 출시했다. 와인 주 소비세는 미국에서 가장 높은 갤런당 3.18달러, 병당 0.63달러이다.
메사추세츠	<0.1%	AVA는 두 곳이 있다 – 마르타즈 빈야드(Martha's Vineyard), 사우스이스턴 뉴 잉글랜드(Southeastern New England, 이 AVA 는 코네티컷과 로드 아일랜드도 일부 들어간다.)
미시간	0.2%	와인용 포도 재배지 1,400헥타르, 160개 와인 양조장 콩코드 품종 및 여러 품종을 사용해 주스를 대량 생산한다.
미주리	0.3%	1800년대 후반 유럽에서 필록세라가 창궐한 이래, 접목용 대목을 대량 공급하고 있다. 오거스타(Augusta)는 미국 최초의 AVA로서 1980년에 등록되었다.
뉴저지	0.2%	1800년대 짧은 기간 동안 최대 생산지였다. 포도 재배지 면적은 450헥타르이다.
뉴멕시코	0.1%	와인용 포도는 1620년대에 수도승들이 성찬에 쓸 목적으로 처음 심었다. 와인 주 소비세가 높은 편이다.
뉴욕	3.0%	주요 산지는 핑거 레이크스(Finger Lakes), 허드슨 리버 밸리(Hudson River Valley), 롱 아일랜드(Long Island)이다. 소규모 산지는 나이애가라 이스카프먼트(Niagara Escarpment, 나이애가라 급경사지), 이어리 호(Lake Erie)가 있다. 생식용 포도를 더 많이 생산하며, 특히 콩코드 종이 많다. 와인 양조장은 385개이다.
노스캐롤라이나	0.2%	무스카딘 품종이 일반적이며 그 외에는 세계적으로 많이 재배하는 재래종과 프랑스 – 미국 교배종이다. 와인 양조장은 140개이다.
오하이오	0.3%	1825년부터 와인을 생산했다. 1860–1880년대에는 미국 내 최대 생산지로서 주로 카토바(Catawba) 품종을 사용했다. 와인 주 소비세가 낮다. AVA는 다섯 곳이 있다. 콩코드, 리즐링 품종이 현재 가장 많이 쓰인다. 와인 양조장은 280개이다.
오리건	1.0%	피노 누아가 생산량의 60%를 넘게 차지한다. 와인 양조장은 700개이다.
텍사스	0.3%	약 2천 헥타르, 8개 AVA가 등록되어 있다. 유럽으로 수출하는 대목의 주요 공급원이다. 와인 양조장은 300개 이상이다. 와인 주 소비세가 갤런당 0.20달러, 병당 0.04달러로 미국 내에서 가장 낮은 편이다.
버지니아	0.1%	제퍼슨(Jefferson) 대통령이 워싱턴 DC에서 남서쪽으로 190km 떨어진 몬티첼로(Monticello)에서 1774년에 포도밭을 세웠다. 와인 주 소비세가 높다. 270개 와인 양조장이 있다.
워싱턴	3.5%	와인 생산량 2위. 재배지 2.4만 헥타르, 와인 양조장은 1천 개이다. 일반적인 품종은 까베르네 소비뇽, 메를로, 시라, 샤르도네, 리즐링이다. 필록세라 피해를 입지 않아서 접목한 포도나무가 거의 없다. 1871년에 처음 농장이 조성되었다.
위스콘신	0.1%	와인 양조장은 100곳이 넘는다. 와인 주 소비세가 매우 낮다.
기타	0.9%	–
미국 전체	100%	–

자료: 일부 내용은 와인 협회의 웹사이트, 그리고 미국의 와인메이커와 와인 유통업자들과의 대화를 통해 알게 된 정보를 참고로 했다.

재 27개 주에 160개 AVA가 있으며, 86개 AVA는 캘리포니아에 있다. 예를 들어, 버지니아는 7개 AVA, 343개 와인 양조장, 재배 면적 1380헥타르로서 26개 품종을 재배한다.

AVA 등록에 필요한 조건은 다음과 같다.

- 해당 AVA 내에서 생산한 와인이 최소 85% 들어가야 한다.(오리건 주는 90%, 워싱턴 주는 95%)
- 포도밭 이름을 언급하려면 해당 밭에서 재배한 포도가 최소 95% 들어가야 한다.
- 라벨에 포도 품종이 명기되는 경우, 해당 품종을 사용한 와인이 최소 75% 들어가야 한다. 일부 주에는 더 엄격한 자체 규정이 있다. 미국 고유 품종을 쓰는 경우는 최소 51% 이상 들어가면 된다.
- 생산 연도(빈티지)가 기재되는 경우, 해당 와인이 최소 95%가 들어가야 한다.

미국의 와인 시장은 단일하지 않다. 주마다 자체 규정과 요구 사항, 판매 제약, 음용 전통, 선호가 다르다. 각 주 안에서도 지역별로 주류 판매나 소비 규정의 엄격함에 차이가 있을 수 있다. 소수 브랜드가 투자를 통해 전국 유통망을 갖추긴 했지만, 그렇지 않은 경우는 주마다 매대에서 볼 수 있는 와인이 크게 달라진다.

텍사스의 와인 양조장이 캘리포니아산 포도를 사서 쓴다든가 하는, 다른 주의 포도를 사용해 와인을 만드는 경우는 일반적이지 않다.

미국의 와인 수입, 판매, 유통의 3단계 체제는 5.2장에서 설명했다.

우루과이 인구 350만 명

- ● **포도 재배 면적**: 6700헥타르. 포도 재배지의 25% 이상이 국가 대표 품종인 따나(Tannat, 아리아게(Harriague)라고도 불린다.)품종이다. 이 품종은 프랑스의 피레네 산맥에서 기원했다. 머스킷 오브 함부르크(Muscat of Hamburg)와 메를로도 많다.

생산량: 80만 헥토리터 중 95%는 국내에서 소비된다.

등급 분류: 비노 데 깔리다드 프레페렌떼(Vino de Calidad Preferente, VCP), 비노 꼬문(Vino Común, VC), VC는 로제 와인인 경우가 많다.

소비: 와인 중 50% 이상이 로제 와인이다.

역사: 1870년에 처음 포도나무를 심었다. 우루과이는 따나 알 문도(Tannat al Mundo)라는 국제 따나 종 와인 대회를 개최한다. 5개국에서 와인이 출품된다.

베네수엘라 인구 3200만 명

- ○ **커피 재배 면적**: 3.5만 헥타르(추정치)
  생산량: 40만 포대. 거의 대부분이 국내 소비되며 소량만 수출된다.
  소비: 35만 포대. 일인당 6kg

베트남 인구 9600만 명

- ○ **커피 재배 면적**: 60.5만 헥타르(추정치). 주로 닥락 지방에 있다. 관개 비율이 높은데 물 부족 문제가 점차 커지고 있다. 커피나무의 나이가 높아서 나무 교체 프로그램이 광범위하게 진행 중이다. 재배자 수는 50만 명으로 평균 농장 크기는 1.2헥타르이다.
  생산량: 2500만 포대. 1980년에 7만 포대, 1990년에 150만 포대, 2000년에 1300만 포대를 생산했다.
  아라비카/로부스타: 4/96
  생산성: 헥타르당 42kg
  수출: 생산량의 94%를 수출한다. 3%는 인스턴트이다.
  역사: 첫 생산은 1860년이지만 1980년대까지는 생산량이 낮았다. 1980년대 들어 공산권에 인스턴트 커피 수출 목적으로 커피 생산이 급속히 증가했다. 월드뱅크(World Bank)가 베트남의 커피 재배지를 지원한 것이 이같은 대량 생

산의 '원흉'이라고 여겨졌다. ─ 이로 인해 여러 나라간 엄청난 경쟁이 벌어지게 되었다. 그러나 지난 30년간의 엄청난 성장에 비추어 보면, 월드뱅크의 지원은 미미했다.

로부스타는 주로 커피 블렌드 제품의 양을 채우는 용도(filler)로 사용된다. 이 경우 포장에 산지를 밝히지 않는 경우가 많다. 그러므로 커피 소비자들로서는 베트남이 세계 2위의 커피 생산국(최대 생산국은 브라질이다.)이라는 사실을 모르는 경우가 많다.

베트남은 아프리카 전체 생산량보다 더 많은 양을 생산한다.

예멘 인구 2800만 명

○ **커피 재배 면적**: 1.5만 헥타르(추정치)

  생산량: 14만 포대

  예멘의 모카는 1300년대 초반, 커피(아마도 에티오피아에서 수입된 커피)가 음료로 처음 추출된 곳이다.

잠비아 인구 1700만 명

○ **커피 재배 면적**: 2500헥타르(추정치)

  생산량: 2.5만 포대(추정치, 증가 중)

  어느 정도 의미 있을 만큼의 생산은 1980년대에 시작하여 2010년에 고점을 찍었다. 2012년 이래로 싱가포르의 올람(Olam) 그룹이 2천 헥타르 이상의 토지를 개발하는 등, 상당한 투자를 하고 있다.

짐바브웨 인구 1600만 명

○ **커피 재배 면적**: 1천 헥타르(추정치)

  생산량: 1만 포대(추정치). 1990년대 초에 생산량은 고점을 찍었다. 한때는 20만 포대(1.2만톤)를 넘기기도 했다.

부록

5개 음료 비교: 커피, 코코아, 차, 와인, 맥주

항목	커피	코코아	차	와인	맥주
전 세계 생산량 (연간)	생두 900만 톤(1.5억 포대)	410만 톤 중 음료로 사용되는 것은 40만 톤(10%. 이 수치는 비교를 위한 추정치이며, 실제 비율은 이보다 적을 것이다.)	520만 톤, 2006년 370만 톤, 2010년 430만 톤에서 증가한 수치	2.7억 헥토리터 – 원료인 포도는 약 390만 톤	1900억 리터 – 원료는 맥아 2000만 톤으로, 여기에는 보리 2500만 톤이 들어간다. 전 세계 보리 생산량은 1.45억 톤이다. 17%가 맥주 제조용으로 사용된다.
최대 생산국 (전 세계 생산량 대비 부피비)	남미가 전 세계 생산량의 60%를 생산한다. 브라질 37% 베트남 14% 콜롬비아 9% 인도네시아 7% 에티오피아 4% 온두라스, 인도, 멕시코, 페루, 과테말라, 우간다 등	아프리카에서 70% 이상 생산한다. 코트디부아르 37% 가나 21% 인도네시아 10% 카메룬, 나이지리아, 브라질, 에콰도르 등	아시아에서 85% 이상 생산한다. 중국 34% 인도 23% 케냐 9% 스리랑카 6% 터키 5% 베트남, 이란, 인도네시아, 아르헨티나, 일본, 태국, 말라위, 우간다, 탄자니아 등	남유럽(프랑스, 이탈리아, 스페인, 포르투갈, 그리스)에서 50% 이상 생산한다. 이탈리아 17% 프랑스 16% 스페인 13% 미국 8% 칠레, 아르헨티나, 오스트레일리아, 칠레, 남아프리카, 독일 등	중국 25% 미국 12% 브라질 7% 러시아, 독일, 멕시코, 일본, 영국, 폴란드, 스페인, 남아프리카 등 (맥아 : 중국, 미국, 독일, 영국, 프랑스, 러시아, 캐나다, 오스트레일리아 등)
최대 수출국 (전 세계 수출량 대비 부피비)	브라질 25% 베트남 20% 콜롬비아 10% 인도네시아 6% 등	국내 소비량이 많지 않아 생산국 비율과 거의 비슷하다.	케냐 25% 중국 18% 스리랑카 17% 인도 12% 베트남 7% 등	스페인 21% 이탈리아 19% 프랑스 13% 칠레 8% 오스트레일리아 7% 등	멕시코 21% 네덜란드 8% 영국, 아일랜드, 덴마크, 미국 등
최대 수입국 (전 세계 수입량 대비 부피비)	유럽 연합 44% 미국 25% 일본 7% 캐나다 3% 러시아 3% 스위스 3% 등	네덜란드, 미국, 독일, 벨기에, 말레이시아 등	파키스탄, 러시아, 미국, 영국 등	독일, 영국, 미국, 프랑스, 러시아, 중국 등	미국 37% 프랑스 7% 영국, 이탈리아, 독일 등 (맥아 : 브라질, 일본, 벨기에 등)
세계 소비량 (연간)	880만 톤(생두 환산치)	410만 톤 중 40만 톤(10%)이 음료로 사용된다.	510만 톤	2.4억 헥토리터 공급 초과분 3000만 헥토리터 대부분은 증류된다. 생산된 알콜은 여러 가지 용도로 사용된다.	1900억 리터 = 19억 헥토리터 = 500억 미국 갤런

항목	커피	코코아	차	와인	맥주
국가별 소비량 (세계 총 소비량 대비)	유럽 연합 28%, 미국 17%, 브라질 14%, 일본 5%, 인도네시아 5%, 러시아 3%	유럽 연합과 미국이 지배적이다. 별도 자료는 없다.	중국 30%, 인도 21%, 터키 5%, 러시아 4%, 파키스탄, 미국, 일본, 영국 등	미국 13%, 프랑스 12%, 독일 8% 이탈리아 8%, 중국 7% 등	중국 24%, 미국 13%, 브라질 7%, 러시아 6% 독일 5% 등
1인당 소비량 (국가별 연평균)	세계 : 1.2kg(생두 환산치), 1인당 140잔 북유럽 국가 9kg, 유럽 연합 7kg, 영국 3kg, 브라질 6kg, 미국 5kg 생두 1kg으로 원두 0.85kg 정도를 생산한다. (잔당 생두 환산치 9g)	세계 : 0.6kg, 이 중 60g(10%)은 음료 형태로 소비된다. 	세계 : 0.7kg, 1인당 280잔 터키 2.7kg, 아일랜드 2.2kg, 영국 1.8kg, 모로코 1.5kg, 파키스탄 1.4kg, 러시아 1.4kg, 뉴질랜드, 중국, 일본, 인도, 미국 등 (잔당 2.3g)	세계 : 3.4리터 프랑스 41리터, 포르투갈 41리터, 슬로베니아 39리터, 스위스 35리터, 이탈리아 34리터, 덴마크 33리터, 오스트리아 30리터 등	세계 : 27리터 100리터가 넘는 국가들 : 체코 공화국, 오스트리아, 독일 등 80~100리터 : 폴란드, 아일랜드, 벨기에, 루마니아 등
최대 업체 (B : 벨기에) (CH : 스위스) (D = 독일) (DK = 덴마크) (F = 프랑스) (NL = 네덜란드) (RSA = 남아프리카)	**거래업체:** 노이만(Neumann, D) ECOM(CH) 올람(Olam, 싱가포르) ED&F Man-Volcafe (UK/CH) 루이 드레퓌스(Louis Dreyfus Comp., NL), 노블(Noble, 싱가포르/ 중국), 수카피나(Sucafina, CH) **로스터(브랜드, 브랜드 소유 업체):** 네슬레(Nestlé, CH) 요아벤키서 홀딩 - 야콥스 다우베 에그베르츠(JAB Holding Co, with Jacob Douwe Egberts, D/NL) 큐리그 그린 마운틴(Keurig Green Mountain, 미국)	**거래, 가공업체:** 배리 칼레보(Barry Callebaut, CH) 카길(Cargill, 미국), 몬델레즈(Mondelez, 과거 크라프트(Kraft, 미국), 블롬머(Blommmer, 미국), 데잔(DeZaan, NL), 나뜨라(Natra, 스페인) 등 **제조업체 :** 허쉬(Hershey, 미국), 네슬레(Nestlé, CH), 캐드버리(Cadbury, 영국), 반 호텐(Van Houten, NL), 기라델리(Ghiradelli, 미국) 등	**차 브랜드:** 립톤(Lipton, NL)/ 유니레버(Unilever, 영국), 타타 글로벌 베버리지(Tata Global Beverages, 인도/영국), 트와이닝즈 (Twinings, 영국), 티 칸네(Teekanne Group, D), 오리미 트레이드(Orimi Trade, 러시아), 와그 바크리 티(Wagh Barki Tea, 인도) 등 	**와인 업체 :** 갤로(Gallo, 미국), 컨스텔레이션 (Constellation, 미국), 더 와인 그룹(The Wine Group, 미국), 트레저리 와인 에스테이츠(Treasury Wine Estates, 오스트레일리아), 뻬나플로르(Penaflor, 아르헨티나), 꼰차 이 또로(Concha y Toro, 칠레), 카스텔(Castel, F), 어콜레이드(Accolade, 오스트레일리아), 페르노리카(Pernod Ricard, F) 등	**맥주 제조 업체:** AB 인베브(AB Inbev), 버드와이저(Budweiser), 스텔라 아르투아 (Stella Artois), 코로나(Corona), 벡스(Becks) 등 (벨기에- 미국). SABMiller 가 소유한 브랜드 : 그롤쉬(Grolsch), 밀러(Miller), 포스터(Foster), 쿠어스(Coors) 등 (영국- RSA), 하이네켄(Heineken, NL), 칼스버그(Carlsberg, DK), 차이나 리소시즈 (China Resources) 스노우 브루어리즈 (Snow Breweries) (중국) 몰트 거래업체 : 밀퇴로 (Malteurop, F), 소플레(F, 러시아), 카길(미국), 유나이티드 몰트 홀딩스(오스트레일리아) 등

항목	커피	코코아	차	와인	맥주
원재료	커피콩. 뜨거운 물로 추출, 희석한다.	카카오 콩 – 버터/기름/지방과 케이크(fat and cakes)/가루로 나뉜다. 코코아 음료는 카카오 가루를 사용해 만든다. 보통 우유나 물, 설탕과 기타 첨가물을 더한다.	차 나무 가지의 끝에 난 잎을 딴다. 홍차(이 경우는 CTC – 잘게 부수고 찢어서 비트는 공법(crush, tear, curl) 및 일반적인 비비기(rolling) 방식을 사용) 및 녹차, 우롱차, 백차, 황차, 흑차로 만든다. 뜨거운 물을 쓴다. 홍차나 녹차 1kg를 만드는 데 4.20–4.65kg가 쓰인다. 진품 차는 Camelia sinensis라는 1개 품종을 사용한다. 이외에 여러가지 식물을 사용한 차가 있다.	포도. 가공 초기에 이스트와 당을 더할 수 있다.	몰트는 보리, 이스트, 물을 재료로 만든다. 향미, 쓴맛, 보존성을 위해 홉(hop)을 더한다. 맥주 1900억 리터를 만드는 데 몰트 2000만 톤이 필요하다. 이 몰트를 만드는 데 보리 25000만 톤이 들어간다. 세계 보리 생산량은 연간 1.45억 톤으로서, 이 중 13%가 맥주용 몰트로 전환되는 셈이다.
한 잔에 필요한 원재료의 양	커피 한 잔당 필요한 커피콩은 7g 정도(생두 8–10g)이다.	코코아 한 잔당 필요한 카카오의 양은 6g이다.	차 한 잔에 필요한 잎은 가공된 차 2g(갓 딴 차잎 8g)이다.	와인 한 잔에 필요한 포도는 200g 정도이다.	맥주 한 잔(300mL)당 필요한 몰트 90g
그루, 이삭당 생산량 (세계, 연평균)	그루당 생두 0.5–1kg(60–120잔)	그루당 말린 씨앗 0.5–2.0kg(80–330잔)	그루당 50–120g(25–60잔)	그루당 1–2.5kg(750mL 들이 1–2병 또는 5–12잔)	보리 이삭 하나에서 몰트용 보리 1.5g이 나온다.(편차가 크다.) 제곱미터당 이삭 400개를 심을 경우(150개에서 700개까지 심는다.) 헥타르당 몰트용 보리는 5.3톤이 생산된다.
헥타르당 생산성(세계, 연평균)	커피 10만 잔 헥타르당 12포대= 720kg 기반	초콜릿 7.5만 잔 헥타르당 카카오 450kg(편차가 크다) 기반 (우유와 당 생산에도 땅이 필요하다.)	차 100만 잔 헥타르당 갓 딴 찻잎 8,400kg, 차 2,000kg 기반. 신식, 관리가 잘 된 플랜테이션에서는 차 5,000kg을 생산할 수 있다.	와인 4만 잔 헥타르당 와인용 포도 8톤 기반 – 55헥토리터, 7천 병 생산	맥주 5만–10만 잔 헥타르당 보리 5.3톤, 몰트 4.3톤 생산 기반 양조 방식에 따라 잔 수가 달라진다.(홉 생산에도 땅이 필요하다.)
원재료 생산용 전체 토지 $1km^2$ = 100헥타르 = 247에이커 =0.39제곱마일	$11만km^2$ (일부 토지는 다른 작물도 재배한다.)	$7만km^2$ 약 $7천km^2$가 음료용 코코아 생산에 쓰인다. (일부 토지는 다른 작물도 재배한다.)	$5.5만km^2$ (추정치)	$4.8만km^2$ (식용 포도와 건포도를 포함한 전체 면적은 $7.5만km^2$)	$5만km^2$ (추정치)

항목	커피	코코아	차	와인	맥주
알콜	–	–	–	일반적으로 부피비로 11–14% 저알콜 및 무알콜 음료가 있다.	일반적으로 부피비로 4–6%, 무알콜 및 10% 이상 함량비 음료가 있다.
1회 제공량 당 열량(일부 편차가 있음) 1kcal = 4.19kJ	당이나 우유가 들어가지 않은 블랙 커피 175mL(6 미국 액량 온스보다 약간 아래 양) 잔당 1–2kcal	코코아 7g, 당 16g, 우유 220mL가 들어간 음료 한 잔당 190kcal	당이나 우유가 들어가지 않은 240mL(8 미국 액량 온스를 약간 넘는 양) 잔 당 2kcal	150mL(5 미국 액량 온스를 약간 넘는 양)를 담은 잔당 125kcal	0.33L(0.7파인트, 11미국 액량 온스 정도)를 담은 잔당 140kcal
역사 : 기원과 재배	아프리카 (아라비카는 에티오피아, 로부스타는 중미) 1200년경 아라비아 반도에서 재배되었다.	중남미(아마존 강 유역) 기원으로 중미에서는 유럽인들이 당도한 1500년대에 이미 재배가 시작되었다.	현재의 미얀마(버마)와 중국에서 기원하였다. 중국에서는 기원전 2700년경에 처음 사용된 것으로 얼려져 있다. 유럽에는 1600년대 초에 네덜란드 상인을 통해 전파되었다.	재배가 시작된 지 8천 년이 넘는다. 코카서스 산맥 인근의 아르메니아, 아제르바이잔, 조지아, 이란, 터키 등에서 기원했다.(몇몇 국가들이 최초 재배를 주장 중이다.)	재배가 시작된 지 6천 년이 넘는다. 메소포타미아의 수메르인들이 처음 재배했다. 800년경에 독일의 양조업체가 나타났다. 벨기에, 체코 공화국, 독일, 아일랜드, 영국은 맥주 역사가 길다.

자료 : ICO, OIV, FAO, ITC, 유로모니터 등의 여러 자료에서 모음

주의 :

- 이 표의 수치는 2013–2015년 기간 및 가능한 경우 2016년 자료를 포함해 평균치를 반올림한 것이다.
- 커피, 코코아, 차에 관한 자료는 별도로 표기하지 않은 경우 주 원재료인 농산물 자료에 기반했다. 모두 가공을 거쳐 여러 음료가 된다.
- 와인과 맥주에 대한 자료는 최종 제품(이 음료들은 85% 이상이 물이다.)에 대한 것이다. 별도 표기하지 않은 경우, 주 원재료에 대한 수치가 아니다.
- 일인당 소비량은 주로 최대 소비 국가에 기반했으나, 이에 한정되지는 않았다.
- 코코아에 대한 자료는 전체 코코아의 10%에 대한 것이다. 10%는 코코아 음료 및 음용 초콜렛 전체에 대한 추정 비율이다. 코코아 음료에 관한 통계 자료는 드물고, 실제 비율은 10% 이하일 수 있다.

기술 단위 : 기원, 사용법, 변환

미터, 리터, 그램의 기원

300년 전에는 인치(inch), 푸트(foot), 파운드(pound) 같은 단위가 나라마다 달랐지만, 국제 거래와 협동 연구가 늘어나면서 공통 단위가 더 편리하다는 인식이 명백해졌다. 이에 따라 1793년에 유럽 국가들은 미터법 체제 도입에 동의했다. 새 단위 체제의 기본 단위는 미터로서, 이는 적도에서 북극까지의 거리에 대한 1000만 분의 1로 정해졌다.(적도에서 북극까지의 거리는 10,000km, 6,214마일이다.)

새 미터법을 쓰기로 한 국가들은 특정 합금으로 만든 막대 모양의 표준 미터 기기를 공유했다. 길이 비교는 파리에 있는 기기를 기준으로 했다. 이 합금 미터 기기는 현재는 유물이 되었는데, 훨씬 정밀한 방

식으로 미터법이 재정의되었기 때문이다. 현재는 빛이 진공에서 1초 동안 이동하는 거리의 299792458분의 1로 미터를 정의한다. 1미터는 대략 39.4인치이다.

아래 표에서 볼 수 있듯이 미터(길이를 재는 단위)는 간접적으로는 면적, 부피, 무게를 재는 기본 단위로도 사용된다.

그램과 킬로그램은 정확히는 질량, 즉 물체 대 물질의 양을 재는 단위이다. 무게는 중력이 질량체에 가하는 힘으로서, 이 힘은 장소에 따라 달라진다. 예를 들어, 달에서의 중력은 지구에서의 중력에 비해 훨씬 작다. 일상적으로 쓰는 "이 커피 포대는 30kg이다." 라는 표현에 이론의 여지는 없다.

미터는 또한 톤, 즉 질량이나 무게를 재는 단위의 기원이다. 1톤은 물 1m³의 무게(1000kg, 2205파운드)이다. 미국에서 톤을 쓸 경우는 대개는 쇼트 톤(short

미터, 리터, 그램의 상호 관련성 및 측정

단위	측정영역	파생 단위	단위간 관련성
미터(m)	길이 : 1차원	1밀리미터(mm) = 1/1000m 1센티미터(cm) = 1/100m 1데시미터(dm) = 1/10m 1킬로미터(km) = 1000m	1미터는 1791년 프랑스에서 북극과 적도 사이 거리의 천만 분의 1로 정의되었다.
제곱미터(m²)	면적 : 2차원	1 아르(are) = 100m² 1 헥타르(ha) = 10000m² 1 제곱킬로미터(km²) = 1백만m²	주의 : 아르 단위는 거의 쓰이지 않는다. 일반적으로는 1000아르에 해당하는 헥타르를 쓴다.
리터(L, l)	용량 : 3차원	1밀리리터(ml) = 1/1000L 1센티리터(cl) = 1/100L 1데시리터(dl) = 100L 1세제곱미터(m³) = 1000L	1리터는 1세제곱데시미터(dm³), 즉 1x1x1dm 또는 10x10x10cm 이다.
그램(g)	질량(무차원!)	1 밀리그램(mg) = 1/1000g 1 킬로그램(kg) = 1000g 1톤(t) = 1000kg	1kg는 4도(섭씨, 화씨 39도)에서 물 1세제곱데시미터(dm³) 의 질량이다.

ton)으로서, 2000파운드, 907kg를 뜻한다.

과학, 기술, 거래 부문에서는 미터법 단위와 십진법이 나라마다 달랐던 과거보다 더 편리하다는 데 일반적으로 동의하고 있다. 예를 들어, 영국과 미국은 액량온스와 갤런 크기가 다르다.

오스트레일리아는 완전히 미터법과 십진법을 사용한다. 이에 비해 영국은 아직 절반 수준이다. 영국의 화폐단위(파운드)는 현재는 십진법을 따르고, 온도는 섭씨를 사용한다. 그러나 길이는 여전히 피트, 야드(yard), 마일(mile)을, 부피는 파인트(pint), 갤런

(gallon)을, 무게는 온스(ounce) 와 파운드(pound)를 사용한다.

헥타르(hectare)는 hect와 are가 합쳐진 말이다. are는 100m²를 가리키는 단위인데 거의 쓰이지 않는다. hect및 hecto는 100을 뜻하는 그리스어 헤카톤(hekaton)에서 왔다.

1790년대 표준 단위를 정하는 대결에서 승리한 곳은 유럽 대륙, 특히 프랑스이다. 그러나 영국도 100여 년 뒤인 1884년, 한 가지 부문에서 승리를 거두었는데, 바로 20개 이상 국가가 런던의 그리니치

단위 변환과 비교

길이

1미터 = 3.28피트(feet)
1푸트(foot) = 12인치 = 0.305미터
1야드 = 3피트 = 0.914미터
1킬로미터 = 1000미터 = 0.62마일
1마일 = 1.61킬로미터

면적

1제곱미터 = 10.75제곱피트
1제곱푸트 = 0.093제곱미터
1아르 = 100제곱미터
1헥타르 = 1000아르 = 10000제곱미터
1헥타르 = 2.47에이커
1에이커 = 4049제곱미터 = 0.405헥타르
1에이커 = 43560제곱피트 = 4840제곱야드

부피

1리터 = 10데시리터 = 100센티리터 = 1000밀리리터
1리터 = 33.8 미국 액량온스 = 0.264 미국 갤런 = 0.220 영국 갤런
1영국 파인트 = 568밀리리터
1미국 파인트 = 473밀리리터
1미국 갤런 = 3.785리터 = 128 미국 액량온스
1영국 갤런 = 4.546리터 = 160 영국 액량온스
1헥토리터 = 100리터 = 22.0 영국 갤런
           = 26.4 미국 갤런
1상자(case, 케이스) = 12 x 0.75L 병 = 9리터
1미국 액량온스 = 29.6밀리리터
1영국 액량온스 = 28.4밀리리터

무게/질량

1그램 = 물 1세제곱센티미터 또는 물 1밀리리터
     (물 1리터의 1000분의 1) 의 무게
1킬로그램(kg) = 1000그램
1파운드(lb) = 16온스 = 454그램 = 0.454킬로그램
1톤 = 1미터법 톤(t, mt) = 1000킬로그램 = 2205파운드
1쇼트 톤(short ton) = 2000파운드 = 907킬로그램
1밀리그램(mg) = 1그램의 1000분의 1
1마이크로그램(my 또는 μm) = 1그램의 100만분의 1
1온스(oz) = 28.35그램
1그램 = 0.035온스

온도

변환 :
섭씨(℃)를 화씨(℉)로 : (섭씨온도 x 9/5) + 32
화씨(℉)를 섭씨(℃)로 : (화씨온도 − 32) / 1.8

예 : 섭씨 20도 = (20 x 9/5) + 32 = 36 + 32 = 68

섭씨 1도 단위 = 화씨 9/5 또는 1.8 도 단위

섭씨 영하 273도 = 화씨 영하 460도(0 켈빈, 0K, 이 경우는 °K가 아니다.)
섭씨 영하 18도 = 화씨 0도
섭씨 영하 10도 = 화씨 14도
섭씨 0도 = 화씨 32도(273켈빈)
섭씨 10도 = 화씨 50도
섭씨 20도 = 화씨 68도
섭씨 37도 = 화씨 100도
섭씨 100도 = 화씨 212도
섭씨 250도 = 화씨 482도

에너지

1킬로칼로리(kcal) = 4.18킬로줄(KJ)
1킬로줄 = 0.24킬로칼로리
1킬로칼로리 = 1.16와트시(Wh)
1와트시 = 0.86킬로칼로리 = 3.6킬로줄
1큰칼로리 = 식품에서의 1칼로리 = 1킬로칼로리 = 1000칼로리

지역적으로 사용되는 단위

1퀸탈(quintal, ql) = 100킬로그램. 중남미에서 사용한다. 약어는 Ql, ql로 표시하며, 92ql/ha 와 같은 식으로 헥타르당 포도 수를 나타낼 때 널리 쓰인다. 포도 1ql, 곧 100kg로 대개 와인 70kg을 생산한다.

주의 : 퀸탈은 '100'을 의미한다. 때로는 100파운드를 의미하기도 한다.

중남미에서 많이 쓰이는 단위(아르헨티나 제외)
1 제곱 바라(vara) = 0.7 제곱미터
1 만자나(manzana) = 10000제곱바라
1 만자나 = 0.7헥타르 = 1.73에이커

면적을 나타내는 여섯 개 단위를 상대 비교하면 아래 그림처럼 나타낼 수 있다. 아르는 테니스 코트, 헥타르는 축구장과 비교할 수 있다.

축구장(대략) : 105 x 68m = 0.7헥타르 = 1.8에이커
미식축구장(대략) : 110 x 65m = 0.7헥타르 = 1.8에이커
테니스 코트 : 78 x 36 피트(23.8 x 11.0m) = 362 제곱미터 = 0.04헥타르
= 0.09에이커

축구장과 테니스 코트의 크기는 직선으로 칠한 틀 안만 해당한다. 그밖의 면적은 포함하지 않았다.

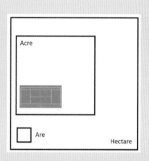

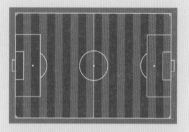

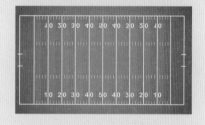

(Greenwich)를 본초자오선(prime meridian), 즉 경도 0도로 삼는 데 동의한 것이다. 이때부터 전 세계 어떤 지점이건 고유하면서 전 세계적으로 동의된 경도와 위도 좌표 방식으로 나타낼 수 있게 되었다. 여기서는 도(degree), 분(minute), 초(second)를 사용한다.

예를 들어, 뉴욕에 있는 자유의 여신상(Statue of Liberty)은 북위 40도 41분 21.43초, 서경 74도 02분 39.77초에, 오스트레일리아에 있는 시드니 오페라 하우스는 남위 33도 51분 23.66초, 동경 151도 12분 54.38초에 있다. 본초자오선은 런던의 그리니치 공원을 남북으로 통과한다. 인근의 왕립 천문대(Royal Observatory)는 북위 51도 28분 36.67초, 서경 0도 0분 1.80초에 있다.

Volume(부피, 물량) 용어 사용

Volume은 대개는 3차원 공간에서의 크기, 용적을 나타내며, m³ 또는 리터로 표시한다. 예를 들어, 표준 20 피트 컨테이너의 부피는 33m³, 1116세제곱피트를 약간 넘는다. 바리끄 형 와인 배럴은 부피가 225리터이다. 다만, Volume이 때로는 킬로그램, 톤 내지 포대로 나타내는 무게를 의미할 때도 있다. 아래와 같은 표현이 쓰이곤 한다.

케냐의 커피 수출 물량(volume)은 연간 85만 포대(5만 톤)이다.
스위스 포도밭에서 헥타르당 연간 포도 생산 물량(volume)은 평균 8톤이다.

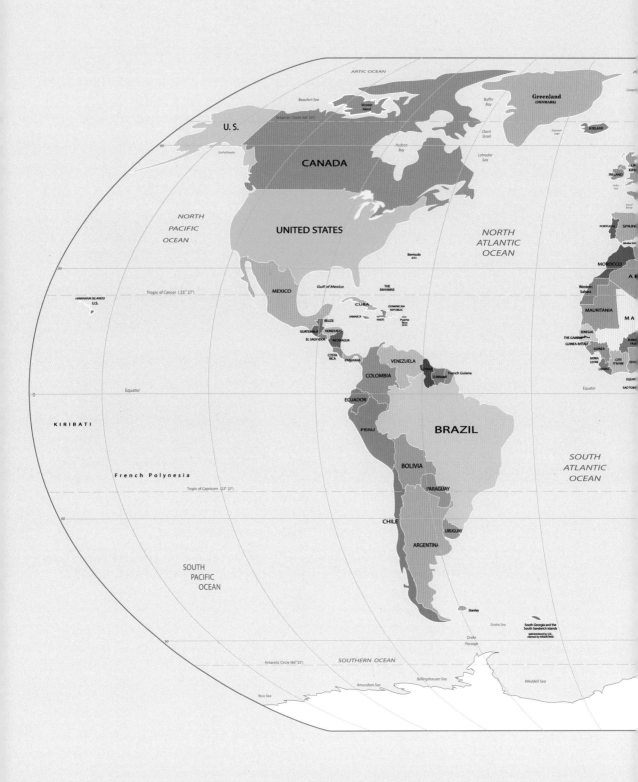

역자의 말

기록하지 않은 과거는 혼돈으로 차 있다. 스스로 생각하기에 나의 20, 30대 모습은 금빛 백사장 같지는 않았다. 그 시절 나름 많은 글을 썼지만, 어떤 것은 플로피 속에, 어떤 것은 PC 통신과 웹 서비스의 중단과 함께 사라졌다. 갈무리한 몇 편은 어느 시디 속에 들어 있겠지만, 다른 많은 자료들과 마찬가지로 지금은 찾기가 쉽지 않다. 남 원망할 것 없이 어디까지나 내 잘못이지만, 결과적으로 수 년에서 십수 년 전의 나를 구체적으로 떠올리기란 완전히 어려운 일이 되고 말았다. 과거의 나는 마치 설화 시대처럼 흐려졌다.

그렇지만 한 가지는 여전히 뚜렷하게 남아 있다. 2000년대 중엽부터 활동했던 한 커피 동호회에서, 나는 번역의 매력을 알게 되었다. 이 경험은 나에게 커피를 좋아하는 사람들에게 도움이 되고 싶다는 마음을 갖게 해주었고, 나의 커피 지식과 정보는 다행히 사람들에게 환영받았다. 그 내용들 대부분이, 외국의 문헌에서 본 것이었다. 내가 조금이라도 도움이 될 분야는 번역이구나 하는 마음이 글을 찾게 하고, 저작권을 알아보게 하고, 번역 허락을 구하는 편지를 쓰게 했다. 지식을 전달하는 것, 그것이 당시의 나를 지탱했던 것 같다.

〈The Coffee Guide〉(원제: Coffee-An exporter's guide)는 2006년 7월부터 시작한 번역 작업이었다. Supremo.be의 〈Coffee Encyclopedia〉와 함께, 이 번역은 그 동호회, 그리고 커피를 좋아하고, 그래서 더 잘 알고자 하는 이들을 위해 당시로는 내가 할 수 있는 가장 중요한 일이었고, 실질적으로 마지막 일이었다. 본문 약 8개월, 그리고 부속 작업까지 조금씩 해나가던 것이 2012년 초에 끝이 났다. 우연이지만 두 일이 동시에 끝이 났다. 당시엔 텅 빈 듯한 느낌을 받았던 것 같다. 그리고 그 뒤, 그 동호회에는 점점 발길이 뜸해졌다.

지난 뒤에 보는 젊은 날은 생각하는 만큼 그리울 수 있다. 목표가 젊음을 타고 질주하는 때임을 알아챌 때, 좀 더 열심히 살았는지 따져보게 된다. 나로서는 그나마 변명할 수 있는 것이 번역이었다. 스스로 할 수 있는 방법으로 스스로 원하는 것─커피를 사랑하는 이들에게 커피를 더 잘 알 수 있게 하는 방법 중 하나로서 지식을 전달하는 것─을 했다. 스스로에게 공부가 된 것, 조금 더 발전한 사람이 된 것은 부가적인 득이었다. 한없이 높은 곳에서 아낌없이 자신의 전력을 다해 온 분들을 많이 알게 된 것은 너무나 큰 배움이었다. 그리고 몇 번의 서신으로, 그들의 호의를 받을 수 있었음은 생각지 못한 은혜였다.

커피가이드를 번역하고자 ITC에 메일을 보내자, 모튼 숄러 씨는 나에게 허락의 메일을 보냈다. '여러분 기구의 사이트에 게시된 책자 자료를 한글로 번역해서, 한국의 커피를 좋아하는 사람들의 모임에 무료로 게시하고자 하오니 허락해주시기 바랍니다' 식의 요청을 당시 어떻게 받아들였을지 감히 생각도 할 수 없다. 그러나 그는 허락하고, 조언하고, 격려했다. 그는 문장에서부터 성실함이 드러나는 이였고, 3개월 만에 끝내겠다는 약속은 결국 8개월로 연장되며 지키지 못했지만, 대신 그 번역으로 힘을 얻을 수 있었다. 그것이 13년 전의 일이다.

모튼 숄러 씨의 이 책은 작년 말에 출간되었다. 아마존 사이트의 신간 검색 결과에서 그의 이름이 나왔을 때 얼마나 반가웠는지 모른다. 해가 지나 리브레에서 책을 번역하기로 결정한 날, 책상에서 메일을 보내면서, 얼마나 많은 회상을 하고 고마워했는지 모른다. 그리고 놀랍게도, 그는 나를 기억하고 있었고, 예전보다 더 큰 격려와 조언을 보내주었다. 이번엔 단순 게시가 아닌 출판과 관련된 일인지라 제법 여러 번 서신을 주고받았는데, 그의 글은 언제나 겸허하고, 상대를 배려하며, 예의가 넘쳤다. 그는 지금까지 내가 알고 있던 것 이상으로 커피 세계에서 활동했고, 커피 역사의 고삐를 잡은 한 사람이었다. 그렇지만 그의 글은 언제나 상냥했다. 그는 나에게 원서 앞머리에 있는 도움 주신 분들의 명단을 번역서에도 써줄 수 있는지 물었고, 나는 당신의 말에 감동했다고, 우리는 한 번도 그런 부분을 뺀 적이 없다고 답했다. 방심하지 않고, 명예를 걸고, 거기에 치열함을 더해서 빛나는 한국어판을 만들겠다고 마음을 다잡았다.

이번 책을 낼 수 있어 너무나 기쁘다.

이번 책을 낼 수 있어 너무나 감사드린다.

이번 책을 낼 수 있어 행복하다.

번역서를 내는 일에는 많은 이들이 참여한다. 그리고 많은 경우 번역 그 자체는 물론 번역 전후의 과정이 매우 중요하다. 커피 리브레의 서필훈 대표는 이번에도 지식, 정보를 검증하고 문맥의 실수와 오독 가능성이 높은 부분을 바로잡아 주었다. 와인에 대한 내용 감수를 위해, 와인 마스터도 힘을 보태주셨다. 마스터 소믈리에 김경문 씨가 와인 분야를 전담해 모든 부분을 꼼꼼히 살펴주었다. 윤은주 편집자 님은 나아졌지만 아직은 미숙한 나의 고전 문어체 문장을 말끔하고 리듬감 있게 다듬어주었다. 문법 교정은 말할 나위도 없다. 이새미 디자이너 님은 수없이 많은 가을 밤을 새워가며 아름다운 책을 만들어주었다. 또한 이 모든 작업이 문제없이 진행될 수 있도록 리브레 모든 가족이 애썼음을 말하고자 한다.

나의 가족, 어머니와 누나, 자형, 조카 들은 내가 그들을 생각하는 이상으로 나를 아끼고 사랑한다. 언제가 되어야 그에 맞게 보답할 수 있을까. 다만 나의 작업이 한 디딤 더 할 때에 이렇게 감사를 적을 뿐이다.

그리고, 사랑하는 마리아, 지금 마리아를 사랑할 수 있어 과거가 아쉽지 않아요.
서로 볼 수 있는 삶만큼 행복한 것이 없네요.
마리아의 남편인 것이, 너무나 행복하네요.
당신이 나의 자랑입니다.

지은이 **모튼 숄러**Morten Scholer는 14년간(1999-2013) 스위스 제네바 소재 연합국기구(United Nations, UN)에서 커피 생산국의 커피 생산자, 수출업자 및 기구를 지원하는 상급 고문(senior adviser)으로 재직하면서 커피 생산과 수출에 대한 국가 전략 개발, 지속 가능 프로그램, 커피 연구소 설립을 비롯한 다양한 활동을 전개했다. 또한 국제무역센터(International Trade Centre)에서 펴낸 〈The Coffee Exporter's Guide〉를 비롯한 여러 저작물의 공동 저자이다. 그리고 지난 35년간 유럽, 아프리카, 동남아시아, 태평양, 중국에서 민간 기업, 공공기관과 함께 무역과 투자 관련 활동을 해왔다. 비료부터 맥주, 커피 상품에 이르는 산업 관련 30개 이상 업체에서 이사직을 맡았다. 어린 시절, 프랑스의 마콩 및 생떼밀리옹 지역의 포도밭과 와인 양조장에서 일했던 경험이 있다. 지금도 고국인 덴마크와 현재 가족과 함께 살고 있는 스위스에서 와인 산업을 경험하고 있다.

옮긴이 **최익창**

2003년 고려대학교 법대 졸업
2010년 사단법인 한국스페셜티커피협회 사무지원팀장
2012년 수성구1인창조기업 '코페아룩스메아' 설립, 커피브리프 발간
2014년-현재 커피리브레 지식전략부장

1995년 커피자료 번역을 계기로 스페셜티 커피산업을 접하고
1997년 보헤미안 커피교실을 통해 커피산업의 가치와 소중함을 깨닫다.
이후 여러 커피업체의 일을 돕고 커피동호회에서 활동하면서
커피산업에서 필요한 지식의 정련에 힘써 왔다.

감수 **김경문 M.S.**

미국 뉴욕의 요리학교The Culinary Institute of America(CIA)를 졸업한 뒤 University of Nevada, Las Vegas(UNLV)에서 호텔경영 학사를 받았다. 뉴욕의 여러 미슐랭 레스토랑에서 소믈리에 및 지배인으로 근무했으며 2016년에는 전 세계에 262명밖에 없는 마스터 소믈리에의 타이틀을 얻었다. 현재 레스토랑 및 와이너리 컨설팅을 하고 있으며 와인뿐만 아니라 한국의 전통주를 미국에 알리고자 KMS Imports라는 회사를 운영하고 있다.

감수 **서필훈**

고려대학교 서양사학과 및 동대학원 졸업
안암동 보헤미안 커피하우스 실장 역임
현 커피리브레 대표

커피와 와인
두 세계를 비교하다

초판 1쇄 발행 2019년 11월 7일
초판 1쇄 인쇄 2019년 10월 21일

지은이	모튼 숄러
옮긴이	최익창
펴낸이	서필훈
펴낸곳	커피리브레
신고일	2012년 9월 5일
신고번호	제2012-000286호
주소	서울 마포구 동교로 29길 64, 2층(연남동, 영인빌딩)
전화	02-325-7140
팩스	02-6442-7140
전자우편	choi@coffeelibre.kr
편집	윤은주
디자인	이새미
마케팅	류현지
관리	홍지선
회계	서승희
인쇄	스크린그래픽스

ISBN 979-11-954848-5-0

* 잘못된 책은 바꾸어드립니다.